■ 5G新技术丛书

5G

移动通信系统及关键技术

/ 张传福　赵立英　张　宇 / 等 编著

◎ 北京中网华通设计咨询有限公司　组织编写

電子工業出版社

Publishing House of Electronics Industry

北京 · BEIJING

内 容 简 介

本书首先回顾移动通信技术的发展历史和 4G 通信网络所面临的挑战，引出 5G 的愿景与需求、5G 的标准化、5G 的性能要求，接着介绍为满足 5G 性能要求所需要的无线技术、网络技术及支撑技术，分析 5G 的频谱需求和 5G 网络的安全需求，最后探讨 5G 网络规划和部署方面的问题。

本书的读者对象包括从事 5G 技术研究、标准制定、产品及业务研发的专业人员，未来的网络规划设计、网络建设人员，高等院校相关专业的师生，以及所有关心 5G 移动通信的人们。

图书在版编目（CIP）数据

5G 移动通信系统及关键技术/张传福等编著．—北京：电子工业出版社，2018.11
（5G 新技术丛书）
ISBN 978-7-121-35534-9

Ⅰ.①5… Ⅱ.①张… Ⅲ.①无线电通信-移动通信-通信技术 Ⅳ.①TN929.5

中国版本图书馆 CIP 数据核字（2018）第 259544 号

策划编辑：曲 昕
责任编辑：曲 昕
印 刷：北京七彩京通数码快印有限公司
装 订：北京七彩京通数码快印有限公司
出版发行：电子工业出版社
北京市海淀区万寿路 173 信箱 邮编 100036
开 本：787×1 092 1/16 印张：25 字数：640 千字
版 次：2018 年 11 月第 1 版
印 次：2023 年 6 月第 9 次印刷
定 价：98.00 元

凡所购买电子工业出版社图书有缺损问题，请向购买书店调换。若书店售缺，请与本社发行部联系，联系及邮购电话：（010）88254888，88258888。

质量投诉请发邮件至 zlts@phei.com.cn，盗版侵权举报请发邮件至 dbqq@phei.com.cn。

本书咨询联系方式：（010）88254469。

前　言

移动通信和互联网这两个发展最快、创新最活跃领域的融合产生了巨大的发展空间，创新的业务模式、商业模式层出不穷，甚至在不断改变整个信息产业的发展模式。

移动互联网是移动网络与互联网融合的产物，随着两者融合的扩大和深入，逐渐成为更具移动特性的、能够深入到人们生产生活的网络与服务体系。移动互联网以手机、个人数字助理（PDA）、便携式计算机、专用移动互联网终端等作为终端，以移动通信网络（包括2G、3G、4G等）或无线局域网（WiFi）、无线城域网（WiMAX）作为接入手段，直接或通过无线应用协议（WAP）访问互联网并使用互联网业务。

摩根斯坦利认为，移动互联网是继大型机、小型机、个人电脑、桌面互联网之后第五个信息产业的发展周期，是当今信息产业竞争最为激烈、发展最为迅速的领域。移动互联网带来的跨界融合甚至改变了信息通信产业的发展模式——移动互联网已经完全改变了移动智能终端制造领域，又在深刻改变着电信业的游戏规则。

2005年，在信息社会世界峰会（WSIS）上，国际电信联盟发布了《ITU互联网报告2005：物联网》。报告指出，无所不在的“物联网”通信时代即将来临，世界上所有的物体，从轮胎到牙刷、从房屋到纸巾都可以通过互联网主动进行信息交换。射频识别（RFID）技术、传感器技术、纳米技术、智能嵌入技术将得到更加广泛的应用。

移动终端向智能化、多媒体化发展。移动终端所支持的业务功能更加丰富。移动智能终端已经成为全球最大消费电子产品分支，深刻改变着全球终端产业布局。其快速放量引领了全球消费电子产品的发展。

在生活中，无论在汽车上、地铁上、十字路口、休闲场所，低头族的出现已成为一种普遍现象。人们从移动互联网中便捷地获取丰富的资讯，并进行各种娱乐活动。

面对移动互联网和物联网等新型业务发展需求，未来的5G系统需要满足各种业务类型和应用场景。一方面，随着智能终端的迅速普及，移动互联网在过去的几年中在世界范围内发展迅猛，面向2020年及未来，将进一步改变人类社会信息的交互方式，为用户提供增强现实、虚拟现实等更加身临其境的新型业务体验，从而带来未来移动数据流量的飞速增长；另一方面，物联网的发展将传统人与人通信扩大到人与物、物与物的广泛互联，届时，智能家居、车联网、移动医疗、工业控制等应用的爆炸式增长，将带来海量的设备连接，最终实现“信息随心至，万物触手及”的5G总体愿景。

当前，5G已成为全球业界研发的焦点。世界上主要的标准化组织有ITU-R、3GPP、NGMN等。中国、欧盟、日本、韩国、美国等国家和地区纷纷成立相关组织，凝聚各方力量，积极开展5G的研究和标准化工作。

5G移动通信系统不是简单的以某个单一技术或某些业务能力来定义的。5G将是一系列无线技术的深度融合。它不但关注更高速率、更大带宽、更强能力的无线空口技术，而且更关注新的无线网络架构。5G将是融合多业务、多技术，聚焦于业务应用和用户体验的新一代移动通信网络。

本书是介绍第五代移动通信技术（5G）的书籍。全书共分8章。第1章概述移动通信的发展历史、4G（LTE）面临的挑战及5G技术的研究与标准化。第2章介绍5G愿景与需求，包括5G的需求、5G的愿景、5G网络的性能及5G的应用。第3章阐述5G的无线技术，包括多址技术、双工技术、多载波技术、多天线技术、调制编码技术、毫米波通信技术。第4章分析5G的网络技术，包括5G网络结构需求、5G网络架构设计总体要求、5G网络架构的关键技术、5G接入网网络架构、5G核心网网络架构、超密集组网。第5章介绍5G的频谱需求，包括无线频谱分配现状、5G的频谱需求、中低频频谱的利用、频谱共享技术、高频频谱的利用、白频谱的利用、全频谱接入及认知无线电技术。第6章阐述5G支撑技术，包括移动云技术、双连接技术、SON技术、M2M技术、D2D技术、网络切片技术、边缘计算技术及CDN技术。第7章分析5G网络的安全。第8章探讨5G网络的规划、部署，包括5G网络规划面临的挑战、5G网络规划设计的考虑、小基站设备的应用、5G绿色网络的实现、5G室内覆盖及5G传输网络。

笔者是北京中网华通设计咨询有限公司的专业技术人员，长期从事移动通信网络技术的研究、追踪，长期从事移动通信网络的规划与设计，拥有深厚的理论知识与丰富的实际工作经验。

由于笔者的知识视野有一定的局限性，书中不准确、不完善之处在所难免，敬请同行专家和广大读者批评指正。

作者
2018年8月于北京

目　录

第 1 章　移动通信技术的发展及 5G 标准

1.1　移动通信的发展历史

1.1.1　移动通信的发展

通信是衡量一个国家或地区经济文化发展水平的重要标志，对推动社会进步和人类文明的发展有着重大的影响。随着社会经济的发展，人类交往活动范围的不断扩大，人们迫切需要交往中的各种信息。这就需要移动通信系统来提供这种服务。移动通信系统由于综合利用了有线和无线的传输方式，解决了人们在活动中与固定终端或其他移动载体上的对象进行通信联系的要求，使其成为 20 世纪 70 年代以来发展最快的通信领域之一。目前，我国的移动通信网络无论从网络规模还是用户总数上来说，都已跃居世界首位。

无线通信的发展历史可以上溯到 19 世纪 80 年代赫兹（Heinrich Hertz）所做的基础性实验，以及马可尼（Guglielmo Marconi）所做的研究工作。移动通信的始祖马可尼首先证明了在海上轮船之间进行通信的可行性。自从 1897 年马可尼在实验室证明了运动中无线通信的可应用性以来，人类就开始了对移动通信的兴趣和追求。也正是 20 世纪 20 年代末，奈奎斯特（Harry Nyquist）提出了著名的采样定理，成为人类迈向数字化时代的金钥匙。

移动通信是指通信双方或至少有一方处于运动中，在运动中进行信息交换的通信方式。移动通信的主要应用系统有无绳电话、无线寻呼、陆地蜂窝移动通信、卫星移动通信、海事卫星移动通信等。陆地蜂窝移动通信是当今移动通信发展的主流和热点。

众所周知，个人通信（Personal Communications）是人类通信的最高目标，是用各种可能的网络技术实现任何人（Whoever）在任何时间（Whenever）、任何地点（Wherever）与任何人（Whoever）进行任何种类（Whatever）的信息交换。个人通信的主要特点是每一个用户有一个属于个人的唯一通信号码。它取代了以设备为基础的传统通信号码。电信网能够随时跟踪用户并为其服务，不论被呼叫的用户在车上、船上、飞机上，还是在办公室里、家里、公园里，电信网都能根据呼叫人所拨的个人号码找到用户，然后接通电路提供通信，用户通信完全不受地理位置的限制。实现个人通信，必须要把以各种技术为基础的通信网组合到一起，把移动通信网和固定通信网结合在一起，把有线接入和无线接入结合到一起，才能综合成一个容量极大、无处不通的个人通信网，被称为“无缝网”，形成所谓万能个人通信网（UPT）。这是 21 世纪电信技术发展的重要目标之一。

移动通信是实现个人通信的必由之路。没有移动通信，个人通信的愿望是无法实现的。

1.1.2　第一代（1G）移动通信系统

D. H. Ring 在 1947 年提出蜂窝通信的概念，在 20 世纪 60 年代对此进行了系统的实验。

20世纪60年代末、70年代初开始出现了第一个蜂窝（Cellular）系统。蜂窝的意思是将一个大区域划分为几个小区（Cell），相邻的蜂窝区域使用不同的频率进行传输，以免产生相互干扰。

大规模集成电路技术和计算机技术的迅猛发展，解决了困扰移动通信的终端小型化和系统设计等关键问题，移动通信系统进入了蓬勃发展阶段。随着用户数量的急剧增加，传统的大区制移动通信系统很快就达到饱和状态，无法满足服务要求。针对这种情况，贝尔实验室提出了小区制的蜂窝式移动通信系统的解决方案，在1978年开发了AMPS（Advance Mobile Phone Service）系统。这是第一个真正意义上的具有随时随地通信的大容量的蜂窝移动通信系统。它结合频率复用技术，可以在整个服务覆盖区域内实现自动接入公用电话网络，与以前的系统相比，具有更大的容量和更好的话音质量。因此，蜂窝化的系统设计方案解决了公用移动通信系统的大容量要求和频谱资源受限的矛盾。欧洲也推出来了可向用户提供商业服务的通信系统TACS（Total Access Communication System）。其他通信系统还有法国的450系统和北欧国家的NMT-450（Nordic Mobile Telephone-450）系统。这些系统都是双工的FDMA模拟制式系统，被称为第一代蜂窝移动通信系统。这些系统提供相当好的质量和容量。在某些地区，它们取得了非常大的成功。

第一代系统所提供的基本业务是话音业务（Voice Communication）。在这项业务上，上面列出的各个系统都是十分成功的。其中的一些系统直到目前还仍在为用户提供第一代通信服务。

1.1.3 第二代（2G）移动通信系统

随着移动通信市场的迅速发展，对移动通信技术提出了更高的要求。由于模拟系统本身的缺陷，如频谱效率低、网络容量有限、保密性差、体制混杂、不能国际漫游、不能提供ISDN业务、设备成本高、手机体积大等，使模拟系统无法满足人们的需求。为此，在20世纪90年代初，开发出了基于数字通信的移动通信系统，即数字蜂窝移动通信系统——第二代移动通信系统。

数字技术最吸引人的优点之一是抗干扰能力和潜在的大容量。也就是说，它可以在环境恶劣和需求量更大的地区使用。随着数字信号处理和数字通信技术的发展，开始出现一些新的无线应用，如移动计算、移动传真、电子邮件、金融管理、移动商务等。在一定的带宽内，数字系统良好的抗干扰能力使第二代蜂窝系统具有比第一代蜂窝移动通信系统更大的通信容量，更高的服务质量。采用数字技术的系统具有下述特点。

（1）系统灵活性：由于各种功能模块，特别是数字信号处理（Digital Signal Processing，DSP）、现场可编程门阵列（Field Programmable Gate Array，FPGA）等可编程数字单元的出现和成熟，使系统的编程控制能力和增加新功能的能力与模拟系统相比大大提高。

（2）高效的数字调制技术和低功耗系统：一方面，利用数字调制技术的系统，频谱利用率和灵活性等都超过了同类的模拟系统；另一方面，数字调制技术的采用，使系统的功率消耗降低，从而延长了电池的使用寿命。

（3）系统的有效容量：在这方面，模拟系统是无效的，比如在配置给AMPS的333个信道中，大约有21个用于呼叫接通。这21个信道降低了有效带宽系统的通信能力，通过数字技术，用于同步、导频、传输控制、质量控制、路由等的附加比特位大大降低。

（4）信源和信道编码技术：相比于有线通信，无线通信的频率资源是极其有限的。新一代的信源和信道编码技术不仅实现了数字语音和数据通信的综合，降低了单用户的带宽需要，使多个用户的语音信号复用到同一个载波上，并且改善了移动环境中信号传送的可靠性。如速率为 13.2kbit/s 的、应用于 GSM 系统的 RPE-LTP（Regular Pulse Excited Long Term Prediction）语音压缩技术，速率为 8kbit/s 应用于 IS-54 系统的 VSELP（Vector Sum Excited Linear Predictions）语音压缩技术，以及目前受到广泛重视的 Turbo 信道编码技术等，不仅提高了频谱效率，也增强了系统的抗干扰能力。

（5）抗干扰能力：数字系统不仅有更好的抗同信道干扰（CCI）和邻信道干扰（ACI）能力，而且有更好的对抗外来干扰能力。同时，采用数字技术的系统可利用比特交织、信道编码、编码调制等技术进一步提高系统的可靠性和抗干扰能力。这也是第二代、第三代和第四代蜂窝移动通信系统采用数字技术的重要原因之一。由于数字系统有可能在很高 CCI 和 ACI 的环境中工作，设计者可利用这个特征降低蜂窝尺寸，减少信道组的复用距离，减少复用组的数量，大大提高系统的通信容量。

（6）灵活的带宽配置：由于模拟系统不允许用户改变带宽以满足对通信的特殊要求，因而对于一个预先固定带宽的通信系统，频谱的利用率可能不是最有效的。从原理上讲，数字系统有能力比较容易灵活地配置带宽，从而提高利用率。灵活的带宽配置虽未在第二代系统中得以充分体现，但它是采用数字技术的又一大优点。

（7）新的服务项目：数字系统可以实现模拟系统不能实现的新服务项目，比如鉴权、短消息、WWW 浏览、数据服务、语音和数据的保密编码，以及增加综合业务（ISDN）、宽带综合业务（B-ISDN）等新业务（这些应用在第二代移动通信系统中未能全部直接实现）。

（8）接入和切换的能力和效率：对于固定数量的频谱资源，蜂窝系统通信容量的增加意味着相应蜂窝尺寸的减小，同时意味着更为频繁的切换和信令活动。基站将处理更多的接入请求和漫游注册。

由于数字系统具有上述优点，所以第二代移动通信系统采用数字方式，被称为第二代数字移动通信系统。

在第一代移动通信系统中，欧洲国家使用的制式各不相同，技术上也不占有很大优势，并且不能互相漫游。因此在开发第二代数字蜂窝通信系统时，欧洲联合起来研制泛欧洲的移动通信标准，提高竞争优势。为了建立一个全欧统一的数字蜂窝移动通信系统，1982 年，欧洲有关主管部门会议（CEPT）设立了移动通信特别小组（Group Special Mobile，GSM）协调推动第二代数字蜂窝通信系统的研发，在 1988 年提出主要建议和标准，1991 年 7 月双工 TDMA 制式的 GSM 数字蜂窝通信系统开始投入商用。它拥有更大的容量和良好的服务质量。美国也制定了基于 TDMA 的 DAMPS、IS-54、IS-136 标准的数字网络。

美国的 Qualcomm 公司提出一种采用码分多址（CDMA）方式的数字蜂窝通信系统的技术方案，成为 IS-95 标准，在技术上有许多独特之处和优势。

日本也开发了个人数字系统（PDC）和个人手持电话系统（PHS）技术。第二代移动通信系统使用数字技术，提供话音业务、低比特率数据业务以及其他补充业务。GSM 是当今世界范围内普及最广的移动无线标准。

1993 年，我国第一个全数字移动电话系统（GSM）建成开通。现在，我国主要使用的移动通信网络有 GSM 和 CDMA 两种系统。

在市场方面，主要有三种技术标准获得较为广泛的应用，即主要应用于欧洲和世界各地的GSM、北美的IS-136和日本的JDC（Japanese Digital Cellular）或PDC（Pacific Digital Cellular）。第二代无绳电话标准有CT-2和DECT（Digital European Cordless Telecommunications）。

1.1.4 第三代（3G）移动通信系统

由于第二代数字移动通信系统在很多方面仍然没有实现最初的目标，比如统一的全球标准；同时也由于技术的发展和人们对于系统传输能力的要求愈来愈高，几千比特每秒的数据传输能力已经不能满足某些用户对于高速率数据传输的需要，一些新的技术，如IP等不能有效地实现。这些需求是高速率移动通信系统发展的市场动力。在此情况下，具有9～150kbit/s传输能力的通用分组无线业务（General Packet Radio Services，GPRS）系统和其他系统开始出现，并成为向第三代移动通信系统过渡的中间技术。

第二代系统没有达到的主要目标包括以下几个方面：

（1）没有形成全球统一的标准系统。在第二代移动通信系统发展的过程中，欧洲建立了以TDMA为基础的GSM系统；日本建立了以TDMA为基础的JDC系统；美国建立了以模拟FDMA和数字TDMA为基础的IS-136混合系统，以及以N-CDMA为基础的IS-95系统。

（2）业务单一。第二代移动通信系统主要是语音服务，只能传送简短的消息。

（3）无法实现全球漫游。由于标准分散和经济保护，全球统一和全球漫游无法实现，因此无法通过规模效应降低系统的运营成本。

（4）通信容量不足。在900MHz频段，包括后来扩充到1 800MHz频段以后，系统的通信容量依然不能满足市场的需要。随着用户数量的上升，网络未接通率和通话中断率开始增加。

第二代移动通信系统是主要针对传统的话音和低速率数据业务的系统。而“信息社会”所需的图像、话音、数据相结合的多媒体业务和高速率数据业务的业务量超过传统话音业务的业务量。

第三代移动通信系统需要有更大的系统容量和更灵活的高速率、多速率数据传输的能力，除了话音和数据传输外，还能传送高达2Mbit/s的高质量活动图像，真正实现“任何人，在任何地点、任何时间与任何人”都能便利通信这个目标。

在第三代移动通信系统中，CDMA是主流的多址接入技术。CDMA通信系统使用扩频通信技术。扩频通信技术在军用通信中已有半个多世纪的历史，主要用于两个目的：对抗外来强干扰和保密。因此，CDMA通信技术具有许多技术上的优点：抗多径衰减、软容量、软切换。其系统容量比GSM系统大，采用话音激活、分集接收和智能天线技术可以进一步提高系统容量。

由于CDMA通信技术具有上述技术优势，因此第三代移动通信系统主要采用宽带CDMA技术。现在第三代移动通信系统的无线传输技术主要有三种：欧洲和日本提出的WCDMA技术、北美提出的基于IS-95 CDMA系统的cdma2000技术，以及我国提出的具有自己知识产权的TD-SCDMA系统。后来WiMAX也成为3G标准。

IMT-2000是自20世纪90年代初期数字通信系统出现以来，移动通信取得的最令人鼓舞的发展。它也代表了在20世纪过去的10年，ITU所取得的最重要的成就之一。

第三代移动通信系统的重要技术包括地址码的选择、功率控制技术、软切换技术、

RAKE 接收技术、高效的信道编译码技术、分集技术、QCELP 编码和话音激活技术、多速率自适应检测技术、多用户检测和干扰消除技术、软件无线电技术和智能天线技术。

1.1.5　第四代 LTE 移动通信系统

第四代移动通信技术的概念可称为宽带接入和分布网络，具有非对称的超过 2Mbit/s 的数据传输能力。它包括宽带无线固定接入、宽带无线局域网、移动宽带系统和交互式广播网络。第四代移动通信标准比第三代标准拥有更多的功能。第四代移动通信可以在不同的固定、无线平台和跨越不同频带的网络中提供无线服务，可以在任何地方用宽带接入互联网（包括卫星通信和平流层通信），能够提供定位定时、数据采集和远程控制等综合功能。此外，第四代移动通信系统是集成多功能的宽带移动通信系统，是宽带接入的 IP 系统。4G 能够以 100Mbit/s 以上的速率下载，能够满足几乎所有用户对无线服务的要求。通信制式的演进如图 1.1 所示。

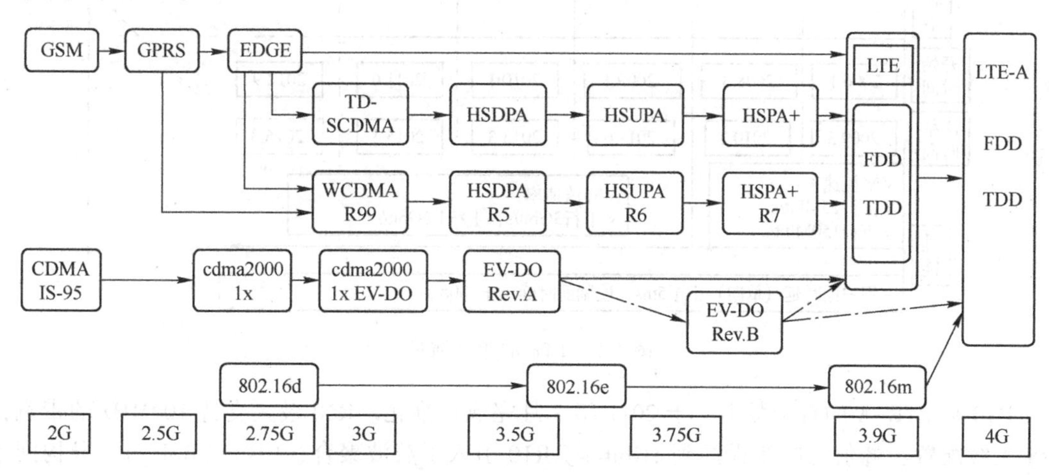

图 1.1　通信制式的演进

LTE（Long Term Evolution，长期演进）是由 3GPP（The 3rd Generation Partnership Project，第三代合作伙伴计划）组织制定的 UMTS（Universal Mobile Telecommunications System，通用移动通信系统）技术标准的长期演进，于 2004 年 12 月在 3GPP 多伦多 TSG RAN#26 会议上正式立项并启动。LTE 系统引入 OFDM（Orthogonal Frequency Division Multiplexing，正交频分复用）和 MIMO（Multiple-Input Multiple-Output，多输入多输出）等关键技术，显著增加了频谱效率和数据传输速率（20MHz 带宽，2×2 MIMO，在 64QAM 情况下，理论下行最大传输速率为 201Mbit/s，除去信令开销后，大概为 140Mbit/s，但根据实际组网情况以及终端能力限制，一般认为下行峰值速率为 100Mbit/s，上行为 50Mbit/s），并支持多种带宽分配 1.4MHz、3MHz、5MHz、10MHz、15MHz 和 20MHz 等，支持全球主流 2G/3G 频段和一些新增频段，因而频谱分配更加灵活，系统容量和覆盖也显著提升。LTE 系统网络架构更加扁平化、简单化，减少了网络节点和系统复杂度，从而减小了系统时延，也降低了网络部署和维护成本。LTE 系统支持与其他 3GPP 系统互操作。LTE 系统有两种制式：LTE FDD 和 TD-LTE，即频分双工 LTE 系统和时分双工 LTE 系统。两者技术的主要区别在于空中接口的物理层上（如帧结构、时分设计、同步等）。LTE FDD 系统空口上下行传输采用一对对称的频段接收和发送数据；TD-LTE 系统上下行则使用相同的频段在不同的时隙上传输。相对于 FDD 双工方式，TDD 有着较高的频谱利用率。

LTE 的演进可分为 LTE、LTE-A、LTE-A Pro 三个阶段，分别对应 3GPP 标准的 R8 ～ R14 版本，如图 1.2 所示。LTE 阶段实际上并未被 3GPP 认可为国际电信联盟所描述的下一代无线通信标准 IMT-Advanced，在严格意义上还未达到 4G 的标准，准确来说，应该称为 3.9G，只有升级版的 LTE-Advanced（LTE-A）才满足国际电信联盟对 4G 的要求，是真正的 4G 阶段，也是后 4G 网络的演进阶段。

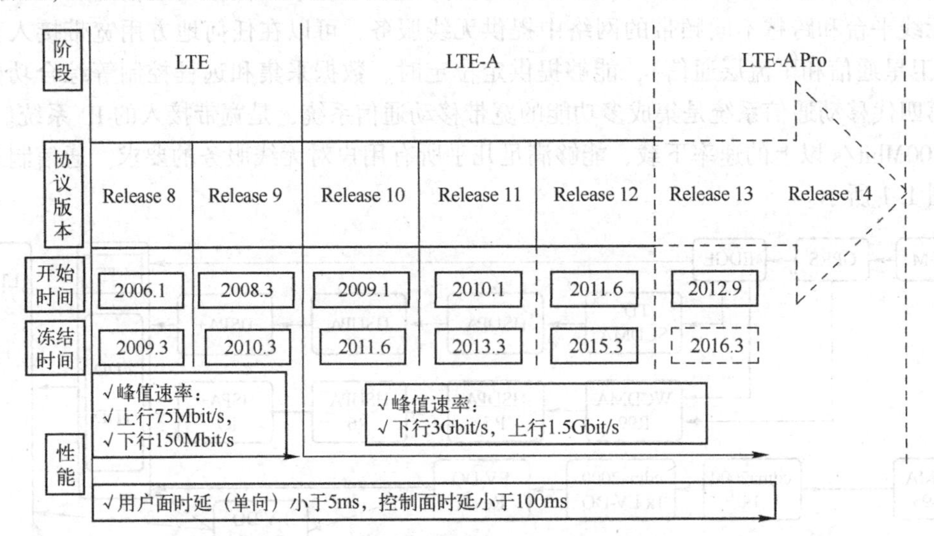

图 1.2 LTE 的版本演进

R10 是 LTE-A 的首个版本，于 2011 年 3 月完成标准化。R10 最大支持 100MHz 的带宽，8×8 天线配置，峰值吞吐量提高到 1Gbit/s。R10 引入了载波聚合、中继（Relay）、异构网干扰消除等新技术，增强了多天线技术，相比 LTE 进一步提升了系统性能。

R11 增强了载波聚合技术，采用协作多点传输（CoMP）技术，并设计新的控制信道 ePDCCH。其中，CoMP 通过同小区不同扇区间协调调度或多个扇区协同传输提高系统的吞吐量，尤其对提升小区边缘用户的吞吐量效果明显；ePDCCH 实现了更高的多天线传输增益，并降低了异构网络中控制信道间的干扰。R11 通过增强载波聚合技术，支持时隙配置不同的多个 TDD 载波间的聚合。

R12 被称为 Small Cell，采用的关键技术包括 256QAM、小区快速开关和小区发现、基于空中接口的基站间同步增强、宏微融合的双连接技术、业务自适应的 TDD 动态时隙配置、D2D 等。

R13 主要关注垂直赋形和全维 MIMO 传输技术、LTE 许可频谱辅助接入（LAA）以及物联网优化等内容。

CRAN 是 4G 网络中的热点技术。其主要原理是将传统的 BBU 信号处理资源转化为可动态共享的信号处理资源池，在更大的范围内实现蜂窝网络小区处理能力的即取即用和虚拟化管理，从而提高网络协同能力，大幅降低网络设备成本，提高频谱利用率和网络容量。

当前，CRAN 还面临一些技术挑战，包括基带池集中处理性能、集中基带池与射频远端的信号传输问题、通用处理器性能功耗比、软基带处理时延等问题。

LTE 系统采用全 IP 的 EPC 网络，相比于 3G 网络更加扁平化，简化了网络协议，降低业务时延，由分组域和 IMS 网络给用户提供话音业务；支持 3GPP 系统接入，也支持 CDMA、WLAN 等非 3GPP 网络接入。

面对 OTT 的挑战，灵活开放的网络架构、低成本建网和海量业务提供能力，以及快速业务部署能力，成为 4G 核心网发展的重要趋势。

现有的 EPC 核心网架构主要面向传统的语音和数据业务模型，对新的 OTT 业务、物联网业务等难以适配。另外，EPC 网元没有全局的网络和用户信息，无法对网络进行动态的智能调整或快速的业务部署。未来的新型网络技术——软件定义网络（Software Defined Network，SDN）和网络虚拟化（NFV）等与 4G 核心网融合，将满足移动核心网络发展的新需求。

LTE 的核心技术主要包括 OFDM、MIMO、调制与编码技术、高性能接收机、智能天线技术、软件无线电技术、基于 IP 的核心网和多用户检测技术等。

OFDM：OFDM 是一种无线环境下的高速传输技术。其主要思想是在频域内将给定信道分成许多正交子信道，在每个子信道上使用一个子载波进行调制，各子载波并行传输。尽管总的信道是非平坦的，即具有频率选择性，但是每个子信道是相对平坦的，在每个子信道上进行的是窄带传输，信号带宽小于信道的相应带宽。OFDM 技术的优点是可以消除或减小信号波形间的干扰，对多径衰落和多普勒频移不敏感，提高了频谱利用率，可实现低成本的单波段接收机。OFDM 的主要缺点是功率效率不高。

MIMO：MIMO 技术是指利用多发射、多接收天线进行空间分集的技术。它采用的是分立式多天线，能够有效地将通信链路分解成为许多并行的子信道，从而大大提高容量。信息论已经证明，当不同的接收天线和不同的发射天线之间互不相关时，MIMO 系统能够很好地提高系统的抗衰落和噪声性能，从而获得巨大的容量。例如，当接收天线和发射天线的数目都为 8 根，且平均信噪比为 20dB 时，链路容量可以高达 42bit/s/Hz。这是单天线系统所能达到容量的 40 多倍。因此，在功率带宽受限的无线信道中，MIMO 技术是实现高数据速率、提高系统容量、提高传输质量的空间分集复用技术。在无线频谱资源相对匮乏的今天，MIMO 系统已经体现出优越性，也会在 4G 移动通信系统中继续应用。

调制与编码技术：4G 移动通信系统采用新的调制技术，如多载波正交频分复用调制技术以及单载波自适应均衡技术等调制方式，以保证频谱利用率和延长用户终端电池的寿命。4G 移动通信系统采用更高级的信道编码方案（如 Turbo 码、级联码和 LDPC 等）、自动重发请求（ARQ）技术和分集接收技术等，从而在低 E_b/N_0 条件下保证系统的性能。

高性能接收机：4G 移动通信系统对接收机提出了很高的要求。香农定理给出了在带宽为 BW 的信道中实现容量为 C 的可靠传输所需要的最小 SNR。按照香农定理，根据相关计算，对于 3G 系统，如果信道带宽为 5MHz，数据速率为 2Mbit/s，则所需的 SNR 为 1.2dB；而对于 4G 系统，要在 5MHz 的带宽上传输 20Mbit/s 的数据，则所需要的 SNR 为 12dB。由此可见，对于 4G 系统，由于速率很高，对接收机的性能要求也要高得多。

智能天线技术：智能天线具有抑制信号干扰、自动跟踪以及数字波束调节等智能功能，被认为是未来移动通信的关键技术。智能天线应用数字信号处理技术，产生空间定向波束，使天线主波束对准用户信号到达方向，旁瓣或零陷对准干扰信号到达方向，达到充分利用移动用户信号并消除或抑制干扰信号的目的。这种技术既能改善信号质量又能增加传输容量。

软件无线电技术：软件无线电是将标准化、模块化的硬件功能单元经过一个通用硬件平台，利用软件加载方式来实现各种类型的无线电通信系统的一种具有开放式结构的新技术。软件无线电的核心思想是在尽可能靠近天线的地方使用宽带A/D和D/A转换器，并尽可能多地用软件来定义无线功能，各种功能和信号处理都尽可能用软件来实现。其软件系统包括各类无线信令规则与处理软件、信号流变换软件、信源编码软件、信道纠错编码软件、调制解调算法软件等。软件无线电使得系统具有灵活性和适应性，能够适应不同的网络和空中接口。软件无线电技术能支持采用不同空中接口的多模式手机和基站，能实现各种应用的可变QoS。

基于IP的核心网：移动通信系统的核心网是一个基于全IP的网络。同已有的移动网络相比，其优点是可以实现不同网络间的无缝互联。核心网独立于各种具体的无线接入方案，能提供端到端的IP业务，能同已有的核心网和PSTN兼容。核心网具有开放的结构，能允许各种空中接口接入核心网；同时核心网能把业务、控制和传输等分开。采用IP后，所采用的无线接入方式和协议与核心网络（CN）协议、链路层是分离独立的。IP与多种无线接入协议相兼容，因此在设计核心网络时具有很大的灵活性，不需要考虑无线接入究竟采用何种方式和协议。

多用户检测技术：多用户检测是宽带通信系统中抗干扰的关键技术。在实际的CDMA通信系统中，各个用户信号之间存在一定的相关性。这就是多址干扰存在的根源。由个别用户产生的多址干扰固然很小，可是随着用户数的增加或信号功率的增大，多址干扰就成为宽带CDMA通信系统的一个主要干扰。传统的检测技术完全按照经典直接序列扩频理论对每个用户的信号分别进行扩频码匹配处理，因而抗多址干扰能力较差。多用户检测技术在传统检测技术的基础上，充分利用造成多址干扰的所有用户信号信息对单个用户的信号进行检测，从而具有优良的抗干扰性能，解决了远近效应问题，降低了系统对功率控制精度的要求，因此可以更加有效地利用链路频谱资源，显著提高系统容量。随着多用户检测技术的不断发展，各种高性能又不是特别复杂的多用户检测器算法不断提出，在4G实际系统中采用多用户检测技术将是切实可行的。

自1980年第一代移动通信技术商用至今，通信技术已经经历了4代的发展，表1.1详细描述了通信技术的发展历程及特征。未来的5G网络将实现万物互联，可提供更大的容量、更高的系统速率、更低的系统时延和可靠的连接。

表1.1　通信技术发展的历程及特征

系统	商用年份/年	关键词	系统功能	无线技术	核心网	典型标准			
						欧洲	日本	美国	中国
1G	国际：1984 国内：1987	模拟通信	频谱利用率低、费用高、通话易被窃听（不保密）、业务种类受限、系统容量低、扩展困难	FDMA	PSTN	NMT/TACS/C450/RTMS	NTT	AMPS	—
2G	国际：1989 国内：1994	数字通信	业务范围受限、无法实现移动的多媒体业务、各国标准不统一、无法实现全球漫游	TDMA、CDMA	PSTN	GSM/DECT	PDC/PHS	DAMPS/CDMA ONE	—

续表

系统	商用年份/年	关键词	系统功能	无线技术	核心网	典型标准			
						欧洲	日本	美国	中国
3G	国际：2002 国内：2009	宽带通信	通用性高、在全球实现无缝漫游、低成本、优质服务质量、高保密性及良好的安全性能	CDMA、TDMA	电路交换、分组交换	WCDMA	—	CDMA 2000	TD-SCDMA
4G	国际：2009 国内：2013	无线多媒体	高速率、频谱更宽、频谱效率高	OFDMA	IP 核心网、分组交换	LTE FDD	—	WiMAX	TD-LTE
5G	国际：2018 国内：2020	移动互联网	更大的容量、更高的系统速率、更低的系统时延及更可靠的连接	Massive MIMO/FBMC/NOMA/多技术载波聚合等	基于 NFV/SDN	—	—	—	—

1.2 4G 面临的挑战

1.2.1 运营商面临的挑战

智能手机的普及带来 OTT 业务的繁荣。在全球范围内，OTT 的快速发展对基础电信业造成重大影响，导致运营商赖以为生的移动话音业务收入大幅下滑，短信和彩信的业务量连续负增长。

一方面，OTT 应用大量取代电信运营商的业务，比如微信、微博、Twitter、WhatsApp、Line、QQ 等即时通信工具，依靠其庞大的用户群，在 4G 时代开始加快侵蚀传统的电信语音和短信业务，特别是这些 APP 开始集成基于数据流量的 VoIP 通信，如“微信电话本”版本，支持高清免费视频通话功能，对运营商的核心语音视频通信业务直接形成竞争态势。

尽管相比于传统电信业务，当前这些 OTT 应用还存在通话延迟、中断，以及接续成功率低等缺陷，但是随着技术的发展，OTT 应用替代传统语音和短信势不可当。

受 OTT 的影响，仅 2014 年，全球网络运营商语音和短信收入减少了 140 亿美元，较 2013 年同比下降 26%。中国三大运营商移动语音、短信和彩信业务收入也出现全面下降。

另一方面，OTT 应用大量占用电信网络信令资源，由于 OTT 应用产生的数据量少、突发性强、在线时间长，导致运营商网络时常瘫痪。尽管移动互联网的发展带来了数据流量的增长，但是相应的收入增长和资源投入已经严重不成正比关系，运营商进入了增量不增收的境地。无论 2020 年流量增长 1 000 倍还是 500 倍，实际上，运营商的收入增长并没有太大改善；相反，流量的迅猛增长却带来成本的激增，使得运营商陷入“量收剪刀差”的窘境。

1.2.2 用户需求的挑战

移动通信技术的发展带来智能终端的创新。随着显示、计算等能力的不断提升，云计算日渐成熟，增强现实（Augmented Reality，AR）等新型技术应用成为主流。用户追求极致的使用体验，要求获得与光纤相似的接入速率（高速率）、媲美本地操作的实时体验（低时延），以及随时随地的宽带接入能力（无缝连接）。

各种行业和移动通信的融合，特别是物联网行业，将为移动通信技术的发展带来新的机遇和挑战。未来10年，物联网的市场规模将与通信市场平分秋色。在物联网领域，服务对象涵盖各行各业用户，因此M2M终端数量将大幅激增，与行业应用的深入结合将导致应用场景和终端能力呈现巨大的差异。这使得物联网行业用户提出了灵活适应差异化、支持丰富无线连接能力和海量设备连接的需求。此外，网络与信息安全的保障，低功耗、低辐射，实现性能价格比的提升成为所有用户的诉求。

1.2.3　技术面临的挑战

新型移动业务层出不穷，云操作、虚拟现实、增强现实、智能设备、智能交通、远程医疗、远程控制等各种应用对移动通信的要求日益增加。

随着云计算的广泛使用，未来终端与网络之间将出现大量的控制类信令交互，现有语音通信模型将不再适应，需要针对大量数据包频发消耗信令资源的问题，对无线空口和核心网进行重构。

超高清视频、3D和虚拟现实等新型业务需要极高的网络传输速率才能保证用户的实际体验，对当前移动通信形成了巨大挑战。以8K（3D）视频为例，在无压缩情形下，需要高达100Gbit/s的传输速率，即使经过百倍压缩后，也需要1Gbit/s的传输速率，而采用4G技术则远远不能满足需要。

随着网络游戏的普及，用户对交互式的需求也更为突出，而交互类业务需要快速响应能力，网络需要支持极低的时延才能实现无感知时延的使用体验。

物联网业务带来海量的连接设备，现有4G技术无法支撑，而控制类业务不同于视听类业务（听觉：100ms；视觉：10ms）对时延的要求，如车联网、自动控制等业务，对时延非常敏感，要求时延低至毫秒量级（1ms）才能保证高可靠性。

总体来说，不断涌现的新业务和新场景对移动通信提出了新需求，如图1.3所示，包括流量密度、时延、连接数三个维度，将成为未来移动通信技术发展必须考虑的方面。

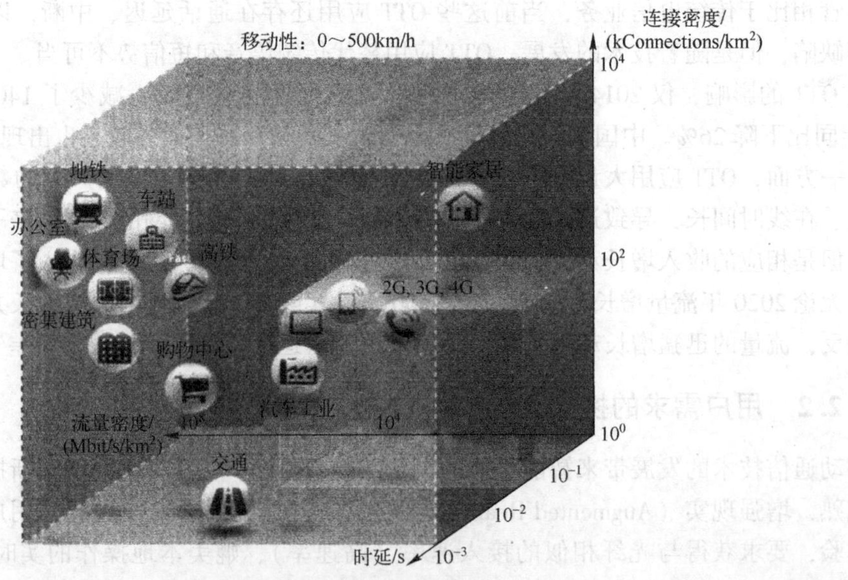

图1.3　业务需求与移动网络能力示意图

1.3　5G 移动通信研究与标准化

移动互联网和物联网作为未来移动通信发展的两大主要驱动力，为 5G 提供了广阔的应用前景。面向 2020 年及未来，数据流量的千倍增长、千亿设备连接和多样化的业务需求都将对 5G 系统的设计提出严峻挑战。与 4G 相比，5G 将支持更加多样化的场景，融合多种无线接入方式，并充分利用低频和高频等频谱资源。同时，5G 还将满足网络灵活部署和高效运营维护的需求，能大幅提升频谱效率、能源效率和成本效率，实现移动通信网络的可持续发展。

目前，许多国际组织、国家组织和企业都在积极进行 5G 方面的研究工作，如欧洲的 METIS、iJOIN、5GNOW 等研究项目，日本的 ARIB、韩国的 5G 论坛、中国的 IMT-2020 (5G) 推进组等，其他一些组织，如 WWRF、GreenTouch 等也都在积极进行 5G 技术方面的研究。IMT 专门成立 IMT-2020 从事 5G 方面的标准化工作。全球 5G 研发组织如图 1.4 所示。

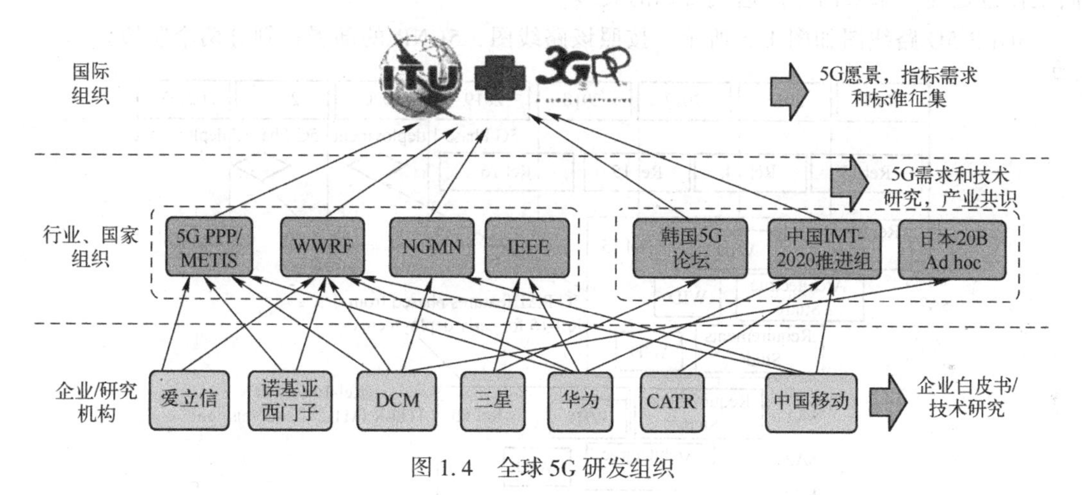

图 1.4　全球 5G 研发组织

1.3.1　国际标准化组织

1. ITU

在标准化方面，5G 工作主要在 ITU 的框架下开展。自 2012 年以来，ITU 启动了 5G 愿景、未来技术趋势和频谱等标准化前期研究工作。2015 年 6 月，ITU-R 5D 完成了 5G 愿景建议书，明确 5G 业务趋势、应用场景和流量趋势，提出 5G 系统的 8 个关键能力指标，并制订了总体计划：2016 年年初启动 5G 技术性能需求和评估方法研究；2017 年年底启动 5G 候选提案征集；2018 年年底启动 5G 技术评估和标准化，并于 2020 年年底完成标准制定。2015 年 7 月，ITU-R SG5 确认将“IMT-2020”作为唯一的 5G 候选名称上报至 2015 年无线电通信全会（RA 15）审批通过，会议规定了后续开展 IMT-2020 技术研究所应当遵循的基本工作流程和工作方法。技术评估工作主要在 ITU-R 5D 中开展，而有关 5G 频率则通过世界无线电通信大会（World Radio Communication Conference，WRC）相关议题研究确定。

2015年11月，WRC-15大会在瑞士日内瓦召开，大会涉及40多个议题，反映了全球无线电技术、业务发展的现状，体现了无线电频谱资源开发利用的新趋势。针对IMT新增全球统一的频率划分议题，最终，1 427 ～ 1 518MHz成为IMT新增的全球统一频率，部分国家以脚注的方式标注470 ～ 694/698MHz、3 300 ～ 3 400MHz、3 400 ～ 3 600MHz、3 600 ～ 3 700MHz、4 800 ～ 4 990MHz频段用于IMT。这些频段成为5G部署的重要频率。同时，为适应全球ICT的发展趋势，在WRC-19研究周期内，设立了高频段、智能交通、机器类通信、无线接入系统等一系列研究课题。这些课题有的与5G使用频率直接相关，有的则与5G应用相关。因此，在5G研究周期内，WRC-19议题研究工作的开展十分重要。

2. 3GPP

3GPP（全球移动通信标准组织联盟）是5G标准化工作的重要制定者。5G相关的研究工作正在各标准组织中进行。5G标准化的完成凝聚了各标准化组织的贡献。各标准组织间已建立联络机制，未来将根据推进计划和时间需求，共同推动5G的标准化工作。5G已进入互联网领域，而且越来越多的接入是基于无线和移动的。因此，跨标准组织和工作组间协同工作也是确保未来两年内达成目标的关键。

3GPP 5G路线图如图1.5所示。按照该路线图，5GNR的部署计划分两个阶段。

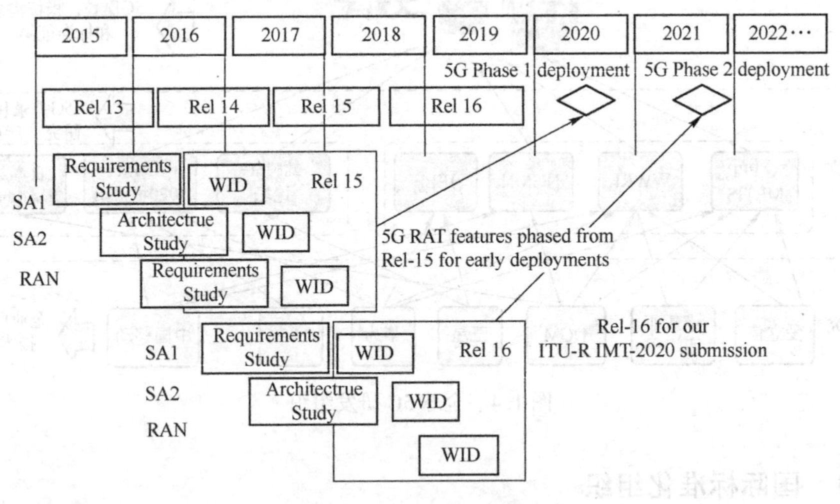

图1.5 3GPP 5G路线图

第一阶段：计划在2018年6月完成Release 15版本的规范制定，并将于2020年完成前期的部署。按照第一阶段的详细计划，在2018年6月完成的Release 15版本中，支持独立的NR和非独立的NR两种工作模式。其中，支持非独立的NR模式意味着Release 15将基于LTE控制面协议进行兼容性升级；支持独立NR模式意味着支持全新的控制面协议栈。在用例场景和频段方面，Release 15将支持eMBB和URLCC两种用例场景和6GHz以下及60GHz以上的频段范围。

第二阶段：需要考虑与第一阶段兼容，计划将在2019年年底完成Release 16版本的规范制定，并作为正式的5G标准提交到ITU-R IMT-2020。该版本的商用系统计划将于2021年完成部署。

为实现5G的需求，3GPP将进行以下4个方面的标准化工作：新空口（NR）；演进的

LTE 空口；新型核心网（NextGen）；演进的 LTE 核心网（EPC）。

3GPP 5G 相关标准化工作组主要涉及 SA1、SA2、SA3、SA5 和 RAN 等。其中，SA1 研究 5G 业务需求；SA2 研究 5G 系统架构；SA3 研究安全；SA5 研究电信管理；RAN 工作组研究无线接入网。

SAl 工作组关注 5G 业务需求研究，成立了 SMARTER（Study on New Service and Markets Technology Enablers，新业务和市场技术实现方法）研究项目，并分为 4 个子课题组，包括移动宽带增强（eMBB）、紧急通信（Cric）、大规模机器通信（MIoT）、网络运维（NEO）。项目研究内容包括业务需求案例、场景和对网络的潜在需求分析。

SA2 工作组成立 NedGen 研究项目进行 5G 网络架构研究。其研究成果由 3GPP TR 23. 799 Study on Architecture for Next Generation System（新型网络架构研究）输出。该项目负责 Release 14 阶段的 5G 网络架构研究。

3GPP 在 5G 核心网标准化方面重点推进以下工作。

在 Release 14 研究阶段聚焦 5G 新型网络架构的功能特性，优先推进网络切片、功能重构、MEC、能力开放、新型接口和协议，以及控制和转发分离等技术的标准化研究，目前已经完成架构初步设计。

Release 15 将启动网络架构标准化工作，重点完成基础架构和关键技术特性方面内容。研究课题方面将继续开展面向增强场景的关键特性研究，如增强的策略控制、关键通信场景和 UE relay 等，预计在 2017 年年底完成 5G 架构标准第一版。

在 2016 年 11 月 18 日举行的 3GPP SA2#118 次会议上，中国移动成功牵头 5G 系统设计。此项目为 R15 “5G System Architecture”，简称 5GS，是整个 5G 设计的第一个技术标准，也是事关 5G 全系统设计的基础性标准，标志着 5G 标准进入实质性阶段。5GS 项目将制定《5G 系统总体架构及功能》和《5G 系统基本流程》两个基础性标准。

SA3 研究安全，主要负责安全和隐私要求，并确定系统安全架构和协议。SA5 将研究网络和业务（含 RAN、CN、IMS）的需求、架构和资源调配及管理。

虚拟化和切片是 5G 新型核心网的关键技术特征。5G 网络将是演进和革新两者的融合。5G 将形成新的核心网，并演进现有 EPC 核心网功能，以功能为单位按需解构网络。网络将变成灵活的、定制化的、基于特定功能需求的、运营商或垂直行业拥有的网络。这就是虚拟化和切片技术可以实现的，也是 5G 核心网标准化的主要工作。

3. IEEE

电气和电子工程师协会（Institute of Electrical and Electronics Engineers，IEEE）是一个国际性的电子技术与信息科学工程师的协会，是目前全球最大的非营利性专业技术学会。其会员人数超过 40 万人，遍布 160 多个国家。IEEE 致力于电气、电子、计算机工程和与科学有关领域的开发和研究，在太空、计算机、电信、生物医学、电力及消费性电子产品等领域已制定了 900 多个行业标准，现已发展成为具有较大影响力的国际学术组织。目前，国内已有北京、上海、西安、郑州、济南等地的 28 所高校成立 IEEE 学生分会。

作为全球最大的专业学术组织，IEEE 在学术研究领域发挥重要作用的同时也非常重视标准的制定工作。IEEE 专门设有 IEEE 标准协会（IEEE Standard Association，IEEE-SA），负责标准化工作。IEEE-SA 下设标准局。标准局又设置两个分委员会，即新标准制定委员会（New Standards Committees）和标准审查委员会（Standards Review Committees）。IEEE 的标准制定内容包括电气与电子设备、试验方法、元器件、符号、定义以及测试方法等多个领域。

IEEE 对于 5G 的发展主要是从 WLAN 技术，即 802.11 系列进行增强演进的，被称为 HEW（High Efficiency WLAN），主要有 Intel、LG、三星、Apple、Orange、NTT 等公司加入。HEW 致力于改善 WLAN 的效率和可靠性，主要研究物理层和 MAC 层技术。

1.3.2 地区和国家组织

1. NGMN

NGMN 于 2006 年正式在英国成立有限公司。它是由七大运营商发起的，包括中国移动、NTT DoCoMo、沃达丰、Orange、Sprint Nextel、T-Mobile、KPN，希望通过市场发起对技术的要求，不管是下一步设备的开发还是实施等，都希望以市场为导向推行。

NGMN 是一个开放的平台，不仅欢迎各个移动运营商，也欢迎设备制造商、研究单位（包括研究院所）以及高校加入，采用更开放的形式推动产业的发展，以获得更大的产业规模。在这个平台中，运营商希望推动下一代网络技术，保证性能和可实施性。它不仅在提需求，同时也在推动标准化，促进标准化组织的制定，开展跟踪最终产业链的形式。它会推动测试设备的开发，进行一些实验和评估等。总体来说，它希望成为一个务实的组织，采用非常紧密地与各个产业链合作的方式推动新的技术发展，不但能满足整个市场的需要，而且在业务能力以及时间方面可以满足运营商的需要，创造一个以市场为导向的共赢产业链。

NGMN 于 2015 年 2 月发布了关于 5G 的白皮书，展示了对于 5G 的展望和发展路标。

2. 欧盟

欧盟是 5G 技术研发的引导者，早在 2012 年就全面启动了名为“METIS”的 5G 研发计划。METIS 定义 5G 以用户体验为中心，并针对场景需求、空口技术、多天线技术、网络架构、频谱分析、仿真及测试平台等方面进行深入研究。METIS 计划时间表如下：2012 年 11 月开始基础研究工作，主要探索未来移动通信的需求、特性、指标，形成 5G 关键技术架构；2015 年 5 月开始针对系统优化、标准化、场外试验进行技术细化研究；2018 年开始试商用，并预计在 2020 年实现全球商用。

在 5G 场景方面，METIS 提出了虚拟现实办公、超密集城区、移动终端远程计算、传感器大规模部署和智能电网等 12 个典型的 5G 应用场景，并分析了在每个典型场景下的用户分布、业务特点和相应的系统关键能力需求。在 5G 业务方面，METIS 提出了应包含增强型移动互联网业务、大规模机器类通信和低时延高可靠通信。METIS 项目对 5G 需求进行了系统性的研究，重点强调了新一代系统需要更好地支持物联网类业务。该项目的阶段性研究成果将作为欧盟在 5G 关键技术和系统设计的重要参考，输入 ITU、3GPP 等国际标准组织，体现欧盟的核心观点。

WWRF（Wireless World Research Forum）是欧盟的 5G 研究组织，由西门子、诺基亚、爱立信、阿尔卡特、摩托罗拉、法国电信、IBM、Intel、Vodafone 等世界著名电信设备制造商、电信运营商于 2001 年发起成立。WWRF 是致力于移动通信技术研究和开发的国际性学术组织。其成员包括欧洲、美洲、亚洲的绝大多数电信设备制造商，电信运营商及知名大学从事移动通信技术研究的科学家。WWRF 的目标是在行业和学术界内对未来无线领域研究方向进行规划，提出、确立发展移动及无线系统技术的研究方向，为全球无线通信技术研究提供建设性的帮助。

2013 年，欧盟 5G 公私合营联盟（5GPPP）正式成立。欧盟希望借助 5GPPP 的力量加快对 5G 的研发步伐。作为 METIS 的一个重要延展项目，5GPPP 是一个政府民间合作组织，由政府出资管理项目、吸引民间企业和组织参加，计划在未来 5 ～ 6 年时间里，由政府和主要设备商、运营商投资，进行未来 5G 网络架构、技术、标准等方面的研究。

5GPPP 将 METIS 项目的主要成果作为重要的研究基础，以更好地衔接不同阶段的研究成果。近期，5GPPP 已完成第一轮研究课题申报。课题执行时间为 2015 年 6 月至 2017 年年底，将继续开展 5G 关键技术和系统设计的研究。本次申报涉及无线网络架构与技术、网络融合、网络管理、网络虚拟化与软件定义网络 4 个研究领域的全部 16 个研究项目，共收到爱立信、诺基亚、三星、华为、英特尔等公司共计 83 个课题的立项申请。

2016 年 7 月，欧洲电信行业发布《5G 宣言》，希望欧盟放松监管，增加资金投入，提供适当的频谱资源，以确保下一代移动技术的全部潜力得以实现，并希望欧盟 5G 行动计划可以采纳《5G 宣言》提出的建议。

3. 美国

2012 年，美国纽约大学无线中心成立了一个多学科研究中心，重点研究领域是 5G、医疗以及计算机科学等。根据无线中心的实验结果，未来 5G 网络用毫米波实现吉比特级的传输速率是可行的。FCC（Federal Communications Commission，美国联邦通信委员会）提出 5G 性能的三大发展方向：一是 5G 无线链路可比拟为移动光纤，提供 10 ～ 100 倍相当于当前技术的网速；二是 5G 的平均延时约为 10ms，当实时性要求较高时，如远程手术等应用，延时可小于 1ms；三是为了满足速度和时延要求，5G 需要向拥有更大带宽的高频段寻求频谱资源。

FCC 认为 5G 将是美国优先发展的产业之一。为确保在 5G 应用开发领域的领先地位，FCC 在 2016 年 6 月提议要出台新政策，为 5G 技术提供更多频谱资源。2016 年 7 月 14 日，FCC 通过了“频谱新领域”提案，向 5G 开放 24GHz 以上高频频谱。此外，美国还主推利用频谱共享技术满足 3.5GHz 中频段的 5G 频谱需求，以及通过激励拍卖释放广电 600MHz 频段用于 5G 系统。

FCC 认为不应在 5G 标准制定后才考虑频谱计划，而是要让行业决定 5G 该如何运作。因此，美国政府只须提供充足的频谱资源，建议依靠电信设备商和运营商确立 5G 技术标准。2016 年 7 月，美国最大的无线运营商 Verizon 与 5G 技术论坛合作，率先完成了 5G 无线技术规范。该规范提供了测试和验证 5G 关键技术组件的指南，使设备商和运营商可以开发互操作的解决方案，有助于标准的测试和构建。目前，Verizon 公司已进入 5G 预商用测试阶段，而 AT&T 等美国主要移动运营商也在 2017 年进行 5G 试验。FCC 还将简化基站审批流程，以方便 5G 微蜂窝基站的建设。

4. 其他国家

2012 年，英国成立 5G 创新中心（5GIC），开启 5G 技术的研发进程。该创新中心由萨里大学牵头，由多家行业内顶尖级的通信企业共同参与。5G 创新中心规划研究将分三阶段推进：第一阶段进行能源消耗、频段效率以及传输速度等方面的基础研究；第二阶段制定未来5G技术标准规范；第三阶段建立5G技术测试的试验平台、提供实验数据，为未来5G的商用奠定基础。

2012年，韩国成立5G论坛（5G Forum），从而开启了全国范围内的5G技术研发工作。5G Forum主要负责制定国家5G战略规划、中长期的技术研究规划，并促进移动通信生态系统的建立。2013年，韩国发布“未来移动通信产业发展战略”，计划于2015年实现Pre-5G技术，2017年年底开始进行5G试用，并于2018年在平昌冬奥会期间进行完整测试，最终于2020年实现5G网络的正式商用，以期成为全球首个5G网络商用化的国家。

2013年，日本ARIB（Association Radio Industries and Businesses，电波产业协会）成立“2020 and Beyond Ad Hoc”5G工作组，主要开展对未来移动通信系统概念、无线接入技术、网络基本架构等方面的研究，预计于2020年东京奥运会前商用5G服务。

5. 中国

为推动5G研发，我国工业和信息化部、发展和改革委员会和科学技术部在2013年2月联合成立了IMT-2020（5G）推进组，集中国内“产学研用”优势单位，联合开展5G策略、需求、技术、频谱、标准、知识产权研究及国际合作，并取得了阶段性研究进展。

IMT-2020（5G）推进组初步完成了中国国内5G潜在关键技术的调研与梳理，将5G潜在关键技术划分为无线传输技术和无线网络技术，并分为两个子组，分别是无线技术组和网络技术组。无线技术组侧重无线传输技术与无线组网技术的研究；网络技术组侧重于接入网与核心网新型网络架构、接口协议、网元功能定义以及新型网络与现有网络融合技术的研究，如图1.6所示。

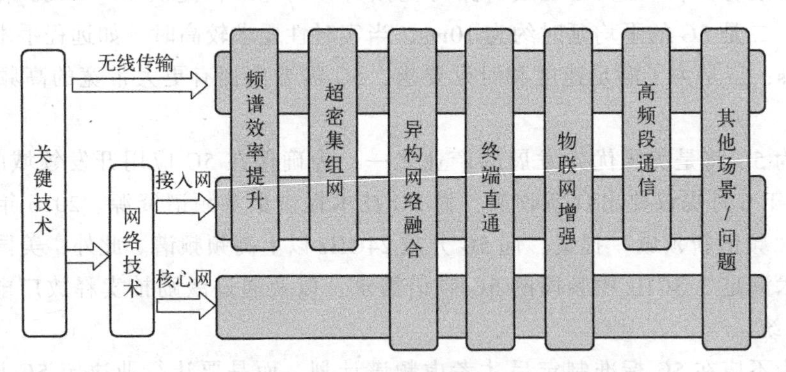

图1.6 IMT-2020（5G）推进组研究框架

我国5G国家科技重大专项已经启动，将与“863”任务相衔接，支持863项目的研究成果转化应用到IMT-2020国际标准化进程中。5G专项计划已于2015年启动毫米波频段移动通信系统关键技术研究与验证、5G网络架构研究、5G国际标准评估环境、5G候选频段分析与评估、下一代WLAN关键技术研究和标准化与原型系统研发以及低时延、高可靠性场景技术方案的研究与验证。

总体来看，我国5G推进计划与ITU的5G推进时间表相匹配，即2013年开始5G需求、频谱及技术趋势的研究工作；2016年完成技术评估方法研究；2018年完成IMT-2020标准征集；2020年最终确定5G标准。

2012年，我国将IMT-2020作为5G命名；2014年，我国向ITU建议将IMT-2020作为

5G 命名；2015 年，我国主推的 5G 命名——IMT-2020 被 ITU 采纳。

2014 年 5 月，我国 IMT-2020（5G）推进组面向全球发布《5G 愿景与需求》白皮书，详述我国在 5G 业务趋势、应用场景和关键能力等方面的核心观点。

在愿景需求方面，推进组提出了 8 个 5G 典型场景及每个场景下的潜在典型业务，所提出的典型场景包括密集住宅区、办公室、体育场和露天集会等全球普遍认可的挑战性场景，并包含地铁、快速路和高速铁路等中国特色场景以及广域覆盖场景。在此基础上，推进组定量分析了每个 5G 典型应用场景的业务需求，并提出了 5G 发展愿景及关键能力需求。

在技术场景方面，推进组从移动互联网和物联网主要场景及业务需求出发，通过提取关键技术特征，归纳了连续广域覆盖、热点高容量、低功耗大连接和低时延高可靠 4 个 5G 主要技术场景。其中，连续广域覆盖和热点高容量场景主要面向移动互联网作为传统的 4G 典型技术场景，将会实现性能指标的大幅提升；低功耗大连接和低时延高可靠场景主要面向物联网，是 5G 新的拓展场景，重点解决传统移动通信演进无法很好地支持物联网及垂直行业的应用问题。

在关键能力方面，为满足未来的多样化场景与业务需求，5G 系统的能力指标将比前几代移动通信更加丰富。用户体验速率、连接数密度、端到端时延、峰值速率、移动性等都将成为 5G 的关键性能指标，但推进组认为，其中最重要、最具标志性意义的指标是用户体验速率。它真正体现了用户可获得的真实数据速率，是与用户感受最密切相关的性能指标。结合未来 5G 业务需求及系统支持能力，5G 的用户体验速率指标应当为 Gbit/s 量级。

在核心技术方面，推进组提出 5G 将不再以单一的多址技术作为主要技术特征。其内涵更加广泛，将引入一组关键技术来共同定义，从场景适用性和技术重要性角度分析，大规模天线阵列、超密集组网、全频谱接入、新型多址技术以及新型网络架构将成为 5G 的最核心技术。

在 5G 关键性能指标方面，我国主推的八个指标均被 ITU 纳入《IMT 未来技术趋势》研究报告。在应用场景方面，我国提出的连续广域覆盖、热点高容量、多连接大功耗和低时延高可靠四大场景也与 ITU 结论基本相符。在无线技术方面，我国主推的大规模天线阵列、超密集组网、新型多址等核心技术，以及全双工、灵活频谱使用、低时延高可靠等重点技术均被 ITU 采纳。在网络技术方面，我国建议的 SDN、NFV、C-RAN、用户为中心网络等关键技术也被采纳。此后，我国 IMT-2020（5G）推进组又陆续发布了《5G 无线技术架构白皮书》《5G 概念白皮书》《5G 网络架构设计白皮书》《5G 网络技术架构白皮书》《5G 经济社会影响白皮书》和《5G 网络安全需求与架构白皮书》等，真实反映了我国意图引领 5G 发展的姿态。

全球的公司和运营商也积极地参与 5G 技术的研究，主要有爱立信、三星、华为、中国移动等。

第2章 5G愿景与需求

2.1 5G需求

2.1.1 5G的驱动力

互联网不仅能像传统电话网一样，将人和人连接起来，还能把网站和网站连接起来。互联网提供的不仅是简单的话路连接，还能够向全世界提供知识、信息和智能。尽管互联网的物理层与传统电话网可以有很大部分的重合，但互联网是把人类星球连接成为一个地球村的崭新信息网络。于是，社会学家开始使用一个词汇：互联网时代。

原先的互联网随着光纤和网线，送到楼、送到户、送到屋、送到桌、送到网络终端：个人电脑。现在，移动通信把互联网的终端真正交给了每个人口袋里的智能手机。带着手机的网民，在任何时候、任何地方都在上网。从此，就有了一个新词：移动互联。

传感技术无论在物理学领域还是在信息通信领域，一直是一个重要的研究方向。伴随着最近30年来移动通信的进步，无线传感器网络的研究取得了重大进展。

现代微型传感器已经具备3种能力：感知、计算和通信，而且具有体积小、能耗小的特征。现代无线传感器网络将传感器、嵌入式计算、分布式信息处理和无线通信技术结合在一起，能将感知信息通过多跳的方式传输给用户，又可以做到传感器节点相对密集。这些节点既可以是静止的，也可以是移动的。网络还具备通信路径自组织能力（Ad Hoc）。

将现代传感器网络与互联网联接是世间人类和万物的联接，有着极其广阔的发展前景和极其深远的历史意义。

正是在这样的背景下，产生了物联网（Internet of Things，IoT）的概念。2005年，在信息社会世界峰会（WSIS）上，国际电信联盟发布《ITU互联网报告2005：物联网》。报告指出，无所不在的“物联网”通信时代即将来临，世界上所有的物体，从轮胎到牙刷、从房屋到纸巾都可以通过互联网主动进行信息交换。射频识别（RFID）技术、传感器技术、纳米技术、智能嵌入技术将得到更加广泛的应用。

2012年，全球联网的无线传感器的数量是87亿个。业界预测，到2020年，将达到500亿个，占无线传感器总量的比例，即渗透率，将从2012年的0.6%增加到2020年的2.7%。

类比于人的神经末梢、神经网络和大脑，具备了传感器、网络和智能的地球，也就可以被称作具有“智慧”了。于是，就有了“智慧地球”的构想，“物联网”就成为了“智慧地球”不可或缺的一部分。

面对移动互联网和物联网等新型业务的发展需求，5G系统需要满足各种业务类型和应用场景。一方面，随着智能终端的迅速普及，移动互联网在过去的几年中在世界范围内发展迅猛，面向2020年及未来，移动互联网将进一步改变人类社会信息的交互方式，为用户提供增强现实、虚拟现实等更加身临其境的新型业务体验，从而带来未来移动数据流量的飞速增长；另一方面，物联网的发展将传统人与人通信扩大到人与物、物与物的广泛互联，届时，智能家居、车联网、移动医疗、工业控制等应用的爆炸式增长将带来海量的设备连接。

在保证设备低成本的前提下，5G 网络需要满足以下几个目标。

（1）服务更多的用户。据 ITU 发布的全球信息技术数据显示，全球蜂窝移动签约用户到 2013 年年底已经达到 68 亿。其中，移动宽带用户经过近年来的快速增长已达到 20 亿左右，渗透率接近 30%，约为 2011 年的 2 倍，2009 年的 4 ～ 5 倍。随着移动宽带技术的进一步发展，移动宽带用户数量和渗透率将继续增加。与此同时，随着移动互联网应用和移动终端种类的不断丰富，预计到 2020 年，人均移动终端的数量将达到 3 个左右。这就要求到 2020 年，5G 网络能够为超过 150 亿的移动宽带终端提供高速的移动互联网服务。

（2）支持更高的速率。移动宽带用户在全球范围的快速增长，即时通信、社交网络、文件共享、移动视频、移动云计算等新型业务不断涌现，带来了移动用户对数据量和数据速率需求的迅猛增长。据 ITU 发布的数据预测，相比于 2020 年，2030 年全球的移动业务量将飞速增长，达到 5000EB/月。

相对应地，未来 5G 网络还应能够为用户提供更快的峰值速率，如果以 10 倍于 4G 蜂窝网络峰值速率计算，5G 网络的峰值速率将达到 10Gbit/s 量级。

（3）支持无限的连接。随着移动互联网、物联网等技术的进一步发展，移动通信网络的对象将呈现泛化的特点。它们在传统人与人之间通信的基础上，增加了人与物（如智能终端、传感器、仪器等）、物与物之间的互通。不仅如此，通信对象还具有泛在的特点，人或物可以在任何时间和地点进行通信。因此，5G 移动通信网将变成一个能够让任何人和任何物，在任何时间和地点都可以自由通信的泛在网络，如图 2. 1 所示。

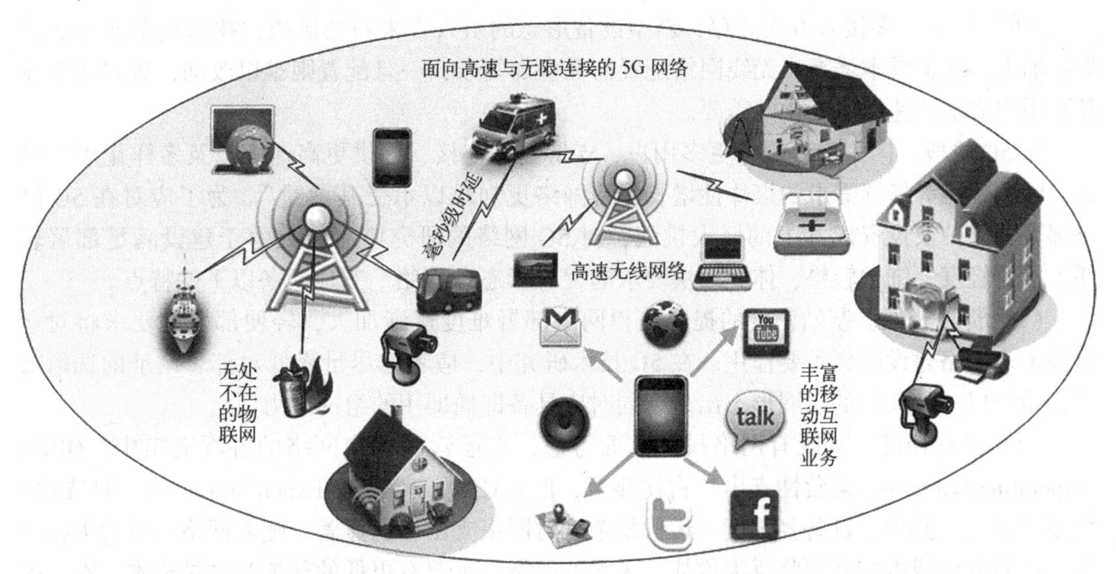

图 2. 1　未来面向高速与无限连接的 5G 网络

近年来，国内外运营商都已经开始在物联网应用方面开展新的探索和创新，已出现的物联网解决方案，如智慧城市、智能交通、智能物流、智能家居，智能农业、智能水利、设备监控、远程抄表等，都致力于改善人们的生产和生活。随着物联网应用的普及、无线通信技术及标准化进一步的发展，到2020年，全球物联网的连接数将达到1 000亿左右。在这个庞大的网络中，通信对象之间的互联和互通不仅能够产生无限的连接数，还会产生巨大的数据量。预测到2020年，物物互联数据量将达到传统人与人通信数据量的约30倍。

（4）提供个性的体验。随着商业模式的不断创新，移动网络将推出更为个性化、多样化、智能化的业务应用。因此，这就要求未来5G网络应进一步改善移动用户体验，如汽车自动驾驶应用要求将端到端时延控制在毫秒级、社交网络应用需要为用户提供永远在线体验，以及为高速场景下的移动用户提供全高清/超高清视频实时播放等体验。

因此，面向2020年的未来5G移动通信系统要求在确保低成本、传输的安全性、可靠性、稳定性的前提下，能够提供更高的数据速率、服务更多的连接数和获得更好的用户体验。

2.1.2 运营需求

移动通信系统从1G到4G的发展是无线接入技术的发展，也是用户体验的发展。每一代的接入技术都有自己鲜明的特点，同时每一代的业务都给予用户更全新的体验。然而，在技术发展的同时，无线网络已经越来越“重”。

“重”部署：基于广域覆盖、热点增强等传统思路的部署方式对网络层层加码，另外泾渭分明的双工方式，以及特定双工方式与频谱间严格的绑定，加剧了网络之重（频谱难以高效利用、双工方式难以有效融合）。

“重”投入：无线网络越来越复杂，使得网络建设投入加大，从而导致投资回收期长，同时对站址条件的需求也越来越高；另外，很多关键技术的引入对现有标准影响较大、实现复杂，从而使得系统达到目标性能的代价变高。

“重”维护：多接入方式并存，新型设备形态的引入带来新的挑战，技术复杂使得运维难度加大，维护成本增高；无线网络配置情况愈加复杂，一旦配置则难以改动，难以适应业务、用户需求快速发展变化的需要。

在5G阶段，因为需要服务更多用户、支持更多连接、提供更高速率以及多样化用户体验，网络性能等指标需求的爆炸性增长将使网络更加难以承受其“重”。为了应对在5G网络部署、维护及投资成本上的巨大挑战，对5G网络的研究应总体致力于建设满足部署轻便、投资轻度、维护轻松、体验轻快要求的“轻形态”网络。其应具备以下的特点。

（1）部署轻便。基站密度的提升使得网络部署难度逐渐加大，轻便部署的要求将对运营商未来网络建设起到重要作用。在5G技术研究中，应考虑尽量降低对部署站址的选取要求，希望以一种灵活的组网形态出现，同时应具备即插即用的组网能力。

（2）投资轻度。从既有网络投入方面考虑，在运营商无线网络的各项支出中，OPEX（Operating Expense，运营性支出）占比显著，但CAPEX（Capital Expenditure，资本性支出）仍不容忽视。其中，设备复杂度、运营复杂度对网络支出影响显著。随着网络容量的大幅提升，运营商的成本控制面临巨大挑战，未来的网络必须要有更低的部署和维护成本，在技术选择时应注重降低两方面的复杂度。

新技术的使用一方面要有效控制设备的制造成本，采用新型架构等技术手段降低网络的整体部署开销；另一方面还需要降低网络运营复杂度，以便捷的网络维护和高效的系统优化来满足未来网络运营的成本需求；应尽量避免基站数量不必要的扩张，尽量做到站址利旧，基站设备应尽量轻量化、低复杂度、低开销，采用灵活的设备类型，在基站部署时，应能充分利用现有的网络资源，采用灵活的供电和回传方式。

（3）维护轻松。随着 3G 的成熟和 4G 的商用，网络运营已经出现多网络管理和协调的需求，在未来 5G 系统中，多网络的共存和统一管理将是网络运营面临的巨大挑战。为了简化维护管理成本、统一管理、提升用户体验，智能的网络优化管理平台将是未来网络运营的重要技术手段。

此外，运营服务的多样性，如虚拟运营商的引入，对业务 QoS（Quality of Service，服务质量）管理及计费系统会带来影响。因而相比既有网络，5G 网络运营应能实现更加自主、更加灵活、更低成本和更快适应地进行网络管理与协调，要在多网络融合和高密复杂网络结构下拥有自组织的、灵活简便的网络部署和优化技术。

（4）体验轻快。网络容量数量级的提升是每一代网络最鲜明的标志和用户最直观的体验，然而 5G 网络不应只关注用户的峰值速率和总体的网络容量，更需要关心的是用户体验速率，需要小区去边缘化以给用户提供连续一致的极速体验。此外，不同的场景和业务对时延、接入数、能耗、可靠性等指标有不同的需求，不可一概而论，应该因地制宜，全面评价和权衡。总体来讲，5G 系统应能够满足个性、智能、低功耗的用户体验，具备灵活的频谱利用方式、灵活的干扰协调/抑制处理能力，移动性性能得到进一步的提升。

另外，移动互联网的发展带给用户全新的业务服务，未来网络的架构和运营要向着能为用户提供更丰富的业务服务方向发展。网络智能化，服务网络化，利用网络大数据的信息和基础管道的优势，带给用户更好的业务体验。游戏发烧友、音乐达人、微博控以及机器间通信等，不同的用户有不同的需求，更需要个性化的体验。未来网络架构和运营方式应使得运营商能够根据用户和业务属性以及产品规划，灵活自主地定制网络应用规则和用户体验等级管理等。同时，网络应具备智能化认知用户使用习惯，并能根据用户属性提供更加个性化的业务服务。

2.1.3　业务需求

（1）支持高速率业务。无线业务的发展瞬息万变，仅从目前阶段可以预见的业务看，在移动场景下，大多数用户为支持全高清视频业务，需要达到 10Mbit/s 的速率保证；对于支持特殊业务的用户，如支持超高清视频，要求网络能够提供 100Mbit/s 的速率体验；在一些特殊应用场景下，用户要求达到 10Gbit/s 的无线传输速率，如短距离瞬间下载、交互类 3D（3-Dimensions）全息业务等。

（2）业务特性稳定。无所不在的覆盖、稳定的通信质量是对无线通信系统的基本要求。由于无线通信环境复杂多样，仍存在很多场景覆盖性能不够稳定的情况，如地铁、隧道、室内深覆盖等。通信的可靠性指标可以定义为对于特定业务的时延要求下成功传输的数据包比例，5G 网络应要求在典型业务下，可靠性指标应能达到 99%甚至更高；对于 MTC（MachineType Communication，机器类型通信）等非时延敏感性业务，可靠性指标要求可以适当降低。

（3）用户定位能力高。对于实时性的、个性化的业务而言，用户定位是一项潜在且重要的背景信息，在 5G 网络中，对于用户的三维定位精度要求应提出较高要求，如对于 80%的场景（如室内场景）精度从 10m 提高到 1m 以内。在 4G 网络中，定位方法包括 LTE 自身解决方案和借助卫星的定位方式，在 5G 网络中可以借助既有的技术手段，但应该从精度上进行进一步的增强。

(4) 对业务的安全保障。安全性是运营商提供给用户的基本功能之一，从基于人与人的通信到基于机器与机器的通信，5G网络将支持各种不同的应用和环境。所以，5G网络应当能够应对通信敏感数据有未经授权的访问、使用、毁坏、修改、审查、攻击等问题。此外，由于5G网络能够为关键领域，如公共安全、电子保健和公共事业提供服务，因此5G网络的核心要求应具备提供一组全面保证安全性的功能，用以保护用户的数据、创造新的商业机会，并防止或减少任何可能的网络安全攻击。

2.1.4 用户需求

(1) 终端多样性。在3G网络的全球部署下，终端的蓬勃发展给移动通信产业带来巨大的变化。2000年以来，终端业务由传统的语音业务向宽带数据业务发展，终端形态呈现多样化发展，未来还会出现手表、眼镜等多种形态的终端，围绕个人、行业、家庭三大市场形成个性化多媒体信息平台。

智能终端的流行，同时成就终端与互联网业务的结合，为用户带来全新的业务体验与交互能力，刺激用户对移动互联网的使用欲望，拉动数据流量的激增。根据相关统计，智能终端用户70%的时间花费在游戏、社交网络等活动上，随着终端的发展，将会产生更多的数据流量。2020年，智能终端每天业务量接近1GByte将不再是梦想。

(2) 应用的多样性。智能终端的发展同时带动移动互联网业务的高速发展。移动互联网业务由最初简单的短/彩信业务发展到现在的微信、微博和视频等业务，越来越深刻地改变了信息通信产业的整体发展模式。

随着移动互联网业务的发展，5G移动通信将会渗透到各个领域，除了常规业务，如超高清视频（3D视频）、3D游戏、移动云计算外，还会在远程医疗、环境监控、社会安全、物联网业务等各个领域方便人们的生活。这些新应用、新业务仍然以客户为中心，关注用户的完美体验，并保证用户随时随地的最佳体验，更快速地开展业务，即使在移动状态下，仍然能够享有高质量的服务。因此，未来，人机之间的混合通信对于网络流量增长，高效、便捷和安全访问显得非常重要，只有充分关注用户体验，才能促进整个移动通信行业的长远发展。

2.1.5 网络需求

(1) 由于频谱资源的有限性，需要提高频谱的使用效率。移动通信系统的频率由ITU-R进行业务划分。目前，ITU-R划分了450MHz、700MHz、800MHz、1 800MHz、1 900MHz、2 100MHz、2 300MHz、2 500MHz、3 500MHz和4 400MHz等频率给IMT系统使用。LTE网络部署初期主要集中在2.6GHz、1.8GHz和700MHz。然而，由于各国家和地区使用情况存在差异，因此给产业链和用户带来困难。例如，New iPad只支持700MHz和2 100MHz频率。这两个频率在很多国家不能使用。对我国来说，上述频率存在多种业务（如铁路调度系统、广播电视系统、集群系统、雷达系统以及固定卫星系统等），给LTE频率规划和网络部署带来巨大的挑战。按照ITU-R的预计，10年后，移动流量将是现在的1 000倍。如此巨大的数据流量亟须提升频谱的使用效率，改变目前碎片化的使用方式。

另外，可以通过新技术来实现频谱利用率的最大化，如基于OFDMA的长期演进系统(4G) 相比2G、3G在容量上有了新的突破，为了达到系统需求的峰值速率，采用MIMO和高阶调制技术提升频谱利用率。在LTE-Advanced演进过程中引入的载波聚合（CA）技术，将多个连续或不连续离散频谱聚合使用，从而解决高带宽需求，进而提高频谱利用率。因此，针对频谱资源稀缺问题，未来 5G 需要使用合适的频谱使用方式和新技术来提高频谱使用效率，如 TDD/FDD 融合的同频同时全双工（CCFD）可以有效提升频谱效率，并给频谱的使用提供方便。

（2）需要通过 IPv6 促进网络融合。现有数字技术允许不同的系统，如有线、无线、数据通信系统融合在一起。这种融合正在全球范围内发生，并且迅速改变人们和设备的通信方式。基于 IP 的网络技术使其成为可能，并且是这场变革的骨干。基于 IP 的通信系统不管是为运营商和用户提供多种设备、网络和协议的连接，还是实现管理的灵活性和节省网络资源都具有重要的优势。由于 IP 化进程加快，各接入系统的互通可以通过共用 IP 核心网络实现任何时间、任何地点的最优连接。除此之外，IPv6 在安全性、QoS、移动性等方面具有巨大的优势。因此，IPv6 对未来网络的演进和业务发展产生起着重要作用。

2.1.6　效率需求

频谱利用、能耗和成本是移动通信网络可持续发展的三个关键因素。为了实现可持续发展，5G 系统相比 4G 系统在频谱效率、能源效率和成本效率方面需要得到显著提升。具体来说，频谱效率需要提高 5 ～ 15 倍，能源效率和成本效率均要求有百倍以上的提升，如表 2.1 所示。

表 2.1　5G 关键效率指标

指　　标	定　　义
频谱效率（bit/s/Hz/cell 或 bit/s/Hz/km^2）	在每小区或单位面积内，单位频谱资源提供的吞吐量
能源效率（bit/J）	每焦耳能量所能传输的比特数
成本效率（bit/Y）	每单位成本所能传输的比特数

2.1.7　终端需求

无论硬件还是软件方面，智能终端设备在 5G 时代都将面临功能和复杂度方面的显著提升，尤其是在操作系统方面，必然会有持续的革新。另外，5G 的终端除了基本的端到端通信之外，还可能具备其他的效用，如成为连接到其他智能设备的中继设备，或者能够支持设备间的直接通信等。考虑目前终端的发展趋势以及对 5G 网络技术的展望，可以预见 5G 终端设备将具备以下特性。

（1）更强的运营商控制能力。对于 5G 终端，应该具备网络侧高度的可编程性和可配置性，比如终端能力、使用的接入技术、传输协议等；运营商应能通过空口确认终端的软/硬件平台、操作系统等配置来保证终端获得更好的服务质量；另外，运营商可以通过获知终端关于服务质量的数据，比如掉话率、切换失败率、实时吞吐量等来进行服务体验的优化。

（2）支持多频段、多模式。未来的 5G 网络时代，必将是多网络共存的时代，同时考虑全球漫游，这就对终端提出了多频段、多模式的要求。另外，为了达到更高的数据速率，5G 终端需要支持多频带聚合技术。这与 LTE-Advanced 系统的要求是一致的。

（3）支持更高的效率。虽然 5G 终端需要支持多种应用，但其供电作为基本通信保障应有所保证，如智能手机充电周期为 3 天，低成本 MTC 终端能达到 15 年。这就要求终端在资源和信令效率方面应有所突破，如在系统设计时考虑在网络侧加入更灵活的终端能力控制机制，有针对性地发送必须的信令信息等。

(4) 个性化。为满足以人为本、以用户体验为中心的5G网络要求，用户应可以按照个人偏好选择个性化的终端形态、定制业务服务和资费方案。在未来的网络中，形态各异的设备将大量涌现，如目前已经初见端倪的内置在衣服上用于健康信息处理的便携化终端、3D眼镜终端等，将逐渐商用和普及。另外，因为部分终端类型需要与人长时间紧密接触，所以终端的辐射需要进一步降低，以保证长时间使用不会对人的身体造成伤害。

2.2 5G 愿景

2.2.1 5G 总体愿景

移动通信已经深刻地改变了人们的生活，但人们对更高性能移动通信的追求从未停止。为了应对未来爆炸性的移动数据流量增长、海量的设备连接、不断涌现的各类新业务和应用场景，第五代移动通信（5G）系统将应运而生。

5G 将渗透到未来社会的各个领域，以用户为中心构建全方位的信息生态系统。5G 将使信息突破时空限制，提供极佳的交互体验，为用户带来身临其境的信息盛宴；5G 将拉近万物的距离，通过无缝融合的方式，便捷地实现人与万物的智能互联；5G 将为用户提供光纤般的接入速率，“零”时延的使用体验，千亿设备的连接能力，超高流量密度、超高连接数密度和超高移动性等多场景的一致服务，业务及用户感知的智能优化，同时将为网络带来超百倍的能效提升和超百倍的比特成本降低，最终实现“信息随心至，万物触手及”的总体愿景，如图 2.2 所示。

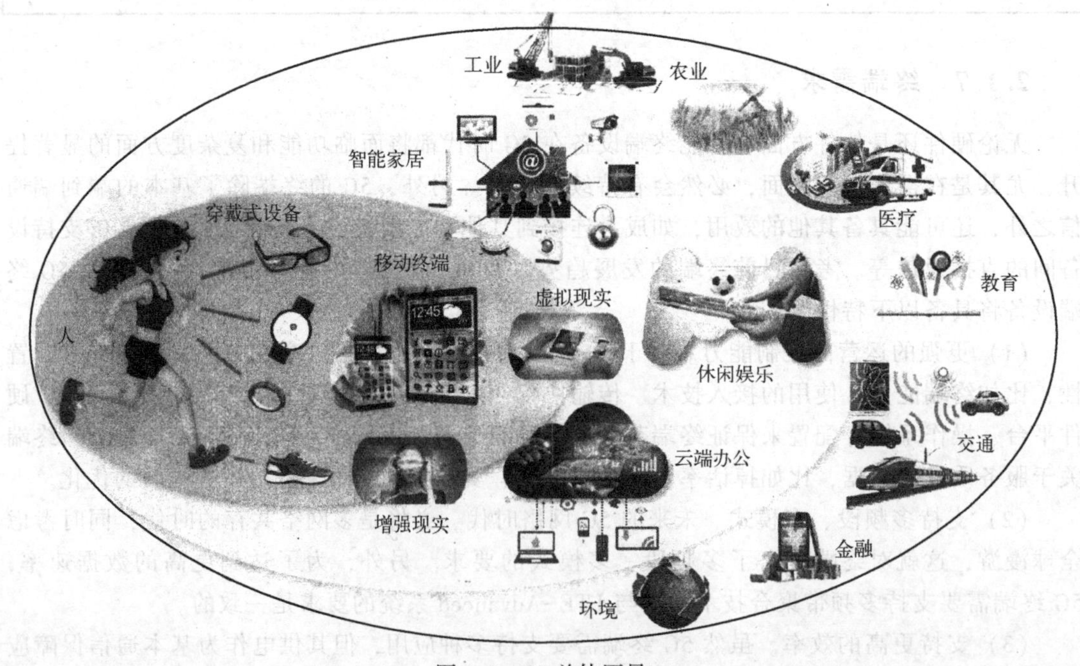

图 2.2　5G 总体愿景

2.2.2 5G网络的特征

为了满足未来用户、业务、网络的新需求，必然要求5G具有更多、更先进的功能，实现无时不在、无所不在的信息传递。因此，未来5G是一个广带化、泛在化、智能化、融合化、绿色节能的网络。

（1）网络广带化，满足用户需求。

终端的快速发展以及各类新应用的产生将会刺激移动业务数据量的飞速增长。随着技术发展和行业融合，移动互联网产业将会继续呈现快速增长的态势，用户对于移动网络带宽和传输速率需求将更大。未来几年，移动业务量更是以指数级增长，如ITU-R第5研究组预测，到2020年移动业务总量相比2010年增加4 480倍。因此，为了满足未来用户和业务的发展需求，5G将具有超高容量。

（2）网络泛在化，适应移动互联网发展。

在移动智能终端和移动互联网业务应用所呈现的发展态势下，互联网业务的发展日新月异。

移动超高清视频播放：随着移动智能终端和移动互联网的发展，越来越多的用户希望在任何时间和任何地点都能通过移动终端观看视频。随着移动网络能力的提升，移动视频的服务质量将提升到新的高度。

增强现实：借助智能手机和智能穿戴式移动通信设备，通过移动通信网络实时反馈给用户海量的虚拟信息，有效帮助用户感知和认识真实世界。

未来5G网络的泛在化将满足各种类型互联网业务的个性化需求，提供无所不在的智能信息服务、无所不在的连接。

（3）网络智能化，提升网络资源效率。

未来，5G网络数据流量和信令流量将呈现爆炸式增长，面对挑战，通过网络智能化，才能最大化每比特收益，实现网络资源、用户体验和收益的和谐发展。未来，网络的智能化主要体现在频谱智能化、网络架构智能化、网络管理智能化、流量管控智能化。

频谱智能化：目前，我国的频谱资源是通过固定方式分配给不同的无线电部门的，频谱资源的利用高度不均衡。因此，未来可以使用新技术智能化地使用频谱，如基于认知无线电技术（CRS）对所处的电磁环境进行实时监测、寻找空闲频谱使用、通过动态频谱共享提高无线频谱的利用效率。

网络架构智能化：随着互联网业务的爆炸式增长、服务器虚拟化，以及各种云计算业务不断出现，传统网络已不再适应。由于SDN具有控制和转发分离、设备资源虚拟化、通用硬件及软件可编程三大特征，因此，未来可以利用SDN理念改造现有无线网，以更加智能、更加灵活的方式提供新业务。

网络管理智能化：移动通信发展到LTE阶段，为实现高带宽，网络越来密集，如果采用传统的人工维护，则不仅工作量大，而且成本很高。为了减少网络建设成本和运维成本，提出了SON功能，主要包括自配置、自优化、自修复，综合传统运维手段并将其智能化，提升网络管理效率。现阶段，SON功能主要用在LTE网络。未来，5G将会存在多制式并存场景。SON功能将扩展到多制式之间的研究，在更多的方面提升管理智能化，大幅度降低网络运营成本。

流量管控智能化：在网络中，流量分布存在极不均衡的场景，如在一些区域，在个别时间，有很多用户同时使用P2P业务等，占用大量带宽，网络系统忙闲流量差异巨大，导致网络资源利用率很低。电信运营商提出了“智能管道”的战略，通过“开源”和“节流”来吸引业务量，保证用户体验。对于 LTE 网络部署，同样采用智能管道的措施。例如，LTE -Advanced 中的 HetNet（异构网络）可有效提高小区边缘速率和小区平均吞吐量，并适合业务量时空分布不均衡的情况，有效吸收热点地区业务。在进行 LTE 建设的同时考虑 PCC（策略和计费控制）的引入，使运营商第一次具备有效和完备的移动智能管道控制能力，并借助该技术有效地调节和均衡数据流量。未来业务的发展将会给网络带来更多的流量，但仍然需要智能化流量管控来提高网络资源效率。

（4）网络融合化，推进网络演进。

随着全球信息产业的发展，5G 将是更加融合的发展趋势：首先是电信网、广播电视网、互联网三网融合推动业务发展，为用户提供更多的增值价值；其次是 2G、3G、4G 多制式网络融合，实现电信网络资源共享，实现投资利益最大化。

三网融合：电信网、广播电视网、互联网三网融合，在给人们的生活带来巨大便利的同时，也给网络带来新的挑战。三网融合要求扁平化和透明化的网络架构，同时对网络容量需求有大幅提高。三网融合业务逐步放开，将引发接入网、核心网的流量激增。由于未来 5G 具有超高的传输能力、超高容量、超可靠性的特点，因此将会产生更多的新技术、新的传输方式，为三网融合的进程添砖加瓦。

多制式网络融合：伴随移动通信的发展，5G 时代将会是 2G、3G、4G、5G 等多制式网络并存的局面，因此，在保证用户体验的情况下，提升网络资源效率显得尤为重要。一是网络内各尽其责：2G、3G 优先疏通语音业务，在保证语音业务的前提下，可适度承载数据业务。4G 网络 TDD+FDD 主要承载数据业务，WLAN 作为无线蜂窝网络承载移动数据业务的重要补充。二是网络间协调发展：各网络间相互协同，优势互补，实现低成本高效率的协调均衡发展。针对网络业务分布的不均衡性，根据网络负荷、业务类型进行网络动态选择，提升网络流量价值。例如，当 WLAN 负荷高而蜂窝网负荷轻时，可以根据网络负荷情况动态选择蜂窝网承担用户的数据业务，在保证用户体验不受影响的情况下，实现不同网络之间的动态负载均衡。

（5）绿色节能，降低网络能耗。

就移动通信而言，提升通信网络的节能环保性能，建设绿色移动网络，实现与环境的和谐发展已成为通信产业的共识。当前，基站建设规模逐年扩大，基站年耗电量随之剧烈增长，不但带来较大的运营成本负担，而且给环境带来污染。未来，5G 网络基站之间距离更近，异构网络更加普及。在保证用户感受不受影响的前提下，将会采用更加有效的节能技术，有效降低网络的整体能耗，实现绿色环保的移动通信运营，如有源天线技术将有源器件与天线集成为一体，实现电磁波产生、变换、发射和接收等系统的装置。由于有源天线将射频紧密集成到天线中，没有馈线损耗，在保证相同输出功率的情况下，功耗更小，基站的射频部分置于塔上自然散热，有效降低移动网络的功耗，起到节能环保的作用。

2.3 5G 网络的性能

2.3.1 5G 网络的性能指标

5G 典型场景涉及未来人们居住、工作、休闲和交通等各种区域，特别是密集住宅区、办公室、体育场、露天集会、地铁、快速路、高铁和广域覆盖等场景，如图 2.3 所示。这些场景具有超高流量密度、超高连接数密度、超高移动性等特征，可能对 5G 系统形成挑战。

图 2.3 5G 典型的应用场景

在这些场景中，考虑增强现实、虚拟现实、超高清视频、云存储、车联网、智能家居、OTT 消息等 5G 典型业务，并结合各场景未来可能的用户分布、各类业务占比及对速率、时延等的要求，可以得到各个应用场景下的 5G 性能需求。5G 关键性能指标主要包括用户体验速率、连接数密度、端到端时延、流量密度、移动性和用户峰值速率，如表 2.2 所示。

表 2.2　5G 性能指标

指　标	定　义
用户体验速率/bit/s	真实网络环境下用户可获得的最低传输速率
连接数密度/(/km^2)	单位面积上支持的在线设备总和
端到端时延/ms	将数据包从源节点开始传输到被目的节点正确接收的时间
移动性/(km/h)	满足一定性能要求时，收、发双方间的最大相对移动速度
流量密度/(bit/s/km^2)	单位面积区域内的总流量
用户峰值速率/(bit/s)	单用户可获得的最高传输速率

根据 ITU-R WP5D 的时间计划，不同国家、地区、公司在 ITU-R WP5D 第 20 次会上已提出面向 5G 系统的需求。综合各个提案和会上的意见，ITU-R 已于 2015 年 6 月确认并统一 5G 系统的需求指标，如表 2.3 所示。

表 2.3　5G 系统指标

参数	用户体验速率	峰值速率	移动性	时延	连接密度	能量损耗	频谱效率	业务密度/一定地区的业务容量
指标	100Mbit/s～1Gbit/s	10～20Gbit/s	500km/h	1ms（空口）	10^6/km^2	不高于 IMT-Adavanced	3 倍于 IMT-Adavanced	10Mbit/s/m^2

NGMN 针对具体应用场景对指标需求进行了细化，如表 2.4 和表 2.5 所示。

表 2.4　用户体验指标需求

场　景	用户体验数据速率	时　延	移　动　性
密集地区的宽带接入	下行：300Mbit/s 上行：50Mbit/s	10ms	0～100km/h 或根据具体需求
室内超高宽带接入	下行：1Gbit/s 上行：500Mbit/s	10ms	步行速度
人群中的宽带接入	下行：25Mbit/s 上行：50Mbit/s	10ms	步行速度
无处不在的 50+Mbit/s	下行：50Mbit/s 上行：25Mbit/s	10ms	0～120km/h
低 ARPU 地区的低成本宽带接入	下行：10Mbit/s 上行：10Mbit/s	50ms	0～50km/h
移动宽带（汽车、火车）	下行：50Mbit/s 上行：25Mbit/s	10ms	高达 500km/h 或根据具体需求
飞机连接	下行：每个用户 15Mbit/s 上行：每个用户 7.5Mbit/s	10ms	高达 1 000km/h
大量低成本/长期的/低功率的 MTC	低（典型的 1～100kbit/s）	数秒到数小时	0～50km/h
宽带 MTC	见“密集地区的宽带接入”和“无处不在的 50+Mbit/s”场景中的需求		
超低时延	下行：50Mbit/s 上行：25Mbit/s	<1ms	步行速度
业务变化场景	下行：0.1～1Mbit/s 上行：0.1～1Mbit/s	—	0～120km/h
超高可靠性 & 超低时延	下行：50kbit/s～10Mbit/s 上行：几 bit/s～10Mbit/s	1ms	0～50km/h

续表

场　景	用户体验数据速率	时　延	移　动　性
超高稳定性和可靠性	下行：10Mbit/s 上行：10Mbit/s	10ms	0～50km/h 或根据具体需求
广播等服务	下行：高达 200Mbit/s 上行：适中（如 500kbit/s）	<100ms	0～50km/h

表 2.5　系统性能指标需求

场　景	连接密度	流量密度
密集地区的宽带接入	200～2 500/km^2	下行：750Gbit/s/km^2 上行：125Gbit/s/km^2
室内超高宽带接入	75 000/km^2 （75/1 000m^{2}的办公室）	下行：15Tbit/s/km^2 （15Tbit/s/1 000m^2） 上行：2Tbit/s/km^2 （2Gbit/s/1 000m^2）
人群中的宽带接入	15 000/km^2 （30 000/体育场）	下行：3.75Tbit/s/km^2 （下行：0.75Tbit/s/体育场） 上行：7.5Tbit/s/km^2 （1.5Tbit/s/体育场）
无处不在的 50+Mbit/s	城郊 400/km^2 农村 100/km^2	下行：城郊 20Gbit/s/km^2 上行：城郊 10Gbit/s/km^2 下行：农村 5Gbit/s/km^2 上行：农村 2.5Gbit/s/km^2
低 ARPU（Average Revenue Per User 每个用户平均收入）地区的低成本宽带接入	16/m^2	160Mbit/s/km^2
移动宽带（汽车、火车）	2 000/km^2（4 辆火车，每辆火车有 500 个活动用户，或 2 000 辆汽车每辆汽车上有 1 个活动用户）	下行：100Gbit/s/km^2（每辆火车 25Gbit/s，每辆汽车 50Mbit/s） 上行：50Gbit/s/km^2（每辆火车 12.5Gbit/s，每辆汽车 25Mbit/s）
飞机连接	每架飞机有 80 个用户 每 18 000km^{2}有 60 架飞机	下行：1.2Gbit/s/飞机 上行：600Mbit/s/飞机
大量低成本/长期的/低功率的 MTC	高达 200 000/km^2	无苛刻要求
宽带 MTC	见“密集地区的宽带接入”和“无处不在的 50+Mbit/s”场景中的需求	
超低时延	无苛刻要求	可能高
业务变化场景	10 000/km^2	可能高
超高可靠性 & 超低时延	无苛刻要求	可能高
超高稳定性和可靠性	无苛刻要求	可能高
广播等服务	不相关	不相关

2.3.2　5G 关键能力

5G 需要具备比 4G 更高的性能，支持 0.1 ～ 1Gbit/s 的用户体验速率，每平方公里一百万的连接数密度，毫秒级的端到端时延，每平方公里数十 Tbit/s 的流量密度，每小时 500km

以上的移动性和数十 Gbit/s 的峰值速率。其中，用户体验速率、连接数密度和时延为 5G 最基本的三个性能指标。同时，5G 还需要大幅提高网络部署和运营效率，相比 4G，频谱效率提升 5 ～ 15 倍，能效和成本效率提升百倍以上。

性能需求和效率需求共同定义了 5G 的关键能力，犹如一株绽放的鲜花。红花绿叶，相辅相成，花瓣代表了 5G 的六大性能指标，体现了 5G 满足未来多样化业务与场景需求的能力。其中，花瓣顶点代表相应指标的最大值；绿叶代表三个效率指标，是实现 5G 可持续发展的基本保障，如图 2.4 所示。

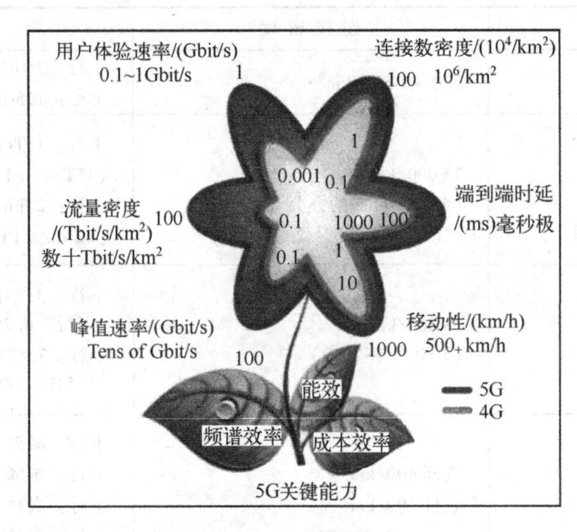

图 2.4 5G 关键能力

2.3.3 满足 5G 关键能力的途径

5G 愿景和能力主要是由移动互联网+物联网激发的。满足这些关键能力通常有 3 条途径：提高系统的频谱效率、提高系统的带宽和增加站址密度。

1. 提高系统的频谱效率

移动通信人一直致力于提高系统的频谱效率。在 2G 时代，获利于模拟到数字的技术革命，频谱效率相对于模拟通信提升了近 10 倍。但是随着数字技术的不断发展，频谱效率的提升难度越来越大，LTE 的频谱效率相对于 HSPA+提升的就已经非常少了。想要进一步提升频谱效率，可以从物理层手段、MIMO 技术、干扰控制技术 3 个方面入手。

（1）物理层手段。多址技术（GMSK/CDMA/OFDMA）、调制技术（QPSK/16QAM/64QAM）、编码技术（卷积码/Turbo 码）、数据压缩技术（话音图像压缩/分组头压缩）、双工技术（时分/频分）等目前均已接近香农极限，物理层可挖掘的空间不大。目前，学术界从物理层的各个方面都有一定的突破，有希望的技术包括非正交传输、Filtered OFDM、Polar Codes、全双工等。然而，需要承认的是，这些技术所带来的复杂度和功耗是巨大的，而增益却并不是那么可观。

（2）MIMO 技术。MIMO 技术将传统的时/频/码三维扩展为时/频/码/空四维。新增的纬度为频谱效率的提升带来了广大的可能。目前已经广泛使用的 MIMO 为 2×2MIMO，并且可以 2 用户进行 MU-MIMO。未来 MIMO 技术的演进方向是向着更多的层数、更多的用户数发展，最终形成网状的 MIMO，也就是海量的多天线多用户 MIMO。但是 MIMO 技术受限于天线能力和芯片处理能力，成本太高，同时，随着天线数的增加，空间相关性提高，性能也会随之下降。

（3）干扰控制技术。干扰控制的原理是通过信息交互，多基站协同工作，降低干扰。但是随着干扰控制要求的增加，需要交换的信息增多，开销会增大。同时，干扰控制的性能还受限于交互时延。这也是目前比较难解决的一个问题。

2. 提高系统的带宽

频谱资源是非常紧张的战略资源，根据目前的频谱情况，提高系统带宽有两种思路：充分利用现有频谱，提高现有频谱的使用效率；使用更高的频谱，研究使用的可能性和方案。

充分利用现有频谱。通过监测发现目前已经获得授权的无线频谱资源使用率是非常低的，平均利用率为 15%～85%，有些频谱只在部分区域使用，有些频谱只在部分时间使用，有些频谱甚至已经空闲未被使用。在频谱资源如此宝贵的今天，如何更加合理地使用已经授权的“频谱空洞”成为学者思考的问题，而这些已经授权的频谱所占用的频谱资源多为低频段，有非常好的传播特性，产业成熟度高，设备实现容易，充分使用此类频谱会带来可观的经济效益。沿着这个思路，目前有两大技术成为了热点：频谱重耕和智能频谱利用。

（1）频谱重耕。频谱重耕是指一些频谱由于某些原因可以被释放出来，重新开发使用此类频谱的技术。目前最主流的重耕频谱为白频谱和 2G 频谱。

随着数字化的发展，电视已经全面从模拟转换成数字，由于数字化使用的物理层技术效率更高，因此所需要的带宽降低，部分频谱空闲。这部分频谱被称为“数字红利”或“白频谱”。此段频谱集中在 470～790MHz，非常适合无线通信。

随着新技术的发展演进，2G 通信也逐渐成为落后的技术，目前 2G 占用 900MHz 和 1 800MHz 频率，如果将用户从 2G 迁移到 4G 或更新的通信制式上来，则 2G 频谱可以被重耕。

频谱重耕是非常简单可靠的方案，但最大的难点在于政策风险。因此，此方案需要各方的不断推进和共同努力。

（2）智能频谱利用（认知无线电）。对于频谱利用率低，但并不能完全释放的频谱，可以采取智能频谱使用方案，多个系统时分、空分等复用频谱，而不是由一个系统独占频谱。对于后来加入的系统，需要具有智能频谱识别功能，当发现频谱空闲时，启动系统，当预测到频谱要被使用时，关闭系统，以保证原有系统的可靠工作。

认知无线电技术最大的问题在于安全性和可靠性。后加入系统对原系统的监测很可能失败，会造成安全隐患。此外，监测设备的复杂度也是需要考虑的一个问题。

使用更高的频谱。目前，移动通信频段主要集中在 3GHz 以下，想要获取更多更大带宽的频谱资源，需要开发更高的频谱。目前，学者研究的重点频谱为 6～15GHz、60GHz 等。

3. 增加站址密度

使用小站可以有效提高系统的传输速率，进而提高系统容量，如图 2.5 所示。

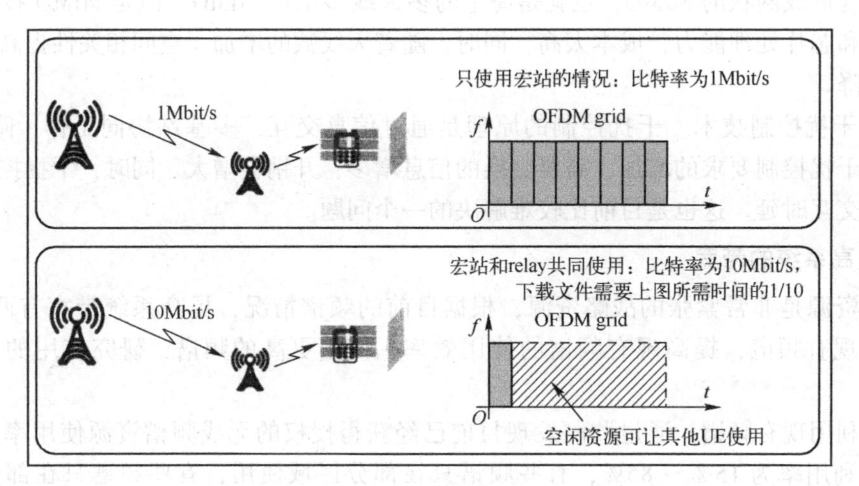

图 2.5 使用小站可以有效提高系统的传输速率

此外，未来容量需求更多发生在室内场景，因此密集部署的立体分层网络和各种灵活的组网形式将成为未来的趋势。这里的主要技术包括异构网和D2D通信。

(1) 异构网。传统的网络结构均为相同无线传输制式、统一基站类型的同构网络。网络结构的优点在于：拓扑结构规则能提供相同的覆盖、相似的服务。但是，随着用户的数量不断增多，以及带宽需求的增加，同构网络也会面临瓶颈，不能满足高容量和高覆盖的要求。这就要求网络向立体分层的异构网络转变。

异构网络由不同类型、不同大小的小区构成。其宏蜂窝覆盖小区中可以放置如微蜂窝、皮蜂窝、飞蜂窝等低功率的节点。此外，异构网的传输制式和频段使用也可以是差异化的。目前，异构网络已经具备一定的产业基础。在现网中，也已经出现了一些简单的异构网络部署，实测效果比同构网络有显著的改善。

当然，相对复杂的异构网络拓扑也存在一些缺点。在网络部署越来越密集的情况下，小区之间的干扰将会制约系统容量的增长。因此，如何进行干扰消除、快速发现小区、协调密集小区之间的协作、基于终端的不同能力提升移动性增强方案，都是异构网络研究需要解决的重点问题。

(2) D2D通信。传统的网络形态，通信双方的信息交互需要经过各自的基站设备，通过核心网络进行互联互通。但是在海量用户和海量的数据需求下，基站设备和核心网络的压力过大。为了降低网络压力，提出D2D通信，通信双方无须通过网络，而是直接进行信息沟通，或者是通过中继设备（包括其他用户、小站等）进行信息沟通。

D2D通信距离短、信道条件较好、速率快、时延短、功耗低。D2D通信的中继设备非常丰富，分布均匀，覆盖好，通信可选路径多，网络连接更灵活，网络可靠性强。

同样，D2D通信仍存在一些需要业界继续思考和探索的问题。需要考虑怎样进行合法的监听，以确保信息安全。怎样保证用户的信息安全，隐私不被侵犯，并激励用户把自己的终端用作中继终端。由于涉及海量数据中继和传输，用户终端的电池电量消耗也势必会增加，如何控制也是一个值得研究的问题。

2.4　5G 应用

2.4.1　5G 应用趋势

5G 移动通信技术的应用趋势将主要体现在以下 3 个方面。

一是万物互联：从 4G 开始，智能家居行业已经兴起，但只是处于初级阶段的智能生活，4G 不足以支撑“万物互联”，距离真正的“万物互联”还有很大的距离；而 5G 极大的流量将能为“万物互联”提供必要条件。

未来数年，物联网的快速发展与 5G 的即将商用有着密不可分的关系。由于目前网络条件的限制，很多物联网的应用需求并不能得到有效满足，这其中主要包括两大场景：一是大规模物联网连接，规模较大，每终端产生的流量较低，设备成本和功耗水平也相对较低；二是关键任务的物联网连接，要求网络具备高可靠、高可用、高带宽以及低延时的特点。致力于提供更高速率、更短时延、更大规模、更低功耗的 5G，将能够有效满足物联网的特殊应用需求，从而实现自动化和交通运输等领域的物联网新应用，加快物联网的落地和普及。事实上，在 5G 技术研发阶段，各组织机构已经达成共识：物联网将是 5G 重要的应用场景，也是 5G 最先部署和落地的应用场景。而在 5G 技术研发阶段，物联网的特殊需求也被各组织重点考虑。

二是生活云端化：如果 5G 时代到来，4K 视频甚至是 5K 视频将能够流畅、实时播放；云技术将会更好地被利用，生活、工作、娱乐将都有“云”的身影；另外，极高的网络速率也意味着硬盘将被云盘所取缔；随时随地可以将大文件上传到云端。

5G 的移动内容云化有两个趋势：从传统的中心云到边缘云（移动边缘计算），再到移动设备云。由于智能终端和应用的普及，移动数据业务的需求越来越大，内容越来越多。为了加快网络访问速度，基于对用户的感知，按需智能推送内容，提升用户体验。因此，开放实时的无线网络信息，为移动用户提供个性化、上下文相关的体验。在移动社交网络中，通常流行内容会得到在较近距离范围内的大量移动用户的共同关注。同时，由于技术进步，移动设备成为可以提供剩余能力（计算、存储和上下文等）的“资源”，可以是云的一部分，即形成云化的虚拟资源，从而构成移动设备云。

三是智能交互：无论无人驾驶汽车间的数据交换还是人工智能的交互，都需要运用 5G 技术庞大的数据吞吐量及效率。由于只有 1ms 的延迟时间，在 5G 环境下，虚拟现实、增强现实、无人驾驶汽车、远程医疗这些需要时间精准、网速超快的技术也将成为可能。而 VR 直播、虚拟现实游戏、智慧城市等应用都需要 5G 网络来支撑。这些也将改变未来的生活。不仅手机和电脑能联网，家电、门锁、监控摄像机、汽车、可穿戴设备，甚至宠物项圈都能够连接上网络。设想几个场景：宠物项圈联网后，一旦宠物走失，找到它轻而易举；冰箱联网后，可适时提醒主人今天缺牛奶了；建筑物、桥梁和道路联网后，可以实时监测建筑物质量，提前预防倒塌风险；企业和政府也能实时监控交通拥堵、污染等级以及停车需求，从而将有关信息实时传送至民众的智能手机；病人生命体征数据可以被记录和监控，让医生更好地了解生活习惯与健康状况的因果关系。

2.4.2 5G应用场景

相对于以往的历代移动通信系统，5G不仅满足人和人之间的通信，还将渗透到社会的各个领域，以用户为中心构建全方位的信息生态系统。由于5G需要满足人与人、人与物、物与物的信息交互，应用场景将更加复杂和精细化。为此，我国于2014年发布《5G愿景与需求》，定义了连续广域覆盖、热点高容量、低时延高可靠、低功耗大连接4类主要应用场景。2015年6月，ITU-R 5D完成了5G愿景建议书，定义5G系统将支持增强的移动宽带、海量的机器间通信及超高可靠和超低时延通信三大类主要应用场景。ITU定义的5G主要应用场景如图2.6所示。总体而言，两者分类是一致的，均可分为移动互联网和物联网两大类场景。

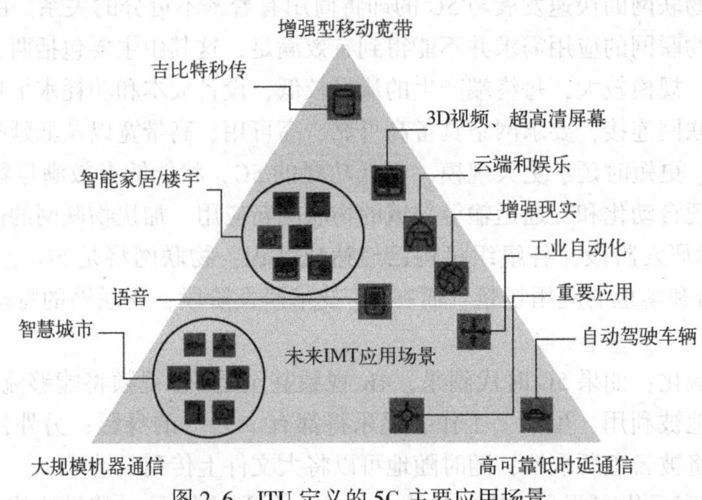

图2.6 ITU定义的5G主要应用场景

2.4.3 5G业务类型及特点

对于移动互联网用户，未来5G的目标是达到类似光纤速度的用户体验。而对于物联网，5G系统应该支持多种应用，如交通、医疗、农业、金融、建筑、电网、环境保护等。其特点都是海量接入。图2.7是5G在移动互联网和物联网上的一些主要应用。

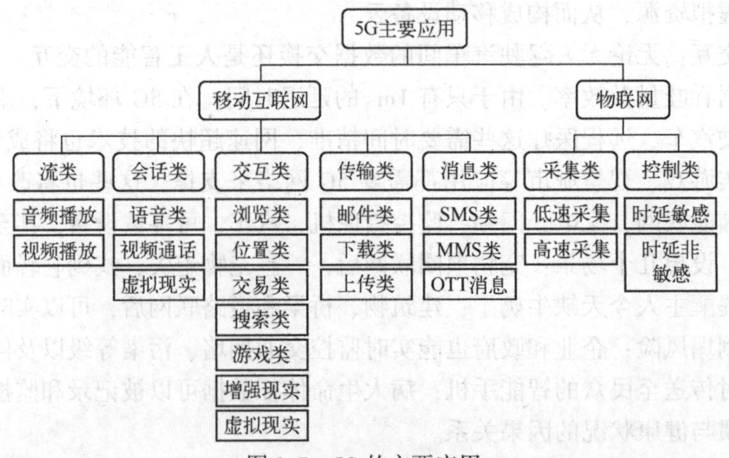

图2.7 5G的主要应用

数据流业务的特点是高速率，延时可以为50～100ms，交互业务的延时为5～10ms。现实增强和在线游戏需要高清视频和几十毫秒的延时。到2020年，云存储将会汇集30%的数字信息量，意味着云与终端的无线互联网速率须在光纤级别。

在物联网中，有关数据采集的服务包括低速率业务，如读表；还有高速率应用，如视频监控。读表业务的特点是海量连接、低成本终端、低功耗和小数据包。而视频监控不仅要求高速率，部署密度也会很高。控制类的服务有时延敏感和不敏感的。前者有车联网；后者包括家居生活中的各种应用。

5G的需求列举了如下几大应用场景：密集居住区、办公室、商场、体育馆、大型露天集会、地铁系统、火车站、高速公路和高速铁路。对于每一种应用场景，又有不同的业务类型组合，可以是业务的一种或几种，在各个应用场景中的比例随用户比例而各异。

1. 媒体类业务

媒体类业务包括用户熟知的视频类业务以及近10年来逐渐兴起的虚拟现实（Virtual Reality，VR）、增强现实（Augmented Reality，AR）等。在5G环境下，这些业务在移动性、用户体验、性能提升等方面将有新的发展。

（1）大视频业务。

据贝尔实验室咨询部门报告，2012年，移动设备的在线视频观看时长占全球在线视频观看总时长的22.9%；2014年，该比例上升至40.1%；2020年，33%的流量将由5G/4G等无线网络承载，4K超清业务需要50Mbit/s的稳定带宽，平均40Mbit/s的4G网络已无法满足。

5G技术的应用将带来移动视频点播/直播、视频通话、视频会议和视频监控领域的飞速发展和用户体验质的飞跃。

移动高清视频的普及，将由标清走向高清与超高清；高清、超高清游戏将普及，云与端的融合架构成为常态；视频会议在5G时代任何位置的移动终端均可轻松实现且体验更佳，实时视频会议会让用户身临其境。高清视频监控将突破有线网络无法到达或者布线成本过高的限制，轻松部署在任意地点，成本更低，5G时代的无线视频监控将成为有线监控的重要补充而广泛使用。

（2）虚拟现实业务。

虚拟现实技术利用电脑或其他智能计算设备模拟产生一个3度空间的虚拟世界，提供用户关于视觉、听觉、触觉等感官的模拟，使用户如同身临其境一般。近年来，随着芯片、网络、传感、计算机图形学等技术的发展，虚拟现实技术取得了长足的进步，虚拟现实技术已成功应用于游戏、影视、直播、教育、工业仿真、医疗等领域。

随着5G的发展、万物互联时代的到来，多数机构预测虚拟现实很可能成为下一代互联网时代的流量入口，承载流量整合、软件分发、信息共享等。近年来，一大批初创公司、IT巨头和通信厂商等涌入虚拟现实领域。

主流虚拟现实设备分为连PC式头盔和插手机式头盔两类。连PC式头盔是目前的主流方向，主机完成运算和图像渲染，通过HDMI线缆进行数据传输，预计2020年全球销量达3 990万台，销售收入达210亿美元，主要面向具有深度游戏体验需求的中高端用户，通常需要配置可以感知用户视觉、听觉、触觉、运动信息的传感设备，为了保证用户具有较强的存在感，需要对画面进行精细绘制，头盔与主机间需要传输大量数据，受限于现有无线网络传输速率和传输时延，通常采用HDMI线缆连接，极大地限制了用户的使用范围，影响用户体验。5G较高的数据传输速率、低时延和较大的通信容量，将使用户摆脱线缆的约束，尽情享受虚拟现实游戏带来的快乐。

插手机式头盔定位为入门级虚拟现实产品。该类型设备均价普遍在100美元以下，比较适合具有观影与轻度游戏需求的用户，是未来1～3年市场普及的主流设备。智能手机感知用户头部位姿信息、负责高质量视频渲染，功耗大，很难长时间使用，同时受制于智能手机的计算能力较弱、视频质量不高、有很强的颗粒感并且有一定的时延，体验不佳。在5G环境下，该类型的应用采用云端配合的架构，头盔仅负责获取用户头部位姿信息和显示视频，计算能力要求较高的视频渲染放在云端进行，通过无线网络将渲染好的视频帧传递给头盔进行显示，用户可获得长时间的高质量视频观影体验。

（3）增强现实业务。

增强现实技术是在虚拟现实基础上发展起来的一项技术，借助计算机图形技术和可视化技术将虚拟对象准确叠加在物理世界中，呈现给用户感知效果更丰富的新环境。通信技术的发展、移动智能终端处理能力的增强、移动传感器设备的性能提升为在智能终端上增强现实业务的普及提供了基础，为分层次打造个性化的信息服务提供了必要的支撑条件，也将极大地促进移动互联网在教育、游戏、促销和购物、社交网络、商业统计、旅游等业务的创新。据Digi-Capital预测，至2020年，增强现实/虚拟现实市场份额将达到1 500亿美元。其中，增强现实占1 200亿美元，虚拟现实占300亿美元。目前，增强现实还处于市场启动期。

一个典型的增强现实业务处理流程如图2.8所示。用户开启增强现实应用，通过摄像头采集图像，对图像进行压缩，通过无线网络将其上传到服务端进行图像识别，然后依据识别结果获取虚拟信息，并通过无线网络将其传递给智能终端侧，由跟踪注册模块获取虚拟信息叠加位置，并由渲染模块最终将虚拟信息与真实场景进行融合渲染，展示给用户。较好的用户体验对实时性提出了很高的要求，在5G环境下，可以很好地解决查询图像和虚拟信息传输带来的网络传输时延长的问题，可以将跟踪模块和渲染模块转移到服务端/云端，无线网络将渲染好的图像传递给智能终端，同步解决了增强现实应用导致的手机耗电问题。

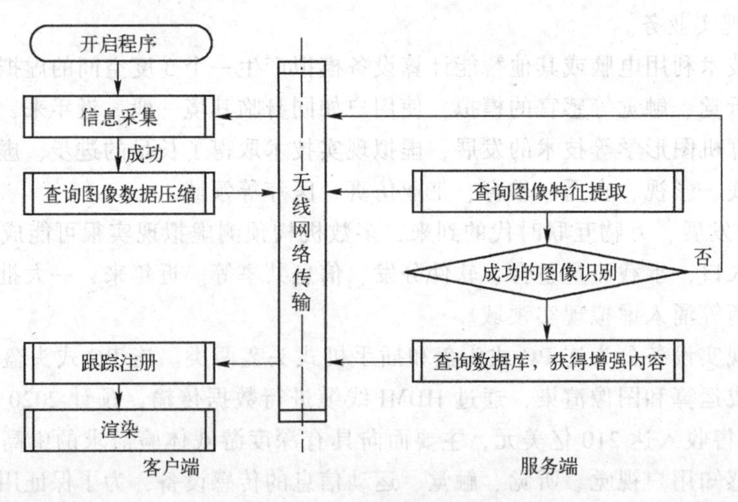

图2.8 AR业务处理流程

2. 物联网业务应用

5G 将渗透到物联网等领域，与工业设施、医疗器械、医疗仪器、交通工具等进行深度融合，全面实行万物互联，有效满足工业、医疗、交通等垂直行业的信息化服务需要。

人与物联网的实时交互，会因为 5G 而更加精彩纷呈。

（1）智能汽车、交通运输和基础设施。

智能汽车、交通运输和基础设施是物联网业务应用，如图 2.9 所示。

图 2.9　物联网业务应用：智能汽车、交通运输和基础设施

交通行业主要有 3 个挑战：一是出行效率；二是驾驶安全和联网安全；三是可持续的能源消耗模式。有效应对方案是万物互联+网络协作+信息融合+智能分析决策。在网络本身连接之上，通过多源、异构信息的融合创造出更多的价值，服务于高效、安全的交通出行。

车联网技术属于低时延、高可靠应用场景，通过终端直通技术，可以实现在汽车之间、汽车与路侧设备间的通信，从而实现汽车主动安全控制与自动驾驶。V2X（Vehicle To X）自主安全驾驶，在 99.999%的传输可靠性下可将时延缩小到 ms 级，还支持多种场景的防碰撞检测与告警/车速导引、车车安全和交叉路口协同等。通过车与车、车与路边设备的通信，实现汽车的主动安全，比如紧急刹车的告警、汽车紧急避让、红绿灯紧急信号切换等。在未来，这些会成为汽车自动驾驶业务的关键技术。

车在公路上高速行驶，可将经过的道路有结冰或者有动物/小孩横穿公路的信息可以通过 V2I（Vehicle To Infrastructure）发到基础设施上。基础设施可以再通过网络对周边车辆进行提醒，从而提高车辆出行的安全性。

车对车（Vehicle To Vehicle，V2V）的产品，如后面有警车或医疗急救车出现，可以通过车与车的沟通，把信息发送给前方100m范围内同行的汽车，提醒后者紧急事件的发生，加快对应急车辆通行的支撑。

公交枢纽站和公交站台可以把公交汽车、其他汽车、地铁、飞机等交通工具的联网信息整合起来，做成智能出行的指引助手，帮助用户选择用什么方式出行，也可以提供手机实时支付功能，帮助用户购票。

（2）远程设备的关键控制。

远程设备的关键控制也是物联网业务应用，如图2.10所示。

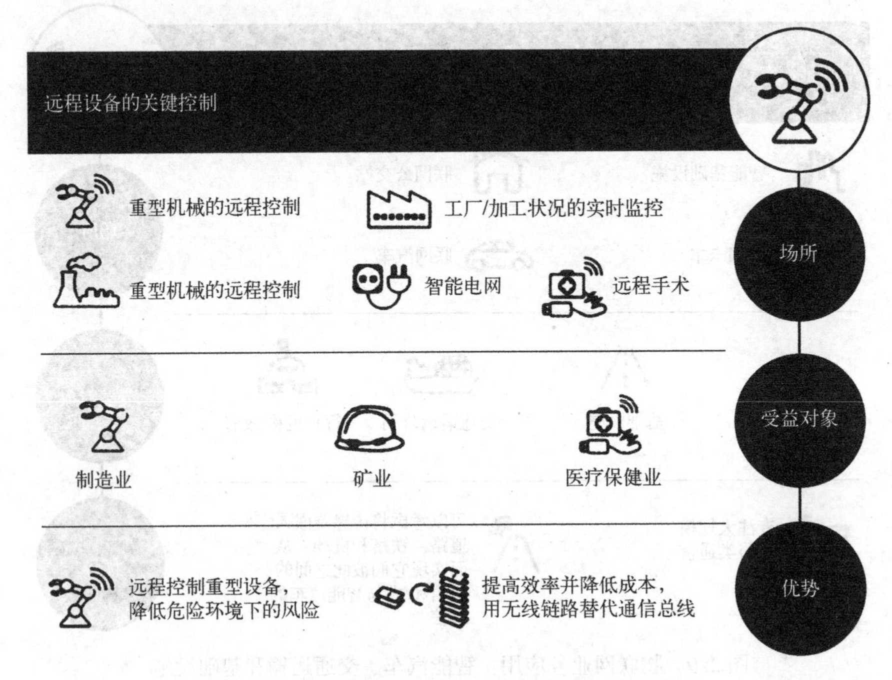

图2.10 物联网业务应用：远程设备的关键控制

正如巴塞罗那通信展上的远程控制挖掘机，坐在巴塞罗那的会场便可以通过现有的LTE网络远程控制2 500km之外的一台挖掘机。未来，在诸如远程矿山挖掘、矿山运输等对安全有着极高要求的环境里或在危险、有害健康的环境里，5G网络技术可以实现安全作业。

有了5G技术，远程医疗将不再是梦想，超短的时延使医生能实施2 000km的远程诊疗和顺畅的异地远程手术，偏远地区的病患也能享受优质医疗资源。

（3）人与物联网的交互。

人与物联网的交互如图2.11所示。骑自行车的人在经过十字路口或视线不太好的地方时，网络会根据骑行人的位置、方向和周边路况进行适配，判断会不会有相撞的风险，通过头盔的振动来提醒要注意车速、安全等。

在未来的5G时代，万物互联将促进IPv6地址的大规模应用，类似6LoWPAN的低功耗IPv6技术将迎来应用的春天。

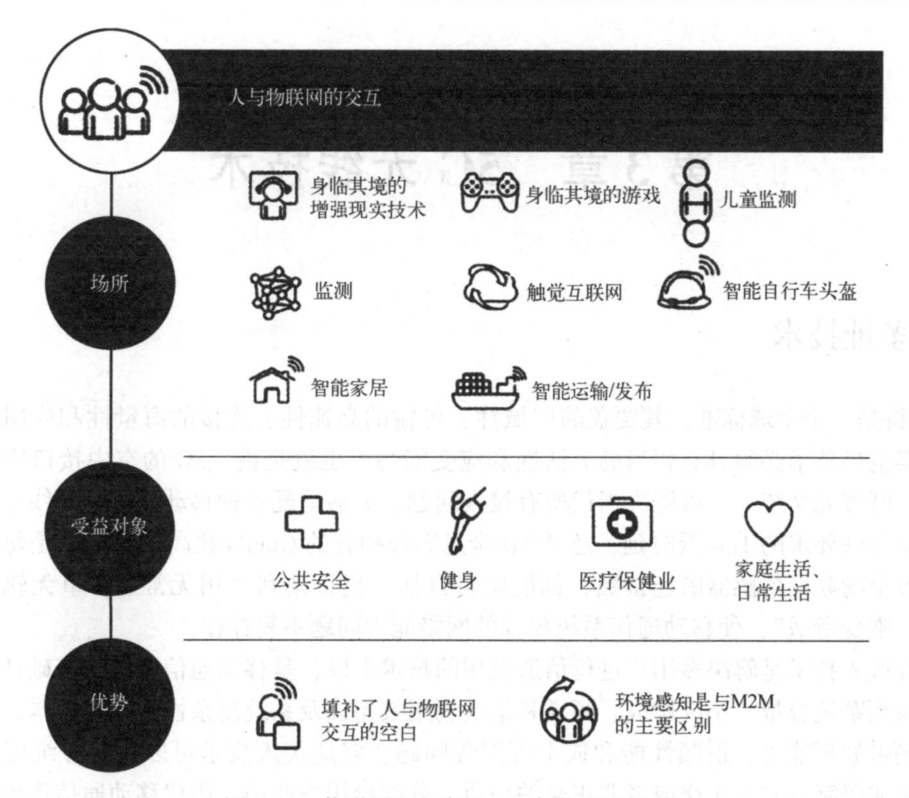

图 2.11　物联网业务应用：人与物联网的交互

第3章 5G无线技术

3.1 多址技术

5G将是一个全球标准。其覆盖的广域性、传输的高速性、连接的海量性和应用的多样性，使得空口技术必须具有相当的灵活性和应变能力。也就是说，5G的空中接口应该是一个标准，既多元又统一，可解决当代所有接入问题，灵活适配各种移动业务的无线信道，不管是自动驾驶要求的1ms低时延，还是3D全息影像拥有的Gbit/s超高速，或者是每平方公里几十万个物联网传感器的连接数，都能应付自如，真正做到“用无常道，事无轨度，动静屈伸，唯变所适”，使移动通信系统传统的网络能力问题不复存在。

多址接入技术是解决多用户进行信道复用的技术手段，是移动通信系统的基础性传输方式，关系到系统容量、小区构成、频谱和信道利用效率以及系统复杂性和部署成本，也关系到设备基带处理能力、射频性能和成本等工程问题。多址接入技术可以将信号维度按照时间、频率或码字分割为正交或者非正交的信道，分配给用户使用。历代移动通信系统都有其标志性的多址接入技术作为革新换代的标志。例如，1G的模拟频分多址接入（FDMA）技术；2G的时分多址接入（TDMA）和频分多址接入（FDMA）技术；3G的码分多址接入（CDMA）技术；4G的正交频分复用（OFDM）技术。1G到4G采用的都是正交多址接入技术。对于正交多址接入，用户在发送端占用正交的无线资源，接收端易于使用线性接收机来进行多用户检测，复杂度较低，但系统容量会受限于可分割的正交资源数目。从单用户信息论角度，LTE的单链路性能已接近点对点信道容量，提升空间十分有限。若从多用户信息论角度，非正交多址技术还能进一步提高频谱效率，也是逼近多用户信道容量上界的有效手段。

与4G相比，5G网络需要提供更高的频谱频率、更多的用户连接数。纵观历史，1G到4G系统大都采用了正交的多址接入技术，如图3.1所示。

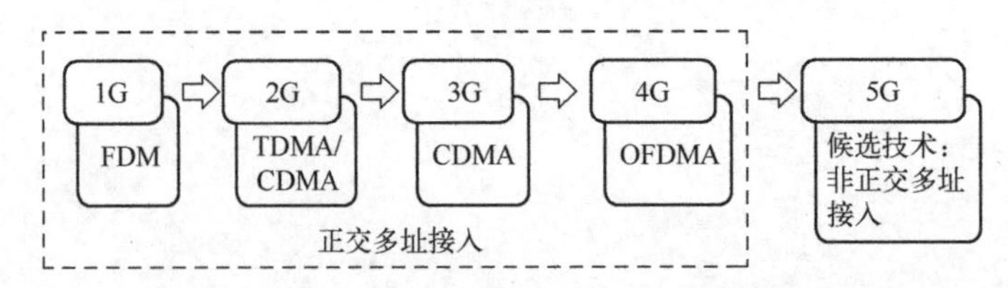

图3.1 移动通信系统中的多址接入技术革新

面向5G，非正交多址接入（non-orthogonal multiple access，NMA）技术日益受到产业界的重视。一方面，从单用户信息论的角度，LTE系统的单链路性能已经非常接近点对点信道容量，因而单链路频谱效率的提升空间已十分有限；另一方面，从多用户信息论的角度，非正交多址接入技术不仅能进一步增强频谱效率，也是逼近多用户信道容量界的有效手段；此外，从系统设计的角度，非正交多址接入技术还可以增加有限资源下的用户连接数。

5G 必须在频域、时域和空域等已用信号承载资源的基础上，开辟或叠用其他资源，使得空中接口的无线信道具有足够的信息传输承载能力。由日本 DoCoMo 公司提出的非正交多址接入（Non Orthogonal Multiple Access，NOMA）、中兴公司提出的多用户共享接入（Multi User Shared Access，MUSA）、华为公司提出的稀疏码多址接入（Sparse Code Multiple Access，SCMA）、大唐公司提出的图样分割多址接入（Pattern Division Multiple Access，PDMA）等是典型的非正交多址接入技术，通过开发功率域、码域等用户信息承载资源的方法，极大地拓展了无线传输带宽，使之成为 5G 多址接入技术的重要候选方案。

3.1.1 非正交多址技术的概念和优势

空中接口承载用户信息的无线资源主要有频域、时域、空域、码域和功率域。前 3 种有子载波正交、接入循环前缀和适当空间距离等成熟技术保证多用户多址接入的独立性。后两种在多用户信息区分方面只能通过串行干扰消除（Successive Interference Cancellation，SIC）技术保证。由于码域和功率域无法保证叠加用户的正交，在移动通信系统中但凡用到后两种资源的都叫非正交多址接入技术。非正交多址接入是一种多资源混用技术，有 5 种资源同时应用的，也有 3 或 4 种资源应用的，技术难度各有不同，但理论上所有非正交多址接入技术都已达到了香农定理信道容量的极限。这说明非正交多址接入技术在满足 5G 设计理念和技术要求等方面，具有强大的竞争优势。

相比于正交多址技术，非正交多址技术能获得频谱效率的提升，且在不增加资源占用的前提下同时服务更多用户。从网络运营的角度，非正交多址具有以下 3 个方面的潜在优势。

（1）应用场景较为广泛。

非正交多址技术对站址、天面资源、频段没有额外的要求，潜在可应用于宏基站与微基站、接入链路与回传链路、高频段与低频段。而且，终端和基站基带处理能力的不断增强将为非正交多址技术走向实际应用奠定坚实的基础。

（2）性能具有顽健性。

非正交多址技术在接收端进行干扰删除/多用户检测，因此仅接收端需要获取相关信道信息，一方面减小了信道信息的反馈开销，另一方面增强了信道信息的准确性，使其在实际系统中（特别是高速移动场景中）具有更加顽健的性能。

（3）适用于海量连接场景。

非正交多址可以显著提升用户连接数，因此适用于海量连接场景。特别地，基于上行 SCMA 非正交多址技术，可设计免调度的竞争随机接入机制，从而降低海量小分组业务的接入时延和信令开销，并支持更多且可动态变化的用户数目。此时，有上行传输需求的每个用户代表 1 个 SCMA 数据层，在免调度的情况下，直接向基站发送数据。同时，接收端通过多用户盲检测，判断哪些用户发送了上行数据，并解调出这些用户的数据信息。

3.1.2 非正交多址接入系统模型和理论极限

由于通信系统的非对称性，上下行系统模型存在显著差别。上行通信系统是多点发送、单点接收，单用户功率受限，同时发送的用户数越多则总发送功率越高，发送端难以联合处理而接收端可以联合处理，相应的模型被作多接入信道（multiple access channel，MAC）；下行通信是单点发送、多点接收，总发送功率受限，同时接收的用户数越多则分给单用户的功率越少，发送端可以联合处理而接收端难以联合处理，相应的模型被称作广播信道（broadcast channel，BC）。由于系统模型和特点不同，上下行信道容量和最优传输策略也不相同。

1. 上行多接入信道

上行高斯多接入信道的模型可以表示为 $y(t)=\sum_{l=1}^{M} x_i(t)+n(t)$。其中，$x_i(t)$为信源 U_i $(i=1,\cdots,M)$编码后的发送信号，满足$E[x_i(t)]\leqslant P_i$的功率约束，且多用户占用相同的带宽 W；$n(t)$为加性高斯白噪声，其双边功率谱密度为$N_0/2$；$y(t)$为接收信号。高斯多接入信道的容量是已知的，表示为

$$\sum_{i\in\cup} R_i \leqslant W\mathrm{lb}\left(\frac{\sum_{i\in\cup} P_i}{N_0 W}\right) \tag{3.1}$$

其中，$U\subseteq\{1,\cdots,M\}_U$。

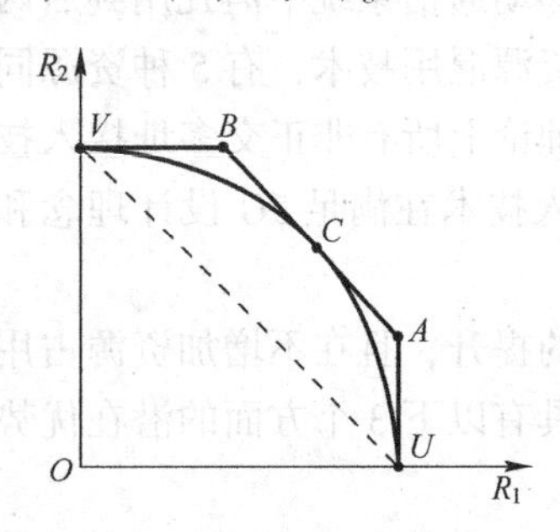

图 3.2　2 个用户的多接入信道容量界

以 2 个用户为例，基于式（3.1）可得到高斯多接入信道的容量，如图 3.2 中的折线所示。除明确上行多接入信道的容量界之外，满足容量的发送和接收策略也十分重要。在发送端，2 个用户在相同的资源上发送各自随机编码后的调制信息，并在空口进行直接叠加。在接收端，为了达到图 3.2 中 A、B 两拐点的容量，可以采用串行干扰删除（Successive Interference Cancellation，SIC）接收机，即先将用户 1（或用户 2）的符号当作干扰，译码用户 2（或用户 1）的符号；然后删除用户 2（或用户 1）的符号，再译码用户 1（或用户 2）的符号。然而基于 SIC 的策略不能直接达到线段 AB（不包含 A 点和 B 点）上的容量。若要达到线段 AB 上的容量，可通过在 A 点和 B 点间进行正交复用或者在接收端采用多用户联合最大似然译码的方式实现。

图 3.2 中的 U 点和 V 点分别代表用户 1 和用户 2 独占所有资源时的信道容量。对于时分多址正交系统，假设 2 个用户在时间 T 内分别占用 T_1、T_2的时间传输，且在各自传输的时间里满足 $E[x_i^2(t)]\leqslant P_i$的功率约束，则信道容量为

$$(R_1,R_2)=\left(\left(\frac{T_1}{T}W\mathrm{lb}\left(1+\frac{P_1}{N_0W}\right),\frac{T_2}{T}W\mathrm{lb}\left(1+\frac{P_2}{N_0W}\right)\right)\right) \tag{3.2}$$

对于频分多址正交系统，假设 2 个用户占用的带宽分别为 W_1、W_2，且 2 个用户在各自频带内的信号功率谱密度与单用户独占带宽 W 时相同，则信道容量为

$$(R_1,R_2)=\left(\left(W\mathrm{lb}\left(1+\frac{P_1}{N_0W}\right),W\mathrm{lb}\left(1+\frac{P_2}{N_0W}\right)\right)\right) \tag{3.3}$$

在此约束下，时分多址和频分多址正交的容量均如图 3.2 中的虚线所示。

进一步考虑借功率场景下的正交多址系统，即在时分多址时将功率约束放宽为

$\frac{1}{T}\int_0^T E[x_i^2(t)] \leqslant P_i$，则用户 i 在传输时间 T_i 内，功率可提升至 $E[x_i^2(t)] \leqslant P_i T/T_i$，$\forall t \in T_i$；类似地，在频分多址中，允许用户 i 在带宽 W_i 内发射全部的功率。这时时分多址和频分多址的信道容量分别为：

$$(R_1,R_2)=\left(\left(\frac{T_1}{T}W\mathrm{lb}\left(1+\frac{P_1 T}{T_1 N_0 W}\right),\frac{T_2}{T}W\mathrm{lb}\left(1+\frac{P_2 T}{T_2 N_0 W}\right)\right)\right) \tag{3.4}$$

$$(R_1,R_2)=\left(\left(W_1\mathrm{lb}\left(1+\frac{P_1}{N_0 W_1}\right),W_2\mathrm{lb}\left(1+\frac{P_2}{N_0 W_2}\right)\right)\right) \tag{3.5}$$

可以看到，在借功率场景下，时分正交多址和频分正交多址的容量均如图 3.2 中的弧线所示。可借功率的正交多址系统可以在 C 点达到多接入信道的和容量。然而，当 2 个用户的功率不对等（存在远近效应）时，如图 3.3 所示，虽然可借功率正交接入的 C 点和容量与多接入信道的 A 点和容量相等，但是 C 点所对应的 $R_1 \ll R_2$，用户间公平性较差。

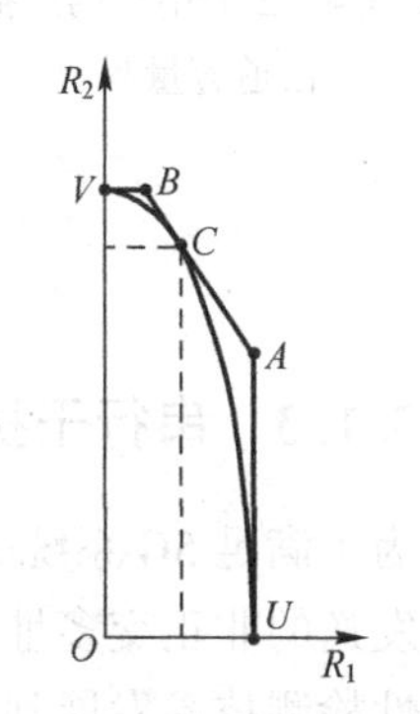

图 3.3　功率不对等时的两个用户多接入信道容量界

LTE 采用正交多址接入技术，而且还要考虑实际系统和小区间干扰等因素，上行信道不采用借功率方案，因而仅能达到图 3.2 中虚线所表示的信道容量。若在 5G 系统中引入非正交多址接入技术，理论上频谱效率将有显著的提升空间。另一方面，虽然从上行多接入信道的角度，最优的发送策略是所有用户同时满功率发送，然而，实际的蜂窝通信系统是个复杂的干扰信道，且干扰不能完全消除，更多用户的同时发送将给相邻小区带来无法完全消除的干扰。因此，对于较多用户同时发送时的实际性能，还需要考虑系统设计和工程约束，并进行全面的评估与优化。

2. 下行广播信道

下行高斯广播信道的模型可表示为 $y(t)=x(t)+n_i(t)$ $(i=1,\cdots,M)$。其中，$x(t)$ 为 M 个信源 U_i 联合编码后的发送信号，满足 $E[x^2(t)] \leqslant P$ 的功率约束，带宽为 W；$n_i(t)$ 为第 i 个用户的加性高斯白噪声，其双边功率谱密度为 $N_i/2$。在高斯广播信道中，多用户的信道质量可以排序，不失一般性假设 $N_1 \leqslant \cdots \leqslant N_j \leqslant \cdots \leqslant N_i \leqslant \cdots \leqslant N_M$。因此，若一个用户 i 可以正确译码自身的信息，则信道质量优于用户 i 的其他任意用户 j 也能正确译码用户 i 的信息。因此，高斯广播信道是一种退化广播信道，其容量是已知的，可表示为

$$R_i \leqslant W\mathrm{lb}\left(1+\frac{\alpha_i P}{N_i W+\sum_{j=1}^{i-1}\alpha_j P}\right) \tag{3.6}$$

其中，α_i 是分配给用户 i 的功率比例，满足 $\sum_{i=1}^{M}\alpha_i = 1$。

对于一般的退化广播信道，可以采用叠加编码（Superposition Code，SC）达到信道容量。而对于高斯广播信道，可通过发送端信号的直接叠加和接收端的串行干扰删除接收机来达到信道容量，具体地：给任意用户 i 分配一定的功率 $\alpha_i P$；在译码时，将信道质量好于用户 i 的用户 $j(N_j<N_i)$ 信息当作干扰，同时对信道质量差于用户 i 的用户 $k(N_k>N_i)$ 信息译码并删除。

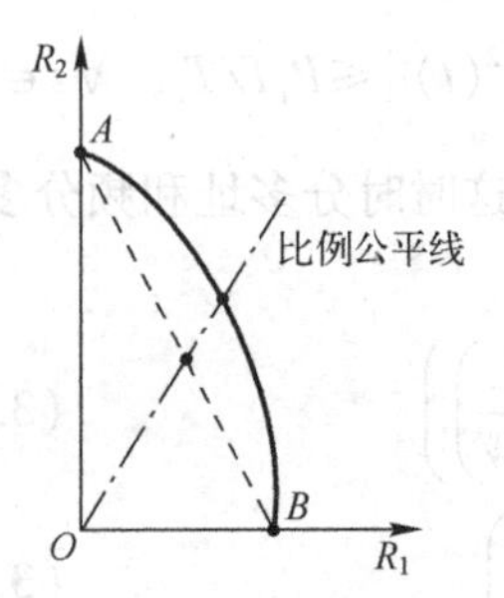

图3.4　2个用户的广播信道容量界

以2个用户为例，考虑不同的功率分配因子，基于式（3.6）可得到高斯广播信道的容量，如图3.4中的实线所示。下行正交多址的容量与上行正交多址的容量类似，如图3.4中的虚线所示。由于下行多用户的总功率受限，因此没有借功率的场景。

通过式（3.6）可以看到，如果没有远近效应，也就是所有用户的噪声方差相同，则在下行高斯广播信道下，非正交多址的容量与正交多址的容量相同；如果追求和容量最大的准则，则最优的策略是将所有功率分配给信道质量最好的用户，即图3.4中的A点。因此，在存在远近效应且考虑多用户公平性的实际场景中，非正交多址的理论容量优于正交多址，且能达到高斯广播容量限。

3.1.3　串行干扰消除SIC技术

为了满足5G系统的高频谱效率和高连接数目的需求，采用多个用户在相同资源单元上重叠发送的非正交多址接入方式很有必要，而这种接入技术的使用也完全是因为相关器件和非线性检测技术发展到了一定的水平，尤其是理论上基于SIC的非线性多用户检测，无论上行还是下行都能保证信道容量达到最佳。另外，在SIC检测方式中，因多用户处于不同的检测层，为了保证多用户在接收端检测后能够获得一致的等效分集度，就需要在发送端为多用户设计一致的等效分集度，而发送分集度的构造方式，可以在功率、空间、编码等多种信号域进行。可见，SIC技术在非正交多址接入方式中的重要性。

SIC技术是非正交多址接入方式接收端必备的技术，是一种针对多用户接收机的低复杂度算法。该技术可以顺次地从多用户接收信号中恢复出用户数据。在常规匹配滤波器（Matched Filter，MF）中，每一级都提供一个用于再生接收到的来自用户信号的用户源估计，适当地选择延迟、幅度和相位，并使用相应的扩频序列对检测到的数据比特进行重新调制，从原始接收信号中减去重新调制的信号（即干扰消除），将得到的差值作为下一级输入，在这种多级结构中，这一过程重复进行，直到将所有用户全部解调出来，SIC接收机利用串联方法可以方便地消除同频同时用户间的干扰。

图3.5为串行干扰消除检测器SIC接收机的原理结构框图，由n个用户信号排序模块和n级干扰消除模块组成。其中，每级干扰消除模块包括用户匹配滤波器、MF监测器和再生器三部分，再生器又包括多个功能。当接收天线将通过无线信道传输的包括多个用户信息和噪声的传输信号发送给SIC接收机时，SIC接收机首先通过用户信号排序功能模块将多用户信号按功率强弱依次排序，其次SIC接收机再通过多级干扰消除模块，从强信号到弱信号依次进行干扰消除。

如第1级干扰消除功能的主要步骤为：

（1）用户1匹配滤波器将多用户信号$r(t)$中功率最强的用户信号y1过滤出来；

（2）传统的MF监测器对y1做出正确判决，最后检测出用户信号b1；

（3）再生器根据用户1信号b1、估计幅度a1、估计定时t1和扩频序列s1等再生出用户1的时域估计值g1；

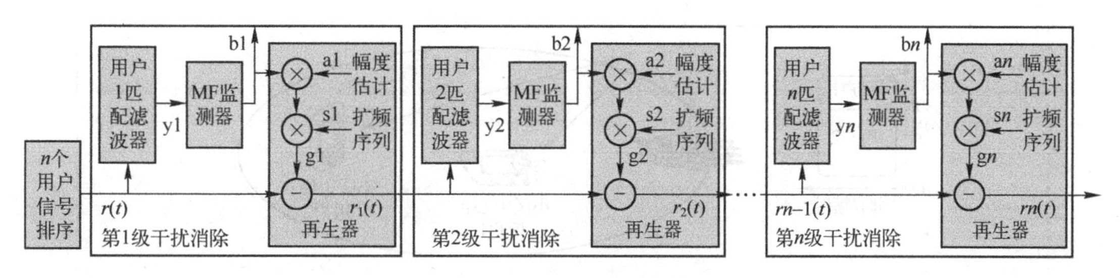

图 3.5　SIC 接收机原理结构框图

（4）再生器从多用户信号 $r(t)$ 中减去时域估计 g1，生成新的已清除用户 1 信号干扰的信号 $r1(t)$给第 2 级。

可以看出，第 1 级干扰消除模块已经检索出了信号强度最大的用户信号 b1，由于 b1 是 $r(t)$中功率最大的信号，具有最大信噪比（Signal to Noise Ratio，SNR），很容易被第 1 级干扰消除模块检索。第 2 级干扰消除模块在收到第 1 级送来的已经清除用户 1 信号干扰的 $r1(t)$ 多用户信号后，又重复第 1 级干扰消除模块的工作，同样检索出强度最大的用户 2 信号 b2，并再生出已经清除用户 2 信号干扰的 $r2(t)$多用户信号发给第 3 级。如此重复操作，直到将 n 个多用户信号 b1、b2、…、bn 全部分离出来。因为每 1 级都将该级用户信号作为干扰消除，再生器中估计并消除的是收到的能量最强的用户信号，而能量最强的信号是最容易被检测到的，所以 SIC 接收机能很方便地检测出所有用户信号。

在 SIC 接收机中，第 1 个用户信号的检测并不能从这种干扰消除算法中获益，但因为它是最强的信号，所以将它放在最前面进行检测也是最精确的。弱信号可以从这种干扰消除算法中获得最大好处。因此，接收信号必须按功率的大小由强到弱进行排序。SIC 技术是消除多址干扰最简单、最直观的方法之一，性能上比传统检测器有较大提高，结构简单、实现容易，适合 5G 系统的设计要求，但因运算复杂度与用户数呈线性关系，同一资源单元上叠加的用户数不能太多。SIC 接收机还存在每一级干扰消除都会带入一个比特的延迟、用户功率发生变化时系统需要重新排序、若初始信号比特估计不可靠则会对后级检测产生极大影响等缺点。

3.1.4　功率域非正交多址接入

功率域非正交多址接入（Power-domain Non-orthogonal Multiple Access，PNMA）是指在发送端将多个用户的信号在功率域进行直接叠加，接收端通过串行干扰删除，区分不同用户的信号。以下行 2 个用户为例，图 3.6 示出了 PNMA 方案的发送端和接收端信号处理流程。

基站发送端：小区中心的用户 1 和小区边缘的用户 2 占用相同的时/频/空资源，二者的信号在功率域进行叠加。其中，用户 1 的信道条件较好，分得较低的功率；用户 2 的信道条件较差，分得较高的功率。

用户 1 接收端：考虑到分给用户 1 的功率低于用户 2，若想正确地译码用户 1 的有用信号，则必须先解调/译码并重构用户 2 的信号，然后进行删除，进而在较好的 SNR 条件下译码用户 1 的信号。

用户 2 接收端：虽然在用户 2 的接收信号中存在传输给用户 1 的信号干扰，但这部分干扰功率低于有用信号/小区间干扰，不会对用户 2 带来明显的性能影响，因此可直接译码得到用户 2 的有用信号。

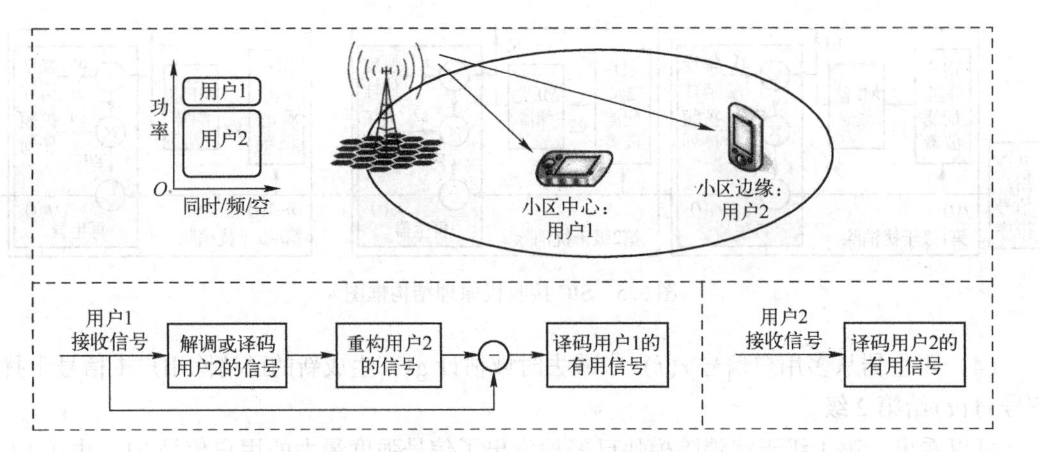

图 3.6 下行 PNMA 的收发端信号处理流程

上行 PNMA 的收发信号处理与下行基本对称，叠加的多用户信号在基站接收端通过干扰删除进行区分。其中，对于先译码的用户信号，需要将其他共调度的用户信号当成干扰。此外，在系统设计方面，上行、下行也有一定的差别。

NOMA 是典型的仅有功率域应用的非正交多址接入技术，也是所有非正交多址接入技术中最简单的一种。由于 NOMA 采用的是多个用户信号功率域的简单线性叠加，对现有其他成熟的多址技术和移动通信标准的影响不大，甚至可以与 4G 正交频分多址技术（Orthogonal Frequency Division Multiple Access，OFDMA）简单地结合。在 4G LTE 系统多址接入技术中，每个时域频域资源单元只对应一个用户信号，由于时域和频域各自采用了正交处理方案，所以确定了资源单元就确定了用户信号，确定了通信用户，即 4G 消除用户信号间干扰是通过频域子载波正交和时域符号前插入循环前缀实现的。在 NOMA 技术中，虽然时域频域资源单元对应的时域和频域可能同样采取正交方案，但因每个资源单元承载着非正交的多个用户信号，要区别同一资源单元中的不同用户，只能采用其他技术。

图 3.7 为 NOMA 系统下行链路发收端的信号处理流程。基站中每个时域频域资源单元都承载了 n 个用户信号。为了区分这些用户信号，基站根据各登录用户上报的终端与基站间反映各用户信号传输中信道条件的相关信息，为这些用户发射的下行信号赋予强度不同的发射功率值，信道条件好的用户信号的下行发射功率弱，信道条件差的用户信号的下行发射功率强，从而使得终端设备接收到的信号强度和 SNR 恰好相反，信道条件差的终端接收到信号的强度和 SNR 高，信道条件好的终端接收到的信号强度和 SNR 低。根据 SIC 接收机原理，终端接收到 n 个用户信号后，按照先强后弱的顺序，可以方便、简单、正确地逐次检索出所有用户信号。

设在基站某扇区内有 3 个用户 UE1、UE2、UE3，它们的信道响应分别为 hl、h2、h3，信道对应的信噪比分别为 20dB、10dB、0。显然，hl 的信道质量最好、增益最高，因而 SNR 最大；h2 的信道质量中等；h3 的信道质量最差。下面根据 NOMA 原理来分析 NOMA 下行链路中基站和终端侧的基本工作过程。

基站侧：基站在对用户信号进行下行发射功率复用时，由于三用户与基站的信道质量不同，系统根据各自不同的 SNR 和相关算法分配给 UE1 的发射信号功率最弱，UE2 的发射信号功率中等，UE3 的发射信号功率最强。

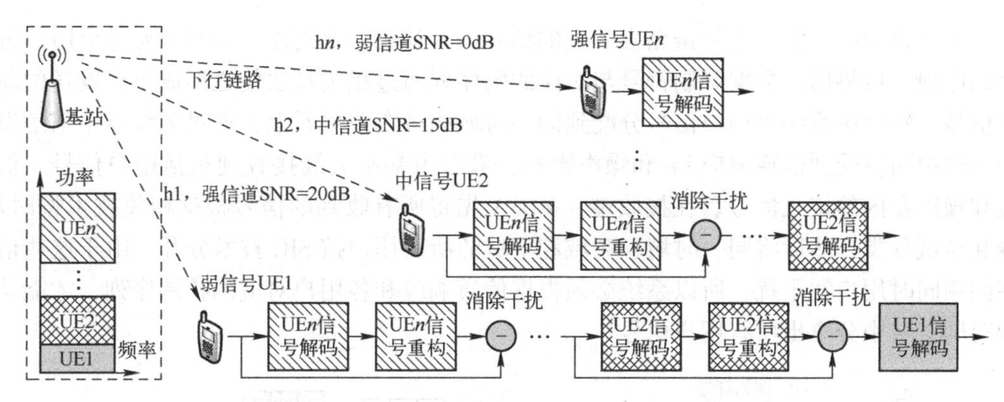

图 3.7　NOMA 系统下行链路发收端信号处理流程

UE1 侧：当发射功率强度不同的 3 个用户信号同时进入 UE1 的 SIC 接收机时，由于强度高的信号最易被 SIC 接收机感知，若想正确解调出 UE1 信号，终端必先逐次对 UE3 和 UE2 信号解码、重构、删除干扰，并由终端 UE1 根据相关算法不断评估、比较 UE1 信道，在得到最好的 SNR 后，最后解码 UE1 信号并发送到下一级。

UE2 侧：当发射功率强度不同的 3 个用户信号同时进入 UE2 的 SIC 接收机时，终端同样先对 UE3 信号进行解码、重构、删除干扰，并由终端 UE2 根据相关算法不断评估、比较 UE2 信道，由于 UE2 发射信号较强，在对 UE3 处理后，终端就能得到最大的 SNR，所以终端将直接解码 UE2 信号并发送到下一级。

UE3 侧：当发射功率强度不同的 3 个用户信号同时进入 UE3 的 SIC 接收机时，由于基站发送给 UE3 的信号强度最高，包括发给 UE1、UE2 的信号和其他干扰信号在内的所有信号都将受到压抑，信道的 SNR 很大，所以终端不需要其他处理，直接对 UE3 信号解码后送到下一级处理。

NOMA 技术的发送端和接收端的处理过程简单直观、易于实现，是其最大的优点。

3.1.5　码域非正交多址接入

码域非正交多址接入（Code-domain Non-orthogonal Multiple Access）技术是指多个数据层通过码域扩频和非正交叠加后，在相同的时频空资源里发送。这多个数据层可以来自一个或多个用户。接收端通过线性解扩频码和干扰删除操作来分离各用户的信息。扩频码字的设计直接影响此方案的性能和接收机的复杂度是十分重要的因素。

1. 多用户共享接入技术（MUSA）

MUSA 是典型的码域非正交多址接入技术。相比 NOMA，MUSA 的技术性更高，编码更复杂。与 NOMA 技术相反的是，MUSA 技术主要应用于上行链路。在上行链路中，MUSA 技术充分利用终端用户因距基站远近而引起的发射功率的差异，在发射端使用非正交复数扩频序列编码对用户信息进行调制，在接收端使用串行干扰消除算法的 SIC 技术滤除干扰，恢复每个用户的通信信息。在 MUSA 技术中，多用户可以共享复用相同的时域、频域和空域，在每个时域频域资源单元上，MUSA 通过对用户信息扩频编码，可以显著提升系统的资源复用能力。理论表明，MUSA 算法可以将无线接入网络的过载能力提升 300%以上，可以更好地服务 5G 时代的万物互联。

图 3.8 为 MUSA 系统上行链路发收端的信号处理流程。在终端，MUSA 为每个用户分配一个码序列，再将用户数据调制符号与对应的码序列通过相关算法使之形成可以发送的新的用户信号，然后由系统将用户信号分配到同一时域频域资源单元上，通过天线空中信道发送出去，这中间将受到信道响应 h*n* 和噪声影响，最后由基站天线接收到包括用户信号、信道响应和噪声在内的接收信号。在接收端，MUSA 先将所有收到的信号根据相关技术按时域、频域和空域分类，然后将同一时域、频域和空域的所有用户按 SIC 技术分开，由于这些信号存在同频同时用户间干扰，所以系统必须根据信道响应和各用户对应的扩展序列，才能从同频同时同空域中分离出所有用户信号。

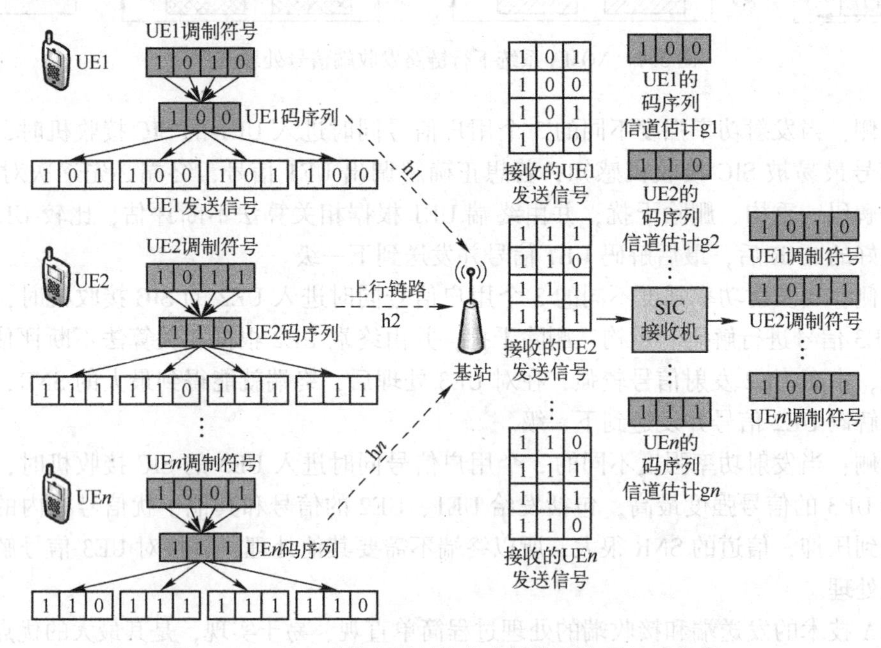

图 3.8　MUSA 系统上行链路发收端信号编码处理流程

设在基站同一小区，同一时域、频域和空域上有 3 个用户调制符号：用户 1 为“1010”、用户 2 为“1011”、用户 3 为“1001。基站根据小区用户登录信息，首先为在相同资源单元上的每个用户设置一个码序列：用户 1 为“100”、用户 2 为“110”、用户 3 为“111”。若 MUSA 对终端用户调制符号与用户码序列的算法定义为：每个用户调制符号位都与对应用户码序列异或操作，则操作后新生的用户发送信号为：用户 1 是“101100101100”、用户 2 是“111110111111”、用户 3 是“110111111110”。这 3 个用户发送信号经过各自的信道响应 hl、h2 和 h3 及噪声影响后，被基站天线接收，并送到 SIC 接收机，SIC 再根据 3 用户各自的信道估计和码序列分别解调出它们的调制符号。

MUSA 技术为每个用户分配的不同码序列对正交性没有要求，在本质上起到了扩频效果。所以，MUSA 实际上是一种扩频技术，如上例中每比特信号扩频成 3 比特信号。需要指出的是，MUSA 码序列实际上是一种低互相关性复数域星座式短序列多元码，当用户信道条件不同时，可以在一个相对宽松的环境下确定码序列，既能保证有较大的系统容量，又能保证各用户的均衡性，可以让系统在同一时频资源上支持数倍于用户数量的高可靠接入量，以简化海量接入中的资源调度，缩短海量接入的时间。所以，MUSA 技术具有实现难度较低、系统复杂度可控、支持大量用户接入、原则上不需要同步和提升终端电池寿命等5G系统需求的特点，非常适合物联网应用。

总之，MUSA技术具有技术简单、实现难度较小、多址接入量大等优点。

2. 稀疏码多址接入技术（SCMA）

低密码（Low Density Signature，LDS）是码域扩频非正交技术的一种特殊实现方式。LDS扩频码字中有一部分零元素，因此码字具有稀疏性。这种稀疏性使接收端可以采用较低复杂度的消息传递算法（Message Passing Algorithm，MPA），并通过多用户联合迭代，实现近似多用户最大似然的译码性能。

进一步，若将LDS方案中的QAM调制器和线性稀疏扩频两个模块结合进行联合优化，即直接将数据比特映射为复数稀疏向量（即码字），则形成了稀疏码多址（Sparse Code Multiple Access，SCMA）方案，如图3.9所示。稀疏码多址是一种基于码本的、频谱效率接近最优化的非正交多址接入技术，如图3.10所示。SCMA编码器在预定义的码本集合中为每个数据层（或用户）选择一个码本；然后基于所选择的码本，信道编码后的数据比特将直接映射到相应的码字中；最后将多个数据层（或用户）的码字进行非正交叠加。

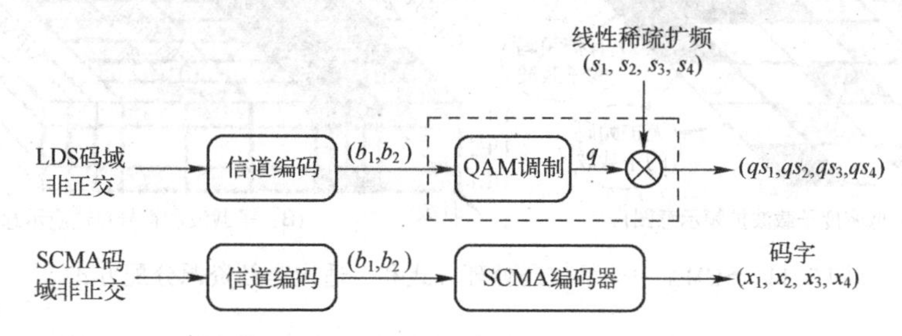

图3.9　码域非正交多址方案：LDS与SCMA

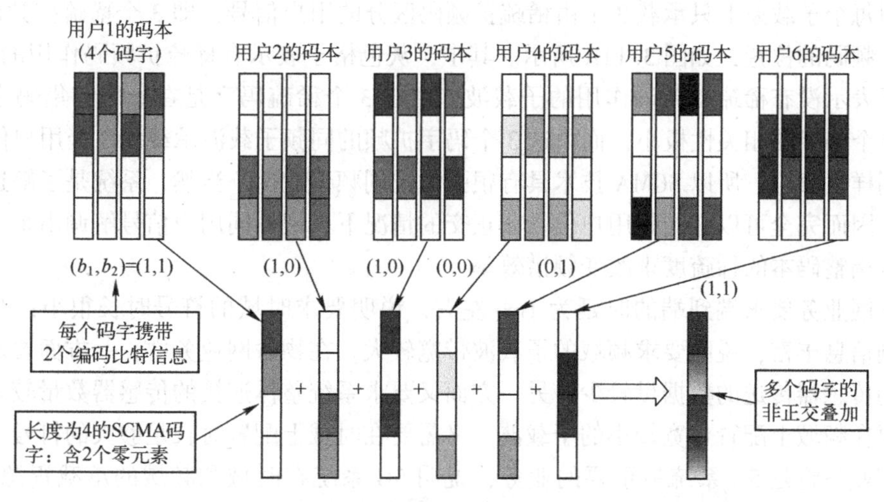

图3.10　SCMA非正交叠加示例图（码长为4，用户数为6）

SCMA工作原理与MUSA基本相同。发送端将来自一个或多个用户的多个数据层，通过码域扩频和非正交叠加在同一时频资源单元中发送；接收端通过线性解扩和SIC接收机分离出同一时频资源单元中的多个数据层。作为码域精髓的扩频码组码方式，SCMA完全不同于

MUSA。众所周知，在码域非正交多址接入技术中，扩频码字设计直接影响多址技术的性能和SIC接收机的复杂度，SCMA采用的是低密扩频码。

SCMA在多址方面主要有低密度扩频和自适应OFDM（Filtered OFDM，F-OFDM）两项重要技术（见图3.11）。其中，低密度扩频是指频域各子载波通过码域的稀疏编码方式扩频，使其可以同频承载多个用户信号。由于各子载波间满足正交条件，所以不会产生子载波间干扰，又由于每个子载波扩频用的稀疏码本的码字稀疏，所以不易产生冲突，使得同频资源上的用户信号很难相互干扰。F-OFDM技术是指承载用户信号资源单元的子载波带宽和OFDM符号时长，可以根据业务和系统的要求自适应改变。这说明系统可以根据用户业务的需求，专门开辟带宽或时长以满足通信要求的资源承载区域，从而满足5G业务多样性和灵活性的空口要求。

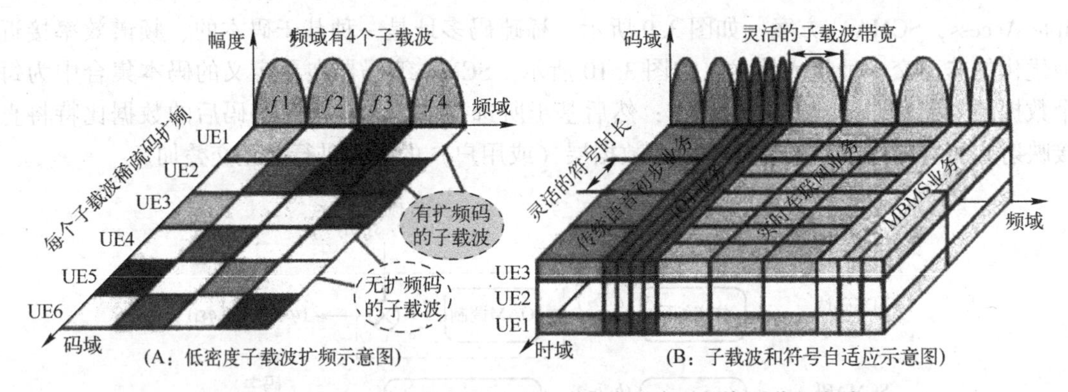

图3.11 SCMA中的稀疏码处理方式和自适应时频资源分配方式

设SCMA系统在时域有4个子载波，每个子载波扩频用的稀疏码字实际上跨越了6个扩频码，但每个子载波上只承载3个由稀疏扩频码区分的用户信号，即3个稀疏扩频码占用6个密集扩频码的位置，如图3.11A所示。其中，灰色格子表示有稀疏扩频码作用的子载波，白色格子表示没有稀疏扩频码作用的子载波，由于3个稀疏码字是在6个密集码字中选择的，这3个码字的相关性极小，而由这3个码字扩频的同频子载波承载的3个用户信号之间的干扰同样也很小，所以SCMA技术具有很强的抗同频干扰性。当然，系统是了解这个稀疏码本的，因而完全可以在同频用户信号非正交的情况下，把不同用户信号解调出来。系统还可以通过调整码本的稀疏度来改变频谱效率。

车联网业务要求端到端的时延为1ms左右，说明要求时域的符号时长很小；车联网业务的控制信息丰富，说明要求频域的子载波带宽较大。在物联网业务中，一方面要求较多连接场景的传感器传送的数据量较少，另一方面又要求系统整体连接的传感器数量较多。这说明既需要在频域上配置带宽较小的子载波，又需要在时域上配置时长足够大的符号。车联网和物联网业务将是5G系统最重要的业务，说明5G系统在时域和频域的承载资源单元上，可以根据接入网络的不同而变化。F-OFDM可为5G实现频域和时域的资源灵活复用，可以灵活调整频域中的保护带宽和时域中的循环前缀，甚至可以达到最小值，既可提高多址接入效率，又可满足各种业务空口接入要求。

SCMA的稀疏码技术和F-OFDM技术是其重要的优势，既可快速分离码域用户信号，又非常适应5G的多样性。

3.1.6　星座域非正交多址接入

对于非正交多址技术方案，PNMA 是一种简单有效的办法。在信道容量推导中，要求发送信号为高斯调制，因此在不同功率分配下的多个信号直接求和仍然服从高斯分布。PNMA 是实现容量最优的非正交多址方案。然而，LTE 等实际系统一般采用正交振幅调制（Quadrature Amplitude Modulation，QAM），在某些功率分配下，多用户信号直接求和后的星座图将远离高斯分布，这会带来容量上的成形增益（Shaping Gain）损失。星座域非正交多址接入（Constellation-domain Non-orthogonal Multiple Access）是一种星座图可控的非正交多址增强方案，可以降低信号叠加带来的额外成形增益损失。

功率域非正交和星座域非正交是等效的方案。对于下行系统，功率域非正交是将多用户信息调制到星座图后进行叠加，而星座域非正交则是基于现有的星座图给不同的用户分配不同的比特。星座域非正交方案中的发送端星座图是固定可控的，因此除了理论上的成形增益外，发送信号的误差向量（Error Vector Magnitude，EVM）、峰均功率比（Peak-to-average Power Ratio，PAPR）也与单用户信号保持一致。此外，星座域非正交和功率域非正交的基带处理复杂度是近似的，但对于 LTE 系统，后者具有更好的后向兼容性。

星座域非正交方案的核心算法是多用户间的比特分配方式，如对于 16QAM 星座图的 4 个比特，哪些分给近端的用户，哪些分给远端的用户。对于高阶 QAM 调制而言，比特间有不等差错保护。以 16QAM 的 I 路（4PAM）为例，如图 3.12 所示，其两个比特的最小欧式距离是不同的，因而其差错抑制能力和对应比特所能承载信息的速率也是不同的。

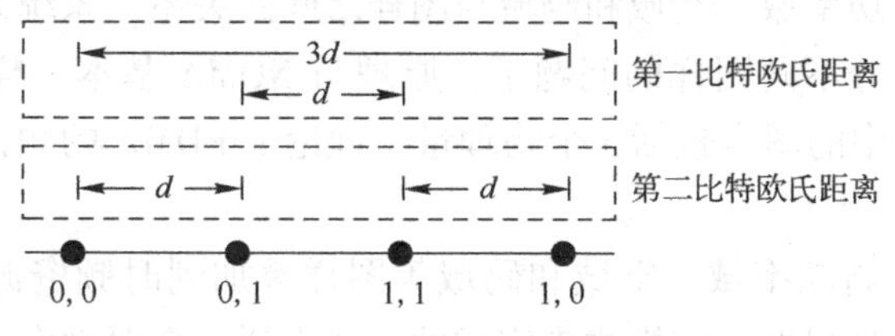

图 3.12　4PAM 星座不等差错保护示意

3.1.7　图样分割多址接入技术（PDMA）

PDMA 是一种可以在功率域、码域、空域、频域和时域同时或选择性应用的非正交多址接入技术，可以在时频资源单元的基础上叠加不同信号功率的用户信号，比如叠加分配在不同天线端口号和扩频码上的用户信号，并能将这些承载着不同用户信号或同一用户的不同信号的资源单元用特征图样统一表述。显然，这样等效处理将是一个复杂的过程。由于基站是通过图样叠加方式将多用户信号叠加在一起的，并通过天线发送到终端。这些叠加在一起的图样，既有功率的、天线端口号的，也有扩频码的，甚至某个用户的所有信号中叠加的图样可能是功率的、天线的和扩频码的共同组合的资源承载体，所以终端 SIC 接收机中的图样检测系统要复杂一些。

图 3.13 为 PDMA 下行链路工作原理的基本流程和特征图样的结构模式，当不同用户信号或同一用户的不同信号进入 PDMA 通信系统后，PDMA 就将其分解为特定的图样映射、图样叠加和图样检测 3 大模块来处理。发送端首先对系统送来的多个用户信号采用易于 SIC

接收机算法的，按照功率域、空域或码域等方式组合的特征图样进行区分，完成多用户信号与无线承载资源的图样映射；其次，基站根据小区内通信用户的特点，采用最佳方法完成对不同用户信号图样的叠加，并从天线发送出去；最后，终端接收到这些与自己关联的特征图样后，根据 SIC 算法对这些信号图样进行检测，解调出不同的用户信号。

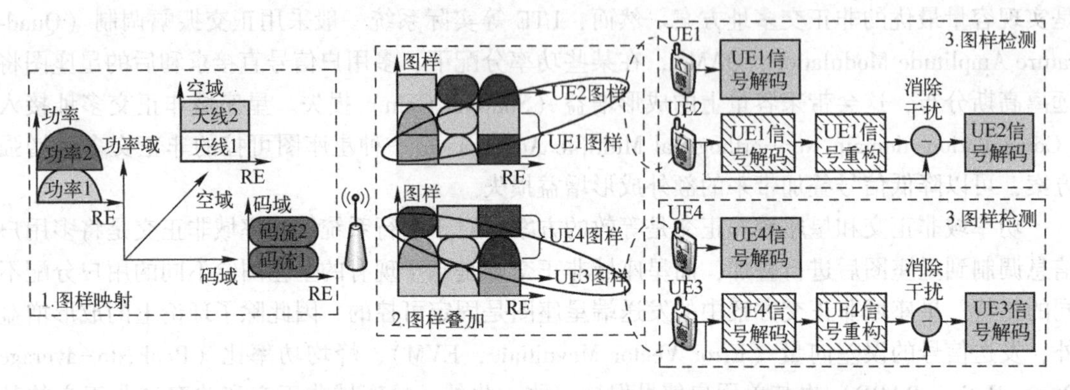

图 3.13 PDMA 下行链路工作原理的基本流程和特征图样的结构模式

表面上，PDMA 的特征图样是用户信号承载资源的一个统一单位，但本质上这些可以承载用户信号的特征图样却有可能是功率域、空域或码域等基本参量，要想统一管理这些不同参量，必须对它们定义一个统一参数“图样”，以方便 PDMA 系统参考。由于承载用户信号的图样之间没有正交性要求，所以 PDMA 的接收端必须使用 SIC 接收机。显然，只要 PDMA 能够简单快捷地换算出功率域、空域和码域与图样之间的关系，系统研究的就只是在相同的时频资源单元叠加和区分不同图样的问题了，原理与 NOMA 基本一样，硬件结构难度并非十分复杂。PDMA 系统中的图样包括 3 个物理量，理论上 PDMA 的频谱利用率和多址容量可以达到 NOMA 的 3 倍以上。

其实，在 PDMA 中将功率域、空域和码域等图样叠加到时频资源单元上，形成新的用户信号承载资源单元，是根据一定模式来完成的。或者说，在时频资源映射中对多用户图样设计时，系统是依据功率域、空域和码域中不同信号域的特征采用不同映射矩阵来解决的。若设 $\boldsymbol{X}$ 为发送端的用户信号矢量，$\boldsymbol{N}$ 为无线信道中的噪声矢量，$\boldsymbol{H}$ch 为无线信道响应矩阵，$\boldsymbol{H}$pdma 为 PDMA 承载多用户信号中的图样叠加矩阵，而 $\boldsymbol{H}=(\boldsymbol{H}\mathrm{ch}^{\iota\odot}\boldsymbol{H}\mathrm{pdma})$ 为无线信道响应和 PDMA 特征图样叠加矩阵复合后的等效信道响应矩阵。式中，“$^{\iota\odot}$” 表示两矩阵中对应位置元素的乘积操作，则接收端收到的信号矢量 $\boldsymbol{Y}$ 可以表示为

$$\boldsymbol{Y}=(\boldsymbol{H}\mathrm{ch}^{\iota\odot}\boldsymbol{H}\mathrm{pdma})\boldsymbol{X}+\boldsymbol{N}=\boldsymbol{H}\boldsymbol{X}+\boldsymbol{N} \tag{3.7}$$

显然，公式（3.7）是一个典型的移动通信系统中无线信道的传输通用表达式。其中，$\boldsymbol{H}$ch 反映终端与基站间的无线信道质量的信道响应函数，可以通过寻呼终端反馈的相关信息获得；$\boldsymbol{H}$pdma 是表述功率域、空域和码域等特征图样域的矩阵函数，若系统能分别设定功率域、空域和码域的 $\boldsymbol{H}$pdma 矩阵值，则 PDMA 在收到众多寻呼用户上报的信道响应数据后，只需要多加一道与 $\boldsymbol{H}$pdma 的运算过程，求出等效信道响应矩阵 $\boldsymbol{H}$，其他的工作与 NOMA 或 MUSA 就没有多少区别了。所以，PDMA 技术表面上看比较复杂，通过公式（3.7）表述后，其复杂度就变得简单多了，但正确的 $\boldsymbol{H}$pdma 值并非轻易就可以得到。

PDMA支持所有信息承载资源的能力，使其具有超强的频谱资源利用率，这是其他技术不可比拟的优势。

3.1.8　非正交多址接入技术比较

NOMA是仅有功率域应用的非正交多址接入技术，采用的是多个用户信号强度的线性叠加，硬件结构简单，技术性不高，SIC接收机也不复杂，设备实现难度较低，是非正交多址接入技术中最简单的一种，对现有其他成熟的多址技术和移动通信的标准的影响不大，可以与4G OFDMA简单地结合。但功率域用户层不宜太多，否则系统复杂性将陡然增加，系统性能将快速下降。因设备结构和技术原因，系统的最大功率域强度值非常有限，功率域能够划分用户的层次数也不可能太多。所以，NOMA技术的频率利用率非常有限，与5G系统高速率、广覆盖、大容量、低时延、海量连接数的基本要求有一定距离，但其简单成熟的技术对5G系统规划设计多有帮助。

MUSA是仅有码域应用的非正交多址接入技术，通过对同一时频承载资源单元采用扩频编码技术，达到可以承载多用户信号的目的。虽然扩频技术是一种成熟技术，扩频码也是一种低互相关性复数域星座式短序列多元码，但由于扩频过程是在用户信号数据位上操作，扩频作用将会使用户信号码增加到扩频码数的倍数。所以，同时频承载资源单元的扩频用户数越多，扩频码本身的位数也将越多，通过扩频后的用户信号位数也将呈几何级数增加，不仅会影响无线传输中的有效数据传输率，还会增加系统处理扩频过程的负担和难度，降低系统的性能。虽然MUSA在同时频用户层数方面优于NOMA，但它是以降低系统性能为代价的，其技术的简单性也不失为5G的选择之一。

SCMA同样是码域应用的非正交多址接入技术，不同的是它采用的扩频码是一种可以使接收端复杂度降低的消息传递算法和多用户联合迭代法的稀疏码，同时SCMA还辅以F-OFDM时频资源分配的自适应方式，可以灵活地调整时频承载资源单元的大小，不仅可以适应系统空口接入众多业务中的各种需求，还能够在一定程度上提高系统的频谱容量和多址接入效率。但因同是码域系统，同样存在MUSA的缺陷，尤其是稀疏码字以较多的扩频码倍数却只能换来较少的同时频用户层数。不过稀疏码的可调性，可帮助系统根据空口场景在用户数与系统性能之间平衡调整。显然，SCMA的整体性能要优于MUSA，其多址接入量和业务调整方式非常适应5G标准。

PDMA是可以在时频承载资源的基础上灵活应用功率域、空域和码域的非正交多址接入技术，理论上系统可以同时采用功率域、空域和码域，所以PDMA的多址寻址能力最强，信道容量最大，频谱利用率最高。虽然PDMA采用了等效信道响应函数 $\boldsymbol{H}$ 方式，但特征图样域矩阵函数 $\boldsymbol{H}$pdma取值并不简单，当系统能够正确获取到终端与基站间的信道响应函数 $\boldsymbol{H}$ch值后，$\boldsymbol{H}$pdma就是决定 $\boldsymbol{H}$ 正确与否的唯一因素，特别是当系统同时取功率域、空域和码域中的任意1、2个图样域，甚至是3个图样域时，Hpdma值的准确度很难把握。所以，PDMA的技术性是所有非正交多址接入技术中最复杂的一种，还需要投入较大的研究力量。

3.2 双工技术

双工技术是通信节点实现双向通信的关键之一。传统双工模式主要是频分双工（FDD）和时分双工（TDD），用以避免发射机信号对接收机信号在频域或时域上的干扰。时分双工（TDD）是通过时间分隔实现信号的发送及接收；频分双工（FDD）是利用频率分隔实现信号的发送及接收。从1G到4G，GSM、CDMA、WCDMA和FDD LTE都是FDD系统，我国企业主导的TD-SCDMA和TD-LTE都是TDD系统。最新的研究方向是全双工。

在FDD移动通信系统中，基站发射机通过下行信道，将信号发送至移动终端，而移动终端则通过上行信道发送信号至基站接收机，因为下行信道和上行信道采用不同的频率，基站接收机利用滤波器的通带和禁带分别获得接收信号和抑制下行信道信号（即抑制基站发射机信号的干扰）。为此，FDD付出两份频率开销：一份是下行信道频率开销，另一份是上行信道频率开销。而TDD系统下行信道设置在一系列时隙上，上行信道则设置在另外一系列时隙上，基站在接收上行信道信号时，其发射机停止工作，从而避免了发射信号的干扰，系统时间资源开销一份用于上行，另一份用于下行信道。无论FDD还是TDD，系统为双工通信都付出了双份资源开销。因为频率资源和时间资源具有等效性，所以理论上FDD和TDD具有相同的频谱效率。

3.2.1 灵活双工技术

1. 技术原理与应用场景

采用FDD模式的移动通信系统必须使用成对的收、发频带，在支持上、下行对称的业务时能充分利用上下行的频谱，如语音业务。然而，在实际系统中，有很多上下行非对称的业务，此时FDD系统的频谱利用率会大大降低。表3.1列出了不同业务上下行流量的比例，从表3.1可以看出，不同业务、不同场景上下行流量的需求差别很大。因此采用成对的收发频带的FDD系统不能很好地匹配5G不同场景、不同业务的需求。

表3.1 不同业务上下行流量的比例

业务种类	上行/下行流量平均比例
在线视频	1:37
软件下载	1:2
网页浏览	1:9
社交网络	4:1
邮件	1:4
PSP视频共享	3:1

灵活双工是指能够根据上下行业务变化情况，灵活地分配上下行的时间和频率资源，更好地适应非均匀、动态变化或突发性的业务分布，有效提高系统资源的利用率。灵活双工可以通过时域、频域的方案实现，若在时域实现，就是同一频段上下行时隙可灵活配比，也就是TDD方案；若在频域实现，则存在多于两个频段时，可以灵活配比上下行频段；若在传

统 FDD 上下行的两个频段中，上行频段的时隙配置实现可灵活时隙配比，则是 TDD 与 FDD 融合方案，可应用于低功率节点。

灵活双工技术可以应用于低功率节点的小基站，也可以应用于低功率的中继节点，如图 3.14 所示。在低功率节点的小基站或中继节点，由于上、下行发送功率相当，由灵活双工引起的邻频干扰问题将得到缓解。

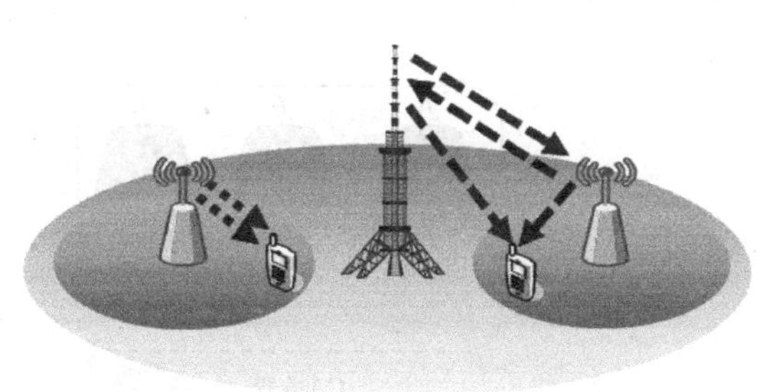

图 3.14　灵活双工应用场景

灵活双工可以通过时域和频域方案实现。在时域方案中，每个小区根据业务量需求将上行频谱配置成不同的上、下行时隙配比，如图 3.15 所示；在频域方案中，采用灵活频谱分配以适应上、下行非对称的业务需求，如图 3.16 所示。

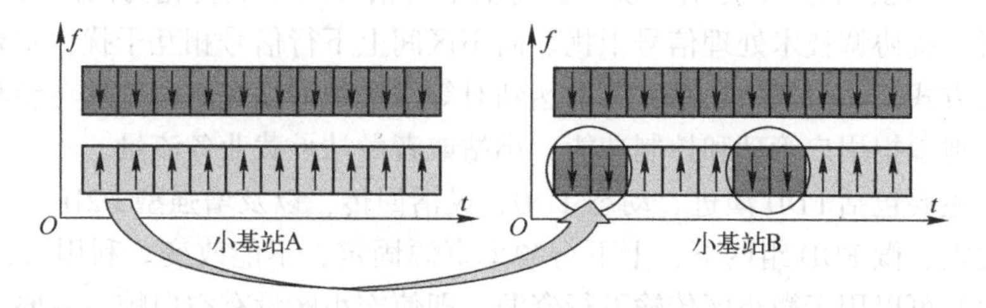

图 3.15　时域方案的灵活频谱分配

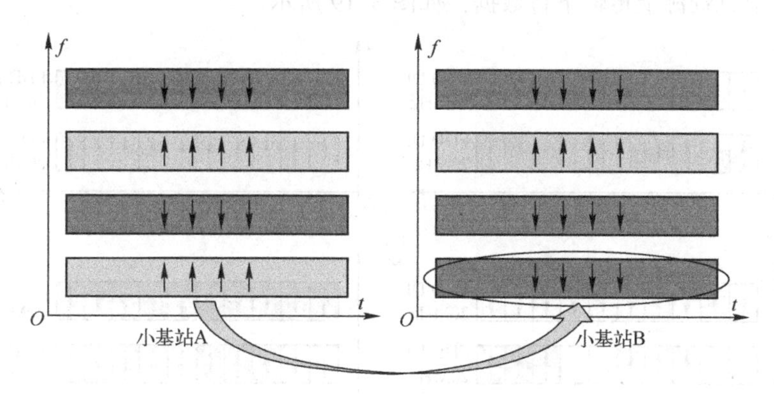

图 3.16　频域方案的灵活频谱分配

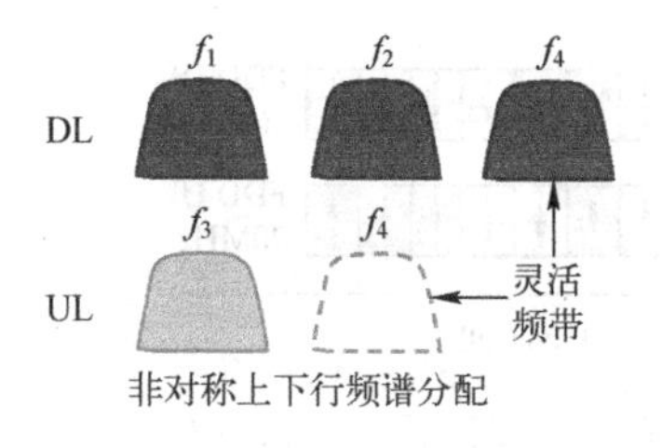

图 3.17　FDD 系统中灵活频谱分配技术

灵活双工技术可提高 FDD 系统的频谱利用率。在 FDD 系统中，根据实际系统中上、下行业务的分布，灵活分配上、下行频谱资源，使得上、下行频谱资源和上、下行数据流量相匹配，从而提高频谱利用率。如图 3.17 所示，当网络中下行业务量高于上行时，网络可将原用于上行传输的频带 f_4 配置为用于下行传输的频带。

载波聚合和非载波聚合的应用场景都可以采用灵活双工技术。在载波聚合应用场景中，网络可将原用于上行传输的频带用于下行传输，并将该频带配置成辅载波 SCell；在非载波聚合应用场景中，网络可将原用于上行传输的频带用于下行传输，并将该频带和上行频带配置成配对的频带，如图 3. 18 所示。

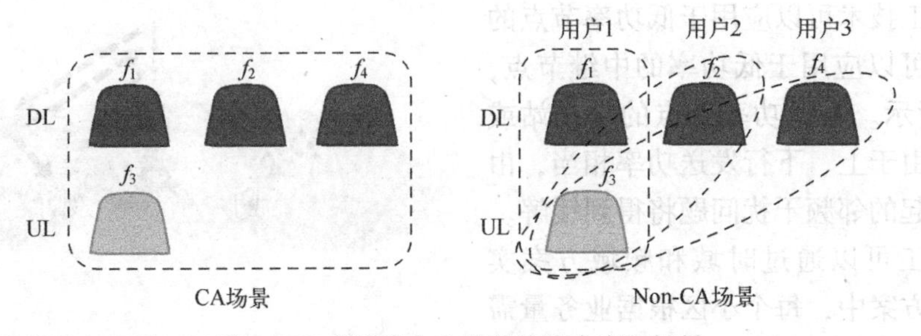

图 3. 18 载波聚合和非载波聚合应用场景

灵活双工的技术难点在于不同设备上下行信号间的干扰。因此，根据上下行信号的对称性原则设计 5G 系统，将上下行信号统一，将上下行信号间干扰转化为同向信号干扰，应用干扰消除或者干扰协调技术处理信号干扰。而小区间上下行信号相互干扰，主要通过降低基站发射功率的方式，使得基站功率与终端达到对等水平。即将控制和管理功能与业务功能分离，宏站更多地承担用户管理和控制功能，小站或者微站承载业务流量。

灵活双工主要包括 FDD 演进、动态 TDD、灵活回传，以及增强型 D2D。

在传统的宏、微 FDD 组网下，上下行频率资源固定，不能改变。利用灵活双工，宏小区的上行空白帧可以用于微小区传输下行资源。即使宏小区没有空白帧，只要干扰允许，微小区也可以在上行资源上传输下行数据，如图 3. 19 所示。

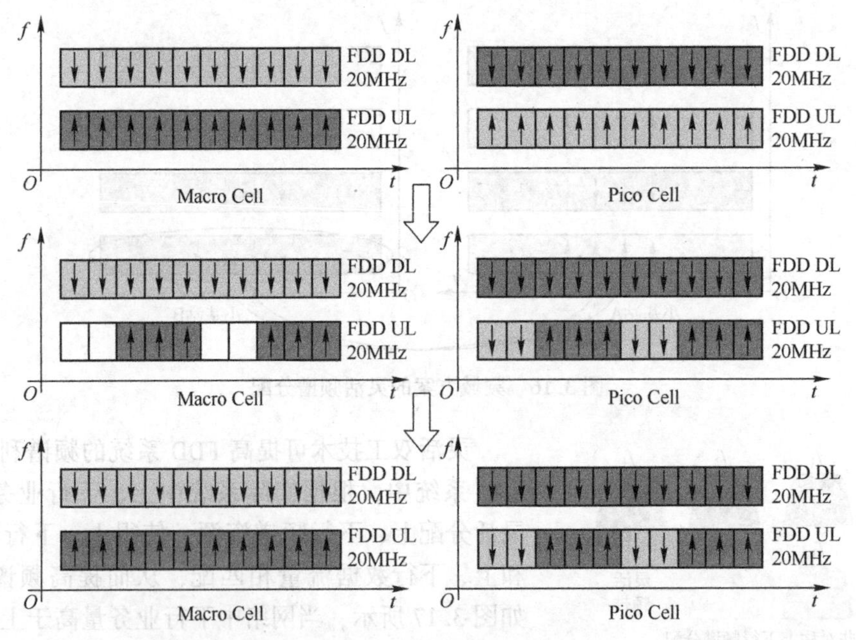

图 3. 19 灵活双工改善下行传输

灵活双工的另一个特点是有利于进行干扰分析。在基站和终端部署了干扰消除接收机的条件下，可以大幅提升系统容量，如图 3. 20 所示。动态 TDD 中，利用干扰消除可以提升系统性能。

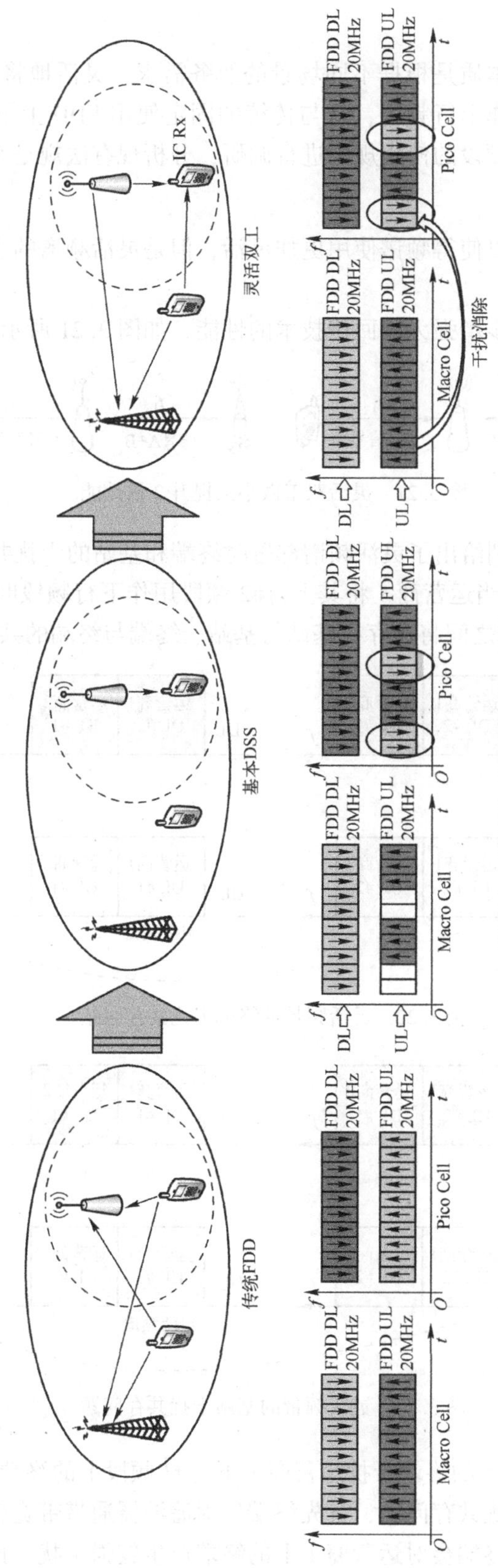

图3.20　灵活双工干扰分析与消除

2. 频段使用规则

灵活频谱分配技术的本质是根据不同场景的业务需求，灵活地将FDD频段上行频段用作下行频段或下行频段用作上行频段，这与传统的固定使用FDD上下行频段的方式有所不同。因此，有必要对各国频段的使用规则进行调研，分析现有法规是否支持灵活双工技术。

3. 共存分析

灵活频谱分配技术可以使得频谱使用更加灵活，但是灵活频谱的引入将不可避免地带来基站和终端的共存问题。

利用灵活双工，进一步增强无线回传技术的性能，如图3.21所示。

图3.21 灵活双工微小区提升2倍性能

图3.22和图3.23分别给出了灵活频谱部署时终端和基站的干扰共存问题，假设两个运营商均有两段FDD频段，当运营商1将其上行#2频段用作下行频段时（图中表示为运营商1DL#3频段），两个运营商之间将会存在基站与基站、终端与终端的共存问题。

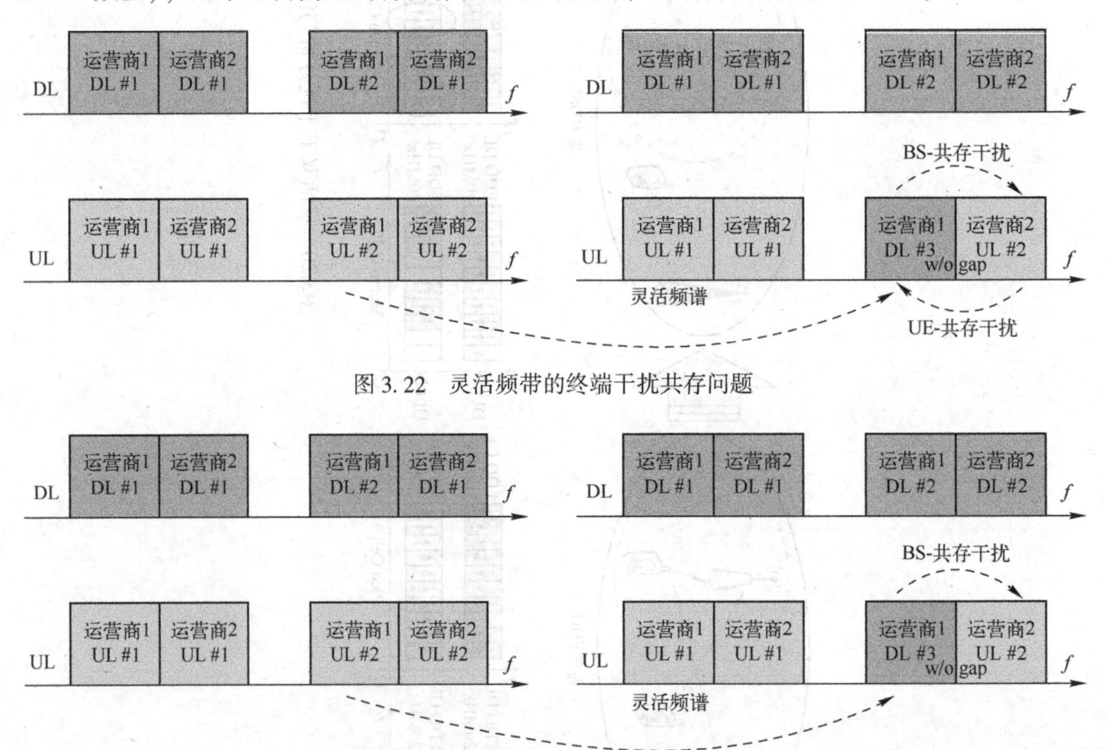

图3.22 灵活频带的终端干扰共存问题

图3.23 灵活频带的基站干扰共存问题

运营商2上行#2频段上的终端干扰运营商1下行#3频段上的终端。

对于终端与终端的干扰共存问题，首先终端发射滤波器通带带宽较宽，一般会覆盖整个频段，因此运营商2上的终端会对运营商1上的终端产生较强干扰。此外，由于在3GPP中还没有对相同频段内的终端杂散指标进行定义，因此在运营商 2 的终端不会采用如资源调度限制或者功率回退等干扰避免方式对运营商 1 的终端进行保护。与 TDD 系统不同，FDD 系统的终端间干扰为全时干扰，从而对系统的性能造成较大的影响。

运营商 1 下行#3 频段上的基站干扰运营商 2 上行#2 频段上的基站。

与终端的滤波器不同，基站的发射机滤波器带宽通常与系统带宽相同，相比于终端发射机杂散性能，基站的性能更好，发射杂散相对较小。但是，3GPP 同样也未定义相同频带内的基站共存杂散指标，因此基站之间同样受到全时的干扰，而无法进行有效的抑制。

通过对上述干扰问题的分析，不难看出，解决共存问题对灵活频谱分配技术的应用具有重要的意义。

3.2.2　同频同时双工

1. 同频同时双工的概念

在无线通信频率资源甚为匮乏的今天，自然会提出一个问题：可否将 FDD/TDD 中的双份资源开销减半？新兴的同频同时全双工（Co-time Co-frequency Full Duplex，CCFD）技术给出了肯定的答案。

同频同时双工的发明可以追溯至 2006 年北京大学提出的同频同时隙双工概念。该发明首次将基站的发射信号和接收信号设置在同一频率和同一时隙上，全面地考虑了下行信道信号对上行信道的干扰，即本基站发射机和邻小区基站发射机对本小区基站接收机的干扰。新系统设置了一个信号预处理单元，利用有线连接获得上述发射机信号，使得来自空中接口的发射机干扰成为已知干扰，并设计了相应的射频干扰消除器。在 2009 年重大专项支持下，北京大学实现了 35dB 的双工干扰消除。随后经过努力，又实现了超过 80dB 的双工干扰消除器，并试验完成了室外单基站 100m 范围的覆盖。这一成功不仅证明了同频同时双工技术的可行性，而且为同频同时双工系统的实现奠定了实验基础。

国外相关同频同时全双工技术的报道最早见于 2010 年的单信道全双工（Single Channel Full Duplex，SCFD）的试验演示，它描述了 Stanford 大学在 IEEE 802.15.4（Zigbee）的协议下，开发的点对点全双工双向通信演示，据称当时节点的双工干扰消除能力达到 73dB，通信距离达到 2m 左右。

2011 年，Rice 大学的研究人员也报道了 SCFD 的研究结果，他们利用射频与数字联合的消除方法，实现了 39dB 双工干扰消除，并利用天线隔离技术增加了 39dB 的衰减，总双工干扰抑制为 78dB。Rice 大学更多研究表明，当双工干扰增大时，射频技术与数字技术的联合消除干扰能力也随之增强；但是，当射频干扰消除已经足够好的时候，再加入基带干扰消除，反而可能导致残余双工干扰加大，他们将这个现象解释为的基带干扰消除技术中的信道估计误差所致，为此还提出一种自适应的基带干扰消除技术。

CCFD 突破现有系统需要在时域或频域隔离上/下行传输的双工方式，使得通信双方能够使用相同的时间、相同的频率，同时发射和接收无线信号，从而将频谱效率翻倍。

采用 CCFD 无线系统，所有同时同频发射节点对于非目标接收节点都是干扰源，接收节点需要在接收有用信号的同时消除这些干扰，因此 CCFD 的关键在于干扰的有效消除。CCFD 最早应用于军方的连续波雷达，但受 RF 干扰消除器件精度的影响并没有商用。目前商用 RF 干扰消除器件已能满足民用要求，因此 CCFD 的商用得以实现。

2. 同频同时全双工节点

同频同时全双工节点的结构如图3.24所示，节点基带信号经射频调制，从发射天线发出，而接收天线正在接收来自期望信源的通信信号。由于节点发射信号和接收信号处在同一频率和同一时隙上，接收机天线的输入为本节点发射信号和来自期望信源的通信信号之和，而前者对于后者是极强的干扰，定义这个干扰为双工干扰（Duplex Interference，DI）。

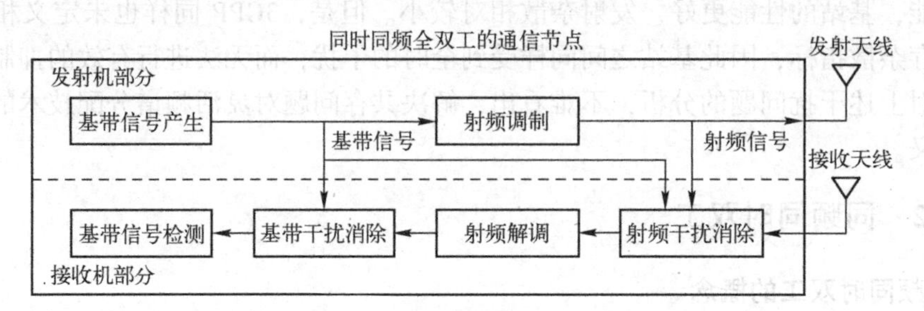

图3.24　同频同时全双工节点结构图

按照信道分类，DI可以分为发射天线到接收天线的直达波和经过多物体反射的多径到达波。通常DI比来自远端的期望信号强很多，以至于期望信号可能被完全淹没在DI中。或者说接收机可能处于信噪比极其低的环境中，甚至根本无法通信。

全双工技术主要包括两方面：一个是全双工系统的自干扰抑制技术，另一个是组网技术。

研发高效DI消除器是实现同频同时全双工系统的关键。一般来讲，DI消除得越多，系统频谱效率增益越大，如果DI被完全消除，则系统容量提升1倍。

3. 同时同频全双工中的干扰消除技术

全双工的核心问题是本地设备的自干扰如何在接收机中进行有效抑制。目前的抑制方法主要是在空域、射频域、数字域联合干扰抑制，如图3.25所示。空域自干扰抑制通过天线位置优化、波束陷零、高隔离度实现干扰隔离；射频自干扰抑制通过在接收端重构发射干扰信号实现干扰信号对消；数字自干扰抑制对残余干扰进行进一步的重构以进行消除。

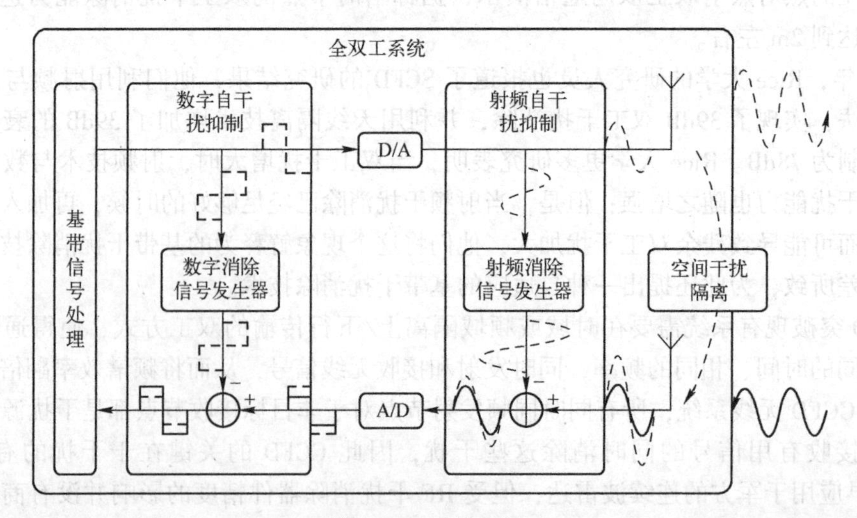

图3.25　干扰抑制

由于全双工设备同时发射和接收信号，自身的发射信号会对自己的接收信号产生强干扰，通过多种自干扰抑制技术使得自身的发射信号远远低于自身的接收信号，即干扰抵消能力要达到一定的要求。表3.2给出了当前全双工系统自干扰抑制能力的水平，可见目前已基本达到可用的水平。虽然自干扰可以得到解决，但是全双工依然无法解决其他信号发射点的干扰和对其他用户的干扰问题。全双工可能会造成更加严重的网络干扰问题，是全双工组网需要特别注意的问题。

表3.2 当前全双工系统自干扰抑制能力的水平

	加州大学	莱斯大学	斯坦福大学（2012年）	斯坦福大学（2013年）	斯坦福大学（2014年）	电子科技大学（2012年）	电子科技大学（2013年）
天线配置	1T1R	1T1R	1T1R	1T1R	3T3R	1T1R	2T2R
频率/GHz	2.4	2.4	2.4	2.4	2.4	1.6～4.0	2.5～2.7
信号带宽/MHz	30	10	10	80	20	20	20
发射天线功率/dBm	10	10	10	20	20	10	23
空域自干扰抑制能力/dB	0	20	20	15	15	20	45
射频域自干扰抑制能力/dB	47	35	45	63	65	55	35
数字域自干扰抑制能力/dB	—	26	30	35	35	31	27
总自干扰抑制能力/dB	47	55	90～95	105～110	105	91	107

到目前为止，DI消除方法有天线抑制法、射频干扰消除法和基带干扰消除法3种，下面将逐一进行介绍。

1）天线抑制方法

天线抑制方法是将发射天线与接收天线在空中接口处分离，从而降低发射机信号对接收机信号的干扰，包括拉远发射天线和接收天线间的距离：采用分布式天线，增加电磁波传播的路径损耗，以降低DI在接收机天线处的功率；直接屏蔽DI：在发射天线和接收天线间设置一微波屏蔽板，减少DI直达波在接收天线处泄漏；采用鞭式极化天线：令发射天线极化方向垂直于接收天线，有效降低直达波DI的接收功率；配备多发射天线：调节多发射天线的相位和幅度，使接收天线处于发射信号空间零点以降低DI；配置多接收天线：接收机采用多天线接收，使多路DI相互抵消。另外，还有更多采用天线波束赋形抑制DI的方法。

天线干扰消除有两种实现方法，一是通过天线布放实现，二是通过对收/发信号进行相位反转实现。

① 空间布放实现的天线对消。

通过控制收发天线的空间布放位置，使不同发射天线距离接收天线相差半波长的奇数倍，从而使不同发射天线的发射信号在接收天线处相位相差π，可以实现两路自干扰信号的对消。这种方案需要各发射天线与接收天线之间具有较强的直视径，当两路干扰信号的输出功率相匹配的时候干扰消除的效果最佳。干扰消除的效果主要受以下因素影响：天线布放位置的精确度、两路自干扰信号到达接收天线处的强度是否匹配、信号带宽。

天线布放位置由信号中心频率决定，要使两根发射天线距离接收天线相差半波长的奇数倍。两路自干扰信号的强度匹配是指要使两路干扰信号到达接收天线处的功率相等。这一点可以通过对距离接收天线较近的发射天线加入衰减实现。前人对上述三种因素对天线对消性能进行仿真分析，对于中心频率为 2.48GHz 的 ZigBee、WiFi 以及 Bluetooth 系统，其信号带宽分别为 5MHz、20MHz 以及 85MHz。

仿真结果表明，在两路干扰信号强度匹配的情况下，lmm 的天线布放位置误差会将干扰抑制效果限制在 29dB 以下；在天线精确布放的情况下，两路干扰信号强度相差 10%，即有 1dB 偏差时，会将干扰抑制效果限制在 25dB 以下。可以看到，两路干扰信号功率的轻微失配都会导致干扰抑制效果大打折扣，因此该方案的一个难点是确保接收端各路干扰信号的功率都匹配。

仿真结果同样表明，天线干扰消除的效果随信号带宽的增加而下降，对于窄带系统具有足够鲁棒性；较窄带系统，宽带系统性能有一定损失，这个问题可以通过射频干扰消除和数字干扰消除进一步解决。

另外，天线布放误差对干扰抑制效果的影响与频段有关，具有频率选择性，对后续的射频干扰消除和数字干扰消除都有影响。干扰信号强度失配对干扰抑制效果的影响与频段无关，即频域平坦不会影响后续的射频干扰消除或数字干扰消除。

② 相位反转实现的天线对消。

在对称布放收发天线的基础上，在成对的发射/接收天线中，信号发射之前或接收之后在天线端口处引入相位差 π，可以实现自干扰信号的对消。基本实现方案有两种：一种是一根接收天线接收信号后进行 180°相位反转，自干扰信号就可以在两条接收天线合并后消除；另一种是一根发射天线将信号进行 180°相位反转后再发射，自干扰信号就可以在接收天线处消除。这种方案中每对接收或发射天线共用一条射频链路。

由于天线布放的对称性，这种方案有两个显著优点：一是干扰消除效果不受信号中心频率和带宽的影响；二是若忽略移相器的插入损耗，无须考虑自干扰信号的功率匹配问题。进一步，可以将接收端消除和发射端消除相结合，实现双重的干扰消除效果。

考虑到 MIMO 技术的应用，上述利用空间布放实现的天线对消在更多天线布放时存在实现困难问题，难以与 MIMO 技术并行使用，而利用相位反转实现的天线对消可以与 MIMO 技术并行使用。每对发射天线共用一条射频链路，通过相位反转在各接收天线处达到干扰消除的目的；每对接收天线共用一条射频链路，通过相位反转进一步实现双重干扰消除；同时，多组发射/接收天线可以与远端构成 MIMO 系统。

2）射频干扰消除方法

射频干扰消除是通过从发射端引入发射信号作为干扰参考信号，通过反馈电路调节干扰参考信号的振幅和相位，再从接收信号中将调节后的干扰参考信号减去，实现自干扰信号的消除。现有的模拟芯片 QHx220 可用于射频干扰消除。

射频干扰消除技术既可以消除直达 DI，也可以消除多径到达 DI。

图 3.26 描述了射频干扰消除器的典型结构，图下方所示的两路射频信号均来自发射机，一路经过天线辐射发往信宿，另一路作为参考信号经过幅度调节和相位调节，使它与接收机空中接口 DI 的幅度相等、相位相反，并在合路器中实现 ID 的消除。

复杂射频消除器采用对 OFDM 多子载波 DI 消除方法，它将干扰分解成多个子载波，并假设每个子载波上的信道为平坦衰落。该方法先估计每个子载波上的幅值和相位，对有发射机基带信号的每个子载波进行调制，使得它们与接收信号幅度相等、相位相反，再经混频器重构与 DI 相位相反的射频信号，最后在合路器中消除来自空口的 DI。

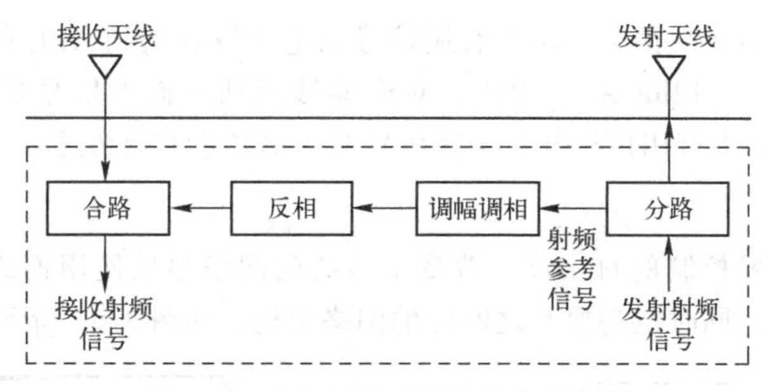

图 3.26　射频干扰消除器的典型结构

一般讲，射频干扰消除的目的是缓解系统对模拟/数字转换器过饱和及信号幅度过大而引起非线性效应的压力。高效的射频消除，将极大地降低系统对数字消除器数/模转换器位数的要求，并自动改善数字干扰消除器的性能。

这种方案的问题在于，对干扰参考信号进行振幅和相位调节的部件在自干扰信号带宽范围内可能具有频率选择特性，造成输出信号畸变，限制射频干扰消除效果，也会影响后续数字干扰消除效果。

射频干扰消除的关键在于调整干扰参考信号的幅度和相位，实现精确的干扰消除，自适应调整算法是研究重点。另外，考虑到 MIMO 技术，若要并行使用射频干扰消除与 MIMO，对于 $N \times N$ 的 MIMO，存在 N^2 个收/发天线对，N 个接收天线一共存在 N^2 路自干扰信号，需要用 N^2 个反馈支路分别对干扰参考信号的幅度和相位进行自适应调整，这在天线数较多的高阶 MIMO 下难以实现。

3）数字干扰消除方法

在一个同频同时全双工通信系统中，通过空中接口泄漏到接收机天线的 DI 是直达波和多径到达波之和。射频消除技术主要消除直达波，数字消除技术则主要消除多径到达波。而多径到达的 DI 在频域上呈现出非平坦衰落特性。

在数字干扰消除器中设置一个数字信道估计器和一个有限阶（FIR）数字滤波器。信道估计器用于 DI 信道参数估计；滤波器用于 DI 重构。由于滤波器多阶时延与多径信道时延具有相同的结构，将信道参数用于设置滤波器的权值，再将发射机的基带信号通过上述滤波器，即可在数字域重构经过空中接口的 DI，并实现对于该干扰的消除。

此外，因为 DI 是已知的，所以对它的消除也可以通过一个自适应滤波器完成。

在同频全双工系统进行数字对消自干扰时，自干扰的信息为已知，因此相比传统的数字对消省去先解出不期望的发射机信息。在自干扰消除中采用相干检测而非解码来检测干扰信号，相干检测器将输入的射频接收信号与从发射机获取的干扰参考信号进行相关。由于检测器能够获取完整的干扰信号，用其对接收信号进行相干检测，根据得到的相关序列峰值，就能够准确得到接收信号中自干扰分量相对于干扰参考信号的时延和相位差。这种相干检测能够检测出强度比有用信号还微弱的自干扰信号。在这种情况下虽然无需数字干扰消除也能正确解码，但采用数字干扰消除能够进一步提升有用信号的 SINR 值。

数字干扰消除有一个必要前提，那就是在 ADC 前端未阻塞的情况下，为使 ADC 能够正确解码有用信号，信号电平强度至少需要达到 ADC 的量化间隔。因此要实现数字干扰消除，有用信号和自干扰信号电平相差不能超过 ADC 的动态范围，否则即使以 ADC 的最大动态范围适配自干扰信号进行干扰消除，由于有用信号的电平没有达到ADC的量化间隔也无法解码。以目前常见的8～12bit ADC为例，对应能够识别的输入信号功率动态范围为0～48dB/0～72dB，即要求有用信号与自干扰信号的功率之差不能超过0～48dB/0～72dB。

4. 组网技术

全双工改变了收发控制的自由度，改变了传统的网络频谱使用模式，将会带来多址方式、资源管理的革新，同时也需要与之匹配的网络架构，如图3.27所示。

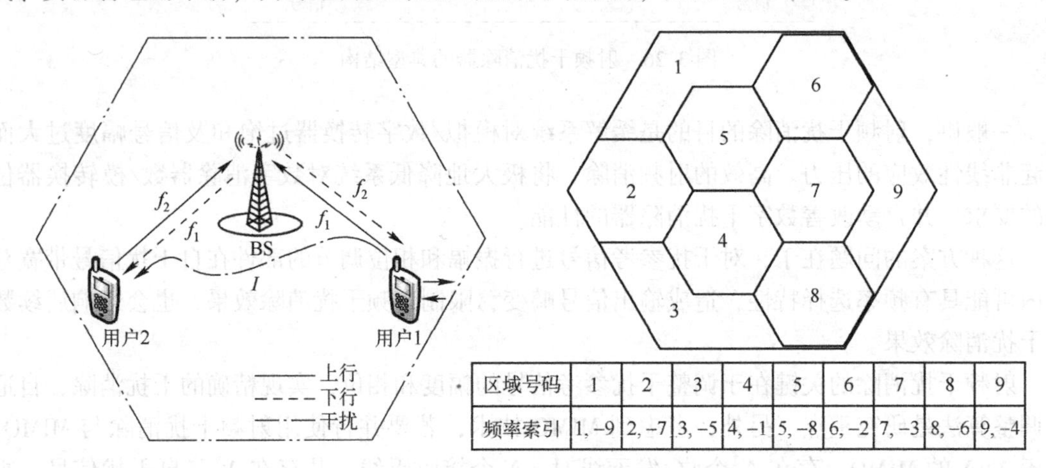

区域号码	1	2	3	4	5	6	7	8	9
频率索引	1, −9	2, −7	3, −5	4, −1	5, −8	6, −2	7, −3	8, −6	9, −4

图3.27 组网示意图

业界普遍关注的研究方向包括：

➢ 全双工基站和半双工终端混合组网架构；

➢ 终端互干扰协调策略；

➢ 网络资源管理；

➢ 全双工帧结构。

① 全双工蜂窝系统。基站处于全双工模式下，假定全双工天线发射端和接收端处的自干扰可以完全消除，基于随机几何分布的多小区场景分析，在比较理想的条件下，依然会造成较大的干扰，因此需要一种优化的多小区资源分配方案。

② 分布式全双工系统。通过优化系统调度挖掘系统性能提升的潜力。在子载波分配时，考虑上下行双工问题，并考虑了资源分配时的公平性问题。

③ 全双工协作通信。收发端处于半双工模式，中继节点处于全双工模式，即为单向全双工中继，如图3.28所示。此模式下中继可以节约时频资源，只需一半资源即可实现中继转发功能。中继的工作模式可以是译码转发、直接放大转发等模式。收发端和中继均工作于全双工模式，如图3.29所示。

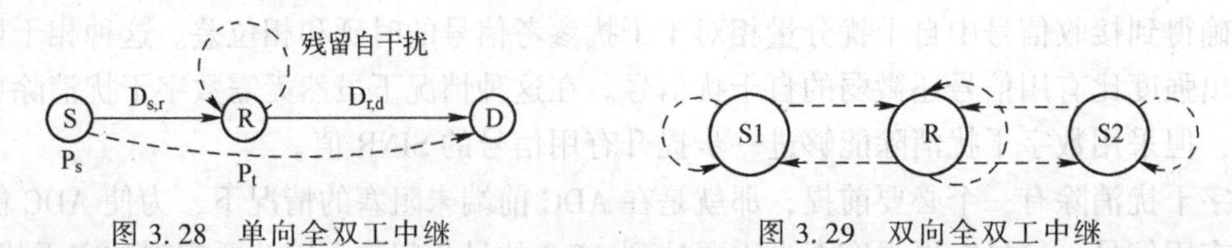

图3.28 单向全双工中继　　图3.29 双向全双工中继

3.3　多载波技术

LTE 采用 OFDM（Orthogonal Frequency Division Multiplexing）技术，子载波和 OFDM 符号构成的时频资源组成 LTE 系统的无线物理时频资源，目前 OFDM 技术在无线通信中已经应用比较广泛。由于采用了循环前缀 CP（Cyclic Prefix），CP-OFDM 系统能很好地解决多径时延问题，并且将频率选择性信道分解成一套平行的平坦信道，这很好地简化了信道估计方法，并有较高的信道估计精度。然而，CP-OFDM 系统性能对相邻子带间的频偏和时偏比较敏感，这主要是由于该系统的频谱泄漏比较大，因此容易导致子带间干扰。目前 LTE 系统在频域上使用了保护间隔，但这样降低了频谱效率，因此需要采用一些新波形技术来抑制带外泄漏。

满足 5G 要求的多址方式，是沿用 LTE 的 OFDM 多址方式，还是使用新的多址方式，需要深入比较和研究。OFDM 已经是主流无线通信如 LTE 和 WiFi 所采用的信号形式，其主要优点有：

- 用简单自然的方式克服了频率选择性衰落；
- 高效率的计算执行（IFFT/FFT），简单的频域均衡方法即可与 MIMO 方便结合，但是频率偏移校正和同步对 OFDM 至关重要。

除了上述优点，OFDM 的缺点也很明显：

- OFDM 矩形脉冲存在很大的带外频谱泄漏，带外干扰大；
- 对时间、频率同步要求高，OFDM 系统要求在全网范围内信号同步和正交，同步开销大；
- OFDM 系统频率的带外滚降间较慢保护带较宽；
- 需要连续载波；
- 峰均比高。

OFDM 的主要应用场景为移动宽带，在一些场景下的应用存在挑战。

- 频谱共享、认知无线电、碎片频谱的场景。同构频谱共享和碎片频谱的充分利用，是提高频谱利用率的最有效方法。动态利用频谱资源，关键问题是系统间共存和抗干扰能力。灵活、充分利用碎片频谱，关键问题是有效抑制带外频谱泄漏。
- 触摸互联网（Tactile Internet）、机器型通信（MTC）、短促接入的场景。极低时延业务；突发、短帧传输；低成本终端具有较大的频率偏差；对正交不利。
- 多点协作通信场景。多个点信号发射和接收难度较大。

为了更好地支持 5G 各种应用场景和多样性的业务需求，基础波形需要满足如下条件：

- 更好地支持新业务，不仅仅是移动宽带业务，还需要支持物联网业务；
- 具备良好的扩展性，通过简单配置或修改即可适应新业务；
- 与其他技术具有良好的兼容性，能够与多天线技术、编码技术等相结合。

围绕业务需求，业界提出了多种对 OFDM 的改进技术：一类是依赖于滤波技术，通过滤波减小子带或者子载波的频谱泄漏，放松对时频同步的要求，克服 OFDM 的主要缺点；另一类主要是进一步提高频谱效率。

3.3.1 OFDM改进

目前无线通信5G技术中抑制带外泄漏的新波形技术方案是5G技术研究的一个重要方向。目前在3GPP会议上各公司提出来的主要新波形候选技术包括：加窗正交频分复用(CP-OFDM with WOLA，CP-OFDM with Weighted Overlap and Add)、移位的滤波器组多载波(FBMC-OQAM，Filter Bank Multicarrier-Offset QAM)、滤波器组的正交频分复用（FB-OFDM，Filter Bank OFDM)、通用滤波多载波（UFMC，Universal Filtered Multicarrier)、滤波的正交频分复用（F-OFDM，Filtered OFDM）和广义频分复用（Greneralized Frequency Division Multiplexing，GFDM)。

1. 加窗正交频分复用（CP-OFDM with WOLA)

CP-OFDM with WOLA是由高通公司牵头提出来的，简写为W-OFDM。W-OFDM的主要思想就是使用时域升余弦函数窗代替LTE的矩形窗。由于矩形窗边缘变化非常陡，因而频域上带外泄漏就比较大；而升余弦函数窗边缘变化比较缓慢，因而频域上带外泄漏就小。图3.30是W-OFDM发射端的处理框图，其中灰色框图是在LTE的发射处理过程中增加的。图3.31是加窗的方法简图，使用的加窗函数为时域升余弦函数窗，因此在符号间隔边缘处为变化比较缓慢的曲线。该曲线占用了一定的CP区域，而且会异致相邻符号间存在部分数据重叠。

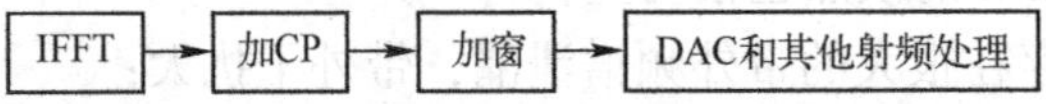

IFFT → 加CP → 加窗 → DAC和其他射频处理

图3.30 W-OFDM发射端的处理框图

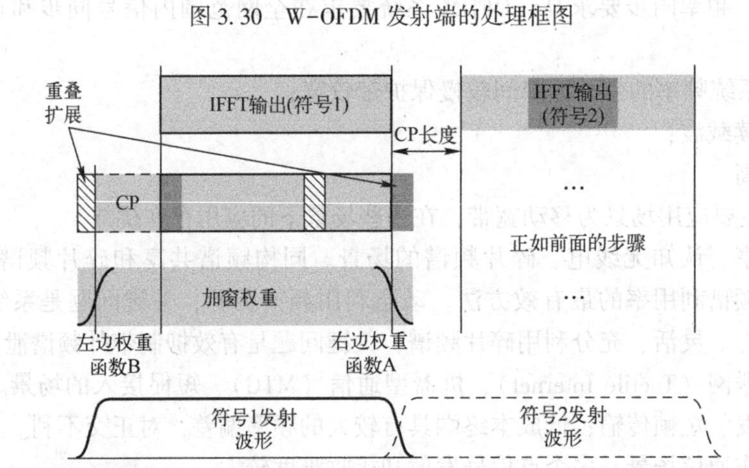

图3.31 加窗的方法简图

W-OFDM的优点是：实现比较简单，只是在原来的LTE的发射处理过程中增加一个时域加窗就行，而且不需要修改物理层标准协议。W-OFDM的缺点为：抑制带外泄漏的效果有限，由于加窗占用了部分CP区域，因此抗多径时延信道能力下降。

2. 移位的滤波器组多载波（FBMC-OQAM)

FBMC-OQAM也是在时域加窗，与W-OFDM不同的是：FBMC-OQAM的窗函数比较长，通常为4～5个符号长度，窗函数一般使用IOTA（Isotropic Orthogonal Transform Algorithm）函数。IOTA函数的时域波形和频域波形是相同的形状。因此FBMC-OQAM的时域和频域都收得比较紧，具有很好的带外抑制泄漏效果。FBMC-OQAM调制的数据为实数，即将复数的实部和虚部提取出来，分别进行调制处理。

FBMC-OQAM链路收发处理过程如图3.32所示。灰色框图是与OFDM系统收发链路的不同处理过程。与OFDM系统相比，FBMC-OQAM系统的最大区别在于：在发射端，基带经过IFFT处理后，还要进行多相滤波器的处理；在接收端，接收数据在进行FFT处理之前，要先经过多相滤波器的处理。

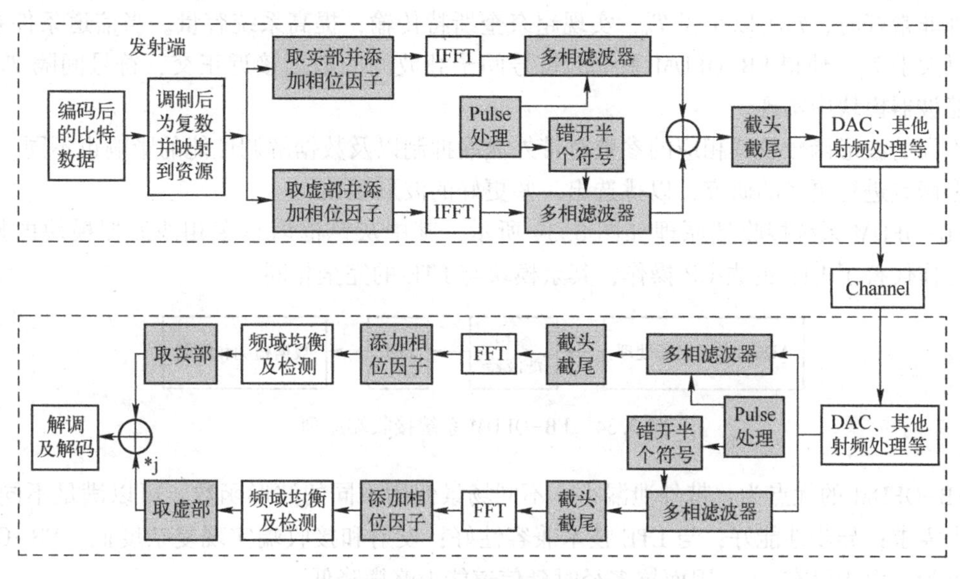

图3.32　FBMC-OQAM链路收发处理过程

FBMC-OQAM的优点为：带外泄漏小，不需要CP，这样可以提高频谱效率。FBMC-OQAM的缺点为：收发处理复杂度相对比较高，由于是实数调制，因此信道估计比较复杂，而且与MIMO技术相结合比较困难。

3. 滤波器组的正交频分复用（FB-OFDM）

FB-OFDM也是在时域加窗，时域加窗在技术原理上都属于子载波级滤波。与W-OFDM不同的是：FB-OFDM的窗函数可以比较长，也可以比较短，具体根据场景需要来灵活选择。与FBMC-OQAM不同的是：FB-OFDM调制的数据仍然为实数，因此可以与LTE保持比较好的兼容性，而且信道估计比较简单，与MIMO技术相结合比较容易。

FB-OFDM系统发射端原理如图3.33所示。其中灰色框内是多相滤波器模块的操作，这个操作代替了LTE的加CP操作，其余模块与LTE的完全相同。

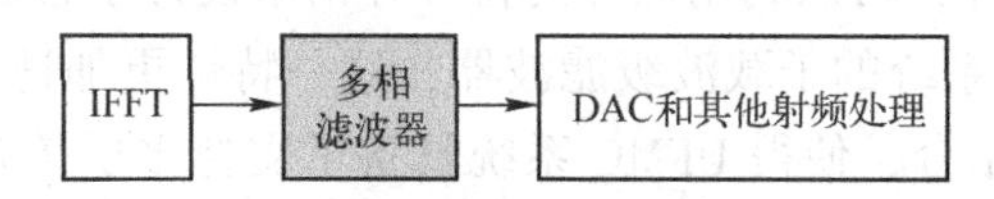

图3.33　FB-OFDM系统发射端原理

多相滤波器的参数与选择的波形函数有关。当波形函数为矩形且符号间隔$T_1=T_0+\mathrm{CP}$（T_0为子载波间隔的倒数，CP为循环前缀）时，多相滤波器模块的操作就等价于LTE中的添加CP的操作，FB-OFDM方案就变回到LTE方案了。

在FB-OFDM系统侧可以配置波形函数参数，不同的参数值对应着不同的波形函数。根据不同场景的需求侧重点，UE可以选择合适的波形函数调制发射数据。比如，对于带外泄漏抑制要求比较高的场景，可以选择升余弦函数、IOTA函数等；对于数据解调性能要求比较高，但对带外泄漏抑制要求不高且频偏和时偏比较小的场景，可以选择矩形函数回退到LTE。

符号间隔T_1也可以作为FB-OFDM系统侧参数，并在多相滤波器模块中进行设置。当信道条件非常好时，T_1可以小于T_0，实现超奈奎斯特传输，提高系统容量。当信道条件差时，T_1可以大于T_0，使得FB-OFDM系统的符号间子载波间的数据接近正交、符号间隔T_1也在多相滤波器模块中实现。

不同的波形函数及其相应的参数对带外泄漏抑制以及数据解调性能的影响也不同。需要对波形函数进行更多的研究，以挑选出一些更好的波形函数。

FB-OFDM系统接收端原理如图3.34所示，其中灰色框内是多相滤波器模块的操作，这个操作代替了LTE的去CP操作，其余模块与LTE的完全相同。

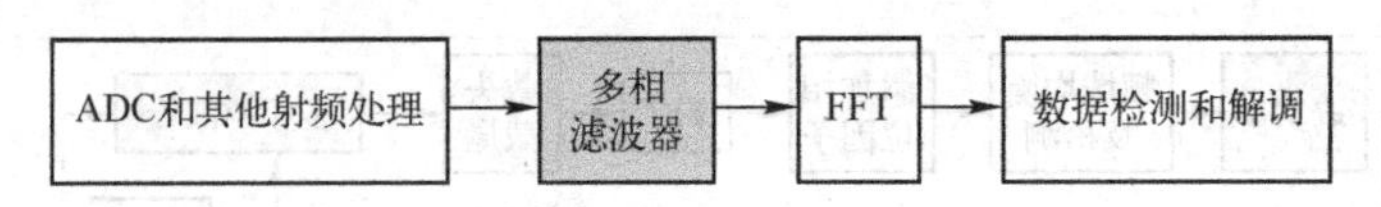

图3.34 FB-OFDM系统接收端原理

FB-OFDM的优点为：带外泄漏小；不同场景使用不同的波形函数，可以满足不同场景的重点需求；异步性能好；与LTE技术兼容性好；发射和接收端实现复杂度低。FB-OFDM的缺点为：由于没有CP，因而抗多径时延信道能力略微降低。

4. 通用滤波多载波（UFMC）

UFMC属于子带级滤波。在传输带宽中，对每个RB的数据单独进行IFFT，然后加滤波器滤波，该滤波器在时域上添加，属于时域卷积操作，运算量比较大。经过滤波后的每个RB的数据再叠加合成一路数据。

UFMC不加CP，而是加保护间隔。在每个RB的时域数据上增加滤波器操作，会扩展数据符号的时域长度，为了避免相邻符号间的数据重叠，符号间需要增加保护间隔。

与F-OFDM不同，UFMC使用冲击响应较短的滤波器，且放弃了OFDM中的循环前缀方案。UFMC采用子带滤波，而非子载波滤波和全频段滤波，因而具有更加灵活的特性。子带滤波的滤波器长度也更小，保护带宽需求更小，具有比OFDM更高的效率。UFMC子载波间正交，非常适合接收端子载波失去正交性的情况。

由于放弃了CP的设计，可以利用额外的符号开销来设计子带滤波器，而且这些子带滤波器的长度要短于FBMC系统的子载波级滤波器，这一特性更加适合短时突发业务；UFMC与交织多址（IDMA）相结合，使得UFMC系统具备了支持多层传输的能力；UFMC能够极大地降低带外辐射，与传统OFDM相比，其带外辐射要明显低得多；UFMC还具有灵活的单载波支持能力，并且支持单载波和多载波的混合结构。

UFMC的优点为：以RB级为单位增加滤波器，这样滤波器参数比较固定。UFMC的缺点为：由于滤波器长度要小于等于保护间隔长度，因而带外泄漏抑制效果有限；每个RB都需要单独 IFFT 和滤波操作，复杂度比较高。

5. 滤波的正交频分复用（F-OFDM）

F-OFDM 也属于子带级滤波，与 UFMC 不同的是：以子带为单位进行滤波，子带带宽不固定；继续加 CP，不加保护间隔；滤波器长度大于 CP 长度，为半个符号长度。

由于滤波器长度为半个符号长度，又没有保护间隔，因此 F-OFDM 信号的符号间会存在数据重叠和干扰。如图 3.35 所示，CP-OFDM 信号的符号间是没有数据重叠的，而 F-OFDM 信号的符号间存在数据重叠。F-OFDM 接收端在解调时，忽略这个符号间的重叠干扰。

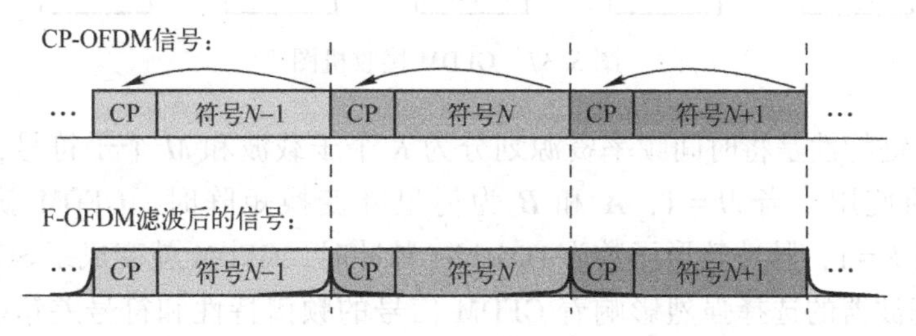

图 3.35　CP-OFDM 与 F-OFDM 符号间重叠对比示意图

F-OFDM 能为不同业务提供不同的子载波带宽和 CP 配置，以满足不同业务的时频资源需求，如图 3.36 所示。通过优化滤波器的设计，可以把不同带宽子载波之间的保护频带最低做到一个子载波带宽。F-OFDM 使用了时域冲击响应较长的滤波器，子带内部采用了与 OFDM 一致的信号处理方法，可以很好地兼容 OFDM。同时根据不同的业务特征需求，灵活地配置子载波带宽。

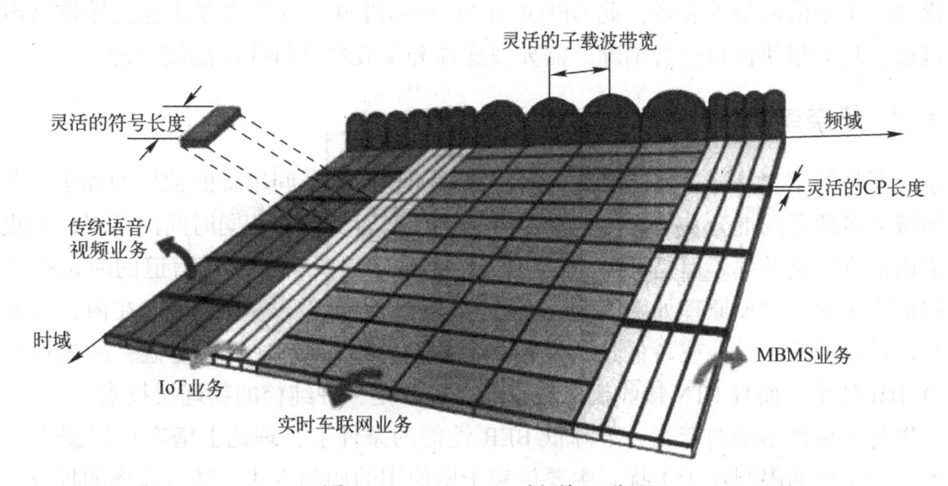

图 3.36　F-OFDM 时频资源分配

F-OFDM 的优点：由于滤波器长度大于 CP 长度，因而带外泄漏抑制效果好于 UFMC。F-OFDM 的缺点为：子带宽度的变化将导致滤波器参数发生变化；子带宽度不能太窄，否则带外泄漏抑制效果将降低，符号间干扰将增大；发射和接收端实现复杂度相对比较高。

6. 广义频分复用（GFDM）

GFDM 调制方案通过灵活的分块结构和子载波滤波以及一系列可配置参数，能够满足不同场景的需求，即通过不同的配置满足不同的差错速率性能要求。GFDM 可以对时间和频率进行更为细致的划分。

GFDM 接收机流程如图 3.37 所示。

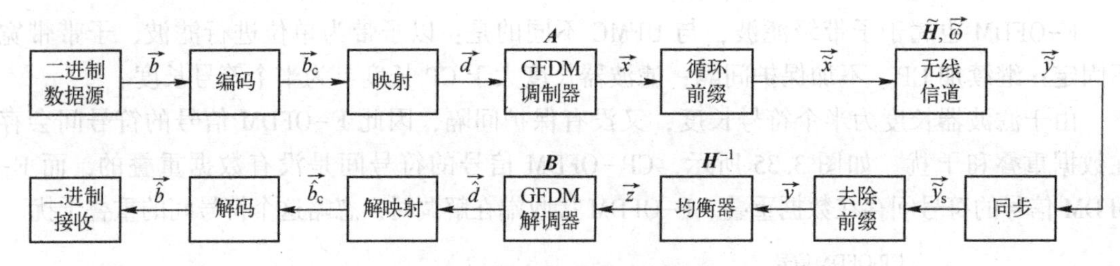

图 3.37 GFDM 接收机图

GFDM 的关键特性是将时间频率资源划分为 K 个子载波和 M 个子符号，并允许根据需求来调整频谱的使用。当 $M=1$，$\boldsymbol{A}$ 和 $\boldsymbol{B}$ 为傅里叶变换矩阵时，GFDM 就会变成传统的 OFDM 系统。当 $K=1$，脉冲整形函数为 Dirichlet 脉冲时，GFDM 就变成了 SC-FDM 系统。

脉冲整形滤波器的选择强烈影响着 GFDM 信号的频谱特性和符号差错率。为了利用脉冲整形降低带外辐射，如下两种技术需要配合 GFDM 使用，不同的方法其带外辐射抑制能力不同。

① 插入保护符号（GS）：当使用无符号间干扰的发送滤波器和长度为 $rK(r>0)$ 的 CP 时，将第 0 个和第 $M-r$ 个子符号设置为固定值（例如 0）时，可以降低带外辐射，此 GFDM 称之为 GS-GFDM。

② 聚拢块边界：由于插入 CP 会导致发送数据量的减少，通过在发送端乘以一个窗口函数可以提供一个平滑的带外衰减，此 GFDM 称为 W-GFDM。但是此方法也会导致噪声的放大，可以通过均方根块窗口进行消除，需要发送端和接收端进行匹配滤波处理。

3.3.2 超奈奎斯特技术（FTN）

超奈奎斯特技术，是通过将样点符号间隔设置得比无符号间串扰的抽样间隔小一些，在时域、频域或者两者的混合上使得传输调制覆盖更加紧密，这样相同时间内可以传输更多的样点，进而提升频谱效率。但是 FTN 人为引入了符号间串扰，所以对信道的时延扩展和多普勒频移更为敏感，FTN 原理如图 3.38 所示。接收机检测需要将这些考虑在内，可能会被限制在时延扩展低的场景，或者低速移动的场景中。同时 FTN 对于全覆盖、高速移动的支持不如 OFDM 技术，而且 FTN 接收机比较复杂。FTN 是一种纯粹的物理层技术。

FTN 作为一种在不增加带宽、不降低 BER 性能的条件下，理论上潜在可以提升一倍速率的技术，其主要的限制在于干扰，主要依赖于所使用的调制方式。随着速率的提高，误码率也在提升。FTN 的主要技术功能如下：

- FTN 能够提升 25%的速率；
- 采用多载波调制时吞吐量增益更高。

FTN 在 5G 中的应用，还须确定如下一些关键问题。如不能解决这些问题，FTN 就只能在低速、低干扰的场景下应用。

- 移动性和时延扩展对 FTN 的影响；
- 与传统的 MCS 的比较；

➢ 与 MIMO 技术的结合；
➢ 在多载波中应用的峰均比的问题。

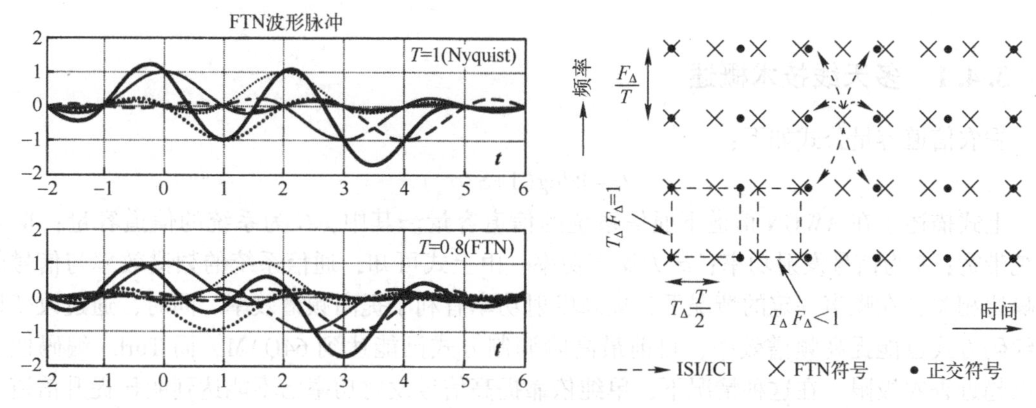

图 3.38　FTN 原理

FTN 可能会作为 OFDM/OQAM 等调制方式的补充，基于不同的信道条件可选择开启或者关闭。OFDM/OQAM/FTN 发送链路如图 3.39 所示。在此方案中，FTN 合并到 OFDM/OQAM 调制方案中。接收端使用 MMSE IC-LE 方案迭代抑制 FTN 和信道带来的干扰。干扰消除分为两步，一是 ICI 消除，二是 ISI 消除。

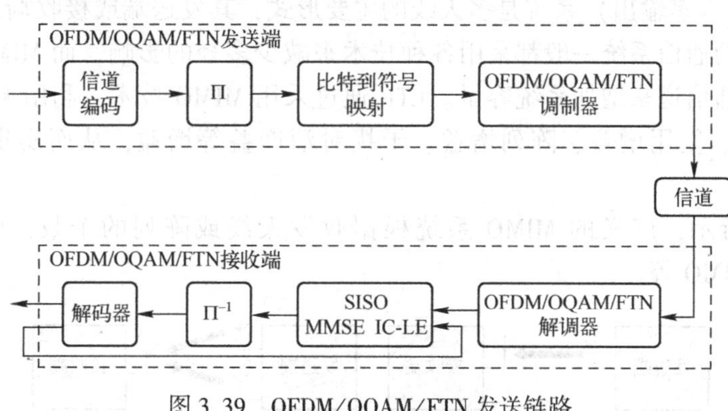

图 3.39　OFDM/OQAM/FTN 发送链路

图 3.40 所示为 SISO MMSE IC-LE 内部结构，其中 ICI 使用反馈进行预测然后分别消除。

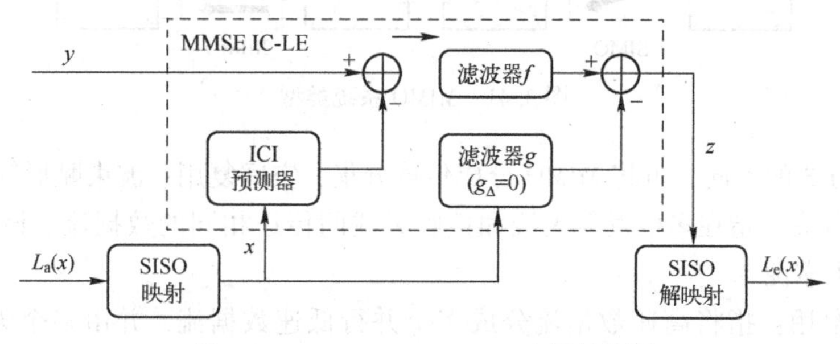

图 3.40　SISO MMSE IC-LE 内部结构图

3.4 多天线技术

3.4.1 多天线技术概述

香农信道容量公式如下：

$$C = W\log(1+S/\sigma^2)$$

上式描述了在 AWGN 信道下通信系统的信道容量。其中，C 为系统的信道容量；W 为系统带宽；S 为信号发射功率；σ 为噪声功率。由上式可知，通信系统的频谱效率与信号的信噪比相关，在噪声一定的情况下，提高发射功率有利于提高频谱效率。同时，通过改变调制编码方式也能提高频谱效率，目前最高阶调制方式已能达到 64QAM，而 Turbo 编码性能也已趋近香农极限。在这种情况下，单纯依靠提高信号发射功率已不能达到明显提升信道容量的效果。而多天线技术可以充分利用空间维度资源，成倍提升系统信道容量。

多天线场景下信道容量表达式为

$$C = \min(m,n)\ W\log(1+S/\sigma^2)$$

其中，$\min(m,n)$ 为信道模型秩的最大值，取发射天线数量 m 和接收天线数量 n 中的最小者，例如：2×2 MIMO 将能达到 1×2 MIMO 多天线信道容量的 2 倍。

MIMO（多输入多输出）系统是多天线的主要形式，其发送端或接收端采用超过一根的物理天线。传统的通信系统一般都采用各种技术来减少多径的影响，而 MIMO 则反行其道，充分利用多径传播信道来增加系统容量。LTE 通过采用 MIMO 技术，利用天线的空间特性，能带来分集增益、复用增益、阵列增益、干扰对消增益等增益，从而实现覆盖和容量的提升。

如图 3.41 所示，广义的 MIMO 系统根据收发天线或阵列的个数，可以分成 SISO、MISO、SIMO、MIMO 等。

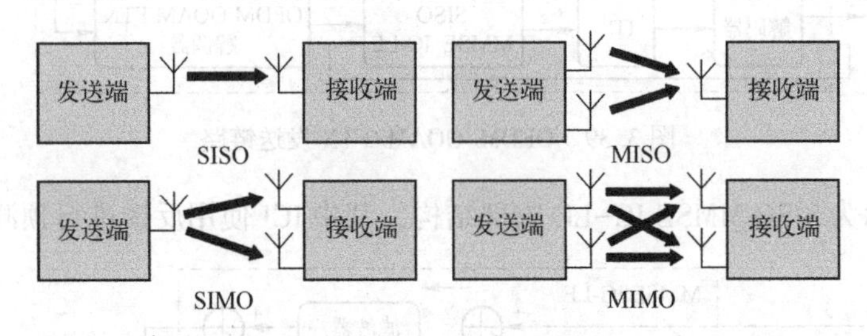

图 3.41 MIMO 系统类型

根据实现方式的不同，可将 MIMO 分成传输分集、空间复用、波束赋形等类型。

（1）传输分集：指在多根发射天线和接收天线间传送相同的数据流。该方式有利于提高通信系统的可靠性。

（2）空间复用：指将高速数据流分成多个并行低速数据流，并由多个天线同时送出。该方式有利于成倍提升系统容量。

（3）波束赋形：指通过调整阵列天线各阵元的激励，使天线波束方向形成指定形状。该方式有利于增强特定用户覆盖。

MIMO 模式如图 3.42 所示。在数据传输过程中，假如发送端没有根据接收端反馈的信道状态信息进行编码矩阵构建，则这种传输模式称为开环传输模式；反之，则称为闭环传输模式。

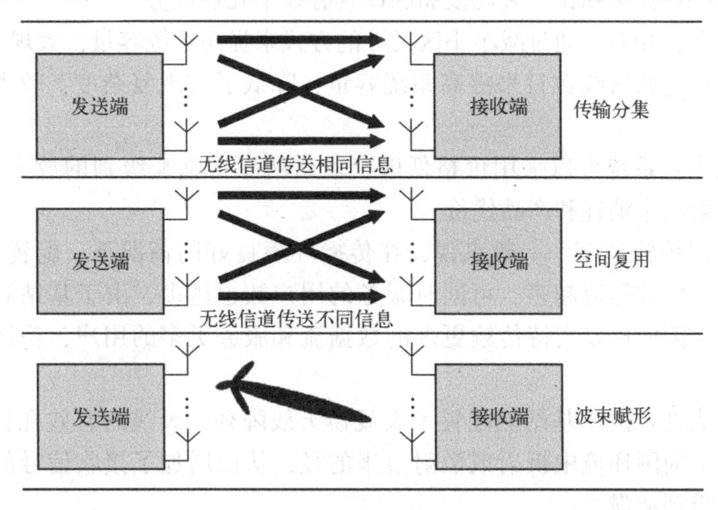

图 3.42 MIMO 模式

MIMO 技术在提高系统频谱效率、高速数据传输、提高传输信号质量、增加系统覆盖范围和解决热点地区的高容量要求等方面有无可比拟的优势，现已广泛应用于各种移动通信系统中，如 3G、LTE、WiFi 等。然而，传统的 MIMO 技术存在硬件复杂度增加、信号处理复杂度增加、能量消耗等问题，同时需要更多的物理空间来容纳较大尺寸天线，产生了额外的土地租赁费用。除此之外，随着移动互联网和云计算为代表的数据业务的指数式增长，传统的 MIMO 技术已然不能满足人们日益增长的支持图像、视频和互联网接入等更高速率数据业务的要求。

3.4.2 大规模 MIMO 简介

1. 概念

2010 年，贝尔实验室的 Marzetta 提出了在基站侧设置大规模天线代替现有的多天线技术，使得基站天线数量远大于其能够同时服务的单天线移动终端数目，由此形成大规模 MIMO 无线通信理论。大规模 MIMO 技术不需要大面积地更新用户终端设备，通过对基站的改造，能有效地提高系统容量和频谱效率。大规模 MIMO 基本模型如图 3.43 所示。

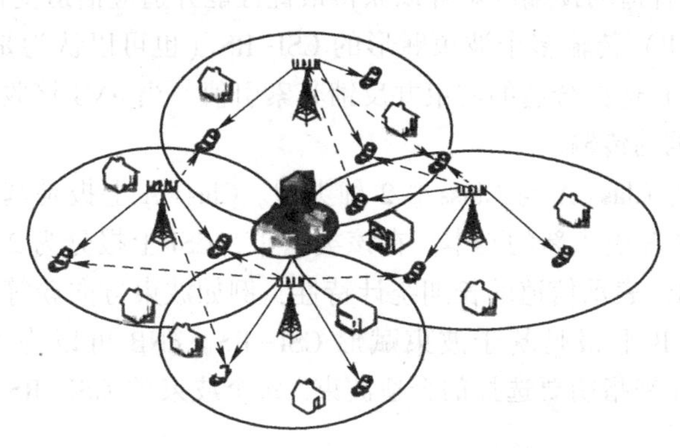

图 3.43 大规模 MIMO 基本模型

2. 优势

与传统的 MIMO 技术相比，大规模 MIMO 具有以下几点优势。

- 更大的容量：相对于通过减小小区尺寸的方式来提高系统容量，大规模 MIMO 系统直接通过增加基站天线数目来提高系统容量，降低了实现复杂度，较大幅度地提高了系统容量。
- 更低的成本：系统可以采用价格低廉、输出功率在毫瓦级别的放大器元件来搭建，降低了发射功率消耗和产品代价。
- 更高的数据传输速率：一般来说，在传播环境良好的情况下，配置的天线数越多，可同时传输的数据流越多，可同时服务的用户数也越多，由于基站侧配置了大规模天线阵列，因而可以支持传输更多的数据流和服务更多的用户，获得更高的数据传输速率。
- 更高的可靠性：由于基站侧配置了大规模天线阵列，天线的有效孔径增大，可以接收到更多从周围环境中折射或散射过来的径，从而增加了接收信号的分集度，通信的可靠性得到加强。
- 更高的功率利用率和更少的干扰：大规模天线阵列的使用可以增强系统的空间分辨力，当基站侧探知目标用户的大致位置方位时，可以更具有指向性地发送信号，使得在节省发送信号功率的同时减少对其他用户的干扰。

3. 标准

3GPP Rel-13 版本可以视为对 Massive MIMO 技术标准化的第一个版本。在这一版本中，支持的天线端口数还未达到普遍认为的数量，因此在 Rel-13 中称为 FD-MIMO（Full Dimension- MIMO），即全维度 MIMO，实现了波束在垂直维度（Elevation Dimension）和水平维度（Azimuth Dimension）2 个方向上的操作。

Rel-13 版本，FD-MIMO 下行支持 16 发射天线端口与 8 接收天线端口，支持水平方向和垂直方向的波束赋形。上行支持 4 发射天线端口和 4 接收天线端口，且上下行均支持 MU-MIMO。

在 FD-MIMO 中，主要考虑 2 种 CSI-RS 的传输机制，包括对于传统的非编码的 CSI-RS 的扩展和波束成形的 CSI-RS。在第 1 种机制中，UE 需要观察每个天线子阵列传输的非编码的 CSI-RS，通过选择合适的预编码矩阵以获得最优性能并适应信道变化。在第 2 种机制中，eNB（也可写为 eNodeB）传输多个波束赋形的 CSI-RS（也可以认为是波束），一般采用全连接的天线阵结构，UE 选择合适的波束并反馈其索引值。当 eNB 接收到波束索引时，所选波束的权值将用于数据的传输。

在 CSI 上报中分为 Class A 与 Class B 2 种类型。Class A 上报是基于非编码的 CSI-RS，为 8/12/16 端口天线传输引入新的码本。在该类型中，CSI 上报分为 2 个字段：W = W1W2，其中 Wl 表示宽带 PMI，表示信道的长期统计特性，例如波束方向簇等。W2 表示子带 PMI，用于波束选择。Class B 上报是基于波束赋形 CSI-RS。eNB 可以为 UE 配置 K 个波束，K=1～8，UE 上报 CRI 来指明要选择的合适波束。每个波束的 CSI-RS 天线端口数是 1、2、4、8。

Class A 和 Class B 的 CSI 上报类型对比如表 3.3 所示。

表 3.3 Class A 和 Class B 的 CSI 上报类型对比

	Class A CSI 上报	Class B CSI 上报
反馈设计	需要为 2D 天线层设计码本，为适应信道变化设计反馈机制	需要为适应权重变化和信道变化设计方法来反馈波束编号
UL 反馈开销	依赖于码本的解决方案和天线数量	依赖于运行的波束数量
CSI-RS 开销	需要 N_t 个 CSI-RS 资源	与波束数量 N_B 呈线性变化
后向兼容	支持 TXRU 与天线端口的虚拟化	支持垂直的波束形加权
前向兼容	如果 CSI-RS 资源允许，可扩展到较大的 TXRU 系统	如果可以获取长期的信道统计特性，可扩展到较大的 TXRU 系统

Massive MIMO 研究方向当前主要分成 2 个部分，一是基于现有技术、现有制式、现有频段进行技术升级，利用 Massive MIMO 多天线增益改善现有网络性能；二是基于全新设计理念结合 5G 其他技术发展，在更高频段利用 Massive MIMO 思路打造新的无线通信系统。

第 1 种研究方向基于现有 TD-LTE 系统，不对现有信令消息及流程、参考信号、信道测量及反馈进行变更，仅对现有基站射频和天线部分进行改造升级，兼容现网终端，弥补高热场景的容量需求。

第 2 种研究方向打破现有网络制式和架构限制，利用全新频段结合新的信道测量与反馈、参考信号设计、天线阵列设计，同时为低成本实现进行技术研究。当前 3GPP 主要讨论议题集中在 Massive MIMO 的具体定义及相应指标、测量信号和反馈、预编码实现、参考信号设计等。其他研究机构同时对 3D 信道建模等进行理论分析。

3.4.3 Massive MIMO 原理及关键技术

从理论上看，更多的天线将带来更多的增益。基于此，大规模阵列天线技术（Massive MIMO），相对于以往系统的 2、4、8 天线，Massive MIMO 将采用几十甚至几百天线阵子，在相同的时频资源下同时为数十个用户提供服务，数倍甚至数十倍提高网络性能。

1. Massive MIMO 基本原理

Massive MIMO 技术同样以 MIMO 技术为基础，其在发射端和接收端分别使用多个发射天线和接收天线，使信号通过发射端与接收端的多个天线传送和接收，从而改善通信质量。它能充分利用空间资源，通过多个天线实现多发多收，在不增加频谱资源和天线发射功率的情况下，可以成倍地提高系统信道容量，显示出明显的优势。利用 MIMO 空间特性可采用如下 3 种传输方案。

（1）发送分集方案是在发送端两天线发送同样内容的信号，用于提高链路可靠性，不能提高数据率。LTE 的多天线发送分集技术选用空时编码作为基本发送技术，在发射端对数据流进行联合编码以减少由于信道衰落和噪声所导致的符号错误率。通过在发射端增加信号的冗余度，使信号在接收端获得分集增益。

（2）空分复用技术是在发射端发射相互独立的信号，接收端采用干扰抑制的方法进行解码，此时的理论空口信道容量随着收发端天线对数量的增加而线性增大，从而能够显著提高系统的传输速率。空分复用允许在同一个下行资源块上传输不同的数据流，这些数据流可以来自于一个用户，也可以来自多个用户。单用户 MIMO 可以增加一个用户的数据传输速率，多用户 MIMO 可以增加整个系统的容量。空分复用数据传输的天线形式如图 3.44 所示。

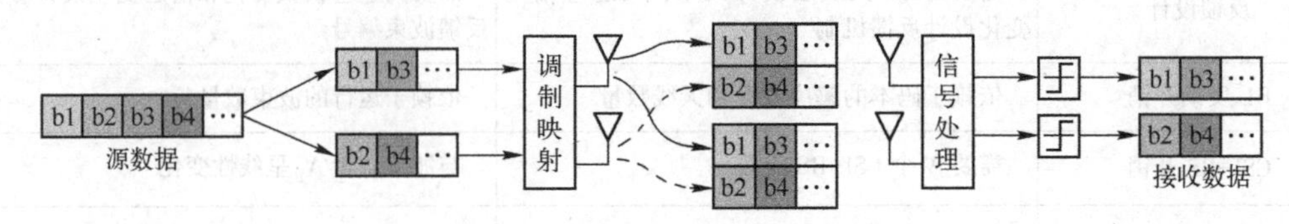

图 3.44 空分复用数据传输的天线形式

(3) 波束赋形是一种基于天线阵列的信号预处理技术，通过调整天线阵列中每个阵元的加权系数产生具有指向性的波束，从而获得对应辐射方向的阵列增益，同时降低对其他辐射方向的干扰。

利用 MIMO 技术的空间特性，基于大规模天线阵列获得波束图。在不同的 DOA (Direction Of Arrival)，获得不同辐射图样，提高有效信号的增益同时降低对其他方向的干扰辐射。

2. Massive MIMO 关键技术

大规模 MIMO 当前的关键技术主要包括信道信息的获取、天线阵列的设计、低复杂度传输技术和实现。

大规模天线阵列系统的频谱效率提升能力主要受限于空间无线信道信息获取的准确性。大规模天线阵列中，由于基站侧天线数的大幅增加，且传输链路存在干扰，现有的导频设计及信道估计等技术都难以获取准确的信道信息，该问题是大规模天线阵列系统的主要瓶颈问题。在现有系统中，空间无线信道信息的获取来源于导频信号，而导频信号在时间、频率上分布图样及小区间的干扰都会影响空间无线信道信息获取的准确性，并且在导频信号的设计上由于大规模阵列天线的设计需要庞大的导频及反馈，对系统负担非常大，降低了系统性能。当前如何更加有效地获取信道信息依然是摆在 Massive MIMO 商用前的一道难题。

1) 信道信息的获取

随着天线数目的不断增加，基站需要精确获取当前的信道状态信息（Channel State Information，CSI），才能保证系统通信的可靠性。对于如何获得准确的信道状态信息，目前大多数研究都是基于时分双工（Time Division Duplex，TDD）系统，利用上行信道与下行信道在相关时间内信道状态的互易性原理来获得期望的 CSI。

与频分双工（Frequency Division Duplex，FDD）系统通过终端用户进行信道估计得到的有限反馈信息来获得期望 CSI 的方式不同，基于信道互易的 TDD 系统能够有效减小信道开销，同时不需要建立复杂的反馈机制，基站天线数目也因此不受限制。然而，根据互易性原理的特性，很难支持高速移动场景下的通信。上行训练中，终端用户需要向各自的基站发送导频信号，以此来进行信道估计，然而导频信号的空间维数有限，不可避免地存在不同小区的用户采用相同导频同时向基站发射，导致基站无法区分，造成导频污染问题。导频污染不会随着基站天线数目的增加而消失，相较于有着相同方差的加性噪声，导频污染对系统性能有着更为严重的影响，当前解决导频污染的方法主要有干扰抵消法、预编码方法、盲估计方法、基于传输协议的方法等。

2）天线阵列的设计

当前主流移动无线网络频率，若应用在大规模天线阵列系统中，会导致实际天线阵列面积很大，这对实际网络应用选址及安装、维护等提出了严峻挑战。例如，基站侧配置有 128 根天线，采用均匀线性阵列，天线间距为半波长，在中心载频为 2.6GHz 时，线性阵列的长度约为 7.4m，这在工程上是不可接受的；使用交叉极化方式布置天线阵子并从水平和垂直 2 个维度设计，可解决天线长度问题，但是整体天线尺寸依然较大。因此 Massive MIMO 在当前网络下较难以规模商用。未来使用更高的载频可以让大规模天线阵列系统工作在更高的载频上，如 6GHz 以上，则天线尺寸会成倍缩小。或者将天线摆放成平面阵、立方体或圆形阵列等，满足工程安装需求。

大规模 MIMO 天线希望通过空间、角度、极化等分集实现方向图正交性，对天线设计的基本要求可概括为低相关、多分级、宽波瓣、高增益与高隔离。需要注意的是，大规模 MIMO 系统中基站配置有大量天线，考虑到工程需要，天线整体的体积不宜过大，因此天线单元的密度很高，间距太近，容易使传输信道呈现相关性，导致信道容量降低。

所以大规模 MIMO 天线对单元性能和阵列性能提出了不同的指标要求。

① 天线单元小型化，低剖面。

② 低相关性，高隔离，降低互耦效应。

③ 多频段，高增益。

④ 单元间距，阵列布局与单元间的耦合。

3）传输技术

在传输技术上，现有技术也遇到许多难题。在频分双工系统中，UE 先进行下行信道估计，之后通过反馈链路将估计出的信道量化码本的索引反馈。基站利用获得的 CSI，计算下行链路的波束赋形矢量，通过波束赋形提高了系统的传输性能和抗干扰能力。但是在 FDD 系统中，用于下行信道估计的导频开销与基站的天线数目成正比，为了使 UE 能有效区分来自基站不同发射天线的不同信道，基站不同发送天线的导频必须相互正交，当基站天线数目很大时，FDD 系统会出现系统无法利用有限的时频资源提供如此数目巨大的正交导频，UE 待估计的信道数目急剧增加，并将直接导致 UE 的电池电量迅速消耗、UE 反馈量过大，导致实际信息传输效率低。因此现有主流思路采用 TDD 利用上行链路和下行链路的信道互易性，由上行信道估计获得下行波束赋形所需的 CSI。另外，采用 TDD 系统利用上行和下行信道互易性，然而实际硬件系统并不能达到完全互易，需要高精度的信道校准使基站侧收发通道达到很好的一致性。大规模 MIMO 系统中基站配置有大量的天线，相比于现有系统，将产生海量的数据，从而对射频和基带处理算法提出了更高的要求。同时考虑到 Massive MIMO 系统中上行链路的信号检测和下行链路信道估计计算均涉及高维矩阵求逆运算，系统实现复杂度高，增加 Massive MIMO 部署成本和难度。

传输模式的讨论主要包括下行传输模式和上行传输模式。下行传输模式分为单 TRP 传输和多 TRP 传输。

单 TRP 传输主要包括 SU-MIMO、MU-MIMO、发射分集、开环/闭环预编码，倾向于支持一种传输模式，其中包含上述多种分集及空间复用方式，与 LTE 的多个传输模式相比，可以根据调度用户数和信道条件更灵活动态地调整具体的传输方式。

多 TRP 传输类似于 CoMP，是指多个 TRP 之间通过协调为同一用户提供服务，例如多个TRP可以采用不同的波束方向对同一用户提供服务。多TRP传输还讨论了QCL的问题，即不同TRP天线端口是否可以视为同一位置，QCL和多TRP间具体采用的传输方式有关。

上行传输模式主要包括基于预编码的传输和基于非预编码的传输。

3.4.4 Massive MIMO系统传输方案

为此，研究者们先后提出了在大规模MIMO系统下的联合空分复用（Joint Spatial Division and Multiplexing，JSDM）传输方案和大规模多波束空分多址（Massive Beam-Spatial Division Multiple Access，MB-SDMA）传输方案，分别利用信道二阶统计信息对用户进行分组并将信号转换到波束域中进行空分多址方式的传输，在匹配大规模MIMO系统信道特性的同时，解决由大规模天线阵列引入的导频瓶颈问题。

1. JSDM传输方案

简单来说，JSDM传输方案就是利用在相邻或相近位置的用户往往具有相同（或相似）信道相关阵的事实，依据各用户信道相关阵的相似性，采用固定量化或传统聚类的方法对用户进行合理的分组，使得在同一分组中的用户终端具有相似的信道相关阵即地理位置邻近，而不同分组中的用户在AOA（Angle Of Arrival，到达角）维度上充分间隔开，然后在组内采用适当的用户调度算法有效地挑选出调度的用户集合进行数据传输，在充分挖掘空间维度的同时降低每组用户有效信道的维数。JSDM传输方案示意如图3.45所示。

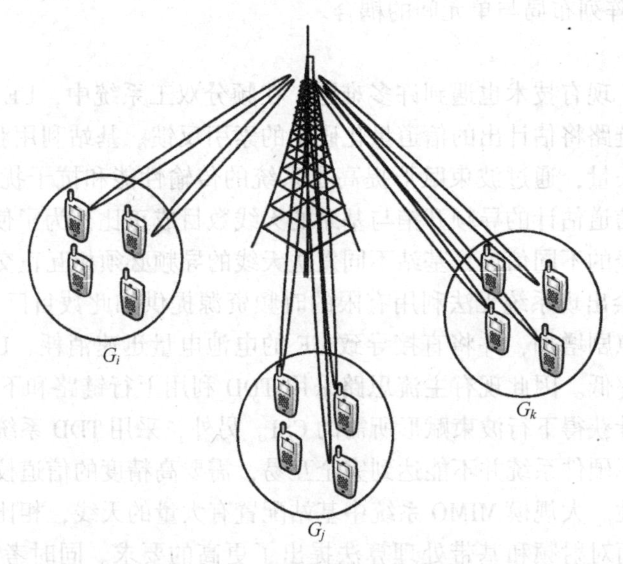

图3.45 JSDM传输方案示意

JSDM传输方案根据是否需要对整个系统的有效信道进行估计与整体反馈，又可分为联合小组处理（Joint Group Processing，JPG）方案和独立分组处理（Per-Group Processing，PGP）方案。

2. MB-SDMA传输方案

MB-SDMA传输方案的核心思想是：通过将信号转换到波束域，利用用户波束域信道的稀疏性，采取相应的用户调度方法，使占用不同波束集合的用户与基站同时进行通信，每个波束集合只接收/发送单个用户的信号，从而化繁为简，将多用户 MIMO 传输链路分解为若干个单用户 MIMO 信道链路，在降低计算复杂度的同时也减少了用户间的干扰。MB-SDMA 传输方案如图 3.46 所示，基站依据获取到的波束域信道统计信息，利用相应的用户调度算法调度出 3 个用户，为每个用户分配不同的波束集合使得多个用户可在同一时频资源上进行数据的传输。

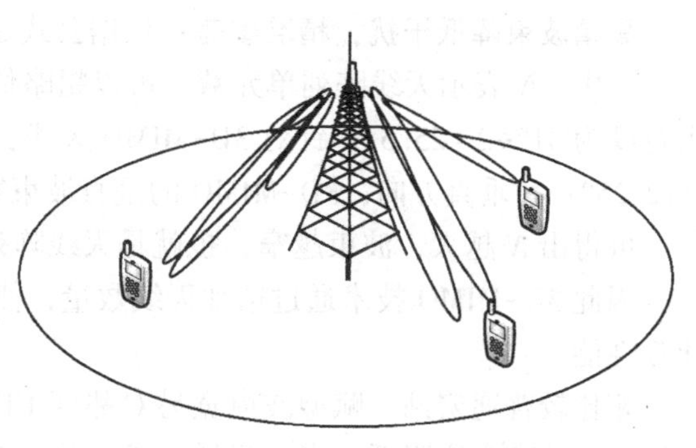

图 3.46　MB-SDMA 传输方案示意

整个传输过程可以分为以下几个阶段。

（1）获得统计信道信息：各个用户分别发送各自的上行探测信号，基站通过接收到的探测信号估计出各个用户波束域统计信道信息。

（2）用户调度：采用相应的用户调度准则对各个用户和波束进行调度，在使不同用户使用不同波束集合的原则上，可根据不同的系统目标采取最大和速率准则或比例公平准则。

（3）分解为单用户 MIMO 链路：通过用户调度，不同用户与基站不同的波束集合进行通信，从而实现将多用户 MIMO 链路分解为多个单用户 MIMO 链路。

（4）上下行链路传输：在上行链路中，基站估计瞬时信道信息以及干扰的相关阵，对接收信号进行相干检测；在下行链路中，用户估计瞬时信道信息以及干扰的相关阵，对接收信号进行相干检测。

3.4.5　Massive MIMO 性能及部署

1. Massive MIMO 天线

1）3D-MIMO

3GPP Rl1 对 3D MIMO 的信道模型进行了研究。在此基础上，R12 首先对 3D MIMO 的传输机制进行了研究，评估最多 64 端口的 3D MIMO 的性能，研究相关的增强方案，然后启动 3D MIMO 的标准化工作，支持最多 16 端口。

研究阶段的评估分为两个阶段：阶段一，明确天线配置及评估场景，评估使用 3D 信道模型下 R12 下行 MIMO 的性能；阶段二，研究增强方案，并评估标准化增强带来的好处，同时研究设计原则，明确标准化影响。

3D-MIMO 技术是基于 Massive MIMO 的一种全新的天线覆盖方式。2010 年年底 Thomas L. Marzetta 提出了 Massive MIMO 的概念，让基站使用多达数百根天线，同时支持多个 UE。相比较传统 MIMO 技术，新型的 3D-MIMO 技术无论是在覆盖深度、覆盖范围、信号识别度、抗干扰能力、容量等方面都有显著的提升。

空间立体维度全覆盖：3D-MIMO 除调节天线水平维度的角度外，加入了垂直维度的角度机制，从而释放了垂直维度，可以进一步增强空间复用，提升小区容量，这是与传统 MIMO 技术只能进行平面信号传播的巨大区别。

较之传统 MIMO 基站，1 个 3D-MIMO 基站即可覆盖整栋高楼。全新的 3D-MIMO 基站可覆盖 60°垂直范围、10°～ 20°水平范围。这样高层覆盖选址难、覆盖范围不足的问题就得到了大大改善，并且可以提高小区边缘业务速率。

高精波束降低干扰，精准覆盖：根据公式 $2\Psi_{0.5} \approx 51\times(2/N)$

其中，N 表示天线阵列单元数。可以粗略估算 8 天线宏站其水平方向是 4 列直线阵，波束宽度为 51°÷2=25.5°。针对 3D-MIMO 天线，水平方向是 8 列直线阵，波束宽度为 51°÷4=12.25°；在垂直方向，3D-MIMO 的垂直波束宽度是：51°×[10/(7×8)]=9.1°。

可得出 N 越大，波束越窄，也就是天线阵列单元数越多，波束越窄。

因此 3D-MIMO 技术通过增加天线数量，使业务波束变窄，波束能量更集中，从而增强业务性能。

相比较普通宏站，赋型波束宽易对邻区 UE 产生干扰，3D-MIMO 技术可以实现高精三维波束，波束宽度降低一半，降低干扰。并且 3D-MIMO 基站利用高精的波束可以实现精准覆盖，通过智能权值来分区并精准覆盖场馆，可降低小区间干扰，同时节省站点数量，降低投资，能够全方位立体追踪用户位置，实现 VIP 区域重点保护、VIP 用户精准保护。

此外，3D-MIMO 可以识别小区中心和边缘用户，消除由于用户物理位置变动而引发的感知骤降。

高效空分提升频谱效率：由于波束的窄化，同样的空间资源下，使得空间复用更容易，可以容纳的流数也随之增多，小区容量得以提升。

相比较普通宏站提供的下行 2 流空分复用以及 1UL∶3DL 的上行配比，3D-MIMO 可以提供下行 8 ～ 16 流的空分复用、上行 4 ～ 8 流的空分复用，如图 3.47 所示。这使得在普通宏站相同的覆盖半径的情况下，3D-MIMO 基站可以提供之前 3 ～ 5 倍的容量，完全可以满足热点区域的大容量业务需求。

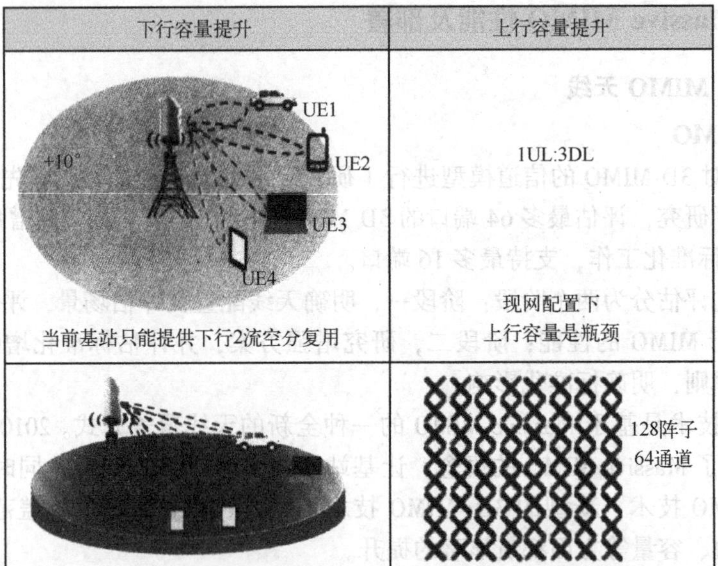

下行容量提升	上行容量提升
+10° UE1 UE2 UE3 UE4 当前基站只能提供下行2流空分复用	1UL:3DL 现网配置下 上行容量是瓶颈
可实现下行8~16流空分复用	128阵子 64通道 可实现上行4~8流空分复用

图 3.47　上下行空分复用全面提升

而且对于光纤部署受限的区域，可通过无线固定接入方式覆盖盲区。3D-MIMO 基站+CPE 的方式可解决这部分区域光纤部署无法到位的问题，相比较宏站+CPE 方式能提供更大的系统容量。

2）紧耦合阵列天线

紧耦合效应的阵列天线是一种利用天线单元之间的电磁耦合来展宽天线工作带宽的天线阵列。紧耦合阵列天线（Tightly Coupled Phased Array，TCPA）具有超宽带的阻抗特性，往往能够达到超过1:5的频比，可以实现一定的波束扫描，是实现5G大规模阵列天线的良好方式。

紧耦合天线的辐射部分为具有互相强烈耦合的短偶极子，相邻振子通过电容进行耦合。单元之间的耦合，使得场可以在相邻单元之间传播从而增大工作带宽，同时减小单元的谐振频率。偶极子的长度通常为最大工作频率的半波长。

紧耦合天线放置在一块金属背板上方，剖面小于最高工作频率的半波长。金属反射板能够消除后瓣，使得紧耦合阵列天线单向辐射。

由于紧耦合天线的辐射单元为偶极子形式，因此，当采用微带线、同轴线等不平衡的馈线进行馈电时，需要通过具有宽频带、低损耗性能的巴伦进行平衡至不平衡的转换。

阵列进行波束扫描的时候，相邻单元之间存在馈电相差。这种相差会引起有源驻波的强烈变化，降低工作带宽。有学者提出，在阵列上方放置特定厚度的介质板可以抵消波束扫描时的阻抗变化，从而增大带宽。

3）有源 Massive MIMO

有源集成天线是由有源辐射功放集成电路与天线振子或微带贴片等辐射单元集成在一起形成的，因而是一个既可产生射频功率，又可直接辐射电磁波的天线模块。首先，有源集成天线阵列是由多个有源集成天线单元组合形成的。在有源集成天线阵列中，由于每个单元的辐射功率是由有源辐射单元源产生的，既可以省去复杂的功率分配网络，又可减少额外功率的损耗，还能降低辐射单元的输出功率。其次，虽然每个有源天线单元的辐射功率有限，但利用空间功率合成就可以获得大功率辐射。再次，由于集成电路中的耦合振荡器具有非线性动态特性，可以控制每个有源天线单元的相位分布，方便实现空间波束反描构成相控阵列，产生高功率密度的波束赋形。最后，因为半导体集成器件具有良好的可靠性和直流、射频转换效率，适合多自由度架构的平面或立体有源集成天线阵列。

有源天线阵列可直接在天馈部分实现电磁波产生、变换、发射和接收等系统功能，天线不仅是辐射单元，还是有源电路的组成部分，双方不再是简单的级联，而是互为对方电路的部分，减少了中间元器件、馈线连接和连接节点，在设计上天线和有源电路是一个有机整体，一个功耗和损耗都小、波束成形辐射效率更高、更便于维护和管理的集成电路。传统的MIMO天线因其阵元数不超过8个、载波波长较长，需偏重考虑天线的空间复用和空间分集等应用效果，所以各天线阵元布局的空间较大，各阵元辐射的电磁波几乎无关，只能通过预编码方式实现性能较差的波束赋形，因而没有必要、也没有条件设计和应用有源集成天线，更谈不上采用有源天线阵列，所以传统的有源天线阵列技术主要应用在军事相控阵雷达系统，迄今为止也没有应用于移动通信。

图3.48所示为一款专门为5G设计的有源大规模MIMO天线的结构图，该天线设计的中心思想是，以有源阵列模块为天线组织的基本单元来组建MIMO天线，其中有源阵列模块是由$n \times m$或$n \times m \times q$个有源集成天线单元组成的二维或三维，具有专用、独立、可插拔的集成器件，其中各阵元振子间的距离分别为a、b或A、b、c，一般取半个波长的整数倍。有源大规模MIMO天线则是由$N \times M$个有源阵列模块组成，且各模块间的距离分为A、B，一般取

（10+1/4）波长。

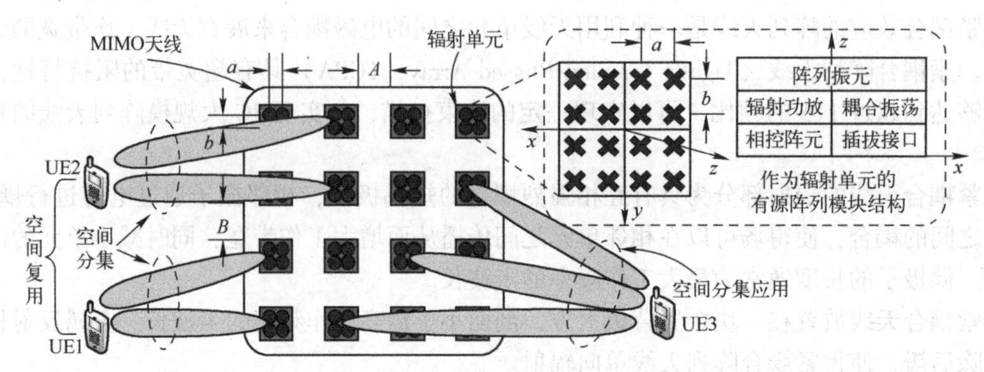

图 3.48 有源大规模 MIMO 天线结构简图

有源阵列模块是有源大规模 MIMO 天线实现波束赋形的专用单元，天线振子布局可以是二维阵列，也可以是三维阵列，为了使波束赋形具有一定的独立性，也为了提高波束赋形的快速反应，将包括辐射功放、耦合振荡、相控阵元和插拔接口等电路元器件，甚至是波束赋形算法芯片都直接集成到阵列阵元上，从而使其成为方便扩容、维护和优化的独立的可插拔器件。也就是说，波束赋形的功能完全可以由有源阵列模块独立执行，天线系统只需要为其提供目标终端的波达方向参数即可。由于有源阵列模块中阵元的几何位置可以按照波束赋形的理论定位，无须采用预编码和其他补偿技术，又由于基于波束赋形的阵元权值算法比较简单，可以固化集成，既可降低模块的技术度，又可减少消耗系统资源的软件操作，所以有源阵列模块可以快速执行波束赋形功能。

有源大规模 MIMO 天线在执行空间复用和空间分集功能时，是以有源阵列模块为辐射单元进行的，可以将有源大规模 MIMO 天线等效为传统 MIMO 天线，使得有源大规模 MIMO 天线在执行空间复用和空间分集功能时，借鉴、参考，甚至是照搬部分传统 MIMO 天线的成熟技术。由于有源阵列模块被设计为一种对其他功能没有任何影响的可独立执行波束赋形功能的可插拔器件，各模块在空间上具有不相干性，保证各自发射信道是具有独立衰落的不相关信道，非常方便运营商根据热点小区或密集小区的业务需求，随时随地灵活增加或减少有源阵列模块，调整 MIMO 天线的空间复用和空间分集应用，满足数据业务的通信要求。

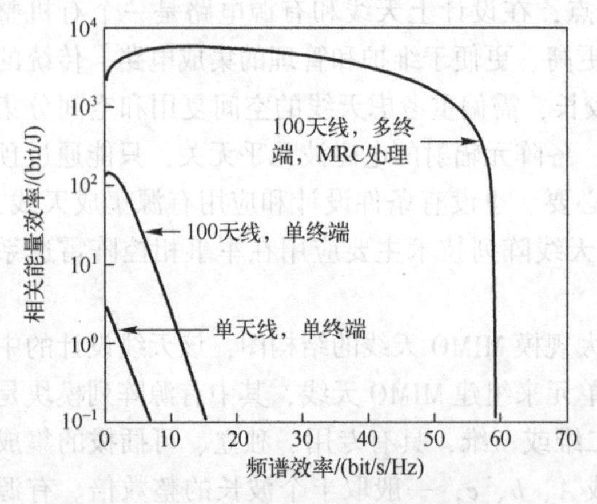

图 3.49 Massive MIMO 理论频谱效率对比

2. Massive MIMO 性能分析

大规模 MIMO 技术对单一用户的辐射功率和干扰水平的降低可改善单用户的性能，频谱效率有一定增益。而多用户的 Massive MIMO 系统利用空间不同波束独立的空间特性进行传输，极大提高系统容量，相比于传统单天线系统频谱效率有数十倍增长，如图 3.49 所示。

当前，利用 TD-LTE 技术，2.6GHz 的商用网络，改造升级 Massive MIMO，通过试验获得以下数据。

（1）20MHz TD-LTE 单小区下行吞吐量峰值可达 650Mbit/s，远高于 8T8R TD-LTE 小区。

（2）加扰场景用户均匀分布，16 部 UE 的下行速率如图 3.50 所示，单个点位同时对比 Massive MIMO 技术和 8T8R TD-LTE 网络性能，Massive MIMO 下用户速率高于 8T8R TD-LTE 网络近 10 倍以上。

（3）在楼宇内深度覆盖同一测试点位，Massive MIMO 和传统 TD-LTE 上行吞吐量分别获得 3Mbit/s 和 0.17Mbit/s 的速率，差异高达近 18 倍。

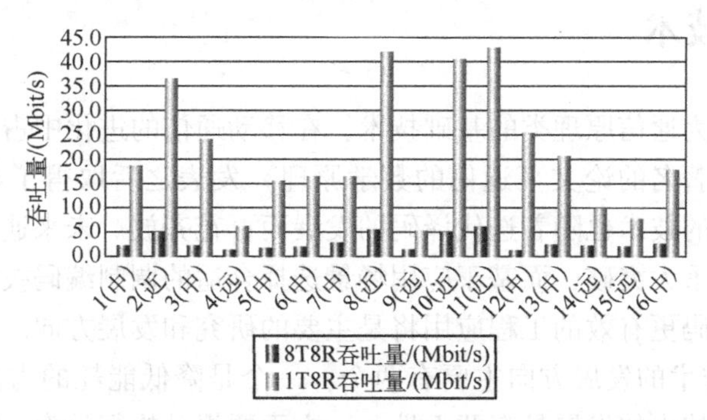

图 3.50　Massive MIMO 网络与 8T8R TD-LTE 的 MIMO 网络用户速率

以上数据为现有网络制式和商用终端，基于此可获得当前网络的数倍性能。当持续推进 5G Massive MIMO 技术发展和新阵列天线设计，并增强终端的 MIMO 能力，将给用户带来更加飞跃的速率体验。

3. Massive MIMO 应用部署策略

当前各运营商 4G 网络已规模部署，随着网络与终端的逐渐普及，业务量将逐渐上升，在部分城市热点区域已出现容量瓶颈。目前主要解决方案是申请更多载波频率部署载波聚合，或增加小站部署改善局部容量。随着 Massive MIMO 技术成熟，其可作为网络容量提升的一个关键技术，Massive MIMO 技术不需要新频谱申请，对终端前向兼容，快速部署提高网络整体频谱效率。

在高层无线网络覆盖场景及移动业务热点场景、深度覆盖场景，Massive MIMO 有很高的部署优势。

（1）高层场景：利用 Massive MIMO 垂直维度对高层楼宇进行覆盖，相比于传统方式能够用更少的站点覆盖，同时减少干扰和导频污染。

（2）移动业务热点场景：利用更多窄波束进行空分复用提高单小区容量，改善每个用户的业务质量。

（3）深度覆盖场景：由于精确波束赋形更窄波束可有效进行深度覆盖，提高覆盖有效信号强度同时降低其他用户的干扰，改善深度覆盖用户的业务质量。

后续 Massive MIMO 在解决部分技术问题后，也可在高速、高铁等特殊场景进行完善覆盖。

Massive MIMO 技术当前仍处于前沿研究和小规模试验阶段，针对现网的升级改造能够部分改善当前网络存在的覆盖和容量问题，但是信道测量与反馈、参考信号设计、天线阵列设计、低成本实现、高频与低频硬件选择和设计等关键问题还未有妥善的解决方案。因此，

Massive MIMO 的研究将持续开展，向全新网络架构（无线网络基带和射频的切分）、新的无线传输技术和设计、6GHz 以上新频段等方向演进。

随着基站天线数目的不断增大，给设备的系统处理能力、外观设计、部署、网络建设等带来了一定的困难。由于系统运行的频率决定着天线的尺寸和配置方式，在高频段天线的间距和尺寸变得更小，工程实现难度降低。未来移动通信系统将采用全新的天线型态设计，使得大规模 MIMO 在未来高频段的利用成为重要的研究方向。

3.5 调制编码技术

调制编码技术作为通信原理类的基础技术，在移动通信的进化中占据着重要的作用，调制与编码技术在香农著名的论文《通信的数学原理》发表之后取得了显著的发展，调制的手段多种多样，编码的技术也随着迭代译码的发展而百花齐放。未来通信的调制编码技术很难寄希望于原理上的重大突破，而基于应用场景选择合适的调制编码技术，并整合到统一的系统中，也即调制编码更有效的工程应用将是主要的研究和发展方向。

5G 中调制编码技术的发展方向主要有两个：一个是降低能耗的力向，另一个是进一步改进调制编码技术。技术的发展具有两面性：一方面要提升执行效率、降低能耗；另一方面需要考虑新的调制编码方案，其中新的调制编码技术主要包含链路级调制编码、链路自适应、网络编码。

3.5.1 新型调制技术

数字通信的调制技术在每一代通信系统都有其鲜明的特点，对于 2G 的 GSM 系统，覆盖作为其主要的考核指标，通过频率复用等方式减少干扰之后，能量效率则成为调制技术的主要考虑因素。由于 MFSK（Minimum Freguency Shift Keying，最小频移键控）具有恒模特性，适合能量效率较高的 C 类功放，通过高斯滤波后的带外辐射指标也较好，因而 GMSK（Gaussian MSK，高斯最小频移键控）调制作为了 GSM 系统的调制手段。然而在 GPRS 等 2.5G 技术应用时，GMSK 由于其高阶调制性能受限，因而采用了 8PSK 等手段提升频谱效率。对于 3G 系统，调制技术是基于 CDMA 的 QAM 调制，将多址和调制技术有机地整合起来是这一系统的主要特征，由于传输速率的增加，解调时不得不考虑多径带来的影响，RAKE 接收等机制被广泛采用。

尽管 OFDM 系统很好地抑制了符号间干扰（ISI），但其有较大的带外能量。特别对于上行没有同步的 OFDM 系统，由于没有保证相邻用户的频域采样点正好为对方的零点，会带来较大的邻频用户载波间干扰。这限制了 5G 的某些应用场景，如大量机器通信的物联网场景中，上行同步需要消耗巨大的系统资源。FBMC 是一种新的多载波技术，通过波形调制，有较小的带外能量，可应用在非同步的场景。

3.5.2 新型编码技术

编码是通信理论系统中非常重要乃至核心的理论和技术，从广义的角度来讲包括调制在内的各种信息处理手段都可以当作有限域到实数域的一个编码方案。香农在其开创性的信息理论中深化了人们对于通信系统的认识，将通信在工程上的信息传输过程数学建模化到了从一个可能的集合中选择、估计相关发送信息的一个概率问题上来，而处于中心的两个重要问题就是有效性和可靠性。狭义的信息论与编码理论中的信源编码和信道编码就是人们对解决这两个问题的一个积极的尝试，经过 60 多年的不懈努力，人们在各个方面都取得了很大的突破。

在香农之前人们一直认为信息的有效性和可靠性是不可兼得的，增加可靠性意味着更多的冗余位，而这又势必会降低有效性，在足够可靠的情况下信息的有效性可能会趋于 0。而实际上只要信息传输速率不超过对应信道的信道容量，就可以保证传输的差错概率任意小。信源可以看作一系列的随机序列$\{X_n\}$，香农证明存在一个被称为信息熵的 $H(x)$，只要 $R>H(X)$，就可以使用 R 比特对信源进行编码并无损地恢复。而对于信道，一般是一个以一定转移概率 $W(y|x)$的映射 $W:X\to Y$，如前面所说，对于 $R<H(x)$ 的信息可以实现可靠的传输。把信源和信道联合起来考虑，基于信源信道编码分离定理，可知在 $H(X)<C(X)$ 的情况下可以实现无失真的可靠传输。在离散无记忆时，联合的信源信道编码与分离情况下的性能在渐进下是没有区别的；但在有限长度的实际方案情况下，考虑效率与复杂度等问题，以及有记忆信道条件下，联合的编码还是有一些潜在的好处的。当 $H(X)>C(X)$ 时，不能保证无损的可靠传输，但可以在信道一致下尽量降低信源编码的译码失真度。假设 $R(D)$ 为限失真函数的门限，当 $R(D)<C(W)$ 时，就可以在满足失真度不大于 D 的前提下实现可靠传输。

最开始出现的编码是代数方法的编码，更准确地说是 F_2 域内的线性分级码。在香农的证明中，渐进性能下足够长的码在平均意义下可以达到任意小的差错性能，随机编码的码书往往都是较优的码，在这种任意映射下需要的存储空间会高达 $O(N2^{NR})$，这在 N 较大时是难以接受的。进一步，Elias 等人证明在重要的一大类信道中，线性码可以达到信道容量。线性码可以看作线性空间的一个子空间，只需要对维度 N 的 NR 个基进行存储就可以实现编码，因而总的存储空间为 $O(N^2)$，和随机码书相比在空间复杂度方面可获得非常大的改进。这时一般采用硬判决的译码方案，在信道容量上和软判决相比有约 2dB 的损失。汉明距离是衡量性能的一个重要指标，线性编码中成对差错概率的计算和最小汉明距离有很大的关系，通常用 (n,k,d) 表示编码长度 n，信息长度 k，最小汉明距 d 的码。当中有很多码字性能的界限如外界的汉明界、普洛特金界等，以及 V-G 内界，然而遗憾的是，在$\lim_{n\to\infty} k/n$ 固定时，$\lim_{n\to\infty} d/n$ 往往趋近 0，和相应的界限相差较大。在这一时期，学术界发现了球包界下完备的 Hamming 码，有严谨有限域数学基础的 BCH、RS 码、Reed-Muller 码，以及 CRC 检错检验码等。Elias 提出的乘积码和 Forney 提出的级联码都是在代数域编码体制下的一种有效的性能增强方案，以希望通过短码的译码复杂度来达到近似长码的差错性能。

在代数译码之后一个重大的突破就是概率译码算法的使用，在高斯信道下软信息的利用能够获得比硬判决更大的信道容量，而概率译码比较典型的应用就是 Elias 提出的卷积码。不同于分组码译码复杂度与码长有关，卷积码中重要的是其寄存器状态的数量，其差错概率性能也主要由自由距离决定。业界提出了多种卷积码译码算法如大数逻辑、代数译码、堆栈译码等；Viterbi 提出的 Viterbi 码算法可以在线性复杂度下达到码字最优；BCJR 算法是达到比特最大后验的最优算法，BCJR 也是在 Turbo 码中比较常用的译码算法。除在功率受限信道上的信道编码之外，在带宽受限信道上的网格编码调制和多级编码等思想，将有限域内对码字汉明距离的衡量转换到了欧式距离下的讨论，子集划分等联合编码和调制的优化，对带宽受限信道下的高阶调制是一个很有效的方法。

Berrou 等人 Turbo 码的发明是现代编码理论的重大突破，它改变了人们对经典编码理论的认识。Turbo 码的性能突破了信道截止速率，这个速率在此之前一直被人们认为是可实现复杂度下编码的实际极限界。香农界是一个理论性能界，在信道截止速率之下的高复杂度卷积码也可以通过堆栈或 Fano 译码等算法降低复杂度；而对于高过这一截止速率的卷积码，虽然 Fano 等算法依然有效，但复杂度无法保证，译码时堆栈可能会不断地进出形成震荡。Turbo 码的结构是通过交织器将两个卷积码并行级联起来，并采用迭代译码的算法来逼近最大似然准则：交织级联使得 Turbo 码有大的约束距离，这也是香农理论中一个好码应该具备的性质；而迭代译码算法的应用使得 Turbo 码的译码性能尽量收敛到最大似然界上来。自此之后，Turbo 迭代译码原理在各个领域有着广泛的应用。现代编码理论另一个重大突破是 Callager 在 20 世纪 60 年代提出的 LDPC 码的再发现，LDPC 码中使用的因子图、置信传播算法等思想也成为了现代编码理论中的核心理论。Wiberg 等人将 Turbo 码和 LDPC 码统一到了在图上的编码，MacKay 和 Neal 提出在这之上的置信传播算法也和机器学习及计算机科学等领域有着内在的联系。将密度进化、置信传播算法等进行最优化，目前已经可构建出在高斯信道下和香农极限相差仅 0.004 5dB 的编码，而且许多新的 LDPC 码或其他编码方案也在不断构建。

采用新的调制编码技术可进一步提升链路的性能，如多元域编码比传统二元解码在相近的复杂度条件下具有更好的性能。通过新的比特映射技术可以使信号的统计分布更加接近高斯分布，也可以通过波形编码技术使得信号分布接近高斯分布。将编码和调制联合起来进行处理也是一个发展方向。

1. Polar 码

为了支持不同应用场景，NR 的信道编码候选方案包括了 Turbo codes、LDPC codes 以及 Polar codes。与会各公司从解码性能以及解码复杂度等方面，针对不同码块长度的情况进行了对比。在 AWGN 信道下，目前所有的候选信道编码方案性能相似，而对于 Polar 码是否可以在较小的码块长度情况下获得更好的性能，则需要进一步研究。

在调制编码领域，先进的信道编码设计可降低系统时延，充分利用空口的传输特性满足系统高容量的需求。5G 之前的移动通信标准中分别定义了多种编码调制模式，包括卷积编码、分组 Turbo 码、卷积 Turbo 码、零咬尾卷积码和 LDPC 码，并对应不同码率，主要有：1/2、3/5、5/8、2/3、3/4、4/5、5/6 等。其中 4G 标准中采用了码率为 1/3 的 Turbo 码编码方式，在给定信噪门限，其 BLER（Block Error Ratio，误块率）能达到 10^{-4}。

虽然 LDPC 码和 Turbo 码在各种通信系统中取得了广泛的应用，但 LDPC 在高信噪比下不可避免会出现错误平层现象，Turbo 码有着较高的编码时延，且 LDPC 码和 Turbo 码都属于近香农极限编码。

Arikan 教授在 2008 年于国际信息论 ISIT 会议上提出的极化码（Polar Codes）是目前为止第一种能够被严格证明达到信道容量的信道编码方法。Polar 码相比于近香农极限的 Turbo 码、LDPC 码等有着更好的 BER（Bit Error Ratio，误比特率）性能和更低的复杂度。当采用最简单的 SC（Successive Cancellation，连续消除）译码算法时复杂度仅为 $O(N\lg N)$，其中 N 为 Polar 码码长。Polar 码作为一种高性能纠错码技术，其巨大应用潜力也得到了国内外 5G 标准化通信研发机构和学术界的强烈关注，已被写入 5G 无线技术架构白皮书中。

虽然 Polar 码是唯一理论上能够达到香农极限的信道编码，且具有较低的编译码复杂度，但对中短码字译码时，与 LDPC 码、RS 码等信道编码相比，其译码性能不佳。考虑到 Polar 码中短码字译码性能不佳，而 LDPC 码在低信噪比区域拥有优异的误码性能，但在高信噪比下不可避免地会出现错误平层现象的情况，有学者提出将这两种纠错码级联，构成新型级联码，既可避免错误平层的产生又能获得较好的误码性能，目前已经取得了一定成果。

为满足 5G 应用背景，考虑将 Polar 码与 LDPC 码级联，如此不仅可以通过中短型码字的级联，传输更多的信息位，且编译码的时间和空间复杂度也不会因码长的增加而出现数量级上的激增。更为重要的是可以根据内外码的固有译码特性，实现性能上的优劣互补，从而提高级联码的译码性能。

对于级联码内外码的选取，原则上选择抗随机误差性能较好的码作为内码。因中短码字条件下，Polar 码性能劣于 LDPC 码，因此大多数学者在选择 Polar 与 LDPC 的级联方案时选择以 Polar 为外码、LDPC 为内码。但对于性能较好的 Polar 码而言，可考虑将 LDPC 码作为外码、Polar 码作内码进行研究。

1）Polar-LDPC 级联方案

Polar-LDPC 级联方案以 Polar 为外码、LDPC 码为内码进行级联，两级串行 Polar-LDPC 级联码的结构框图如图 3.51 所示。

记外码 Polar 为（n，k）码，码率为 $R_p=k/n$；内码 LDPC 为（N,K）码，码率为 $R_L=K/N$。则此级联方案进行编码时，先进行 Polar 码编码，再进行 LDPC 码编码，译码时则正好相反。在发送端，长度为 k 的信息比特经 Polar 编码后将编码结果作为信息比特传送至 LDPC 编码器进行编码，最终编码结果通过高斯信道进行传输。在接收端，信息先经 LDPC 译码，随后将译码结果传输给 Polar 译码器，最终输出译码结果。在编码过程中，Polar 编码结果（n 比特）作为 LDPC 的信息位（K 比特）进行编码，因此要求 $n=K$。故级联码总码率为

$$R_{P-L}=\frac{k}{n}\times\frac{K}{N}=\frac{k}{n}\times\frac{n}{N}=\frac{k}{N}$$

2）LDPC-Polar 级联方案

LDPC-Polar 级联方案则以 Polar 码为内码、LDPC 码为外码进行级联。级联码结构框图如图 3.52 所示。

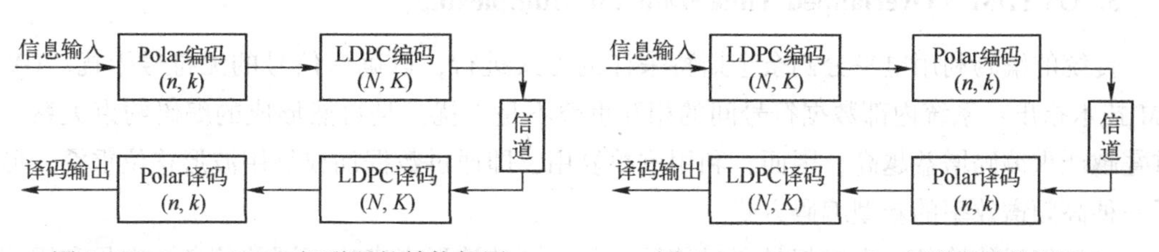

图 3.51　Polar-LDPC 级联码的结构框图　　图 3.52　LDPC-Polar 级联码结构框图

采用此级联方案进行编码时，先经过 LDPC 编码，编码后 K 位信息比特扩展为 N 位作为 Polar 码的信息比特进行 Polar 编码（要求 $N=k$）。而在译码端，经信道传输的信息则要先经过 Polar 译码后再进行 LDPC 译码。此时外码码率为 $R_{\mathrm{L}}=K/N$，内码码率为 $R_{\mathrm{p}}=k/n$，

LDPC-Polar 总码率为

$$R_{\text{L-P}}=\frac{K}{N}\times\frac{k}{n}=\frac{K}{N}\times\frac{N}{n}=\frac{K}{n}$$

在 Polar-LDPC 和 LDPC-Polar 两种级联方案的算法实现过程中，Polar 译码算法均采用基于 PM（Path Metrics，路径度量）的 SC 译码算法，LDPC 译码算法均采用基于 LLR（Log-Likelihood Ratio，对数似然比）的 BP 译码算法。其中，PM 定义为该路径所对应的译码序列的概率，实现时往往采用其对数形式；LLR BP 译码算法中的概率消息用似然比表示，通过这种方式，大量的乘法运算可以变为加法运算，从而减少运算时间及复杂度。

参考文献利用 Matlab 平台分别对 Polar-LDPC 和 LDPC-Polar 级联方案以及单独的 Polar 码进行仿真。仿真结果表明，在同参数对比下，两种级联码译码性能均优于同参数条件下的 Polar 码译码性能。且随着信噪比的增大，级联码的 BER 下降速率更快，译码优势更明显。在 BER 为 10^{-5}左右时，相对于 Polar 译码性能，Polar-LDPC 具有 0.4dB 的性能增益，LDPC-Polar 具有大于 1dB 的性能增益，且 LDPC-Polar 级联码性能优于 Polar-LDPC。这是因为在仿真中，Polar 采用高斯近似的方式构造，相比于 LDPC 码性能更好，因此，采用 Polar 为内码可纠正更多信道噪声带来的随机误差，获得更好的译码性能。

2. 多元域编码

多元域编码的目标是在与二元编码解码复杂度相近的条件下获得更好的性能。目前多元域 LDPC 码、重复累积码是比较有前途的编码方式。除了编码本身之外，多元域星座映射也是对性能起到关键影响的过程。

对 LDPC 码的定义都是在二元域基础上进行的，MaKcay 对上述二元域的 LDPC 码又进行了推广。如果定义中的域不限于二元域就可以得到多元域 GF(q)上的 LDPC 码。多元域上的 LDPC 码具有较二进制 LDPC 码更好的性能，而且实践表明，在越大的域上构造 LDPC 码，解码性能就越好，比如在 GF(16) 上构造的正则码性能已经和 Turbo 码相差无几。多元域 LDPC 码之所以拥有如此优异的性能，是因为它有比二元域 LDPC 码更重的列重，同时还有和二元域 LDPC 码相似的二分图结构。

3. OVTDM（Overlapped Time-Domain Multlplexing）

传统的编码利用电平分割奈奎斯特采样的方式进行，以确保信号的无符号干扰。OVTDM 技术指出：系统内部数据符号间的相互重叠不是干扰，是自然形成的编码约束关系，且重叠越严重编码增益越高。因而，利用重叠复用，即通过数据加权复用波形移位重叠，形成了一种高频谱效率的新型编码方式。

波形编码传输的基本思想是通过使用一组不同的波形来表达不同的信息，它是利用符号的数据加权移位重叠产生编码约束关系，使编码输出自然呈现与信道匹配的复高斯分布，不需要调制映射，如图 3.53 所示。仿真结果表明，采用 OVTDM 可以非常简单地实现频谱效率达 10bits/Hz 以上的系统，其所需信噪比比相同频谱效率的 MQAM（1024QAM）在相同误码率时低 10dB 以上。在平坦衰落信道不需要分集，在相同误码率时所需信噪比就比相同频

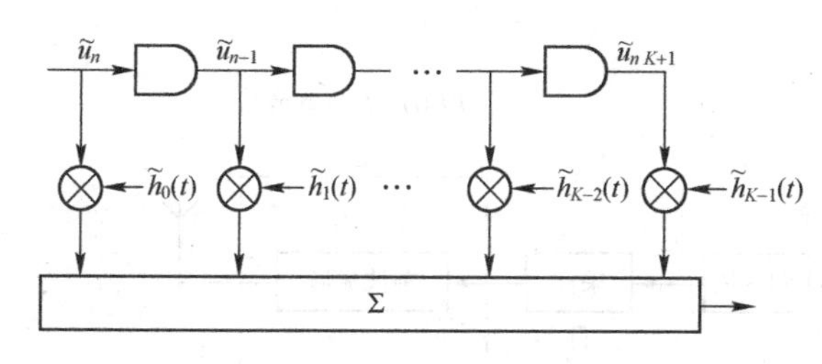

图 3.53　移位重叠 OVTDM 的复数卷积编码模型

谱效率使用四重分集的 MQAM 系统低 20dB 以上。在多径衰落信道不需要其他技术（如 Rake 接收机）就能获得隐分集效果。时分和空分混合重叠复用很容易实现频谱效率达 20bits/Hz 的系统，而且对 HPA 的线性度要求很低，甚至可以工作在饱和状态。从系统实现复杂度来看，不比 MQAM 复杂，而且更容易实现。

显然，在复用波形为实数时，对于独立二元（+1，-1）数据流，K 重重叠 OVTDM 的输出只有 $K+1$ 种电平，频谱效率为 K 比特/符号。输出任何时刻都将呈现 K 阶二项式分布，当 K 足够大以后，OVTDM 的输出将逼近实高斯分布。同样，在复用波形为实数时，对于独立的四元 QPSK（+1，-1，+j，-j）复数据流，K 重重叠 OVTDM 的输出只有$(K+1)^2$种电平，其中 I、Q 两信道各有 $K+1$ 种电平，频谱效率为 2K 比特/符号。任何时刻的 OVTDM 的输出将逼近两个正交的实高斯分布，总输出就逼近了复高斯分布。从输入数据符号与输出符号的对应关系来看，OVTDM 的确破坏了它们之间的一一对应关系，若采用逐符号检测，肯定差错概率极大。但从编码输入数据序列与输出序列来看，OVTDM 的输入与输出之间完全是一一对应的。在编码约束长度 K 之内，二元 BPSK（+1，-1）输入数据序列有 2^K种，其 OVTDM 编码输出序列也有 2^K种，它们之间完全是一一对应关系。

OVTDM 采用的不是电平而是波形分割，属于波形编码。它不需要选择编码矩阵与调制映射星座图，所选择的只有复用波形，通过数据加权复用波形的移位重叠，利用波形分割来获取编码增益与频谱效率。所有决定系统性能的因素都由复用波形决定。

将实数二元数据流分别在相互正交的 I、Q 信道上变换成多元实数数据流，而多元实数数据流经过 OVTDM 移位重叠复用以后将呈现多项式分布。当重叠重数足够高以后，输出的多项式分布将逼近高斯分布。I、Q 信道输出的总体就逼近了复高斯分布。

另一个与传统编码的不同点是 OVTDM 属于波形编码，需要一并考虑信道特性，而传统编码一般不须考虑信道特性。时间扩散只会造成复用波形的附加重叠，增加的重叠对系统频谱效率没有影响，反而会改善系统性能，因为一来编码约束长度增加了，二来在随机时变信道中额外重叠又会产生分集增益，对改善系统性能有利。OVTDM 属于毫无编码剩余的编码，而传统编码离不开剩余，其编码效率一定低于 OVTDM。

串行级联 OVTDM 由两级重叠编码组成，第一级是没有相互移位的纯粹重叠 OVTDM，称之为 P-OVTDM（Pure-OVTDM）。第二级是图 3.54 中跨越收发两端虚线框内的结构，是移位重叠 OVTDM，称之为 S-OVTDM（Shift-OVTDM），可简称为 OVTDM。

在工程上，$h(t)$成形滤波器的输入“冲击”，是数字信号所需的输入脉冲宽度。由于 S-OVTDM 要求实数复用波形 $h(t)$，必须由线性相位的有限冲击响应数字 FIR 滤波器来实现，如图 3-55（a）所示。形成精度由输入“冲击”的脉宽决定。“冲击”越窄，形成的精确度越高。等效于码率为 1，约束长度为 K_2的卷积波形编码，其 I、Q 分量均可以简单地以图 3.55（b）所示 S-OVTDM 模型的移位重叠结构来表示。

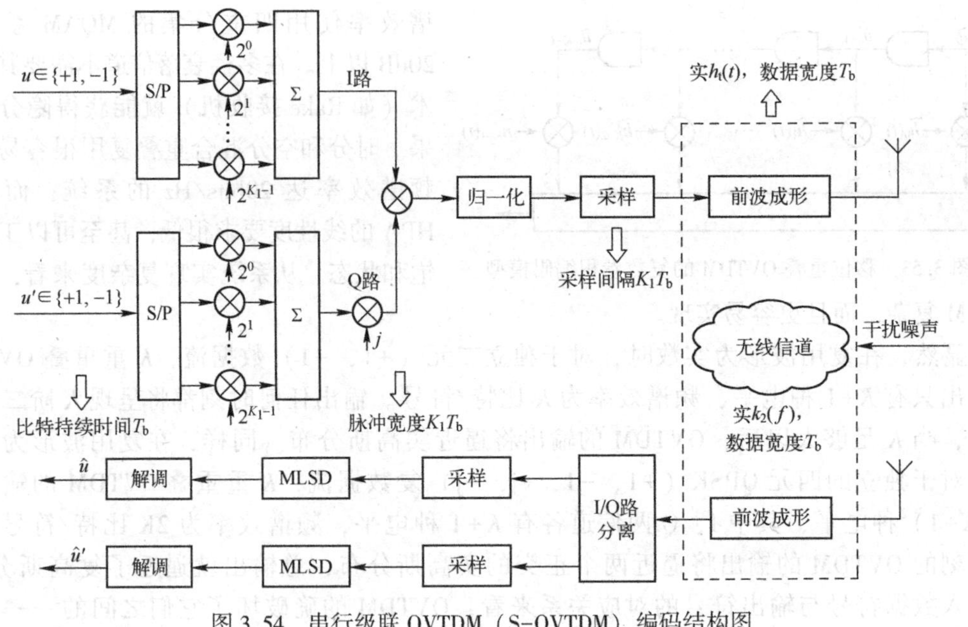

图 3.54 串行级联 OVTDM（S-OVTDM）编码结构图

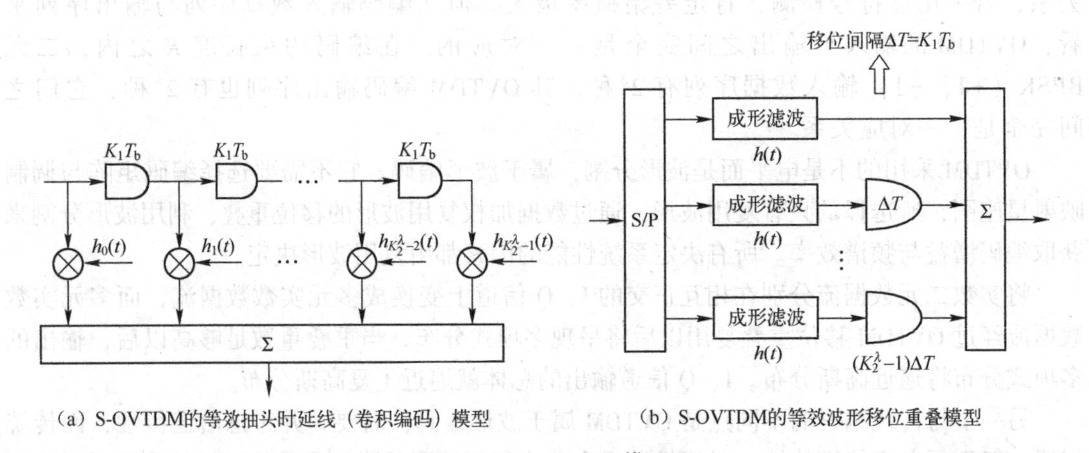

图 3.55 S-OVTDM 模型

4. 网络编码

传统的通信网络传送数据的方式是存储—转发，即除了数据的发送节点和接收节点以外的节点只负责路由，而不对数据内容进行任何处理，中间节点扮演着转发器的角色。长期以来，人们普遍认为在中间节点上对传输的数据进行加工不会产生任何收益，然而 R. Ah1swede 等人于 2000 年提出的网络编码理论彻底推翻了这种传统观点。网络编码是一种融合了路由和编码的信息交换技术，它的核心思想是在网络中的各个节点上对各个信道上收到的信息进行线性或者非线性的处理，然后转发给下游节点，中间节点扮演着编码器或信号处理器的角色。根据图论中的最大流—最小割定理，数据的发送方和接收方通信的最大速率不能超过双方之间的最大流值（或最小割值），如果采用传统多播路由的方法，一般不能达到该上界。R. Ah1swede 等人以蝴蝶网络的研究为例，指出通过网络编码，可以达到多播路由传输的最大流界，从而提高了信息的传输效率。

网络编码的工作原理是把不同的信息转化成位数更小的“痕迹”，然后在目标节点进行演绎还原，这样就不必反复传输或复制全部信息了。痕迹可以在多个中间节点间的多条路径上反复传递，然后被送往最终的目的端点。它不需要额外的容量和路由——只需把信息的痕迹转换成位流即可，而这种转换，现有的网络基础设施是可以支持的。

网络编码主要是将链路编码与用户配对、路由选择、资源调度等相结合。网络编码与部署场景密切相关，具体方案需要与具体场景相匹配，需要针对特定场景进行特定优化。

网络编码提出的初衷是为使多播传输达到理论上的最大传输容量，从而能取得较路由多播更好的网络吞吐量。但随着研究的深入，网络编码其他方面的优点也体现出来，如均衡网络负载、提高带宽利用率等。如果将网络编码与其他应用相结合，则能提升该应用系统的相关性能。

(1) 提高吞吐量。提高吞吐量是网络编码最主要的优点。无论是均匀链路还是非均匀链路，网络编码均能够获得更高的多播容量，而且节点平均度数越大，网络编码在网络吞吐量上的优势越明显。从理论上可证明：如果 Ω 为信源节点的符号空间，$|V|$ 为通信网络中的节点数目，则对于每条链路都是单位容量的通信网络，基于网络编码的多播的吞吐量是路由多播的 $\Omega\lg|V|$ 倍。

(2) 均衡网络负载。网络编码多播可有效利用除多播树路径以外其他的网络链路，可将网络流量分布于更广泛的网络上，从而均衡网络负载。图 3.56 (a) 所示的通信网络，其各链路容量为 2；图 3.56 (b) 表示的是基于多播树的路由多播，为使各个信宿节点达到最大传输容量，该多播使用 SU、UX、UY、SW 和 WZ 共 5 条链路，且每条链路上传输的可行流为 2；图 3.56 (c) 表示的是基于网络编码的多播，假定信源节点 S 对发送至链路 SV 的信息进行模 2 加操作，则链路 SV、VY 和 VZ 上传输的信息均为 $a\oplus b$，最终信宿 X、Y 和 Z 均能同时收到 a 和 b。容易看出，图 3.56 (c) 所示的网络编码多播所用的传输链路为 9 条，比图 3.56 (b) 中的多播树传输要多 4 条链路，即利用了更广泛的通信链路，因此均衡了网络负载。网络编码的这种特性，有助于解决网络拥塞等问题。

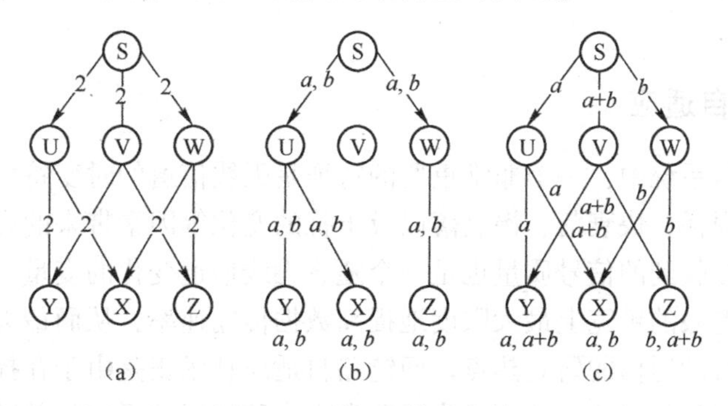

图 3.56 单源三接收网络

(3) 提高带宽利用率。提高网络带宽利用率是网络编码的另一个显著的优点。在图 3.56 (b) 所示的路由多播中，为了使信宿 X、Y 和 Z 能够同时收到 2 个单位的信息，共使用了 5 条通信链路，每条链路传输可行流为 2，因此其消耗的总带宽为 5×2＝10。在图 3.56 (c) 所示的网络编码多播中，共使用了 9 条链路，每条链路传输可行流为 1，其消耗总带宽为 9×1＝9，因此带宽消耗节省了 10%，提高了网络带宽利用率。

网络编码虽然起源于多播传输，主要是为解决多播传输中的最大流问题，但是随着研究的不断深入，网络编码与其他技术的结合也越来越受到人们的关注。下面将以无线网络、应用层多播为例，总结网络编码的几种典型应用。

(1) 无线网络。由于无线链路的不可靠性和物理层广播特性，应用网络编码，可以解决传统路由、跨层设计等技术无法解决的问题。具体来说，网络编码在无线网络中可以提高网络的吞吐量，尤其是多播吞吐量；可以减少数据包的传播次数，降低无线发送能耗；采用随机网络编码，即使网络部分节点或链路失效，最终在目的节点仍然能恢复原始数据，增强网络的容错性和鲁棒性；不需要复杂的加密算法，采用网络编码就可以提高网络的安全性等。基于上述特点，网络编码可在无线自组织网络（Wireless Ad Hoc Network）、无线传感器网络（Wireless Sensor Network）和无线网状网（Wireless Mesh Network）中得到应用。

(2) 应用层多播。虽然网络层多播（Network Layer Multicast）被认为是提供一对多或者多对多服务的最佳方式，但是由于技术上和非技术上的原因导致网络层多播并没有在目前的Internet上得到广泛的实现。因此，出现了一种替代的解决方案就是：把多播服务从网络层转移到应用层作为应用层服务来实现，即应用层多播（Application Layer Multicast）。网络层多播中的信息流由路由器转发，而在应用层多播中则由端主机转发，端主机具有一定的计算能力，这为网络编码提供了良好的应用环境。而且应用层多播利用的覆盖网络的拓扑不如物理层那样固定，可以按需变化，这也恰好可以利用网络编码对动态网络适应性强的优势。

网络编码也可用于传输的差错控制。在现有通信网络中，差错控制的方式是逐条链路进行纠错，因此某条链路的对错与其他链路无关，当这条链路出错时，别的链路不能帮助最终的信宿节点去纠正该错误。而网络编码是针对网络系统进行的操作，因此通过选择合适的信源空间，可以纠正网络中几条链路上同时发生的错误，这种差错控制方式称为基于网络编码的差错控制。

此外，通过网络编码可以预防链路失效对网络链接的影响，从而提高网络多播传输的鲁棒性。

3.5.3 链路自适应

在蜂窝移动通信系统中，一个非常重要的特征是无线信道的时变特性，其中无线信道的时变特性包括传播损耗、快衰落、慢衰落以及干扰的变化等因素带来的影响。由于无线信道的变化性，接收端接收到的信号质量也是一个随着无线信道变化的变量，如何有效利用信道的变化性，如何在有限的带宽上最大限度地提高数据传输速率，从而最大限度地提高频带利用效率，逐渐成为移动通信的研究热点。而链路自适应技术正是由于在提高数据传输速率和频谱利用率方面有很强的优势，从而成为目前和未来移动通信系统的关键技术之一。

通常情况下，链路自适应技术主要包含以下几种技术。

(1) 自适应调制与编码技术。根据无线信道的变化调整系统传输的调制方式和编码速率，在信道条件比较好的时候，提高调制等级以及编码速率；在信道条件比较差的时候，降低调制等级以及信道编码速率。

(2) 功率控制技术。根据无线信道的变化调整系统发射的功率，在信道条件比较好的时候，降低发射功率；在信道条件比较差的时候，提高发射功率。

（3）混合自动重传请求。通过调整数据传输的冗余信息，从而在接收端获得重传/合并增益，实现对信道的小动态范围的、精确的、快速的自适应。

（4）信道选择性调度技术。根据无线信道测量的结果，选择信道条件比较好的时频资源进行数据的传输。

链路自适应技术作为一种有效的提高无线通信传输速率、支持多种业务不同QoS需求以及提高无线通信系统的频谱利用率的手段，在各种移动通信系统中都得到了广泛的应用。

移动通信系统需求变化范围较大，因而使得系统参数的数目急剧增加。这些参数的动态范围和种类也日趋变多，如编码速率和码块大小、调制方式、天线分集增益、交织规则等。链路自适应的范围从物理层、链路层扩展到网络层，如图3.57所示。

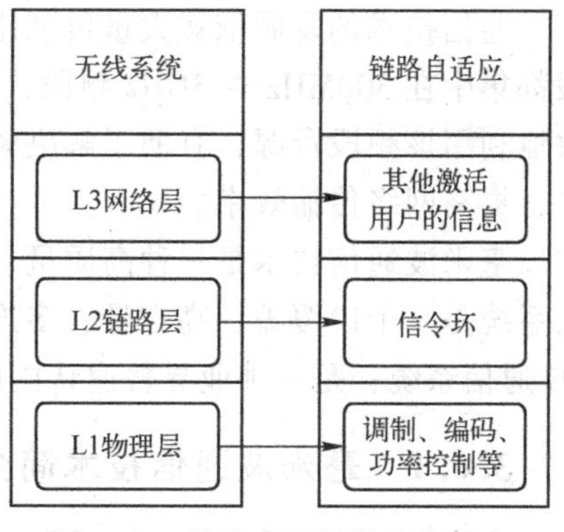

图3.57 涉及多层的链路自适应

3.5.4 调制编码与软件无线电

软件无线电的概念最早是由美国MITRE公司的Joseph Mitola博士提出的，主要用于解决军事通信的“通话难”问题。而到现在，软件无线电是无线工程中的新方法，是一种设计理念和设计思想。经过多年的发展，软件无线电在采样理论、多速率信号处理、高效数字滤波、正交变换等理论体系和采样结构、接收机与发射机、硬件实现、软件算法等技术体系上有了深刻的积累。

本节的软件无线电主要关注基带调制编码的信号处理部分，可构建数字实时处理系统，主要包括特定用途集成电路、现场可编程门阵列、通用数字信号处理器和通用处理器四类器件。ASIC（Application Specific Integrated Circuit，专用集成电路）是一种硬连线结构处理单元，在速度和功耗方面都是最优的电路实现，大规模使用时成本较低；然而用户定制的费用较高且没有可编程性，通常作为硬件加速器，完成特定的算法。FPGA（Field Programmable Gate Array，现场可编程门阵列）是一种可编程的逻辑器件，比ASIC具有更高的灵活性，具有并行处理结构，可以构建多个并行处理的结构单元供同时执行，有极高的效率。FPGA适合高度并行流水结构，对于复杂的判决、控制和嵌套循环，其实现比较困难。通用DSP（Digital Signal Processor，数字信号处理器）本质上是一种针对数字信号处理应用而进行优化的处理器，基于哈佛体系结构并支持低级和高级语言进行编程，通过指令来实现各种功能，具有更大的灵活性。GPP（General PurPose Processors，通用处理器）是基于冯·诺依曼结构的微处理器，支持操作系统和高级语言，具有极大的灵活性，且有很好的软件可移植性和可重用性。所以，GPP在嵌入式系统中得到了很高的重视，并获得了越来越广泛的应用。

由于未来5G的业务多样性，调制编码的备选技术也较为丰富，这要求设备实现时要采用灵活、可重定义的软件体系来适应新的技术发展方向，将调制编码在软件架构上进行数字信号处理是一个重要的方向。

3.6 毫米波通信

通信技术的发展依赖大量可利用的频谱资源，然而目前几乎所有的商业无线通信工作频段都集中在300MHz～3GHz频段，而3～300GHz（毫米波）频段的利用率较低，如何有效地利用该频段资源，有助于解决频谱资源短缺问题，同时还将会满足未来大数据的传输要求，提高网络传输效率。

毫米波通信技术是一种高质量、恒定参数和技术成熟的无线传输通信技术，5G移动通信系统是一个广覆盖、高容量、多连接、低时延和高可靠性网络，将毫米波通信技术应用于5G通信系统，是一种业界普遍认同的愿景。

3.6.1 毫米波通信技术简介

大气中影响毫米波传播的主要成分是氧气和水蒸气。氧气是磁极化分子，直径0.3nm，水蒸气中的水分子是电极化分子，直径0.4nm，这些直径相近的极化分子与毫米波作用后，产生对电磁能量的谐振吸收。所以在雨、雪、雾、云等与水蒸气相关的大气吸收因素，和在尘埃、烟雾等悬浮物相关的大气散射因素的作用下，会因吸收与散射使信号强度降低，因介质极化改变而影响传播路径，最终使毫米波传输陷入衰减陷阱。试验发现，在整个毫米波频段中，大气衰减主要由60GHz、119GHz 2个因氧气分子作用的吸收谱线和由183GHz因水蒸气作用的吸收谱线组成，在使用毫米波段通信时，除了特殊应用，应避开这3个衰减窗口。

相对衰减窗口而言，毫米波通信还有4个大气传输衰减相对较小的透明窗口，中心频率分别为35、94、140和220GHz（见图3.58），对应的波长分别是86、32、21和14mm，这些大气透明窗口对应的可用带宽分别为16、23、26和70GHz，其中任何一个窗口的可用带宽几乎都可以把包括微波频段在内的所有低频频段容纳在内，可见毫米波段可用频带的宽度是何等富余，若加上空分、时分、正交极化或其他复用技术，5G中万物互联所需的多址问题，是可以轻易解决的。更重要的是如此富余带宽的频谱几乎免费，在5G系统中使用毫米波通信技术，不仅可以获得极大的通信容量，更能降低运营商和通信用户的使用成本。

由于毫米波在大气中的衰减情况与高度、温度和水蒸气浓度有较大关系，所以图3.58中的曲线是以海平面处，地表温度$T=15℃$、水蒸气浓度$\rho=11\mathrm{g/m^3}$为背景，以经验公式$\alpha(f)=a(f)+b(f)\rho-c(f)T$为参考，测得21组不同频率对应的$a$、$b$、$c$ 3个试验参数数据，并用3次多项式插值法获得的平滑曲线，单位是dB/km。虽然衰减曲线是一个受到当时条件约束的经验曲线，但仍可以看出毫米波大气衰减曲线的变化趋势是频率越高衰减越大，其中第1透明窗口频率为35GHz处的衰减最小，为0.125dB/km甚至更小，而对应的可用带宽高达16GHz，虽然是毫米波中的最小可用带宽，但已经是LTE最大带宽20MHz的600多倍。

毫米波具有波束小、角分辨率高、隐蔽性好、抗干扰性强等特点。毫米波通信设备具有体积小、重量轻、天线面不大等特征。毫米波技术研究由来已久，最早可追朔到20世纪20年代。毫米波传播特性研究在20世纪50年代就已经取得了相当突出的成就，研发的毫米波雷达已应用于机场交通管制。到20世纪90年代，毫米波集成电路研制已取得了重大突破，新型高效的大功率毫米波行波管、微带平面介质天线和集成天线、低噪声接收机芯片等关键应用部件的相继问世，使毫米波技术可以广泛地应用于军事和民用通信领域，如毫米波相控阵雷达，可以快速实现大范围、多目标搜索、截获与跟踪；毫米波汽车防撞雷达，可以将脉冲宽度压缩到纳米级，大大提高了防撞距离分辨率。

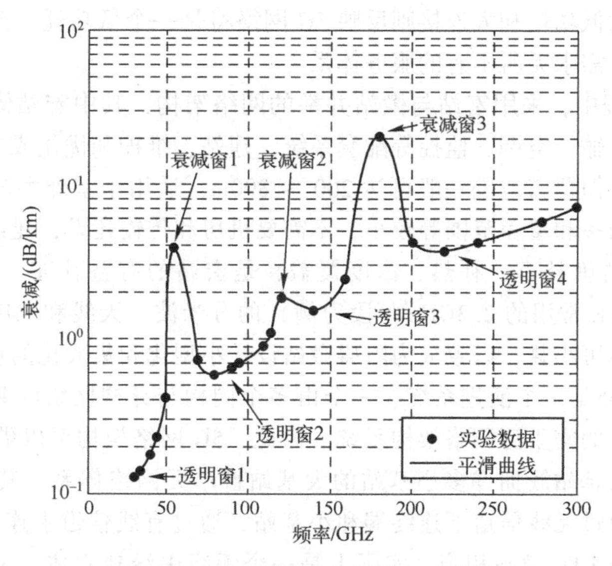

图3.58　毫米波在大气中的衰减曲线

毫米波技术在通信领域的应用主要是毫米波波导通信、毫米波无线地面通信和毫米波卫星通信，且以无线地面通信和卫星通信为主。在毫米波地面通信系统中，除了传统的接力或中继传输通信应用外，还有高速宽带接入中的无线局域网（WLAN）和本地多点分配系统（LMDS）通信。WLAN和LMDS具有双向数据传输特点，可以提供多种宽带交互式数据和多媒体业务，可以作为移动互联网末端接入网络的AP。在毫米波卫星通信中，不仅可以解决传统C波段和Ku波段等卫星通信中频谱资源日益紧张的问题，还可以添加多波束天线、星上交换、星上处理和高速传输等更为先进的用于卫星通信系统中的其他技术。毫米波通信技术非常成熟。

毫米波通信技术中的许多特点非常契合人们对5G移动通信系统制定的相关愿景。毫米波段低端毗邻厘米波、高端衔接红外光，既有厘米波的全天候应用特点，又有红外光的高分辨率特点。毫米波通信最突出的优点是波长短和频带宽，是微型化和集成化通信设备支撑高性能、超宽带通信系统的技术基础。毫米波千倍于LTE的超带宽，为5G系统的超高速率和超连接数量提供了保证。毫米波通信设备的体积小、重量轻，便于微型化、集成化和模块化设计，不仅可以使天线获得很高的方向性和天线增益，还特别适合移动终端的设计理念。毫米波的光通信直线传播特点，非常适合室内外移动通信，室外可以获得高稳定性，室内可以避免室间干扰。

3.6.2　面向5G的毫米波网络架构

毫无疑问，5G网络将会是一个具有连续广域覆盖、热点区域高容量、数据传输低时延和高可靠、终端设备低功率和海量连接数等应用特征的移动通信系统。其中，连续广域覆盖反映5G不再仅仅局限于小区概念，而是多种接入模式的融合共存，通过智能调度可在广域覆盖中为用户提供高达10Mbits/s的体验速率。热点区高容量表明在集会、车站等人口密度大、流量密度高的区域，5G 可通过动态资源调度满足高达 10Gbits/s 的体验速率和 10 Tbits/(km)^2 的流量密度要求。数据传输的低时延和高可靠，说明 5G 可应用于未来自动驾驶和工业控制等领域。终端设备的低功耗和大连接则反映 5G 网络将是一个低功耗、低成本的万物互联体系和应用无所不能、需求无所不有的服务体系。

在 LTE 演进过程中，采用宏站与微站并举的网络架构，其中宏站体积大、容量大，需要机房建设、有线传输、空调、监控等配套系统，建站、维护和优化成本很高，站址选择和传输敷设非常困难，但覆盖范围一般可达 200 ～ 800m，适用于室外大范围连续区域；微站因其体积、容量、功率和覆盖范围等较小，不需要机房和传输建设，建站简单快捷，易于实现，非常适合局部精确补盲、补热、深度覆盖，是宏站的有益补充。由于 LTE 是主频为 2.35GHz（以 TD-LTE 常用的 2.3GHz 频段为例）的分米波，天线和 MIMO 阵列较大，所以微站天面资源占用不可小觑，以致成为阻碍微站设计小型化和集成化的重要原因。

5G 通信系统同样是一个演进系统、一个由多个同构与异构网络的共存系统、一个适应万物互联和高数据率的密集型网络架构系统。为此，5G 网络架构可以借用 LTE 宏站与微站的并举模式，建立大基站簇拥许多小基站的大基站群单元网络体系，其中大基站与 LTE 宏站相当，物理上，通过无线信道下连终端和小基站，通过有线信道上连 5G 核心网、横连其他大基站；小基站与 LTE 微站相当，实际上是一个无线中继独立体，由于采用了毫米波技术，基站天面可小型化和集成化，体积和质量轻巧方便，可做成各种景观形式，可根据热点流量要求随时随地灵活部署，可在空闲或轻流量时段实时关闭或降低发射功率，可节省成本、降低能耗（见图 3.59）。

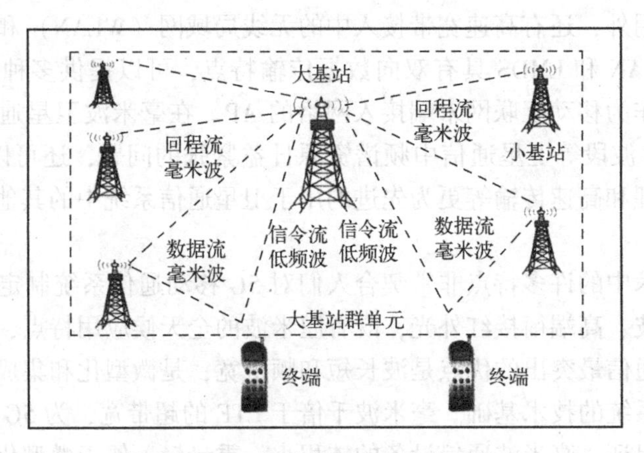

图 3.59　5G 网络架构中的基站群单元

根据通信理论，信令和数据的职能完全不同，数据直接通过通信网络由发信方传输到收信方，信令则需要在通信网的终端、基站、核心网间传输，对其进行分析、处理，形成一系列操作和控制。为了实现对通信网的有效控制、状态监测和信道共享，移动通信系统必须有完善的控制功能。信令是通信系统中不同设备间交换的专用信息，是控制通信设备动作的专用信号，如状态标志、操作指示、拨号、呼叫等用户信令，终端与基站、基站与核心网、基站与基站间的网络信令等。通信系统中的信令和数据是通过不同信道传输的，这是因为信令在建立过程中对系统的要求相对较低，一旦建立成功就无用了，LTE 就有专门的信道承载不同信令。

然而，LTE 的所有信道都是在同一主频下的承载资源，信令同样占用大量有效承载资源。5G 网络系统可以考虑信令与数据各自通过不同主频信道承载的方案，使信令承载在低频波段，数据承载在毫米波段，即毫米波的应用场景集中在小基站与终端间的高数据量传输和小基站与大基站间的移动通信回程传输中。这种信令与数据分流管控的方案，不仅可以充分利用毫米波传输数据的频带带宽，获取极高的数据传输速率和效率，还能极大地降低信令与数据间的传输干扰。由于信令承载在低频信道，覆盖范围可以更广；同时由于信令流量较小，控制终端数量可以更多。当数据流承载在毫米波信道时，虽然覆盖范围小，但传输带宽大，可满足终端的高速率和高接入率的要求。

在信令与数据的信道分频传输中，可以取 2G 或 3G 主频作为 5G 低频信令信道，从而达到可以优选部分已有基站作为 5G 大基站，再通过调整天线高度和下倾角，使大基站天线覆盖半径约为毫米波有效覆盖半径的 1 倍，使小基站正好位于终端与大基站的中间位置，这不仅可以满足大基站的信令信号可以直接传至终端，能够保证小基站的数据信号可以直接传送到终端，保证小基站的回传信号传到大基站，更重要的是这种大小基站的蜂窝布局方式和信令数据的分频传输方式，可以有效地利用原有基站，减少原有 2G、3G、4G 基站的数量，减少大基站中因空调和监控等电力消耗，减少基站租用、建设与维护成本，还能有效地降低站间干扰。

由于小基站只须承载毫米波信道的数据流，网络设计与局域网相当，无线蜂窝接入网中的许多职能可以由大基站承担。微型天线的收发功率不大，只要技术和工艺能够将小基站的天线设备、远程抄表电源计量设备集成在一个较小的空间内，并使小基站做得足够小巧轻便，易于安装，使其具有足够的人性化、景观化、多样化和实用化，使之成为只须接入电源，在任何室外环境下都能正常工作的、完整的、独立的通信设备，就可以将小基站直接挂靠在路灯、景观台、高楼装饰物、纪念碑塔，甚至是图书馆、体育馆、学校、医院、政府办公楼等公用建筑和民房私宅的户外墙壁上，只要能够方便提供电源和与大基站无线直通即可。

毫米波技术与大小基站组合的模式，可能是支撑 5G 接入网络架构的重要方案。

3.6.3　毫米波的传播

1. 路径损耗

路径损耗是由发射功率的辐射扩散以及信道的传播特性造成的。路径损耗问题是无线通信中普遍存在的问题，发射信号在无线信道传播过程易受到噪声、干扰和其他信道的影响，同时信号自身也会存在导致损耗的因素。自由空间路径损耗模型可以表达为：

$$P_{\mathrm{L}}(\mathrm{dB}) = 32.44+20\ln d+20\ln f$$

其中，d 的单位为 km，f 的单位是 MHz。

由上式可以看出，随着波长 λ 的减小或者频率 f 的增加会导致自由空间传播损耗变大。也就是说，在一定的传播距离内，频率越高，损耗越大。与 300MHz ～ 3GHz 频段相比，毫米波频段有更大的自由空间传播损耗。通过在高频段运用大规模接收发射天线，进行波束成形，将能量集中到很小的区域，获得较高的增益，可以解决自由空间传播损耗较大的问题。

2. 建筑物穿透损耗

信号在穿透建筑物时会有一定的损耗，低频段信号更容易穿透建筑物材料，且造成的损耗较小。毫米波穿透损耗较大且传播距离较低。

较高的穿透损耗可能会导致信号无法穿透建筑物进入室内，或者使室内的接收信号变得非常微弱。可以通过在室内建立 WiFi 节点或者毫微微蜂窝的方式，保证室内通信质量。有参考文献指出，基于 IEEE 802.11ad 协议的下一代 WiFi 技术，可以在 60GHz 频段下实现最低 1 Gbit/s 的传输速率，并且可以传输无压缩视频。

3. 雨衰

毫米波通信需要考虑无线信号在该频段的传播特性，雨衰是毫米波通信必须考虑的因素。它会限制无线系统的传播路径长度，降低系统的可靠性，限制高频段视距微波链路的使用。当雨量较大时，会对毫米波通信系统产生严重的干扰，雨滴的大小几乎与发射波长相同，因此很容易产生散射。参考文献给出了基于地理观测降雨速率、降雨结构、大气温度的垂直变化情况的平均雨衰理论预测模型，该模型为：

$$A_K = aR^b\left\{\frac{e^{ubd}-1}{ub}\right\}(0 \leqslant D \leqslant d)$$

$$A_R = aR^b\left\{\frac{e^{ubd}-1}{ub}-\frac{B^b e^{cbd}}{cb}+\frac{B^b e^{cbd}}{cb}\right\}(d \leqslant D \leqslant 22.5\text{km})$$

毫米波通信属于微波通信，波长范围是 1 ～ 10mm，频率范围是 30 ～ 300GHz，属于微波通信波长分段中极高频段的前段，后段是波长为 0.1 ～ 1mm，频率为 300GHz 到 3THz 的亚毫米波通信。显然，毫米波通信更接近光通信，与光通信属性基本相同，即频率高、波长短，以直射方式传播，同时波束窄，具有良好的方向性，遇到阻挡就被反射或被阻断等光通信特点。毫米波受大气吸收和降雨衰落影响较大，通信距离严重受限，30GHz 毫米波传播距离约十几千米，60GHz 毫米波只能传播 0.8km。因为波长短、干扰源少，所以传播稳定性高；因为传播距离短，所以方便热点区密集型基站布局；因为具有直线传播特性，所以适用于室内分布。

3.6.4 面向 5G 的毫米波天线

首先，分析毫米波天线的 2 个重要特征：高天线增益和小天线波束角。

根据微波理论，天线增益是天线在特定方向上辐射立体角度内的能量与天线在所有方向上辐射立体角内的能量的比率，计算公式如下。

$$G=\eta\times\left(\frac{\pi\times D}{\lambda}\right)^2=\eta\times\left(\frac{\pi\times D}{c}\times f\right)^2=\frac{\eta\times 4\pi\times A}{c^2}\times f^2$$

η——天线孔径系数；

D——天线尺寸；

A——天线面积；

c——光速；

λ——波长；

f——频率。

同理，天线的标准波束角是指天线辐射的波束能量减少到 3dB 时（减少一半能量时）的位置对应的夹角，计算公式如下。

$$\varphi=70\times\frac{\lambda}{D}=\frac{70\times c}{D\times f}$$

可以看出，天线增益正比于频率平方值，天线波束角反比于频率。也就是说，在其他条件不变时，频率越高天线增益越大、天线波束角越小。一般情况下，毫米波天线的孔径系数取值在 0.5 ～ 0.8 之间。

其次，比较 LTE 主频天线与毫米波天线间的差异。LTE 的主频率为 2.35GHz，波长为 1.27dm（以 TD-LTE 常用的 2.3GHz 频段为例），属于分米波通信。毫米波采用第 1 透明窗主频率 35GHz。基站天线参数取 LTE 8 发射天线，则 $A=0.45\text{m}^2$，$\eta=0.6$，$D=0.5\text{m}$。终端参数取智能手机 4 发射天线，则 $\eta=0.6$，$D=6\text{cm}=0.06\text{m}$，$A=36\text{cm}^2=0.0036\text{m}^2$。根据上面两个公式，得出毫米波和 LTE 对应的基站天线与终端天线参数如表 3.4 所示。

表 3.4 毫米波和 LTE 的基站天线与终端天线参数

频 率	类 型	增益/(G/dB)	波束角 φ/(°)
毫米波（35GHz）	基站天线	46.6	1.2
	终端天线	25.0	10.0
TD-LTE（2.35GHz）	基站天线	23.2	17.9
	终端天线	2.2	149.0

从表 3.4 中可以看出，毫米波与 LTE，不管是基站天线，还是终端天线，仅天线增益和波束角两个参数，两者的差别非常大，尤其是波束角直接反映了毫米波的“准光学”传播特征。显然，毫米波的窄波束和高增益带来的高分辨率和抗干扰特性，完全可以为 5G 网络有效地防止视距通信中的传播损耗，进而达到提高天线传输效率的目的。

最后，毫米波天线是一项非常成熟的通信技术。

毫米波天线可以分为传统结构的天线和基于新概念设计的天线两大类。前者主要包括阵列天线、反射天线、透镜天线和喇叭天线等（与技术成熟、应用广泛的微波天线类似），后者主要有微带天线、类微带天线、极化天线和行波天线等。对于 5G 网络而言，前者中的阵列天线适合大规模 MIMO 基站天线，后者中的微带天线适合 MIMO 终端天线。应用于大基站和小基站的大规模 MIMO 天线阵列，振子数量最多可达上百，甚至更多，由于需要应用空分多址方式，上百个振子可以分成多个用户天线集群，每个集群为一个独立阵列，可为用户提供分集增益和波束赋形。终端 MIMO 天线只须获取分集增益和波束赋形，天线振子数最多十几个就可以了。

毫米波类微带天线，又叫集成天线和波导天线，是一种将有源器件和辐射单元集成在一块印刷电路板，甚至是集成在一个砷化镓（GaAs）基片上的微型天线，由于集成工艺完美，天线阻抗和有源器件完全匹配，甚至可以通过集成共面波导连接阵元与器件，达到降低天线损耗、提高天线效率的目的。可以预见，这类广泛应用于军事领域的毫米波天线，其成熟的微型化与集成化技术，完全可以为 5G 终端上的 MIMO 天线应用提供完美的技术基础。

第4章　5G网络技术

4.1　5G网络结构需求

4.1.1　5G网络的特性和愿景

5G网络面向办公、购物、医疗、教育、娱乐、交通、社交等多种垂直行业，是在人与人高速连接的基础上，大幅增加了“人与物”、“物与物”之间的高速连接。作为信息化社会的一个综合基础设施，5G网络将为个人、社会和行业提供高效连接，它不仅是海量连接，而且是多种垂直行业的价值环节和生产要素等资源的高度融合。

5G网络是广带化、泛在化、智能化、融合化、绿色节能的网络。根据5G白皮书中的技术愿景，5G网络将满足人们超高流量密度、超高连接数密度、超高移动性的需求，为用户提供高清视频、虚拟现实、增强现实、云桌面、在线游戏等极致业务体验。5G将渗透到物联网领域，与工业设施、医疗仪器、交通工具等深度融合，全面实现“万物互联”。

5G网络是以SDN/NFV等为代表的新技术共同驱动的网络架构创新。5G关键技术包含新型网络架构和以SDN/NFV等为代表的新技术。5G核心网支持多样化的无线接入场景，满足端到端的业务体验需求，实现灵活的网络部署和高效的网络运营，最终与无线空口技术共同推进5G发展。

4.1.2　现有无线网络存在的问题

现有无线异构网络是一种多种制式网络并存的无线接入环境，并朝着越来越密集的方向发展。通过对现有相关研究的分析，将无线网络存在的问题归纳如下。

1. 从网络的角度

首先，现有无线网络架构缺乏协同感知网络环境的能力。频谱资源有限，密集网络中存在严重干扰。如何协调网络间资源是密集异构网络能否充分发挥性能的关键。有效的资源管理需要基站和用户在局部和大范围协同感知网络环境，并交互信息。现有的相关协作处理方案研究大都假设网络之间的信息可以任意交互，而实际上接入网并没有统一的信息交互协作处理平台。

其次，网络中信令开销与信息交互量会占用大量网络资源。无线资源协同管理的前提是网络节点（基站和终端）间的数据交互。为了更好地提供网络服务，未来的网络会在局部（如多基站为一个用户服务）和大范围（如频谱资源动态规划等）共同进行协作。基于不同粒度的协作都依赖于大量的信息交互，包括环境信息、控制信息等。随着网络的逐渐密集部署，节点数量急剧增加，信息交互的开销会爆炸式增长，从而占据大量网络资源，而信息本身的可靠性也影响了网络性能的发挥。如何降低信令开销并增加信息的稳健性是未来密集网络迫切需要解决的问题。

再次，不同制式的网络难以协调资源。现有网络可以通过协作通信小范围协调同制式的网络资源，而缺少不同制式网络的资源协调能力，网络无法利用所有网络为用户提供可靠的服务。虽然同制式网络的负载均衡已经得到广泛研究，但不同网络间的负载均衡问题难以解决。需要提出一种网络资源的统一管理方法（称为接入网络的虚拟化技术），以统一调配无线资源，实现不同网络的负载均衡与协作，将所有无线网络虚拟化为统一的无线资源。

最后，用户的个性化服务难以实现。网络资源控制以小区为单位，难以顾及网络中的每个用户，尤其是处于多个网络边缘的用户。网络之间的独立性和封闭性降低了处于多个网络覆盖下用户的性能。

2. 从用户的角度

网络环境越发复杂，而对于用户来说，相较于越来越复杂的网络，用户则希望感受到更简洁的网络服务，而对网络本身没有感受，终端需要做的决策越少越好，不论用户处于何种场景（多网络、单网络、密集、松散），用户只是希望得到高速服务，而不用关心具体的过程。对用户来说，现有密集网络的管理方法存在以下问题。

首先，用户需要烦琐的网络选择方法，人为选择不同制式的网络，如 WiFi、LTE 等。而这种网络选择方法不一定能保证用户始终处于最佳的通信质量。同时，由于用户数量大，这种网络选择方式也大大增加了信令开销和控制开销。

其次，网络稳定性和公平性差。用户大都以自身的通信状态和网络剩余负载作为网络接入的参考依据，忽视了其他用户的网络感受。用户在网络中的服务质量不稳定，不同用户间的服务质量公平性差。同时，随着用户的移动，在多种网络间进行网络选择会产生大量切换，降低了网络传输的稳定性。

根据上述分析，5G 网络需要一种全新的网络架构，这种网络架构需要体现出更针对用户、更灵活、更开放、更易操作的特性。

4.1.3 5G 网络架构的标准化进展

3GPP 业务需求工作组（SA1）最早于 2015 年启动“Smarter”研究课题，该课题于 2016 年一季度前完成标准化，目前已形成 4 个业务场景继续后续工作，见表 4.1。

表 4.1 3GPP R14 5G 网络架构关键功能和使能技术

业务场景	网络功能特性	网络架构使能技术
大规模物联网	QoS	最小化接入相关性
关键通信	计费	网络场景共享
增强移动互联网	策略	控制面和用户面分离
网络运营	鉴权	接入网与核心网分离
	移动性框架	网络切片
	会话连续性	迁移、共存和互操作机制
	会话管理	网络功能组件粒度和交互机制

3GPP 系统架构工作组（SA2）于 2015 年年底正式启动 5G 网络架构的研究课题“NextGen”立项书明确了 5G 架构的基本功能愿景，包括：

- 有能力处理移动流量、设备数快速增长；

- 允许核心网和接入网各自演进；
- 支持如 NFV、SDN 等技术，降低网络成本，提高运维效率、能效，灵活支持新业务。

SA2 计划在 2018 年输出第一版的 5G 网络架构标准，并于 2019 年年中完成面向商用的完备规范版本。目前，SA2 正在进行 5G 网络架构需求和关键特性的梳理，筛选出第一阶段重点研究的关键功能和使能技术（见表 4.1）。R14 阶段后续工作将聚焦这些关键特性，开展架构设计、技术方案和标准化评估工作。

对于国内的 5G 架构相关研究，中国移动通信集团公司提出了 C-RAN 架构，通过 RRU 和 BBU 的分离，设计了虚拟基站集群的架构模式，由集中式的基站资源池统一控制无线资源，实现实时物理资源的全局最优。中国电信集团公司提出了一种基于 SDN 的虚拟化融合移动核心控制网络架构，将网络划分为业务层、控制层、转发层、接入层，能够支持包括 2G 网络、3G 网络、WiFi 网络、LTE 网络等在内的多种接入技术。中兴通讯股份有限公司提出了一种基于云的网络架构，主要包含 3 部分结构：无线云，将无线接入网虚拟化；网络功能云，具备无线控制功能与核心网功能；业务云，提供各种业务服务。清华大学提出了 openRAN 架构，该架构提出无线接入点以支持多种接入制式，可以根据具体网络需求更改传输协议，在上层利用 SDN 控制器实现网络的集中式控制。

在国外的 5G 架构研究中，美国斯坦福大学的团队已经获得大量研究成果。斯坦福大学提出的 Open Radio 技术，在无线协议栈中加入可编程无线数据平面，该平面模块化和可编程接口声明。这种设计允许运营商根据功能需求灵活地生成控制协议。另外，斯坦福大学还提出了 SoftRAN 架构网。该架构是一个集中式的软件定义无线接入网，为有效执行切换和分配无线资源，对所有 LTE 基站进行集中控制，所有基站被抽象为一个虚拟元素，由一个逻辑中央控制器管理。另外，还有一些研究从总体架构的角度提出需要在无线接入网上层增加一个软件定义控制层，主要描述了网络功能和粗略的网络架构，没有给出详细的架构。

4.1.4 5G 蜂窝网络架构技术特征

1）更高的数据流量和用户体验速率

未来移动网络数据流量增大 1 000 倍以及用户体验速率提升 10 ～ 100 倍的需求，给 5G 网络的无线接入网和核心网带来了极大的挑战。对于无线接入网，5G 网络则需要从如何利用先进的无线传输技术、更多的无线频谱，以及更密集的小区部署等技术进行设计规划。

首先，5G 网络需要借助一系列先进的无线传输技术进一步提高无线频谱资源的利用率，主要包括大规模天线技术、高阶编码调制技术、新型多载波技术、新型多址接入技术、全双工技术等，从而提升系统容量。其次，5G 网络需要通过高频段甚至超高频段（例如毫米波频段）的深度开发、非授权频段的使用、离散频段的聚合以及低频段的重耕等方案，满足未来网络对频谱资源的需求。

值得注意的是，除了增加频谱带宽和提高频谱利用率外，提升无线系统容量最为有效的办法依然是通过加密小区部署提升空间复用度。据统计，1957—2000 年，通过采用更宽的无线频谱资源使得无线系统容量提升了约 25 倍，而大带宽无线频谱细分成多载波同样带来了无线系统容量约 5 倍的性能增益，并且先进的调制编码技术也将无线系统性能提升了 5 倍。然而，通过减小小区半径、增加频谱资源空分复用的方式，则将系统容量提升了约 1 600 倍。传统的无线通信系统通常采用小区分裂的方式减小小区半径，然而随着小区覆盖范围的进一步缩小，小区分裂将很难进行，需要在室内外热点区域密集部署低功率小基站，形成超密集组网（UDN）。在 UDN 的环境下，整个系统容量将随着小区密度的增加近乎线性增长。

可以看出，超密集组网是解决未来 5G 网络数据流量爆炸式增长问题的有效解决方案。据预测，在未来无线网络和宏基站覆盖的区域中，各种无线接入技术（Radio Access Technology，RAT）的小功率基站的部署密度将达到现有站点密度的 10 倍以上，形成超密集的异构网络。

然而，超密集组网通过降低基站与终端用户间的路径损耗提升了网络吞吐量，在增大有效接收信号的同时也放大了干扰信号，即超密集组网使其成为一个干扰受限系统。如何有效进行干扰消除、干扰协调成为超密集组网提升链路容量需要重点考虑的问题。更进一步，小区密度的急剧增加也使得干扰变得异常复杂。此时，5G 网络除了需要在接收端采用更先进的干扰消除技术外，还需要具备更加有效的小区间干扰协调机制。考虑到现有 LTE 网络采用的分布式干扰协调（Inter-cell Interference Coordination，ICIC）技术，其小区间交互控制的信令负荷会随着小区密度的增加以二次方趋势增长，这极大地增加了网络控制信令负荷。因此，在未来 5G 超密集网络的环境下，通过局部区域内的分簇化集中控制，解决小区间干扰协调问题，成为未来 5G 蜂窝网络架构的一个重要技术特征。

可以看出，基于分簇化的集中控制，不仅能够解决未来 5G 网络超密集部署的干扰问题，而且能够更加容易地实现相同 RAT 下不同小区间的资源联合优化配置、负载均衡，以及不同 RAT 系统间的数据分流、负载均衡等，从而提升系统整体容量和资源整体利用率。

低功率基站较小的覆盖范围会导致具有较高移动速度的终端用户频繁切换小区，从而降低用户体验速率。为了能够同时考虑“覆盖”和“容量”这两个无线网络重点关注的问题，未来 5G 接入网络可以通过控制面与数据面的分离，即分别采用不同的小区进行控制面和数据面操作，从而实现未来网络对于覆盖和容量的单独优化设计。此时，未来 5G 接入网可以灵活地根据数据流量的需求在热点区域扩容数据面传输资源，例如小区加密、频带扩容、增加不同 RAT 系统分流等，并不需要同时进行控制面增强。因此，无线接入网控制面与数据面的分离将是未来 5G 网络的另一个主要技术特征。以超密集异构网络为例，通过控制面与数据面分离，宏基站主要负责提供覆盖（控制面和数据面），小小区低功率基站则专门负责提升局部地区系统容量（数据面）。不难想象，通过控制面与数据面分离实现覆盖和容量的单独优化设计，终端用户需要具备双连接甚至多连接的能力。

除此之外，D2D 技术作为除小区密集部署之外另一种缩短发送端和接收端距离的有效方法，既实现了接入网的数据流量分流，同时也可有效提升用户体验速率和网络整体的频谱利用率。在 D2D 场景下，不同收发终端用户之间以及不同收发用户与小区收发用户之间的干扰，同样需要无线接入网具备局部范围内的分簇化集中控制，实现无线资源的协调管理，从而降低相互间干扰，提升网络整体性能。

未来 5G 网络数据流量密度和用户体验速率的急剧增长，使得核心网同样经受着巨大的数据流量冲击。因此未来 5G 网络需要在无线接入网增强的基础上，对核心网的架构进行重新思考。

在传统的 LTE 网络架构中，服务网关（SGW）和 PDN 网关（PGW）主要负责处理用户面数据转发。同时，PGW 还负责内容过滤、数据监控与计费、接入控制以及合法监听等网络功能。数据从终端用户到达PGW并不是通过直接的三层路由方式，而是通过GTP(GPRS tunneling protocol，GPRS隧道协议）隧道的方式逐段从基站送到PGW。LTE网络移动性管理功能由网元MME负责，但是SGW和PGW依然保留了GTP隧道的建立、删除、更新等控制功能。

可以看出，传统LTE核心网控制面与数据面的分割不是很彻底，且数据面功能过于集中，存在如下局限性。

数据面功能过度集中在LTE网络与互联网边界的PGW上，要求所有数据流必须经过PGW，即使是同一小区用户间的数据流也必须经过PGW，给网络内部新应用服务的部署带来困难；同时也对PGW的性能提出了更高的要求，且易导致PGW成为网络吞吐量的瓶颈。

网关设备控制面与数据面耦合度高，导致控制面与数据面需要同步扩容，由于数据面的扩容需求频度通常高于控制面，二者同步扩容在一定程度上缩短了设备的更新周期，同时带来设备总体成本的增加。

用户数据从PGW到eNodeB的传输仅能根据上层传递的QoS参数转发，难以识别用户的业务特征，导致很难对数据流进行更加灵活精细的路由控制。

控制面功能过度集中在SGW、PGW，尤其是PGW上，包括监控、接入控制、QoS控制等，导致PGW设备变得异常复杂，可扩展性差。

网络设备基本是各设备商基于专用设备开发定制而成的，运营商很难将由不同设备商定制的网络设备进行功能合并，导致灵活性变差。

因此，为了能够更好地适应网络数据流量的激增，未来5G核心网需要将数据面下沉，通过本地分流的方式有效避免数据传输瓶颈的出现，同时提升数据转发效率。其次，通过核心网网关控制面与数据面的分离，使得网络能够根据业务发展需求实现控制面与数据面的单独扩容、升级优化，从而加快网络升级更新和新业务上线速度，可有效降低网络升级和新业务部署成本。除此之外，通过控制面集中化使得5G网络能够根据网络状态和业务特征等信息，实现灵活细致的数据流路由控制。更进一步，基于通用硬件平台实现软件与硬件解耦，可有效提升5G核心网的灵活性和可扩展性，从而避免基于专用设备带来的问题，且更易于实现控制面与数据面分离以及控制面集中化。

不同于上述通过提升5G核心网数据处理能力应对数据流量激增的方法，缓存技术可以根据用户需求和业务特征等信息，有效降低网络传输所需数据流量。据统计，缓存技术在3G网络和LTE网络的应用可以降低1/3～2/3的移动数据量。为了更好地发挥缓存技术可能带来的性能提升，未来5G网络需要基于网络大数据实现智能化的分析处理。

2）更低时延

为了应对未来基于机器到机器（M2M）的物联网新型业务在工业控制、智能交通、环境监测等领域应用带来的毫秒级时延要求，5G网络需要从空口、硬件、协议栈、骨干传输、回传链路以及网络架构等多个角度联合考虑。据估算，以未来5G无线网络满足1ms的时延要求为目标，物理层的时间最多只有100μs，此时LTE网络1ms的传输时间间隔以及67μs的OFDM符号长度已经无法满足要求。广义频分复用（Generalized Frequency Division Multiplexing，GFDM）技术作为一种潜在的物理层技术，成为有效解决5G网络毫秒级时延要求的技术。

通过内容缓存以及D2D技术，同样可以有效降低数据业务端到端时延。以内容缓存为例，通过将受欢迎的内容（热门视频等）缓存在核心网，可以有效避免重复内容的传输，更重要的是降低了用户访问内容的时延，很大程度地提升了用户体验。除此之外，通过合理有效的受欢迎内容排序算法和缓存机制，将相关内容缓存在基站或者通过 D2D 方式直接获取所需内容，可以进一步地提高缓存命中率、提升缓存性能。

基站的存储空间限制以及在 UDN 场景下每个小区服务用户数目较少，使得缓存命中率降低，从而无法降低传输时延。因此，未来 5G 网络除了要支持核心网缓存外，还需要支持基站间合作缓存机制，并通过分簇化集中控制的方式判断内容的受欢迎度以及内容存储策略。类似地，不同 RAT 系统间的内容缓存策略，同样需要 5G 网络能够进行统一的资源协调管理。

另外，更高的网络传输速率、本地分流、路由选择优化以及协议栈优化等都对降低网络端到端时延有一定程度的帮助。

3）海量终端连接

为了应对到 2020 年终端连接数目 10 ～ 100 倍迅猛增长的需求，一方面可以通过无线接入技术、频谱、小区加密等方式提升 5G 网络容量，满足海量终端连接需求，其中超密集组网使得每个小区的服务终端数目降低，缓解了基站负荷；另一方面用户分簇化管理以及中继等技术可以将多个终端设备的控制信令以及数据进行汇聚传输，降低网络的信令和流量负荷。同时，对于具有小数据突发传输的 MTC 终端，可以通过接入层和非接入层协议的优化合并以及基于竞争的非连接接入方式等，降低网络的信令负荷。

值得注意的是，海量终端连接除了带来网络信令和数据量的负荷外，最棘手的是其意味着网络中将同时存在各种各样需求迥异、业务特征差异巨大的业务应用，即未来 5G 网络需要能够同时支持各种各样的差异化业务。以满足某类具有低时延、低功耗的 MTC 终端需求为例，协议栈简化处理是一种潜在的技术方案。然而，同一小区内如何同时支持简化版本与非简化版本的协议栈则成为 5G 网络需要面临的棘手问题。因此，未来 5G 网络首先需要具备网络能力开放性、可编程性，即可以根据业务、网络等要求实现协议栈的差异化定制；其次，5G 网络需要能够支持网络虚拟化，使得网络在提供差异化服务的同时保证不同业务相互间的隔离度要求。

4）更低成本

未来 5G 网络超密集的小区部署以及种类繁多的移动互联网和物联网业务的推广运营，将极大程度地增加运营商建设部署、运营维护成本。根据 Yankee Group 统计，网络成本占据整个运营商成本的 30%。

首先，为了降低超密集组网带来的网络建设、运营和维护复杂度以及成本的增加，一种可能的办法是通过减少基站的功能来降低基站设备的成本。例如，基站可以仅完成层一和层二的处理功能，其余高层功能则利用云计算技术实现多个小区的集中处理。对于这类轻量级基站，除了功能减少带来的成本降低外，第三方或个人用户部署的方式也会更进一步降低运营商的部署成本。同时轻量化基站的远程控制、自优化管理等同样可以降低网络的运营维护成本。

其次，传统的网络设备由各设备商基于专用设备开发定制而成，新的网络功能以及业务引入通常意味着新的专用网络设备的研发部署。新的专用网络设备将带来更多的能耗、设备投资以及针对新的设备而需要的技术储备、设备整合以及运营管理成本的增加。更进一步，网络技术以及业务的持续创新使得基于专用硬件的网络设备生命周期急剧缩短，降低了新业务推广可能带来的利润增长。因此，对于运营商，为了能够降低网络部署和业务推广运营成本，未来5G网络有必要基于通用硬件平台实现软件与硬件解耦，从而通过软件更新升级方式延长设备的生命周期，降低设备总体成本。另外，通过软硬件解耦加速了新业务部署，为新业务快速推广赢得市场提供有力保证，从而带来运营商利润的增加。

考虑到传统的电信运营商为保持核心的市场竞争力、低成本以及高效率的运营状态，未来可能将重点集中于其最为擅长的核心网络的建设与维护，大量的增值业务和功能化业务则将转售给更加专业的企业，合作开展业务运营。同时由于用户对于业务的质量和服务的要求也越来越高，从而促使了国家移动通信转售业务运营试点资格（虚拟运营商牌照）的颁发。从商业的运作上看，虚拟运营商并不具有网络，而是通过网络的租赁使用为用户提供服务，将更多的精力投入新业务的开发、运营、推广、销售等领域，从而为用户提供更为专业的服务。为了能够降低虚拟运营商的投资成本，适应虚拟运营商的差异化要求，传统的电信运营商需要在同一个网络基础设施上为多个虚拟运营商提供差异化服务，同时保证各虚拟运营商间相互隔离、互不影响。

因此未来5G网络首先需要具备网络能力开放性、可编程性，即可以根据虚拟运营商业务要求实现网络的差异化定制；其次，5G网络需要支持网络虚拟化，使得网络在提供差异化服务的同时保证不同业务间的隔离度要求。

5）更高能效

不同于传统的无线网络仅仅以系统覆盖和容量为主要目标进行设计，未来5G网络除满足覆盖和容量这两个基本需求外，还要进一步提高网络能效。5G网络能效的提升一方面意味着网络能耗的降低，缩减了运营商的能耗成本，另一方面意味着延长终端的待机时长，尤其是MTC类终端的待机时长。

首先，无线链路能效的提升可以有效降低网络和终端的能耗。例如，超密集组网通过缩短基站与终端用户距离，极大程度地提升无线链路质量，可有效提升链路的能效。大规模天线通过无线信号处理的方法可以针对不同用户实现窄波束辐射，在增强无线链路质量的同时减少了能耗以及对应的干扰，从而有效提升了无线链路能效。

其次，在通过控制面与数据面分离实现覆盖与容量分离的场景下，由于低功率基站较小的覆盖范围以及终端的快速移动，使得小小区负载以及无线资源使用情况骤变。此时，低功率基站可在统一协调的机制下根据网络负荷情况动态地实现打开或者关闭，在不影响用户体验的情况下降低了网络能耗。因此，未来5G网络需要通过分簇化集中控制的方式并基于网络大数据的智能化进行分析处理，实现小区动态关闭/打开以及终端合理的小区选择，提升网络能效。

对于无线终端，除通过上述办法提升能效、延长电池使用寿命外，采用低功耗高能效配件（如处理器、屏幕、音视频设备等）也可以有效延长终端电池寿命。更进一步，通过将高能耗应用程序或其他处理任务从终端迁移至基站或者数据处理中心等，利用基站或数据处理中心强大的数据处理能力以及高速的无线网络，实现终端应用程序的处理以及反馈，缩减终端的处理任务，延长终端电池寿命。

综上所述，为了满足未来5G网络性能要求，即数据流量密度提升1 000倍、设备连接数目提升10～100倍、用户体验速率提升10～100倍、MTC终端待机时长延长10倍、时延降低 5 倍的业务需求，以及未来网络更低成本、更高能效等持续发展的要求，需要从无线频谱、接入技术以及网络架构等多个角度综合考虑。

可以看出，未来 5G 蜂窝网络架构的主要技术特征包括：接入网通过控制面与数据面分离实现覆盖与容量的分离或者部分控制功能的抽取，通过分簇化集中控制实现无线资源的集中式协调管理；核心网则主要通过控制面与数据面分离以及控制面集中化的方式实现本地分流、灵活路由等功能。除此之外，通过软件与硬件解耦和上述四大技术特征的有机结合，使得未来 5G 网络具备网络能力开放性、可编程性、灵活性和可扩展性。

4.2　5G 网络架构设计总体要求

5G 网络架构总体需求明确规定了支持多系统制式、统一鉴权架构、终端多系统同时接入能力、无线与核心网独立演进、控制面和用户面功能分离、IP/非 IP/以太网传输、NFV/SDN 等新技术，以提供更好的业务体验、降低终端功耗、业务灵活配置等更高的业务服务能力。

4.2.1　5G 需求与网络功能映射

5G 愿景定义了更丰富的业务场景和全新的业务指标，5G 系统不能囿于单纯的空口技术换代和峰值速率提升，需要将需求与能力指标要求向网络侧推演，明确现网挑战和发展方向，通过网络侧的创新提供支撑。5G 愿景、现网挑战与架构演进方向映射如表 4.2 所示。

表 4.2　5G 愿景、现网挑战与架构演进方向映射

指标能力要求	现 网 挑 战	5G 架构方向
1Gbit/s 体验速率	用户速率从小区向边缘下降	灵活的站间组网和资源调度方法
	网间切换不能保持速率稳定	高效的多接入协同
毫秒级时延	网关中心部署，传输时延百毫秒级	业务边缘部署，用户面网关下沉
	实时业务切换中断时间 300ms	更高效的移动性管理机制
高流量大连接	流量重载降低转发传输效率	分布式流量动态调度
	海量连接导致信令风暴和封装开销	控制面功能按需重构
运营能效	管道化运营	面向差异化场景快速灵活的服务
	刚性硬件平台	基于“云”的基础设施平台

指标方面，首先，业务速率随用户移动和覆盖变化而改变是移动通信系统的基础常识，无法提供稳定的体验速率支持，需要改变传统的“终端—基站”一对一传输机制，引入联合多站点协同来平滑和保证速率。其次，毫秒级时延是另一个挑战，当前网关和业务服务器一般部署在网络中心，受限于光传输速率，网内传输时延大多是百毫秒量级，远超 5G 时延要求，需要尽可能将网关和业务服务器下沉到网络边缘，此外，4G 定义的实时业务切换中断时间（<300ms）也无法满足 5G 高实时性业务要求，这意味着需要引入更高效的切换机制。最后，现网限于中心转发和单一控制的功能机制，在高吞吐量和大连接的背景下会造成更大的拥塞和过载风险，这要求 5G 网络控制功能更灵活，流量分布更均衡。

运营能效方面，4G 网络主要定位在互联网接入管道，长期形成了重建设、轻运维的定

式，简单化的运营手段难以适应5G物联网和垂直行业高度差异化的要求。与此同时，基于专用硬件的刚性网络设备平台资源利用率低，不具备动态扩缩容能力。这要求网络侧需要引入互联网灵活快速的服务理念和更弹性的基础设施平台。

4.2.2 网络逻辑功能框架

5G网络高层的参考设计架构包括下一代终端（NG UE）、下一代无线接入网（NG RAN）、下一代核心网（NR Core）以及相应的参考节点，NG1未在图中标出，具体如图4.1所示。

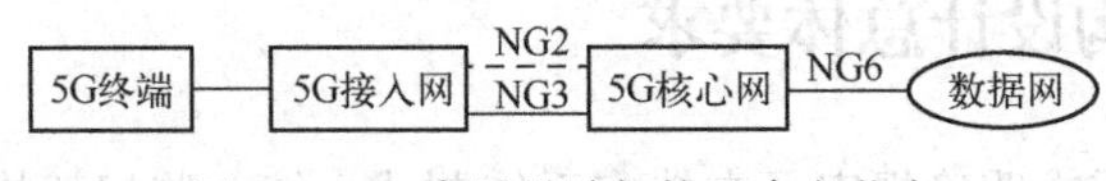

图4.1 5G高层设计架构及参考节点

其中，各参考节点定义如下：

（1）NG1：NG UE与NG Core之间控制面参考节点，图中未标出；

（2）NG2：NG RAN与NG Core之间控制面参考节点；

（3）NG3：NG RAN与NG Core之间用户面参考节点；

（4）NG6：NG Core与数据网络（Data Network）之间的参考节点，数据网络可以是公有、专有数据网络或者运营商自营的数据网络。

5G无线接入网架构及参考接口如图4.2所示，5G核心网支持LTE演进基站（eLTE eNB）和5G基站（gNB）接入，5G核心网和无线接入网之间的接口需要支持控制面和用户面功能。eLTE eNB与gNB之间支持Xn接口，该接口也支持控制面和用户面的相关功能。

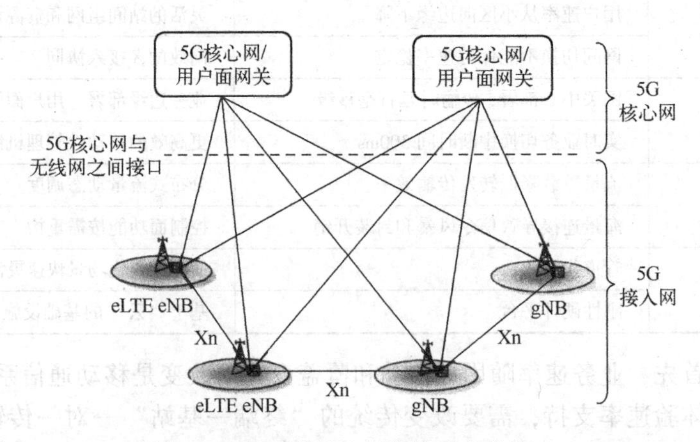

图4.2 5G无线接入网架构及参考接口

5G网络采用基于功能平面的框架设计，将传统与网元绑定的网络功能进行抽离和重组，重新划分为3个功能平面：接入平面、控制平面和数据平面。5G网络概要级系统框架如图4.3所示。网络功能在平面内聚合程度更高，平面间解耦更充分。其中，控制平面主要负责生成信令控制、网管指令和业务编排逻辑，接入平面和数据平面主要负责执行控制命令，实现对业务流在接入网的接入与核心网内的转发。

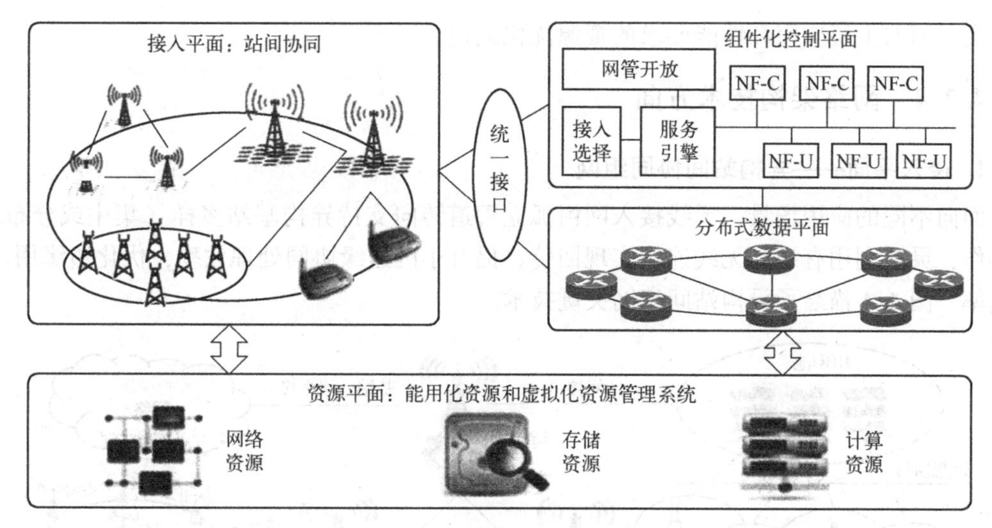

图4.3　5G网络概要级系统框架

各平面的功能概述如下。

1）接入平面

涵盖各类型的基站和无线接入设备，通过增强的异构基站间交互机制构建综合的站间拓扑，通过站间实时的信息交互与资源共享实现更高效的协同控制，满足不同业务场景的需求。

2）控制平面

为5G新空口和传统空口（LTE、WiFi等）提供统一的网络接口。控制面功能分解成细粒度的网络功能（network function，NF）组件，按照业务场景特性定制专用的网络服务，并在此基础上实现精细化网络资源管控和能力开放。

3）数据平面

核心网网关下沉到城域网汇聚层，采取分布式部署，整合分组转发、内容缓存和业务流加速能力，在控制平面的统一调度下，完成业务数据流转发和边缘处理。

4.2.3　基础设施平台

5G网络将改变传统基于专用硬件的刚性基础设施平台，引入互联网中云计算、虚拟化和软件定义网络（Software Defined Networking，SDN）等技术理念，构建跨功能平面统一资源管理架构和多业务承载资源平面，全面解决传输服务质量、资源可扩展性、组网灵活性等基础性问题。

网络虚拟化实现对底层资源的统一“池化管理”，向上提供相互隔离的有资源保证的多租户网络环境，是网络资源管理的核心技术。引入这一技术理念，底层基础设施能为上层租户提供一个充分自控的虚拟专用网络环境，允许用户自定义编址、自定义拓扑、自定义转发以及自定义协议，彻底打开基础网络能力。

引入软件定义网络的技术理念，在控制平面，通过对网络、计算和存储资源的统一软件编排和动态调配，在电信网中实现网络资源与编程能力的衔接；在数据平面，通过对网络的转发行为进行抽象，实现利用高级语言对多种转发平台进行灵活的转发协议和转发流程定制，实现面向上层应用和性能要求的资源优化配置。

4.2.4 网络架构技术方向

1. 接入平面——异构站间协同组网

面向不同的应用场景，无线接入网由孤立管道转向支持异构基站多样（集中或分布式）的协作，灵活利用有线和无线连接实现回传，提升小区边缘协同处理效率，优化边缘用户体验速率。图4.4描绘了异构站间组网关键技术。

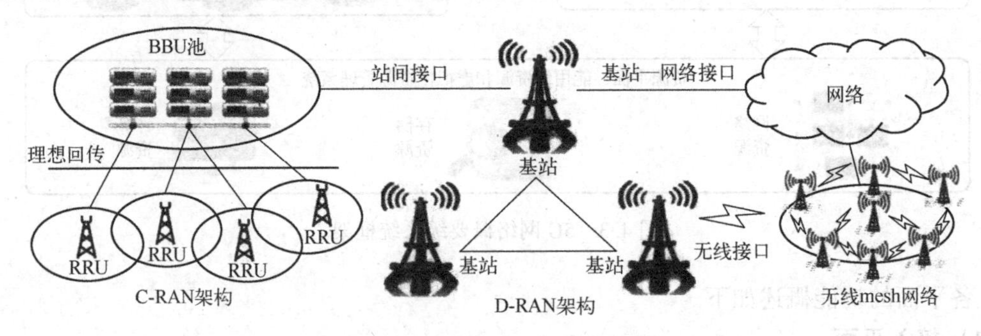

图4.4 异构站间组网关键技术

1）C-RAN

集中式C-RAN组网是未来无线接入网演进的重要方向。在满足一定的前传和回传网络的条件下，可以有效提升移动性和干扰协调的能力，重点适用于热点高容量场景布网。面向5G的C-RAN部署架构中，远端无线处理单元（Remote Radio Unit，RRU）汇聚小范围内RRU信号经部分基带处理后进行前端数据传输，可支持小范围内物理层级别的协作化算法。池化的基带处理中心（BBU池）集中部署移动性管理、多RAT管理、慢速干扰管理、基带用户面处理等功能，实现跨多个RRU间的大范围控制协调。利用BBU/RRU接口重构技术，可以平衡高实时性和传输网络性能要求。

2）D-RAN

能适应多种回传条件的分布式D-RAN组网是5G接入网另一重要方向。在D-RAN组网架构中，每个站点都有完整的协议处理功能。站点间根据回传条件，灵活选择分布式多层次协作方式来适应性能要求。D-RAN能对时延及其抖动进行自适应，基站不必依赖对端站点的协作数据，也可正常工作。分布式组网适用于作为连续广域覆盖以及低时延等的场景组网。

3）无线mesh网络

作为有线组网的补充，无线mesh网络利用无线信道组织站间回传网络，提供接入能力的延伸。无线mesh网络能够聚合末端节点（基站和终端），构建高效、即插即用的基站间无线传输网络，提高基站间的协调能力和效率，降低中心化架构下数据传输与信令交互的时延，提供更加动态、灵活的回传选择，支撑高动态性要求场景，实现易部署、易维护的轻型网络。

2. 数据平面——网关与业务下沉

如图4.5（a）中所示，通过现有网关设备内的控制功能和转发功能分离，实现网关设备的简化和下沉部署，支持“业务进管道”，提供更低的业务时延和更高的流量调度灵活性。

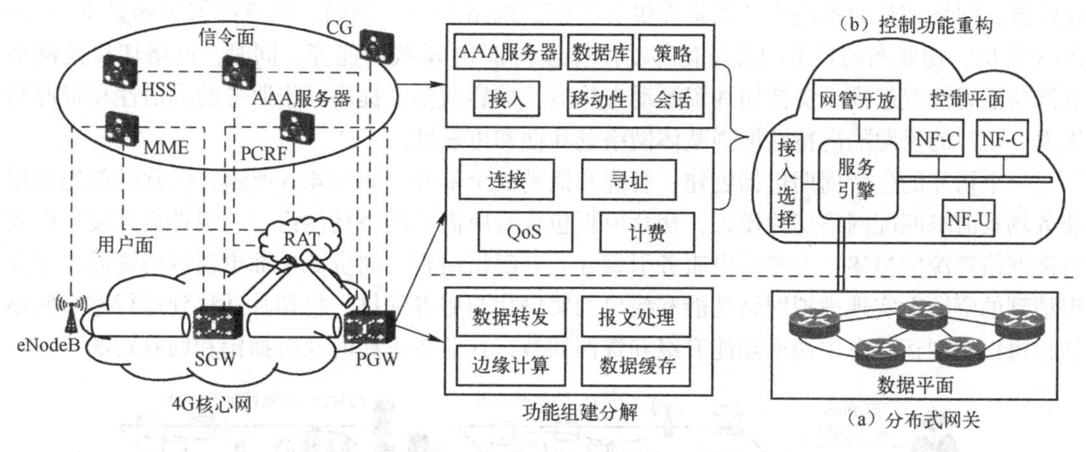

图4.5 核心网功能重构

通过网关控制承载分离，将会话和连接控制功能从网关中抽离，简化后的网关下沉到汇聚层，专注于流量转发与业务流加速处理，更充分地利用管道资源，提升用户带宽，并逐步推进固定和移动网关功能和设备形态逐渐归一，形成面向多业务的统一承载平台。

IP锚点下沉使移动网络具备层三组大网的能力，因此应用服务器和数据库可以随着网关设备一同下沉到网络边缘，使互联网应用、云计算服务和媒体流缓存部署在高度分布的环境中，推动互联网应用与网络能力融合，更好地支持5G低时延和高带宽业务的要求。

3. 控制平面——网络控制功能重构

网关转发功能下沉的同时，抽离的转发控制功能（NF-U）整合到控制平面中，并对原本与信令面网元绑定的控制功能（NF-C）进行组件化拆分，以基于服务调用的方式进行重构，实现可按业务场景构造专用架构的网络服务，满足5G差异化服务需求，如图4.5（b）中所示。控制功能重构的关键技术主要包括以下方面。

控制面功能模块化：梳理控制面信令流程，形成有限数量的高度内聚的功能模块作为重构组件基础，并按应用场景标记必选和可选的组件。

状态与逻辑处理分离：对用户移动性、会话和签约等状态信息的存储和逻辑进行解耦，定义统一数据库功能组件，实现统一调用，提高系统的稳健性和数据完整性。

基于服务的组件调用：按照接入终端类型和对应的业务场景，采用服务聚合的设计思路，服务引擎选择所需的功能组件和协议（如针对物联网的低移动性功能），组合业务流程，构建场景专用的网络，服务引擎能支持局部架构更新和组件共享，并向第三方开放组网能力。

4.3 5G网络服务——端到端网络切片

网络切片利用虚拟化技术将通用的网络基础设施资源根据场景需求虚拟化为多个专用虚拟网络。每个切片都可独立按照业务场景的需要和话务模型进行网络功能的定制剪裁和相应网络资源的编排管理，是5G网络架构的实例化。

网络切片打通了业务场景、网络功能和基础设施平台间的适配接口。通过网络功能和协议定制，网络切片为不同业务场景提供所匹配的网络功能。例如，热点高容量场景下的C-RAN架构、物联网场景下的轻量化移动性管理和非IP承载功能等。同时，网络切片使网络资源与部署位置解耦，支持切片资源动态扩容、缩容调整，提高网络服务的灵活性和资源利用率。切片的资源隔离特性增强整体网络健壮性和可靠性。

一个切片的生命周期包括创建、管理和撤销3个部分。如图4.6所示，运营商首先根据业务场景需求匹配网络切片模板，切片模板包含对所需的网络功能组件、组件交互接口以及所需网络资源的描述；上线时由服务引擎导入并解析模板，向资源平面申请网络资源，并在申请到的资源上实现虚拟网络功能和接口的实例化与服务编排，将切片迁移到运行态。网络切片可以实现运行态中快速功能升级和资源调整，在业务下线时及时撤销和回收资源。

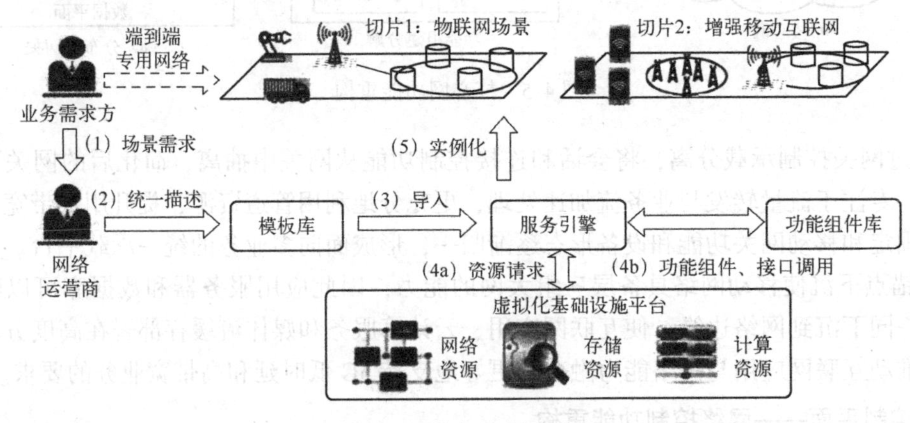

图4.6　网络切片创建过程

针对网络切片的研究主要在3GPP（3rd Generation Partnership Project）和ETSI NFV（European Telecommunications Standards Institute Network Functions Virtualization）产业推进组进行，3GPP重点研究网络切片对网络功能（如接入选择、移动性、连接和计费等）的影响，ETSI NFV产业推进组则主要研究虚拟化网络资源的生命周期管理。当前，通用硬件的性能和虚拟化平台的稳定性仍是网络切片技术全面商用的瓶颈，运营商也正通过概念验证和小范围部署的方法稳步推进技术成熟。

4.4 5G网络架构的关键技术

体系结构变革将是新一代无线移动通信系统发展的主要方向。现有的扁平化、IP化体系结构促进了移动通信系统发展与互联网的高度融合，高密度、智能化、可编程则代表了未来移动通信演进的进一步发展趋势。为提升其业务支撑能力，5G在网络技术方面将有新的突破。5G将采用更灵活、更智能的网络架构和组网技术：超密集部署、虚拟化；控制与转发分离的SDN架构、内容分发网络（Content Distribution Network，CDN），用来改善移动互联网用户的业务体验；网络架构整体更注重绿色通信，使5G成为前瞻性的网络架构。

图4.7所示为5G网络关键技术与架构特征的对应关系。

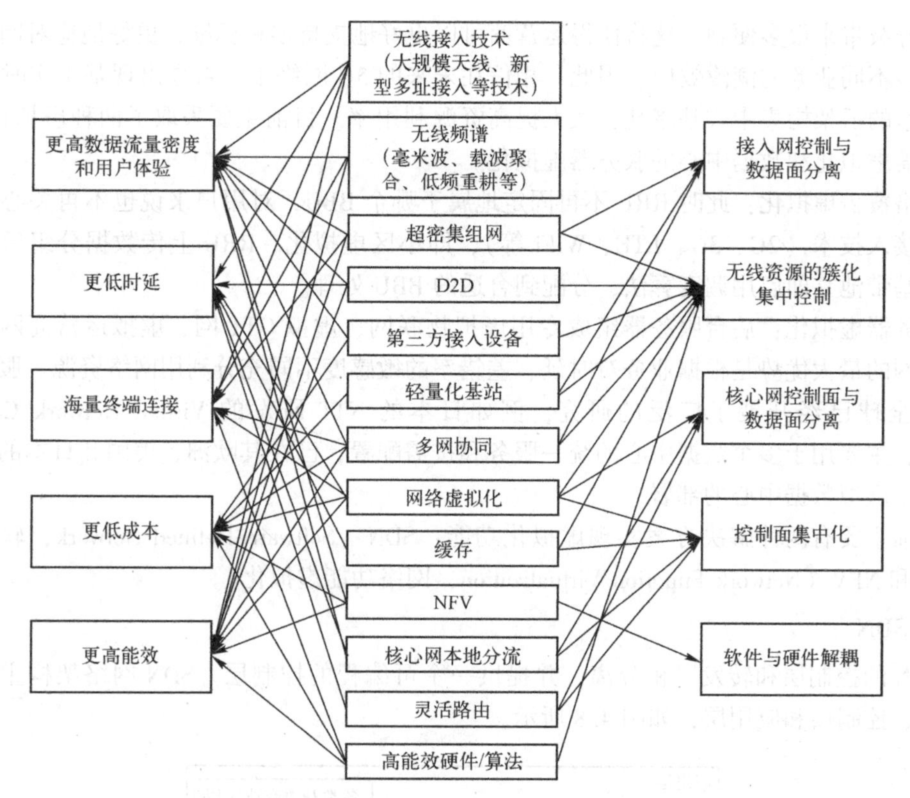

图 4.7　5G 网络关键技术与架构特征的对应关系

4.4.1　超密集网络

在未来很长一段时间内，5G 网络会和现有移动通信系统、无线接入技术共存，如 4G、LTE、WiFi 等。既有广泛存在的宏基站，也有为了改善小区边缘用户业务质量，进行热点覆盖而密集部署的小蜂窝，如 Pico、femto 等。5G 处在一个多业务系统、多接入技术以及多层次覆盖的复杂网络，网络拓扑结构和特性变得极为复杂。为了应对不能再生的频谱资源，须不断减小小区半径，提高频谱利用率。根据预测，未来无线网络中，在宏蜂窝覆盖下，各种无线传输技术的各类低功率节点的部署密度将达到现有站点部署密度的 10 倍以上，站点之间的距离达到 10m 甚至更小，形成超密集网络（Ultra-dense Network，UDN）。这给网络运营管理、资源分配带来了巨大挑战。

对于未来 5G 复杂的超密集异构网络，M-RAT 之间的干扰、频谱共享、回传网络等都是值得深入研究的问题。也就是说，5G 需要具有环境和业务感知能力，统一自配置、自优化的网络技术，实现对网络环境、业务需求实时感知，并据此动态地调整和配置网络策略、系统参数和资源分配，从而实现不同类型的站点或不同制式的空中接口动态调度，使系统可以最优地利用各种网络资源，为用户提供最优的业务体验。

4.4.2　网络虚拟化

网络虚拟化可以给运营商带来巨大的好处，最大限度地提高网络资源配置、开发最优的网络管理系统以及降低运营成本等。虚拟化后统一的硬件平台将能够为系统的管理、维护、扩容、升级带来很多便利。这将使得运营商可以更好地支持多种标准，更好地应对网络中不同地区、不同业务的潮汐效应。因此，相信在未来的5G网络中，将会出现基于实时任务虚拟化技术的云架构集中式基带池，大大提高资源利用率。目前主要采取了两种虚拟化技术：网络覆盖虚拟化和数据中心的服务器虚拟化。

网络覆盖虚拟化：此时RRU不再固定地属于哪个BBU，对用户来说也不再关心使用的是哪种接入技术（2G、3G、LTE、WiFi等），即小区虚拟化。RRU上传数据分组后，本地云平台基带池立即启用调度算法，分配到合适的BBU处理。

服务器虚拟化：后台服务器组成专用虚拟物联网、虚拟OTT网、虚拟运营商网等。虚拟专用网的最大优势是根据业务对时延、差错率的敏感度不同充分利用网络资源。服务器虚拟化在全球已经开展了广泛的研究，例如日本的NTT研发的Virtual Network Controller Version，主要用于多个数据中心的统一服务和按需配置，已在其欧洲、美国和日本的数据中心进行了虚拟数据中心的部署。

目前主要有两种解决方案实现虚拟化功能：SDN（Software Defined Network，软件定义网络）和NFV（Network Function Virtualization，网络功能虚拟化）。

1. SDN

SDN的控制层和转发层相分离，并提供一个可编程的控制层。SDN网络架构主要包括转发层、控制层和应用层，如图4.8所示。

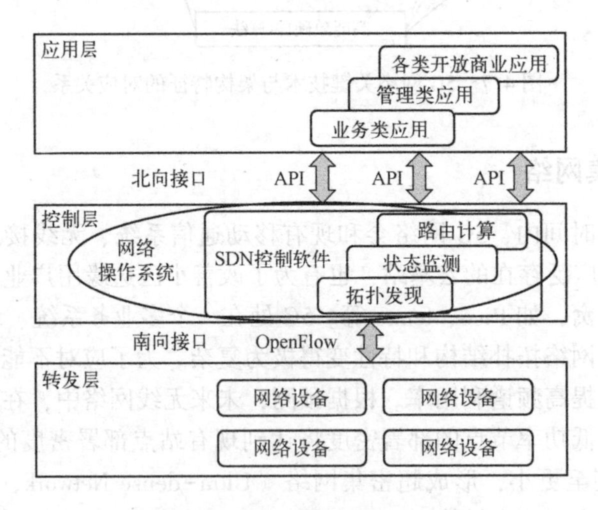

图4.8　SDN网络架构示意图

转发层包含所有的网络设备，与传统网络交换设备不同，SDN的网络交换设备不具备网络控制功能，控制功能被统一提升至控制层，网络基础设施通过SDN控制器的南向接口与控制层连接；控制层由多个SDN控制器组成，网络所有的控制功能被集中设置在此层，SDN控制器同时管理底层的物理网络和设置的虚拟网络，通过北向API接口向上层提供服务。控制层向上层服务提供抽象的网络设备，屏蔽了具体物理设备的细节；在应用层，网络管理和应用开发人员通过可编程接口实现业务需求，包括路由管理、接入控制、带宽分配、流量工程、QoS、计算和存储优化等，有效避免了传统网络依靠手工操作造成的配置错误。

OpenFlow 是连接 SDN 控制层和转发层的协议，为网络控制层操作转发层的路由器、交换机等设备提供链路通道。OpenFlow 协议支持控制器—交换机消息、异步消息和对称消息，每种消息有多个类型的子消息，通过南向标准化接口实现 SDN 控制器对数据转发设备流表的装载和拆除。

在现有的无线网络架构中，基站、服务网关、分组网关除完成数据平面的功能外，还需要参与一些控制平面的功能，如无线资源管理、移动性管理等，在各基站的参与下完成，形成分布式的控制功能，网络没有中心式的控制器，使得与无线接入相关的优化难以完成，并且各厂商的网络设备，如基站等往往配备制造商自己定义的配置接口，需要通过复杂的控制协议来完成其配置功能，并且其配置参数往往非常多，配置和优化以及网络管理非常复杂，使得运营商对自己部署的网络只能进行间接控制，业务创新方面能力严重受限。

SDN 将传统网络软硬件的一体化逐渐转变为底层高性能存储/转发和上层高智能灵活调度的架构，对传统网络设备的要求就是更简单的功能、更高的性能，上层的智能化策略和功能则以软件方式提供。也就是说，SDN 在承载网上可以增强现有网络能力、加速网络演进、促进云数据中心/云应用协同，从而在基础设施演进和客户体验提升两大维度上发挥重大作用。这一点与移动通信系统的整体发展趋势一致。运营商可以利用这一优点实现通信网络虚拟化、软件化。因此，将 SDN 的概念引入无线网络，形成软件定义无线网络，是无线网络发展的重要方向。SDN 作为未来网络演进的重要趋势，已经得到了业界的广泛关注和认可。

此外，随着接入网的演进和发展，可以利用 SDN 预留的标准化接口，针对不同网络状况开发对应的应用，提高异构网络间的互操作性，从而进一步提升系统性能和用户感知。

在 2015 年，SDN 网络技术得到初步的应用实验，这对于我国的互联网技术发展是一次技术层面上质的飞跃。之前标准化的网络协议架构中，虽然 ONF 主导整个标准化进程，但是这本身并不完全等于 SDN。在网络核心技术层面，管控分离的核心在于通过编程的可操作性提高信息传输的灵活配置，提高网络架构的资源利用效率。

在当前 SDN 网络架构协议的试运行阶段，虽然网络标准化协议还有待进一步放开，但由几大运营商主导的核心技术试验应用已经到了初步商业化的阶段。这不仅使得 SDN 技术的发展更加迅速，也对进一步调整互联网架构、优化资源配置提供了无限的可能。在 SDN 南向接口协议中，由运营商主导的 Opendaylight 可以说是一种互联网技术发展的尝试和探索。这不仅对当前的网络架构协议是一种很好的突破，而且也对进一步提升网络安全打下了良好的基础。当前阶段，这一关键技术依然处在商业初步探索阶段，但其发展前景却被普遍看好。

2. NFV

1）NFV 基本概念

软件功能虚拟化（NFV）改变了网元功能形态，将原本封闭设备中的网络功能释放出来，统一承载在虚拟化平台之上，意在打破电信设备“黑盒子”模式。移动网络的任何一个位置都按需部署（卸载）虚拟化的网络资源，即插即用，提高网络灵活度和可扩展性，符合移动网络不同区域、不同时间、不同场景差异性需求。另一方面，采用工业标准化的服务器、存储和交换设备替代专用硬件设备，大大降低了组网运维成本。因此，低成本和灵活性是 NFV 的两大核心优势。

在 5G 网络架构标准化进程中，要进一步降低硬件的维护成本，提高网络资源的利用效率，这不仅考验着核心技术人员的技术开发能力，而且对当前的互联网协议架构也是一种考验。NFV 发展模式可以定义为通过优化硬件配置资源，从而达到进一步提高资源利用效率的目的。在网络架构中，硬件配置维护由于成本很高，在资源整合过程中往往受限于硬件资源的配置而延长网络架构的升级跨度。而运用 NFV 发展模式后，会最终降低网络资源对于硬件配置的依赖，从根本上解决目前网络资源架构迟滞化的现状。软件与硬件之间的解耦在很大程度上能降低两者对彼此的依存程度。NFV 发展模式是依托云计算及虚拟网络配置发展起来的网络架构模式，在互联标准化进程中，针对这一新兴模式的发展，要不断升级当前的核心技术，以优化配置各发展阶段的网络技术。最终在网络发展模式升级后，可以实现虚拟架构、云计算、硬件资源之间的合理化配置，以提高整个网络的安全性和稳定性。

NFV 体系架构框架图如图 4.9 所示，由 ETSI NFV 定义的网络功能虚拟化框架包括 3 个功能组件。

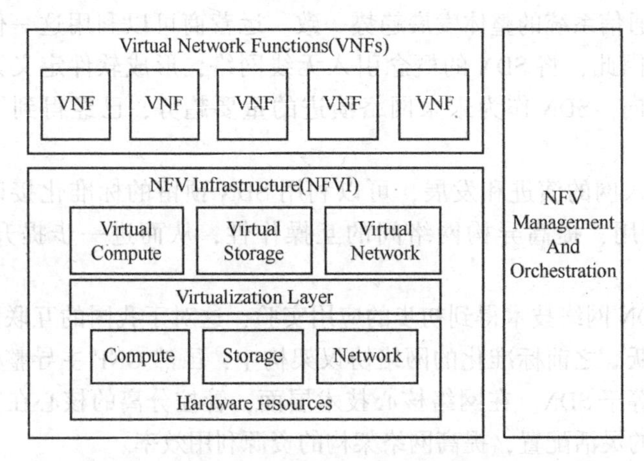

图 4.9 NFV 体系架构框架图

虚拟网络功能：VNF 软件实现的网络功能，能够在虚拟化的资源（包括计算、存储和网络资源）上运行。

NFV 基础设施：NFVI 是多种可以被虚拟化的物理资源，完成对硬件资源的抽象，支持 VNF 的执行。

NFV 管理和编排：NFV M&O 对物理/软件资源以及 VNF 的编排和生命周期管理。

2）NFV 标准化进展情况

2012 年 10 月，由 AT&T、德国电信、英国电信、中国移动等 13 个国际主流运营商牵头，联合多家网络运营商、电信设备供应商和 IT 设备供应商共同推动在 ETSI 成立网络功能虚拟化工作组（ISG），旨在推动 NFV 技术框架研究和产业化发展。

NFV 工作组在 2013 年聚焦于 High level 文档的设计，已发布第一批规范，包括 NFV Use Cases、Requirements、Architectural Framework 和 Terminology 的 V1 版本，以及 PoC Call (Proof of Concept)。

NFV 于 2014 年上半年发布了第二个版本的白皮书，主要总结 NFV ISG 一年来各个工作组的进展，对场景、需求、架构等内容进行了更新，明确提出 NFV ISG 对于标准化和开源社区的态度。2014 年下半年发布了 Use Cases、Requirements、Architectural Framework 和 Terminology 的 V2 版本，以及标准化 Gap 分析等新版标准文档。

概念验证（POC）是 NFV 在 2014 年的另一项重点工作，通过 Call for Proposal 和 Evaluation 等几个环节向产业界征集 NFV 产品原型和验证试验延时，以推动 NFV 产业发展。

3）NFV 与网络虚拟化及 SDN 的关系

网络虚拟化（NV）的概念很早就已经出现。目前，通常认为网络虚拟化是对物理网络及其组件（如交换机、端口以及路由器）进行抽象，并从中分离网络业务流量的一种方式。采用网络虚拟化可以将多个物理网络抽象为一个虚拟网络，或者将一个物理网络分割为多个逻辑网络。网络虚拟化打破了网络物理设备层和逻辑业务层之间的绑定关系，每个物理设备被虚拟化的网元所取代，管理员能够对虚拟网元进行配置以满足其独特的需求。

由定义可见，网络虚拟化主要是针对层二和层三的交换机、端口以及路由器等网络组件。网络功能虚拟化则是从电信网业务功能形态的角度，将原本网元设备中的一体化功能分解成多个逻辑功能组件，实现在通用硬件平台上网元功能的重构、部署和迁移。可以认为网络虚拟化技术的概念更加宏观和基础，网络功能虚拟化则面向电信网网元功能具体的需求。

从广义上理解，软件定义的网络（SDN）是一种全新的组网设计思想，通过网络控制与转发分离的思想，构建开放可编程的网络体系结构。SDN 与 NFV 共同被认为是未来网络创新的重要推动力量。

根据 NFV 白皮书的解释，NFV 与 SDN 间的关系可以概括为高度互补，彼此独立。NFV 的实现不必依赖于 SDN 技术，但是两种技术方案的结合可以获得潜在的更大增益。例如，SDN 所提出的控制与承载分离的理念有助于增强 NFV 系统性能、简化设计方案、提升与现有部署方案的兼容性和提高运维和网管效率等。同时，NFV 与 SDN 技术在充分利用标准化硬件设备方面存在高度的一致。

3. 云计算

目前阶段，云计算技术已经在互联网领域运用较为成熟。以美国为代表的西方国家将云计算的发展模式定义为按需计费。通过虚拟化的资源配置实现远程访问的个性化定制，这样不仅提高了资源传输的效率，而且也优化了各种资源配置。针对未来的个性化发展诉求，各大运营商之间正在进行新型互联网发展模式的技术研发和使用。在传统的封闭化网络结构中，各大运营平台都是独立的网络平台，这样不仅使用成本高，而且也造成了硬件资源配置的极大浪费。随着开放性互联技术的发展，以云计算发展模式为代表的互联技术发展形式赢得市场的普遍认可。针对当前互联网技术的发展，5G 网络架构将在此基础上提供更为开放、更为兼容的互联网发展平台，最终实现平台间的资源共享，降低资源传输与整合的效率。

4. 5G 中 SDN、NFV 和云计算的关系

近年来，随着移动终端设备的不断升级，对于网络架构及信号传输均提出了更高的要求。如何在提高信号传输质量的同时有效提高信号传输的容量成为当前 5G 网络发展需要解决的关键问题。在虚拟化的网络平台建设中，基于云计算的网络扩容不仅实现了网络资源对于客户需求的有效适配，而且也进一步提高了网络传输的安全级别。随着市场经济的深入发展，对于5G网络的开发会越发普遍，将会有更多的网络供应商加入到技术开发的浪潮中来。从另一种角度来理解，当前的移动网络发展将更为开放，在不断满足安全需求的前提下，有效提高资源多样化形式，才是各大供应商更为关注的网络运营问题。

在5G网络技术发展过程中，云计算、SDN及NFV将成为未来网络机构发展的核心趋势。5G网络架构的个性化、多样化发展在未来几年内将成为趋势。如何迎合网络技术的发展成为当前互联技术发展的关键。NFV关键技术可以通过硬件配置和资源传输的解耦实现管控分离，这可以比喻为网络架构中的每个单元；SDN技术通过升级网络架构及优化硬件资源，实现信息的快速整合；云计算利用虚拟化的网络空间，将资源进行优化整合，根据客户的需求按需分配网络资源。其中，NFV、SDN和云计算可以比喻成5G网络架构中的点、线、面，这三项技术的协调配合最大程度上保障了网络传输的质量，在一定程度上也进一步提高了网络传输的质量，从根本上满足了客户需求多样化对于网络架构的要求。

4.4.3 内容分发网络

随着网络架构的复杂性不断提升，为了减少内容服务器到客户端的时延，提高用户体验质量，解决服务器与客户端能力与资源的不对称性，业内提出了致力于解决互联网访问质量的内容分发网络（CDN）。CDN的思想是将内容代理服务器部署于多个ISP（Internet Service Provider）内，从而降低跨域网络传输的时延。通过在网络中采用缓存服务器，并将这些缓存服务器分布到用户访问相对集中的地区或网络中，根据网络流量和各节点的连接、负载状况以及到用户的距离和响应时间等综合信息将用户的请求重新导向离用户最近的服务节点上，使用户可就近取得所需内容，解决Internet拥挤的状况，提高用户访问网站的响应速度。在2006年国际电信联盟（ITU）就已经将CDN纳入标准化文档体系内。此外，在5G时代，拥有庞大数据的物联网飞速发展以及高清视频的普及，使得移动数据业务的需求越来越大，内容越来越多，移动通信网络架构面临前所未有的挑战。因此，在无线网络中采用CDN技术成为自然的选择，其在各类无线网络中得以应用。CDN也成为未来网络发展的重要趋势之一，是研究5G网络的一个重要的技术。

然而，由于内容分发网络以及5G网络环境的复杂异构性，仍需要针对内容分发网络的安全性等展开研究，进一步提升系统整体的速度、顽健性与安全性。

4.4.4 绿色通信

绿色通信是指高效利用频谱资源、减少功率、减低排放和污染、节省能源。在移动通信系统中，频谱作为稀缺资源，一直被人们关注。此外，由于频段划分造成的零散片段给频谱资源造成很大浪费，使得本来就稀缺的频谱资源变得越来越紧张。因此，可以通过认知无线电动态地检测空置频谱，实现灵活使用，同时不断研究先进的抗干扰技术，提高频谱利用率。

另一方面，在蜂窝网络设备中，基站的耗电量在运营商耗电总量中占据绝大部分，所以如何对基站进行节能将会是未来移动通信网亟待解决的问题。移动网络的负载随着时间变化，流量呈现出“潮汐效应”，如果给RRU设置相同的功率来满足最大负荷会造成资源的严重浪费。可以采用能量有效性的资源管理技术，利用感知中心存储的用户终端和网络上报的参数配置，在保证高效的用户QoS和网络性能的同时，动态调整发射功率和迁移用户，最大化减少能耗。

4.5 5G接入网网络架构

4.5.1 5G无线网架构设计挑战

5G为了支持超高速率业务，除了通过大规模天线、新型多址等多种手段来改善频谱效率，还需要借助频谱资源以及多种组网手段来满足需要。当前6GHz以下的中低频谱资源十分紧张，需要考虑在6GHz以上高频段进行组网。高频信道传播特性相比低频有很大差异，传播衰减较大，因此多作为固定无线接入手段以解决最后一公里的传输带宽问题，或者是作为小小区（Small Cell）与宏小区（Macro Cell）形成HetNet（Heterogeneous Network，异构组网），在利用宏小区解决覆盖的同时，改善低频宏小区容量不足的缺点。

超密集组网也是5G支持超高速率业务的重要手段，据预测，5G网络中各种无线接入技术（如4G、WiFi、5G）的小功率基站部署密度将达到现有站点密度的十倍以上，形成微微组网的超密集网络，通过提高单位面积的网络容量来满足5G超高流量密度及超高用户体验速率的要求。

5G为了支持低时延与大连接业务，在采取新型帧结构、新型多址等空口技术的同时，在组网手段上也需要采取针对性的网元部署，如通过将核心网业务网关功能下沉，结合边缘计算能力，实现本地业务的快速分流与加速；通过部署信令汇聚节点以及提供灵活的网络协议裁剪能力，支持大规模的物联网终端并发连接。

可以看到，未来5G网络将是一个集合多种网元、多种频段、多种技术以及多种组网方式的复杂网络，给无线网络架构的设计带来了诸多挑战。

图4.10描述了当前典型的演进分组核心网（EPC）体系架构。

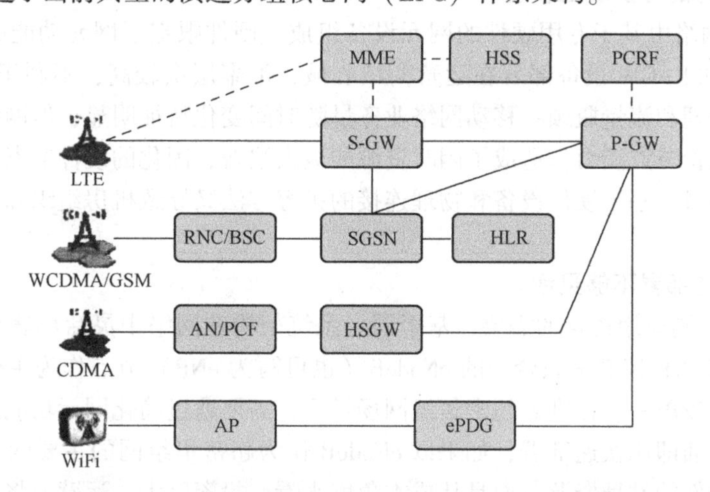

图4.10 典型的演进分组核心网（EPC）体系架构

如图4.10所示，EPC可以划分为支持LTE接入、WCDMA/GSM接入、CDMA接入和WLAN接入等部分。

支持LTE接入的EPC部分实现了信令面与用户面的分离，信令面网元包括MME、PCRF、HSS等，实现终端设备的鉴权授权、移动性管理、位置更新、签约管理、策略控制和网关选择等功能；用户面网元主要包括S-GW和P-GW，实现用户会话建立、承载管理、IP地址分配等功能。

EPC核心网以P-GW为统一的用户面锚点，支持多接入系统，提供统一的移动性管理。WCDMA/GPRS接入、CDMA接入和WLAN接入一侧不同的本地服务网关（SGSN、HSGW等）与P-GW建立会话，由P-GW分配唯一IP地址实现业务数据流的连续性。

EPC核心网具备控制与承载分离，多接入系统统一管理、统一业务数据流锚点等功能特性，是未来移动核心网系统演进的基础。随着移动网络业务的日新月异，当前的EPC架构逐渐不能满足业务和运营需求，并存在以下几方面的不足。

1）架构层面划分不够合理

网络架构用户面和信令面分离的好处在于可以分别按照网络功能特性，实现核心网系统信令面集中部署，用户面边缘分布的优化，提升网络性能。但目前的层面划分中，网关节点仍承担了复杂的控制功能，与MME等信令面节点交互频繁。另外，UTRAN/GERAN、CDMA和WLAN系统接入EPC时，其信令面和用户面是合一的，增加了与E-UTRAN组网的难度。

2）多接入系统间协同能力较弱

5G希望能够实现多接入技术融合，提供用户无感知的一致性体验，这就要求在无线网实现统一的控制面。EPC架构中实现了多接入系统基于层三IP地址的统一管理和流移动性。体现接入特性的二层则是相互独立的。在运营商实际建网和运维中，每一种接入系统都是独立组网，异构系统间的资源无法共享，增加了网络OPEX和CAPEX。从用户角度看，业务数据流只能在接入系统间切换，无法实现多接入针对不同业务流要求的协同服务，加之异构接入系统协议存在差异，信息交互、切换流程复杂，不利于提升用户体验。

3）网络能力的可扩展性较差

现有EPC网络由基于专用硬件的网元设备组成，硬件限定了网元功能的部署位置和性能指标。MME和P-GW设备部署在运营商核心域，汇聚层次较高，不利于降低业务时延，容易导致信令处理和流量瓶颈；移动网络业务量随时间变化特征明显，但网络规划时必须按最高业务预测设置节点能力，造成了闲时资源的极大浪费，固化的硬件节点无法随业务量变化灵活扩容和缩减，基于硬件设备和物理连接的扩容方法又导致机房组织和拓扑复杂等一系列新的问题。

4）网元功能部署不够灵活

5G应根据不同应用场景的需要，基于同一系统架构在网络中灵活部署相适应的网元功能。如果采取如LTE控制承载合一的eNodeB（也可写为eNB）节点作为主要网元形式，则网元功能形式比较单一。特别是超密集组网场景下，需要通过简化网元功能降低站址条件要求，实现网元即插即用快速部署，如果以eNodeB作为超密集组网的主要网元，就很难保证有足够多满足条件的站址资源，而且从成本角度来看，投资巨大，运营商将难以承受。

5）覆盖与容量无法有效兼顾

5G不同场景对网络覆盖与容量的需求有较大的差异，比如eMBB中的移动广覆盖场景要求网络重点实现用户随时随地的快速接入，可以采取低频高功率宏基站组网，利用低频通信无线衰落小的传播特性以及宏蜂窝大功率的设备特性，提供广覆盖服务。而 eMBB 中的热点高容量场景更加强调网络容量满足高密度用户的需要，倾向采取高频低功率节点密集组网，单个节点覆盖用户少，控制面带宽需求也相对较低。如果节点采取控制面与用户面合一的设计，广覆盖场景下为了改善覆盖而增加的宏基站，就有相当部分投资浪费在用户面的扩容上，同样热点场景下的基站扩容，就有部分投资浪费在控制面。同时因为缺少一个整体集中的控制面管理，网络整体优化难度越来越大。

为了应对上述诸多难题，5G 需要设计全新的无线接入网架构，摆脱传统 4G 采取的控制承载合一的架构形式，将 5G 无线网控制与承载功能相分离，实现控制功能与承载功能的独立设计与灵活部署，构建统一的控制面，满足灵活多样的 5G 组网场景需求。

下面介绍几种设计方案。

4.5.2　基于控制与承载分离的 5G 无线网架构

1. 设计思路

基于控制与承载分离的 5G 无线网架构设计思路就是将 5G 无线网络的控制面与用户面相分离，分别由不同的网络节点承载，形成独立的两个功能平面。针对控制面与用户面不同的要求与特点，可以分别进行优化设计与独立扩展，满足不同组网场景对 5G 网络性能的需求。如分离后的无线网控制面传输将针对控制信令对可靠性与覆盖的需求，采取低频大功率传输以及低阶调制编码等方式，实现控制平面的高可靠以及广覆盖。而无线网用户面传输将针对数据承载对不同业务质量与特性的要求，采取相适应的无线传输带宽，并根据无线环境的变化动态调整传输方式以匹配信道质量，满足用户平面传输的差异化需求。

随着无线网控制面与用户面的分离，5G 无线网元功能可以根据业务场景与部署的需要灵活设置。按照提供的网络功能以及承载对象的不同，5G 无线网元可划分为信令基站、数据基站两类网元功能类型。信令基站负责接入网控制平面的功能处理，提供移动性管理、寻呼、系统广播等接入层控制服务。数据基站负责接入网用户平面的功能处理，提供用户业务数据的承载与传输。信令基站、数据基站均属于功能逻辑概念，在具体实现上，二者可共存于同一物理实体或独立部署。

根据承载的网元功能，5G 无线网架构可以划分为控制网络层与数据网络层，如图 4.11 所示。控制网络层由信令基站组成，实现统一的控制面，提供多网元的集中控制。数据网络层由数据基站组成，接受控制网络层的统一管理，由于仅提供用户面功能，可简化网元设计，降低成本，实现即插即用与灵活部署。

控制网络层与数据网络层共同组成 5G 无线接入网，并作为 5G 接入平面与 5G 控制平面、5G 转发平面共同构成 5G 网络总体视图。

2. 功能逻辑架构

通过对无线网功能的分离，无线网架构可划分为两大功能域，高层接入网功能域与低层无线功能域。其中高层接入网功能域集中了非无线相关以及非实时性的功能，低层无线功能域集中了无线相关以及实时性要求较高的功能。5G 无线接入网功能逻辑架构如图 4.12 所示。

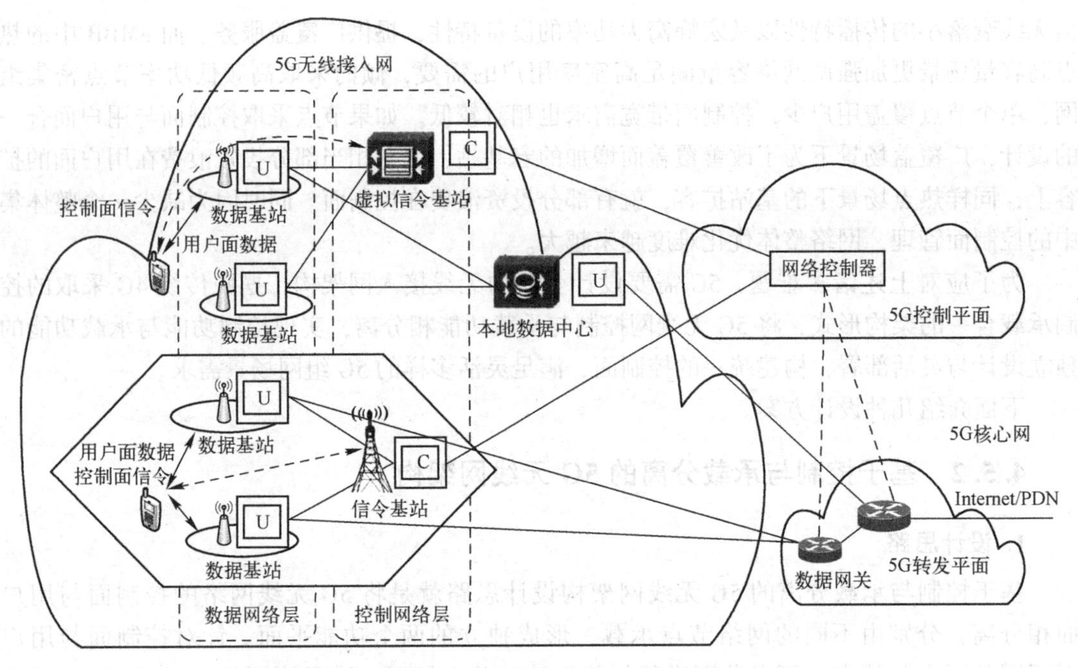

图4.11　基于控制与承载分离的5G无线接入网架构

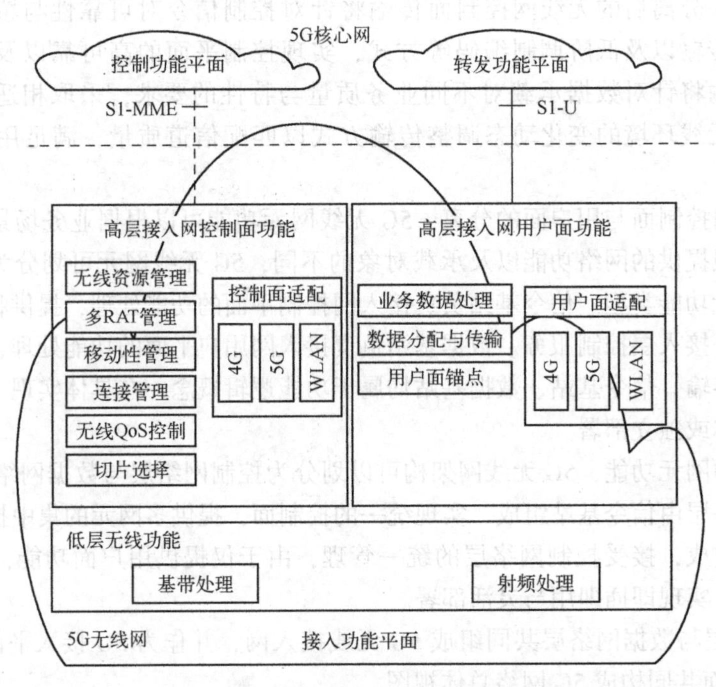

图4.12　5G无线接入网功能逻辑架构

基于控制与承载分离的设计思路，高层接入网功能域可进一步分为高层接入网控制面功能与高层接入网用户面功能，如图4.12所示。这些功能既可以是通用的也可以是与特定接入技术相关的。通过将通用功能与特定功能分离，可以支持下一代网络灵活扩展，如扩容或引入新的空口技术或新的RAT。通用的功能用于组成一个公共的网络汇聚子层，实现多连接、QoS 增强、数据加密、完整性保护等，能够支持不同的层三协议如 IP 或以太网。通用功能与特定功能配合以支持不同空口之间的协作与控制，实现移动性优化、负载均衡等。

按照模块化设计的要求，各功能由一系列相对独立的功能组件组成。其中高层接入网控制面功能包含了无线资源管理、小区级移动性管理、多 RAT 管理、连接管理等功能组件，特别是针对未来 5G 无线网络切片以及智能感知能力，还需要提供切片控制以及无线 QoS 控制功能组件，实现基于无线网的网络切片选择以及上下文智能感知控制等功能。

高层接入网用户面功能主要包含了数据分组处理、分配、用户面移动性锚点等用户面功能组件，用于实现用户面分组数据的处理，如信道加解密、头压缩、完整性保护，以及作为数据锚点负责用户数据的缓存、分配与转发等功能。

低层无线功能与无线相关，对实时性要求较高，可以针对具体的接入技术或空口协议进行优化与参数配置。低层无线功能包含的功能组件主要有基带处理功能组件以及射频处理功能组件，负责实现如动态资源调度、与物理过程相关的同步、小区搜索、功率控制功能，以及与物理信道处理相关的复用、信道编码、调制等功能。

3. 灵活的功能部署与组网

基于上述控制与承载分离的无线网架构，可以看到，信令基站逻辑功能主要包含了架构中的高层控制面功能以及相应的低层无线功能，而数据基站逻辑功能主要由高层接入网用户面功能以及相应的低层无线功能构成。针对 5G 不同应用场景，信令基站与数据基站功能将伴随无线网控制面与用户面的不同配置灵活分布于各类网元，构建不同功能特性的无线网元节点，实现多种网络拓扑与功能部署方式。

1）eMBB 场景

针对 eMBB 中的热点高容量应用场景，5G 无线网可以采用下面的部署方式。

部署方式一（CU+DU 分层组网架构）：通过将控制面与用户面分离，高层控制面功能与高层用户面功能集中部署，低层无线功能分布部署，形成 CU（Central Unit，中心单元）与 DU（Distributed Unit，分布单元）两类网元分层组网的网络拓扑架构。

CU+DU 分层组网架构如图 4.13 所示。

CU 集中部署：根据用户面锚点的不同，CU 还可以细分为两类，一类包含控制面功能+用户面锚点功能，另一类仅包含控制面功能。

DU 分布部署：DU 可按前传能力支持射频处理、物理层全部或部分功能、层二全部或部分功能。

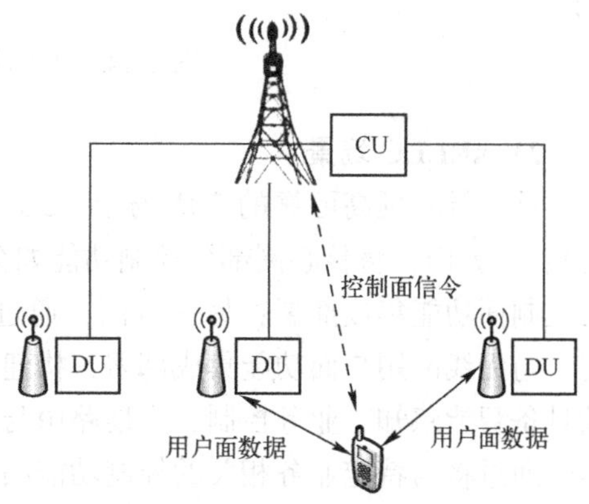

图 4.13　CU+DU 分层组网架构

通过在热点地区超密集部署 DU，可以解决热点高容量场景下单位面积的高吞吐率需求。CU 集中部署形成统一的控制面，负责对区域内同一 CU 下多个 DU 的统一无线资源管理、移动性管理等控制面操作。由于 CU 作为信令基站完成集中控制，DU 可以仅作为数据基站，简化了配置并可以实现即插即用，降低了对部署条件的要求，为大规模超密集部署提供了可能。

部署方式二（基于控制面虚拟化的超密集组网架构）：对于不具备集中部署条件的热点高容量场景，需要采用集成了控制面以及用户面功能的基站分布部署并超密集组网。在这种情况下，为了解决缺少统一控制面带来的问题，可以通过控制与承载分离，将各基站的部分资源抽取用于承载统一的虚拟控制面，构建一个虚拟信令基站。在统一虚拟信令基站控制下，由多个基站作为数据基站负责用户面承载，形成控制面虚拟化的超密集小区组网。

通过构建虚拟信令基站，5G用户可以驻留在虚拟信令基站提供的虚拟小区上，利用虚拟小区ID来解扰获取各个数据基站小区发送的参考信号、广播信息、寻呼信息以及公共控制信令。当用户收到系统发送的寻呼消息后，再接入目标数据基站小区进行数据传输。由于用户与虚拟信令基站及各个数据基站的无线资源控制都是通过虚拟小区统一协调调度的，因此用户在虚拟小区内移动时不会发生小区重选与切换，同时可以避免同一虚拟小区内的无线干扰问题，保证超密集网络的整体性能。基于控制面虚拟化的超密集组网架构如图4.14所示。

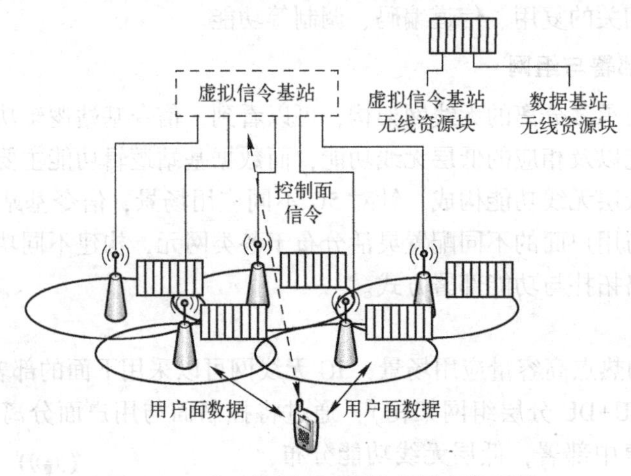

图4.14 基于控制面虚拟化的超密集组网

2）uRLLC场景

针对低时延高可靠的应用场景，5G无线网可以采用部署方式三（本地化网络部署架构）：一方面，将核心网部分控制功能如会话管理、移动性管理功能下沉至无线网，与无线网控制面功能集成部署；另一方面，通过将用户面数据网关与内容缓存下沉至接入网侧部署，与无线网用户面功能集成部署，构建以全功能基站为主的本地化的网络拓扑架构，使基站具备智能感知、业务控制、本地路由与内容快速分发能力。

通过将与特定业务相关的控制功能贴近接入网侧部署，可以减少核心网功能部署层级偏高带来的回传时延。同时根据应用场景的需要，将区域性的移动性管理功能下沉至接入网侧，这样当用户在局部区域内移动时，可以减少切换信令交互产生的延迟。还可以通过在全功能基站中设置的统一控制面功能，针对用户行为进行分析预测，提前进行目标小区的资源预留与预操作，来保证切换的成功率，提高通信的可靠性。

另外，通过将数据网关与内容缓存功能下沉至全功能基站，可以进一步减少回传时延，同时全功能基站下也可采取CU+DU的分层部署形式，由全功能基站的中心单元CU作为统一的数据锚点，可以实现用户的无缝切换，进一步改善用户体验。

低时延本地化网络部署如图 4.15 所示。

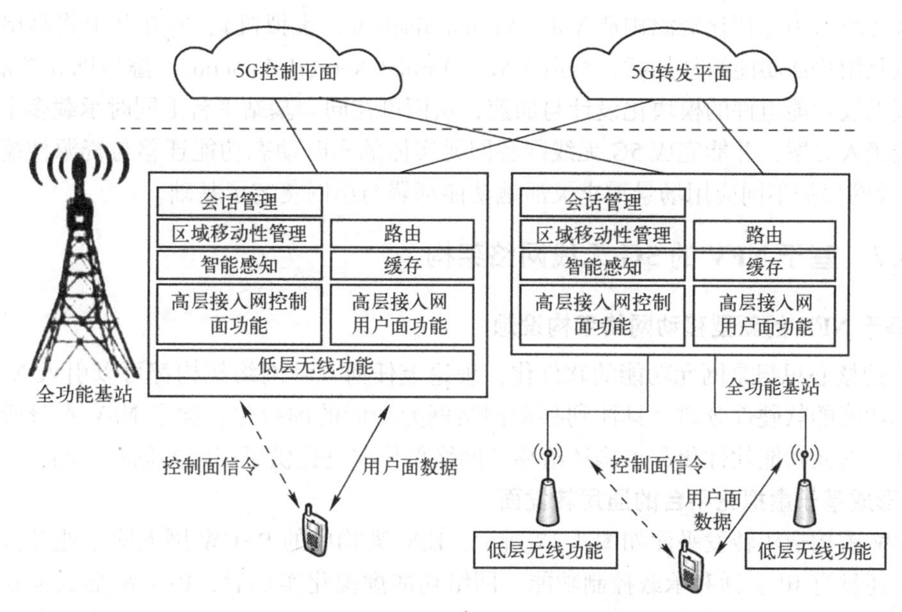

图 4.15　低时延本地化网络部署

3）mMTC 场景

针对低功耗大连接的应用场景，基于控制与承载分离的网络架构，5G 无线网可以通过增加控制面无线资源，满足海量连接对控制信令资源的需求。此外还可以采取部署方式四（分簇分层部署架构）：针对物联网用户多为小数据量、低功率、移动性低且局部集中的业务特点，在无线网部署时，可以根据业务与用户分布，采取分簇设置簇集中控制中心，由簇集中控制中心提供局部用户的接入控制与连接管理，用户数据经簇集中控制中心汇聚后转发至上层数据基站，各个簇集中控制中心同时接受上层信令基站的统一控制，保证簇间无线资源协同与移动性控制。通过分簇分层部署实现网络接入、信令与数据的压缩与汇聚。

分簇分层网络部署如图 4.16 所示。

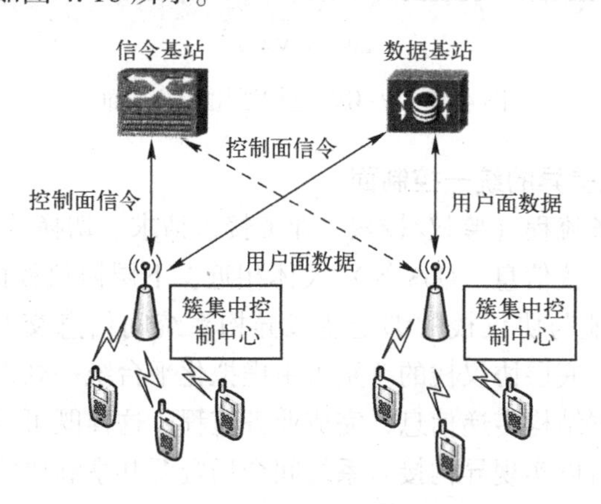

图 4.16　分簇分层网络部署

如上所述，基于控制与承载分离的新型接入网架构通过对无线网功能的组件化，实现5G 无线网元功能的灵活组合与部署。特别是未来 5G 可以基于网络虚拟化 NFV 技术，将底层物理资源映射为虚拟化资源构造 VM（Virtual Machine，虚拟机），并在其上将高层接入网控制面以及用户面功能组件加载，构造 VNF（Virtual Network Function，虚拟网元功能），结合对低层无线功能组件的模块化设计与加速，从而可在同一基站平台上同时承载多个不同类型的无线接入方案，并能完成 5G 无线网各网元实体的实时动态功能迁移与资源伸缩，为保证 5G 无线网根据不同应用场景需求灵活地功能部署与组网奠定了基础。

4.5.3 基于 NFV 的 5G 无线网络架构

1. 基于 NFV 的新型移动网络架构设想

NFV 的核心思想是网元功能的软件化，理论上任何一种网络架构都可以引入 NFV 技术实现网元功能的软硬件分离。具体到移动网络网元功能的虚拟化，除了 NFV 本身所具备的优良特性，网元功能软件化和重构还给移动网络架构演进提供了广阔的创新空间。

1）形成基于虚拟化平台的通用转发面

P-GW 重构通用转发平面如图 4.17 所示，EPC 架构中的 P-GW 网元除了业务数据流转发功能，还具有 IP 会话和承载控制功能。网络功能虚拟化实现后，P-GW 形成独立的转发功能组件和 IP 会话和承载控制功能组件。IP 会话和承载控制功能可抽取出来，与其他控制功能组件交互实现对用户会话和承载的统一控制。仅保留转发功能的 P-GW 不再是流量的汇聚点，而是普通转发节点，实现接入、汇聚和核心域全局扁平化网络。

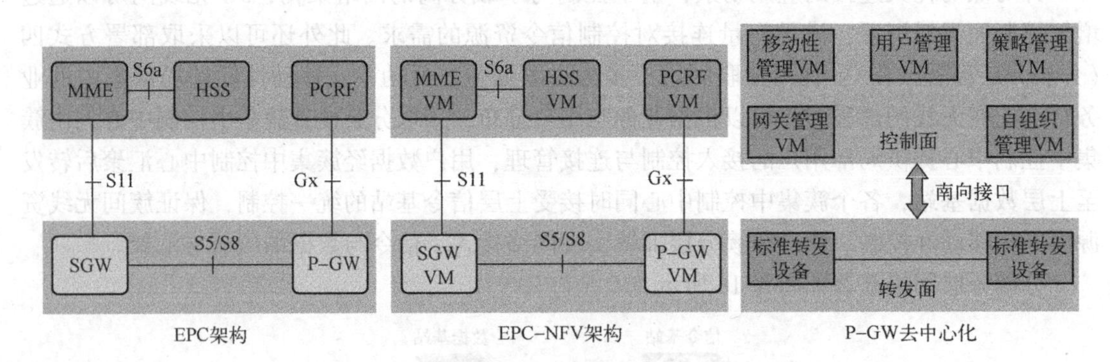

图 4.17 P-GW 重构通用转发平面

2）屏蔽底层协议栈差异的统一控制面

不同接入系统的业务流程（鉴权/授权、业务接入请求、切换等）和信元类型（用户标识、位置信息、无线和连接信息、QoS 等）大体相近，下层协议栈的协议各自不同（GTP、PMIP 等）。硬件网元功能与协议栈的绑定造成异构系统间信息交互复杂，协同工作困难。网络功能虚拟化实现后，底层协议栈的差别可由虚拟化平台统一处理，网元功能组件之间采用统一的消息格式和数据结构传递信息，完成业务流程。这样既可以消除控制节点间协议适配造成的额外开销，也可以实现异构接入系统间全局资源共享和协同控制功能。全面提升控制面处理能力。

基于上述设计思路，图 4.18 描述的基于 NFV 的新型网络架构层面更加清晰，转发面更加扁平，可更好地适应未来移动网络业务需求。

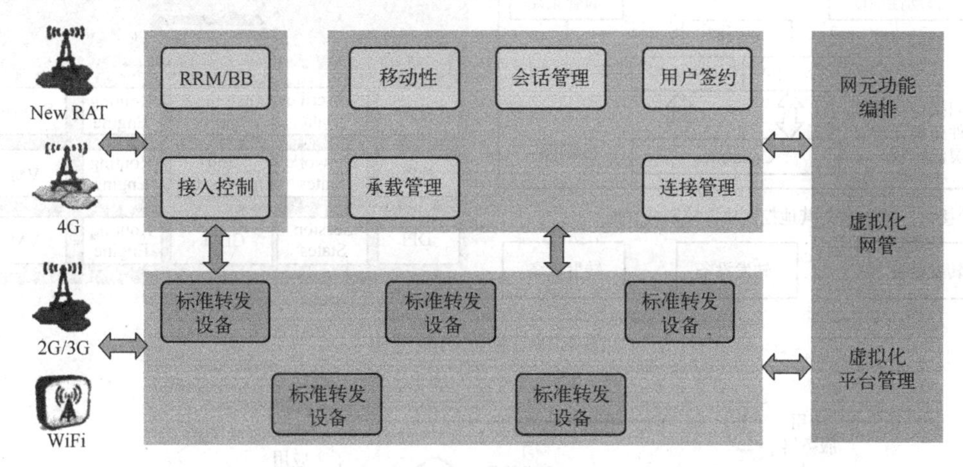

图4.18 基于NFV的新型网络架构设计方案

在新型架构中：

转发面基于虚拟化网络基础设施平台，部署标准的交换机及高性能转发设备形成全网扁平化传输网络，可根据用户业务需求、网络上下文和内容分布情况灵活规划高性能的数据转发路径。

网络功能组件融合从网关设备抽象出的会话和承载控制功能，形成全网集中的控制平面。基于虚拟化平台，软件形态的功能组件可以部署到网络的任意位置，通过标准化的消息接口和数据格式交换信息，完成业务流程。实现全网信息同步、接入协同和资源调度。

全网架构采用云平台实现。可快速实现网络控制功能重构、转发面行为定义，未来运营商也可以按需组合、灵活编排，有利于新业务的快速开发和部署。云管理平台用于分配存储、计算及网络等资源，全局监控资源利用情况，根据所需动态地分配网络资源，提升网络建设和运营效率。

2. 基于NFV新型架构的关键技术

基于上述的新型网络架构，可以引入多样化的网络关键技术。

1） 网元功能重构

如图4.19所示，核心网网关功能可以分解为会话管理、地址分配、资源管理等控制面功能，这部分网元功能从网关设备中抽取出来，与移动性管理、PCC等构成全局控制面。控制器通过控制功能的编排形成到业务逻辑，统一控制转发面设备的行为。整个系统都可以部署在数据中心服务器，不必依赖庞杂的专用硬件和物理连接。

2） 异构接入系统协同

如图4.20所示，依托虚拟化架构的全局控制功能，可以实现多种接入技术的协同控制，涉及的关键技术问题主要包括：

- 聚合多种无线接入方式；
- 最优无线接入方式选择；
- 无线接入方式间无缝切换；
- 多种无线接入方式的资源管理。

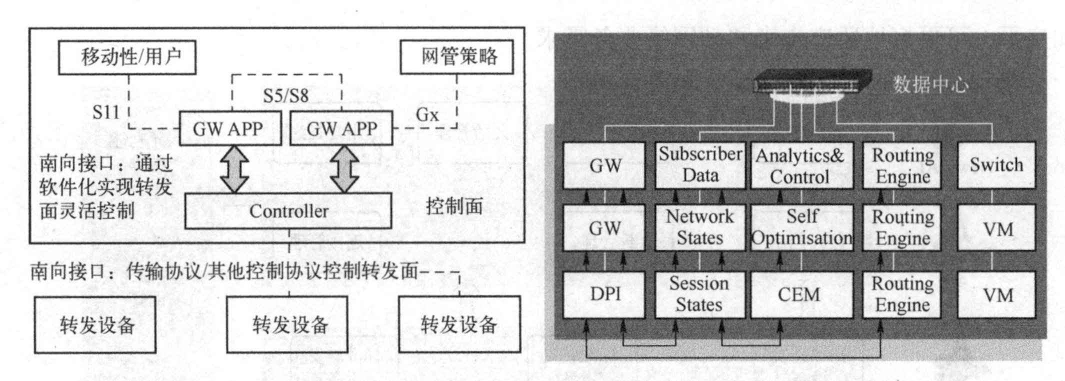

图 4.19　网元功能重构

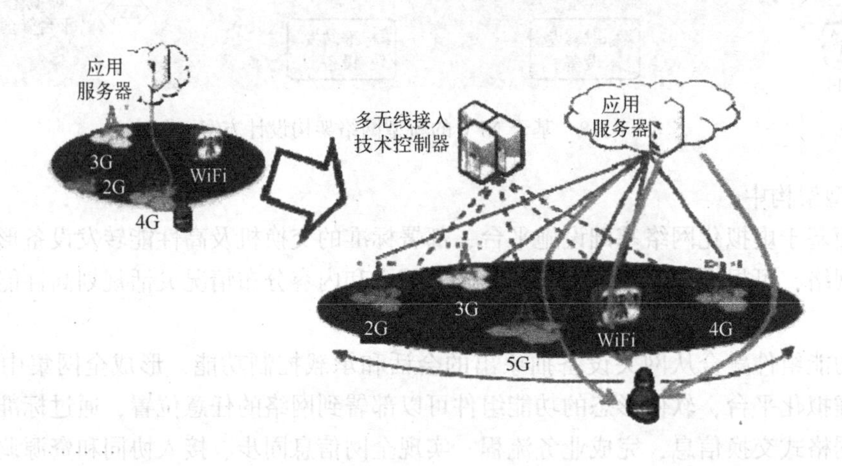

图 4.20　异构接入系统协同

3）智能移动 CDN 业务

智能移动 CDN 业务对优化全网流量负载、优化业务时延有极高的价值，但如何实现内容的高效分发、用户移动性以及与不同终端能力适配是需要解决的关键问题，智能移动 CDN 业务具体参见图 4.21。

图 4.21　智能移动 CDN 业务

- 内容源可以租用网络中虚拟化的存储设备，实现高层内容与底层路由的紧耦合。
- 控制平面实现 CDN 业务控制功能，完成终端能力信息提供、传输码率协商、内容搜索和数据流重定向等服务。

- 部署在网络边缘的存储设备在中央控制器的调度下，完成编码转换、内容分发和数据传输等转发平面任务。

4.5.4 基于SDN的5G无线网络架构

1. 基本架构

基于SDN的5G无线异构网络架构主要以应用OpenFlow协议为基础。图4.22给出了其基本架构，主要由核心网、无线接入网、移动终端3个部分组成，各部分内的网元设备均支持OpenFlow协议，从而利用SDN技术实现各类异构网络的融合。

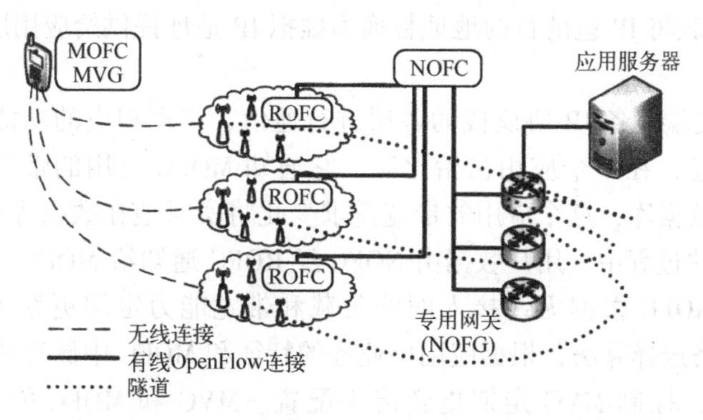

图4.22 基于SDN的5G无线异构网络架构示意图

（1）核心网，主要由NOFC（core Network OpenFlow Controller，核心网OpenFlow控制器）和NOFG（core Network OpenFlow Gateway，核心网OpenFlow协议网关）组成。核心网内可以存在多个NOFG，每个NOFG与NOFC直连，在其之间通过OpenFlow协议进行通信，NOFG与各类应用服务器相连为网络提供应用服务。

（2）无线接入网，本文仅提到了LTE、3G和WiFi三种无线接入网，其他更多的无线接入网如2G网、卫星通信网等均可以增加到这个体系之中，基于SDN的5G无线异构网络的核心思想就是增加网络的弹性，促进各类无线网络的融合。每种无线接入网在各自的系统内管理所属的无线资源，由NOFC完成传统核心网的功能，NOFC通过软件的方式可以快速、低成本地融合新的网络和业务。每个无线接入网包含1个ROFC（Radio network OpenFlow Controller，无线网OpenFlow协议控制器）和各类NRAI（Network Radio Access Interface，网络无线接入接口）。NRAI主要是LTE网的eNodeB、3G网的NodeB（也可写为NB）、WiFi的AP等，NRAI内的网元设备需要通过OpenFlow协议与ROFC进行通信。无线终端设备通过NRAI接入到网络内，NRAI通过与NOFG建立IP隧道，为终端用户提供上、下行数据业务，NOFG的分配由NOFC控制和调度。ROFC实现对无线接入网络的管理控制，并通过OpenFlow协议与NOFC之间建立控制链路。

（3）移动终端，具备多种无线网络接入接口，可以同时连接LTE、3G、WiFi等网络，每个无线接入网为终端分别分配了独立的IP地址进行通信。移动终端在Android或iOS平台上建立MVG（Mobile Virtualization Gateway，移动虚拟网关）和MOFC（Mobile Terminal OpenFlow Controller，移动终端OpenFlow控制器）2个功能模块，从而在SDN网络的控制下获取服务。

2. 主要模块功能

1）MVG

MVG 的功能模块作为一个子层嵌入到移动终端设备 IP 协议栈网络层，其主要功能为：(1) MVG 为应用层提供 1 个虚拟 IP 地址，应用层将这个虚拟 IP 地址作为上行链路 IP 包的源地址进行通信，虚拟 IP 地址的生成和分配由 MOFC 负责；(2) 在上行链路方向上，当某个特殊应用的第一个数据包到达 MVG 时，MOFC 将数据转发的表项安装到 MVG 的流表之中，同一终端不同无线接口同时连接的同一业务可以按照 MVG 中的流表进行统一转发；(3) MVG 记录各个无线接口接入的真实 IP 地址与虚拟 IP 地址的映射，当下行业务进入 MVG 时，按照映射表将 IP 包的目的地址替换为虚拟 IP 地址提供给应用层。

2）MOFC

MOFC 与移动终端设备 IP 协议栈的各层进行通信，实现相应的功能。MOFC 记录各种应用的带宽需求信息，在一个应用初始化时，它通知 MOFC 应用的带宽需求，此时 MOFC 将为应用建立 1 个数据库，这个应用的带宽需求变化将实时地在数据库中更新。在 IP 链接在无线接入网建链的过程中，用户数据由 NOFC 经 ROFC 通知给 MOFC，从而实现对用户的鉴权计费等功能。NOFC 根据无线接入网的负载和带宽能力定期更新 MOFC 的资源配置。MOFC 通过异构网络选择算法，根据应用层业务的特征和 MOFC 中储存的 QoS 模型，选择合适的无线网络接口，控制 MVG 定期更新流表配置。MVG 和 MOFC 的功能结构如图 4.23 所示。

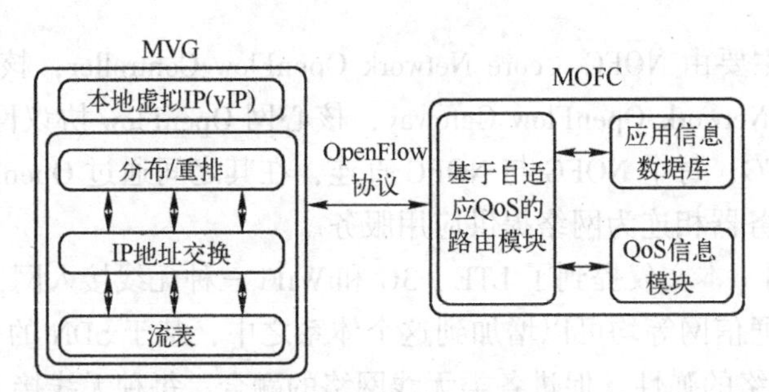

图 4.23　MVG 与 MOFC 功能结构示意图

3）ROFC

如图 4.24 所示，ROFC 的功能主要有：(1) ROFC 维护与其相连接的 NRAI 的状态信息，包括无线接入网的负载、可用有效带宽等，并且将这些信息定期通知给 NOFC；(2) ROFC 根据 NRAI 的状态信息控制移动终端设备完成切换；(3) 在移动设备完成鉴权和 IP 地址分配等初始化工作后，NOFC 将 NOFG 信息提供给 ROFC，并在 ROFC 和 NOFG 之间建立 IP 隧道，从而建立起 NRAI 至 NOFG 之间的链路，ROFC 负责维护这些链路，并根据终端的需要进行链路分配；(4) ROFC 从 NOFC 获取用户服务等级信息，并将这些信息下发到 NRAI，NRAI 根据用户服务等级为终端用户分配带宽等。

4）NOFC

NOFC 是异构网络架构的核心，负责全网状态的管理，如图 4.24 所示，其主要功能有：(1) NOFC 维护用户定制的服务等级信息，在用户初始化的过程中，提供给 MOFC 中的 QoS 模块进行适配；(2) NOFC 收集各个无线接入网的有效资源、可用带宽等状态信息，根据

ROFC 的报告更新数据信息，同时定期将信息下发给 MOFC；（3）NOFC 实时跟踪移动终端的状态，包括连接无线接入网的数量、用户服务等级、当前服务的 NOFG 等；（4）NOFC 监控 NOFG 的负载状态信息，以此为移动终端分配 NOFG，并为用户建立 NOFG 至 ROFC 及 NRAI 的 IP 隧道。

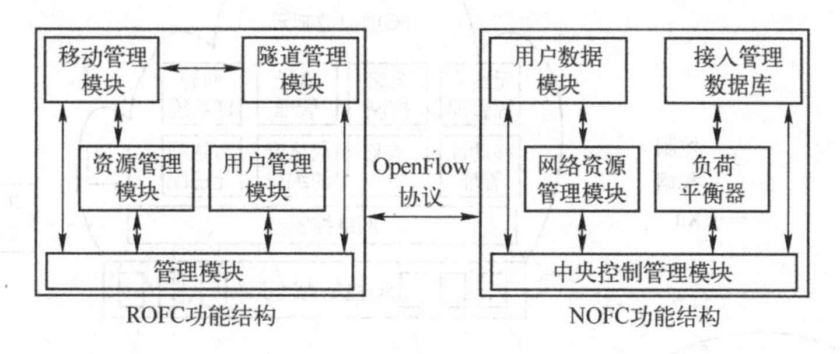

图 4.24　ROFC 与 NOFC 功能结构示意图

5）NOFG

NOFG 的作用与 MVG 的功能相似。在上行链路方向上，源自同一终端不同无线接入接口的数据包通过 IP 隧道到达 NOFG 后，NOFG 去掉 IP 隧道的目的地址，更换为应用服务器的真实 IP 地址，然后从相应的端口进行转发。在下行链路方向上，数据包到达 NOFG 后，NOFG 将目的地址更换为 IP 隧道的目的地址，然后向 NRAI 进行转发。

4.5.5　基于 SDN、NFV 和云计算的 5G 无线网络架构

以控制面与数据面分离和控制面集中化为主要特征的 SDN 技术以及以软件与硬件解耦为特点的 NFV 技术的结合，可有效地满足未来 5G 网络架构的主要技术特征，使 5G 网络具备网络能力开放性、可编程性、灵活性和可扩展性。更进一步，基于云计算技术以及网络与用户感知体验的大数据分析，实现业务和网络的深度融合，使 5G 网络具备用户行为和业务感知能力，更加智能化。基于 SDN 和 NFV 的 5G 蜂窝网络架构如图 4.25 所示。

接入方面借鉴控制面与数据面分离的思想，一方面通过覆盖与容量的分离，实现未来网络对于覆盖和容量的单独优化设计，实现根据业务需求灵活扩展控制面和数据面资源；另一方面通过将基站部分无线控制功能进行抽离和分簇化集中式控制，实现簇内小区间干扰协调、无线资源协同、跨制式网络协同等智能化管理，构建以用户为中心的虚拟小区。在此基础上，通过簇内集中控制、簇间分布式协同等机制，实现终端用户灵活接入，提供极致的用户体验。

核心网控制面与数据面的进一步分离和独立部署，使得网络能够根据业务发展需求实现控制面与数据面的单独扩容、升级优化以及按需部署，从而加快网络升级更新速度、新业务上线速度以及数据面下沉本地分流，保证了未来网络的灵活性和可扩展性。控制面集中化使得网络能够根据网络状态和业务特征等信息，实现灵活细致的数据流路由控制。同时，基于以实现软件与硬件解耦为特征的网络功能虚拟化技术，实现了通用网络物理资源的充分共享和按需编排资源，可进一步提升网络的可编程性、灵活性和可扩展性，提高网络资源利用率。

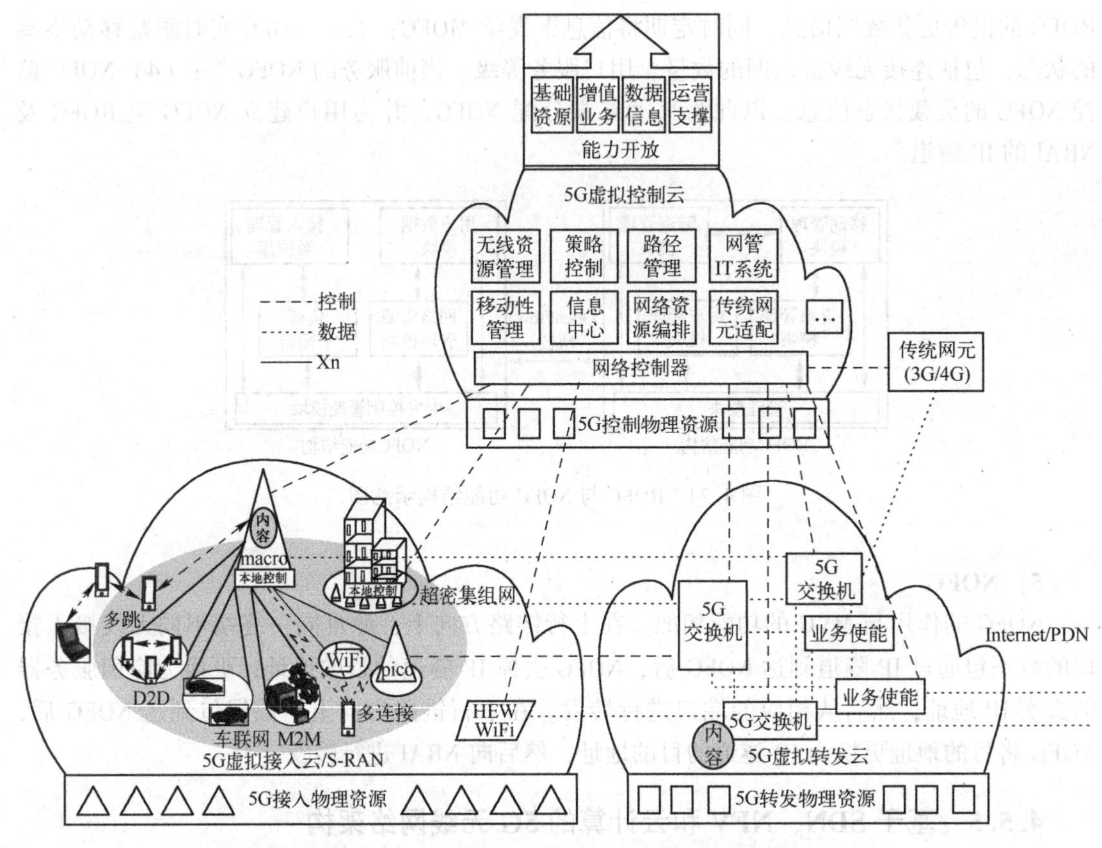

图 4.25 基于 SDN 和 NFV 的 5G 蜂窝网络架构

除此之外，5G 网络架构支持通过网络虚拟化和能力开放，实现网络对虚拟运营商/用户/业务等第三方的开放和共享，并根据业务要求实现网络的差异化定制和不同业务相互间的隔离，提升整体运营服务水平。

更进一步，基于云计算的 5G 网络架构，可大幅度提升网络数据处理能力、转发能力以及整个网络系统容量。同时，基于云计算的大数据处理，通过用户行为和业务特性的感知，实现业务和网络的深度融合，使 5G 网络更加智能化。

1. 控制云

控制云作为 5G 蜂窝网络的控制核心，由多个运行在云计算数据中心的网络控制功能模块组成，主要包括无线资源管理模块、移动性管理模块、策略控制模块、信息中心模块、路径管理模块、网络资源编排模块、传统网元适配模块、能力开放模块等。

无线资源管理模块：系统内无线资源集中管理、跨系统无线资源集中管理、虚拟化无线资源配置。

移动性管理模块：跟踪用户位置、切换、寻呼等移动相关功能。

策略控制模块：接入网发现与选择策略、QoS 策略、计费策略等。

信息中心模块：用户签约信息、会话信息、大数据分析信息等。

路径管理模块：根据用户信息、网络信息、业务信息等制定业务流路径选择与定义。

网络资源编排：按需编排配置各种网络资源。

传统网元适配：模拟传统网元，支持对现网 3G/4G 网元的适配。

能力开放模块：提供 API 对外开放基础资源、增值业务、数据信息、运营支撑四大类网络能力。

可以看出，相比于传统 LTE 网络，5G 网络控制云将分散的网络控制功能进一步集中和重构、功能模块软件化、网元虚拟化，并对外提供统一的网络能力开放接口。同时，控制云通过 API 接收来自接入云和转发云上报的网络状态信息，完成接入云和转发云的集中优化控制。

2. 接入云

5G 网络接入云包含多种部署场景，主要包括宏基站覆盖、微基站超密集覆盖、宏微联合覆盖等，如图 4.26 所示。

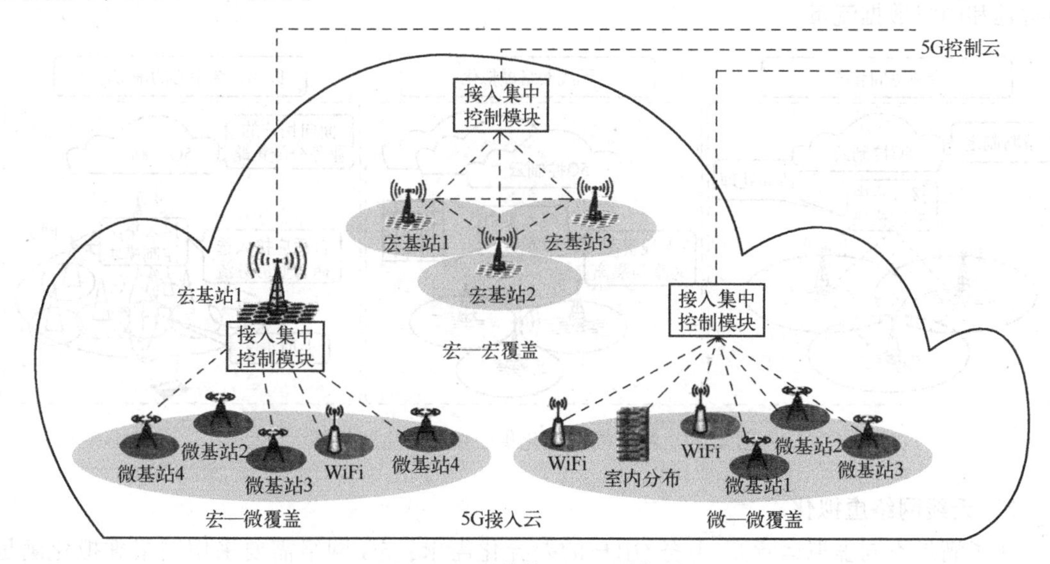

图 4.26　无线接入网覆盖场景

可以看出，在宏—微覆盖场景下，通过覆盖与容量的分离（微基站负责容量，宏基站负责覆盖及微基站间资源协同管理），实现接入网根据业务发展需求以及分布特性灵活部署微基站。同时，由宏基站充当微基站间的接入集中控制模块，对微基站间干扰协调、资源协同管理起到了一定帮助。然而，对于微基站超密集覆盖的场景，微基站间的干扰协调、资源协同、缓存等需要进行分簇化集中控制。此时，接入集中控制模块可以由所分簇中某一微基站负责或者单独部署在数据处理中心。类似地，对于传统的宏覆盖场景，宏基站间的集中控制模块可以采用与微基站超密集覆盖同样的方式进行部署。

未来 5G 接入网基于分簇化集中控制的功能主要体现在集中式的资源协同管理、无线网络虚拟化以及以用户为中心的虚拟小区 3 个方面，如图 4.27 所示。

1）资源协同管理

基于接入集中控制模块，5G 网络可以构建一种快速、灵活、高效的基站间协同机制，实现小区间资源调度与协同管理，提升移动网络资源利用率，进而大大提升用户的业务体验。总体来讲，接入集中控制可以从如下几个方面提升接入网性能。

干扰管理：通过多个小区间的集中协调处理，可以实现小区间干扰的避免、消除甚至利用。例如，通过多点协同（Coordinated Multipoint，CoMP）技术可以使得超密集组网下的干扰受限系统转化为近似无干扰系统。

网络能效：通过分簇化集中控制的方式，并基于网络大数据的智能化分析处理，实现小区动态关闭/打开以及终端合理的小区选择，在不影响用户体验的前提下，最大程度地提升网络能效。

多网协同：通过接入集中控制模块易于实现对不同RAT系统的控制，提升用户在跨系统切换时的体验，除此之外，基于网络负载以及用户业务信息，接入集中控制模块可以实现同系统间以及不同系统间的负载均衡，提升网络资源利用率。

基站缓存：接入集中控制模块可基于网络信息以及用户访问行为等信息，实现同一系统下基站间以及不同系统下基站间的合作缓存机制的指定，提升缓存命中率、降低用户内容访问时延和网络数据流量。

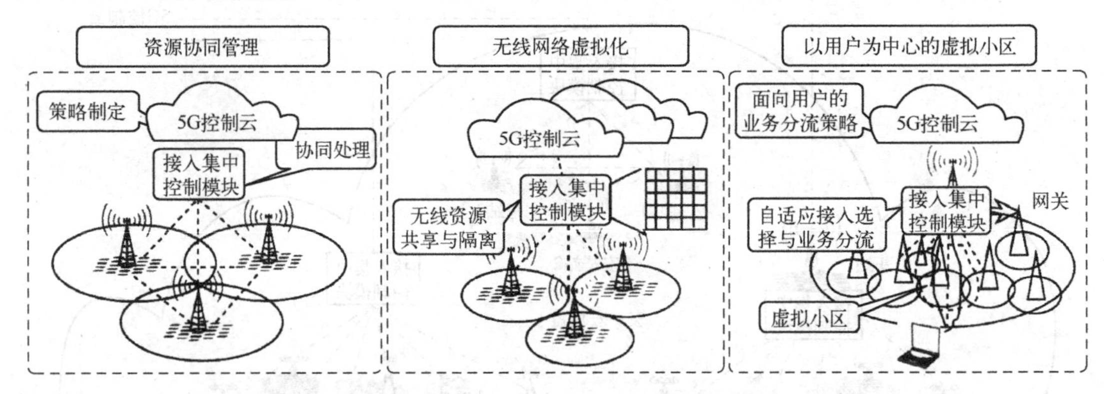

图4.27 接入网分簇化集中控制的主要优势

2）无线网络虚拟化

为了满足不同虚拟运营商/业务/用户的差异化需求，5G网络需要采用网络虚拟化满足不同虚拟运营商/业务/用户的差异化定制。通过将网络底层时、频、码、空、功率等资源抽象成虚拟无线网络资源，进行虚拟无线网络资源切片管理，依据虚拟运营/业务/用户定制化需求，实现虚拟无线资源的灵活分配与控制（隔离与共享），充分适应和满足未来移动通信后向经营模式对移动通信网络提出的网络能力开放性、可编程性需求。

3）以用户为中心的虚拟小区

针对多制式、多频段、多层次的密集移动通信网络，将无线接入网络的控制信令传输与业务承载功能分解，依照移动网络的整体覆盖与传输要求，分别构建虚拟无线控制信息传输服务和无线数据承载服务，进而降低不必要的频繁切换和信令开销，实现无线接入数据承载资源的汇聚整合。同时，依据业务、终端和用户类别，灵活选择接入节点和智能业务分流，构建以用户为中心的虚拟小区，提升用户一致性业务体验与感受。

3. 转发云

5G网络转发云实现了核心网控制面与数据面的彻底分离，更专注于聚焦数据流的高速转发与处理。同时，运营商业务使能网元（防火墙、视频转码器等）在转发云中的部署，将传统网络的链状部署改善为与转发网元一同网状部署。此时，转发云根据控制云的集中控制，使5G网络能够根据用户业务需求，通过软件定义每个业务流转发路径，实现转发网元与业务使能网元的灵活选择。除此之外，转发云可以根据控制云下发的缓存策略实现受欢迎内容的缓存，降低核心网的数据量。

为了提升转发云的数据处理和转发效率等，转发云需要周期或非周期地将网络状态信息通过 API 上报给控制云进行集中优化控制。考虑到控制云与转发云之间的传播时延，某些对时延要求特别严格的事件需要转发云进行本地处理。

4. 面临的挑战

综上所述，以控制面与数据面分离和控制面集中化为主要特征的 SDN 技术和以软件与硬件解耦为特点的 NFV 技术的结合，有效地满足了未来 5G 网络架构的主要技术特征需求，使 5G 网络具备网络能力开放性、可编程性、灵活性和可扩展性。同时，基于云计算的大数据处理，通过用户行为和业务特性的感知，实现业务和网络的深度融合，使 5G 网络更加智能化。然而，上述蜂窝 SDN 架构真正应用到移动通信网络中还存在很多问题与挑战，主要包括以下几个方面。

1）无线接入集中控制模块与基站间功能划分

目前无线接入集中控制模块与基站间功能的划分成为影响系统性能以及可扩展性的关键因素。如何针对现有通用服务器的处理性能、控制器与基站间的传输时延等参数，给出具体的集中式控制模块与基站间功能划分成为上述架构在移动通信网络中应用首先面临的问题。

2）数据面转发性能

以核心网架构为例，基于 OpenFlow 的数据面交换机，采用流表结构处理分组数据。网络中应用程序的增加极有可能导致交换机列表的急剧膨胀，从而导致交换机性能的下降。同时，随着 OpenFlow 版本的不断发布以及特性的增加，会导致流表项越来越长，在增加交换机设计复杂度的同时也严重影响了交换机的转发效率。

3）安全问题

网络控制云掌握着网络中所有的数据流，其安全性直接关系着网络的可用性、可靠性以及数据安全性，成为上述架构在移动通信网络中需要重点解决的问题。控制云的主要威胁包括：网络监听并伪造控制信令从而威胁网络资源配置、攻击者通过向控制云频繁发送虚假请求导致控制器因过载而拒绝提供服务等。同时，应用程序间安全规则须统一协调，防止安全规则冲突导致网络服务混乱和管理复杂度增加。

4）内容缓存

未来用户数据需求量的急剧增加导致网络数据流负荷增加，网络响应变慢。为了降低网络数据负荷和用户内容访问时延，提升用户体验，需要核心网与接入网对内容进行分布式存储与缓存，提高缓存命中率，提升缓存性能。考虑到无线接入侧基站存储空间的限制，如何利用接入网集中控制的优势实现基站间协作缓存成为提升内容访问命中率、降低网络数据流量以及访问时延的关键研究点。

4.5.6　一种基于软件定义的以用户为中心的无线网络架构

目前已有的 5G 网络架构研究的关注点大都集中在如何统一管理不同制式的基站，而忽略了对用户的管理。用户依然需要烦琐的网络选择和优化才能拥有较好的通信质量。针对上述问题，参考文献提出了一种基于软件定义思想的以用户为中心的网络架构。该架构同时考虑了未来网络的演进需求和用户简单化的接入需求，一方面利用集中式的方法统一控制不同制式的接入网络，另一方面针对每一个用户优化网络资源。

图4.28表示一种以用户为中心的网络架构。以用户为中心设定小区，用户可以与其通信范围内的所有基站通信，基站可以是传统的基站，也可以是多模基站（能够使用不同制式通信）。该架构打破了以往以基站为中心的小区概念，改为针对每个用户进行无线资源管理和优化。

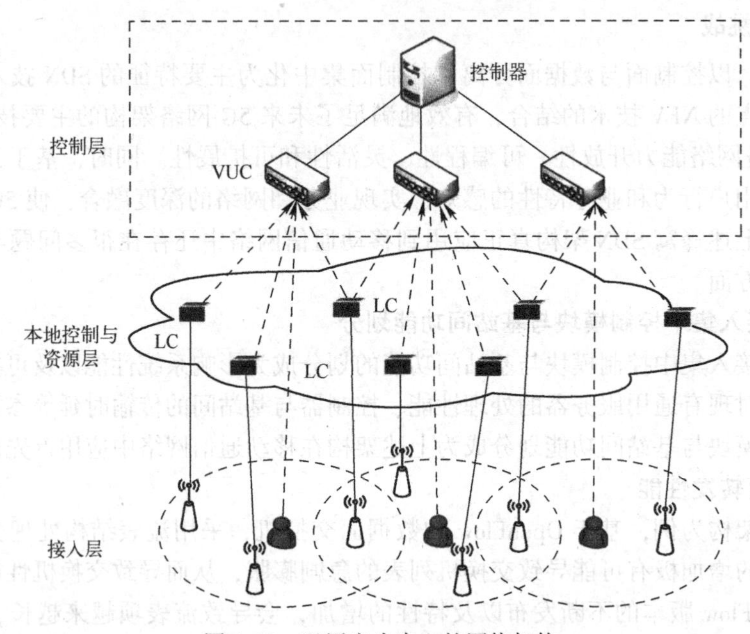

图4.28　以用户为中心的网络架构

以用户为中心的网络架构包含3层结构：接入层、本地控制与资源层、控制层。接入层负责用户数据的无线传输，本地控制与资源层由每个基站的本地控制器（Local Controller，LC）构成，控制层用软件定义的方式为每个用户生成一个虚拟用户控制器（Virtual User Controller，VUC），该VUC能够控制与这个用户通信的所有基站。LC受VUC的控制，具体执行无线资源管理过程。

1. 接入层

在接入层，用户根据其附近的无线接入点信号强度构建以用户为中心的小区。在传统小区中，基站是小区的中心，一个基站能够为多个用户提供服务。随着无线网络的密集化，传统小区难以保证其边缘用户的性能，不同小区的负载不易均衡。考虑到无线接入点的密集化，提出了以用户为中心的小区。相较于传统小区，以用户为中心的小区更强调每个用户的性能，用户是小区的中心，每个用户可以由多个基站提供服务。由于不同无线接入点的发射功率不同，以用户为中心的小区形状不规则。以用户为中心的小区生成过程可以描述为：用户检测周围无线接入点信号强度；将所检测的无线信号强度与预先设定的功率门限对比，如果高于此门限，则认为该无线接入点能够为其服务。由于实际网络中用户的位置在发生变化，同时，通信环境也在发生变化，所以对无线接入点的检测是一个在线的过程，以用户为中心的小区会随时根据网络环境的变化而改变。用户可以根据基站的负载情况、信号质量等因素选择与其小区中的多个基站同时通信。

2. 本地控制与资源层

本地控制与资源层负责控制每个基站的底层物理资源，LC 是一种模块化的 BBU 结构，为不同制式的通信协议提供统一的控制平台。相较于传统 BBU，LC 对所有物理层控制功能进行模块化，如调制形式、编码形式等。每个 LC 通过对模块的选择实现物理层资源管理，它具有足够的灵活性，以实现不同制式的通信。不同制式的通信系统在物理层中都需要实现诸如卷积、FFT、信道估计、交织等功能，同时这些功能在不同制式的通信系统中只是所选取的参数或类型不同。随着硬件的快速发展，已有功能强大的商用 DSP 平台可以全面地实现所有的这些功能。因此，可以将 BBU 中不同的处理功能进行模块化设计，这样 BBU 可以根据上层发来的控制信息选择特定制式通信所需要的处理模块进行通信。这种将控制和数据分离的架构，使得控制协议与处理硬件解耦，减小了控制协议更新换代的成本。由于以前控制协议与处理硬件之间的紧耦合关系，更新协议必须同时更新处理硬件，所以更新成本很大。这是一种物理层资源虚拟化的理念，能够实现不同制式、不同网络状态的无线资源的统一管理。上层控制单元通过统一的控制信令就能够统一管理所有的无线接入点。

3. 控制层

控制层的集中控制器通过软件定义的形式管理资源层的 LC。集中控制器为每个用户虚拟化出一个 VUC。VUC 用于管理与该用户通信的所有基站，以便为用户提供随时随地的高质量无线传输服务。VUC 根据用户当前的业务需求和每个基站当前的通信环境、负载情况等信息，管理由哪些基站进行通信。同时，VUC 也负责控制这些基站的频谱资源，以减小基站间的干扰，最大化频谱效率。VUC 之间具有自组织功能，主要用于协调不同用户之间的资源，通过协同管理的方法降低用户间干扰，以均衡不同用户间的性能，提高网络的频谱效率。

该架构的优点可以概括如下。

（1）不同于传统的以基站为中心的小区，一个基站为多个用户服务，其根据用户附近无线接入点信号强度，构建以用户为中心的小区，小区内的基站为用户服务，不仅可以在复杂的网络环境中为用户提供良好的无线传输服务，保证每个用户的通信质量，还能够根据不同用户对业务的不同需求，为用户提供有针对性的个性化服务。

（2）通过接入层基站和用户在局部和大范围协同感知网络环境，使得在密集异构网络下合理协调网络间资源成为可能。而且通过无线资源的协同管理，实现了不同网络的负载均衡与协作，降低了网络中的干扰，提升了频谱效率。

对物理层控制功能的模块化实现了所有无线接入点的统一控制，使得网络具有足够的灵活性。同时，模块化的设计可以根据上层发来的控制信息选择特定制式通信所需要的处理模块进行通信，打破了不同网络间相互隔离的问题。另外，这种将控制和处理分离的架构，使得控制协议与处理硬件解耦，减小了控制协议更新换代的成本。

该架构提出了基于软件定义的虚拟用户控制器概念，VUC 管理用户小区中的所有基站，根据用户的业务需求和当前的无线网络环境为用户选择合适的网络制式，不需要用户人为地选择网络，大大降低了信令的开销与控制成本，提高了网络的公平性。同时通过 VUC 之间的自组织功能，为多个用户合理分配网络资源，提升了网络的稳定性。

4.5.7 基于C-RAN的5G无线网络架构

1. C-RAN架构

5G是一个泛技术时代，多业务系统、多接入技术、多层次覆盖融合成为5G的重要特征。如何在“异构网络”中向用户提供更好的业务体验和用户感知是运营商面临的一大挑战。因此，未来的无线接入网应满足以下要求。

大容量且无所不在的覆盖，容量提升是移动通信网络永远的追求。随着用户数、终端类型、大带宽业务的迅猛发展，大容量且无所不在的无线接入网是5G的首要任务。

更高速率、更低时延、更高频谱效率。视频流量大约占移动总流量的51%，未来将进一步提高占比。

开放平台，易于部署和运维，支持多标准和平滑升级。

网络融合，从移动网络的发展历程来看，未来的5G网络很难做到一种技术、架构全覆盖，M-RAT（Multiple Radio Access Technology，多无线接入技术）会在将来一个很长时间段内并存，多种技术融合、多种架构融合是必然趋势。

低能耗。未来的5G接入网必须是一种前瞻性的、可持续性的架构，而基站能耗占通信系统总能耗的65%，所以低能耗的绿色通信在设计网络架构时是一个必须考虑的问题。

能够很好地满足以上要求的集中式无线接入网络已经受到越来越多的关注。集中式接入网架构是将射频、基带、计算等资源进行“池化”，供网络进行统计复用并接受统一的资源管控，打破了传统通信系统中不同的基站间、网络间软硬件资源不能共享的瓶颈，从而为真正实现异构网络融合、技术融合奠定了基础。

未来5G可能采用C-RAN接入网架构。C-RAN是对传统无线接入网的一次革命。C-RAN的目标是从长期角度出发，为运营商提供一个低成本、高性能的绿色网络架构，让用户享受到高QoS（Quality of Service，服务质量）的各种终端业务。

C-RAN是基于集中化处理（Centralized Processing）、协作式无线电（Collaborative Radio）和实时云计算架构（Real Time Cloud Infrastructure）的绿色无线接入网架构（Clean System）。基本思想是通过充分利用低成本高速光传输网络，直接在远端天线和集中化的中心节点间传送无线信号，以构建覆盖上百个基站服务区域，甚至上百平方公里的无线接入系统。C-RAN的网络架构如图4.29所示。

C-RAN的网络架构基于分布式基站类型，分布式基站由BBU（Base Band Unit，基带单元）与RRU（Remote Radio Unit，射频拉远单元）组成。RRU只负责数字/模拟变换后的射频收发功能，BBU则集中了所有的数字基带处理功能。RRU不属于任何一个固定的BBU，BBU形成的虚拟基带池，模糊化了小区的概念。每个RRU上发送或接收的信号的处理都可以在BBU基带池内一个虚拟的基带处理单元内完成，而这个虚拟基带的处理能力是由实时虚拟技术分配基带池中的部分处理能力构成的。实时云计算的引入使得物理资源得到了全局最优的利用，可以有效地解决“潮汐效应”带来的资源浪费问题。同时C-RAN架构适于采用协同技术，能够减小干扰、降低功耗、提升频谱效率，同时便于实现动态使用的智能化组网，集中处理有利于降低成本，便于维护，减少运营支出。

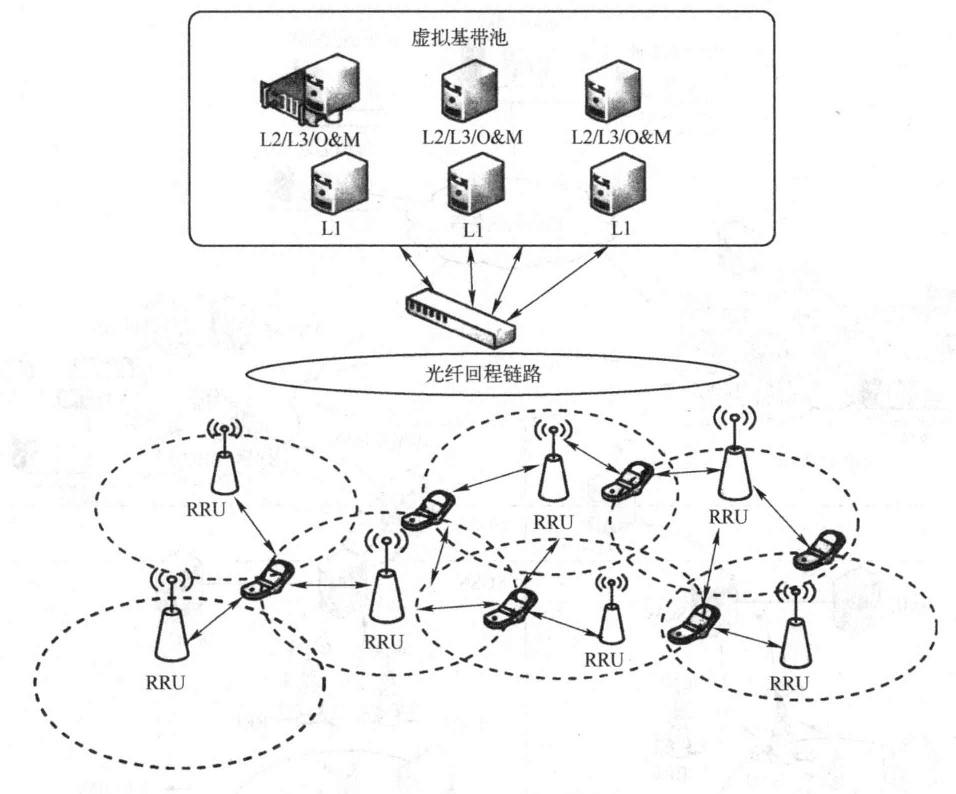

图 4.29　C-RAN 的网络架构

2. 基于 C-RAN 的 5G 接入网架构

集中式架构的 C-RAN 有很多优势，但是完全的集中式控制不能自适应信道环境和用户行为等的动态变化，不利于获得无线链路自适应性能增益。这是因为在实际无线通信系统下，无线网络的完全集中式的网络架构和组网方法不足以实现理想的实时计算。而且无线网络环境动态时变，用户行为属性复杂多变，基站负载情况随时间变化，都会使无线接入网中相对静止的计算端不能实时适配动态多变的无线接入端，从而导致集中式处理不能实现资源的全局最优利用。而且，还会增加回程链路的开销，扩大无线接入链路信道的不理想性，从而恶化无线接入网络的性能。因此，参考文献提出了一种基于 C-RAN 的演进型无线接入网架构——eC-RAN。eC-RAN 主要包含三大部分：RRU 部署、本地云平台和后台云服务器，其网络架构如图 4.30 所示。

1）RRU 部署

通过布置大规模的 RRU 可以实现蜂窝网络的无缝覆盖，因此 RRU 部署一直是未来集中式无线接入网的研究重点。考虑到实际无线接入网中业务密度的不同，RRU 部署可以采用一种新型的部署方案——eRRU（enhanced Remote Radio Unit，增强的远端射频单元）。eRRU 在普通 RRU 的基础上增加了部分无线信号的处理能力。在某些网络状况变化快、业务需求量大、用户行为属性复杂和覆盖需求大的区域，预先部署一定数量的潜在的 eRRU，再部署一定数量的 RRU。因为其具有适应网络状态的特性，因此称为智能适配的 RRU 部署方案，其网络架构如图 4.31 所示。

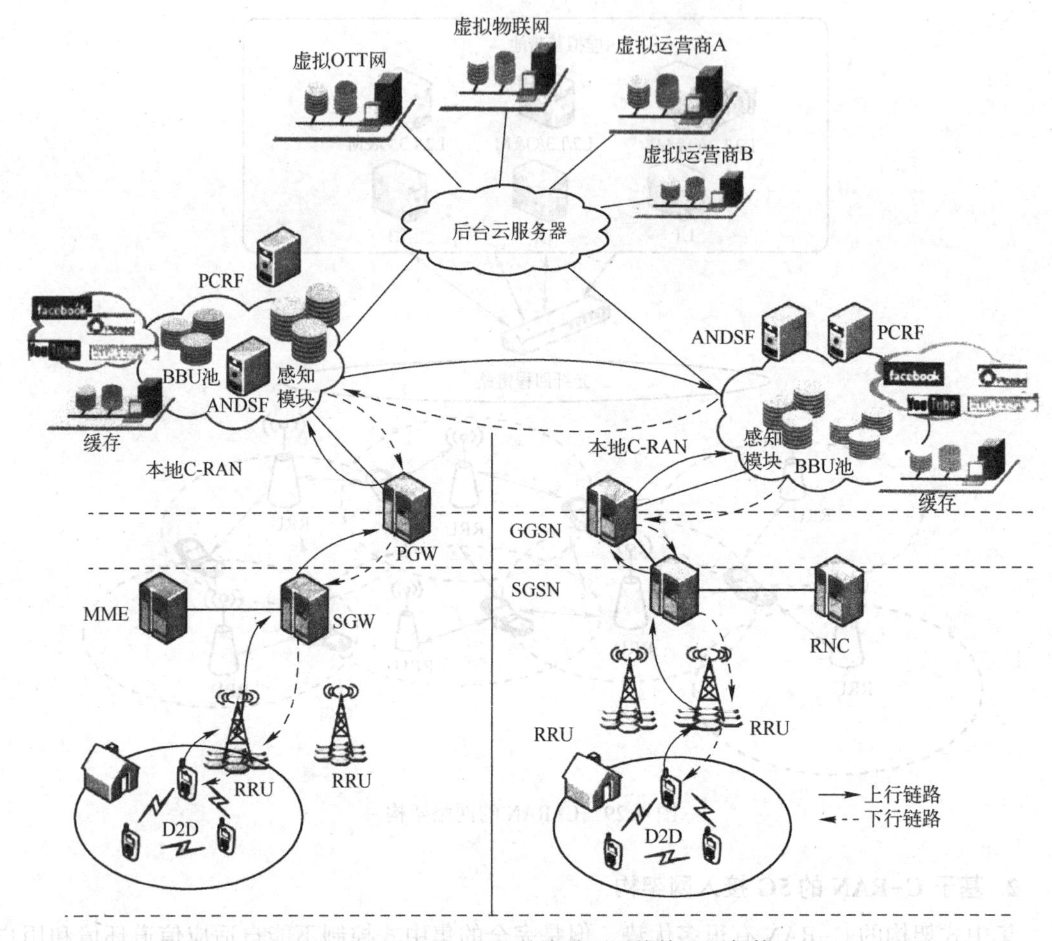

图4.30　基于C-RAN的演进型无线接入网架构

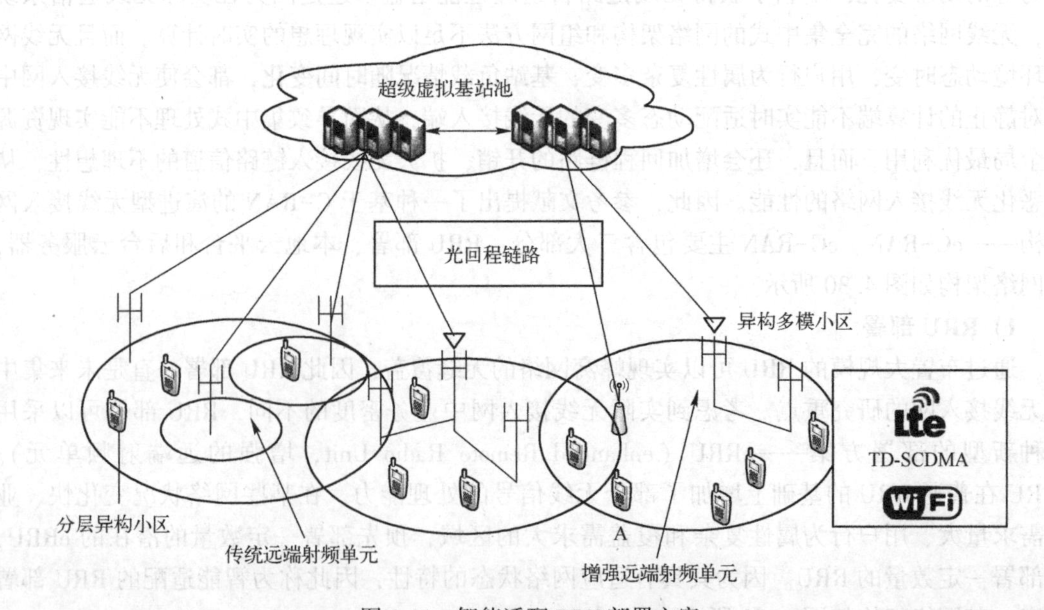

图4.31　智能适配RRU部署方案

在普通区域，可以均匀部署 RRU。在业务密集区域中部署的 RRU 不与本地云平台的基带池直接相连，而是通过光回程链路与该区域的 eRRU 进行互联，并且通过该区域内的潜在 eRRU 接入本地云平台的基带池。当业务量需求低、网络负载少和覆盖需求小，并且网络性能满足要求的时候，部署了潜在的 eRRU 的区域，不需要增加 eRRU 的无线信号处理能力。此时，该区域内所有 RRU 的无线信号处理和资源都由本地云平台集中管控；当业务量需求增加、网络负载增多和覆盖需求变大或者网络性能恶化时，触发无线网络架构的自适应增强。潜在的 eRRU 在本地云平台的控制下，增加部分无线信号的处理能力，控制该区域内与其相连的 RRU 的无线信号处理，但是相应的无线资源管理仍然集中在本地云平台。同时，如果 eRRU 到虚拟基带池的光纤回程链路上的容量超过门限值，就会触发无线信号压缩处理，以适应有限的光回程链路带宽要求。

2）本地云平台

本地云平台是 RRU 和后台云服务器之间的网络单元，它们之间通过光纤相互连接。本地云平台负责管理调度由一定数量的 RRU 组成的“小区簇（Cell Cluster）”，如用户移动性管理、异构网络融合、热点缓存内容分发等。这可以进一步降低 C-RAN 网络架构和调度过程的复杂度。此外，本地云平台也要负责与其他相邻本地云平台之间的信息交互。该平台主要包含以下功能实体。

（1）感知模块。

未来的网络是一个融合的网络，环境复杂多变。存储用户和网络的情景信息是很有必要的。本方案中，“情景感知”是指通过获取接入方式、用户位置、优先级、应用类型等信息，从而准确判断用户需求，同时根据用户行为偏好分配网络资源，提高用户满意度，自适应优化网络资源，使网络趋向智能化。

物联网作为未来移动通信发展的主要驱动力之一，为 5G 提供了广阔的前景。面向 2020 年及未来，移动医疗、车联网、智能家居、工业控制、环境监测等将会推动物联网应用爆发式增长，数以千亿的设备将接入网络，实现真正的“万物互联”。如何在资源受限的情况下实现同时监测和传输如此密集的网络节点，同时尽可能地减少庞大的数据监测带来的信令开销是一个很大的挑战。情景感知通过共享信息而不是直接通信使其成为可能。

此外，未来的 5G 网络中，自定义的个性化服务是提升用户感知的一个重要组成部分。感知模块可以通过本地存储的用户数据进行分析，提取用户偏好，向用户定时推荐最新网络信息，并且根据用户的反馈不断调整，使感知模块的数据更加精确。

（2）缓存模块。

把互联网资源放在距离移动用户更近的网络边缘，使得同时减少网络流量和改善用户体验质量成为可能。移动多媒体流量的很大部分是一些流行内容（如流行音乐、视频）的重复下载，因此可以使用新兴的缓存和交付技术，即把流行的内容存储在中间服务器。这样，更容易满足有相同内容需求的用户，而不再从远程服务器重复地传输，因此可以明显减少冗余流量，缓解核心网的压力。在本方案中，本地平台可以通过对感知模块存储的数据进行分析，预测流行度来提高存储内容的命中率。相邻的本地云平台可以存储不同的内容，它们之间可以实现共享和交换缓存。

通过大量数据统计可以发现视频流量的冗余度高达 58%，通过部署缓存服务器可以大大提高网络性能，用户获得分发内容所需时延更小。在杭州数据中心的测试结果表明，通过部署缓存可以减少 52%的成本费用。

当然，有些内容不需要存储多份，而且缓存也不是存储得越多越好。要在存储缓存代价和效益之间进行很好的权衡，缓存策略对整体缓存性能至关重要，因此缓存模块需要注意以下两点。

新内容不断到来，流行度和用户需求不断改变，要及时做出合适的缓存选择。

服务连续性，如切换时如何从源 RRU 到目标 RRU（甚至跨本地云平台）之间传输内容。移动感知和预提取技术在接入网策略中很有必要。

在未来 5G 接入网技术中，D2D 是一项新兴的关键技术。这会进一步促进缓存策略的改变，用户可以从相邻终端获取缓存内容。此时，缓存效率会更高，大大减少网间流量，降低运营成本。

(3) 多网络控制和融合实体。

5G 不是由单一种技术就能实现的，而是一个泛技术时代、多业务系统、多接入技术、多层次覆盖。多网络融合作为 5G 关键的研究点，已经是业界的共识。网络融合可以增加运营商对多个网络的运维能力和管控能力，最终提升用户体验和网络性能。在本地云平台中增加网络融合控制实体来管理和协调各个网络，达到网络融合效果，从而达到整体最优。图 4.32 所示为一种集中式的多网络融合控制实体框架。

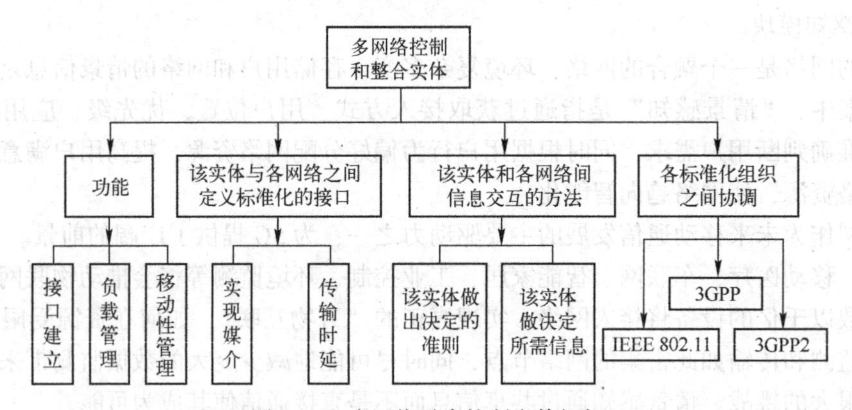

图 4.32 多网络融合控制实体框架

3) 后台云服务器

后台云服务器其实是一个庞大的服务器数据中心，将这些服务器划分为不同的专用虚拟网，负责特定的业务，如虚拟物联网、虚拟 OTT（Over The Top）网、虚拟运营商 A 网、虚拟运营商 B 网等。对服务器进行划分的目的是为了更好地利用业务特性，开发不同的管理系统，从而更好地满足业务需求。例如，在未来 5G 网络中，物联网是一个很重要的业务网，有些应用对时延的要求特别高。因此，虚拟物联网下对应的服务器管理和处理所属本地云平台的数据时，管理系统对时延和差错率的敏感度就会比较高，系统中所有算法的出发点都是为了降低时延，而能耗、频谱利用率的权重会有所降低。而在虚拟运营商专用网中，传统的语音和短信业务对这些要求则没有那么严格，可以适当提高能耗、频谱效率的性能要求。通过高配置、高处理能力的后台云服务器的计算和管理，在未来 5G 接入网中，系统性能会大大提高，为用户提供更好的服务。

4.5.8 基于 H-CRAN 的无线网络架构

1. H-CRAN 的概念

自 1G 移动通信系统使用以来，传统蜂窝移动通信系统接入网架构的寿命已超过 40 年，最初设计的目的是实现基站服务区域重叠尽可能少的无缝覆盖，因此提出了简单高效的六边形蜂窝组网架构，但规则蜂窝组网在简化网络设计的同时，也阻碍了网络性能的进一步提升。为了实现 5G 的性能目标要求，需要从组网架构上进行改进，打破传统规则蜂窝组网架构，提出新型 5G 和后 5G 的无线接入网络架构和先进的信号处理技术。

密集分层异构网络（Heterogeneous Network，HetNet）在后 4G 时代已经被提出，通过增加异构的小功率节点（Low Power Node，LPN）实现热点地区的海量业务吸收，理论上网络谱效率和单位面积的 LPN 节点密度成正比。由于 LPN 随机布置，且和 HPN（High Power Node，高功率节点）重叠覆盖同一服务区域，因此 HetNet 打破了传统规则蜂窝组网架构，但其性能严重受限于相邻 LPN 间以及 LPN-HPN 间的干扰，相关的跨层干扰和同层干扰控制一直是学术界和产业界的热点和难点。多点协作（Coordinated Multi-Point，CoMP）传输和接收技术是抑制干扰的先进技术之一，但其性能紧密依赖于回程链路的传输容量，在非理想回程场景下，实际 HetNet 的 CoMP 性能增益只有约 20%。为了大幅度提升实际网络的组网谱效率、降低能量消耗，一种有效方法是结合大规模云计算平台进行集中实时信号处理，初步实现云计算和无线接入网络的融合，中国移动于 2009 年在业界提出了云无线接入网络（Cloud Radio Access Network，CRAN）的解决方案。C-RAN 把传统的基站分离为离用户更近的无线远端射频单元（Remote Radio Unit，RRU）和集中在一起的基带处理单元（Base Band processing Unit，BBU）。多个 BBU 集中在一起，由云计算平台进行实时大规模信号处理，从而实现了 BBU 池。C-RAN 的主要技术挑战在于 BBU 池和 RRU 需要单独建立，重新组建一个小接入网，和目前已有的 HPN 无法兼容；更加困难的是，无法高效提供实时语音业务以及在密集 RRU 布署下管理控制信令下放，且消耗大量的用于业务承载的有限无线资源等。

借鉴 HetNet 中通过 HPN 实现控制和业务平面分离以及 C-RAN 中 RRU 高效支撑局部业务的特征，联合 HetNet 和 C-RAN 各自优点，充分利用大规模实时云计算处理能力，参考文献提出了异构云无线接入网（Heterogeneous Cloud Radio Access Network，H-CRAN）作为 5G 无线接入网络的解决方案。

2. H-CRAN 系统架构和组成

H-CRAN 系统架构和组成如图 4.33 所示，H-CRAN 中数量众多的低能耗 RRU 相互合作，并在集中式 BBU 池中实现大规模协作信号处理。RRU 作为前端射频单元，具有天线模块，主要的基带信号处理和上层空中接口协议功能都在 BBU 池中实现。传统 C-RAN 的 BBU 池集合了集中式存储、集中式信号处理和资源管理调度以及集中式控制等功能，使得 C-RAN的控制管理功能复杂，大规模无缝 C-RAN 组网难度大且不现实，无法和已有的 3G 和 4G 等蜂窝网络兼容，且支撑突发小数据业务的能力并不突出，对实时语音业务也不能很好地支持。与 C-RAN 不同，H-CRAN 中的 BBU 池和已有的 HPN 相连，可以充分利用 3G 和 4G 等蜂窝网络的宏基站实现无缝覆盖以及控制和业务平面功能分离。HPN 用于全网的控制信息分发，把集中控制云功能模块从 BBU 池剥离出来。此外，BBU 池和 HPN 之间的数据和控制接口分别为Sl和X2，其继承于现有的3GPP标准协议。在H-CRAN中，RRH间的干扰由BBU池进行大规模协作信号处理来抑制，而RRU和HPN间的干扰可以通过HetNet中的CoMP进行分布式协调来减少。

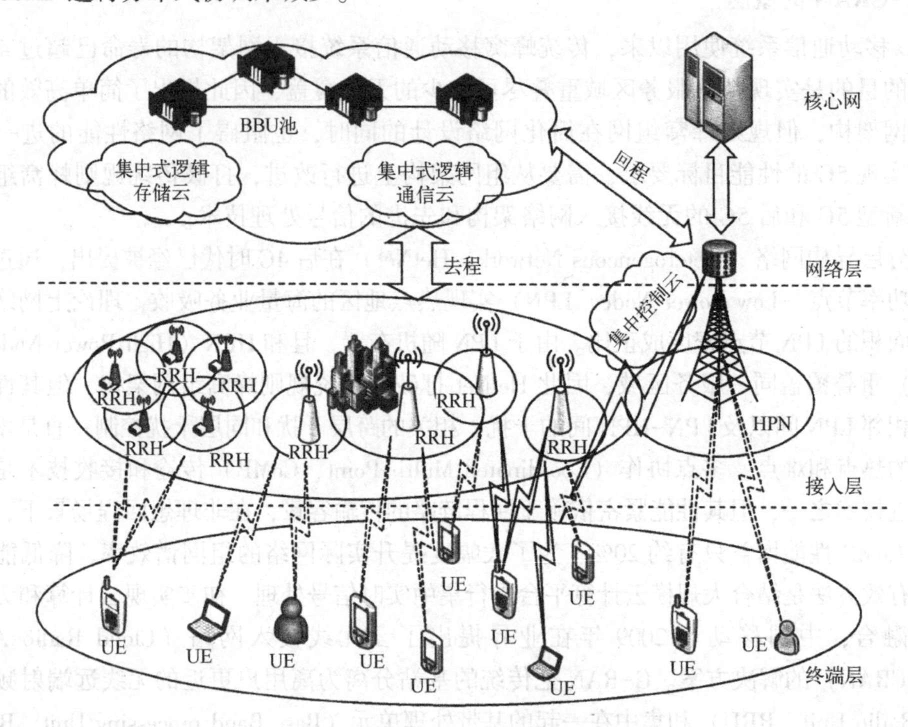

图4.33　H-CRAN系统架构和组成

需要说明的是，传统C-RAN的主要性能瓶颈之一在于回程（Fronthaul）链路的容量受限，而所提的H-CRAN由于HPN的参与，避免了控制信令的传输开销，让部分用户接入HPN也减少了业务传输速率的开销，从而有效缓解了回程链路的容量需求，实现了RRU对用户的透明性，这里不需要为RRU分配小区识别号，简化了网络设计和规划等。所有的控制信令和系统广播信息都由HPN发送给用户设备（User Equipment，UE），可以使RRU根据用户业务需求自适应地进行休眠，从而有效地节约了能量消耗，实现了以用户为中心的绿色节能通信。需要说明的是，一些突发流量或即时消息业务可以由HPN来支撑，以确保业务能够无缝覆盖，RRU只用于满足热点区域海量数据业务的高速传输需求。对于RRU和UE之间的无线传输来说，可以采用不同的空中接口技术，例如IEEE 802.11ac/ad、毫米波甚至可见光等。

为了提高H-CRAN的网络能量效率性能，RRU的开关与业务量自适应匹配。当业务负载较低时，一些RRU在BBU池的集中自优化处理下进入睡眠模式；当业务负载较高时，可以自适应激活睡眠的RRU。此外，根据UE承载业务和传输性能等要求，一个或者多个RRU自适应为其服务，如果UE业务量较少，同一个RRU的单一资源可以为多个UE共享使用。

利用所提的H-CRAN，除了能显著提高网络的谱效率和能量效率性能，还能大幅度改善移动性能。由于在不同RRU间移动只涉及资源调度的变化，不离开HPN覆盖范围就不需要进行切换，所以显著地减少了 C-RAN 系统中常用的不必要切换，降低了切换失败率、乒乓切换率和掉话率等。

3. H-CRAN 关键技术

为了发挥 H-CRAN 的性能优势，需要充分挖掘基于大规模云计算处理的优势，对传统的物理层、媒体接入控制层和网络层进行增强。对物理层而言，基于云计算的 CoMP（CC-CoMP）技术作为 4G 系统中 CoMP 技术的增强，主要用来实现同层 RRU 间以及跨层 RRU 和 HPN 间的干扰抑制。大规模协作多天线（Large Scale Collaboration More Antennas，IS-CMA）技术通过在 HPN 中布置大规模的集中式天线阵列来获得天线分集和复用增益。通过基于云计算的协作无线资源管理（CC-CRRM）技术，实现资源的虚拟化和用户的高效资源调度，同时实现 HPN 和 RRU 间的干扰协调和移动性管理增强等。另外，通过基于云计算的网络自组织（CC-SON）技术，实现自配置、自优化和自治愈，提高 H-CRAN 的智能组网能力，同时降低网络规划和维护方面的成本等。

1）基于云计算的大规模多点协作

和 C-RAN 一样，H-CRAN 充分利用 BBU 池，对来自 RRU 的无线信号进行大规模协作处理，抑制 RRU 间的干扰，称为同层 CC-CoMP。另外，为了抑制 RRU 和 HPN 间的干扰，将使用跨层 CC-CoMP 技术。由于 RRU 和 BBU 池间的回程链路容量受限，所以需要使用信号压缩处理技术，这使得在 BBU 池中的无线信号是压缩有损信号，同层 CC-CoMP 性能相应将有一定的损失。此外，对于每个用户而言，对同层 CC-CoMP 性能的影响主要来自有限个相邻的 RRU，所以在 BBU 池可以采用稀疏预编码处理，在性能降低几乎可以忽略的前提下能够显著降低同层 CC-CoMP 计算复杂度，从而便于进行实时云计算处理。跨层 CC-CoMP 受限于 BBU 池和 HPN 间的回程链路容量和信息交互实时性，由于实时理想的信道状态信息（Channel State Information，CSI）难以获得，跨层 CC-CoMP 性能和 HetNet 中的 CoMP 性能类似。

2）大规模集中式多天线协作处理

LS-CMA 也称为大规模多输入多输出（Massive MIMO）天线，在 HPN 处集中式地配备数百甚至上千根天线，用于改善 HPN 的传输容量和覆盖范围。根据大数定律，当天线数量足够多时，无线信道传播可以硬化，使得传输容量随着天线数量增加呈线性增加。已有实际网络测试结果表明，在 HPN 处部署 100 根天线，与传统的单天线配置相比，容量将获得至少 10 倍的提升，同时能量效率性能也将得到 100 倍数量级的提高。

需要说明的是，如果 H-CRAN 侧重挖掘 LS-CMA 的性能增益，让更多用户接入 HPN 获得业务传输，会牺牲掉 CC-CoMP 的性能增益，极端情况下所有用户都由 HPN 提供服务，则 H-CRAN 就退化为传统的蜂窝无线网络；但如果让较少的用户接入 HPN，又会降低 LS-CMA 的性能；如果让所有业务都由 RRU 提供，则会使 H-CRAN 退化为 C-RAN。因此，权衡 LS-CMA 和 CC-CoMP 间的性能增益，才能使 H-CRAN 的网络性能增益最大。

3）基于云计算的协作无线资源管理

相比较于 C-RAN 系统，H-CRAN 系统增加了 HPN 实体，也使得用户接入、资源分配、功率分配、负载均衡等更加灵活，也更加复杂。可以使用 HetNet 的小区范围收缩技术平衡 RRU 和 HPN 间的负载，同时让用户尽量接入 RRU。此外，为了减少 RRU 和 HPN 间的干扰，在负载轻的时候，可以为这两个实体配置正交的频谱资源。当负载变重时，只分配部分的频谱资源用于RRU和HPN的共享，以提供基本的无缝覆盖业务，而其他不共享的频谱资源专门用于RRU间的高速业务传输。频谱资源的配置分配是一个优化问题，需要联合功率分配和用户接入以及优化目标进行联合设计。

为了在H-CRAN系统中支撑不同时延的多媒体分组数据业务，H-CRAN需要实现时延感知的CC-CRRM。传统无线资源管理主要是侧重各用户的CSI，进行无线资源和用户CSI的自适应匹配，同时兼顾优化用户的公平性和小区资源配置等。CC-CRRM将自适应每个用户的分组业务排队状态信息QSI（Queue Status Information）和CSI，进行资源分配和无线信号处理，实现跨层资源协同优化。

4）基于云计算的网络自组织

和HetNet及C-RAN类似，由于在局部区域聚集了大量随机布置的接入节点，使得H-CRAN的网络规划、优化非常复杂，依靠传统的人工网络规划优化变得不太现实，亟须采用网络自组织（SON）技术提高H-CRAN智能组网性能。SON技术能够在组网过程中最小化人工干预，减少运维成本。鉴于H-CRAN中各RRU的无线资源管理、移动性管理及射频等相关参数都需要配置和优化，且拓扑结构会随着RRU的自适应开/关而动态变化，所以SON是确保H-CRAN智能组网的关键。充分利用H-CRAN的BBU池集中大规模管理架构，基于云计算的SON（CC-SON）将基于集中式架构，联合云计算服务器中的海量网络运维数据，进行大数据挖掘，智能化完成H-CRAN各RRU的自配置、自优化和自治愈功能。需要说明的是，由于BBU池和HPN间有接口，可以通过集中式架构完成HPN的自组织功能，而不需要使用混合式的SON架构。

4. H-CRAN未来技术挑战

H-CRAN作为对HetNet和C-RAN的增强演进，虽然已经提出了清晰的系统架构和关键技术，但仍有技术挑战亟须解决，才能推进其成熟和未来应用。

1）理论组网性能限

和HetNet及C-RAN的理论组网性能研究类似，H-CRAN的理论组网性能限需要刻画RRU的随机分布，挖掘回程链路容量受限对大规模集中信号处理性能的影响。RRU的随机分布将通过泊松点（PPP）分布进行表征，利用随机几何，推导单用户的覆盖成功率、小区的平均频谱效率和能量效率等。利用推导的性能限闭式解，描述影响性能限的关键因素，以指导无线资源分配和网络配置等。此外，从用户角度出发，研究以用户为中心的动态RRU选择和集合设置，在减少回程链路开销和实时计算复杂度的同时，减少性能损失。

2）回程链路受限的性能优化

在RRU和BBU之间非理想的回程链路受限会使H-CRAN的整体频谱效率和能量效率恶化。为了减少回程链路的业务传输带宽要求，一般都需要对来自RRU的无线符号进行压缩处理。如何减少压缩处理后的影响，是未来仍亟须突破的关键问题。一种可行方法是打破传统的完全集中式架构，充分利用分布式存储和分布式信号处理功能，让部分业务传输发生在本地，而不需要上传到BBU池，从而有利地降低回程链路的开销。另外一种方法是通过HPN的分流，但这是以牺牲BBU池的大规模协作增益为代价的。

3）H-CRAN未来标准化工作

H-CRAN的标准化工作应该在未来5G标准框架下，实现C-RAN和HetNet的平滑演进。在3GPP的R12中已经对高阶调制、几乎空白帧、小区自动开/关、SON、节能、非理想回程的CoMP等技术进行标准化工作。作为这些技术的增强演进，有望在未来的R13和R14中对H-CRAN的网络架构、系统组成、RRU智能开/关策略、CC-CoMP、LS-CMA、CC-CRRM和CC-SON等进行标准化定义。

4.5.9　5G无线接入网组网方案

1. 5G无线接入网组网场景

5G作为下一代通信技术标准，需要考虑与现有无线通信系统（如LTE系统等）的共存与融合。3GPP根据5G与LTE网络部署关系，提出了四种5G无线网络的典型部署场景。

（1）场景一：独立部署场景。

下一代基站（定义为gNB）、LTE及其演进的基站（定义为LTE/eLTE eNB）都可以连接至核心网。gNB与LTE/eLTE eNB采用独立部署方式，其中gNB可以是宏基站或者室内热点部署方式。gNB和LTE/eLTE eNB通过RAN-CN接口连接至核心网。gNB与gNB间需要定义基站间接口。在该部署场景中，gNB基站具备完整的协议栈功能，具备独立的组网能力。

（2）场景二：与LTE共站部署场景。

此部署场景，5G基站（定义为NR）与LTE基站是共站址部署或者采用共基站设备的部署方式。在该部署场景下，5G和LTE系统可通过系统间负载均衡或者多系统连接等实现方式，实现更高效的频谱利用率。

（3）场景三：集中式部署场景。

集中式部署场景，中心单元（Central Unit，CU）具备协议栈高层功能，如图4.34所示。而协议栈底层功能在分布单元（Distributed Unit，DU），即gNB基站具备协议栈的部分底层功能。由于CU和DU之间传输链路的差异性，集中式部署方案需要考虑高层协议栈分离和底层协议栈分离两种实现方案。例如：当CU和DU之间传输性能较好时（如时延较小），可应用CoMP增强等实现方案，从而优化调度算法，提高系统容量。当CU和DU之间传输链路时延较大时，集中式部署方式需要考虑高层协议栈分离方案（如PDCP或RLC层等），从而降低对传输链路的时延要求。

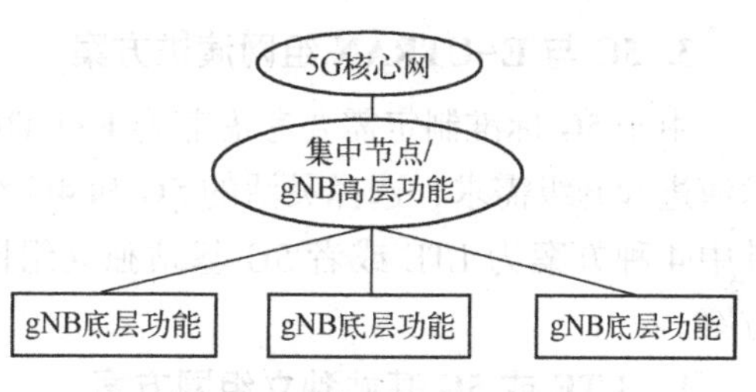

图4.34　集中式部署场景

（4）场景四：共建共享部署场景。

共建共享部署场景，主要支持RAN侧运营商共享部署场景。该场景中，两个运营商可分别建设核心网，共享RAN侧基站。共享基站可以使用共享频谱或者使用每个运营商分配的频谱资源。

四种组网场景对基站设备功能、接口等产品设计有不同要求。独立部署场景，gNB是独立的基站设备，通过相应接口连接至核心网和相邻基站。在与LTE共站部署场景中，gNB可以与现有LTE基站设备共享硬件、传输等资源进行快速部署。而集中式部署场景与现有LTE单元功能差别较大，特别是无线接入网协议栈功能进行切分，高层功能向中心节点集中以及底层功能下移至基站侧，对现有网络架构和基站设备均有一定影响。而共建共享部署场景，5G 基站必须具备接入不同运营商核心网的能力。

2. 5G 无线接入网功能及协议栈架构

5G 无线接入网功能主要参考 LTE 系统设计，并考虑未来 5G 核心网关键技术。与 LTE 系统类似的功能主要包括：用户数据转发、无线信道加密与解密、完整性保护等功能。5G 新增功能主要包括支持网络切片能力、与 E-UTRAN 系统紧耦合的互操作、与非 3GPP 系统互操作、系统间移动性管理等功能。而多连接、终端非激活态等功能还在技术方案讨论中。

5G 系统在无线接入网控制面和用户面协议栈设计方面借鉴 4G 协议栈设计结构，控制面沿用 IP 层和 SCTP 协议，保证控制面数据传输的可靠性。在用户面协议栈设计方面，已确定支持 PDU 分段隧道功能，用户面协议栈可以复用 GTP-U/UDP/IP 协议，也可考虑 GRE/IP 和隐藏协议封装（Protocol Oblivious Encapsulation，POE）两种实现方案。5G 系统基站间接口（Xn）功能及协议栈设计参考 LTE 系统 X2 接口的设计思想。为了支持 5G 与 LTE 紧耦合的部署方式，5G 系统需要标准化基站间的开放接口。

5G 无线接入网协议栈优先讨论 5G 与 LTE 紧耦合技术方案的协议栈设计。5G 与 LTE 紧耦合技术方案主要沿用 3GPP R12 LTE 无线双连接（Dual Connectivity，DC）设计思想。核心网为 EPC 或者 NR Core，基站包含 LTE 基站和 NR 基站。3GPP 主要制定用户面协议栈，集中讨论承载分离相关三个技术方案实现，包括主小区组（Master Cell Group，MCG）承载分离、辅小区组（Secondary Cell Group，SCG）独立承载、辅小区组承载分离方案。方案一和方案三的主要区别在于承载分离由主小区（方案一）或辅小区（方案三）完成，而方案二主要在核心网侧实现主小区和辅小区承载分离。

3. 5G 与 E-UTRAN 组网演进方案

由于 5G 标准制定需要考虑兼容 E-UTRAN 系统，运营商要根据无线接入网和核心网技术演进和升级需求，选择灵活的 5G 和 4G 组网方案。3GPP 确定如下 8 种可能的组网方案。其中 4 种方案为 LTE 或者 5G 基站独立组网方案，另外 4 种为 LTE 与 5G 基站紧耦合组网方案。

1）LTE 或 5G 基站独立组网方案

方案一（Option 1）为现有 LTE 系统部署方式，LTE 基站连接至 EPC 核心网。这是从 4G 向 5G 演进的一种初期部署场景。方案二（Option 2）是 5G 系统独立部署方式，5G 基站（定义为 NR）连接到 5G 核心网（定义为 NR Core）。方案三（Option 5）为 LTE 基站连接到 5G 核心网的组网方案，而方案四（Option 6）为 5G 基站连接到 EPC 核心网的组网方案。

2）LTE 或 5G 基站紧耦合组网方案

LTE 与 5G 基站紧耦合组网方案参考 3GPP R12 无线双连接（Dual Connectivity，DC）设计方案。图 4.35 方案一（Option 3/3a）和图 4.36 方案二（Option 7/7a）是以 LTE 基站为锚点的紧耦合部署方案，核心网分别连接 LTE 核心网 EPC 或者 5G 核心网。由于 LTE 基站作为与核心网控制面连接的锚点，全部控制面信令通过 LTE 基站下发，而用户面数据可以通过 LTE 基站进行承载分离转发给 5G 基站，或者核心网将 LTE 和 5G 基站的承载分离。若图 4.35 和图 4.36 中锚点改为 5G 基站，则分别对应方案三（Option 4/4a）和方案四（Option 8/8a）。

上述 8 种 LTE 和 5G（同 NR）组网场景涵盖了未来全球运营商部署 5G 商用网络在不同

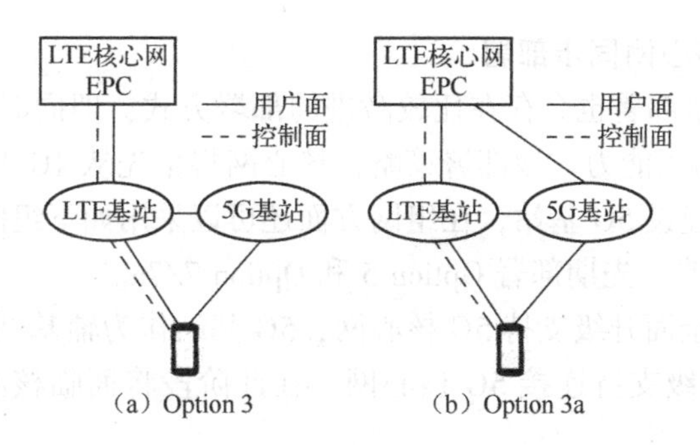

图 4.35　LTE 辅助接入，非独立部署 NR，连接 EPC 组网方案

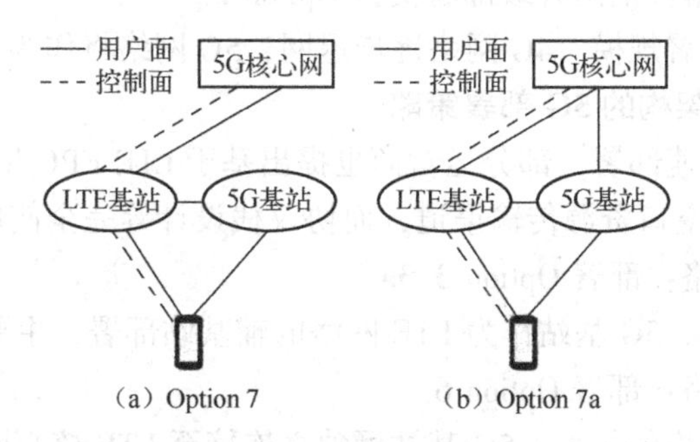

图 4.36　LTE 辅助接入，非独立部署 NR，连接 NR Core 组网方案

阶段的组网需求。根据核心网和无线接入网不同的演进策略，制定不同的组网方案。

4. 运营商对 5G 网络部署方案探讨

全球运营商根据网络现状，提出了多种 5G 网络部署演进路线。按照无线接入网和核心网演进归纳总结运营商 5G 网络部署策略如下所示。

1）无线接入网优先部署，核心网后续升级

（1）阶段一组网策略：升级至 Option 3/3a。

运营商面临尽快开通 5G 试商用/商用网络的竞争压力，利用现有 LTE EPC 核心网设备采用无线双连接的组网架构，快速开通 5G 试商用/商用网络。典型组网演进策略如图 4.35 所示（Option 3/3a）。采用 Option 3/3a 方案需要考虑 LTE 基站升级成本，Option 3 需要考虑 LTE 基站升级支持 5G 用户面大数据量的转发，Option 3a 需要核心网支持两个系统之间用户承载的有效管理。

（2）阶段二组网策略：升级至 Option 7/7a。

在 5G 部署第二阶段，随着 5G 无线网络开通范围增加，可将 4G 核心网逐步升级至 5G 核心网。此时，组网架构将演变为图 4.36（Option 7/7a）。4G 基站和 5G 基站都可以连接至 5G 核心网。采用该升级方案，运营商的 4G 核心网和 5G 核心网将共存。此时，5G 基站需具备连接到 4G 核心网和 5G 核心网的能力。

（3）阶段三组网策略：升级至 Option 2 和 Option 5。

随着 5G 网络扩大部署至全网，在此阶段，基于无线双连接方式的网络架构将逐步转变为 5G 基站独立建站的部署方式。Option 2 和 Option 5 部署方式将成为主要的组网形式。随着 5G 网络扩大部署和升级扩容，4G 网络也将面临减频减配，部署规模逐步缩小的局面。

2）无线接入网和核心网同步部署

5G试商用/商用网络部署也会存在比较激进的部署方式，即同时部署5G核心网和无线基站，具备端到端5G商用能力。该部署策略，核心网将率先从4G升级支持5G。在核心网能力提高的同时，逐步建设5G基站，在组网方面还可以采用如下组网策略。

（1）阶段一组网策略：先期部署Option 5和Option 7/7a。

在此阶段，核心网全面升级支持5G核心网，5G基站作为辅基站连接至5G核心网。而4G基站需要完成相应升级支持连接5G核心网。在此阶段将面临核心网和无线侧的软硬件升级压力。

（2）阶段二组网策略：全网升级部署支持Option 2。

随着5G网络扩大部署规模，4G网络逐步退网，5G网络将作为主要的承载网络。

3）基于LTE EPC架构的5G部署策略

为了实现5G系统快速部署，部分运营商也提出基于LTE EPC架构的5G快速部署策略，5G基站仅作为新增无线空口资源传输渠道，而协议栈设计等完全使用LTE协议栈。

（1）阶段一组网策略：部署Option 3/3a。

在5G网络建设初期，5G基站作为LTE网络的辅基站部署，主要用于提高网络容量。

（2）阶段二组网策略：部署Option 6。

随着5G网络建设规模的扩大，5G基站可独立连接至LTE核心网，具备独立组网能力。

基于LTE EPC核心网组网方案，在5G初期快速组网阶段，具备升级相对简单，网络部署快的优点。但是，随着5G业务的开展，LTE EPC在5G新业务方面支持能力不足的劣势将逐步显现。

4.6 5G核心网网络架构

4.6.1 移动核心网网络架构现状及其发展趋势

移动互联网涵盖了信息制作、传输、接收过程，还将应用在智能制导领域，成为今后IT领域新的发展热点，将在未来几年内引领互联技术的发展。当前中国移动终端数量爆炸式的发展趋势对于网络架构及信息传输都是一种严峻的考验，如何提高信息传输质量、信息容量并保障信息传输的安全与应用成为5G网络架构中亟待解决的问题。

随着网络用户数量的激增，网络资源传输与网络架构之间如何协调发展以保障资源的传输与利用，已成为关系着网络技术发展的关键要素。网络架构关系着网络传输的质量，并在一定程度上制约着当前网络技术的发展。移动通信从2G、3G、4G到5G的跨越式发展，网络架构的匹配和梳理都起着关键性的作用。在未来几年内，5G网络发展将成为主流趋势。随着网络技术的革命，从接入到输出都体现着技术的缜密程度。从网络架构的核心技术发展角度来讲，要优化网络架构、提升传输质量及提高安全性能，从而满足日益多元化的市场发展需求。而就目前的发展现状来讲，面临着日益升高的成本压力，包括硬件、技术升级及后续维护费用等，且多网并存，因此需要更低的时延、灵活的带宽配置、虚拟化的网络环境等。

从现有耦合网络架构及垂直网络体系建设现状来看，高质量、高性能的传输架构对于当前的性能匹配有着极高的存在价值。针对5G网络发展趋势，亟待提高的是控制与传输的分离及灵活配置，这样不仅能够实现资源的灵活控制传输，而且也能够根据技术的升级来进行网络架构的梳理整合，进一步降低优化网络配置带来的经济损失。整个网络体系在实现内部功能切换的同时，也进一步迎合了外部网络资源的更新换代。改进后的控制与传输体系架构将不仅包括SDN网络架构技术，而且还有当前运用已经较为成熟的云计算技术。在垂直封闭的网络架构中，管控分离不仅实现了信号传输的自由切换，而且也降低了维护升级的成本，进一步满足了日益发展起来的多元化网络需求，在一定程度上提高了互联网技术的可靠性。

4.6.2 5G核心网的标准化

3GPP是5G标准化工作的重要制定者。为实现5G的需求，3GPP将进行以下4个方面的标准化工作：新空口（NR）；演进的LTE空口；新型核心网（NextGen）；演进的LTE核心网（EPC）。

5G网络将是演进和革新两者融合的，将形成新的核心网，并演进现有EPC核心网功能，以功能为单位按需解构网络。网络将变成灵活的、定制化的、基于特定功能需求的、运营商或垂直行业拥有的网络。这就是虚拟化和切片技术可以实现的，也是5G核心网标准化的主要工作。

3GPP针对5G的标准化工作计划分两个阶段（Phase）：

Phase 1（Release 15），2018年满足5G早期部署的需求；

Phase 2（Release 16），2020年满足5G全部需求。

移动运营商将率先部署5G，最早的场景是2018年2月韩国冬奥会和2020年7月日本奥运会。

3GPP在5G核心网标准化方面重点推进以下工作。

在Rel-14研究阶段聚焦5G新型网络架构的功能特性，优先推进网络切片、功能重构、MEC、能力开放、新型接口和协议以及控制和转发分离等技术的标准化研究。目前已经完成架构初步设计。

Rel-15将启动网络架构标准化工作，重点完成基础架构和关键技术特性方面的内容。研究课题方面将继续开展面向增强场景的关键特性研究，例如增强的策略控制、关键通信场景和UE relay等。

2016年11月18日举行的3GPP SA2#118次会议上，中国移动成功牵头5G系统设计，此项目为R15“5G System Architecture”，简称5GS，是整个5G设计的第一个技术标准，也是事关5G全系统设计的基础性标准，标志着5G标准进入实质性阶段。5GS项目将制定《5G系统总体架构及功能》及《5G系统基本流程》两个基础性标准。

4.6.3 5G应用场景和对网络的需求

根据SA1工作组3GPP TR 22.891输出的研究报告，从5G应用场景中总结出对5G网络的关键能力需求，主要从通信速率、通信时延、可靠性要求、通信效率、话务量密度、连接密度、移动性、定位精度需求等方面进行了描述。

以上各类需求中，除MIoT未提出时延要求外，其他四类应用中均提出了超低时延、低时延的要求。这里指的是通信端到端时延。端到端时延除各节点的通信处理时延外，还要考虑地理距离的时延限制。

4.6.4　5G 核心网关键技术

5G 核心网关键技术主要包括网关控制转发分离、控制面功能重构、新型移动性管理和会话管理、网络切片与按需组网、移动边缘计算、NFV 等。图 4.37 为 3GPP 23.799NextGen 系统架构示意图。

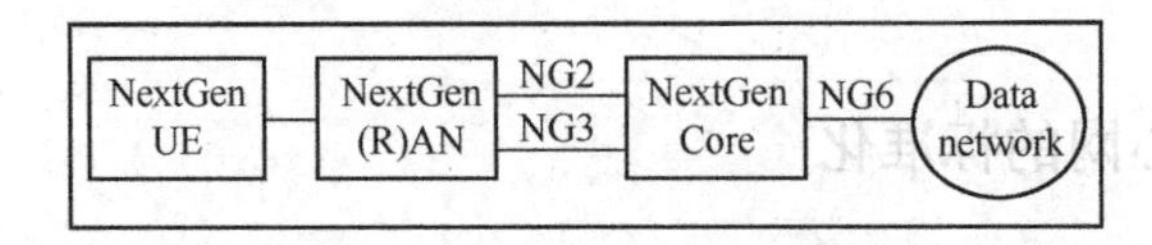

图 4.37　3GPP 23.799 NextGen 系统架构示意图

1. 网关的控制转发分离

现有 EPC 移动核心网网关设备既包含路由转发功能，也包含信令和业务处理等控制功能。5G 移动核心网网关设备的控制功能和转发功能将进一步分离，网络向控制功能集中化和转发功能分布化的趋势演进，3GPP 23.799 控制平面和用户平面分离架构如图 4.38 所示。

控制和转发功能分离后，转发面将专注于业务数据的路由转发，具有简单、稳定和高性能等特性，以满足未来海量移动流量的转发需求。控制面采用逻辑集中的方式实现统一的策略控制，保证灵活的移动流量调度和连接管理。集中部署的控制面通过控制接口实现对转发面的可编程控制。控制面和转发面的分离，使网络架构更加扁平化，网关设备可采用分布式的部署方式，从而有效降低业务的传输时延。控制面功能和转发面功能能够分别独立演进，从而提升网络整体系统的灵活性和效率。

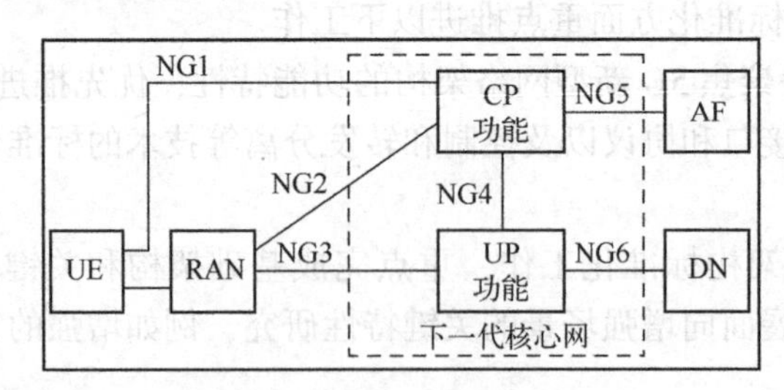

图 4.38　3GPP 23.799 控制平面和用户平面分离架构

3GPP TR 23.714《Study on Control and User Plane Separation of EPC Nodes》中给出了网关控制转发分离的架构以及需要解决的几个关键问题。

2. 控制面功能重构

5G 网络的服务对象是类型丰富的终端和应用，其报文结构、会话类型、移动规律和安全性需求都不尽相同，网络必须针对不同应用场景的服务需求引入不同的功能设计。基于“微服务”的设计理念，5G 网络采用模块化功能设计模式，并通过功能组件的按需组合，构建满足不同应用场景需求的专用逻辑网络，以便为网络切片和按需编制打下技术基础。网络架构应满足的基本原则如下：

控制平面和用户平面分离，允许独立扩缩容；

控制平面和用户平面允许灵活分离部署，分别采用集中和分布式架构；

模块化功能设计，支持 UE 统一身份认证框架，UE 可能仅支持新型网络架构功能（NGS）；分离接入移动性管理功能（AMF）和会话管理功能（SMF），支持其独立演进和缩放容量；支持 UE 同时连接到多个网络切片。

架构主要需求如下。

架构须支持能力开放。

每个网络功能（NF）可直接与其他（NF）交互。该架构不应排除中间功能实体协助路由控制面消息（如 DRA）；支持不同 PDU 类型，例如 IP 和以太网；支持独立策略功能来管理网络行为和最终用户体验；允许在不同的网络切片中为不同的网络进行配置。

架构支持两种漫游体系，即归属地路由（Home Routed Traffic）和本地路由（Local Breakout）。

5G 核心网控制面重构将传统 EPC 网络的 MME、PCRF、SAE-GW、HSS 等网元进行网络功能模块化解耦设计，3GPP TR 23. 799 建议的网络参考架构示意图如图 4. 39 所示。

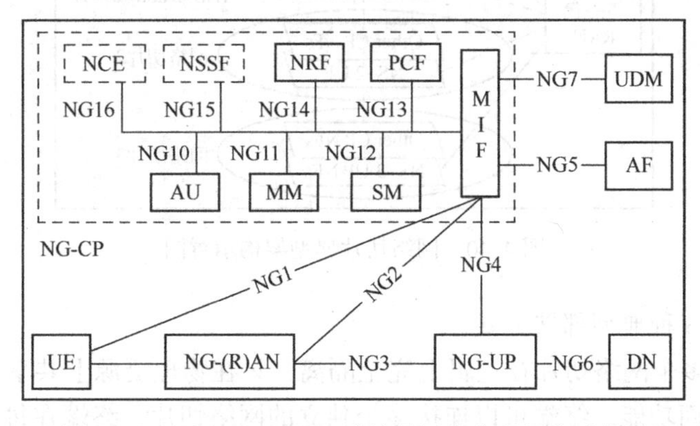

图 4. 39　3GPPTR 23. 799 建议的网络参考架构示意图

图 4. 39 中模块分别代表：移动性管理（MM）、会话管理（SM）、认证（AU）、策略控制功能（PCF）、统一数据管理（UDM）、网络存储功能（NRF）、消息互联功能（MIF）。

3. 新型移动性管理和会话管理

网络侧移动性管理包括在激活态维护会话的连续性和空闲态保证用户的可达性。通过对激活和空闲两种状态下移动性功能的分级和组合，根据终端的移动模型和其所用业务特征，有针对性地为终端提供相应的移动性管理机制。有效地支持不同层级的移动性（无移动性、低移动性、低功耗终端、高移动性）是 5G 网络新型移动性管理的主要需求。

在 5G 网络中，低功耗、低移动性的物联网终端不需要永远在线，这要求优化移动性状态和流程，在 RRC Connected 和 RRC Idle 状态基础上，引入 Inactive State 或 Power Saving 状态，设计专有的机制，服务类似大连接、低功耗等 IoT 场景。网络还可以按照条件变化动态调整终端的移动性管理等级。例如对一些垂直行业应用，在特定工作区域内可以为终端提供高移动性等级，来保证业务连续性和快速寻呼响应，在离开该区域后，网络动态将终端移动性要求调到低水平，提高节能效率。基于 UE 行为学习的算法，实现动态的移动性管理功能。

新型会话管理将实现会话管理与移动性管理解耦设计，实现按需的会话建立，打破“永远在线”机制。基于 SDN 思想，引入无连接的数据承载方式和无隧道或简化隧道的传送方式。基于新型会话管理功能实现灵活的用户平面选择和重选。

4. 网络切片

网络切片是利用虚拟化技术将 5G 网络物理基础设施资源根据场景需求虚拟化为多个相互独立的平行的虚拟网络切片。每个网络切片按照业务场景的需要和话务模型进行网络功能的定制剪裁和相应网络资源的编排管理。一个网络切片可以视为一个实例化的 5G 核心网架构，在一个网络切片内，运营商可以进一步对虚拟资源进行灵活的分割，按需创建子网络。

UE 不感知网络切片的存在，网络切片典型架构示意图如图 4. 40 所示。

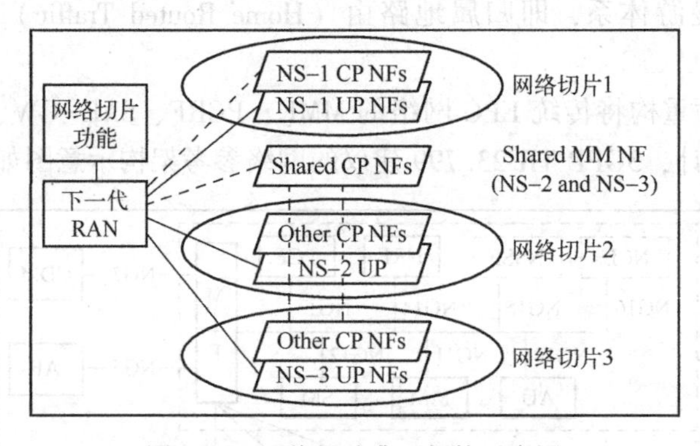

图 4. 40　网络切片典型架构示意图

网络切片共有 3 种典型部署方式。

（1）方式 1：多个网络切片在逻辑上完全隔离，只在物理资源上共享，每个切片包含完整的控制面和用户面功能。终端可以连接多个独立的网络切片，终端在每个核心网切片可能有独立的网络签约。

（2）方式 2：多个网络切片共享部分控制面功能，一般而言，考虑到终端实现的复杂度，可对移动性管理等终端粒度的控制面功能进行共享（如 MM、AU），而业务粒度的控制和转发功能则为各切片的独立功能（如 SM、UP），实现切片特定的服务。

（3）方式 3：多个网络切片之间共享所有的控制面功能，用户面功能是切片专有的。

现阶段关于网络切片达成的共识如下。

（1）网络切片是一个完整的逻辑网络，提供电信服务和网络功能，它包括接入网（AN）和核心网（CN）。AN 是否切片将在 RAN 工作组进一步讨论。AN 可以多个网络片共用，切片可能功能不同，网络可以部署多个切片实例提供完全相同的优化和功能为特定 UE 群服务。

（2）UE 可能提供由一组参数组成的切片选择辅助信息（NSSAI）选择 RAN 和 CN 网络切片实例。如果网络部署切片，它可以使用 NSSAI 选择网络切片，此外，也可以使用 UE 能力和 UE 用户数据。

（3）UE 可以通过一个 RAN 同时接入多个切片。这时切片共享部分控制面功能。CN 部分网络切片实例由 CN 选择。

(4) 针对从 NGC 切片到 DCN 的切换，没必要一对一映射。UE 应能将应用与多个并行 PDU 会话之一相关联。不同的 PDU 会话可能属于不同切片。UE 在移动性管理中可能提交新的 NSSAI 导致切片变更，切片变更由网络侧决定。

(5) 网络用户数据包括 UE 接入切片信息。在初始附着过程中采用 CCNF（Common Control Network Functions，公共控制网络功能）为 UE 选择切片须重定向。

(6) 网络运营商可以为 UE 提供网络切片选择策略（NSSP）服务。NSSP 包含一个或多个 NSSP 规则，每个规划通过 SM NSSAI 关联一个应用。默认规则也可以匹配所有应用并包含默认 SM NSSAI，UE 通过 NSSP 服务关联应用的 SM NSSAI 参数。漫游场景下，切片选择功能基于 SM-NSSAI 完成。当使用标准的 SM NSSAI 时，各 PLMN 基于标准 SM NSSAI 选择切片；当使用非标准 SM-NSSAI 时，VPLMN 根据漫游协议映射 UE 的 SM NSSAI 到 VPLMN 进行切片选择。

4.7　超密集组网（UDN）

4.7.1　超密集组网的概念

为了解决未来移动网络数据流量增大 1 000 倍以及用户体验速率提升 10 ～ 100 倍的需求，除了增加频谱带宽和利用先进的无线传输技术提高频谱利用率外，提升无线系统容量最为有效的办法依然是通过加密小区部署提升空间复用度。传统的无线通信系统通常采用小区分裂的方式减小小区半径，然而随着小区覆盖范围的进一步缩小，小区分裂将很难进行，需要在室内外热点区域密集部署低功率小基站，形成超密集组网。

可以看出，超密集组网是解决未来 5G 网络数据流量爆炸式增长的有效解决方案。据预测，在未来无线网络宏基站覆盖的区域中，各种无线接入技术（Radio Access Technology，RAT）的小功率基站的部署密度将达到现有站点密度的 10 倍以上，形成超密集的异构网络，如图 4.41 所示。

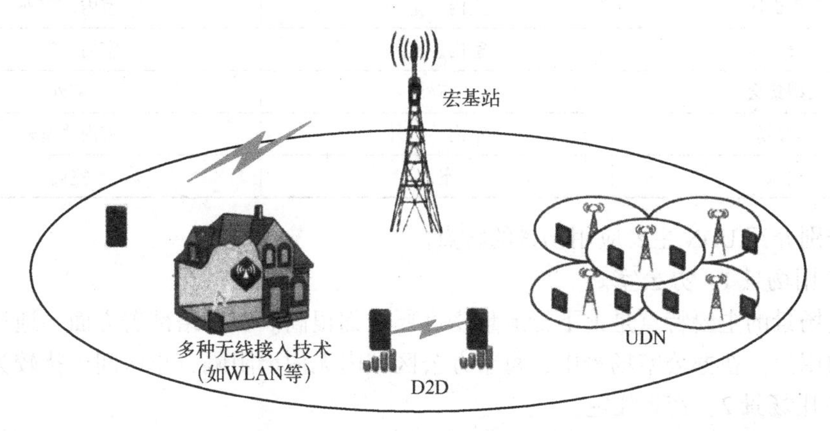

图 4.41　超密集异构组网示意

在超密集组网场景下，低功率基站较小的覆盖范围会导致具有较高移动速度的终端用户遭受频繁切换，从而降低了用户体验速率。除此之外，虽然超密集组网通过降低基站与终端用户间的路径损耗提升了网络吞吐量，在增大有效接收信号的同时也提升了干扰信号，使其成为一个干扰受限系统。如何有效进行干扰消除、干扰协调成为超密集组网提升网络容量需要重点解决的问题。考虑到现有LTE网络采用的分布式干扰协调技术，其小区间交互控制信令负荷会随着小区密度的增加以二次方趋势增长，极大地增加了网络控制信令负荷。

可以看出，如何能够同时考虑“覆盖”和“容量”这两个无线网络重点关注的问题，成为5G超密集组网需要重点解决的问题。

在前面关于5G蜂窝网络架构的分析中提出了5G无线接入网控制面与数据面的分离以及簇化集中控制的思想。其中，接入网控制面与数据面的分离分别通过采用不同的小区进行控制面和数据面操作，从而实现未来网络对于覆盖和容量的单独优化设计。此时，未来5G接入网可以灵活地根据数据流量的需求在热点区域扩容数据面传输资源，例如小区加密、频带扩容、增加不同RAT系统分流等，并不需要同时进行控制面增强。簇化集中控制则通过小区分簇化集中控制方式，解决小区间干扰协调，相同RAT下不同小区间的资源联合优化配置、负载均衡等以及不同RAT系统间的数据分流、负载均衡等，从而提升系统整体容量和资源整体利用率。

4.7.2 UDN应用场景

5G典型场景涉及未来人们居住、工作、休闲和交通等各种区域，特别是办公室、密集住宅区、密集街区、校园、大型集会、体育场和地铁等热点地区和广域覆盖场景。其中，热点地区是超密集组网的主要应用场景，见表4.3和图4.42。

表4.3 UDN主要应用场景

主要应用场景	室内外属性	
	站点位置	覆盖用户位置
办公室	室内	室内
密集住宅	室外	室内、室外
密集街区	室内、室外	室内、室外
校园	室内、室外	室内、室外
大型集会	室外	室外
体育场	室内、室外	室内、室外
地铁	室内	室内

下面分别介绍UDN主要应用场景的特点。

（1）应用场景1：办公室。

办公室场景的主要特点是上下行流量密度要求都很高。在网络部署方面，通过室内微基站覆盖室内用户。在办公室场景中，每个办公区域内无内墙阻隔，小区间干扰较为严重。

（2）应用场景2：密集住宅。

密集住宅场景的主要特点是下行流量密度要求较高。在网络部署方面，通过室外微基站覆盖室内和室外用户。

（3）应用场景3：密集街区。

密集街区的主要特点是上下行流量密度要求都很高。在网络部署方面，通过室外或室内微基站覆盖室内和室外用户。

（4）应用场景4：校园。

校园的主要特点是用户密集，上下行流量密度要求都较高；站址资源丰富，传输资源充足；用户静止/移动。在网络部署方面，通过室外或室内微基站覆盖室内和室外用户。

（5）应用场景5：大型集会。

大型集会场景的主要特点是上行流量密度要求较高。在网络部署方面，通过室外微基站覆盖室外用户。在大型集会场景中，小区间没有阻隔，因此小区间干扰较为严重。

（6）应用场景6：体育场。

体育场场景的主要特点是上行流量密度要求较高。在网络部署方面，通过室外微基站覆盖室外用户。在体育场场景中，小区间干扰较为严重。

（7）应用场景7：地铁。

地铁场景的主要特点是上下行流量密度要求都很高。在网络部署方面通过车厢内微基站覆盖车厢内用户。由于车厢内无阻隔，小区间干扰较为严重。

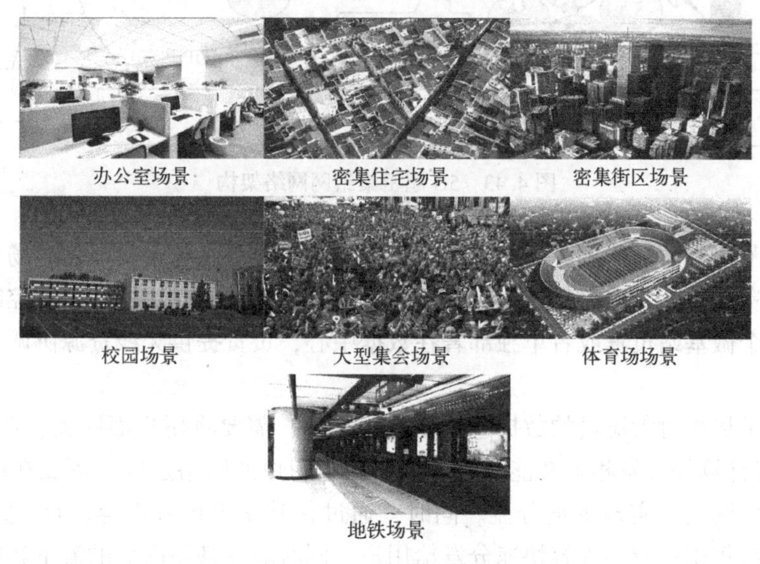

图4.42 UDN应用场景

4.7.3 5G超密集组网网络架构

基于前面“三朵云”的5G蜂窝网络架构，参考文献针对超密集组网主要应用的热点高容量场景提出了5G超密集组网网络架构，如图4.43所示。

可以看出，为了解决特定区域内持续发生高流量业务的热点高容量场景（办公室、大型场馆和家庭等）带来的挑战，即如何在网络资源有限的情况下提高网络吞吐量和传输效率，保证良好的用户体验速率，5G超密集组网需要如下方面的进一步增强。

首先，接入网采用微基站进行热点容量补充，同时结合大规模天线、高频通信等无线技术，提高无线侧的吞吐量。其中，在宏—微覆盖场景下，通过覆盖与容量的分离（微基站负责容量，宏基站负责覆盖及微基站间资源协同管理），实现接入网根据业务发展需求以及分布特性灵活部署微基站。同时，由宏基站充当的微基站间的接入集中控制模块，负责无线

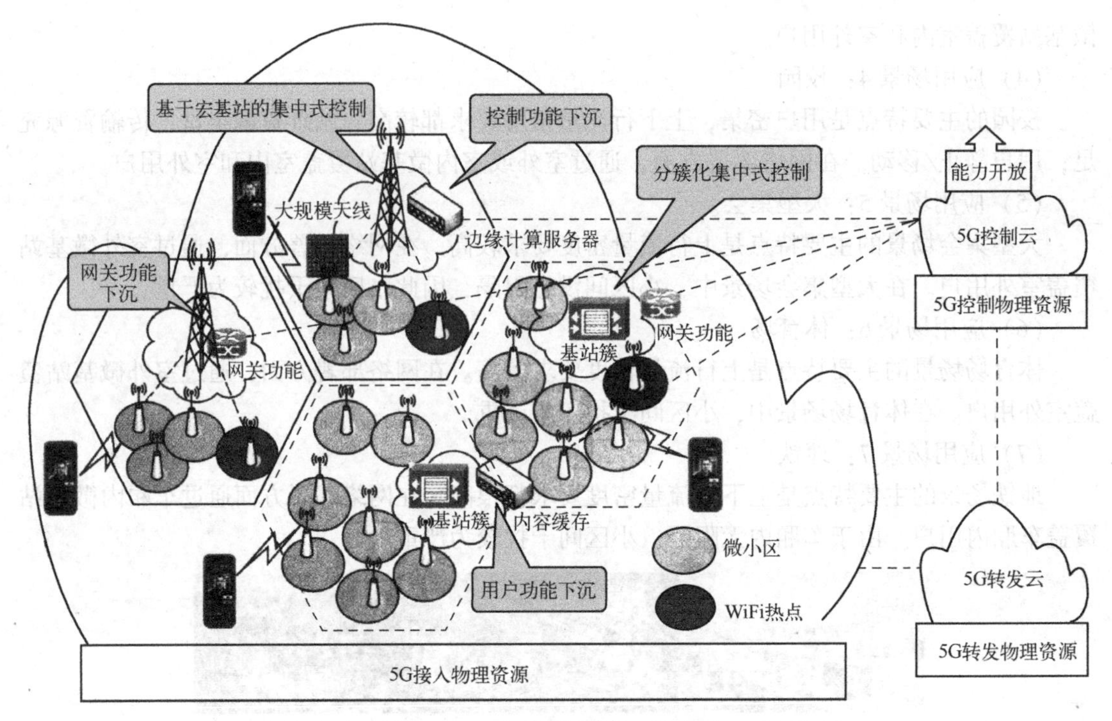

图 4.43 5G 超密集组网网络架构

资源协同、小范围移动性管理等功能；除此之外，对于微—微超密集覆盖的场景，微基站间的干扰协调、资源协同、缓存等需要进行分簇化集中控制。此时，接入集中控制模块可以由所分簇中某一个微基站负责或者单独部署在数据中心，负责提供无线资源协调、小范围移动性管理等功能。

其次，为了尽快对大流量的数据进行处理和响应，需要将用户面网关、业务使能模块、内容缓存/边缘计算等转发相关功能尽量下沉到靠近用户的网络边缘。例如在接入网基站旁设置本地用户面网关，实现本地分流。同时，通过在基站上设置内容缓存/边缘计算能力，利用智能的算法将用户所需内容快速分发给用户，同时减少基站向后的流量和传输压力。更进一步地将诸如视频编解码、头压缩等业务使能模块下沉部署到接入网侧，以便尽早对流量进行处理，减少传输压力。

综上所述，5G 超密集组网网络架构一方面通过控制承载分离，即覆盖与容量的分离，实现未来网络对于覆盖和容量的单独优化设计，实现根据业务需求灵活扩展控制面和数据面资源；另一方面通过将基站部分无线控制功能进行抽离进行分簇化集中式控制，实现簇内小区间干扰协调、无线资源协同、移动性管理等，提升了网络容量，为用户提供极致的业务体验。除此之外，网关功能下沉、本地缓存、移动边缘计算等增强技术，同样对实现本地分流、内容快速分发、减少基站骨干传输压力等有很大帮助。

4.7.4 UDN 的关键技术

首先，随着网络中小区密度的增加，一方面，小区间的干扰问题更加突出，尤其是控制信道的干扰直接影响整个系统的可靠性；另一方面，用户在 UDN 中的移动性管理变得异常严峻。如何避免空闲状态的用户在超密集网络中进行频繁的小区选择和小区重选以及如何避免连接状态的用户在超密集网络中进行频繁的切换等问题亟待解决。虚拟层技术的提出正是为了解决以上技术难点，可以有效控制信道的干扰问题和移动性问题。

其次，在 UDN 中，需要为大量的微基站提供传输资源。光纤由于其容量大、可靠性高，是最理想的传输资源。然而，在实际网络中，存在某些地区无法通过有线方式为超密集组网提供传输资源，可考虑以无线方式为超密集组网提供传输资源。同时，基于有线、无线回传的混合分层回传技术也提供了 UDN 微基站即插即用的技术可能性。

另外，用户的切换率和切换成功率是网络重要的考核指标。随着小区密度的增加，基站之间的间距逐渐减小，这将导致用户的切换次数显著增加，影响用户的体验。UDN 需要有高效的移动性管理机制。可考虑宏基站和微基站协调，如宏基站负责管理用户的移动性，微基站承载用户的数据，从而降低用户的切换次数，提高用户的体验。

1. 虚拟层技术

虚拟层技术的基本原理是由单层实体网络构建虚拟多层网络。如图 4. 44 所示，单层实体微基站小区构建两层网络：虚拟宏基站小区和实体微基站小区，其中虚拟宏基站小区承载控制信令，负责移动性管理；微基站小区承载数据传输。

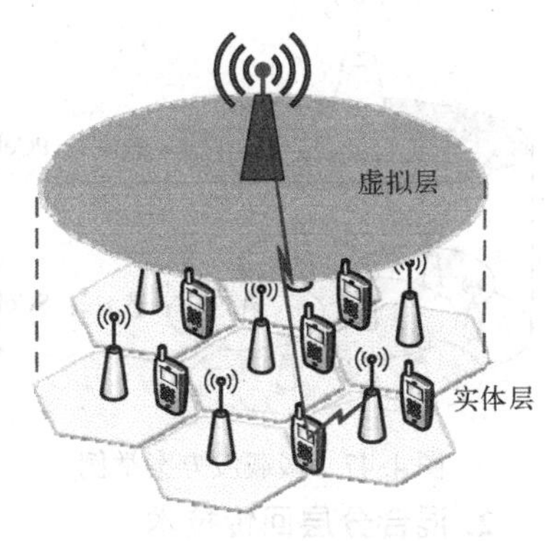

图 4. 44　虚拟层技术基本原理

虚拟层技术可通过单载波和多载波实现。单载波方案通过不同的信号或信道构建虚拟多层网络；而多载波方案通过不同的载波构建虚拟多层网络。

在单载波方案中，将 UDN 中微基站划分为若干个簇，每个簇可分别构建虚拟层。网络为每个簇配置一个 VPCI (Virtual Physical Cell Identifier，虚拟物理小区标识)。同一簇内的微基站同时发送 VRS (Virtual Reference Signal，虚拟层参考信号)，对应于 VPCI，不同簇发送的 VRS 不同；同一簇内的微基站同时发送广播信息、寻呼信息、随机接入响应、公共控制信令，且使用 VPCI 加扰。传统微基站小区构成实体层，网络为每个微基站小区配置一个物理小区标识 PCI。单载波方案中虚拟层的构建可通过时域或频域实现，如图 4. 45 和图 4. 46 所示。

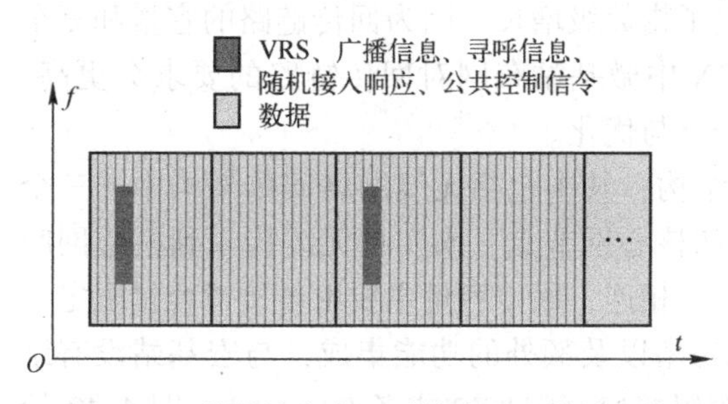

图 4. 45　单载波方案—时域实现虚拟层方法

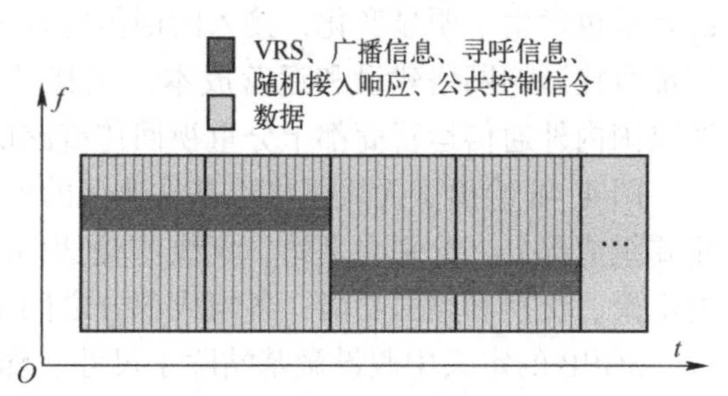

图 4. 46　单载波方案—频域实现虚拟层方法

空闲态用户驻留在虚拟层，侦听微基站小区簇发送的信息，包括 VRS、广播信息、寻呼信息、公共控制信令，同时使用 VPCI 对广播信息、寻呼信息和公共控制信令进行解扰。空闲态用户不需要识别实体层，在同一簇内移动时，不会发生小区重选。空闲态用户通过随机接入过程接入实体层。用户向虚拟层发送 PRACH，并采用 VPCI 加扰；网络收到用户的随机接入请求后由虚拟层向用户发送随机接入响应，并采用 VPCI 加扰。同时根据用户在各个微基站小区上行信号接收强度，随机接入响应中包含用户可接入的微基站小区物理小区标识 PCI；用户接收到虚拟层的随机接入响应后，在 PUSCH 信道上发送消息 3，采用 PCI 加扰；微基站小区发送消息 4，采用 PCI 加扰。自此，用户完成了随机接入过程，进入连接态。

连接态用户侦听微基站小区簇发送的信息，包括 VRS、广播信息、寻呼信息、公共控制信令，同时使用 VPCI 对广播信息、寻呼信息和公共控制信令进行解扰。连接态用户可识别实体层中的微基站小区并和服务小区进行数据交互。网络通过虚拟层实现对连接态用户的管理，用户在同一簇内移动时，不会发生切换。

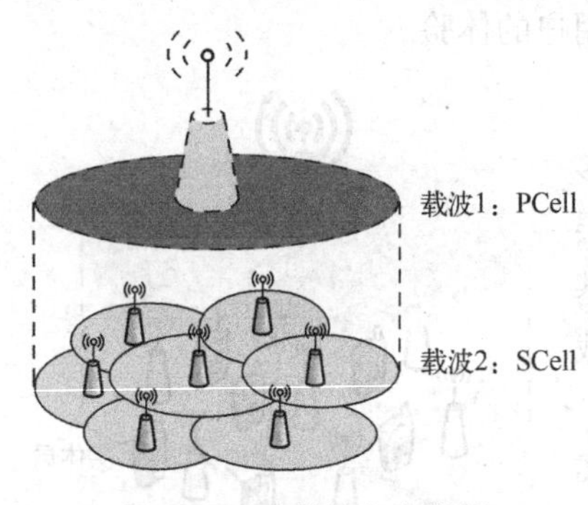

图 4.47 多载波方案举例

在多载波方案中，网络通过不同的载波构建虚拟多层网络。图 4.47 给出了两个载波的例子。在该例子中，同一簇内的不同小区在载波 1 使用相同的 PCI 构建虚拟层，在载波 2 使用不同的 PCI，即实体层。空闲态用户驻留在载波 1，空闲态用户不需要识别实体层，在同一簇内移动时，不会发生切换。连接态用户通过载波聚合技术可同时接入载波 1 和载波 2 网络，通过载波 1（虚拟层）实现对连接态用户的管理，用户在同一簇内移动时，不切换。

2. 混合分层回传技术

1）回传演进及基本结构

在无线网络中，所有形式的无线接入技术都需要一条链路将基站的传输业务数据在保证一定 QoS 条件下传送到控制节点上，进而进入运营商的核心网中，这里的传输链路就称为回传链路。5G 网络中 UDN 除了需要解决接入侧的干扰管理、移动性管理问题，回传架构的分析和设计至关重要。

从无线网络发展的角度，在过去的 20 年中，接入链路由 1G/2G 网络的语音业务到 3G/4G 的数据业务，数据速率得到了巨大的提升，与此同时，接入链路的数据提升对回传容量的要求也发生了明显变化，接入网回传容量发生了指数级增长。因为回传链路的容量和复杂度都直接影响网络建设和运营成本，尤其是 UDN 中微基站布网对回传链路的要求会更高，所以国内外通信运营商都十分重视回传链路的研究与优化。

图 4.48 给出了无线网络宏基站典型的回传结构，其中包括无线网络回传架构中的三个主要组成部分，分别为基站、集线器/汇聚节点和核心网节点，来实现无线接入到核心网间的汇聚、交换和路由功能，各组成部分之间由接口相连，回传容量主要由各接口容量限定。

3GPP 的定义中假设微基站除了尺寸、输出功率以及额外的功能集成，与宏基站没有结构上的不同，即微基站/HeNB 也是采用相同的逻辑接口（S1&X2 或者 Iub/Iuh），图 4.49 给出了 3GPP Release 10 定义的 LTE 基本回传结构。

在 LTE HeNB 网络结构设计中，包括了有聚合作用的网关（HeNB GW），在对其他类型微基站的标准化定义中暂时没有相关内容，对于未来的网络设计，比如在接入层面提出了虚拟层技术，引入一个支持微基站的聚合网关是一个可行的方向。这个聚合网关能够提供用户、控制和管理层面的功能，降低核心单元的信令开销，从而降低微基站的运营难度，其结构可以参考 3GPP 中已经对 HeNB 设计的网关结构。考虑到运营商既有的宏基站部署，对微基站部署的一个直接选择就是将微基站回传连接到宏基站上，即将宏基站作为微基站汇聚节点，当微基站间具备聚合站点的时候可以连接到宏基站上。

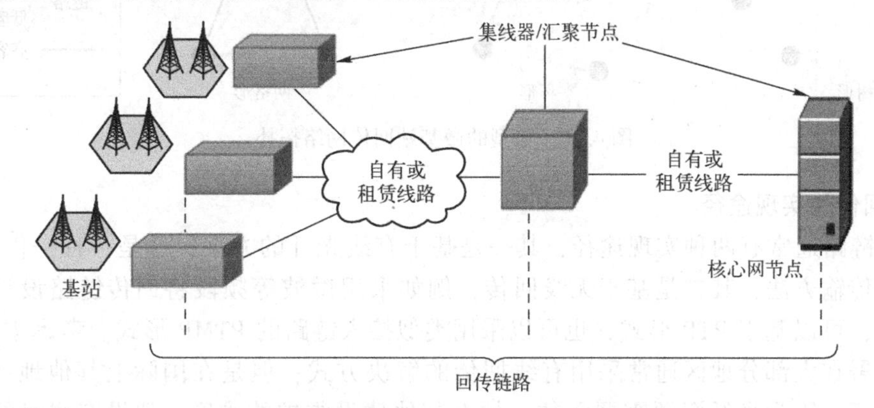

图 4.48　典型无线网络宏基站回传结构

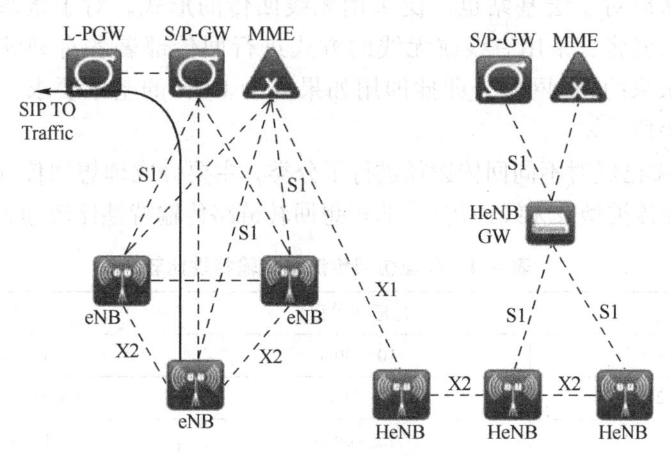

图 4.49　3GPP LTE 基本回传结构（Release 10）

2）回传的拓扑结构

对于未来回传网络的拓扑结构也有多种选择，典型的微基站回传网络拓扑如图 4.50 所示，假设微基站间有集线器/汇聚节点，PTP（Point-To-Point，单点对单点）形式中集线器与微基站之间的拓扑结构可包括树形、环形和网格形，另外还包括 PTMP（Point-To-Multi-Point，单点对多点）的拓扑结构。

PTP 的树形结构中，微基站与集线器之间通过一跳或多跳链路连接，其中树干支路因为要传输各树枝汇聚的信息，所以容量要求较高，同时树干容量需求根据支路数目的变化而变化；环形结构使得每一条链路得到充分利用，但是也使远端基站需要经历更多跳链路；网格形结构中点与点间都建立链路，会有更多的冗余链路，但同时路由选择更多，能够更灵活地进行资源分配；PTMP 拓扑结构更类似于接入侧的技术，集线器将容量动态分配给不同的微基站，可以根据不同时刻的业务变化改变回传链路的容量分配，可以提高频谱利用率，在这种拓扑中，汇聚节点处可以配置大规模天线进行多个微基站的回传接入，能够提升容量。

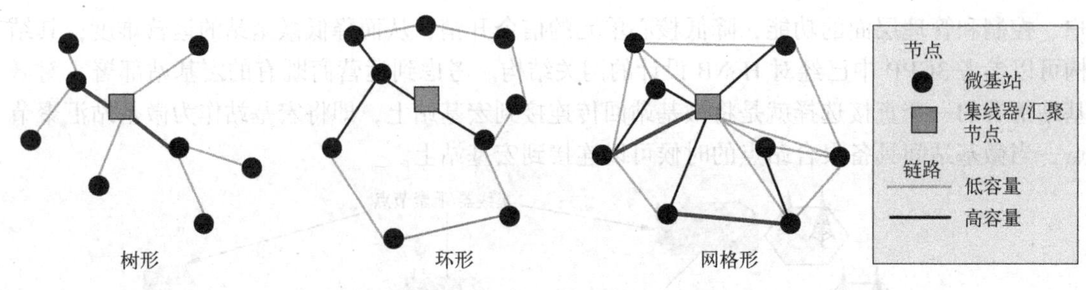

图4.50 典型的微基站回传网络拓扑

3）回传的实现途径

回传链路通常有两种实现途径，其一是基于有线光纤的方案，这是一种提供高容量、低时延的传输方法；其二是基于无线回传，例如采用微波等频段将回传链路设计成无线传输链路，可以基于PTP形式，也可以采用类似接入链路的PTMP形式。考虑中国国情，宏基站部署在大部分地区通常采用有线回传的解决方式；但是在国际上其他地区，尤其在欧洲地区，因为光纤资源需要租赁，加上其他建设维护的难度，建设有线光纤回传有时候并不划算，所以对于宏基站也广泛采用无线回传的形式。对于微基站而言，因为站址资源及传输资源紧张，采用有线或无线的方式进行回传部署各有利弊，需要进一步分析。尤其是针对未来的5G网络，即插即用如果成为UDN的基本要求，无线回传将提供一种有效的组网手段。

3GPP的讨论中已经对不同回传途径进行了分类，主要分成理想回传（光纤）和非理想回传（部分有线回传类型及无线回传），非理想回转链路传输特性比较如表4.4所示。

表4.4 非理想回传链路传输特性比较

回传技术	时延（单程）	速　率
光纤接入1	10～30ms	10Mbit/s～10Gbit/s
光纤接入2	5～10ms	100bit/s～1 000Mbit/s
DSL	15～60ms	10bit/s～100Mbit/s
电缆	25～35ms	10bit/s～100Mbit/s
无线回传	5～35ms	10～100Mbit/s

不同运营商将会根据自身网络架构及传输设备条件来设计微基站的具体部署结构，包括部署拓扑以及采用有线还是无线方式来支撑回传链路。

将微基站与宏基站/聚合节点间用有线的方式连接就构成了有线回传结构，有线回转结构举例如图4.51所示，可以包括PTP和PTMP两种拓扑形式，其中有线回传的PTMP架构可以基于光纤PON（Passive Optical Network，无源光纤网络），比如GPON（Gigabit-Capable PON）、EPON（Ethernet PON）、WDM（Wavelength Division Multiplexing，波分复用）PON等。从覆盖角度，有线回传将在室内、室外沿地面或在地下/墙体内铺设线路，所以有线回传的制约条件首先应考虑站址建筑物的既有结构和工程难度带来的成本增加，在未来UDN的大量站址需求基础上，单纯建设有线回传网络的难度明显增大。

与有线回传相比，无线回传的灵活性更具优势，图4.52给出了无线回传结构举例。从覆盖角度，无线回传网络部署中无线回传的信道条件对性能有较大影响，例如LOS信道的

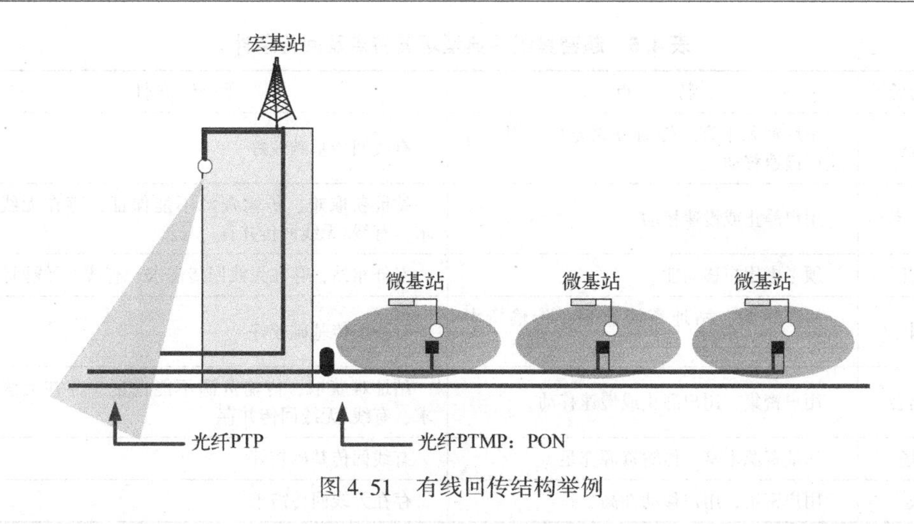

图4.51　有线回传结构举例

信道容量较高，但同时要求互传的两点间距较小且没有遮挡物，这就无形中提升了回传部署的成本，所以NLOS信道也在回传部署的考虑范围内。当微基站与宏基站/聚合节点之间没有直接点对点链路时可采用多跳的树形或环形拓扑。

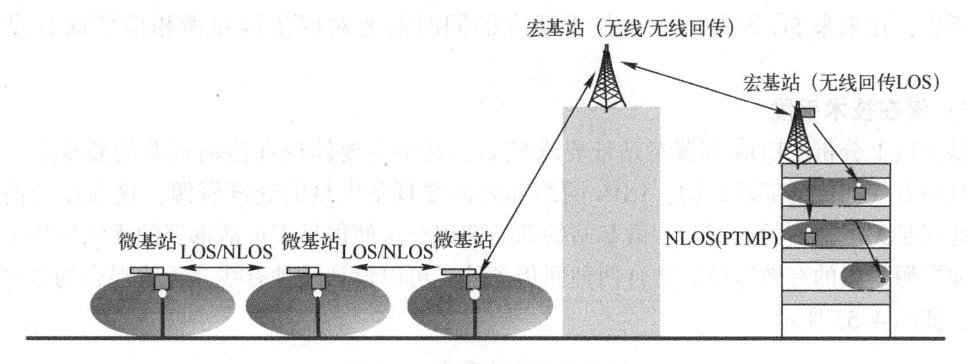

图4.52　无线回传结构举例

4）5G网络对回传的需求和挑战

5G网络对接入侧的传输速率提出了很高的要求，随之对回传的挑战首先就体现在容量方面。考虑5G接入速率要求以及表4.4给出的不同回传类型的容量范围，无论是对无线回传还是有线光纤网传都是具有挑战性的。另外，如果考虑回传采用树形拓扑形式，树干支路的容量要求则更高。

在容量之外，回传链路的时延指标也需要考量，尤其是当采用多跳回传架构时，时延将影响用户切换性能。从时延的角度，因为有线光纤回传的时延在微秒级别，优势较为明显。同时，因为UDN带来的大量运维数据传输，其传输可靠性也对回传链路性能提出要求。

另外，从UDN的组网形式考虑，即插即用应成为一项基础性要求，然而因为假设广泛的光纤资源并不现实，所以如果单纯考虑有线光纤的回传方式将明显制约大量微基站的部署。基于即插即用的考虑，无线回传是有一定应用前景的。表4.5给出了UDN考虑的几种典型的应用场景特点以及相应的回传条件，其中可以预见密集住宅、密集街区、大型集会以及地铁等场景都可能出现无线回传的需求。

表4.5　超密集组网典型场景特点及回传条件

主要应用场景	特　点	回传条件
办公室	站址资源丰富，传输资源充足，用户静止或慢速移动	有线回传基础较好
密集住宅	用户静止或慢速移动	站址获取难、传输资源不能保证，存在无线回传需求，有线/无线回传并存
密集街区	须考虑用户移动性	室外布站，存在无线回传需求。有线/无线回传并存
校园	用户密集，站址资源丰富，传输资源充足	有线回传基础较好
大型集会	用户密集，用户静止或慢速移动	站址难获取，传输资源不能保证，存在无线回传需求，有线/无线回传并存
体育场	站址资源丰富，传输资源充足	有线回传基础较好
地铁	用户密集，用户移动性高	存在无线回传需求

从无线回传设计角度，5G网络也提出了很多的可能性，比如回传链路与接入链路可能同频部署，也可能异频部署（当接入链路能够采用高频传输时，同频部署的可能性增大）。异频部署时如何做频谱选择，采用许可频段还是非许可频段；同频部署时同频干扰如何处理等。所以，在未来5G网络的接入技术研究的同时需要对回传链路做相应的联合设计与分析。

5）潜在技术手段

基于以上分析，UDN部署对站址要求较高，其中主要体现在传输资源的要求上，若沿用宏基站有线回传的部署结构，UDN网络部署需要具备大量的光纤资源，这在运营商部分部署地区是无法达到的。同时，微基站的即插即用要求使得易于灵活部署的无线回传成为解决传输资源受限的有效途径。结合两种回传条件，可以设计一种有线、无线混合的分层回传架构，如图4.53所示。

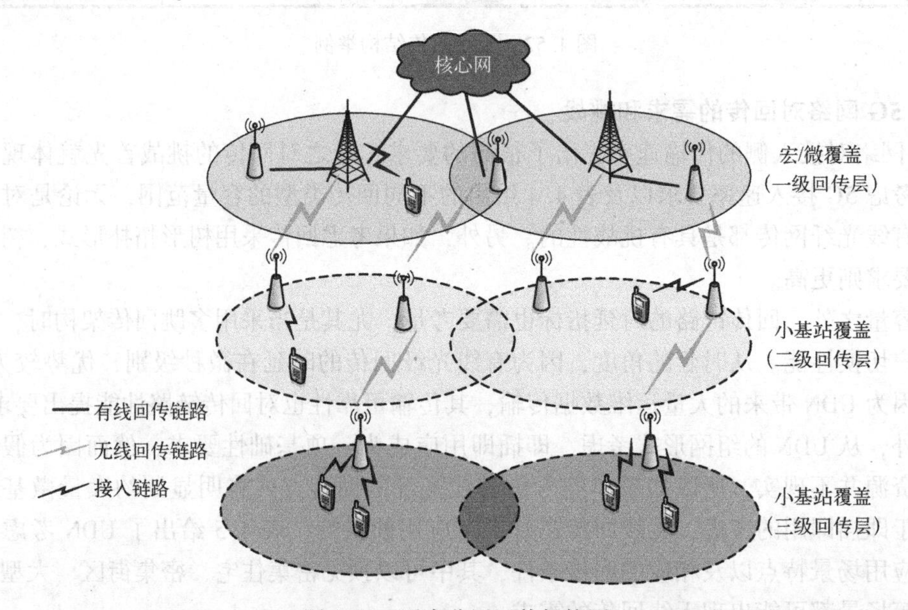

图4.53　混合分层回传架构图

混合分层回传主要应用于有线传输资源受限的密集住宅、密集街区、大型集会等UDN典型应用场景。该架构中将不同基站分层标示，宏基站及其他享有有线回传资源的微基站属于一级回传层，二级回传层的微基站以一跳形式与一级回传层基站相连接，三级及以下回传层的微基站与上一级回传层以一跳形式连接，以两跳/多跳形式与一级回传层基站相连接。在实际网络部署时，微基站只须与上一级回传层基站建立回传链路连接，能够做到即插即用。

这种混合分层回传的好处在于可以分阶段地部署微基站，例如第一阶段利用有线光纤资源做回传链路部署微基站，即一级回传层微基站；当流量需求增大，即有密集微基站部署需求的时候可以部署二级回传层微基站，通过无线回传的方式与一级回传层相连，做到即插即用；当微基站密度还需要增大时，还可以部署三级回传层微基站与二级回传层微基站即插即用相连。

从该架构的实现角度进行分析，对于一级回传层基站与现有宏基站部署类似；对于二级回传层微基站，情况就会相对复杂，如图4.54所示，假设只存在一级回传层和二级回传层，且两层基站的接入链路同频部署（即链路3与链路4同频部署），那么回传链路1与链路3可能同频部署也可能异频部署。当采用异频部署时，一级回传层基站同时对本层终端用户和二级回传层微基站进行接入，用于支持无线回传的微基站与宏基站需要具备不同频点的两套射频收发装置；当采用同频部署时，二级回传层微基站可参考Release 10中继结构将接入链路与回传链路通过时分的形式进行传输。如果链路3与链路4不同频部署，即用户可采用载波聚合技术提升频谱效率时，将会使得整个系统的频谱利用情况更加复杂。具体的频谱部署与未来运营商所具备的频段以及对之前网络的重耕密切相关。对于三级回传层微基站的接入方式，因为涉及的回传链路以及接入链路更多，布网可能性也随之增加，但考虑尽量降低运营商网络部署难度，应考虑遵循这样的规律：多跳回传之间采用相同频段，多层基站接入链路参考宏基站与微基站的接入链路频段可不相同，微基站之间接入链路频段相同。

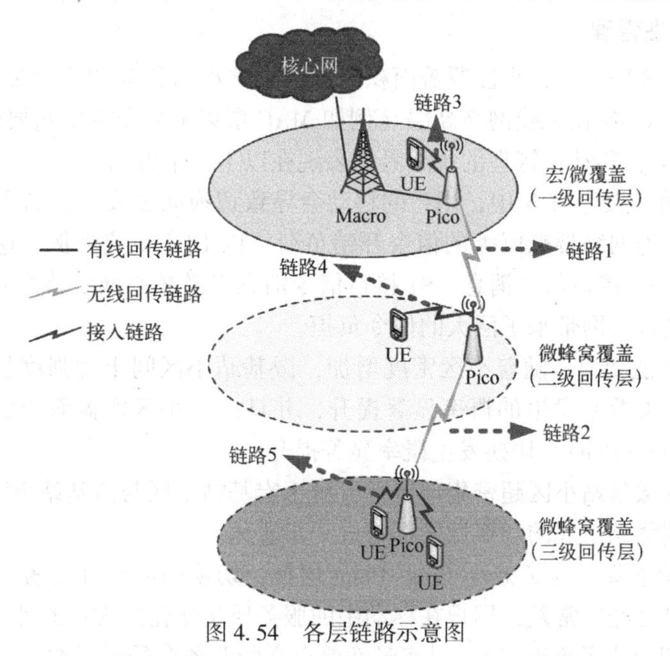

图4.54 各层链路示意图

在混合分层回传架构中考虑无线回传链路的容量和时延要求，可以进一步完成对移动性管理、负载均衡和业务分流等方面的技术研究。比如在移动性增强方面，为尽量降低用户切换的时延，可以进行如下设计。

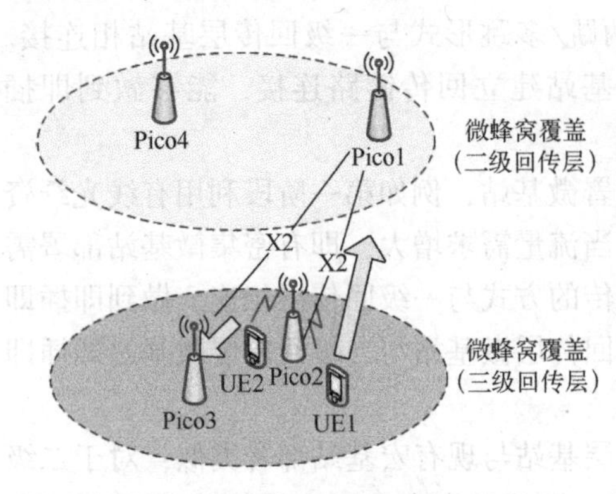

图 4.55 移动性增强示意图

参考图 4.55，当终端用户在两级回传层的基站间切换时，通过层间的 X2 接口，即图中 UE1 从 Pico2 切换至 Pico1，通过 Pico1 与 Pico2 之间的 X2 接口；当终端用户在相同回传层内基站间切换时，若在一级回传层内通过 S1 接口，若在二级及以下回传层内，通过 X2 接口。此时可以通过上一级基站转发，即如图中 UE2 从 Pico2 切换至 Pico3，通过 Pico2 和 Pico3 分别到 Pico1 的 X2 接口进行转发，需要进一步评估两跳时延是否能够满足切换要求。也可以新建同层的 X2 接口，但这将对网络架构设计有更高的要求，比如若实现即插即用，须具备类似 3GPP 对 D2D（Device-to-Device，设备到设备）通信定义的微基站发现过程。

另外，考虑有线回传与无线回传的链路容量和时延都有所不同，在负载均衡以及业务分流上都需要做相应的技术革新来匹配未来的业务需求。在负载均衡方面，可以将高负载用户接入到一级回传层基站，将低负载用户接入到二级及以下回传层基站。在业务分流方面，可以将终端用户双连接至一级回传层和二级及以下回传层，此时时延敏感业务在一级回传层基站发送，非时延敏感业务在其他回传层基站发送。

针对各层回传资源的分配，可以采用预定义的方式，这样的处理使得后期基站维护相对简单；也可以采用自适应的资源调节的方式，这样会更匹配即插即用的部署需求。

3. UDN 移动性管理

在超密集的小区部署下，小区覆盖面积的进一步缩小为移动性管理带来了巨大的挑战，因此移动性管理是 UDN 在无线网络高层（例如 MAC 层以上）研究的重要内容之一。

在 UDN 场景下，移动性管理的挑战具体表现在以下几个方面。

（1）信令开销巨大。UDN 中，用户的移动会导致切换频繁发生，若采用传统的切换方式支持用户移动将为网络带来巨大的信令开销负荷。以 LTE 系统为例，这种信令开销包括了空口信令消息、X2 接口信令消息、S1 接口信令消息以及核心网实体之间的信令消息，这为现有系统特别是核心网带来了巨大的信令负担。

（2）移动性性能变差。随着小区密度增加，微基站小区间干扰强度显著增大，导致无线链路失败和切换失败率发生的概率显著提升，并且由于小区覆盖面积变小以及形状不规则，导致乒乓（Ping-Pong）切换发生概率显著提升。

总而言之，在微基站小区超密集部署下，对于宏基站小区与微基站小区同频或者异频的情况下，由于终端移动造成的切换性能都将进一步恶化。

（3）用户体验下降。为了减小 Ping-Pong 切换，切换门限往往配置得较高，使得用户在切换时信道质量已经非常差，用户在移动中的服务质量变化巨大；此外切换过程中发生数据中断（失步、切换或者重连接），对实时性要求高的业务会受到影响。

(4) 终端耗电量增加。为了驻留或切换到最好的小区，终端需要进行大量的实时测量与处理上报，此过程显著增加了终端的耗电量。

4G 移动通信系统在 Release 12 中对移动性管理进行了增强。3GPP 在 Release 12 中提出了一种宏基站与微基站双连接的方式，RRC 连接一直由宏基站进行维护，仅在宏基站改变才进行切换，通过这种方式能够显著降低核心网节点间的信令交互，然而由于移动过程中仍需要频繁进行辅小区的改变/添加/删除，依然需要大量信令交互，特别是 RRC 重配置信令。3GPP TR 36 839 中指出，由于同时维持与宏基站和微基站的连接，相对于单连接需要额外多消耗 20%的 RRC 重配置信令，并且短暂接入使得负载增益有限。另外网络中存在相当数量的 Release 8 ～ Release 11 UE 无法使用双连接。

在 2014 年 9 月结束的 3GPP Release 12 中的移动性能提升工作项目中，对 Release 11 的移动性管理技术做了以下几点增强：

(1) 目标小区相关的 TTT (Time To Trigger，触发时间)。基站侧依据终端切换的目标小区 (宏基站/微基站) 配置不同的 TTT 长度，通过这种方式能够有效地平衡切换失败率与 Short ToS (Short Time of Stay，短停留时间) 指标，达到提升移动性能指标的目的，其中 Short ToS 定义为 UE 在某小区的停留时间小于预先设置的最小停留时间 (1s)，体现了 Ping-Pong 效应的强度。

(2) 终端的接入信息上报。终端在从空闲态变为连接态时，可向基站上报接入信息 (包括 Cell ID 和 ToS 等)，且可最大支持 16 个小区的接入信息。基站依据终端上报的接入信息以及基站侧记录的切换信息等，评估终端移动状态，进而通过调制参数或进行相应的切换决策来提升切换性能。

(3) 引入计时器 T312。LTE 原有 RLF (Radio Link Failure，无线链路失败) 的判决方式为终端处于失步状态 (wideband CQI<Qout) 长达 T310 时间，这种方式使得终端在切换过程中发生失步后，仍要等待较长时间 (T310 的常规设置为 1s) 才能判定发生 RLF 并进行重连接，这对如 VoIP 等时延要求严格的实时业务影响较大。Release 12 中，引入了计时器 T312，在 TTT 到时 (触发测量报告) 且 T310 开始计时的情况下，开启 T312 计时器 (常规设置为 160ms)，T312 或者 T310 到时均认为发生 RLF。通过这种方式，能够显著缩短切换过程中的业务中断时间，达到提升用户体验的目的。

虽然 4G 中对异构网络的移动性性能提升展开了研究，并已取得一定的结果与进展，然而这些提升工作对解决未来 UDN 部署中的移动性仍然有限。而 5G 对于 UDN 场景下的移动性管理关键技术可能主要集中在以下方向。

1) 进一步优化现有移动性管理技术

通过分析超密集微基站部署场景下现有移动性管理技术的不足，有针对性地开展优化与改进工作，达到移动性性能的目标，是解决 UDN 场景下移动性管理问题的最直接方法，且多种解决方式会涉及大量的标准化的相关工作。

通过实际仿真结果可以发现，目前绝大多数的切换失败发生在 State2，即 HO CMD (Handover Command，切换请求) 由于源基站的信道质量太差而无法正确送达。参考文献提出了一种将切换准备提前的方案，能够提升 HO CMD 的发送正确率。

基站为终端配置两个测量事件，两个测量事件的门限相同，但是 TTT 一短一长，长 TTT 与现有 TTT 长度相同，即图 4.56 中的 TTT1 (短) 和 TTT2 (长)。在基站收到 TTT1 事件的测量结果上报后，就开始与目标基站进行切换准备过程，完成该过程后 HO CMD 存储在源基站侧暂不发送，当 TM 事件的测量结果上报后，基站立即发送 HO CMD 给终端，此时终端开始切换执行过程。如果基站在相应的时刻没有 TTT2 时间的测量结果上报，则源基站发送信令通知目标基站释放预留的资源。这种方式端侧不需任何改动。将这种方案进一步改进，即在基站收到 TTT1 事件的测量结果上报后，就开始与目标基站进行切换准备过程，并在切换准备过程完成后立即发送 HO CMD 给终端。终端收到 HO CMD 后不立即开始切换执行过程，而是在触发了 TTT2 事件的测量结果上报后才开始进行切换执行过程。若终端未成功触发 TTT2 事件，则终端侧释放 HO CMD，源基站侧发送信令通知目标基站释放预留的资源。这种方案相对于前一种方案能够进一步提升 HO CMD 的发送成功率，然而需要对终端侧进行一定的改动。

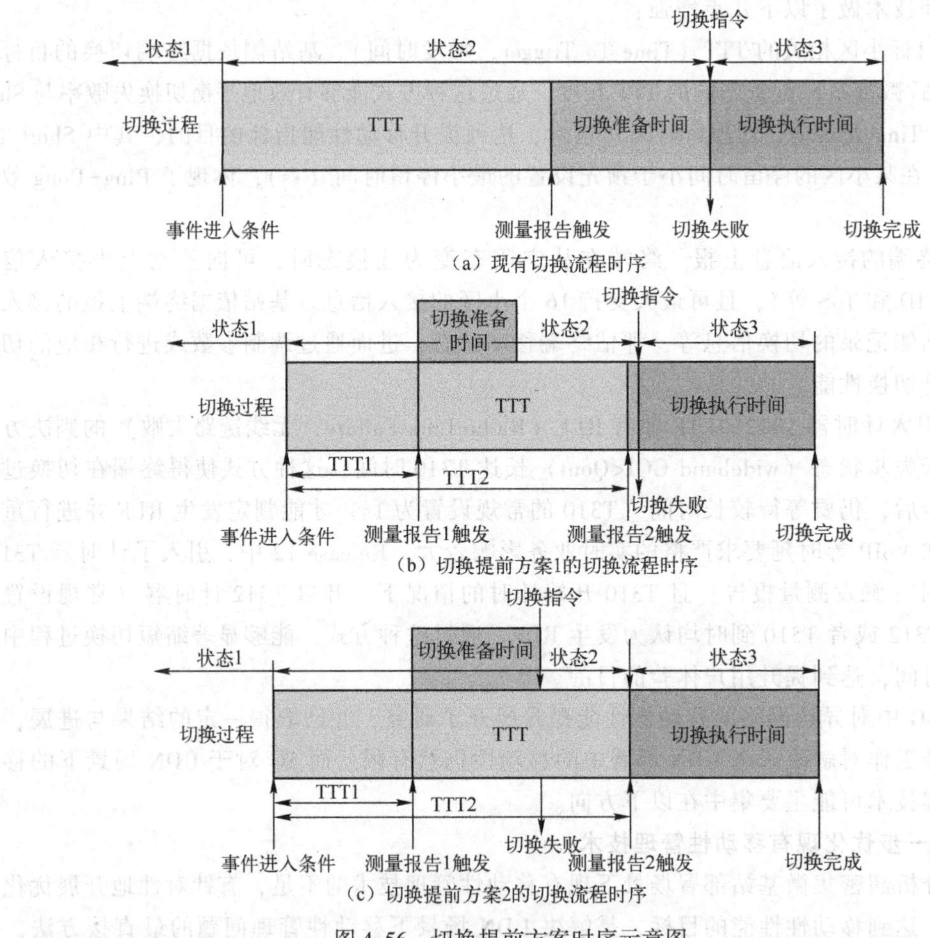

图 4.56 切换提前方案时序示意图

切换准备提前的方案使得 HO CMD 可以较早发送，提高了传输成功率而又不会因为 TTT 缩短导致的 Short ToS 概率提升。

2）从网络架构上寻求突破

现有分布式的网络架构导致微基站在超密集部署下，难以集中式进行全局的移动性管理，且切换带来的巨大核心网信令负荷无法避免。突破现有网络架构的约束，是一种从根本上解决超密集网络下的移动性问题的方式。然而，由于网络架构发生改变，5G 网络将无法重用现有的移动性管理机制，架构改变的同时，现有移动性机制与流程的设计也将同时进行。

由于双连接方案的应用需要宏微异频部署以及存在宏覆盖的条件，因此不能适用于微基站小区部署场景#1 和场景#3，此外 Release 12 以下的终端也无法使用双连接。因此提出了一种称为移动性锚点的方案，并且其可适用于微基站小区部署的所有场景以及无双连接功能的终端。

移动性锚点方案的网络架构图如图 4.57 所示，本方案中将引入一个名为移动锚点的逻辑实体。对于存在宏覆盖的场景，移动锚点可以部署于宏基站；对于无宏覆盖的场景，移动锚点可以作为一个新的物理实体。

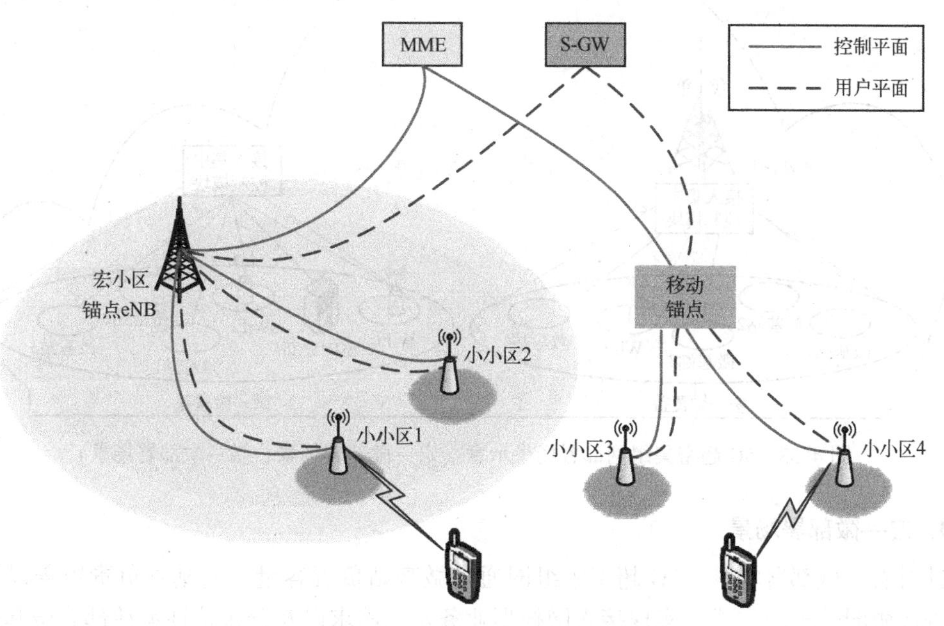

图 4.57　移动性锚点方案的网络架构图

移动控制器具体可以包括如下功能。

- 终结 Sl 接口的控制平面和用户平面。
- 负责本地控制范围内的终端的位置管理、切换管理等。

3）结合其他技术

随着未来 5G 各项技术，乃至数据分析、互联网等技术的研究不断展开，越来越多的技术可以被引入进来，与现有移动性技术方案相结合，进一步提升超密集网络下的移动性性能。

- 干扰协调：通过引入干扰协调技术方案，源小区在发送 HO CMD 时，降低邻小区对源小区的同频干扰，提高 HO CMD 发送的成功率。具体来讲，切换过程中对 HO CMD 的干扰将主要来自目标小区，干扰协调方案可能为在切换命令发送时，配置目标小区为 ABS 子帧，或者邻小区采用 ICIC 方式在切换命令发送的频率资源上加以规避。
- 大数据分析：数据分析、数据挖掘等围绕大数据的技术越来越成熟，在 UDN 架构下，根据用户行为特性、大数据分析等进行用户行为预判，包括移动的方向以及目的小区、业务情况等，预先为用户配置资源等。通过这种方式可以进一步减小时延，达到提升用户体验的效果。

4.7.5 5G超密集组网具体部署场景

下面将重点针对5G超密集组网具体部署场景如何实现控制承载分离以及簇化集中控制方案进行介绍，主要包括宏—微和微—微部署场景，如图4.58所示。

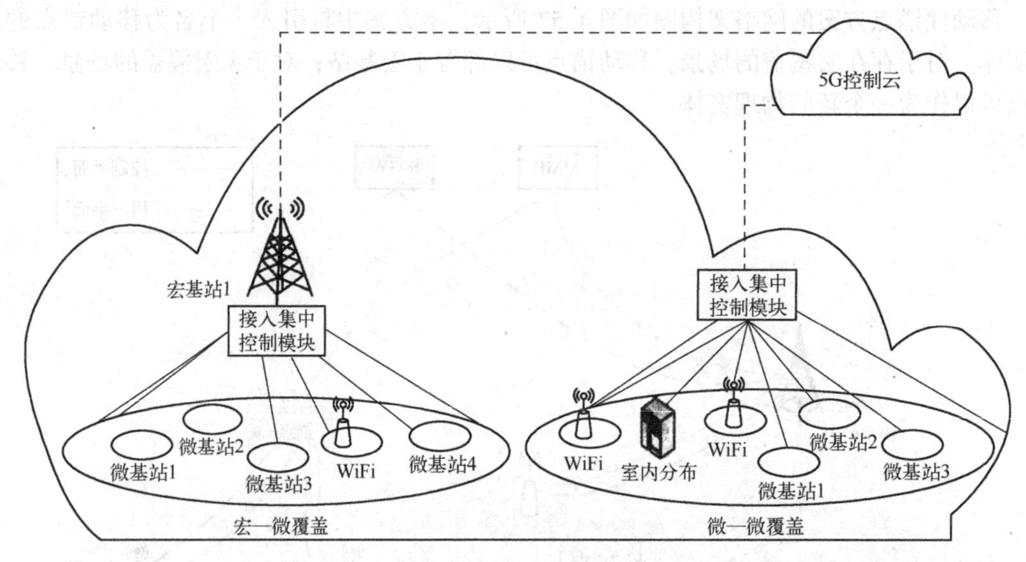

图4.58 5G超密集组网部署场景示意（宏—微部署场景、微—微部署场景）

1. 宏—微部署场景

针对宏—微部署场景，5G超密集组网通过微基站负责容量、宏基站负责覆盖以及微基站间资源协同管理的方式，实现接入网根据业务发展需求以及分布特性灵活部署微基站。同时，由宏基站充当微基站间的接入集中控制模块，对微基站间干扰协调、资源协同管理起到了一定帮助。为了实现宏—微部署场景下控制承载分离以及簇化集中控制的目标，5G超密集组网可以采用基于双连接的技术方案，如图4.59和图4.60所示。

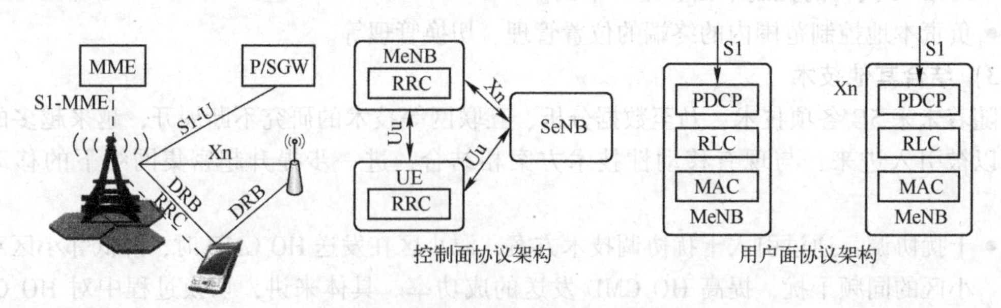

图4.59 宏—微覆盖场景控制与承载分离方案一

方案一：终端的控制面承载，即RRC（Radio Resource Control，无线资源控制）连接始终由宏基站负责维护，如图4.59中控制面协议架构所示。终端用户面承载与控制面分离，其中，对中断时间敏感、带宽需求较小的业务承载（诸如语音业务等）由宏基站进行承载，而对中断时延不敏感、带宽需求大的业务承载（诸如视频传输等）则由微基站负责。除此之外，从图 4.59 用户面协议架构中可以看出，对于微基站负责传输的数据会由 SGW（Serving Gateway，服务网关）直接分流到微基站，而维持在宏基站的数据承载，其数据将保持由 SGW 到宏基站的路径。

方案二：与方案一类似，终端的控制面承载（RRC 连接）始终由宏基站负责维护，如图 4.60 中控制面协议架构所示。终端的用户面承载与控制面分离，对于低速率、移动性要求较高（诸如语音业务等）的业务承载和高带宽需求（诸如视频传输等）的业务承载分别由宏基站和微基站负责传输，其中微基站主要负责系统容量的提升。然而对于用户面协议架构，与方案一不同的是对于微基站负责的数据承载仅将无线链路控制（Radio Link Control，RLC）层、媒体接入控制（Medium Access Control，MAC）层以及物理层切换到微基站，而分组汇聚协议（Packet Data Convergence Protocol，PDCP）层则依然维持在宏基站。换句话说，也就是分流到微基站的数据承载首先由 SGW 到宏基站，然后由宏基站经过 PDCP 层后分流到微基站。

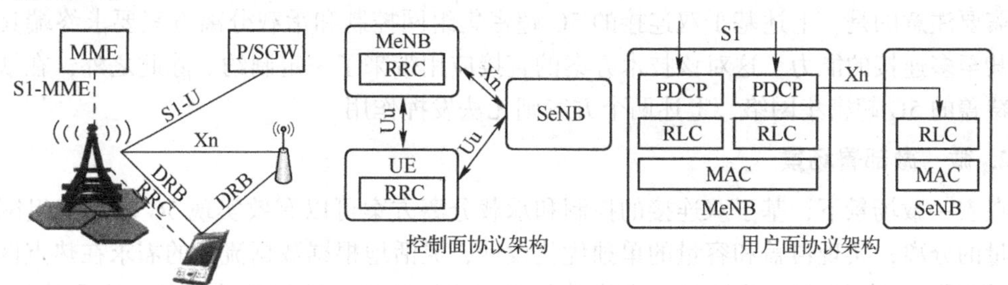

图 4.60　宏—微覆盖场景控制与承载分离方案二

可以看出，对于用户面协议架构，方案一采用的宏基站和微基站都与核心网直接连接，这样做虽然可以使数据不用经过 Xn 接口进行传输，降低了用户面的时延，但是宏基站和微基站同时与核心网直接连接将带来核心网信令负荷的增加。方案二则只有宏基站与核心网进行连接，宏基站和微基站通过 Xn 接口传输终端的数据，这种方案通过在接入网宏基站处进行了数据分流和聚合，微基站对于核心网是不可见的，从而可以减少核心网的信令负担。但是，由于所有微基站的数据都需要通过宏基站传输到核心网，此时对宏基站回程链路容量带来很高的要求，尤其是微基站的超密集部署的场景。因此，基于双连接的 5G 超密集组网宏—微覆盖场景控制与承载分离方案可以基于不同的用户与场景灵活选择。例如，对于理想回程链路的场景，可以采用宏基站分流的方案二，此时微基站不需要完整的协议栈，减少了功能，降低了成本，为这种仅具备部分功能的轻量化基站的应用带来可能，使得网络部署更加灵活，具备按需部署的能力。然而对于回程链路较差的场景，可以采用宏基站和微基站同时与核心网连接的方案一，此时可以降低用户面时延，增大用户吞吐量。

综上所述，通过基于双连接的技术方案一和方案二，5G 超密集组网可以实现控制与承载分离。其中，终端的控制面承载（RRC）由宏基站负责传输，微基站会将一些配置信息打包通过 Xn 接口传送给宏基站，由宏基站生成最终的 RRC 信令发送给终端。因此，终端只会看到来自宏基站的 RRC 实体，并对此 RRC 实体进行反馈回复。同时，终端的用户面承载除了个别低速率、移动性要求较高的业务（语音等）由宏基站负责传输，其余高带宽需求的业务承载主要由微基站负责传输，从而实现了5G超密集组网宏—微场景下控制与承载的分离。通过控制与承载的分离，使得对于未来5G超密集组网可以实现覆盖和容量的单独优化设计，灵活地根据数据流量的需求在热点区域实现按需的资源部署扩容数据面传输资源（小区加密、频带扩容、增加不同RAT系统分流等），并不需要同时进行控制面增强。

更进一步，5G超密集组网宏—微场景下的控制承载分离还具备如下优势。

1）移动性能提升

由于微基站始终处于宏基站的覆盖范围内，可以始终保持与宏基站的RRC连接，此时微基站仅提供用户面连接，终端在微基站的切换就简化为微基站的添加、修改、释放等，避免了频繁切换带来的核心网信令增加。同时宏基站RRC连接的持续保持以及部分低速率业务的传输能力，也可以提升终端在频繁切换过程中的用户体验。

2）资源利用率提升

宏基站可以在终端的微基站选择、微基站间干扰的协调管理、微基站间的负载均衡、微基站的动态打开/关闭等方面通过接入集中控制模块的资源优化算法进行优化控制，从而提升网络整体容量和资源利用率，降低能效。

需要注意的是，上述基于双连接的5G超密集组网控制和承载分离方案要求终端具备双连接甚至多连接的能力，这对该技术方案的直接应用带来了一定制约。除此之外，在缺少宏基站覆盖的5G超密集网络，上述两个方案则无法发挥作用。

2. 微—微部署场景

在宏—微场景下，基于双连接的控制和承载分离方案可以有效实现5G超密集组网覆盖和容量的分离，实现覆盖和容量的单独优化设计，灵活地根据数据流量的需求在热点区域实现按需部署。然而上述方案除了要求终端具备双连接甚至多连接的能力外，也无法解决5G超密集组网微—微覆盖场景，即无宏基站覆盖的场景。基于宏—微场景下“宏覆盖”思想，提出来虚拟宏小区以及微小区动态分簇的两种方案。

1）虚拟宏小区方案

为了能够在5G超密集组网微—微覆盖场景下实现类似于宏—微场景下宏基站的作用，即宏基站负责控制面承载（RRC）的传输，此时需要利用微基站组成的密集网络构建一个虚拟宏小区。此时，由虚拟宏小区承载控制面信令（RRC）的传输，负责移动性管理以及部分资源协调管理，而微基站则主要负责用户面数据的传输，从而达到与宏—微覆盖场景下控制面与数据面分离相同的效果，如图4.61所示。

不难想象，虚拟宏小区的构建，需要簇内多个微基站共享部分资源（包括信号、信道、载波等），此时同一簇内的微基站通过在此相同的资源上进行控制面承载的传输，以达到虚拟宏小区的目的。同时，各个微基站在其剩余资源上单独进行用户面数据的传输。可以看出，通过上述方式可以实现5G超密集组网场景下控制面与数据面的分离。

简单起见，以微基站配置两载波为例，在载波1上，簇内不同的微基站采用相同的虚拟宏小区ID，组成虚拟宏小区，而在载波2上，簇内各个微基站则配置为不同的小区ID。此时，对于空闲态终端只需要驻留在载波1上，接收来自载波1上的控制面信令。对于连接态终端，此时根据数据业务需求，通过载波聚合技术，即载波1为主载波，载波2为辅载波。

除此之外，对于仅配置单载波的微基站配置场景，可以通过为每个微基站簇配置不同的虚拟宏小区ID，此时簇内不同微基站使用同一虚拟宏小区ID为其发送的广播信息、寻呼信息、随机接入响应、公共控制信令进行加扰。终端通过虚拟宏小区 ID 解扰接收来自虚拟宏小区的控制承载，而通过微基站小区 ID 的识别与解扰进行用户面数据的传输，从而实现了控制与承载的分离，即覆盖和容量的分离。

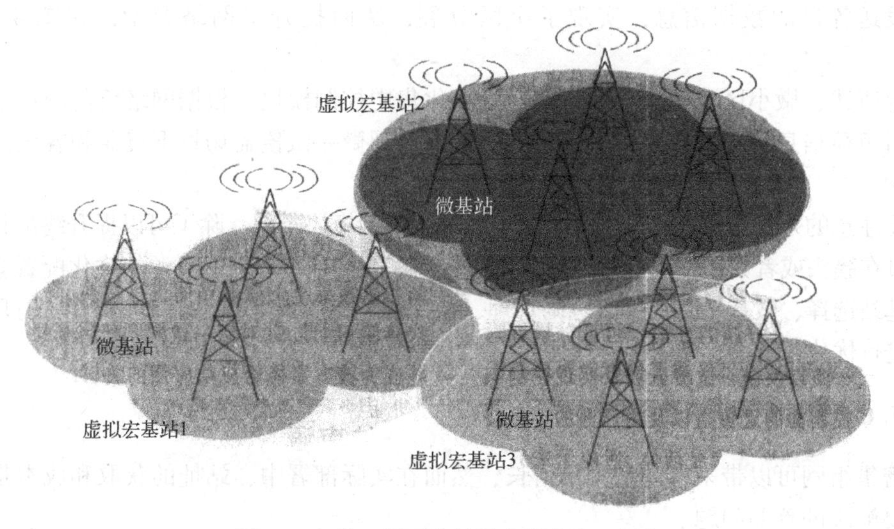

图 4.61　微—微覆盖场景虚拟宏小区方案

2）微小区动态分簇方案

上述虚拟宏小区方案通过构建虚拟宏小区的方法可以有效实现 5G 超密集组网微—微覆盖场景下的控制与承载分离，即通过微基站资源的划分，在公共资源上构建了虚拟的宏小区。换句话说，对于终端来说，相当于同时看到了两个网络（虚拟宏小区和微小区），实现了覆盖和容量的分离。除此之外，考虑到网络热点区域会随着时间和空间的变化而变化，例如，举办赛事的运动场以容量需求为主，而未举办赛事时则容量需求降低，转化为以覆盖要求为主。正是基于上述考虑，借鉴动态 DAS（Distributed Antenna System，分布式天线系统）的思想，提出来了针对 5G 超密集组网的微—微覆盖场景的覆盖和容量动态转化的方案，即微小区动态分簇的方案，微—微覆盖场景动态分簇方案如图 4.62 所示。

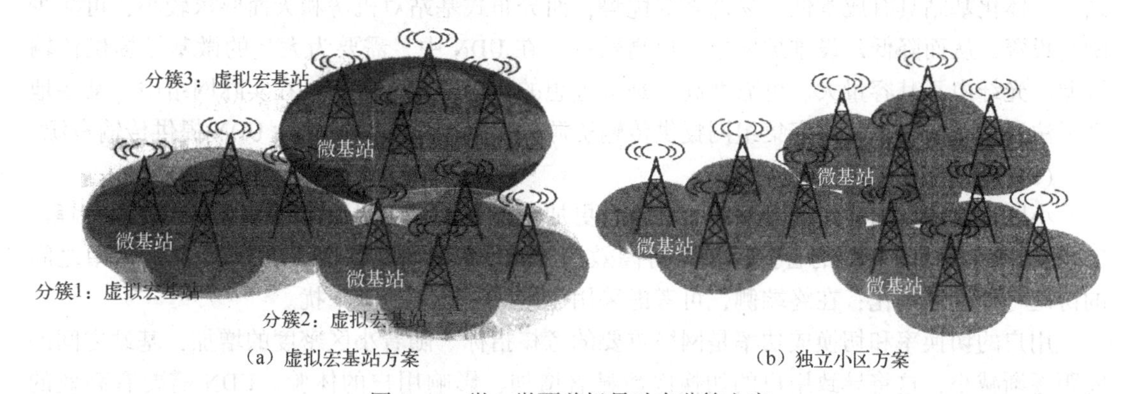

图 4.62　微—微覆盖场景动态分簇方案

可以看出，上述方案的主要思想是，当网络负载较轻时，将微基站进行分簇化管理，其中同一簇内的微基站发送相同的数据，从而组成虚拟宏基站，如图 4.62（a）所示。此时，终端用户在同一簇内微基站间移动时不需要切换，降低高速移动终端在微基站间的切换次数，提升用户体验。除此之外，由于同一簇内多个微基站发送相同的数据信息，终端用户可获得接收分集增益，提升了接收信号质量。当网络负载较重时，则每个微基站分别为独立的小区，发送各自的数据信息，实现了小区分裂，从而提升了网络容量，如图 4.62（b）所示。

综上所述，微小区动态分簇的方案通过簇化集中控制模块，根据网络负荷统计信息以及网络即时负荷信息等，对微基站进行动态分簇，实现微—微覆盖场景下覆盖和容量的动态转换与折中。

需要注意的是，与部署在宏基站上的接入集中控制模块类似，除了可以提升终端移动性能外，通过在簇头或者数据中心部署的接入集中控制模块同样可以通过资源的优化配置算法在终端的微基站选择、微基站间干扰的协调管理、微基站间的负载均衡、微基站的动态打开/关闭等方面进行优化，从而提升网络整体性能。

4.7.6 UDN 面临的挑战

超密集组网可以带来可观的容量增长，然而在实际部署中，站址的获取和成本是超密集小区需要解决的首要问题。

1）站址

UDN 的本质是通过增加小区密度提高资源复用率，然而天面资源的获取以及与业主协调的难度越来越大，新增站址将面临巨大的挑战。

2）成本

成本是网络部署和运维的重要基础。基站数目的增加必然导致运营商初期建网成本的增加。同时，微基站数目也会增加网络运维的成本。

运营商在部署超密集小区时，除了需要解决站址的获取和成本的问题，同时也要求 UDN 具有四大特点：灵活性、高效性、智能化、融合性。

（1）灵活性。

在网络部署方面，根据不同场景的要求采用不同的基站形态，如一体化基站和分布式基站。一体化基站具有成本低、易部署等优势；而分布式基站对机房和天面要求较小，可减少配套投资，从而降低建设维护成本，提高效率。在 UDN 中，需要为大量的微基站提供传输资源。光纤由于其容量大、可靠性高，是最理想的传输资源。然而，在实际网络中，某些地区无法通过有线方式为超密集组网提供传输资源，可考虑以无线方式为 UDN 提供传输资源。

（2）高效性。

小区密度的增加将使小区间的干扰问题更加突出。干扰是制约 UDN 性能最主要的因素。UDN 中对干扰进行有效的管控，需要有高效的干扰管理机制。在网络侧，可考虑基站之间的协调将干扰最小化；在终端侧，可考虑采用先进的接收机消除干扰。

用户的切换率和切换成功率是网络重要的考核指标。随着小区密度的增加，基站之间的间距逐渐减小，这将导致用户的切换次数显著增加，影响用户的体验。UDN 需要有高效的移动性管理机制。可考虑宏基站和微基站协调，如宏基站负责管理用户的移动性、微基站承载用户的数据，从而降低用户的切换次数，提高用户的体验。

（3）智能化。

在热点地区部署 UDN 的主要特点是密集的基站部署和海量的连接用户。UDN 需要有智能化的网络管理机制，对密集基站和海量用户进行有效管理以及解决海量用户产生的信令风暴对基站和核心网的冲击问题。在网络运维方面可采用 SON（Self-Organizing Network，自组织网络）技术方案以降低网络运维成本。

（4）融合性。

仅依靠 UDN 技术无法满足未来 5G 业务的需要，超密集小区需要和其他技术相融合。例如可采用大规模天线为超密集小区提供无线回传、在超密集小区中采用高频作为无线接入、和 WLAN 互操作等。

第 5 章　5G 的频谱

5.1 无线频谱分配现状

5.1.1　概述

1873 年，英国科学家麦克斯韦综合前人的研究，建立了完整的电磁波理论。他断定电磁波的存在，推导出电磁波与光具有同样的传播速度。现在一般所说的无线电，是电磁波的一个有限频带，按照国际电信联盟的规定，为 3kHz ～ 300GHz。随着无线电应用的不断拓展，300Hz ～ 3 000GHz 也被列入了无线电的范畴。

无线电频谱在整个电磁频谱中的位置如图 5.1 所示。由于其频谱范围非常宽，为研究方便，将其划分成 9 个频段（波段）。

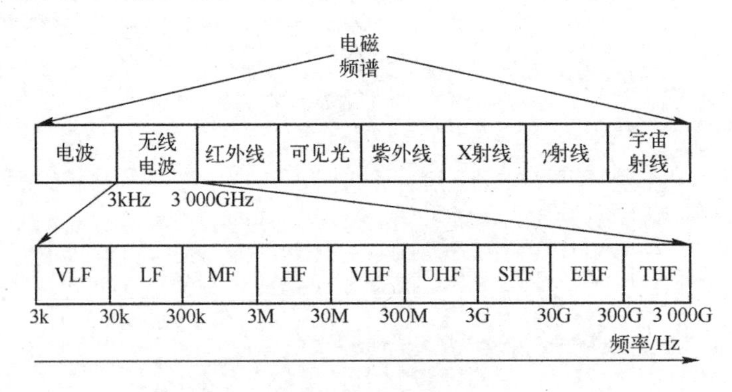

图 5.1　电磁频谱图

谁是第一个无线电通信的应用者？我们可能无法知道，有些人说是马可尼。1898 年，马可尼拍发了第一封收费电报，标志着无线电通信进入实用阶段。

一百多年来，无线电技术不断进步，应用广泛普及，深刻影响和改变着人类的生活。当前，无线电技术的应用日益广泛深入，已经覆盖到通信、广播、电视、公安、交通、航空、航天、气象、渔业、科研和国防等多个行业。无线电的发展史就是人们对电磁波的各个波段逐步进行研究、了解并运用的历史，各波段无线电频谱及其应用见表 5.1。

表 5.1　无线电频谱及其应用

波段（频段）	符号	波长范围	频率范围	主要应用
超长波（甚低频）	VLF	10 000～100 000m	3～30kHz	海岸、潜艇通信
				海上导航

续表

波段（频段）	符号	波长范围	频率范围	主要应用
长波（低频）	LF	1 000～10 000m	30～300kHz	大气层内中距离通信
				地下岩层通信
				海上导航
中波（中频）	MF	100～1 000m	300～3 000kHz	广播
				海上导航
短波（高频）	HF	10～100m	3～30MHz	远距离短波通信
				短波广播
超短波（甚高频）	VHF	1～10m	30～300MHz	电离层散射通信（30～60MHz）
				流星余迹通信（30～100MHz）
				人造电离层通信（30～144MHz）
				对大气层内、外空间飞行体（飞机、导弹、卫星）的通信
				对大气层内电视、雷达、导航、移动通信
分米波	UHF	0.1～1m	300～3 000MHz	移动通信（700～1 000MHz）
				小容量（8～12 路）微波接力通信（352～420MHz）
				中容量（120 路）微波接力通信（1 700～2 400MHz）
厘米波	SHF	1～10cm	1～30GHz	大容量（2 500 路、6 000 路）微波接力通信（3 600～4 200MHz，5 850～8 500MHz）
				数字通信
				卫星通信
				波导通信
毫米波（极高频）	EHF	1～10mm	30～300GHz	穿入大气层时的通信
亚毫米波（至高频）	THF	0.1～1mm	300～3 000GHz	

首先投入应用的是长波段，因为长波在地表激起的感应电流小、电波能量损失小，并且能够绕过障碍物。1901 年，马可尼用大功率电台和庞大的天线实现了跨大西洋的无线电通信。但长波天线设备庞大而昂贵，通信容量小，这促使人们继续探寻新的通信波段。20 世纪 20 年代，业余无线电爱好者发现短波能传播到很远的距离。之后 10 年通过对电离层的研究发现，短波是借助于大气层中的电离层传播的，电离层如同一面镜子，它非常适合于反射短波。短波电台经济又轻便，在无线通信和广播中得到了大量应用。但是电离层容易受气象条件、太阳活动及人类活动的影响，短波的通信质量和可靠性不高，此外容量也满足不了日益增长的需要。短波段带宽只有 27MHz，按每个短波电台占 4kHz 频带计算，仅能容纳 6 000 多个电台，每个国家只能分得不足 50 个。如果是电视的话，每个电视频道需要 8MHz，就更挤不下了。从 20 世纪 40 年代开始，微波技术的应用开始兴起。微波已接近光频，它沿直线传播，能穿过电离层不被反射，但是绕射能力差，所以微波须经中继站或通信卫星将它反射后传播到预定的远方。

宽带移动通信代表着无线电技术演进的最新成果，它将独立的、分散的无线电技术应用时代带入到无处不在的、宽带的移动互联网时代，直至将来的万物互联。回顾移动通信的发展历程，可以发现，技术的进步也是频谱使用效率提升的过程。从 FDMA 到 TDMA、CDMA，再到 OFDMA 的演进，移动通信频谱使用效率越来越高。

另一方面，技术的发展也加剧了不同业务、不同部门间在无线电频谱使用上的冲突。公众移动通信技术在近几十年里取得了高速发展，国际移动通信系统（IMT）频谱资源不断拓展，对无线电业务共存格局产生了深远影响，特别是对广播业务、定位业务、卫星业务使用频率形成了冲击。在国内，广电、铁路、科研、国防等行业领域在无线电频率使用需求方面存在矛盾。

随着 5G 的到来，移动通信系统对无线电频谱日益增长的需求与有限的可用频谱之间的矛盾越发突出。为应对宽带移动通信的迅速发展给频谱资源管理带来的挑战，可从 3 个方面予以考虑。

首先，开发利用更高频段。移动通信最早使用短波技术，近 50 年来发展到超短波与分米波。随着无线电技术应用的发展，各行各业对于无线电频谱资源的需求越来越大，所使用的频率带宽、信道带宽逐渐增加。如今，微电子技术的进步让高频段频率用来支持通信成为可能。众所周知，GSM 网络使用 900MHz 频段和 1 800MHz 频段，3G 网络主要使用 1. 9GHz、2. 1GHz 频段和 2. 3GHz 频段，4G 网络主要使用 1 800MHz 频段和 2. 6GHz 频段。与此同时，WiFi 和 WLAN 等技术作为宽带无线接入的重要方式，是移动通信的有益补充。美国、日本、韩国等国家在规划 IMT 频率的同时，也规划了部分频率支持 WiFi 和 WLAN 技术。我国正在规划将 5GHz 频段上的频率用于宽带无线接入。

其次，调整现有业务的频谱划分。当前，以公众移动通信网络为代表的宽带移动通信的发展对无线电频谱的需求不断增加。在无线电频谱资源有限的情况下，须根据实际对原有业务的频谱划分进行调整，统筹协调各类无线电业务的频率使用。

最后，积极推动技术进步与应用升级。在 3G 和 4G 频率规划时，思路之一是：对于前一代移动通信和其他较过时的、频谱使用效率不高的无线电通信技术和网络，应促进其升级换代到频谱使用效率更高的新一代移动通信。对于即将到来的 5G 频率规划，同样遵循这一原则：5G 网络使用频段不仅包括新开发的频段和其他部门清退出来的频段，还应通过积极促进技术的更新换代，提高现有移动通信网络的频谱使用效率。

5. 1. 2 现有频谱分配

1. 全球的频谱规划

每 3 ～ 4 年举行一次的国际电联世界无线电通信大会（World Radio communication Conferences，WRC）是 ITU-R 最高级别的会议，大会主要研究确定多种无线电地面业务和空间业务的新频率划分、卫星轨位资源使用规则程序以及不同业务间的共用规则，修订国际《无线电规则》的相关条款。与未来移动通信有关的频谱规划都在该会议上做出，因此 WRC 是国际频谱管理进程的核心所在，同时也是各国开展移动通信频谱规划的出发点。

近年来世界无线电通信大会主要为：

- 1995 年 10 月 23 日至 11 月 17 日，瑞士日内瓦（WRC-95）；
- 1997 年 10 月 27 日至 11 月 21 日，瑞士日内瓦（WRC-97）；
- 2000 年 5 月 8 日至 6 月 2 日，土耳其伊斯坦布尔（WRC-2000）；

➢ 2003 年 6 月 9 日至 7 月 4 日，瑞士日内瓦（WRC-03）；

➢ 2007 年 10 月 22 日至 11 月 16 日，瑞士日内瓦（WRC-07）；

➢ 2012 年 1 月 23 日至 2 月 17 日，瑞士日内瓦（WRC-12）；

➢ 2015 年 11 月 2 日至 11 月 27 日，瑞士日内瓦（WRC-15）。

在 WRC-07 大会上，全球各个国家通过区域性组织或者是国家提案的方式，表达了对未来移动通信有关的频谱规划的看法，以及对不同候选频段的态度。经过讨论与协商，最终确定了 450 ～ 470MHz、790 ～ 806MHz、2 300 ～ 2 400MHz，共 136MHz 频率用于 IMT，另外部分国家可以指定 698MHz 以上的 UHF 频段，3 400 ～ 3 600MHz 频段用于 IMT。

截至 WRC-07，世界无线电通信大会已为 IMT 规划了总计 1 085MHz 的频谱资源，见表 5.2。

表 5.2　截至 WRC-07 已为 IMT 规划的频谱

	频段/MHz	带宽/MHz
IMT 全球同一频段	450～470	20
	790～960	170
	1 710～2 025	315
	2 110～2 200	90
	2 300～2 400	100
	2 500～2 690	190
	3 400～3 600	200
合计		1 085

为了满足 5G 系统的频谱需求，首先考虑将 6GHz 以下的空闲频段分配给 IMT 系统。由图 5.2WRC 大会划分的 IMT 频段可以看出，WRC 分别在 1992 年将 1 885 ～ 2 025MHz 和 2 110 ～ 2 200MHz 频段，在 2 000 年将 806 ～ 960MHz、1 710 ～ 1 880MHz 以及 2 500 ～ 2 690MHz 频段划分给 IMT 系统，在 2007 年将 450 ～ 470MHz、698 ～ 862MHz、2 300 ～ 2 400MHz 等频段划分给 IMT 系统。

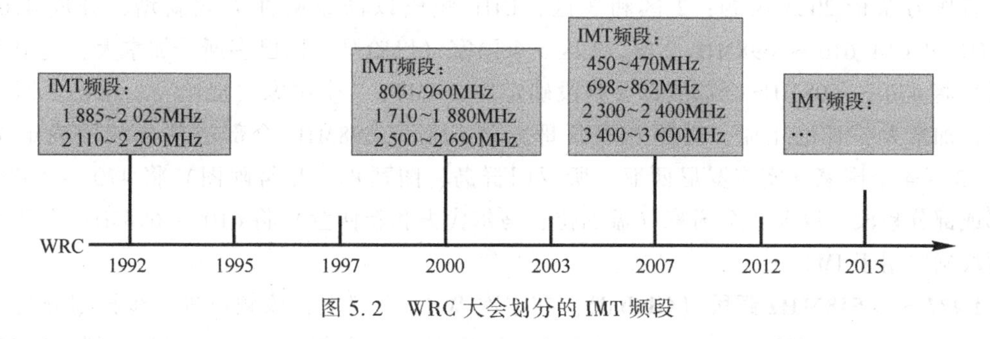

图 5.2　WRC 大会划分的 IMT 频段

2015 年世界无线电大会（WRC15），对于国际移动通信（IMT）的产业链来说，是继 WRC07 大会后，最重要的一次 WRC 会议。本次会议的 A11.1 议题为 IMT 新增了 8 个频段划分，都是在 6GHz 以下的频段。此外，还专门设立了 WRC19 A11.13 议题，目的是为未来 IMT2020（5G）系统寻找新的 IMT 频率。

WRC15 A11.1议题：审议为作为主要业务的移动业务做出附加频谱划分，并确定国际移动通信（IMT）的附加频段及相关规则条款，以促进地面移动宽带应用的发展。

在WRC 15大会上，各国主管机构，经过近1个月的艰难讨论，最终从19个候选频段中，新增了8个IMT划分，如图5.3所示。

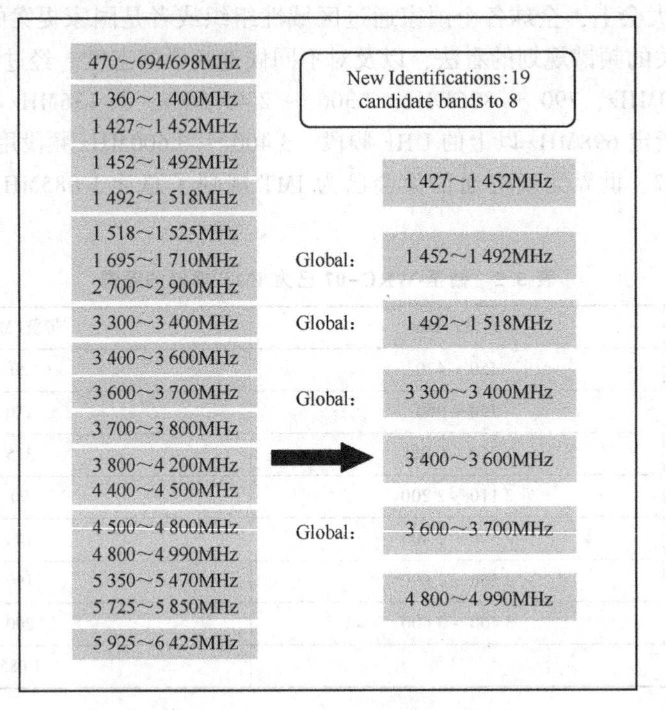

图5.3 WRC15新增IMT划分频段示意图

470～698MHz频段。1区（根据ITU-R《无线电划分规定》，主要依据经度范围，将全球的国家划分为3个区域，比如1区主要是欧洲、非洲及部分中东地区的国家，2区主要是美洲地区的国家），UHF频段本次WRC 15保持不变，不新增IMT划分，IMT的新增划分审议将作为WRC2023议题；2区和3区，UHF频段以国家脚注方式新增，分成470～608MHz及614/610～698MHz 2段。2区5个国家（巴哈马、巴巴多斯、加拿大、美国和墨西哥）将470～608MHz全部或部分频段确定用于IMT；7个国家（巴哈马、巴巴多斯、伯利兹、加拿大、哥伦比亚、美国和墨西哥）将614～698MHz全部或部分频段确定用于IMT。3区4个国家（密克罗尼西亚、所罗门群岛、图瓦卢、瓦努阿图）将470～698MHz全部或部分频段，以及3个国家（孟加拉、马尔代夫和新西兰）将610～698MHz全部或部分频段确定用于IMT。

1 427～1 518MHz频段（Global）。在本次WRC会议上，该频段进一步被划分为3段讨论：1 427～1 452MHz、1 452～1 492MHz和1 492～1 518MHz。大会最后决议：1 427～1 452MHz和1 492～1 518MHz频段在全球范围内确定用于IMT。1 452～1 492MHz在2区和3区统一确定用于IMT，1区有53个国家以脚注形式将该频段标识给IMT。

3 300～3 400MHz频段。支持该频段新增IMT划分的国家总数超过45个，包括印度、巴基斯坦、尼日利亚和墨西哥等世界人口大国，成为具有巨大潜力的IMT频谱。

3 400 ～ 3 600MHz 频段（Global）。3 400 ～ 3 600MHz 频段在 1 区和 2 区形成区域划分，3 区的澳大利亚、新西兰、菲律宾新加入 3 400 ～ 3 500MHz 频段脚注，澳大利亚和菲律宾同时加入 3 500 ～ 3 600MHz 频段脚注。

3 600 ～ 3 700MHz 频段。全球只有 2 区美国、加拿大、哥伦比亚、哥斯达黎 4 个国家以脚注方式增加了 IMT 划分，并沿用原来 3 400 ～ 3 600MHz 频段脚注中对于 IMT 到达卫星的 PFD 限值和 9. 17、9. 18、9. 21 条款以及对卫星 PFD 功率的限值。

4 800 ～ 4 990MHz 频段。2 区有 1 个国家（乌拉圭）以国家脚注确定给 IMT 使用；3 区有 3 个国家（柬埔寨、老挝和越南）以国家脚注确定给 IMT 使用，但对 IMT 应用附加了极其严格的通量密度限值。

对于新增的频段，可从国际和国内应用前景的角度进行初步分析和探讨，如表 5. 3 所示。

表 5. 3　WRC15 IMT 新增划分频段国际、国内应用前景初步分析

频　段	国际应用前景初步分析	国内应用前景初步分析
470～698MHz	未来 2～3 年内，美国、加拿大等有望牵头推动部分 IMT 频段释放和相关产业链，预计优先推动 614/610～698MHz 频段	预计国内未来 3 年的主要目标是释放 698～806MHz 用于 IMT，对于 470～698MHz 频段的释放，在 2020 年以后考虑
1 427～1 518MHz	全球频段，IMT 产业链将推动该频段尽可能一致的频率划分方案，以实现最大化的规模经济	目前国内已经完成 1 427～1 492MHz 频段的划分和分配，IMT 最多能争取 1 492～1 518MHz 部分频率（预计是 TD-LTE）
3 300～3 400MHz	支持该频段的国家比较多，潜力比较大，预计选择 TDD 制式的可能性比较大	需要国内 IMT 产业链共同推动该频段在国内的落地
3 400～3 600MHz	全球频段，IMT 产业链将推动该频段作为 4G/4G+重要的容量频段	该频段是国内 5G 系统在 6GHz 以下最重要的试验频段，也极有可能作为未来 5G 系统的首发频段
3 600～3 700MHz	虽然美国、加拿大等 4 个国家新增了 IMT 划分，但预计欧洲能先推动 3 600～3 800MHz 频段的释放	预计国内未来 3 年内的主要目标还是 3 400～3 600MHz，对于 3 600～3 700MHz 的释放在 2019 年以后考虑
4 400～4 500MHz 及 4 800～4 990MHz	该 2 段频段的国际化基础相对比较差，主要是日本和中国支持，日本有望先于中国在这 2 段频率上考虑 5G 系统的试验	需要国内 IMT 产业链共同推动该频段在国内的落地

在 WRC 15 会议上，一致同意设立下一届 WRC 19 AI1. 13 议题，根据 WRC15 第 238 [COM6/20]号决议，审议为国际移动通信（IMT）的未来发展确定频段，包括为作为主要业务的移动业务做出附加划分的可能性。

经过各个国家以及各区域组织的激烈讨论和妥协后，5G 高频段候选频段研究范围为 24. 25 ～ 86GHz 频段，有如下 11 个频段研究范围。

移动业务是主要业务划分的频段：24. 25 ～ 27. 5GHz、37 ～ 40. 5GHz、42. 5 ～ 43. 5GHz、45. 5 ～ 47GHz、47. 2 ～ 50. 2GHz、50. 4 ～ 52. 6GHz、66 ～ 76GHz 和 81 ～ 86GHz。

移动业务不是主要业务划分的频段：31. 8 ～ 33. 4GHz、40. 5 ～ 42. 5GHz 和 47 ～ 47. 2GHz。

2. 我国的频谱规划与分配

目前在全球范围内的 IMT 系统所使用的频段均在 6GHz 以下。由于 ITU 在进行频谱规划时只是将某一段频率划分给 IMT 系统，各个国家会根据本国的无线电管理部门进行具体的划分，因此，每个国家在具体的频段划分上存在区别。

我国 IMT 系统现有运营商的划分频段使用情况如图 5.4 所示。

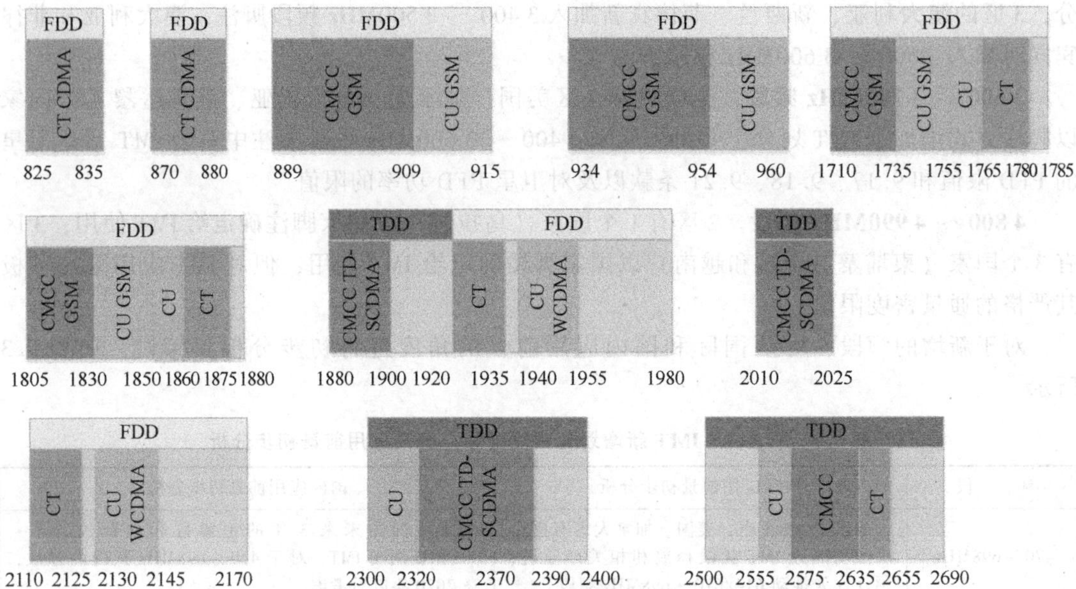

图 5.4 我国 IMT 系统频段使用情况（单位：MHz）

由图 5.4 可以看出，当前我国已规划 IMT 频率总计 687MHz，其中，已规划 TDD 频率总计 345MHz，FDD 频率总计 342MHz，TDD 与 FDD 频率数量基本相当，687MHz 频谱中共计 477MHz 频谱已经分配给移动运营商提供 2G/3G/LTE 服务，具体见表 5.4 和表 5.5。根据频谱预测结果，即使将现有 687MHz 的频谱全部划分给运营商，到 2020 年，中国还将有约 800MHz 的频谱缺口。

表 5.4 中国已规划的地面公众移动通信系统频段

双工方式		下限/MHz	上限/MHz	带宽/MHz	合计/MHz
FDD	上行	889	915	26	162
	下行	934	960	26	
	上行	1 710	1 755	45	
	下行	1 805	1 850	45	
	上行	825	835	10	
	下行	870	880	10	
TDD	非对称	1 880	1 920	40	155
	非对称	2 010	2 025	15	
	非对称室内	2 300	2 400	100	
FDD	上行	1 920	1 980	60	120
	下行	2 110	2 170	60	
	上行	1 755	1 785	30	60
	下行	1 850	1 880	30	
TDD	非对称	2 500	2 690	190	190
总计					687

表 5.5　使用中的地面公众移动通信系统频段

频段/MHz	带宽/MHz	使用运营商	系统制式	备　注
825～835/870～880	20	中国电信	CDMA	
889～909/934～954	40	中国移动	GSM	
909～915/954～960	12	中国联通	GSM	
1 710～1 735/1 805～1 830	50	中国移动	GSM	
1 735～1 755/1 830～1 850	40	中国联通	GSM	
1 755～1 765/1 850～1 860	20	中国联通	LTE FDD	
1 765～1 780/1 860～1 875	30	中国电信	LTE FDD	
1 880～1 900	20	中国移动	TD-LTE	
1 900～1 920	20		PHS	待退网
1 920～1 935/2 110～2 125	30	中国电信		
1 940～1 955/2 130～2 145	30	中国联通	WCDMA	
2 010～2 025	15	中国移动	TD-SCDMA	
2 300～2 320	20	中国联通	TD-LTE	室内
2 320～2 370	50	中国移动	TD-LTE	室内
2 370～2 390	20	中国电信	TD-LTE	室内
2 555～2 575	20	中国联通	TD-LTE	
2 575～2 635	60	中国移动	TD-LTE	
2 635～2 655	20	中国电信	TD-LTE	
合计	517			

5.2　5G 频谱

5.2.1　5G 频谱需求

相对于以往的各代移动通信系统，5G 不仅是立足于移动通信产业本身，实现信息沟通的桥梁，还将与物联网、工业互联网和车联网等领域融合发展，带来海量接入和极速速率需求，引发网络管道流量的爆炸增长。据分析，2010—2020 年全球移动数据流量的增长将超过 200 倍，2010—2030 年的增长将接近 2 万倍。

利用新技术提高频谱效率和拓展新的频谱资源是满足增长业务需求最重要的两种途径。在 5G 新技术方面，大规模天线阵列、超密集组网、非正交传输和全双工等技术的应用将会极大提升系统频谱效率。在 5G 频谱方面，将根据系统的应用特点，拓展更多、更合适的频谱资源。

为达到上述 ITU 相关建议书描述的愿景，结合国内和国际所提出的应用场景，5G 将很有可能包括 3 类不同空中接口，而不同空口技术与频段选择是相关的，无线技术路线与场景具体如图 5.5 所示。第一类为支持超大带宽以毫米波为典型的高频段新空口，具有连续大带宽的频谱，能够实现 5G 超高的峰值速率能力；第二类为支持中、低频段的新空口，其传播特性具有较强的穿透和广域覆盖能力，能够实现连续广覆盖、低时延高可靠性、海量机器的通信能力，并可兼顾部分场景容量需求；第三类为 LTE-Advanced 及其演进，考虑到 4G 系统现部署在 3GHz 频段以下，主要提供无处不在的 100Mbit/s 用户体验，也兼顾其他场景需求。因此，为满足 5G 的场景和需求，未来的 5G 系统将是多种空口技术的组合，其频率框架将涵盖高中低频段，即着眼于全频段：高频段大带宽来解决热点地区的容量需求，但是其覆盖能力弱，难以实现全网覆盖，需要与中低频段联合组网，而中低频段来解决网络连续覆盖的需求，对用户进行控制、管理，实现高频段和低频段相互补充。

从资源供给角度而言，5G 频谱一方面应源于目前已规划给 IMT 系统的频谱，既包括现有 2G/3G/4G 系统在用频谱，又包括部分规划未分配的频谱；另一方面应源于拓展新的频谱，既须挖掘低端频谱，又着眼于高端频谱。

根据 ITU 的预测，全球范围内到 2020 年 IMT 总频谱需求是 1 340 ～ 1 960MHz，2018 年无线局域网在 5GHz 频段上的最小频谱需求约为 880MHz。其中，我国到 2020 年 IMT 总频谱需求是 1 490 ～ 1 810MHz，目前还存在 800 ～ 1 100MHz 的频谱资源缺口。与此同时，我国 IMT-2020 推进组频率组开展了面向 2030 年频谱需求预测，结果显示我国到 2030 年还需要 5 ～ 10GHz 的频谱。

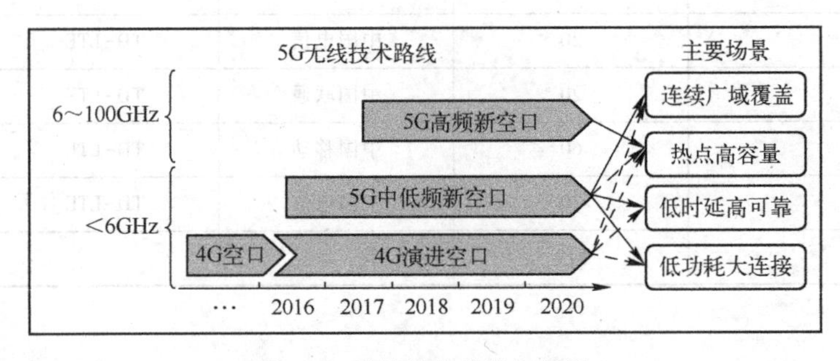

图 5.5 无线技术路线与场景

5G 的表征维度相对 4G 更为丰富和全面，很多关键技术指标都与频率是强相关的。因此，可以预见 5G 时代频率对技术的引导性作用将更为明显。除了低频段频率外，必须引入高频段频率（如毫米波频段）才能满足 5G 的需求。引入高频段频率就需要进行新的空中接口设计，引发物理层、网络协议和架构等一系列技术革新，形成一套全新的 5G 技术体系。因此，高频段频率的选择及划分进程将是引领 5G 技术变革的关键。国际电联 5G 关键能力及取值如表 5.6 所示。

表 5.6 国际电联 5G 关键能力及取值

参数	用户体验速率	峰值速率	移动性	时 延	连接密度	能 效	频谱速率
取值	100Mbit/s～1Gbit/s	10～50Gbit/s	500km/h	1ms（空口）	10^6～10^7	相对 LTE-A 提升（50～100）倍（网格）	相对 LTE-A 提升（5～15）倍（网格）

5G 要面向移动互联网、物联网等多样化应用场景，一方面，需要高频段连续大带宽频谱，满足 5G 业务速率需求；另一方面，需要满足用户时时在线的需求，保证用户的高速移动性，还必须借助低频段提供良好的网络覆盖。因此，5G 时代势必需要采用高、低频段结合的频谱使用方式。

5.2.2　5G 频谱框架

2015 年 6 月，ITU-R 5D 完成了 5G 愿景建议书，定义 5G 系统将支持增强型移动宽带、海量的机器间通信及超高可靠和超低时延通信三大类主要应用场景，ITU 定义的 5G 主要应用场景如图 5.6 所示。同时，5G 系统将支持 10 ～ 20Gbit/s 的峰值速率，100Mbit/s ～ 1Gbit/s 的用户体验速率，10^2（设备数/km^2）的连接数密度，1ms 的空口时延，相对 4G 提升 3 ～ 5 倍的频谱效率、百倍的能效，500km/h 的移动性支持，10Mbit/(s · m^2) 的流量密度等关键能力指标。ITU 定义的 5G 能力指标如图 5.7 所示。

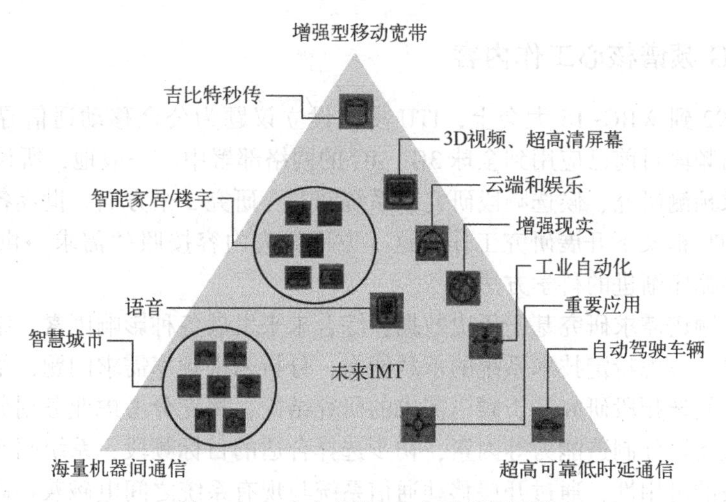

图 5.6　ITU 定义的 5G 主要应用场景

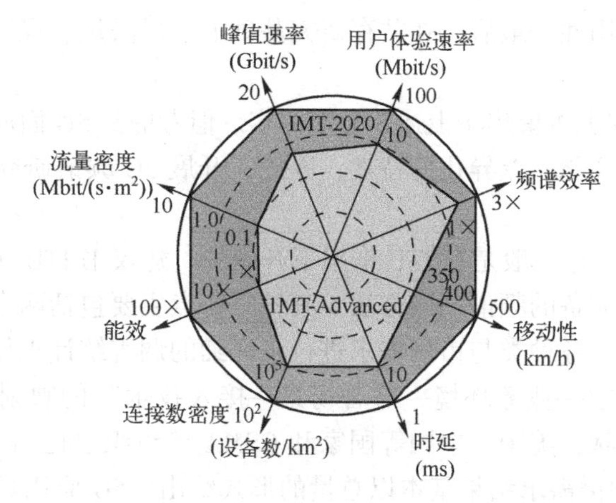

图 5.7　ITU 定义的 5G 能力指标

根据 5G 通信系统的主要应用场景，5G 频谱架构如图 5.8 所示。

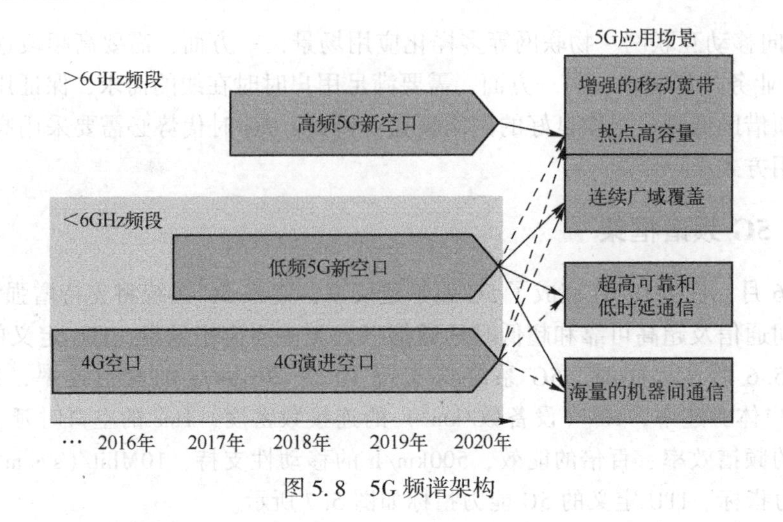

图 5.8 5G 频谱架构

5.2.3 5G 频谱核心工作内容

从 WARC-92 到 WRC-15 大会上，ITU 多次设立议题为公众移动通信寻求更多频谱资源，所划分的新频段目前已应用到全球 3G、4G 的网络部署中。一般地，所设议题的研究内容包括频谱需求预测研究、候选频段研究、系统间共存研究 3 个方面。世界各国和各标准化组织也基本在 ITU 框架下开展研究工作。这 3 方面研究内容按照“需求→供给→评估”的技术路线，遵循循序渐进的科学方法。

具体而言，频谱需求研究基于历史数据，综合未来发展各种影响因素，结合移动通信数据增长预测趋势，考虑特定技术系统的承载能力，分析未来频率需求问题，给出不同阶段的所需频谱总量；候选频段研究基于频谱需求的研究结论，将充分考虑业务划分特性、移动通信系统需求、设备器件制造能力等因素，初步选择合适的目标频段；系统间共存研究主要评估所选目标频段的可用性，通过开展移动通信系统与现有系统之间电磁兼容研究工作，分析系统共存所需的条件，结合移动通信系统的网络部署需求，充分考虑两系统部署场景等特点，综合评估频段的可用性，最后，在共存研究基础上，以法规、规则等方式给出频段的使用要求和条件。

同样，5G 频谱研究也将聚焦于上述 3 方面内容。但考虑到 5G 面向于移动互联网和物联网，应用场景呈现出多样化、差异化的特性，因此，开展 5G 频谱研究工作时需要充分考虑 5G 自身特点。

IMT 频谱需求预测工作一般是在 ITU 框架下开展的。建议书 ITU-R M. 1768 中提出了一套针对全球范围、较为完备的频谱预测方法。其核心特点主要包括两个方面：一是通过调查研究，对未来无线通信业务种类与市场需求进行了详细的调查统计工作；二是依据乘法原理建立了一整套“业务需求—业务环境—部署场景—接入技术”的映射关系。另外，立足于自身网络建设和发展现状，美国、中国等国家和 GSMA 等组织也提出了频谱需求预测方法。在 3G/4G 发展阶段，频谱需求结果基本以总量的形式给出。5G 应用场景的差异性将导致不同场景有不同的适配频段，若仅仅以总量形式给出，则不能合理地反映 5G 频率需求。因此，5G 频谱需求预测须对不同应用场景、不同空中接口，分别估算出可能的带宽需求及适应的工作频段，这将更能够真实地反映未来网络的频率需求。

在候选频段研究方面，往往是基于业务划分情况，全球各国及各标准化组织立足于本国、本地区的频率使用现状，提出初步的候选频段。之后，ITU 对所提候选频段统筹分析，将合适的频段实现全球或区域性规划，例如中国曾经向 ITU 提交的 2.3GHz 频段，逐步成为全球 4G 重要频段。在 3G/4G 时代，基于组网需求和制造能力，候选频段主要集中在 3GHz 以下频段，如 700MHz、800MHz、900MHz、2GHz、2.6GHz 频段等。在后 4G 时代，也逐渐提出了 3 ～ 6GHz 频段的候选频段。而对于 5G 系统而言，为了满足不同场景需求，候选频段将面向全频段选择，综合满足网络对容量、覆盖、性能等需求，候选频段不仅包括 3GHz 频段以下低频，还将包括 3 ～ 6GHz 中低频段，同时覆盖 6GHz 以上的毫米波频段等。

在共存研究方面，主要是根据所提候选频段的业务划分、系统规划和使用现状，并基于现有业务或系统的技术特性、部署场景等因素，开展移动通信系统与现有或拟规划的其他系统之间兼容性研究。在 3G/4G 时代，共存研究主要集中在移动业务与其他地面业务的共存研究，少部分与空间业务共存研究，如 700MHz 频段与广播系统、2.3GHz 频段与雷达系统、3.3GHz 频段与雷达系统，与空间业务共存也主要集中在空对地划分的空间业务，如 3.5GHz 频段与卫星固定（空对地），大部分研究具有国内或区域性特点。而对于 5G 系统而言，共存研究除考虑上述相关场景外，特别在 6GHz 以上频段，存在大量空间业务的划分。在《无线电规则》中，对 6 ～ 100GHz 频段进行统计，在 1 区，移动业务为主要业务的划分总带宽为 62.825GHz，其中，空间业务同为主要业务的总带宽为 57.98GHz，占比约为 92.29%；在 2 区，移动业务为主要业务的划分总带宽为 62.125GHz，其中，空间业务同为主要业务的总带宽为 56.73GHz，占比约为 91.32%；在 3 区，移动业务为主要业务的划分总带宽为 63.675GHz，其中，空间业务同为主要业务的总带宽为 58.13GHz，占比约为 91.29%；在《中华人民共和国无线电频率规划规定》中，移动业务为主要业务的划分总带宽为 60.905GHz，其中，空间业务同为主要业务的总带宽为 55.71GHz，占比约为 91.47%。综上，若在 6 ～ 100GHz 频段考虑移动业务作为主要划分的频段，其中约有 91%的空间业务划分，因此，未来 5G 高频段需要重点研究与空间业务的共存问题。考虑到空间业务部署全球化的特点，共存研究必将更加注重国际规则角度。

5.3　中低频频谱

5.3.1　授权频谱与非授权频谱

1. 授权频谱

无线电管理规定采用固定频谱分配制度，频谱分为两个部分：授权频段和非授权频段。大部分频谱资源被划分为授权频段，只有拥有授权的用户才能使用。在当前的频谱划分政策下，频谱资源利用不均衡，使用效率低下。因此，智能、动态、灵活地使用频谱资源将成为影响未来无线产业发展的关键性要素。在这一思路下，频谱共享开始受到业界的关注。

所谓频谱共享，是指在同一个区域，双方或多方共同使用同一段频谱，这种共享有可能是经过授权的，也有可能是免授权的。

频谱是移动宽带网络的生命线。目前，移动运营商发展 4G 的选择还是采用授权频段，并采用各种技术创新来提高现有频谱的利用效率。全球主流频段是 1.8GHz 频段，其次是

2. 6GHz 频段、700MHz 频段，接下来依次是 800MHz 频段、AWS、2. 1GHz 频段、1. 9GHz 频段 B25、850MHz 频段、900MHz 频段、1. 9GHz 频段 B2 等。这些无线电频谱都是经过 ITU 的规划，并由各国政府授权运营商使用的。

从全球范围来看，授权频谱的分配主要有行政审批、招标、拍卖 3 种方式，另外还有选秀、抽签、二次交易等辅助形式。在我国，授权频谱的分配主要通过行政审批确定。

在其他一些国家，2000 年前后对 3G 频谱采用了拍卖方式，天价 3G 频谱拍卖费成为不少移动运营商的沉重负担，使得运营商步履维艰，甚至少数运营商走向破产或者退出市场。运营商通过付出巨额费用所获得的宝贵频谱，也希望最大化地提高其利用效率。

2. 非授权频谱

与授权频段相比，非授权频段的频谱资源要少很多，通信领域常接触的非授权频谱主要有 ISM 频段和 5GHz WLAN 频段。

1）ISM 频段

开放给工业、科学、医学三个主要机构使用的 ISM 频段（Industrial，Scientific，Medical），不需要授权许可，只需要遵守一定的发射功率，并且不要对其他频段造成干扰即可。ISM 频段一共有 11 个频段（见表 5.7），其中通信领域常使用的是 2. 4GHz 和 5. 8GHz 频段。2. 4GHz 频段为各国共同使用的 ISM 频段，WLAN、蓝牙、ZigBee 等众多无线网络均可工作在 2. 4GHz 频段上。

表 5.7 ISM 频段划分

频率范围	中心频率	可行性
6. 765～6. 795MHz	6. 780MHz	取决于当地
13. 553～13. 567MHz	13. 560MHz	可用
26. 957～27. 283MHz	27. 120MHz	可用
40. 66～40. 70MHz	40. 68MHz	可用
433. 05～434. 79GHz	433. 92MHz	可用
2. 400～2. 4835GHz	2. 442GHz	可用
5. 725～5. 875GHz	5. 800GHz	可用
24～24. 25GHz	24. 125GHz	可用
61～61. 5GHz	61. 25GHz	取决于当地
122～123GHz	122. 5GHz	取决于当地
244～246GHz	245GHz	可用

2）5GHz WLAN 频段

在 WRC-03 上，正式确定了 5GHz 频段用于 WLAN 频率，包括 5 150 ～ 5 250MHz、5 250～ 5 350MHz、5 470 ～ 5 725MHz，共计 455MHz。我国无线电管理部门也陆续开放了部分 5GHz 频段为免授权频段，其中 5 150 ～ 5 350MHz 频段仅限室内使用，电台最大等效全向辐射功率不超过 0. 2W；5 470 ～ 5 725MHz 频段可用于室内和室外，电台最大等效全向辐射功率不超过 1W。

3）非授权频段在 4G 增强网络中的使用

移动宽带网络的扩容压力越来越大，途径之一是使用更多的新频谱。但是这其中涉及频谱的重新指配，会引起很多新的问题，很容易触及其他频谱使用机构的根本利益。一个例子就是，广电业界就在尽力保护自己的 700MHz 频段。于是，移动通信业界开始考虑使用非授权频段，通过载波聚合的方式将 4G 部署于非授权频段，这被认为将是一个革命性的创新。目前最被看好的非授权频段是 5GHz 频段，那里有高达数百兆赫兹宽度的可用频谱，如图 5.9 所示。

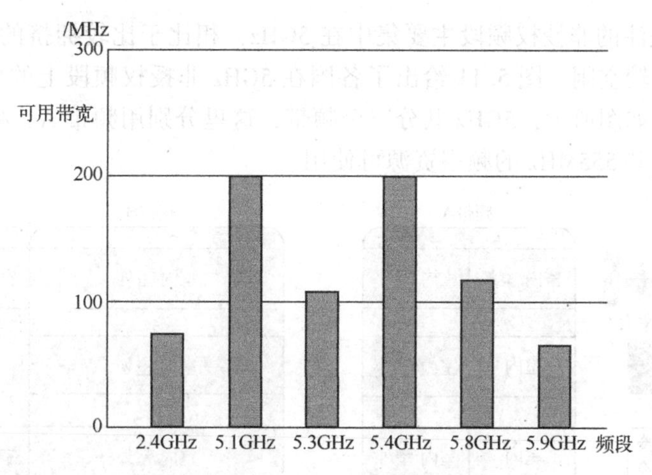

图 5.9　4G 增强网络关注的非授权频段

在 4G 增强型网络中，非授权频谱通过以下机制得到利用：LTE-A 载波聚合的主载波工作于授权频段，辅载波工作于非授权频谱，如图 5.10 所示。辅载波既可以工作于 TDD 模式，也可以工作于单独的下行模式。通过载波聚合，非授权频谱与授权频谱得到了有机的结合。在这种方式中，4G 终端的移动性和控制仍由授权频谱的主载波来保证，非授权频谱主要提供热点区域的容量提升。

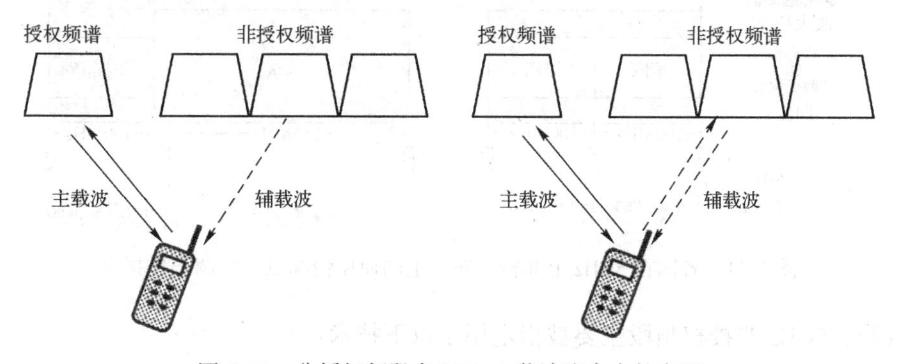

图 5.10　非授权频段在 LTE-A 载波聚合中的应用

5.3.2　授权辅助接入（LAA）

作为移动通信系统的优质资源，新的中低频谱已经非常稀缺。因此，在有限的中低频谱条件下，如何探索有效的途径，以进一步提高频谱利用效率，是近来业界的研究重点之一。主要有两种重要的增强中低频谱利用方案：LAA（Licensed Assisted Access，授权辅助接入）和 LSA（Licensed Shared Access，授权共享接入）。

3GPP 在 RAN 第 65 次全会上开始 LAA 项目的研究工作。研究工作旨在评估在非授权频段上运营 LTE 系统的性能以及对该频段上的其他系统造成的影响，研究工作集中在定义针对载波聚合方案的相关评估方法以及可能场景，给出相应的政策需求以及非授权频段上部署的设计目标、定义和评估物理层方法等。

1. 政策需求

LAA 技术所关注的非授权频段主要集中在 5GHz，相比于比较拥挤的 2.4GHz 非授权频段，该频段相对比较空闲。图 5.11 给出了各国在 5GHz 非授权频段上的使用情况以及存在互调干扰的频段。如图所示，5GHz 共分三个频带，这里分别用频带 A、频带 B 和频带 C 表示，三个频带合计共 555MHz 的频率资源可使用。

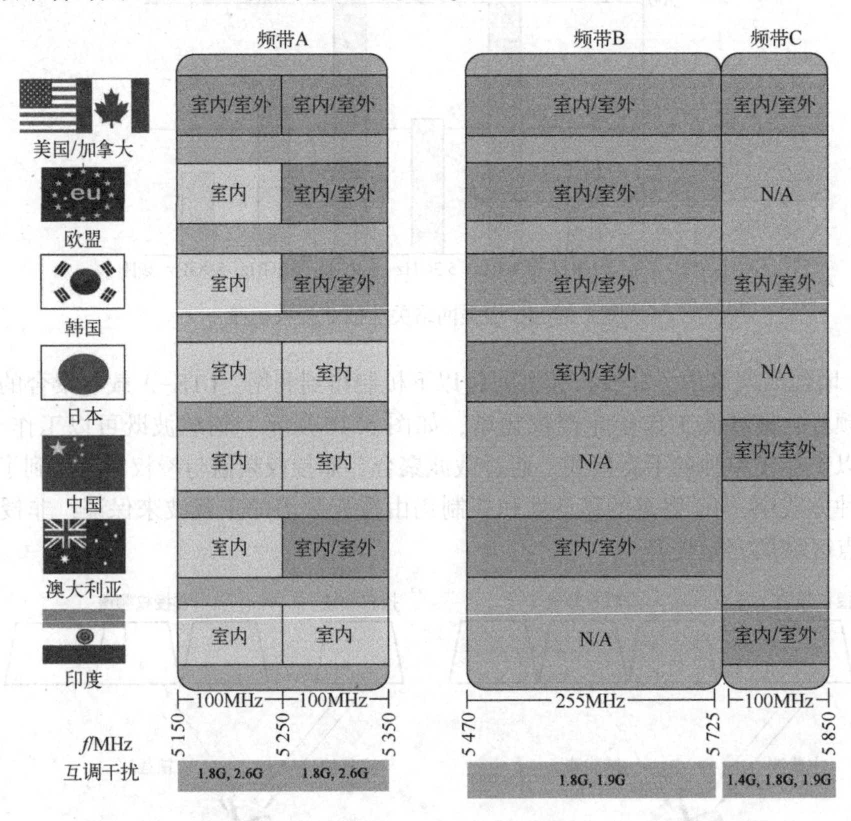

图 5.11　各国在 5GHz 上非授权频段上的使用情况以及互调干扰频段

在我国，5GHz 非授权频段主要被指定用于以下技术：

- 无线接入系统。
- 智能交通特殊无线通信系统。
- 微功率无线发射设备。
- 无线数据通信系统。
- 点对点/点对多点通信系统。

需要注意的是，对于我国，频带 B（5 470 ～ 5 725MHz）尚未开放使用。我国在 5GHz 非授权频段的政策需求如表 5.8 所示。

表 5.8　我国在 5GHz 非授权频段的政策需求

频　　段	5 150～5 250MHz	5 250～5 350MHz	5 725～5 850MHz
允许使用的场景	室内		室内和室外
EIRP	≤200mW		≤2W 和≤33dBm
功率谱密度	≤10dB/MHz（EIRP，有效全向辐射功率）		≤3dBm/MHz 和≤19dBm/MHz（EIRP）
杂散辐射	30～1 000MHz：-36dBm/100kHz 48.5～72.5MHz，76～118MHz，167～223MHz，470～798MHz：-54dBm/100kHz 2 400～2 483.5MHz：-40dBm/1MHz 5 150～5 350MHz：-33dBm/100kHz 5 470～5 850MHz：-40dBm/1MHz 1～40GHz 的其他频段：-30dBm/1MHz		30～1 000MHz：≤-36dBm/100kHz 2 400～2 483.5MHz：≤-40dBm/1MHz 3 400～3 530MHz：≤-40dBm/1MHz 5 725～5 850MHz：≤-33dBm/100kHz 1～40GHz 的其他频段：-30dBm/1MHz
政策	面向公共共享		各运营商间共享

注：有部分政策需求没有被列入表中。

2. 部署场景

LAA 的主要研究内容是工作在非授权频谱上的一个或多个低功率微基站小区，并与授权频谱上的小区间实现载波聚合。LAA 关注的部署场景，既包括有宏基站覆盖的场景，也包括无宏基站覆盖的场景；既包括微基站小区室内部署场景，也包括微基站小区室外部署场景；既包括授权载波与非授权载波共站场景，也包括授权载波与非授权载波不共站（存在理想回传）的场景。图 5.12 是 LAA 的 4 个部署场景，其中授权载波和非授权载波的数量可以为单个或者多个。由于非授权载波通过载波聚合方式工作，微基站小区之间可以为理想回传或者非理想回传。当微基站小区的非授权载波和授权载波之间进行载波聚合时，宏基站小区和微基站小区之间的回传可以为理想或者非理想的。

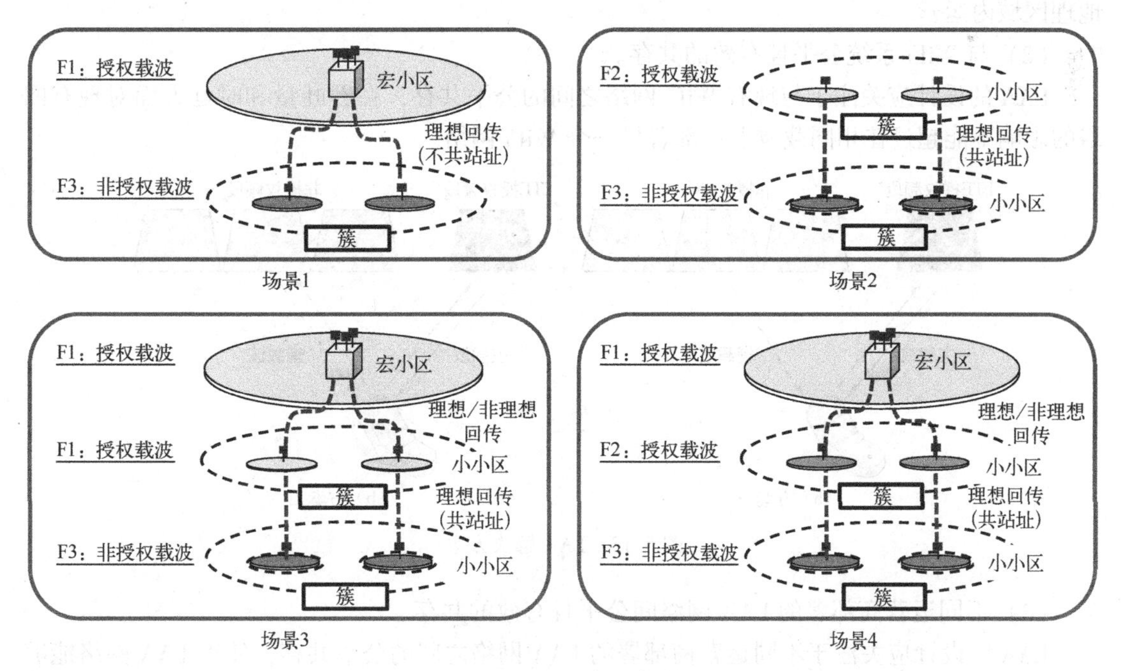

图 5.12　LAA 部署场景

（1）场景 1，授权宏基站小区（F1）与非授权微基站小区（F3）聚合。

（2）场景 2，无宏基站覆盖，授权微基站小区（F2）和非授权微基站小区（F3）进行载波聚合。

（3）场景 3，授权宏基站小区与微基站小区（F1），授权微基站小区（F1）与非授权微基站小区（F3）进行载波聚合。

（4）场景 4，授权宏基站小区（F1），授权微基站小区（F2）和非授权基站小区（F3）。

授权微基站小区（F2）和非授权微基站小区（F3）进行载波聚合。

如果宏基站小区和微基站小区间有理想回传链路，宏基站小区（F1）、授权微基站小区（F2）和非授权微基站小区（F3）之间可以进行载波聚合。

如果宏基站小区和微基站小区间没有理想回传链路、支持双连接，宏基站小区与微基站小区间可以进行双连接。

3. 解决方案

LAA 解决方案考虑两种情况。如图 5.13 所示，第一种方案中，LTE 授权频段作为主载波接收和发送上下行信息，非授权频段作为辅载波用于下行通信，这种方案为 LAA 解决方案中的最基础方案。在第二种方案中，LTE 授权频段作为主载波接收和发送上下行信息，非授权频段作为辅载波用于上下行通信。

LAA 系统的设计目标如下。

（1）设计能够适用于任何区域性政策需求的统一全球化解决方案架构。

为了能够使 LAA 可以在任何区域性政策需求下得到应用，需要设计一个统一的全球化解决方案架构。进一步，LAA 设计应提供足够的配置灵活性，以保证能够高效地在不同的地理区域内运营。

（2）与 WiFi 系统公平且有效的共存。

LAA 的设计应关注于与现有 WiFi 网络之间的公平共存，在吞吐量和时延方面对现有网络的影响不能超过在相同载波上再部署另一个 WiFi 网络。

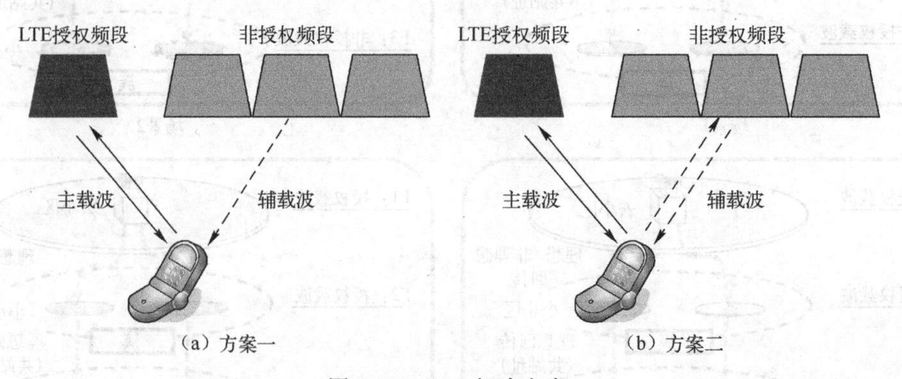

图 5.13　LAA 解决方案

（3）不同运营商部署的 LAA 网络间公平且有效的共存。

LAA 的设计应关注于不同运营商部署的 LAA 网络之间的公平共存，使得 LAA 网络能够在吞吐量和时延方面获得较高的性能。

基于上述设计目标，LAA 系统中至少需要以下功能。

1）载波侦听

LBT（Listen-Before-Talk，载波侦听）被定义为设备在使用信道前进行 CCA（Clear Channel Assessment，空闲信道评估）的机制。CCA 能够至少通过能量检测的方式判断信道上是否存在其他信号，并确定该信道是处于占用还是空闲状态。欧洲和日本政策规定在非授权频段需要使用 LBT。除了政策上的要求，通过 LBT 方式进行载波感知是一种共享非授权频谱的手段，同时 LBT 被认为是在统一的全球化解决方案架构下实现非授权频段上公平、友好运营的重要方法。

2）非连续传输

在非授权频段上，无法一直保证信道的可用性。此外，例如欧洲和日本等地区，在非授权频段上禁止连续发送，并且为非授权频段设置了一次突发传输的最大时间限制。因此，有最大传输时间限制的非连续传输是 LAA 的一个必要功能。

3）动态频率选择

DFS（Dynamic Frequency Selection，动态频率选择）是部分频段上的政策需求，例如检测来自雷达系统的干扰，并通过在一个较长的时间尺度上选择不同载波的方式来避免与该系统使用相同的信道资源。

4）载波选择

由于有大量的可用非授权频谱，LAA 节点需要通过载波选择的方式选择低干扰的载波，从而与其他非授权频谱上的部署达到较好的共存。

5）发送功率控制

TPC（Transmit Power Control，发送功率控制）是部分地区的政策需求，要求发送设备能够将功率发送降至低于最大正常发送功率 3dB 或者 6dB。

另外需要注意的是，并非上述所有的功能都具有标准化影响，且并非上述所有功能都是 LAA eNB 和 UE 必选的功能。

4. 载波侦听方案

如前所述，考虑到 LAA 对同载波上的现有 WiFi 系统的影响必须小于额外增加一套 WiFi 系统，LAA 应引入载波侦听技术。每个设备在发送数据之前应进行 CCA 机制，如果设备发现信道处于繁忙的状态，则无法在该信道发送信息。只有当信道处于空闲状态，才可以使用。ETSI 将非授权频段上的载波侦听方法分为基于帧和基于负载两种类型。对于这两种检测类型，通常需要基于能量检测的 CCA，且持续时间不能低于 20μs。下面对这两种传统载波侦听方法分别加以介绍。

1）FBE（Frame Based Equipment）

FBE 的周期固定，CCA 检测时间周期性出现，每个周期只有一次 CCA 检测机会。若 CCA 检测信道空闲，则发送信息，且发送时间占用固定的帧长；若 CCA 检测信道处于被占用的状态，则不发送信息，继续在下个检测周期内检测信道情况直至信道空闲态方可传输，FBE 示意图如图 5.14 所示。

2）LBE（Load Based Equipment）

LBE 的周期是不固定的，且 CCA 检测时间非周期性出现，因此 CCA 检测机会较多。若 CCA 检测信道空闲，则发送信息；若 CCA 检测信道处于被占用的状态，则开启扩展 CCA。

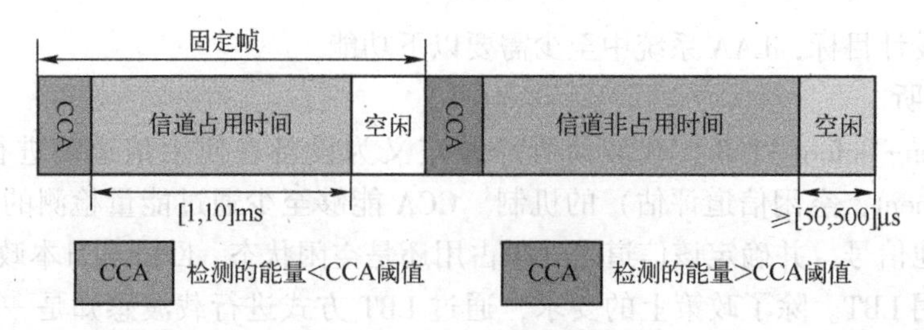

图 5.14 FBE 示意图

扩展 CCA 执行开始将从 1 ～ q 中随机选取 N 值，在接下来的检测中，若检测到信道空闲，则执行 $N=N-1$，当 N 值减为 0 时，则可以开始发送数据。图 5.15 所示为 LBE 示意图，其中图 5.15（a）的 q 值为 4，图 5.15（b）的 q 值为 32。最大信道占用时间与 q 的取值有关。

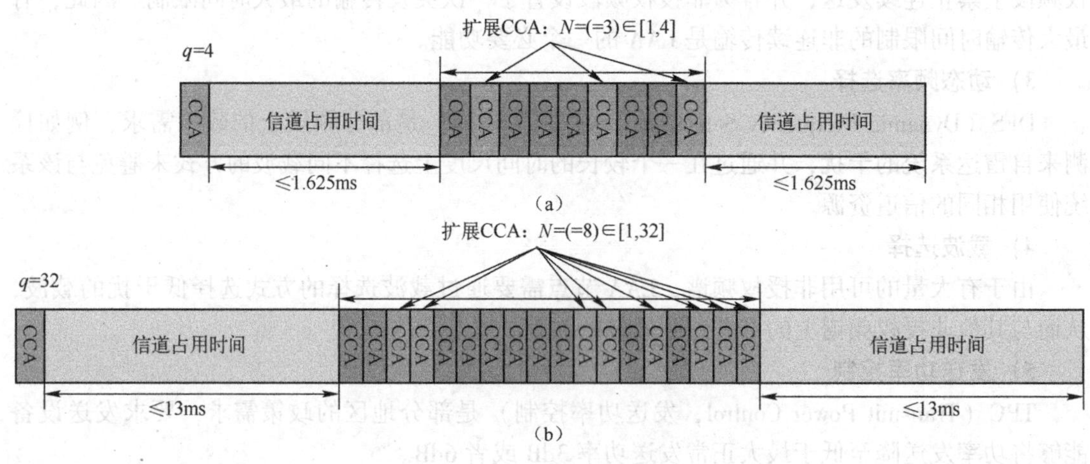

图 5.15 LBE 示意图

3）LAA 中的 FBE

若 LAA 中采用 FBE 作为载波侦听技术方案，那么其固定周期可以基于 LTE 10ms 的无线帧。CCA 检测时间周期性出现，每周期只有一次 CCA 检测机会，如在每个#0 子帧出现。若 CCA 检测信道空闲，则在下个#0 子帧到来之前发送信息，且为了给下次检测准备条件，须在本次发送结尾预留空闲信道；若 CCA 检测信道处于被占用的状态，则不发送信息，继续在下个#0 子帧检测信道情况直至信道空闲态方可传输。图 5.16 为 LAA 中采用 FBE 的示意图。

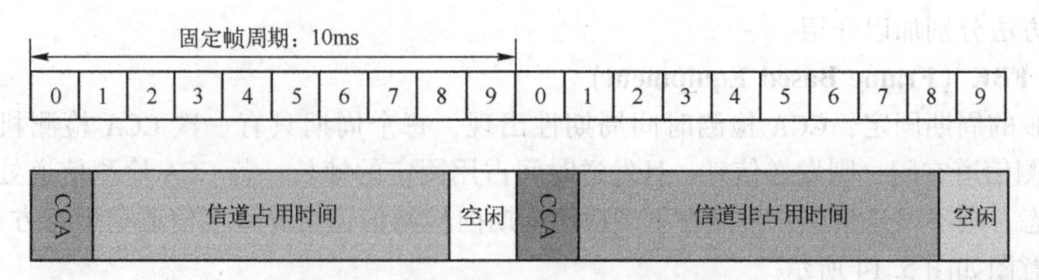

图 5.16 LAA 中采用 FBE 的示意图

4）LAA中的LBE

若LAA中采用LBE作为载波侦听技术方案，其周期不固定，CCA检测时间随时出现，CCA检测机会比LBE多。图5.17为LAA中LBE的示意图，其中q的取值为16。

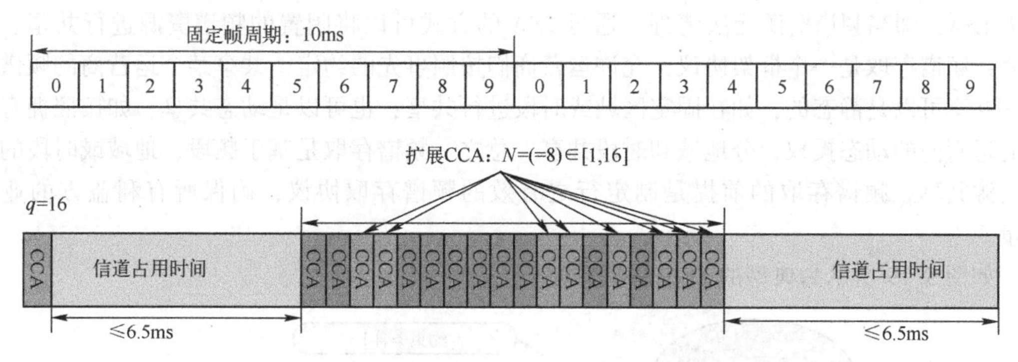

图5.17　LAA中LBE的示意图

LAA中采用FBE的优点包括适合采用固定帧结构的LTE系统，实现复杂度低，标准复杂度低；缺点主要为CCA检测的位置固定，因此接入信道的可能性有限。

LAA中采用LBE的优点包括适用于突发业务的通信，接入信道的可能性更大；缺点则包括实现复杂度高以及标准复杂度高。

在后续工作中，3GPP须结合两种载波侦听方式的优缺点，进一步进行性能评估，才能确定最优的方案。

5. 共存评估

对于共存评估的场景包括室内场景及室外场景。

评估场景中的室内场景在3GPP微基站小区部署场景3（参考3GPP TR 36.872）的基础上增加了非授权频段，评估场景中的室外场景在微基站小区部署场景2a（参考3GPP TR 36.872）的基础上增加了非授权频段。在室外场景中，微基站小区和宏基站小区的授权载波是不同的，并且接入宏基站小区的UE的性能无须评估。非授权频段上可以考虑多个载波。LAA共存评估场景如图5.18所示。

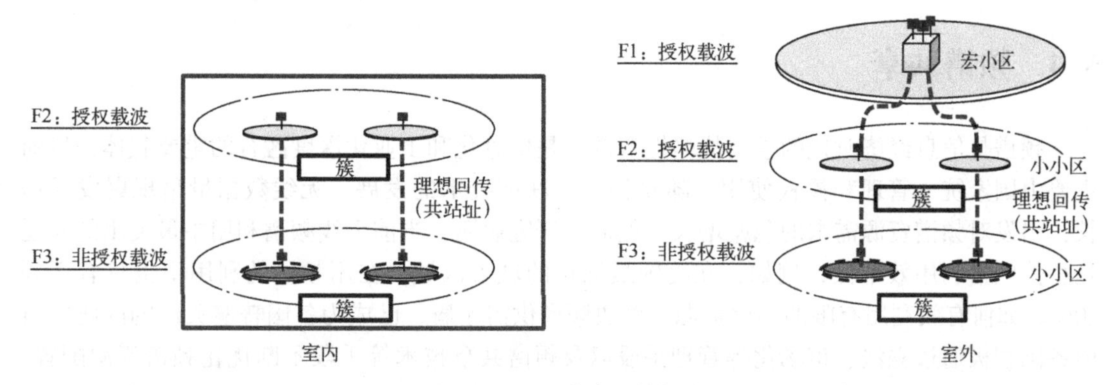

图5.18　LAA共存评估场景

5.3.3 授权共享接入（LSA）

运营商获得频谱的方式包括频谱协同、并购、拍卖、频谱存取。其中频谱存取的方式被称为LSA，即当频谱资源无法清理，通过LSA的方式可以将闲置的频谱资源进行共享。简言之，频谱存取是一个框架协议，允许运营商们按照事先的约定，共享某个运营商的频谱资源。共享可以是静态的，如在固定区域或时段进行共享；也可以是动态共享，如按照拥有频谱的运营商的动态授权，分地域和时段共享。总之，频谱存取是基于频段、地域或时段的频谱资源共享。频谱存取的前提是制定行之有效的频谱存取协议，确保所有利益方的业务质量。

如图5.19所示为典型的LSA系统架构。

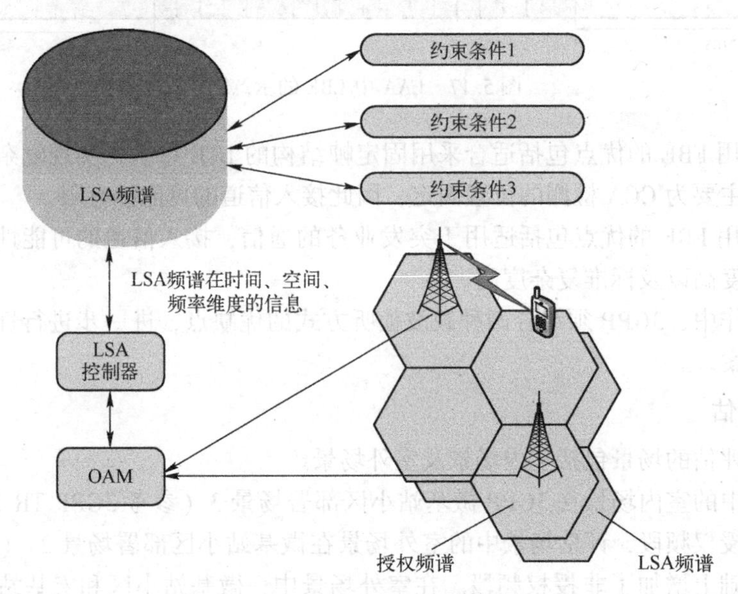

图5.19 典型的LSA系统架构

下一节将详细介绍频谱共享。

5.4 频谱共享

频谱是信息经济时代的重要战略性资源，是信息化和工业化深度融合的重要载体，目前主要由国家统一管理和授权使用。随着移动互联网技术的发展，无线数据量呈现爆发式增长，引发对频谱资源需求的急剧增长。然而，研究表明，当前无线频谱利用中最突出的问题是整体频谱利用效率低，例如，在美国最拥挤的城市区域，在用频段的利用率也只有不到20%。如何有效利用有限的频谱资源，解决频谱供需矛盾，已成为各国普遍关注的问题。目前各国积极通过立法、市场化等管理手段以及频谱共享技术等手段不断优化频谱资源配置，支持移动通信等新兴战略性产业的发展。

目前，主要采用独占授权方式分配和使用大多数商业和非商业频谱，即无线电管理部门通过行政化和市场化的方式将不重叠的频带分配给特定的用户独占使用。独占授权频谱对用户的技术指标和使用区域等有严格的限制和要求，能够有效避免系统间干扰并可以长期使用。然而，这种方式在具备较高的稳定性和可靠性的同时，也存在着因授权用户独占频段造成的频谱闲置、利用不充分等问题，加剧了频谱供需矛盾。为解决频谱资源供需矛盾日益突出、部分频段频谱利用率低的问题，各国无线电管理部门根据技术发展和应用需求，纷纷加强频谱资源优化配置，对频谱资源使用权进行适时调整。清频、规划调整是近年来调整频谱使用权的主要措施之一，但存在实施时间长、耗资大协调困难等问题。随着以认知无线电系统（Cognitive Radio System，CRS）为代表的无线电新技术的出现，动态频谱共享成为可能。用户可以在不同时间、不同地理位置和不同码域等多个维度上共享频谱，实现不可再生频谱资源的再利用，克服传统的“条块分割”式静态频谱使用政策下频谱资源利用不均衡的缺点，提高频谱使用效率。基于动态频谱共享的无线电新技术是解决当前无线电频谱资源瓶颈问题的关键，是无线电业务发展的新引擎，同时也将影响无线电频谱分配方式以及管理政策。

5.4.1　频谱共享的内涵

1. 频谱共享的概念

2001 年，英国的 Paul Leaves 等人提出动态频谱分配的概念。2003 年，美国联邦通信委员会（FCC）给出了认知无线电的定义，通过认知技术从时间和空间上充分利用闲置的频率资源，从而实现频谱共享。此后，随着无线电通信技术的不断进步与发展，以及军用、民用大量的频谱资源需求，国际社会对频谱共享的研究和推行的呼声越来越高。频谱共享是指由两个或两个以上用户共同使用一个指定频段的电磁频谱，参与频谱共享的用户主要分为主用户和次用户两类。其中，主用户是指最初被授予频段且愿意与其他接入者共享资源的用户；次用户是指其余被允许按照共享规则使用频谱的用户。

目前欧美等地区和国家陆续针对频谱共享开展了研究工作。美国、英国等国家已经在广播电视频段“白频谱”（TV White Space，TVWS）上实施了免执照使用方式。欧洲提出了授权共享接入（Licensed Shared Access，LSA 或 Authorized Shared Access，ASA）管理架构。美国提出了“频谱高速公路计划”，通过频谱接入管理系统以等级接入的方式实现商业系统对联邦频谱的共享。各个研究组织、产业联盟、咨询机构等也相继发布了研究报告，共同对频谱共享进行探讨。

从用户权利上区分，频谱使用方式可以分为如下 3 种：独占授权使用，只存在单一主用户，具有使用频段的绝对优先权，其他非授权用户不得使用该频段；免执照使用，用户使用频段不受限制，彼此之间享有同等的使用权利但均不受到保护，需要通过技术手段避免相互产生干扰；动态共享使用，在保证主用户不受干扰的前提下，通过设计牌照权限（如规定接入时间、接入地点、发射功率、干扰保护等），赋予次用户相应的频谱使用权利，次用户可使用数据库、频谱感知、认知无线电等技术，在空间、时间、频率等不同维度上与主用户共享频谱。作为一种新兴的频谱使用模式，动态频谱共享并不能替代现有的独占授权方式和免执照方式，而是两种传统模式的补充。无论是欧洲的授权频谱接入模式，还是美国的等级接入模式以及 TV 白频谱模式，都属于在传统独占授权管理和免执照管理模式基础上发展出的一种补充、过渡式的频谱共享管理模式。从使用方式上考虑，免执照使用也可以认为是一种共享模式，用户具有相同的使用权利，用户之间通过动态频谱选择等机会接入的方式共享免执照频段。而 ASA/LSA 等频谱共享方式与免执照使用的主要区别在于，除了用户之间的共享使用外，还须与已有主用户共享频段。表 5.9 对现有几种频谱使用模式进行了比较。

表 5.9 频谱使用模式比较

类　别	授权模式	授权共享模式	TV 白频谱	免执照模式
用户等级	最高	次要	次要	无
已有主用户	无	有	有	无
牌照发放	需要	需要	不需要	不需要
牌照区域有效性	全国	全国或分区域	无	无
频谱使用方式	独占	共享	机会接入	机会接入
功率	高功率	高功率/低功率	低功率	低功率
QoS	有效保证	有效保证	不保证	不保证
感知	不需要	可选	可选	不需要
数据库	不需要	需要	需要	不需要

2. 国际标准化组织研究进展

2007 年世界无线电通信大会（WRC-07）确定了 WRC-12 的 1.19 议题：根据第 956 号决议的要求，对引入软件无线电和认知无线电须采取的规则措施及相关性进行研究。2009 年，ITU-R WP 1B 工作组完成了 ITU-R SM.2152 报告书，对认知无线电定义如下：“无线电发射机和/或接收器采用的一种可以了解其操作和地理环境、确定政策及其内部状态的技术；一种能够根据了解到的情况动态和自动调节参数和协议以达到预定目标的技术；也是一种可从了解到的结果中汲取经验的技术。”WP 5A 工作组围绕 ITU-R 241 号问题，开展了陆地移动业务中认知无线电技术的相关研究工作，陆续推出了 ITU-R M.2225 和 M.2330 报告书，对陆地移动业务中的认知无线电系统的定义、关键技术、潜在应用、无线电业务共存等问题进行了阐述。此外，WP 5D 工作组于 2011 年完成了 ITU-R M.2242 报告书，对 IMT 系统中认知无线电的应用及关键技术进行了重点研究。WRC-12 通过了 ITU-R 第 58 号决议，决定继续开展“认知无线电实施和使用”方面的研究工作，包括在相关无线电通信业务和频带上应用 CRS 的技术需求、特点、性能和可能带来的收益等问题。目前，WP 5A 工作组正在对 ITU-R 241 号问题进行修订；同时 WP 1B 工作组开展了两个新研究报告的制定工作，分别对“采用认知能力的无线电系统动态频谱接入涉及的频谱管理原则、调整和相关问题”和“支持频谱和电信网设施共享使用的创新性管理工具”进行研究。

欧洲邮电管理委员会（European Conference of Postal and Telecommunications Administrations，CEPT）也围绕认知无线电等频谱共享技术，开展了一系列技术及战略研究工作。在共享白频谱方面，2008 年发布了 24 号报告对 470 ～ 862MHz 频段白频谱上部署新应用的初步可行性进行研究。之后，电子通信委员会（Electronic Communications Committee，ECC）又相继发布了 159 号、185 号、186 号报告，分别对 470 ～ 790MHz 频段白频谱设备的技术和操作需求等进行了研究。2015 年 5 月，发布了最新的 236 号报告，给出了国家实施使用地理位置数据库的 TV 白频谱的管理框架指南。从 2011 年开始，欧洲电信标准化协会（European Telecommunications Standards Institute，ETSI）针对 TV 白频谱相继完成了多项技术规范（TS）、技术报告（TR）及欧洲标准（EN）的制定工作，主要包括 TR102.907、TS102.946、TS103.143 和 TS103.145 等，研究和规范了白频谱的使用案例、系统需求、地理位置数据库信息交换及白频谱使用的系统架构和程序等。ETSI 于 2014 年发布了关于白频谱设备（WSD）的欧洲统一标准 EN301 598，包含了一系列技术需求及测试流程，为白频谱设备在欧洲的发展奠定了基础。白频谱设备在使用时，应符合要求以避免有害干扰。ETSI 目前正在进行 EN303 144 和 EN303 387 标准制定工作，规定不同地理位置数据库之间信息交换的参数和流程以及白频谱协同使用的信令和信息交换协议。

针对 IMT 频率紧缺、新频段无法在短时间内完成清频等问题，2011 年 5 月 CEPT 频谱管理工作组（WG FM）第 72 次会议上高通公司和诺西公司提出了授权共享接入（ASA）的概念，IMT 用户采用认知无线电、地理信息数据库等技术实现频谱共享，在不对授权频段上主用户产生干扰的情况下，获得授权后可动态接入当前没被占用的频谱资源。欧盟委员会无线电频谱政策小组（Radio Spectrum Policy Group，RSPG）发布了关于频谱共同使用及共享方法的报告，提出了与 ASA 类似的概念，即许可共享接入（LSA）。CEPT 将起初的 ASA 概念扩展为 LSA，为 LSA 用户和主用户在特定频带的共享制定技术支撑，包括 LSA 可用频段选取、频率规划、干扰保护准则制定等方面，潜在应用也由移动固定通信网（Mobile/Fixed Communication Network，MFCN）扩展至其他应用。2012 年 9 月，WG FM 会议成立了 FM53 “可重配系统和授权频谱接入”项目组和 FM52 “2 300 ～ 2 400MHz 频段”项目组，分别对 LSA 实施指南以及 2.3GHz 频段部署 LSA 的频率规划和政策条款进行研究。2014 年 2 月 ECC 发布了 205 号报告，对 LSA 的适用范围、共享框架、频率分配、授权过程、协调一致和移动固定通信网应用等问题进行了总结。目前，CEPT 正在研究无线宽带与节目制作和特殊事件（PMSE）共享使用 2.3GHz 频段的统一技术条件和解决方案等问题，已发布 55 号、56 号和 58 号报告。随着 LSA 在政策和研究层面上的逐步推进，ETSI 也于 2012 年开始同步进行 LSA 的标准化研究并完成了相应的研究报告和技术规范，包括 2.3GHz 频段部署 LSA 移动宽带系统的无线电频谱电磁兼容问题（TR103 113）、系统需求（TS103 154）及正在进行中的系统架构技术规范（TS103 235）等。ETSI 通过标准化工作制定满足监管要求的统一标准，包括具体频段上的共享机制、系统架构和设计规范。

5.4.2　频谱共享的分类

根据不同的分类标准可以将频谱共享行为分成不同的类型，这里列举四种分类方式和相应的频谱共享类型。

1. 基于频谱资源授权方式

1）免许可频谱共享

免许可频谱共享是一种基本上不受监管的共享机制，所有用户都将共享的频谱看作是一种无需许可证的公共资源。但是，所有用户都要受到辐射功率、协议等强制性约束条件的限制。在这种共享机制中，用户之间不存在使用层次的高低，即无主用户、次用户之分，所有用户都在尽力接入并使用频谱资源。

2）授权频谱共享

授权频谱共享接入是有限数量用户被授权共享一段频谱的授权机制。由于待共享频段已经被分配给一个或多个用户，因此应在一定的共享规则基础上授权次级用户使用该段频谱的全部或部分资源，以保证所有授权用户都能获得一定的服务质量。

授权频谱共享还可以分为横向共享和垂直共享。横向共享是指一个拥有多余频谱资源的运营商（主用户）提供访问接口给另一个或多个运营商（次用户），以有效利用未能充分利用的频谱资源。垂直共享是指在运营商（主用户）和非运营商（次用户），如政府、军队、公共安全组织机构、科学团体等之间进行频谱资源共享。此外，非运营商也可以成为与其他共享参与方垂直共享频谱资源的主用户。

2. 基于频谱资源分配行为

1）共存式频谱共享

共存式频谱共享是指次用户以低于能够对主用户产生有害干扰的功率使用主用户的频段。例如，无线局域网（WiFi、Bluetooth）以及超宽带（UWB）技术等，一方面，由于无须采用额外的认知无线电技术和干扰控制技术，共存式频谱共享实现起来相对简单；另一方面，由于发射功率较低，因此共存式频谱共享只适合短距离通信。

2）非协作式（机会式）频谱共享

非协作式频谱共享是指次用户伺机占用主用户未使用的频谱资源，而主用户不必事先知道次用户的存在。例如，移动通信系统使用广播电视系统的“白频谱”等。在该频谱共享方式中，主用户优先级高于次用户体现在以下两个方面：一是当主用户占用频谱资源时，次用户不能使用相同的频谱资源；二是当主用户需要使用频谱资源时，次用户必须释放已占用的频谱资源。

3）协作式频谱共享

协作式频谱共享是指主次用户之间采取对等或集中控制等合作方式共享频谱资源，与机会式频谱共享不同，协作式频谱共享中主用户事先知道次用户的存在和需求，两者之间通过协作将更加精确和高效地检测频谱，但这将一定程度上增加主用户的开销。

3. 基于次用户的接入方式

1）下垫式频谱共享（Underlay Sharing）

下垫式频谱共享方式要求次用户对主用户产生的干扰低于预先定义的干扰门限，即仅仅约束次用户的发射功率。次用户可以采用两种方式满足干扰限制：一是使主次用户之间有较好的空间分离，如采用 MIMO 技术；二是采用低于主用户接收噪声的扩频通信方式，如采用 UWB 技术。

2）填充式频谱共享（Overlay Sharing）

填充式频谱共享方式由次用户采取一定的技术实现与主用户的共存通信，次用户利用已知的主用户信息，并采用先进的信号处理技术和编码解码技术，如脏纸编码等，将自己对主用户的干扰进行抵消，不但可以满足自己的通信需求，还可以提高主用户通信质量。

3）交织式频谱共享（Interweave Sharing）

交织式频谱共享类似于非协作式频谱共享，不同之处在于交织式频谱共享中的所有用户都具有无线电认知能力，所有用户互相协作。用户的关系也是相对的，某一用户可能是新加入用户的主用户，同时也可能是已经存在用户的次用户。

4. 基于动态频谱分配方法

根据参与到动态频谱分配过程中的无线电系统个数和相应的频谱关系可以将频谱共享分

成相邻动态频谱分配方法和分片动态频谱分配方法。其中，相邻动态频谱分配存在于频谱相邻的两个无线电系统之间，通过动态调整系统间的频谱边界来分配频谱资源。而分片动态频谱分配对无线电系统个数和频谱位置关系没有严格约束，因此局限性小。但该方法将给现有系统带来额外的开销：一是需要增加认知无线电的搜索感知功能；二是需要对空闲频谱块进行分配和管理；三是需要额外的系统间保护频带。

5.4.3 授权的频谱共享

1. 授权的频谱共享的概念

从频谱管理角度来讲，传统意义上的频谱共享方式为免许可共享，也可称之为频谱共同使用（Collective Use of Spectrum，CUS），在这种方式下，只要用户的设备满足一定的技术条件要求，就可以同时使用同一频段，而不需要获得许可。

目前，免许可频谱共享已经有了较多的应用，主要集中在各类短距离传输场景中，如WiFi、RFID等。然而，免许可共享机制面临着一系列问题，使得在一些场景和条件下，免许可共享不能很好地满足用户的使用需求。

授权的频谱共享（Licensed Shared Access，LSA；或Authorized Shared Access，ASA）是不同于传统的频谱授权或免许可使用之外的一种新型的频谱管理方式。这种方式下，每一个要使用共享频段的用户都必须获得授权，这种许可与一般的频谱使用许可不同，是非排他性的，但该频段授权的共享用户必须保证不能影响此频段原所有者的服务质量。也就是说，这种对原有服务的保证与频谱使用的授权是结合在一起的。

在授权频谱共享中，原频谱所有者的利益会得到充分的保证。除了要求获得共享授权的用户满足授权条件外，还可以在共享协议中规定原所有者可以在某一时段、某一区域或某一频段排他性地使用频率资源。此外，原频谱所有者可以通过这种授权获得一定经济补偿或其他方面的利益，将自身的服务影响扩大到更大的范围。

而对于授权共享的用户而言，这种方式可以使他们在一定情况下获得更多可用的频率资源。例如，面对全球LTE频率分配中面临的频率碎片化问题，可以通过使用授权的频谱共享方式，使终端可以在较大范围内通过同一频率接入网络，解决漫游问题。此外，通过授权的频谱共享，运营商可以获得更多的资源，缓解面临的频谱缺口问题。

对频谱管理机构而言，授权的频谱共享比重新分配频谱使用所需的开销低得多，还更容易快速地实现，在较快地满足了授权的频谱共享用户对频谱资源需求的同时降低政策变化难度和风险，更好地满足各方利益。

2. 授权的频谱共享的技术实现方式

授权的频谱共享一般分为静态的共享和动态的共享。确定原频谱所有者的频谱使用情况，是实现授权的频谱许可的关键技术问题。解决这一问题的方法必须足够简单，可以快速地部署使用，并且满足技术中立特性。

1）静态频谱授权共享

静态共享中，原频谱所有者在某些地理区域或一些区域的某些时间段对此频段的使用较少，则频谱管理机构可以将其授权给其他用户或应用共享使用。

静态授权频谱共享实现较为简单，授权用户在获得授权前即通过与原频谱所有者及频谱管理机构的协商获得了原频谱所有者的频谱使用情况，从而可以确定自身在哪些区域和时间可以使用这一频段。图5.20和图5.21分别为授权用户在特定区域和特定时间对频谱进行共享使用的情况。

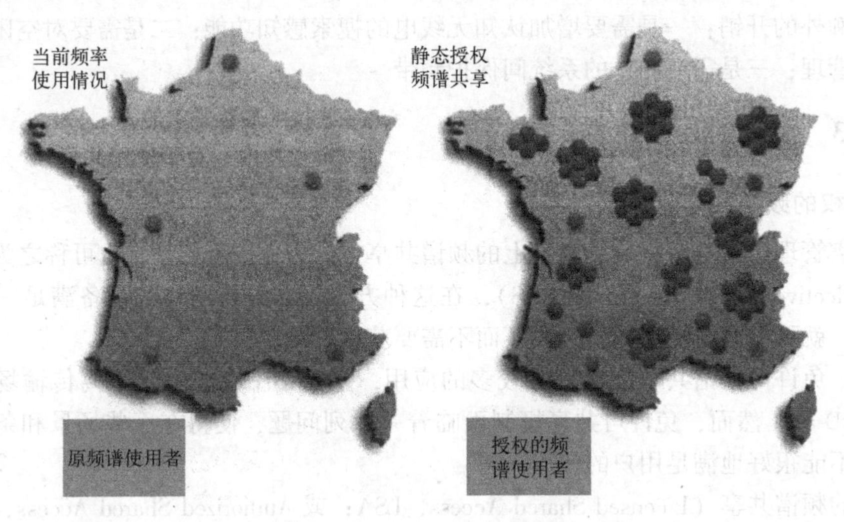

图5.20 基于地理位置的静态授权频谱共享

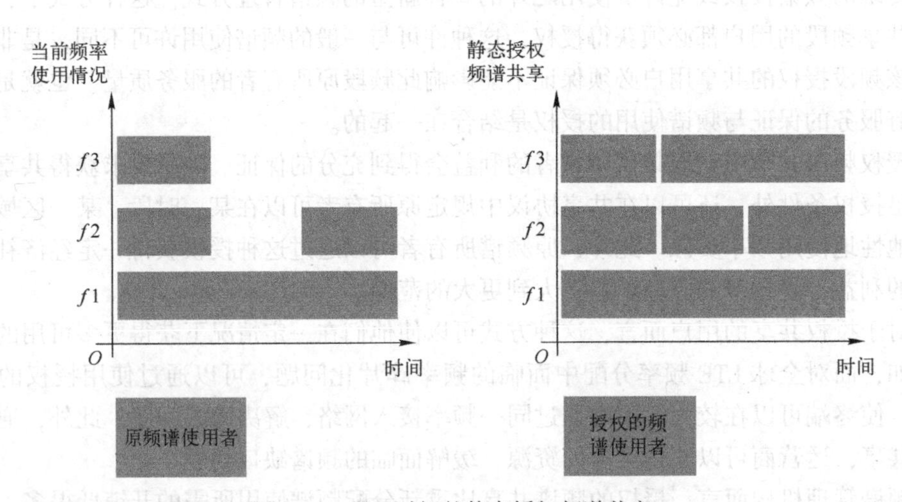

图5.21 基于时间的静态授权频谱共享

2）动态频谱授权共享

动态共享中，获得共享授权的用户需要动态地感知共享频段的使用情况，如空间占用、时间占用和频率使用等，只有在该频段原所有者不使用此频段时才可使用，而当原所有者要使用此频段时，获得共享授权的用户必须立刻出让此频段的使用权，以保证原所有者对此频段的正常使用，不损害其服务质量。

动态频谱授权共享可以通过授权用户与频谱管理机构/原频谱所有者进行实时交互或自身主动实时对频谱使用进行调整的方式实现，实时交互方法如图5.22所示。通常频谱管理机构将建立频谱使用数据库，该数据库可以与各原频谱所有者以及授权的共享用户实时交互，原频谱所有者定时上报自身频谱使用情况，而数据库通过与授权的共享用户的交互将频谱的使用情况通告给授权的共享用户。授权的共享用户根据与数据库的交互，确定当前可以在哪些时间、哪些地点使用哪些频段。

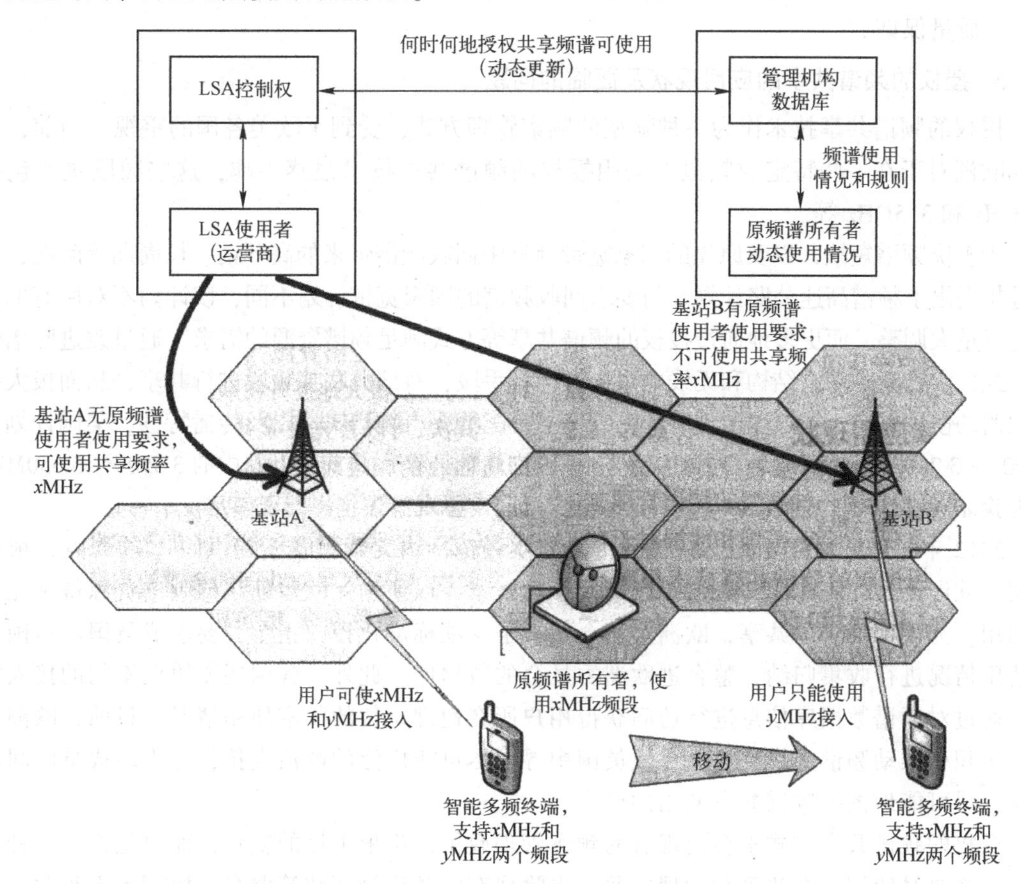

图 5.22　授权共享用户通过实时交互获得频谱使用情况

主动动态调整方式需要授权的频谱共享用户具备主动探测频谱当前的使用情况的能力。随着一些新兴技术的出现，这种主动探测方式的实现成为了可能。目前，主要的主动调整方法包括认知无线电（Cognitive Radio，CR）、软件定义无线电（Software-defined Radio，SDR）、智能天线（Smart Antennas）等。但是，由于这类技术目前发展得尚不够成熟，难以充分保障授权的共享用户对频谱的使用不影响原频谱所有者的服务质量，因此目前此类技术仍需要与实时交互等方式结合使用，以保证对频谱使用情况感知的正确性。

3）通过小区划分、限制发射功率等手段保障授权频谱共享

除了与获得频谱使用情况相关的技术之外，还可以采用一些其他保障性措施帮助授权频谱共享的实现，主要包括：

- 改变频谱划分方式。以更大带宽的频谱作为确定频谱分配的单位，而不是将频谱分成非常细小的碎片分别提供给不同应用使用，从而可以更灵活地通过共享的方式获得较多的连续频谱，也便于用户在空闲的地区、时间或频率提供自身的服务。
- 细化小区覆盖方式。对于部分应用采用限制发射功率等方式减小其覆盖范围，即在条件允许的情况下尽可能多地采用微蜂窝覆盖，使频谱在空间上的共享更加便利。

- 采用更灵活合理的频谱使用优先级划分方式。除了原频谱所有者外，还可以将授权的频谱共享用户分为不同的接入优先级，依次对优先级从高到低的用户提供对应的服务质量保证。

3. 授权的频谱共享的应用现状及面临的问题

授权的频谱共享技术作为一种新型的频谱管理方式，受到了欧美各国的重视。当前，美国和欧洲对于在一些特定的频段上采用授权的频谱共享技术很感兴趣，这些频段主要包括2.3GHz 和 3.5GHz 等。

为解决频谱短缺，以及原先的国家宽带计划中回收频谱带来的高开销、长周期等问题，美国近年提出了频谱高速公路计划。与要求回收频谱的国家宽带计划不同，该计划不对原有的服务进行重大调整，而更多地通过授权的频谱共享等方式满足频谱资源的需求。通过改进频谱管理方式，实施新的频谱结构和无线电系统架构等手段，对部分联邦频段进行共享，从而极大提高频谱的使用效率。根据美国现有的无线业务分配情况、频谱属性以及传播特性，美国计划在2 700 ～ 3 700MHz 的联邦频段上建立第一条频谱高速公路，并首先以其中的 3 550 ～ 3 650MHz 作为验证频段。

2012 年 9 月，欧洲委员会提出了“促进欧洲范围内无线频谱资源共享”的观点，根据计划，欧洲委员会将建立一套便于频谱共享的框架，以便确保欧盟地区的频谱资源得到充分的利用。为了保障频谱共享，欧洲委员会签署了一项标准化授权指令，要求成员国对本国频谱使用情况进行收集归纳，整合进欧洲委员会的数据库。此外，各国还要协调不同的接入技术，通过对频谱数据库信息进行访问获得用户所在地理定位的频谱使用情况。目前，欧洲委员会正积极推动频谱共享工作，在成员国中寻求尽可能广泛的政治支持，并推动成员国间的合作，尽可能地挖掘频谱共享使用的机会。

授权的频谱共享方式不会使现有的频谱管理政策产生根本性的变化，而只是作为一种补充，在必要时使用。在政策和管理方面，去除现有的频谱管理政策壁垒，协调各方利益是频谱管理机构必须面临的主要问题。

去除现有的频谱管理政策壁垒主要需要去除只接受排他性频谱使用和免许可使用这两种频谱管理方式的限制，使各方接受授权的频谱共享这一观念。

而协调授权的频谱共享中的各方利益，需要提供一个对原频谱所有者合理的并且有吸引力的共享条件（如可控和可预测的干扰水平、必要的频谱使用能力和优先级等），还需要使这种共享对其他用户产生足够的吸引力，使其能成为授权的频谱共享用户。

对授权的频谱共享用户发放许可前，频谱管理机构需要对其进行认证，保证其不干扰原频谱所有者的服务，也使原频谱所有者确信这种共享不会干扰其正常业务。而通过开放更多频谱资源供授权的频谱共享使用，并且获得这些频谱共享许可的花费较低，可以对需要更多频谱资源的用户产生很大的吸引力。

5.4.4 动态频谱共享技术

1. 动态频谱共享的产生和发展

动态频谱分配、认知无线电、软件无线电、多址技术、大规模多输入多输出天线、新型扩频码等新技术的迅猛发展，促使频谱高效利用成为可能。然而，在现有静态的频谱管理方式下，频谱资源的使用主要存在以下两个矛盾：一是可用频谱资源稀缺，而已用频谱资源利用率低；二是频谱划分固定，而频谱需求动态变化。这种问题的根源在于频谱管理方式确定的频谱划分无法及时地根据需求做出及时调整。针对这些矛盾，通过采用动态的频谱管理方式进行动态频谱共享，可显著提升频谱资源的使用效率。在以上新技术中，融合各种技术特色的动态频谱共享技术将是提高频谱利用率的根本方法。

认知无线电被提出后，各国的频谱管理部门、组织、研究机构纷纷展开相关研究。FCC、IEEE 802.22 工作组以及欧盟的 FP7 都致力于研究利用认知无线电技术实现利用暂时空闲的频谱进行无线通信。美国和德国的科研机构在各种频谱感知技术、算法以及共享频谱池技术方面取得了显著成效。2013 年，诺基亚西门子通信公司在 TD-LTE 试验中证明授权共享接入可为 5G 网络提供技术基础，2015 年，LTE-U 论坛发布了其首个关于应用 5GHz 非授权频谱的技术规范。同年，诺基亚通信与 T-Mobile 共同研发 LAA 标准解决方案，实现了在授权和免授权频谱间的 LTE 载波聚合。

2. 动态频谱共享实现技术

1）认知无线电

在非协作式、协作式、填充式、交织式、相邻动态频谱分配和分片动态频谱分配频谱共享方式中，都有用户需要对无线电磁频谱进行感知，以确定空闲频谱，同时需要强大的软硬件可重配置能力完成无线电参数的调整。能够完成该项工作的技术称为认知（感知）无线电技术。认知无线电技术环如图 5.23 所示，认知无线电技术通过接收无线电磁环境的无线电磁信息进行频谱感知，对频谱使用状态进行分析和预测以确定空闲频谱，进一步自适应地调整功率、频率、调制、编码等无线电特性参数发射无线电磁信号。因此，在不对主用户产生有害干扰的前提下，利用主用户的空闲频谱提高整体频谱利用率。

2）频谱池

频谱池是指通过频谱管理系统将不同用户的空闲频谱集中起来形成一个资源池，频谱池概念如图 5.24 所示。频谱池系统中提供空闲频谱的用户为主用户，通过申请和使用频谱的用户为次用户。主用户多为授权频谱用户，其频谱较多，可通过将空闲频谱出租给次用户使用并获得一定收益。次用户自身频谱不足，需要额外的频谱资源。次用户可能是非授权频谱用户，如 ISM 频段用户，也可能是无空闲频谱的授权用户。频谱池系统通过一定的市场手段有效配置频谱资源，但需要有一个第三方频谱管理系统对整个系统进行管理。

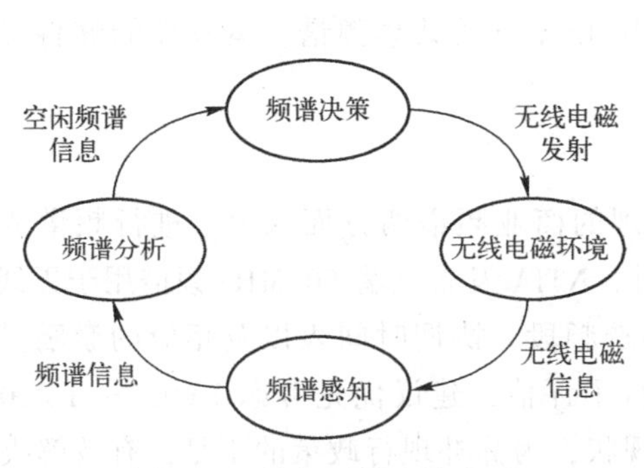

图 5.23　认知无线电技术环

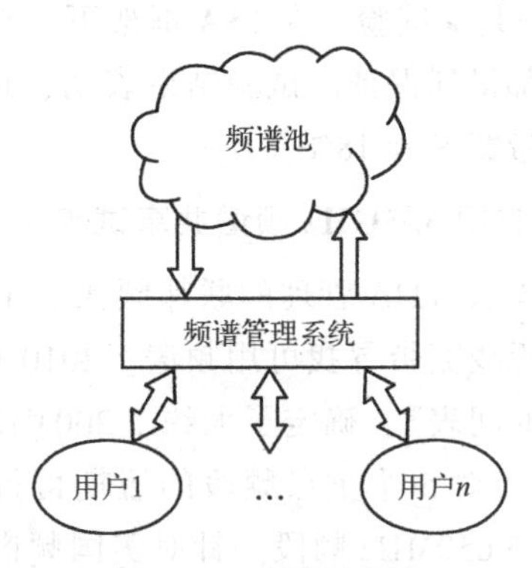

图 5.24　频谱池概念

将频谱共享的多种方式和实现技术结合起来可更好地提高频谱利用率效果，例如为每个系统设定其私有和公有频谱池、时分动态频谱共享与空分动态频谱共享相结合、基于频谱池的认知无线电方案等可以更大程度提高频谱资源的利用率。然而，目前关于动态频谱共享的研究很少涉及多个系统之间的频谱共享，业务类型也较少涉及非对称数据业务等，因此现在的相关研究仍不够完善。

5.4.5 国际频谱共享实施案例

1. 欧洲2.3～2.4GHz授权频谱接入

2012年欧盟通过了开展无线电频谱政策计划的提案（Decision No. 243/2012/EU），欧盟委员会在“促进境内市场无线电频谱资源共享”通信报告中表明支持LSA作为频谱共享的一种方式，分析了频谱共享的政策背景及挑战等，并提出了境内频谱共享的后续实施建议。作为对欧盟委员会推进LSA实施计划的响应，2013年RSPG提供了包括LSA定义、法律、监管、牌照以及实施等方面的意见，将LSA定义为：“一种对有限数量的授权用户在单独授权体制下使用已经分配或将要分配给一个或多个主用户的频带运营无线电通信系统的监管方式。LSA方式下，依据频谱使用权利等共享规则，新增用户经过授权后使用频谱（或部分频谱），包括主用户在内的所有授权用户均享有一定的服务质量（QoS）保证。”LSA不是新的授权体制，而是一种通过引入其他授权用户促进已分配频谱高效使用的管理方法。LSA用户可以在空间或时间维度上与主用户共享频段。由于LSA的牌照数量有限，用户可以通过协作规划等静态方式，或使用公共数据库、认知无线电等动态方式，解决或避免潜在的干扰问题。如果授权主用户要求其他限制，还需要建立一个能够更新信息、获取数据和提供接入条件的综合管理系统等。

在授权共享的频段选取方面，起初欧洲考虑了2.3GHz频段（移动业务与军用/无线摄像机共享）和3.8GHz频段（移动业务与卫星业务共享）。目前主要实施方案是在2.3GHz频段上以LSA方式部署移动宽带网络。国家管理机构和主用户通过建立LSA频谱仓库，提供LSA频谱的时间、地点可用信息。LSA控制器通过从LSA频谱仓库获取的信息，在可用区域/时间控制移动运营商网络接入LSA频谱。若由于主用户保护等限制要求，某些区域LSA频谱不可用，则移动网络接入使用原授权频段。欧洲METIS、CORE+、CoMoRa等项目也相继开展了LSA的研发工作。2013年4月，芬兰在2.3GHz频段上进行了全球首次ASA/ISA频谱共享试验。在LSA框架下，TD-LTE系统共享其他系统的现有频段，两种网络的服务质量都得到保证。试验结果表明，通过采用LSA方式共享频谱，运营商能够将移动宽带网络的带宽提升18%。

2. 美国3.5GHz频谱共享试点

美国从NTIA管理的联邦频谱和FCC管理的商业频谱两方面入手，进行频谱清查和研究，为无线宽带寻找可用频谱。2010年10月，NTIA发布《将500MHz频谱用于无线宽带的计划与时间表》，确定了大约2 200MHz的候选频段、协调时间表以及相应的激励措施。同时，NTIA对5个重点频段的短期可行性进行了评估，建议优先考虑1 695～1 710MHz和3 550～3 650MHz频段。针对美国频谱使用现状，为弥补现行政策的不足，有效解决“频谱短缺”问题，促进美国经济发展和确保世界领先地位，2012年6月美国总统科技顾问委员会（PCAST）向总统奥巴马提交了一份报告，提出“频谱高速公路计划”，采用等级接入的方式促使商业服务共享联邦频谱。同时，PCAST 还提出需要建立包含动态数据库的频谱接入系统（Spectrum Access System，SAS）对该民用宽带服务进行管理。SAS 保证用户只能在不对主用户造成干扰的区域使用频谱，同时也对不同级别用户间的干扰进行管理和保护。等级接入制度将用户分为以下 3 个等级。主用户接入（Incumbent Access，IA）频段上已经存在的联邦用户，具有频段使用的最高优先级，在划定的主用户使用区内独占频段，在 SAS 中注册后保证其不受其他系统的干扰；优先接入（Priority Access，PA）在数据库中登记后，可在指定区域内拥有部分频谱的短期优先使用权，需要在 SAS 中进行注册，从而获得授权，得到一定的 QoS 保证，并免受其他次要用户干扰；一般授权接入（Generalized Authorized Access，GAA）具有频谱使用的最低优先级，采用频谱感知或数据库等方式，设备应具备多频段操作能力和动态频谱选择功能，在指定时间和区域内可免费接入该频段，但只允许低功率发射。图 5.25 给出了三级用户使用区域示例。

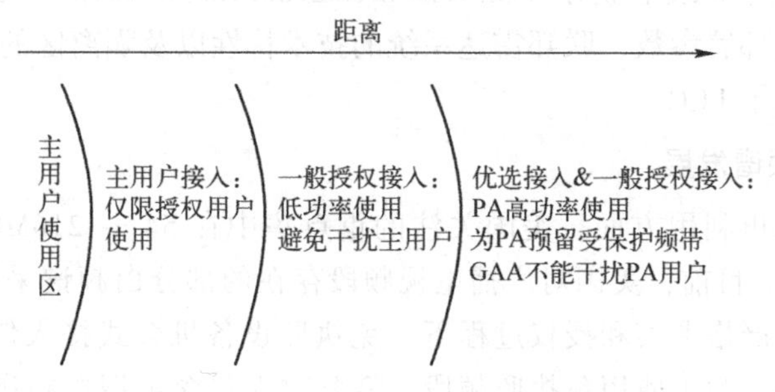

图 5.25　三级用户使用区域示例

根据 PCAST 的建议，2012 年 12 月 FCC 发布 12-148 号规则制定提案公告（Notice Of Proposed Rulemaking，NPRM），研究通过以小蜂窝（Small Cell）的方式在 3.5GHz 频段上开展频谱共享，部署新型民用宽带服务（Citizens Broadband Service）。3 550 ～ 3 650MHz 频段目前分配给美国国防部雷达系统（如海军船载雷达）等使用。另外，相邻的 3 650 ～ 3 700MHz 频段已经以低功率、轻执照的方式分配给非联邦卫星固定业务（Fixed Satellite Service，FSS），包括非联邦卫星地球站（接收）、空对地操作和馈线链路等，与联邦主用户进行共享。因此，在后续的 3.5GHz 频段共享试验中，美国将 PCAST 建议使用的 3 550 ～ 3 650MHz 频段扩展至 3 700MHz。根据 NTIA 的评估报告，若对 3.5GHz 频段进行拍卖，为保留必要的联邦服务，在美国东西海岸线附近的陆地区域需要 200 英里（1 英里≈1.6 千米）的隔离区。采用小蜂窝的方式能够减小与主用户的隔离区，同时带来容量的成倍增长。

经过多轮意见征集，2015 年 4 月 FCC 正式发布了 15-47 号“3.5GHz 民用宽带无线服务规则”，采用 PCAST 提出的等级接入方式在 3 550 ～ 3 700MHz 频段上建立包括 PA 和 GAA 在内的二级商业无线服务，与联邦主用户共享频谱。由私营商业团体运营的频谱接入系统将用于协调和管理不同层次用户的共存。如图 5.26 所示，PA 执照可在单个普查区域（Census Tract）内享有 10MHz 信道的 3 年使用授权，在 3 550 ～ 3 650MHz 频段内最多为 PA 使用分配 70MHz 频谱。GAA 允许在 3 550 ～ 3 700MHz 频段共 150MHz 频谱上采用类似免执照的方式使用，GAA 用户设备认证后可接入频谱，无需机构的进一步审批，但无法得到其他民用宽带无线服务用户的保护。FCC 同时制定了允许商业服务在美国大陆地区使用频谱感知技术的路线图。该规则的发布是美国在授权商业和联邦用户频谱共享的政策上迈出的重要的一步。美国 3.5GHz 频段试验得到了政府、研究机构、产业界的广泛关注和参与，试验方案也逐步由理论走向实践。虽然对授权式频谱共享的成效仍存在争议，但作为传统频谱管理方式的补充方式，其短期可行性已得到认可。

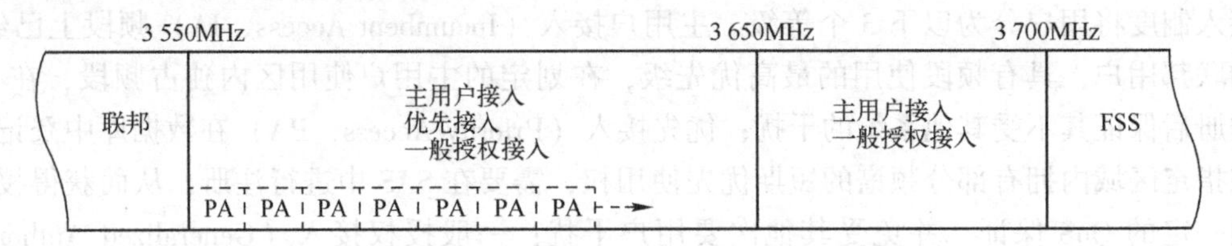

图 5.26 美国 3.5GHz 频段民用宽带无线服务规划示例

2015 年 6 月 NTIA 发布了关于 3.5GHz 隔离区分析和计算方法的技术报告（TR-15-517），给出了民用宽带无线电业务（Citizens Broadband Radio Service，CBRS）设备接入节点和用户终端的技术和部署参数、联邦雷达系统的技术特性以及隔离区的计算分析方法，并将生成的隔离区提交给了 FCC。

3. 美国 TV 白频谱发展

在对商业频谱的再利用方面，美国关注的重点集中在 54 ～ 216MHz 和 470 ～ 698MHz 频段的 TV 白频谱上。目前，美国对广播电视频段存在的部分白频谱采用免执照的方式，基于白频谱数据库，在严格考察和授权过程下，免执照设备机会式接入使用。TV 白频谱设备包括固定和手持设备。为了使用免执照频段，需要建立包含可用白频谱信道信息的数据库，数据库中的可用信道根据设备的类型和位置实时变化。白频谱设备通信时，首先需要向授权的白频谱管理者发送请求。管理者根据 FCC 制定的一系列规则自动生成可用信道数据，同时避免干扰受保护的 TV 台站等主用户。白频谱设备收到信道列表后，选择信道完成通信。

2008 年 11 月 FCC 首次发布了 TV 白频谱的使用规范，允许免执照的无线电设备使用当地的空闲广播电视频段（白频谱），并认为在恰当的管理和合适的设备操作下，免执照设备使用白频谱时不会干扰已有服务。FCC 对白频谱设备进行了定义和分类，提出“地理位置数据库”、“接收外部控制信号”以及“频谱感知”3 种白频谱探测方法，并对感知的功率下限和定位的最低精度做出了相应要求。同时，FCC 给出了发射天线高度、发射功率控制、带外功率限制等技术指标，对已有广播电视服务进行保护。在 2010 年和 2012 年，FCC 又对 FCC 08-260 补充和修改，去除了对白频谱设备感知功能的强制要求，强化数据库与设备以及数据库之间通信的安全性。2011 年 12 月 FCC 批准 Spectrum Bridge 公司的“电视白频谱数据库系统”运行，这是美国第一套投入运行的白频谱数据库设备。经过在东海岸等地区的试点，2013 年 3 月 FCC 在全国范围内发放了白频谱设备授权。目前，FCC 已经批准了包括 Spectrum Bridge 和 Google 在内的 6 家数据库公司运营白频谱数据库。

随着激励拍卖政策的逐渐成熟，美国对 TV 白频谱的使用逐渐由免执照向激励拍卖发展。2014 年 6 月 FCC 发布了激励拍卖的 14-50 号报告和法令，包括实施拍卖的临时规则。实施激励拍卖，能够加快 600MHz 广播电视频段重新规划使用，但是会对包括免执照白频谱设备、无线麦克风和低功率电视等重要业务产生影响。2014 年 9 月，FCC 发布了 14-144 号规则制定提案公告，为这些业务的运行制定新的规则。FCC 预计将在 2016 年年初开始实施激励拍卖。

5.4.6　我国的频谱共享策略

1. 频谱共享的必要性

我国国家战略规划将新一代信息技术产业作为重点发展方向和主要任务之一。新一代信息技术，例如下一代移动通信、云计算、物联网、大数据等，正在强烈地改变着人们的生活和工作方式，而无线电频谱资源在无线信息通信技术中扮演着不可替代的信息载体的角色。2013 年，国务院连续出台了物联网产业发展、“宽带中国”战略和促进信息消费等政策推进频谱相关产业发展。在两化深度融合的背景下，2015 年，我国政府工作报告中提出“互联网+”行动计划和“中国制造 2025”的战略规划。以上国家战略和政策均对频谱资源在工业、交通运输、公共事业、信息通信等领域应用的质和量都提出了更高的要求。然而，随着新一代信息技术的飞速发展，各种新的无线应用不断涌现，无线移动数据流量需求呈现喷发式增长。这带来的问题就是频谱需求的急剧增长，未来频谱供需矛盾将日益突出。因此，我国推行频谱共享的必要性主要有以下几个方面。

第一，频谱共享是缓解未来频谱供需矛盾的重要措施，是应对未来无线电业务快速发展带来的频谱供求失衡挑战的基本保证。无线电频谱资源几乎是以无偿或者非常低的费用分配给使用者的，频谱的初始分配决定了某些用户独占频段，从而造成大量无线电频谱资源的闲置浪费，其潜在价值无法得到挖掘。频段在时间和空间的维度上并未得到充分利用。有了频谱共享的资源保障，新一代信息技术才能有效地加速实际应用，进而推动移动互联网、云计算、物联网以及智慧城市等产业的健康发展。

第二，频谱共享是提高频谱利用率、避免资源浪费的有效途径。目前，各国无线电管理机构通常对牌照持有者以外的用户视为干扰，从而采取禁止措施。但很多情况下这些频率在时空范畴内均未得到充分利用。此外，牌照持有者如需要调整其无线电业务时，则要花费大量的时间和成本。频谱共享能够在不影响牌照持有者频谱使用权的情况下动态利用空闲频谱，使多种业务或多个用户共用一个段频谱，并保证互相之间干扰可容忍，从而能避免频谱重置的高昂成本，并显著提升频谱资源的利用效率。

第三，推行频谱共享能有效实现频谱资源精细化管理。频谱精细化管理是现代管理模式和无线电管理内容的高度融合。目前，对于频谱资源的规划与利用都是建立在静态的频率规划的基础之上。动态的频率规划和管理机制能够实现空间、时间和频率 3 个维度上频谱的最大化利用，符合未来频谱管理创新的趋势。

另外，我国陆地边界情况最复杂，无线电干扰也日益严重。目前，大多通过降低发射功率或者牺牲可用频段等方式来解决双边相互干扰的问题，这在一定程度上降低了边境地区居民的宽带通信体验。若能推行同陆上邻国之间的频谱共享，则可以使边境双方居民均有较好的通信服务质量，也有助于开展边境频率协调工作。

因此，我国积极推行频谱共享研究，提升频谱资源利用率，可最大化满足新兴信息产业快速增长的用频需求。

2. 我国推行频谱共享面临的挑战

第一，共享技术和环境约束多。首先，频谱共享的效果依赖于共享频段的技术特性，如频段大小和频率高低。例如，候选的共享频谱优先考虑 5GHz 以上的高频段，但高频段的传输特性受天气因素影响较大。其次，频谱共享受共享系统复杂性的影响。动态频谱共享通常涉及多种系统、接入技术、频段和协议。因此，要求设备具有一定的灵活性和复杂性。频谱共享的动态性还将带来较大的不确定性，进而可能造成系统稳定性的下降。最后，频谱共享受客观条件的约束，例如共享地点、时间、网络和协议覆盖范围以及网络基础设施支撑水平等。

第二，共享参与方之间的协调难度大。我国频率划分规定的无线电业务主要由政府、军方和商业用户使用，此外，还要有无线电管理机构参与其中。由于军队的频谱规划和使用以及分配给广电和公众移动通信频谱的特殊性，加之各方目前对频谱的回收和再分配意愿较冷淡，造成了部分空闲频段的释放困难，加大了无线电管理机构实施频谱共享统筹规划的难度。此外，频谱共享的可行性和实际效果将由次用户的投资决策驱动。当频谱共享的成本过高或预计收益太低时，次用户对频谱共享的投资意愿就会下降，从而增加推行频谱共享的难度。

第三，传统频谱监管方式的不适应性。首先，我国频谱分配政策较单一，无线电频率资源分配欠优化。频谱资源的监管主要依靠行政手段，限制了市场激励手段的实施。其次，频谱使用的事后管理和监测力量不足。用户违规使用未授权频段会引起干扰，从而降低频谱共享的效果，造成主用户对频谱共享意愿的下降。最后，无线电监管数据库功能尚不完善。频率、台站、设备、监测等数据库缺乏动态频谱数据共享、地理信息、统计分析和实时更新能力，导致无线电监管的动态决策能力较低。

3. 对无线电管理的挑战

频谱共享方式能够弥补现行频谱管理方式的不足，在短期内解决频谱短缺的问题。在频谱共享模式下，无线电管理仍将继续综合运用法律、行政、经济和技术这4种管理手段。但是，施行频谱共享模式也对频谱管理各环节提出了一些新的挑战。

1）频谱需求预测

准确预测频谱资源需求量既能够为新的频谱需求及时做好频谱资源分配的规划，促进相关行业和产业的发展，又避免了超前分配导致的资源浪费。目前的频率需求预测方法都是考虑独占式的频谱使用，而引入频谱共享技术后，使用场景、用户行为以及技术方式都会有所不同。首先，业务特征发生改变。业务特征是建立频谱预测模型的关键部分。在动态频谱共享模式下，由于使用权短期化、动态化，业务种类、部署场景、业务容量、传输速率等特征也将多样化发展。其次，频谱效率需要重新衡量。频谱效率评估是频谱需求预测的重要部分，动态频谱共享将是多种无线电新技术的融合，其频谱效率也将因业务采取的不同技术特征而存在较大差异。最后，频谱使用中将存在多种方式互补。未来网络将异构化发展，对频谱的使用也不会仅采用单一方式。共享式频谱使用将会对网络授权频谱和免执照频谱的需求量产生影响。

目前，ITU已形成了成熟的IMT和WLAN系统频谱需求预测分析方法。共享的频谱资源成为运营商固有分配频谱资源的重要补充，可以通过其在时间、空间的动态使用特性，分析共享频谱对于整个业务的分流比例，从部署场景出发，确定、提取相关参数，对频谱需求预测方法进行修正，统筹分析传统独占授权方式、免执照方式、频谱共享方式频谱需求总量和占比情况。

2）频谱统筹规划

对频谱资源进行统筹规划，是频谱管理的重要环节，从而满足各行业频谱资源需求。由于频谱资源紧张，而需求日益增长，目前在低频段已经很难找到连续可用的频谱资源。频谱共享方式为频谱规划提供了一条新途径。未来的频谱规划可从未规划资源的继续挖掘和已规划资源的重新配置两方面入手，最大化频谱资源利用。首先，频谱共享的引入可能会改变频谱规划方式。为频谱共享寻找可用频段，可能会涉及已规划频段的补充规划或重新规划，在保护现有业务的前提下，增加新业务的共享使用。其次，需要改进兼容分析手段。在实施频谱共享前，应开展全面的兼容分析，充分评估与主用户系统共享频段的干扰风险。系统的多样性，加大了兼容分析的复杂度。一方面，应分析次用户系统和主用户系统之间的干扰水平，设计合理的技术指标和使用权限；另一方面，还应对次用户系统之间的相互影响进行测试和评估，保证各系统的服务质量。另外，应统筹各行业频谱需求。在频谱共享的方式下，次用户需要在一定条件下与主用户共享频谱，一般会涉及多个行业、多个业务之间的共享使用问题。最后，应充分考虑共享频段国际协调统一。从国际市场竞争的角度考虑，频谱共享不仅涉及国家内部的规划问题，还涉及国际上各个国家的协调统一。互操作性、漫游、频谱效率以及边境频率协调等问题，都需要国际协调一致，在国际范围内共同促进频谱有效利用。

相比传统频率规划，动态频谱规划方式更加复杂，从传统频率切割走向空间、时间、频率三维的统筹规划，根据用户的优先权特性，建立不同层级的技术和政策要求。同时，考虑不同层级用户间在使用、共存之间的关联性，确定合适的法规。在实践中，可以选择合适的频段，设计动态频率规划方案，开展技术试验试点，逐步完善规划的方法和思路。

3）频谱动态分配

与传统频谱管理方式的单系统静态独享分配模式不同，频谱共享在时间和空间上动态使用没有被充分利用的频谱资源。实施频谱共享，需要对频谱分配方式进行创新式管理。首先，分配方式从零散窄带分配向动态连续宽带分配转变。这要求频谱分配时，避免条块化频带分割，对各系统频率使用的相关性、兼容性等进行统筹考虑和动态调整，优化网络的整体性能。其次，需要对多级用户进行管理。传统的独占授权使用或免执照使用方式，转变为独占、共享、免执照使用相融合的方式。同一频段将存在多种业务、多种使用方式的用户，这就需要建立全面、完善、智能的多级用户频谱接入管理系统。通过实时掌握频谱使用情况和用户需求，实现动态的频谱分配和用户管理，保证各级用户的使用权限。另外，频谱使用授权方式将发生很大改变。频谱共享使用的短期性特点，使其授权方式将与传统的长期性独占授权具有很大区别。为适应共享使用中频谱牌照类型的多样化，须对授权方式进行改进。根据业务使用特征、经济条件、竞争能力等，设置合理的牌照管理模式，从多个维度对频谱使用进行动态授权。

动态频谱分配不同于原有固定分配，它根据先验信息的动态调整使用频率。因此，获取频谱使用信息是进行频谱动态分配的基础，目前国际主流的信息获取方法有感知数据库和频谱检测两种。在实际网络部署中，须根据业务使用特性，从频率分配颗粒度、分配最大带宽等角度，统筹考虑系统间、系统内、用户间的多级资源调整问题，构建包含传感器网络和动态频率数据库在内的频谱共享接入管理系统，实现资源高效、合理的动态分配。

4）频谱使用监管

频率使用评估、无线电监测和台站管理是频谱使用监管的重要组成部分，不但能够为寻找频谱共享可用频段提供依据，还能为动态频谱分配提供指导。频谱共享的引入，对监管方式提出了很大挑战。在频谱使用评估方面，由于频谱共享引入了大量无线电新技术，改变了传统的频谱使用模式，从多个维度对频谱进行了重复利用，需要建立新的频谱效率度量方法，统筹考虑通信容量、覆盖范围、干扰级别、传输时间、带宽等因素，衡量频谱的实际使用效率。同时，还应从工程实现、经济效益、社会效益等多个方面对频谱共享进行全面评估。在无线电监测方面，对于传统通信系统而言，其对频谱使用须符合国家频率划分和规划要求，因此，无论是针对特定业务还是特定频段进行监测，符合占用情况均有规律可循。动态占用频谱的方式将使电磁环境更加复杂，无线电监测必须考虑多种信号影响，势必将加大监测工作难度，对无线电信号监测性能、信号识别能力、干扰查找都提出了更多的挑战。在台站管理方面，采用动态频谱共享方式，会引入新型管理数据库，须与现有台站库进行数据交换。因此，在数据接口、鉴权等方面应慎重考虑。另外，在台站类型设置、频率占用收费等方面也将发生改变。

5）监管的作用

在分析频谱共享的可行性和促进频谱共享的过程中需要考虑无线电监管部门的作用：

- 确定共享机会；
- 转换或升级现有主用户的频谱许可，以允许该频段能够提供基于频谱共享的服务；
- 建立激励机制，鼓励主用户参与共享；
- 保证次用户拥有市场机会竞争共享许可；
- 指导谈判和实施过程，管理国家或地区范围的频谱登记；
- 在不同国家间推进频段协调和标准化。

无线电管理是涉及频率规划、频率监测、台站管理、频率评估多方面的闭环管理，而动态频谱共享更是上述几个方面统一的重要体现，不仅需要提升每个环节的水平，还需要加强环节之间的沟通和数据交汇，实现有机融合。此外，还应建立一套合理完善的动态分配回收机制，监测频谱共享中各级用户的接入使用情况，一旦发现对其他用户产生干扰或利用率不达标等情况，就对频谱回收再分配，达到最大化频谱利用率的目标。

4. 频谱共享可行性评估框架

频谱共享的可行性应当从参与共享的主客体特点、技术、非技术（包括经济和政策管理等）角度进行分析。

1）主客体特点

频谱共享的主体主要包含 3 个参与方，即监管部门、主用户和次用户。为了使频谱共享成为现实，每个参与方都扮演着重要的角色。

- 监管部门：保障足够的频谱资源，维护主用户权益，鼓励次用户之间的竞争。
- 主用户：提供频谱与次用户进行共享，并遵守共享承诺。
- 次用户：获取频谱共享许可，提供基础设施，遵守共享条款以及有效地利用频谱。次用户一般包括运营商、其他用频机构和用户。

监管部门制定共享条款时，一般希望条款覆盖范围足够广，能够适用于多种情况，以便于降低次用户的共享成本，对共享方案的监管比较简易。主用户希望频谱价值最大化。次用户希望制定个性化条款以使自己可以充分利用共享频段。

频谱共享的客体是指可以共享的频段。与专用频段不同，任何共享频谱都必须完成一定程度的协调（包括标准化等）。例如，600 ～ 700MHz 广播电视频段、2.4GHz ISM（Industrial Scientific Medical）频段、FCC 的 3.5GHz 频段以及 LTE-U 的 5.8GHz 频段等。此外，对于 ITU 已划分为专用的频段，而其中仍有其他用户使用的，例如 450MHz 对讲频段，还可以利用频谱共享作为释放频段的过渡手段。

2）共享机会

频谱共享协议的动态性质将显著影响次用户与主用户频谱共享的可行性、复杂度和确定性。频谱块的大小和给定范围内的次用户数量，是决定频谱共享价值以及共享方法的主要因素。动态性一般通过时间和地理位置两个维度来衡量，频谱共享的动态性如图 5.27 所示。

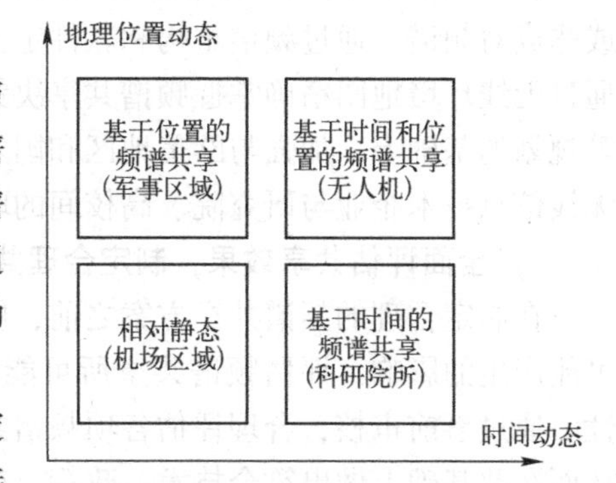

图 5.27　频谱共享的动态性

例如，在机场区域允许运营商建造并运营稳定的网络属于相对静态的共享协议，而无人机要求接入频率根据时间和地理位置变化则属于高度动态的共享协议。当协议的动态性增加时，无论是时间还是地理位置，次用户有效使用频谱的能力将随着技术和运营复杂度以及管理成本的增加而下降。协议的动态性越强，越需要更复杂的技术和运营解决方案。

3）经济影响因素

频谱共享的经济影响因素包含两大部分：一是主用户的收益和成本；二是次用户的收益和成本。频谱共享的经济影响分析一般考虑以下因素。

- 频谱在专用情况下所能产生的经济收益为主用户频谱共享所能产生收益的最大值。
- 从这个最大值开始，用一定的折损来反映主用户频谱共享协议所涉及的各项条款的特性，如服务的时间和范围限制、协议期限、频率协调程度和入口等限制条件。
- 分析次用户的投资意愿，包括额外频谱产生的经济收益（如提升网络效率、降低网络成本、增加用户接入量等）以及各种可能减少次用户投资意愿的成本因素（如合同期限、运营时间和范围、基础设施条件、共存风险、共享复杂性和不确定性等）。

此外，在评估频谱共享的收益和成本时，还有经济影响因素以外的因素需要考虑：一是监管成本，即不断增加的共享应用可能造成监管机构管理成本的上升；二是主用户从专用转变到共享可能产生的额外社会效益，即主用户没有高效利用其专用频谱，预计共享后会产生相应的额外社会效益。

5. 我国频谱共享的推进建议

如何应对我国频谱共享进程中要遇到的问题和挑战需要进行深入研究，参考文献给出了有关频谱共享的具体推进建议。

1）预先研究频谱共享机制和频谱共享计划

一方面，要科学规划，大力投入和支持频谱共享和频谱高效利用机制，加快构建我国的频谱共享框架和共享系统，如研究重要频段分时间、分地点共享的可行性。可先进行频谱共享方案试点，鼓励动态利用空闲频率资源、共享网络基础设施和无线频谱等。另一方面，应借鉴国外频谱共享计划中的管理方法和理念，结合我国频谱使用情况，加快制订适应于我国用频特点的频谱共享计划。探讨多种候选的频谱共享策略，确保频谱开放共享的进程。

2）加大频谱共享技术研发力度和技术交流

一方面，加大频谱共享高效利用新技术和新产品，如认知无线电技术、毫米波技术、微功率无线电技术以及全双工技术等的研发投入，为频谱共享进程提供创新技术支撑，进一步研究授权频谱和非授权频谱之间的协同利用，通过频分/时分双工融合来高效利用成对频谱或非成对频谱，通过频谱重构和软件定义空口技术来提升灵活配置频段的空中接口的能力，通过无线环境地图精确掌握频谱共享决策时刻的无线环境。另一方面，在政府指导推动、统筹规划的基础上，加强与欧美地区和国家在频谱共享技术和应用等方面的合作与交流，支持无线信息技术企业与研究院、高校间的联合研发等。

3）全面评估共享效果，制定合理共享方案

在制定合理的频谱共享方案之前，应当全面研究频谱共享效果以及各种因素对共享效果可能产生的影响，评估频谱共享所可能带来的经济收益和成本，进而确定频谱共享的可行性。通过事前审核，合理评估各项频谱共享方案对参与方的影响以及可能带来的经济收益，从而在此基础上做出符合技术、政策、市场全面协调的共享决策。

4）鼓励各方积极参与频谱共享

为了满足信息通信业务发展对频谱资源日益增长的需求，无线电管理机构应当采取措施鼓励政府、军方和商业用户之间进行频谱共享。一是在某些频段上探究参与方之间进行频谱共享的可能性，全面审计各参与方占用频谱资源的使用状况，指导频谱共享的测试等。二是加速释放业务量和频谱占用严重不成比例的频段，通过行政或经济手段清理移交空闲频谱资源。三是探索频谱动态共享的市场机制，推动重要频段的无偿或有偿共享。此外，实施频谱共享必须要确保主用户的合法权益不受损害，防止其参与频谱共享意愿的下降。

5）探索灵活的频谱分配和使用监管方式

无线电频谱监管方式应向多种调节策略演进，采用多种灵活使用频谱资源的方式，并实施频谱政策改革。监管部门要在改革和促进共享的过程中做好充足的准备。第一，确定共享机会。明确规定能参与共享的无线电台站、设备、用户以及相应的参数限制，及时制定相应的频谱政策，鼓励高效频谱新技术的开发和运用。第二，优化频段划分。通过频谱审计，对使用不合理的频段进行相应的调整。开发利用新的频段，例如5G规划中的移动通信频段和LTE-U 的 5 ～ 6GHz 等。第三，合理引入市场机制和激励机制，例如出租、二级市场、频谱价格机制、拍卖等试行频谱贸易方式，鼓励主用户参与频谱共享以及次用户之间的竞争。第四，完善无线电监管数据库。充分引入大数据、云计算、物联网等技术，改善共享数据库对频谱监管的支撑能力，提升无线电监管的动态决策能力。

5.5 高频频谱

随着移动业务蓬勃发展、用户体验需求日益凸显，比如2K移动视频已逐渐成为移动终端的主流配置，高速率大带宽4K、VR/AR等新业务业已不断涌现。宽带视频等业务对网络大容量提出了更高的要求。高速率通信，需要网络具有更高的频谱利用率和无线接入新技术的支撑；大带宽通信，需要网络采用高频段的宽裕频谱；关注单用户体验，需要网络能够针对单个用户进行高效的资源调度，且须兼顾通信公平性；热点区域通信，需要网络能够高密度组网，并且无线接入点之间能够高效协同工作。从全球来看，6GHz 以下的无线频谱大部分已经分配给 IMT 2G/3G/4G 系统、广播电视业务、军用雷达等，可供 5G 系统使用的连续频谱资源非常匮乏。而 6GHz 以上频段（一般认为是 6 ～ 100GHz）相比而言是频谱资源的蓝海，根据具体频段的不同，连续频谱可以达到 1GHz 甚至 20GHz。

5.5.1　高频段频谱现状

截至目前，并没有一个完全准确的对高频段频谱的定义，只是因为当前国际上大部分的通信系统都部署在 6GHz 以下，因此将 6GHz 以上的频谱称之为高频段频谱，而 6GHz 以下的频段则称之为中低频段。WRC-15（2015 World Radio-communication Conference，2015 年世界无线电通信大会）审议也将在 6GHz 以上的频段确定为 IMT（International Mobile Telecom，国际移动通信）寻求的新频率，以供今后的 5G 系统使用。

关于 5G 的高频频谱研究，ITU 早在 2012 年便启动了相关工作，包括成立标准化组织、实施企业推动，并在 2016 年年初启动 5G 技术性能需求和评估工作。而在频谱方面，业界对 5G 的认知基本趋同，即 6GHz 以下频段难以完全满足 5G 需求，各国一致支持在 WRC-19 为 IMT 寻找位于 6GHz ～ 100GHz 的新频率资源，新频率资源必须满足以下标准：

（1）所选择的候选频段必须支持移动业务类型；

（2）必须能够兼容频段内现有的其他业务，避免造成系统间的干扰而影响通信；

（3）必须满足至少数百兆赫兹的连续频谱；

（4）考虑所选择频段的传播特性以及器件的工业制造水平等因素，选择合适的频谱，确保通信系统具有较好的可实现性。

美国在 2016 年 7 月 14 日由 FCC（Federal Communications Commission，美国联邦通信委员会）以 5 票赞同、0 票反对的结果正式公布将 24GHz 以上频段用于 5G，这使得美国成为世界上首个将高频频谱用于下一代移动通信的国家，力图抢占国标频谱话语权。FCC 规定了用于 5G 的 4 个高频段，包括 28GHz、37GHz、39GHz 3 个授权频段，以及 64 ～ 71GHz 的未授权频段。

欧盟于 5G 初期计划发展的频率涉及多个频段，其中 24GHz 以上频段是欧洲 5G 潜在频段，欧盟委员会无线频谱政策组（RSPG）将根据各频段上现有业务和清频难度为 24GHz 以上频段制定具体的时间表；同时，RSPG 建议将 24.25 ～ 27.5GHz 频段作为欧洲 5G 先行频段，并建议欧盟各成员国保证 24.25 ～ 27.5GHz 频段的一部分在 2020 年前可用，以满足 5G 市场需求；此外，31.8 ～ 33.4GHz 也是适用于欧洲的潜在 5G 频段，RSPG 将继续研究此频段的适用性，建议现阶段避免其他业务往此频段迁移，保证此频段在未来便于规划用于 5G；对于 40.5 ～ 43.5GHz 资源，RSPG 也非常看好，并提出建议表明现阶段应避免其他业务往此频段迁移，保证此频段在未来便于规划用于 5G。

韩国主要考虑将 26.5 ～ 29.5GHz 作为试验频率供 3 家运营商 5G 网络部署。日本在高频段重点考虑 27.5 ～ 29.5GHz。图 5.28 给出了 2GHz 以上频谱资源在国内外的支持情况。

在中国，国家无线电监测中心承担了无线电监测和无线电频谱管理工作。根据以上的标准，以移动业务为最高优先级的高频段频谱分配如图 5.29 所示。

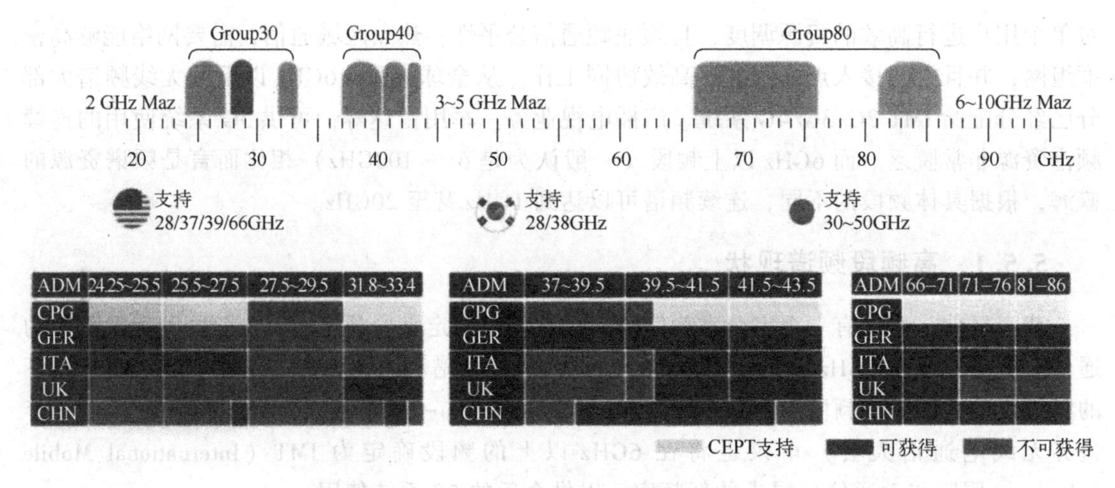

图 5.28　2GHz 以上频谱资源在国内外的支持情况

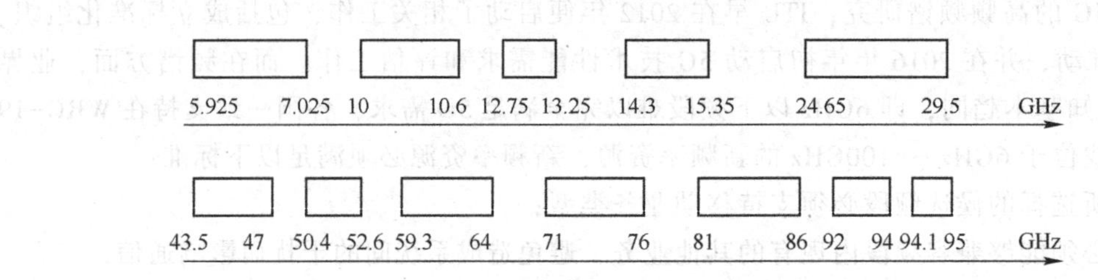

图 5.29　中国 6～100GHz 频谱分配

通过对中国现有频段进行分析，6 ～ 100GHz 频段的业务总结如下。

6 ～ 8.75GHz 频段分配的主要业务是固定业务（FS）和移动业务（MS），除此之外还分配给卫星固定业务（FSS）、空间研究业务（SRS）、气象卫星业务（MetSat）、地球勘测卫星业务（EESS）、无线定位业务（RLS）。

8.75 ～ 10GHz 没有分配给移动业务，主要将该频段分配给了无线定位业务，此频段内还有无线电导航（RNS）、航空无线电导航（ARNS）、水上无线电导航（MRNS）、地球勘测卫星业务、空间研究业务。

10 ～ 15GHz 中大部分频段划分给固定和移动等业务，可以用于 IMT 系统，但此频段内还有无线定位、地球探测卫星、空间研究、卫星固定业务、广播和无线电导航等业务。

17.1 ～ 18.6GHz 频段，主要业务为固定业务、移动业务和卫星固定业务，以及卫星气象业务等。

18.8 ～ 21.2GHz 频段，主要业务为固定业务、移动业务、卫星固定业务、卫星移动业务，以及卫星标准频率和时间信号等次要业务，可以作为 IMT 候选频段。

22.5 ～ 23.6GHz 频段，主要业务为固定业务、移动业务、卫星地球探测业务、空间研究业务。卫星广播、射电天文、卫星间业务及无线电定位业务等，可以作为 IMT 候选频段。

24.45 ～ 27GHz 频段，中国计划将该频段划分给短距离车载雷达业务，未来可能作为 IMT 候选频段，但是需要对共存问题进行研究。

27 ～ 29.5GHz 频段已经分配给了移动业务，并且具有连续的大带宽特点。主要共存的业务为卫星固定业务，需要考虑 IMT 系统与卫星系统的共存问题，可以作为 IMT 候选频段。

40.5 ～ 42.3GHz/48.4 ～ 50.2GHz 频段划分给了端到端无线固定业务，该频段采用轻授权（Light Licensed）的管理方式。42.3 ～ 47GHz/47.2 ～ 48.4GHz 频段划分给了移动业务，该频段采用非授权（Unlicensed）的管理方式。

50.4 ～ 52.6GHz 与 27 ～ 29.5GHz 相似，可以作为未来 IMT 候选频段进行研究。目前，中国准备将频段 59 ～ 64GHz 分配给短距离设备通信，如果将该频段划分给 IMT，那么将面临干扰管理问题。

频段 71 ～ 76GHz/81 ～ 86GHz，又称 E-Band，主要用于固定以及卫星固定业务，从全球来看，大多用于微波固定接入系统和 IMT 系统的无线回传，采用轻授权的管理方式。

频段 92 ～ 94GHz/94.1 ～ 95GHz 主要划分给固定业务和无线定位业务，在中国还没有使用，可以用于 IMT 系统。

根据高频段选取原则，以及上述高频段业务类型的描述，6 ～ 100GHz 频段内可作为 IMT 潜在候选频段，进行研究的主要频段为：5 925 ～ 7 145MHz、10 ～ 10.6GHz、12.75 ～ 13.25GHz、14.3 ～ 15GHz、18.8 ～ 21.2GHz、22.5 ～ 23.6GHz、24.45 ～ 27GHz、27 ～ 29.5GHz、43.5 ～ 47GHz、50.4 ～ 52.6GHz、59.3 ～ 64GHz、71 ～ 76GHz、81 ～ 86GHz、92 ～ 94GHz，如表 5.10所示。

表 5.10　6～100GHz 潜在 IMT 候选频段

序　号	范　围	序　号	范　围
1	5 925～7 145MHz（6GHz）	8	27～29.5Hz（28GHz）
2	10～10.6GHz	9	43.5～47GHz（45GHz）
3	12.75～13.25GHz	10	50.4～52.6GHz
4	14.3～15GHz（15GHz）	11	59.3～64GHz
5	18.8～21.2GHz	12	71～76GHz（73GHz）
6	22.5～23.6GHz	13	81～86GHz
7	24.45～27GHz	14	92～94GHz

目前，全球对高频通信开展了大量研究工作，诺基亚利用射线追踪电脑仿真来证明 72GHz 频段适合移动业务；三星主要关注 28GHz 和 39GHz 两个频段，并与 NTT DoCoMo 共同开展 28GHz 频段测试，研究潜在的超宽带混合波束成形和波束追踪技术；三星和爱立信已经通过合并多径反射信号证实了在 28GHz 频段建立可靠无线链路的可能性；爱立信同 NTT DoCoMo 及 SK 电信的试验将主要关注 15GHz 频段的潜在可能性，并将探索新的天线技术以支持大规模 MIMO；英特尔正在研究能够支持在 39GHz 频段实现移动接入和在 60GHz 实现 WiFi 类似的 WiGig 操作的芯片集。

对高频频谱的需求预测一般基于历史用户规模数据，并充分考虑业务特性及增长测量。为此，ITU 估计到 2020 年将需要 1 360 ～ 1 940MHz 的高频频率，而中国将至少需要 1 490 ～ 1 810MHz 频率，至今仍然存在 800 ～ 1 100MHz 的高频缺口。

5.5.2　超高频信号的传播

无线电波通过多种方式从发射端传输到接收端，传播方式主要包含视距传播、地波传播、对流层散射传播、电离层传播。由于传播路径和地形影响，传播信号强度减小，这种信号强度的减小被称为传播损耗。

在利用高频段频谱资源或设计高频通信系统之前，需要了解高频段的频谱特征。无线电波在传播过程中，除了有由于路径传播以及折射、散射、反射、衍射引起的衰减外，还会经历大气带来的衰减以及穿透损耗。相对于低频点的传输，无线信号经过6GHz以上高频段的传输会经历更加显著的大气衰减和穿透损耗。

1. 传播模型

为了衡量传播损耗的大小，为无线网络规划提供预测基础，人们对移动通信基站与移动台之间的传播损耗进行了数学建模，称之为传播模型。传播模型是移动通信小区规划的基础，它的准确与否关系到小区规划是否合理。多数模型是预测无线电波传播路径上的路径损耗的，所以传播环境对无线传播模型的建立起关键作用。

无线传播模型还受到系统工作频率和移动台运动状况的影响，在相同地区，工作频率不同，接收信号衰落状况各异。静止的移动台与高速运动的移动台的传播环境也大不相同，一般分为室外传播模型和室内传播模型。4G及之前的网络规划常用的传播模型见表5.11。

表5.11 4G及之前的网络规划常用的传播模型

模型名称	使用范围
Okumura Hata	适用于150～1 000MHz宏蜂窝预测
Cost231 Hata	适用于1 500～2 000MHz宏蜂窝预测
Cost231 Walfish Ikegan	适用于900MHz和1 800MHz微蜂窝预测
Keenan Motley	适用于900MHz和1 800MHz室内环境预测
ASSET传播模型（用于ASSET规划软件）	适用于900MHz和1 800MHz宏蜂窝预测

超高频通信在军事通信和无线局域网等领域已经获得应用，但是在蜂窝通信领域的研究尚处于起步阶段。高频信号在移动条件下，易受到障碍物、反射物、散射体以及大气吸收等环境因素的影响，高频通信与传统蜂窝频段有着明显差异，如传播损耗大、信道变化快、绕射能力差。

在毫米波领域，初步的信道测量表明，频段越高，信号传播路损越大。目前研究的传播模型主要有Close-in Reference模型和Floating Intercept模型等。

1）近距离参考（Close-in Reference）模型

在此模型下，路径损耗可表示为：

$$PL(d)=20\lg\left(\frac{4\pi d_0}{\lambda}\right)+10\,\bar{n}\lg\left(\frac{d}{d_0}\right)+X_\sigma(\text{dB}),d\geqslant d_0 \tag{5.1}$$

其中，X_σ为对数分布的阴影衰落随机变量，方差为σ。

取d_0为1m时，视距传播的信号（LOS）路径损耗表示为：

$$PL(d)=20\lg\left(\frac{4\pi}{\lambda}\right)+10\,\bar{n}_{\text{LOS}}\lg(d)+X_{\sigma_{\text{LOS}}}(\text{dB}),d\geqslant 1m \tag{5.2}$$

非视距传播的信号（NLOS）路径损耗表示为：

$$PL(d)=20\lg\left(\frac{4\pi}{\lambda}\right)+10\,\bar{n}_{\text{NLOS}}\lg(d)+X_{\sigma_{\text{NLOS}}}(\text{dB}),d\geqslant 1\text{m} \tag{5.3}$$

根据纽约地区城区的测试结果，视距传播条件下，式（5.2）的参数建议值见表 5.12。可见，在视距传播环境下，城市区域的传播损耗非常接近自由空间传播损耗。

表 5.12　Close-in Reference 模型参数（视距传播）建议值

频率	$\bar{n}_{\mathrm{LOS}}$	σ_{LOS}
28GHz	2.1dB	3.6dB
73GHz	2.0dB	4.8dB

非视距传播条件下，式（5.3）的系数建议值见表 5.13。可见，在城市区域非视距传播环境下，与视距传播相比，信号随距离的衰减显著增加。

表 5.13　Close-in Reference 模型参数（非视距传播）建议值

频率	$\bar{n}_{\mathrm{NLOS}}$	σ_{NLOS}
28GHz	3.4dB	9.7dB
73GHz	3.4dB	7.9dB

2）可变截距（Floating Intercept）模型

可变截距模型是一种基于已有测试数据进行最优拟合的传播模型。该模型认为，一般情况下无线电波的路径损耗与传播距离的对数接近于线性关系，可表示为：

$$\overline{PL(d)}(\mathrm{dB})=\alpha+\bar{\beta}\cdot 10\lg(d)+X_{\sigma} \tag{5.4}$$

上式表达的模型称为可变截距模型，其中：

$\overline{PL(d)}$为路径损耗均值（单位：dB）；

α 为可变截距；

$\bar{\beta}$为线性斜率（平均路径损耗指数）；

d 为收发机之间的距离；

X_{σ}为阴影衰落随机变量。

路径损耗指数$\bar{\beta}$通过测试数据与测试距离间的最佳拟合得到，由最小二乘法确定：

$$\bar{\beta}=\frac{\sum_{i}^{n}(d_i-\bar{d})\times(PL_i-\overline{PL})}{\sum_{i}^{n}(d_i-\bar{d})^2} \tag{5.5}$$

其中：

d_i为第 i 个测试数据点的距离（指数化表示）；

$\bar{d}$为测试样本中所有测试点的距离（指数化表示）；

PL_i为第 i 个测试数据点的路径损耗（dB）；

$\overline{PL}$为测试样本中所有测试点的平均路径损耗（dB）。

$\bar{\beta}$确定后，可变截距 α 可由下式得出：

$$\alpha(\mathrm{dB})=\overline{PL}(\mathrm{dB})-\overline{\bar{\beta}10\lg(d)} \tag{5.6}$$

根据纽约地区非视距传播环境下的测试结果，在 28GHz 和 73.5GHz 频率上，Floating Intercept 模型参数的建议值见表 5.14。

表 5.14　Floating Intercept 模型参数（非视距传播）

频　率	α	β	σ_{NLOS}
28GHz	79.2	2.6	9.6
73.5GHz	80.6	2.9	7.8

3）模型比较与选择

纽约大学的研究人员对以上两种模型在奥斯汀和纽约的使用进行了对比，选择了多种天线高度与测试环境，见表 5.15 和表 5.16。该研究认为，采用 Floating Intercept 模型拟合传播损耗更准确，方差更小（在纽约大约低 ldB，在奥斯汀低 4 ～ 6dB）。

表 5.15　Close-in Reference 模型参数（d_0 = 5m）

	38GHz（奥斯汀）		28GHz（纽约）
接收天线增益	25.5dBi	13.3dBi	24.5dBi
$\bar{n}_{NLOS}$	3.88	3.18	5.76
σ_{NLOS}/dB	14.6	11.0	9.02

表 5.16　Floating Intercept 模型参数（30m<d<200m）

	38GHz（奥斯汀）					28GHz（纽约）	
接收天线增益/dB	25		13.3			24.5	
发射天线高度/m	8	36	8	23	36	7	17
a	115.17	127.79	117.85	118.77	116.77	75.85	59.89
$\bar{n}_{NLOS}$	1.28	0.45	0.4	0.12	0.41	3.73	4.51
σ_{NLOS}/dB	7.59	6.77	8.23	5.78	5.96	8.36	8.52

当前阶段，学术界一般认为，相比较而言，在测量数据不足的情况下，Close-in Reference 模型更加稳健；在有足够的测量数据的情况下，采用 Floating Intercept 模型更加合理。

2. 大气衰减

无线电波在大气中的衰减主要是由干燥空气和水汽所引起的。采用累加氧气和水汽各自谐振线的方法可以近似地计算出无线电波在大气中的衰减率，其值与空气压力、水汽压力和温度等环境因素有关。欧洲移动业务可用频谱概况如表 5.17 所示。

表 5.17　欧洲移动业务可用频谱概况

编　号	频谱范围/GHz	优先级	编　号	频谱范围/GHz	优先级
1	9.9～10.6	中/高	9	40.5～42.5	中
2	17.1～17.3	低	10	42.5～43.5	高
3	17.7～19.7	低	11	43.5～45.5	低
4	21.2～21.4	低	12	45.5～47.0	高
5	27.5～29.5	中	13	47.2～50.2	高
6	31.0～31.3	中	14	50.4～52.6	中/低
7	31.8～33.4	高	15	55.8～76.0	高
8	36.0～37.0	低	16	81.0～86.0	高

特征大气衰减率 γ（dB/km）的计算方法如下：

$$\gamma=\gamma_0+\gamma_W=0.182fN''(f)\gamma \tag{5.7}$$

γ_0（dB/km）是干燥空气条件下的特征衰减（仅指氧气条件下，由于大气压力造成的氮和非谐振 Debye 衰减）；γ_W（dB/km）是在一定水汽密度条件下的特征衰减；f（GHz）是频率；$N''(f)$ 是该频率相关的复合折射率的假设部分，具体计算如下：

$$N''(f)=\sum_i S_i F_i+N''_D(f) \tag{5.8}$$

S_i是第 i 线的强度；F_i是曲线形状因子以及总和扩展至所有线；$N''_D(f)$ 是大气压力造成的氮气吸收和 Debye 频谱的干燥连续带。

其中，对于氧气：

$$S_i=a_1\times10^{-7}p\theta^3\exp[a_2(1-\theta)] \tag{5.9}$$

对于水汽：

$$S_i=b_1\times10^{-7}p\theta^{3.5}\exp[b_2(1-\theta)] \tag{5.10}$$

式中，$\theta=300/T$，T 为温度。图 5.30 为在水平路径、压力为 1013hPa、温度为 15℃、水汽密度为 7.5g/m³条件下各频率的大气衰减率。

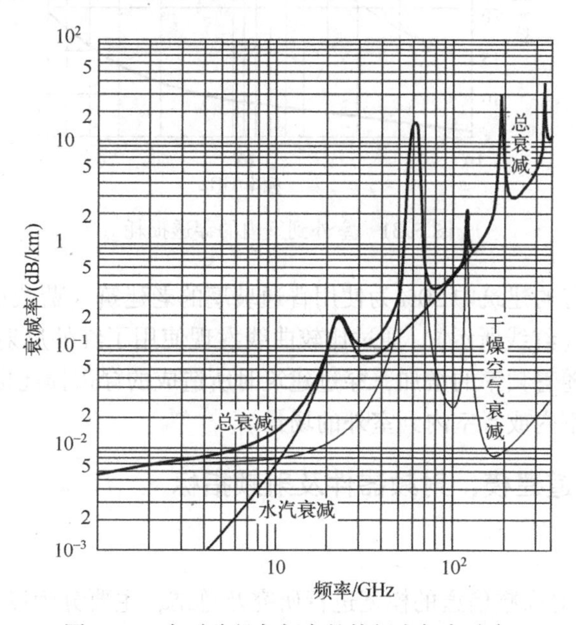

图 5.30　水平路径各频率的特征大气衰减率

总体来说，随着频率的增加，无线电波在传输中因大气所造成的衰减不断增加。其中在 6 ～ 1 000Hz的频率范围内，大气衰减有两个峰值，第一个出现在 23GHz，衰减约为 0.2dB/km；另一个出现在 60GHz，衰减约为 13dB/km。

3. 穿透损耗

穿透损耗是指无线电波通过障碍物时所造成的额外功率损耗，不同频率的无线电波在穿过同一障碍物时造成的穿透损耗会有很大的差异。不同材质和种类的障碍物也决定了穿透损耗的大小，表 5.18 为不同频率的无线电波在穿过一些常见的障碍物时的穿透损耗。

表 5.18 不同材料的穿透损耗

材 料	厚度/cm	衰减/dB		
		<3GHz	40GHz	60GHz
透明玻璃	0.3	6.4	2.5	3.6
木材	0.7	5.4	3.5	—
混凝土	10	17.7	17.5	—
植被	10	9	19	—

图 5.31 为不同频率的无线电波从室外穿过建筑时造成的穿透损耗。

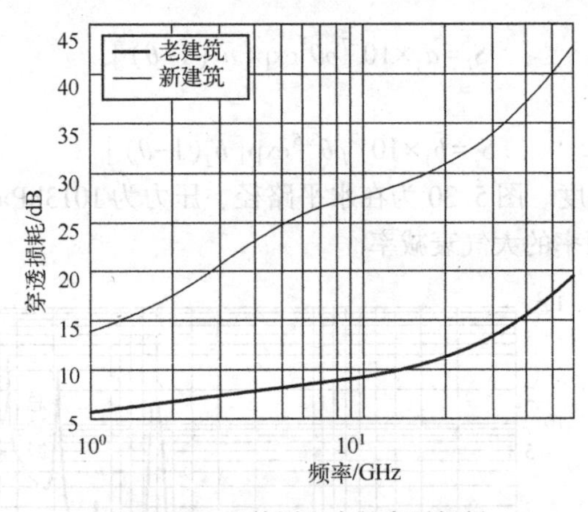

图 5.31 室外到室内的穿透损耗

其中实验假定现有的建筑中 30%为使用普通玻璃的老建筑（蓝线所示），剩下为使用红外反射玻璃的新建筑（红线所示）。通过比较曲线发现使用了红外反射玻璃的新建筑更难被无线电波穿透，而且随着频率的增加，穿过建筑时所造成的穿透损耗也更大。可见高频段频谱并不适用于室外到室内或者室内到室外的场景。

5.5.3 高频信道建模、射频器件及射频指标

1. 高频建模场景

3GPP TR 38.900 对高频信道的模型进行研究及总结，主要分为以下六大场景。

（1）UMi：街道和开阔区域，包括 O2O 和 O2I。天线位置低于周围建筑物；典型配置：Tx height——10 m，Rx height——1.5 ～ 2.5m，ISD——200m。

（2）UMa：街道和开阔区域，包括 O2O 和 O2I。BS 天线位置安装在建筑物上，略高于周围平均建筑物高度；典型配置：Tx height——25m，Rx height——1.5 ～ 2.5m，ISD——500m。

（3）Indoor：办公区、购物中心。办公区：空旷办公区、有隔间办公区、走道等；购物中心：中庭开阔区域、1 ～ 5 楼层购物区；典型配置：Tx height——2 ～ 3m，Rx height——1.5m，area——500m²。

（4）Backhaul：城区宏站为小站提供回传。主基站，安装在房顶提供街道灯杆小站的回传。

（5）D2D/V2V：街道和开阔区域、室内，包括 O2O 和 I2I，主要用于室外开阔区域、街道场景、室内场景 D2D 业务。

（6）V2V 场景指移动的设备之间通信。场馆：封闭、露天大型体育场馆、会场等；典型配置：Tx height——25 ～ 30m。

对于 Umi/Uma 场景，LOS/NLOS 的路损模型系数高频段与低频段不同。

对于室外到室内的穿透损耗，高频中不再区分 Umi/Uma 场景，且模型中增加标准方差，其中穿透损耗取决于墙体材料（如玻璃、水泥、木头等），区分高/低损耗模型。

对于信道模型的小尺度参数，如 delay spread、AoD、AoA、ZoA 等，高频模型中均与载波频率相关，而低频模型中为恒量。

高频信道模型还比低频模型多考虑了若干因素：氧气吸收、大带宽、大天线阵、空间一致性、障碍物遮挡、时变多普勒变量、终端旋转。

2. 射频器件

毫米波器件是高频频谱利用的先导，研制大带宽、低噪声、大功率、高效率、多功能的毫米波器件是高频通信技术的关键。射频器件主要包括开关（Switch）、功率放大器（PA）、本振源（VCO）、混频器（Mixer）、低噪放（LNA）、滤波器（Filter）、调制器和解调器等。目前，业界主流基站、终端、仪器仪表和前端设备厂商的生产能力在 24.25 ～ 86GHz。在该频率范围内，大多数组件目前用于 802.11ad 或微波系统。虽然这些组件不是为 IMT 设计的，但在一定程度上反映了当前整体行业的能力。

1）功率放大器

目前，毫米波设备通常使用成本相对较高的基于第二代 GaAs 或基于第二代 GaN 的 PA。表 5.19 给出了不同带宽的 PA 参数。从表 5.19 可以看出，随着频率的增加，PldB 显著减小，功率效率比低频带差得多。高输出功率、高效率的 PA 在该频率范围内仍然不可实现。毫米波频率的功率放大器输出功率往往比较低，同时放大器效率也比较低，因此功耗问题比较严重。而毫米波电路要求比较紧凑的布局，散热面积有限，功放价格比较昂贵，采购的途径也有限。

表 5.19　不同带宽的 PA 参数

频率/GHz	功率/ W	P1dB/dBm	OIP3/dB	功率效率/%
2	—	56	比 P1dB 大 10～15	5～6
24.25～33.4	4	24～36	比 P1dB 大 10～15	5～6
37～43.5	2	18～33	比 P1dB 大 10～15	2～3
45.5～52.6	—	15～24	比 P1dB 大 10～15	2～3
66～86	0.5	15～24	比 P1dB 大 10～15	2～3

2）低噪声放大器

LNA 通常是基于 GaAs 或 SiGe 的。基于 SiGe 的 LNA 具有更低的成本和更高的集成度。表 5.20 给出了不同频率下的低噪放大器噪声系数，从表中可以看出，随着频带的增加，噪声系数增加明显。

表 5.20　不同频率下的低噪放大器噪声系数

频率/GHz	噪声系数/dB	频率/GHz	噪声系数/dB
2	0.9～1.5	45.5～52.6	3～5
24.25～33.4	2.2～2.8	66～86	2～5
37～43.5	3～4	—	—

3）滤波器

腔滤波器和介质滤波器可用于 40GHz 以下的频率，而波导滤波器常应用于更高频段。

很少见到毫米波频段的滤波器芯片产品，大多通过微带线、基片集成波导和波导实现，尺寸比较大。

表 5.21 给出了不同频率的滤波器性能，从中可以看出，目前产品的插入损耗与低频的插入损耗相当，这主要是因为现在还没有进行严格抑制的要求。衰减可以在 40 ～ 50dB 的量级，且瞬态带宽远大于较低频带的带宽。未来如果对共存指标的要求有所放松，低成本的微带滤波器也可以用于毫米波器件。此外，目前一些毫米波发射机甚至根本不使用 RF 滤波器。

表 5.21　不同频率的滤波器性能

频率/GHz	插入损耗/dB	频率/GHz	插入损耗/dB
2	0.8～1.5	45.5～52.6	1～1.5
24.25～33.4	0.8～1.5	66～86	1～1.5
37～43.5	1～1.5	—	—

4）开关

5G 可能采用更短的 TTI，上下行转换时间应该小于 100ns，而当前产业能力并不能满足。毫米波开关的插入损耗（IL）对频率很敏感：当频率高于 24GHz 时，插入损耗大约为 2dB，甚至更大。因此，5G 可能会避免在毫米波射频链路中采用多个开关级联的方案。主要以 SOI（Silicon On Insulation）工艺为主，开关隔离度为 50dB 时，耐功率可以做到 20W。另外，由于高频通信中开关插入损耗较大，隔离度也比较差，功率、容量也有限，往往需要负压驱动，驱动电路比较复杂。

5）其他高频器件

环路器用于基站侧，插入损耗也随着频率增加而增加，但与其他分量相比，绝对值相对较小。由于毫米波的 PA 输出功率较低，可以用射频设计中的开关替换环路器。

毫米波移相器的工业生产相对成熟，但目前的产品存在插入损耗高、开关时间长的问题。在未来，有必要促进更高功率容限、更低插入损耗、更短开关时间和更高精度的移相器的研发，并促进其与 VGA 芯片的集成。对于未来的 5G NR 基站设备，混频器应该被集成在收发器中。天线技术相对成熟，由于天线的小尺寸，需要更高的制造技术和更高的集成度（如 AiP，天线在封装中）。锁相环的相位噪声是毫米波收发器 RF 电路的主要问题，这对于具有更高采样率、高分辨率和功耗的 ADC/DAC 是一个挑战。为了实现大规模的有源天线阵列，收发器需要更高的集成度，未来可能需要将 8 ～ 16 个通道集成在一个芯片中。

3. 射频指标

考虑到射频组件的性能，基站侧 24.25 ～ 86GHz 频带 RF 参数主要涉及如下射频指标。

1）最大输出功率

最大输出功率取决于 PA 的 P1dB、RF 滤波器的插入损耗、RF 开关插入损耗和循环器插入损耗（取决于 RF 参考架构）。如表 5.22 所示，PA 的输出功率是瓶颈，与较低频带相比，最大输出功率的总体衰减为 20 ～ 45dB，这个衰损需要由天线阵列增益补偿。可以发现，在 24.25 ～ 86GHz 频段，单个发射机的最大输出功率远低于传统发射机。

表 5.22　最大输出功率的影响

频率/GHz	PA 的 P1dB/dBm	RF 滤波器插入损耗/dB	RF 开关插入损耗/dB	循环器插入损耗/dB
2	56	0.8～1.5	0.4～0.5	0.20～0.30
24.25～33.4	24～36	0.8～1.5	2.0	0.25～0.40
37～43.5	18～33	1.0～1.5	2.0	0.50
45.5～52.6	15～24	1.0～1.5	3.0	0.60
66～86	15～24	1.0～1.5	3.0	0.70

2）邻道泄漏比和频谱限制

邻道泄漏功率比（ACLR）是以分配的信道频率为中心的滤波平均功率与以相邻信道频率为中心的滤波平均功率的比率。无论何种发射机类型（单载波或多载波）或设备商支持的传输模式，这些要求应适用于基站 RF 带宽及之外。ACLR 和频谱限制主要取决于 PA 的线性度。对于毫米波波段，OIP3 仍然比 P1dB 大 10 ～ 15dB，即 PA 的线性在不同频率之间表现相似。由于 5G 毫米波频率中信道带宽更大，杂散域和信道边缘之间的频率间隔将被扩展。此外，相邻信道的带宽也应相应扩大。因此，需要重新确定 24.25 ～ 86GHz 的相邻信道的杂散范围和带宽。

3）杂散发射

杂散发射要求主要取决于 RF 滤波器的性能。由于毫米波器件已经广泛用于微波系统和 802.11 ad，可满足一般的杂散发射要求。如果需要额外的杂散发射要求，可以为此设计 RF 滤波器，然而插入损耗将相应地增加。所以，如果在 24.25 ～ 86GHz 中需要额外的杂散发射要求，则可以重新设计滤波器。

4）噪声系数

总的噪声系数主要取决于 LNA 噪声系数、RF 滤波器插入损耗、RF 开关插入损耗和循环器插入损耗（取决于 RF 参考架构）。噪声系数的影响因素如表 5.23 所示，LNA 噪声系数和 RF 开关插入损耗的衰损较大，且对频带非常敏感。在 24.25 ～86GHz 中 LNA 噪声系数增加 3 ～ 6dB。

表 5.23　噪声系数的影响因素

频率/GHz	LNA 噪声系数/dB	RF 开关插入损耗/dB	循环器插入损耗/dB	RF 滤波器插入损耗/dB
2	0.9～1.5	0.4～0.5	0.2	0.8～1.5
24.25～33.4	2.2～2.8	2	0.25～0.4	0.8～1.5
37～43.5	3～4	2	0.5	1～1.5
45.5～52.6	NA	NA	NA	1～1.5
66～86	4～5	3	0.7	1～1.5

5）邻道选择性和带内阻塞

邻道选择性（ACS）和带内阻塞的性能主要取决于ADC的无杂散动态范围（SFDR）。对于更大的信道带宽，ADC应该支持更高的采样率。一般来说，采样率大于1GHz甚至3GHz的ADC是可用的，但是其成本较高，并且功耗性能差。因此，ACS和带内阻塞取决于较高采样率的ADC的性能。

6）带外阻塞

带外阻塞的性能主要取决于滤波器的抑制性能。对于宽信道带宽，应扩大信道边缘和带外阻塞范围之间的频率间隔。由于在24.25～86GHz中的高频和大带宽，带外阻塞性能可能劣化。

5.5.4 高频频段的应用场景

1. 应用场景

高频段具有丰富的空间频谱，可以满足系统的高容量需求，但是高频无线电波存在衰减快、穿透能力差的缺点，影响了高频段频谱的覆盖能力。总结以上高频段频谱的特点，高频通信主要适用于以下3种场景。

1）室内场景

室内场景又包括了图5.32（a）的办公室和住宅、图5.32（b）的商场和火车站这两种细分场景。它们都具有流量需求大、用户移动性低的特点，其中商场和火车站这类场景具有更高的用户密度。

2）室外场景

室外场景主要指如图5.32（c）的体育场和室外聚集区域。这类场景的特点是面积大、流量需求大、用户移动性低、用户密度高，并且需要协调好室外小区间的干扰。

3）无线回传

如图5.32（d）所示，在实际的网络中，在一些高流量区域需要建立很多的小基站，但并不是所有的基站都满足光纤传输的要求。在这种情况下高频通信结合大规模天线技术可以针对这些场所提供无线回传，用以解决在城市内安装有限回传开销大的问题。该场景特点是流量需求大、用户移动性低、用户密度低、回传所需带宽大。无线回传系统须满足可靠性高、低时延的要求，而且应灵活配置回传带宽。

2. 高频通信的相关技术

1）大规模天线技术

直接影响高频通信覆盖的关键因素主要包括信道传播特性、天线增益和基站发射功率。高频段频谱在传播过程中会造成较大的路径损耗、大气衰减和穿透损耗。而且在现有的集成电路技术下，高频频段基站发射的功率要远远小于中低频段。

高频段频谱有利于大规模天线技术的发展，因为毫米波波长短，所以半波长天线阵子的尺寸相应变短。因此相同的天线尺寸下，高频通信系统天线可以有更多的天线阵子数目。天线示意图如图5.33所示。800MHz的CDMA天线尺寸为1 500mm×260mm×100mm，包含1列±45°双极化天线，共10个天线阵子，天线增益为15dBi；2.1GHz的LTE天线尺寸大约为1 400mm×320mm×80mm，包含2列±45°双极化天线，天线阵子总数为40，天线增益为18dBi；

在 40GHz 频段，以现有天线尺寸，可以包含 57（$K_e=57$）列双极化天线，每列天线包含 180（$K_r=180$）个天线阵子，每列天线增益可达到 26dBi，天线增益大幅增加。而且因为天线阵子尺寸变短，高频通信的终端内可以安装更多的天线，可以进一步提高系统增益。

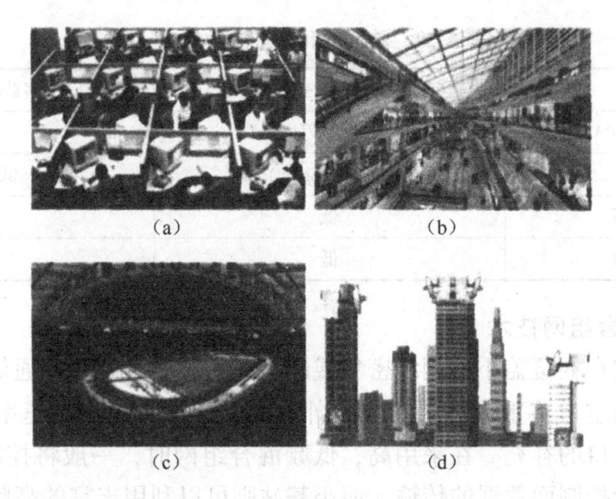

图 5.32　高频通信应用场景

此外还可以通过对天线阵列的信号预处理实现波束赋形，波束赋形是高频通信中减少传播损耗、小区间干扰的关键技术。波束赋形可以进一步提高天线增益，用于无线回传时可以极大提高传输距离，降低线路的开销。

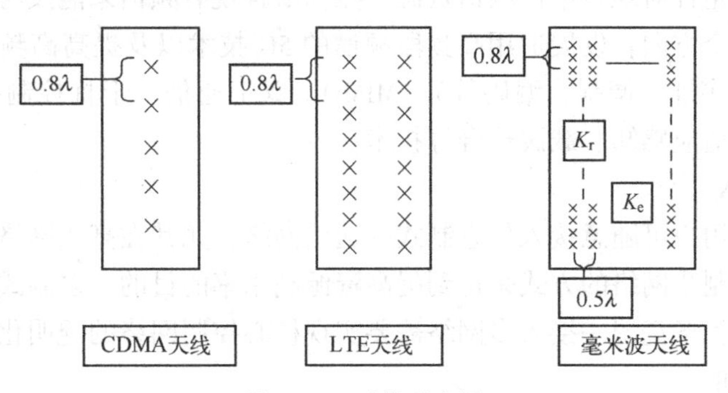

图 5.33　天线示意图

2）自适应频谱使用和高频空口技术

在未来 5G 所使用的高频段频谱当中并非所有的频段都只被用于移动通信服务，在同一频段中还可能有蓝牙、WiFi、卫星通信等系统。为了更灵活地使用高频频谱资源，同时提高频谱资源的使用效率，高频通信系统需要具有自适应感知功能。自适应感知是指系统可以通过监听频谱当前的使用状态，自动找出处于空闲状态的频谱资源用于传输。这种高频通信系统可以很好地实现频谱资源的动态和灵活管理，支持多种频谱使用需求。高通在 LTE-U 白皮书中所提出的 CSAT（Carrier Sensing Adaptive Transmission，载波侦听自适应传输）技术解决了移动通信在非授权频段与 WiFi 的共存问题，未来在高频通信系统中将会有更多的自适应感知频谱使用技术。

目前高频通信系统空口技术的焦点在于采用单载波频分多址（SC-FDMA）还是多载波

正交频分多址（OFDMA）进行传输。通过仿真分析，单载波和多载波在 6GHz 高频段的性能对比如表 5. 24 所示，单载波具有更好的性能，但是在复杂度和资源分配灵活度方面都不如多载波。

表 5. 24 单载波和多载波性能对比

	单载波（SC-FDMA）	多载波（OFDMA）
峰值平均功率比较（PAPR）	性能好	性能差
复杂度	高（2*N*log2*N*）	低（*N*log2*N*）
资源分配灵活度	低	高
导频配置灵活度	低	高

3）高、低频混合组网技术

由于高频段频谱存在覆盖小、网络密集或超密集的问题，因此在通信系统中无法单独使用高频段频谱。高频空口将重点部署在室内外的热点区域，提供高速率、大流量的通信服务，作为低频蜂窝空口的补充。在采用高、低频混合组网时，一般将控制面和数据面分离，由低频蜂窝网络负责控制面数据的传输，而小基站则可以利用丰富的高频段资源满足热点区域的通信需求。形成一个结构差异化、层次不同的异构网络。混合组网所涉及的技术包括超密集网络、扁平异构、高频自适应回传技术等。

3. 高频段频谱利用方式

研究高频谱只是针对现有中低频谱资源日益稀缺且现有频谱未能及时释放的情况。拓展高频的利用包括两个方向：发展适用高频段频谱的 5G 技术以及提高高频的频谱效率。前者包括高级物理层（多址、调制、编码等）、MIMO、双工通信、干扰控制技术等，后者则包括多制式接入、自适应感知、载波聚合等技术。

1）多制式接入

多制式接入指用户可随意接入任意制式的通信网络，尤其在高频网络覆盖盲区或热点忙区，通过接入其他制式网络的方式来达到提高资源利用率的目的。多制式接入需要实现数据面与控制面的分离，毕竟统一接入多网络需要实现核心控制网络的透明化。

2）自适应感知

高频网络除了 5G 外，也有可能应用在诸如蓝牙、卫星通信等场景。为了提同高频频谱的利用效率，需要让高频通信具备自适应感知能力，即通过监听当前高频频谱的使用状态，自动发现处于空闲状态的频谱资源，加快数据传输。

3）载波聚合

载波聚合通过将两个及两个以上的载波单元进行捆绑，形成新的频带资源。这种捆绑可以是连续的，也可以是非连续的；既可以是系统内的，也可以是跨系统的；可以是授权频段间的聚合，也可以是非授权频段间的聚合，甚至是授权与非授权频段间的聚合。载波聚合可以理想地实现提高吞吐量的目的，但必须考虑系统内或系统间的负载均衡。

4）物联网

高频频谱的应用会极大促成物联网的发展。区别于传统的网络形态，物联网的通信方式将直接通过设备间进行交互，而不是经过基站设备经由核心网交换。毕竟物联网数据是海量的，传统的通信方式将直接导致设备压力过大。高频通信距离短、信道条件好、连接限制少使得将高频通信应用于物联网更能进一步提升频谱效率。

当然，发展高频频谱与充分利用中低频谱并不矛盾，这里有一个频谱精细化管理的问题。一方面，在高频演进的前期，充分利用频谱重耕等技术尽可能让 5G 翻频到 6GHz 以下频段，充分利用产业链的成熟性；另一方面，在中远期，在高频频谱划分落地后，积极谋求与国际上统一的高频规划频谱，保证真正全程全网的实施。

高频段频谱的开发和应用需要全球政府、运营商和通信厂商的合作和努力。建立一套完备的高频通信系统并非是一朝一夕的工作，需要不断深入探索高频段频谱的特性，逐步克服高频通信的技术难题。参考文献对于高频通信的发展提出以下建议。

(1) 信道测量和建模是开发高频资源的首要步骤，所以需要加快对于整个 6 ～ 100GHz 高频段频谱的研究工作，进一步细化可用的频谱范围。

(2) 全球运营商需要加强沟通与合作，统一频谱的分配，有利于促进 5G 时代全球移动通信的互联互通。

(3) 高频通信相关技术大多处于发展之中，现阶段建立完善的 6GHz 以上高频通信系统还为时尚早。所以在 2019 年世界无线电通信大会（WRC-19）之前应更多关注于次 6GHz 频段，LTE-U 和载波聚合等将会是短期内扩充频谱资源的关键技术。

5.6 白频谱的利用

5.6.1 白频谱的定义

政府机构通过一系列国家法规和国际协调来管理无线电频谱资源。一般情况下，在全国范围内无线频谱被划分给各个业务并被分配给特定用户使用。为了避免用户之间的相互干扰，常见的一种做法是将没有实际使用的频谱也一同分配给不同的用户，这些频谱通常被称为白频谱或保护带。例如，为了避免工作在邻频的大功率广播天线产生干扰，某个特定区域内的电视频段常与一个实际不被使用的空闲频道一同分配：实际使用的电视频道可能是频道 2，然后接着是频道 4，等等。广播电视频道、白频谱及无线麦克风使用频段如图 5.34 所示。在频道之间的空隙，如频道 7，即为广播电视白频谱（TVWS）。人们通常认为广播电视白频谱（TVWS）也是被划分给广播电视业务的频谱，但是在某个区域不被使用（随着广播电视系统实现从模拟到数字的系统演进，数字信号传输使得相邻信道的信号传输成为可能。更有效的业务传输机制进一步减少了白频谱的存在。）。这些未被使用的部分用于保护邻频信道不被干扰，但有些观点认为这些未被使用的频谱实际上造成了宝贵的频谱资源浪费。因为具有出色的传播特性，所以广播电视频谱在工程师眼中是非常优质的频谱资源。在欧洲广播电视频谱的范围是 470 ～ 790MHz，在美国则为 470 ～ 698MHz。

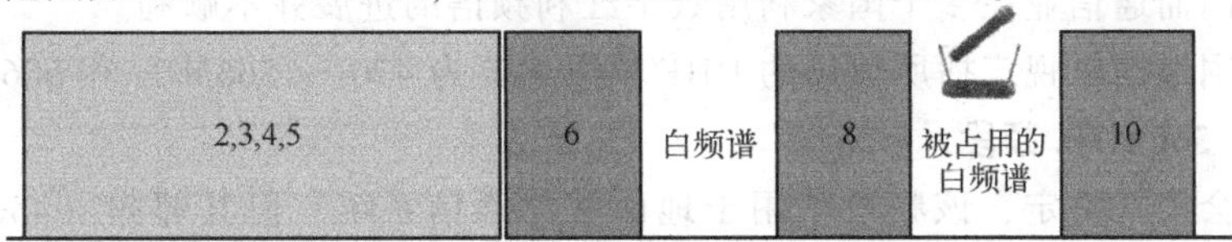

图 5.34　广播电视频道、白频谱及无线麦克风使用频段图

另外一类白频谱的存在仅仅是由于某段频谱根本就未被使用。例如，频谱持有者计划不在某个特定区域开展业务，或者决定仅在某个特定时段使用。这些白频谱表明了频谱有未被充分利用的情况。这些没被使用的频谱或许起到了保护邻频信道免遭干扰的作用，但一些观点认为这样做浪费了宝贵的频谱资源。

这些 TVWS 给了其他设备使用此段频率的机会，特别是如果这些新设备能够保证不对电视用户造成干扰。这些设备往往被称为白频谱设备（WSD）。白频谱设备接收和发送所使用的频谱是已经划分给广播电视业务但在特定的地理区域并没有被牌照持有者使用的频谱。几十年来，低功率无线麦克风一直在使用白频谱（有些与政策法规一致，有些不一致），导致人们认为无线麦克风是第一个 TVWS 设备。最近，工程师们在寻找额外的频谱并探索使用白频谱部署一系列低功率宽带接入设备。目前的设计模型由定位系统（通过 GPS 装置）和数据驱动系统构成，用于判断这种装置能否接入某一特定信道。

实际上，频率再利用并不是一个新的理念，在 3G、4G 建网时，运营商就不时地会使用以往通信系统的频谱，称为频谱重耕（Re-farming）。只不过在移动通信频谱即将耗尽之时，业界把目光投向了业外，这其中主要的就是广电频谱和雷达频谱。其中广电频谱利于广域覆盖，雷达频率可用于热点容量。

5.6.2 广电频谱

地面广播电视使用的 UHF 频段，与地面移动通信系统处于同一频段，因其良好的传播特性而备受关注。在欧盟，广电频谱占据了 6GHz 以下优质带宽的 8.2%。

2006 年，欧洲和非洲国家签署了地面数字电视频率规划。欧洲在执行该协议时，产生了将广电业务频谱重新划分给移动业务的想法。2007 年的 WRC-07 会议上，经历了长时间的讨论后，决定将 698 ～ 802/862MHz 频段以国家角逐的方式，允许部分国家将之用于 IMT。该频段通称为 700MHz 频段，目前用于模拟广播电视。模拟电视数字化进展以后，随着频谱压缩技术的进展，可释放出一部分频率资源用于未来的移动通信或公共安全业务，从而为人类的社会和经济发展创造新的效益，故而称为“数字红利”，700MHz 频段称为“数字红利频谱”。

美国在数字红利频谱的利用上动作最早。2008 年 3 月，美国联邦通信委员会（FCC）对 700MHz 数字红利频段进行了拍卖。2010 年，Verizon 公司利用所拍得的数字红利频谱开展 LTE 移动网络建设与运行，因其良好的覆盖特性而快速占得 4G 市场的先机。

数字红利频谱是模拟电视信号在数字转换后所空闲的频率空间，并不是一段新的频谱资源，而是在广电行业与通信行业之间的频谱重新分配。数字红利频谱可用于创新的业务，包括增强的和新的交互式电视广播、移动通信和无线宽带互联网接入等业务。这种频谱只有公正、平衡地分配给各种信息通信技术，才能充分发挥社会和经济效益，从而在所有应用中实现价值最大化。广电行业考虑到未来在超高清、3D 等新业务领域的发展需求，对频谱的需求同样存在，因而通信业在多个国家利用数字红利频谱的进展并不顺利。

目前，我国地面电视广播所使用的 UHF 频段主要为 470 ～ 566MHz 和 606 ～ 798MHz。

1）470 ～ 566MHz 频段

WRC-07 会议上决定，该频段不用于地面移动通信系统，但其邻频（450 ～ 470MHz）被规划为 IMT 频段。我国在 450 ～ 470MHz 频段的现有业务主要是公众通信和专用通信系统，该频段与地面电视广播的 DS-13 频道相邻。研究机构正进行在该频段开展 LTE 业务的研究，包括频段方案、与其他业务兼容性、干扰共存研究，其与地面电视广播的干扰共存方案还存在一些争议。

2）606 ～ 798MHz 频段

WRC-07 会议上决定，中国、韩国等国家可将 698MHz 以上的频谱用于 IMT。

5.6.3　雷达频谱

雷达是英文 Radar 的音译，源于 radio detection and ranging 的缩写，意思为“无线电探测和测距”，即用无线电的方法发现目标并测定它们的空间位置。因此，雷达也被称为“无线电定位”。雷达是利用电磁波探测目标的电子设备。雷达发射电磁波对目标进行照射并接收其回波，由此获得目标至电磁波发射点的距离、距离变化率（径向速度）、方位、高度等信息。

无线电技术发明之后，早期多用于军事用途，尤其是雷达，占用了很多优质的频谱资源。查看《中华人民共和国无线电频率划分规定》，可以发现其中 70 多个频带可用于“无线电定位”业务，而可用于陆地移动通信的仅有 7 个频带。根据欧盟的统计，国防（包括雷达）应用占据了 6GHz 以下优质频段的 27.2%，是频率使用第一大户。

在实际应用中，根据雷达的性能要求和实现条件，大多数雷达工作在 1 ～ 15GHz 的微波频率范围内。这个频段正是 5G 高度关注的潜在频率段。

雷达站的工作特点是地理位置较固定，且一般避开城市密集区，这正与移动通信的使用环境形成地理上的错位互补。如果能够合理规划监管，在保证不对现有雷达站造成干扰的情况下，在允许的地域范围内建设主要针对热点覆盖（尤其是室内覆盖）的 5G 站点，是可行的。美国 FCC 考虑的 3.5GHz 频率的授权共享，就是重用了美国国防部使用的雷达频谱之一。

5.7　全频谱接入

5.7.1　全频谱接入的研究现状

全频谱接入技术通过有效利用各类移动通信频谱（包含高低频段、授权与非授权频谱、对称与非对称频谱、连续与非连续频谱等）资源来提升数据传输速率和系统容量，所涉及的频段包括 6GHz 以下的低频段和 6 ～ 100GHz 的高频段。

从 2012 年世界无线电通信大会（WRC-12）开始，国际电信联盟（ITU）便开始为 IMT 寻求新的全球统一频率，ITU-R 专门成立了联合工作组负责对候选频段的研究和各国意见的收集。在 WRC-15 的研究周期内，中国标准化通信协会（CCSA）对 19 个 6GHz 以下的候选频段进行了研究，CCSA 支持将 3 300 ～ 3 400MHz、3 400 ～ 3 600MHz、4 400 ～ 4 500MHz、4 800 ～ 4 990MHz 划分为 IMT 频段，反对其余的 15 个频段。目前 CCSA 已经开展对这 4 个频段的系统共存研究以及频段规划研究工作，预计将于 2018 年年底完成对这 4 个候选频段的研究工作。

因为 6GHz 以下密集分布着卫星、广播、地面等各种业务，为避免对原有的业务造成干扰，6GHz 以下低频段所能用于 IMT 的频谱资源极为有限，无法满足未来 5G 的发展需求，因此必须开发 6GHz 以上高频段作为 5G 频谱。6GHz 以上具有非常丰富的连续频谱资源，非常适合满足未来增强型移动宽带对高速率和连续大宽带的需求。

在 2015 年世界无线电通信大会（WRC-15）上已明确 6GHz 以上为 IMT 新增的频率划分将作为 WRC-19 上讨论的一大议题，同时提出了高优先级频段包括：Ka 邻近频段 24.65 ～ 27.5GHz；Q 邻近频段 37 ～ 40.5GHz、42.5 ～ 43.5GHz、45.5 ～ 47GHz、47.2 ～ 50.2GHz、50.4 ～ 52.6GHz；E 邻近频段 66 ～ 76GHz、81 ～ 86GHz，另外明确将 31.8 ～ 33.4GHz、40.5 ～ 42.5GHz 和 47 ～ 47.2GHz 划分给移动业务作为主要业务。

在高频段频谱的研究方面，ITU-R WP5D 已完成了 IMT.ABOVE 6GHz 的研究报告，论证了 6GHz 以上高频段用于 IMT 的技术可行性。3GPP 在 RAN#69 全会上成立了 FS_6GHz_CH_model 研究项目组对 6GHz 以上频段进行了信道建模的研究。在国内，CCSA 已立项研究 20 ～ 30GHz 和 30 ～ 40GHz 的频谱特性，未来还将加快对其余频段的立项和研究。

除了为 5G 寻找新的空闲频谱资源，未来还可能通过 2G/3G 频率重耕、非授权频段接入等技术为 5G 提供更多的频谱资源。

5.7.2 全频谱接入应用场景

全频谱接入技术涵盖了很大的频率范围，各频段间具有不同的特性和优势，通过对频谱资源的合理分配和灵活部署，全频谱接入技术将满足未来 5G 三大主要场景对于频谱的需求。

eMBB（Enhanced Mobile Broadband，增强型移动宽带）场景：6GHz 以下的低频段资源传播特性较好，可满足增强覆盖的需求，同时高频段可提供连续的大带宽，虽然高频段的衰减较大，覆盖较差，但是可以通过部署在热点地区提高速率和系统容量。因此高低频协作是满足 eMBB 场景的基本手段。

mMTC（Massive Machine Type Communications，大规模机器类通信）场景：因为 mMTC 场景的速率要求较低，但对于覆盖具有较高的要求，因此 mMTC 场景主要使用 6GHz 以下尤其是 1GHz 以下的频段。目前已确定在 800MHz 和 900MHz 的频段使用窄带的频段进行物联网的应用，以满足大规模机器类通信的需求。

uMTC（Ultra-reliable and Low Latency Communications，超高可靠低时延通信）场景：uMTC 场景需要超高可靠性，因此在频段的选择上须独立地配置授权频谱。

5.7.3 全频谱接入关键技术

1. 高频信道特性研究

了解各频段信道的特性是设计通信系统的基础。对于 6GHz 以下频段的频谱特性，在之前已经有了较多的研究，因此高频信道的特性研究就成为全频谱接入技术的关键项目。通过研究 5G 候选频段的信道传播特性，结合信道测量的结果，搭建适用于高频信道的模型，通过高频信道建模可以完整地验证不同频点的传播特性。无线电波在信道中主要的传播方式有直射、反射、衍射和散射。信道的频段越高，传播路损越大，高频段的波长较短，衍射能力相对较弱，因此高频信道主要靠直射和反射的形式传播，高频信道在非视距情况下的传播损耗要远远大于视距情况。此外，高频信道的特性还受天线形态、大气吸收、动态阻挡等诸多因素的影响。

2. 低频和高频空口设计

未来 5G 的空口发展主要有三种路线，分别是 4G 演进空口、5G 低频新空口和 5G 高频新空口。4G 演进空口以现有的 4G 空口设计为基础进行优化，受 4G 空口技术的局限，4G 演进空口的性能较为有限，无法全面满足 5G 应用场景的需求。在新空口的设计当中，5G 将通过低频段的新空口来满足广覆盖、低时延和大连接的场景，同时利用高频段丰富的频谱资源，设计高频新空口满足高速率的用户体验和系统流量需求。

5G 低频新空口设计时将引入大规模天线、新型多址、新波形、新型帧结构、先进编码、灵活双工等技术，可有效满足速率、时延、功耗等性能指标。5G 低频新空口须满足较多的应用场景，应用场景间的需求差异较大，设计时可通过灵活配置参数和技术模块来达到不同场景的技术需求。

5G 高频新空口主要应用于热点大容量的场景。由于高频段的频段跨度较大，因此在设计时应重点研究适用于不同频段的波形、编码和天线技术。同时可通过波束赋形、自适应感知频谱技术、干扰管理技术和高效的 MAC 层等提升高频空口的性能。

5G 低频和高频新空口应尽可能在统一的技术框架内进行设计，这样可以减少网络和终端的成本。4G 演进空口、5G 低频新空口和 5G 高频新空口之间须通过协作来满足不同的应用场景。

3. 低频和高频混合组网技术

低频段具有传播特性好、覆盖范围广的优势。高频段则具有更大的带宽，可满足高速率、大流量的需求。高低频混合组网如图 5.35 所示，在全频谱接入的技术框架下，低频和高频将通过混合组网的形式，充分发挥各自频段的特点，满足覆盖、速率、流量等需求。

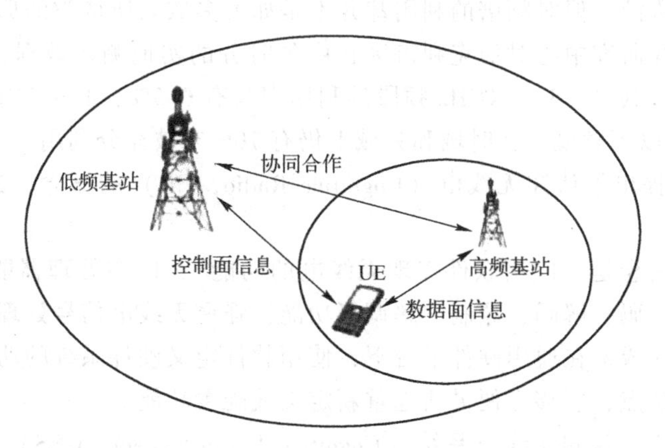

图 5.35　高低频混合组网

在高低频混合组网中，采用了控制面与数据面分离的技术，当终端处于热点区域时，由低频蜂窝网络负责控制面数据的传输，高频蜂窝网络则负责数据面数据的传输。而当终端处于无高频基站覆盖的非热点区域时，控制面和数据面数据的传输都通过低频蜂窝网络负责。利用高频谱混合组网技术可以有效解决热点区域的速率和流量需求，同时通过低频基站进行广覆盖可以减少基站的数量，减少布网成本。

4. 高频器件实现技术

相比于低频器件技术和产业链的成熟，移动终端高频器件的研究还处于起步阶段。目前6～100GHz的高频器件在微波产品中相对成熟，但是现有的移动终端硬件技术无法支持高于6GHz的高频段。高频段对于硬件的影响主要在于射频模块，其中要支持高频段射频芯片需要修改射频核心，会造成整个射频芯片设计的变化。目前支持高频段的射频前端还未实现小型化，无法集成在手机等较小的移动终端内。另外随着频率的增加，天线的尺寸将会减小，这将有利于大规模天线技术的发展，未来的移动终端也可通过集成更多的天线实现性能的提升。目前高频器件存在工艺复杂、设计困难、器件成本高等问题，随着5G技术的发展和产业链各方投入的增大，高频器件产业发展水平也会不断提高。从市场发展的趋势来看，高频器件并不会成为5G高频技术发展的瓶颈。

5.8 认知无线电

5.8.1 认知无线电的概念

频谱已经成为制约移动通信系统发展的一个重要问题。为了解决这一问题，有两种直接的方法：释放部分已分配的频率供5G系统使用（包括频率重耕以及重分配其他领域已使用的频谱）；利用更高的毫米波频段进行通信。

但是上述两种方法仍有其局限性。首先，已有移动通信系统所占用的频谱其实并不多，再按传统那样粗放的分配方式，仍然无法为系统提供足够的带宽来满足用户的速率需求；其次，高频段严重的传播衰减制约了系统的覆盖范围，只能作为补充。为此，业界开始寻找第三条道路——频谱的优化利用。

频谱是宝贵的资源，但对频谱的利用却并不是如大多数人所认为的那样。根据美国加州大学伯克利分校无线研究中心对伯克利市区在中午时分的实地测量数据，3GHz及以上的频段几乎没有被使用。其中，3～4GHz频段的利用率只有0.5%，4～5GHz的频段利用率只有0.3%，而3GHz以下频段，在时域和频域上仍有70%未被充分利用。

因此，1998年提出了认知无线电（Cognitive Radio，CR）的概念，2005年提出了认知网络的概念。

软件无线电的概念是“应用软件实现无线电的功能”，即在处理器能力允许的范围内，由软件完成信号的编码、解码、调制、解调等功能，强调无线电信号处理的工作由软件而不是专用数字处理器完成。在通用硬件平台下，使用软件定义硬件系统的功能。该硬件平台具有模块化和标准的特点，能够方便灵活地重新定义或配置功能。

根据ITU的定义，认知无线电系统（Cognitive Radio System，CRS）是指一类无线电系统，能够通过采用一些技术实现以下能力：能获取工作地理环境、建立的政策和内部状态的知识；为实现预定的目标，能够根据获得的知识动态、自主地调整工作参数和协议；能从环境中学习，其关键技术特性包括以下3个方面：获取知识的能力，动态和自主调整工作参数和协议的能力，学习的能力。

认知无线电系统不断感知外界环境变化，自适应地调整其自身内部的通信机理（传输功率、载波频率和调制方法等），以达到对环境变化的适应。因此认知无线电包含感知能力、重置能力两个主要特性。

感知能力是指能够从周围环境中获取或者感知信息的能力。感知能力不是简单地监测频段的功率，而是要使用更复杂的技术获得周围环境在时间和空间上的变化，同时避免对其他用户的干扰。有了这种能力，在一定时间或者空间内的频谱空洞都可以被捕捉到，以便选择最佳的频率及合适的操作参数。

重置能力是指无线电可以根据无线环境动态配置，即认知无线电技术使得无线电可以在不同的频率上发送和接收信息，并且硬件设备支持无线电采用不同的传输技术。

认知无线网络包含了拥有授权频谱的主用户（Primary User）和具备认知无线电能力的次用户（Secondary Users）构成的无线网络，由多个认知用户构成，每个认知用户可择机接入空闲频谱。认知用户利用其具备的认知能力在不对主用户造成有害干扰的情况下进行通信。从某种意义上说，认知无线网络是一个智能的网络，其基础是认知无线电，然而，却将认知特性延伸到整个网络架构及协议之中。认知无线网络的基本特点如下。

认知无线网络需要具备环境感知和学习能力，能够根据环境的变化自主地做出决策，调整系统参数，实现优化的资源利用。

认知无线网络具有协议和参数的可重配置能力，软件无线电是实现的基础。

认知无线电和认知无线网络技术可以提高频谱资源整体利用效率，是无线通信的战略性发展方向之一。认知无线电的核心思想是具有学习能力，能与周围环境交互信息，以感知和利用在该空间的可用频谱，并限制和降低冲突的发生。使用白频谱的无线设备，即白频谱设备（White Space Devices），所面临的首要问题是如何寻找可用白频谱，并保证设备的操作不影响该频段其他已有服务——尤其是经过授权的服务。在一定地理范围内，各白频谱设备将竞争白频谱资源，它们必须能够实时获取周边与之竞争的设备使用频谱的信息，以避免冲突，而认知无线电技术是实现白频谱接入的必要技术。

5.8.2　认知无线网络的关键技术

认知无线网络无线传输的基本思想是：基于对环境的感知，自主生成匹配环境、满足用户业务需求的无线传输机制，生成无线传输参数，控制无线传输的载波、频率、功率等。生成满足需求的无线传输波形、协议和模式，完成业务传输。

从协议的角度看，认知无线网络无线传输涵盖了：物理层、MAC 层、网络层和传输层及其联合优化设计。从关键技术层面看，认知无线网络包括了：频谱感知、物理层传输波形设计、动态频谱接入控制、认知多跳传输和联合优化设计。

1. 频谱感知技术

频谱感知目的是监测特定频段上主用户信号的活动情况，为认知无线网络系统寻找可用的空闲频段。当频谱感知确认有空闲频段存在时，认知无线网络系统可使用该频段进行通信；当该频谱出现主用户信号时，认知无线网络系统则须通过频谱感知立刻发现，并及时退出该频段的使用，不能对主用户信号造成干扰。频谱感知分为单点频谱感知技术和多点协同频谱感知技术。

单点频谱感知的主要目的就是检测目标频段的信号存在性，有匹配滤波检测、能量检测、周期性检测，以及基于协方差特性检测技术。

- 匹配滤波检测：静态高斯噪声条件下的最佳检测器是匹配滤波器。匹配滤波器的设计准则是使输出信噪比在某一时刻达到最大。然而这种方法需要预先知道被检测信号的完整信息，比如调制类型、脉冲形状及数据包格式等。这在认知环境中是一个很大的缺陷，即：对于每一种类型的主用户，需要一个不同的专用滤波器。由于在现实认知无线环境中，多种类型信号共存，通常不可能预先获知信号的参数，甚至连信号的类型也可能不知道，因此感知单元实现的复杂度很大，匹配滤波器在认知无线网络的环境检测中总体实用性不高。

- 能量检测：能量检测主要的思想是利用接收信号的能量或者功率大小来判断是否有待检测的信号存在。具体实现：接收信号经过采样之后送入检测器中，在检测器中计算得到接收信号的能量值，能量值与检测阈值相比较以判断信号是否存在。

能量检测的优点：它思想简单、复杂度低、易于实现，且该算法不需要待检测信号的任何先验信息，可以用于检测任何类型的信号。缺点：由于能量检测不需要信息的先验信息，可用于任何信号的检测，所以它无法识别检测信号的类型，一旦存在干扰信号，则会产生误判。另外，在噪声功率时变的环境下，存在一个信噪比的下限，当被检测信号的信噪比低于这个下限时，无论采用多长的检测时间，能量检测始终无法检测到信号。

- 周期性检测：在对信号进行调制、扫描、采样、数字编码以及多路复用等运算，使得信号的统计特性随时间呈周期性的变化，这类信号被称为循环平稳信号，利用信号这种特殊周期性设计的检测方法，即为周期性检测。当没有信号存在时，由于高斯白噪声是一种平稳信号，无周期平稳特性，因此它的循环频谱为零，则意味着被检信号不存在。

认知无线网络中授权用户的信号一般具有循环平稳性，它们的谱相关函数在循环频率不为零处有较大的非零值，而平稳噪声或近似为平稳噪声的循环谱能量主要集中在零循环处，而在非零循环频率上没有非零值或值很小，因此平稳噪声或近似平稳噪声主要对零循环频率处有影响，对非零循环频率信号的循环谱影响较小。

优点：对噪声有免疫力，可以分离信号与噪声；可以分辨出不同类型的信号，这样认知用户就可以分辨出是主用户信号还是干扰信号，从而避免恶意的电磁干扰。

- 基于协方差特征检测：在前面几种算法中，能量检测具有低复杂度，但阈值的设定依赖于精确的噪声功率值，所以容易受到噪声不确定性的影响。匹配滤波器需要主用户的先验信息，并且需要做到精确同步，在认知无线网络中，这两个条件很难达到。周期特性检测不需要信号的先验信息，并且可区分主用户信号的类型，但复杂度高。

基于协方差特征检测是认知用户将接收到的数据经过一系列的信号处理得到协方差矩阵，协方差矩阵可以分解为信号子空间和噪声子空间两个部分。协方差矩阵的最大特征值和最小特征值分别包含了信号和噪声的信息，它们的比值反映了信号和噪声强弱的相对值，把比值作为检测统计量的检测算法。若主用户不存在，则接收信号只有高斯白噪声部分，则最大值和最小值的比值接近1。如果主用户存在，则最大值和最小值的比值大于1。

多节点协同频谱感知主要是解决主用户的隐藏终端问题，涉及协同频谱感知系统结构，以及对多个节点检测数据的融合处理等问题。

协同频谱感知系统的结构一般分为并联结构、串联结构和树形结构。并联结构是每个节点将自己检测结果送入融合中心进行集中决策；在串联结构中，每个节点根据自己本地检测结果和前一个节点发给它的检测结果进行合并，然后将合并结果送入下一个节点，这样依次传递下去，每个节点最多只要同时处理两个检测结果。并联结构的协调频谱感知系统结构如图 5.36 所示。

从图 5.36 可以看出，并联结构系统结构实现步骤：

(1) 各本地节点 S_1，S_2，…，S_n 分别根据观测到的信号 y_1，y_2，…，y_n 进行检测，得到检测结果 $u_1,u_2,\cdots,u_n$；

(2) 各节点将检测结果 u_1，u_2，…，u_n 传至中心节点。

(3) 中心节点对接收的本地检测结果进行数据融合，得出表示主用户信号是否存在的全局判决 u_0。

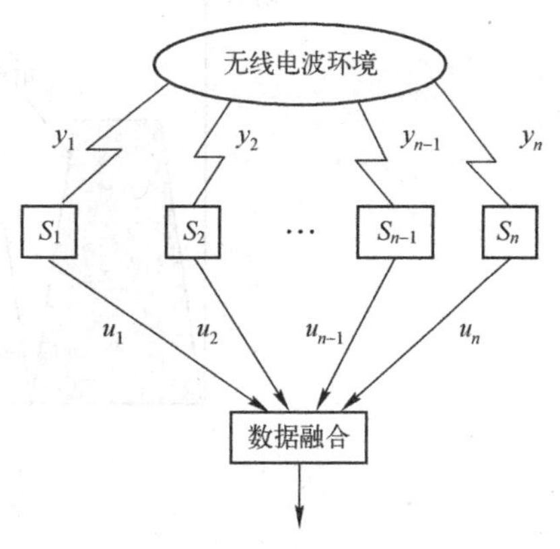

图 5.36　并联结构的协调频谱感知系统结构图

由此可见，影响协调频谱感知性能的主要因素是本地检测节点的传送方案和中心节点的数据融合方案。提高本地感知节点的检测性能，设计优良的协调数据合并方案，最大程度提高协同增益。

节点数据软合并：最优数据合并可以明确多节点协同感知性能的提升目标和性能上限。它是以不考虑系统传输开销和未知的先验信息限制为前提的，即各个协同节点不对检测信号判断，仅将大量的本地检测信号统计值不计代价地传送到数据融合中心进行合并、处理，也叫软合并。

节点数据硬合并：由于软合并会占用大量的系统资源及数据传输带宽，从而在很大程度上降低认知用户的业务数据传输速率。节点数据硬合并将各个节点检测信息合理地进行比特量化后再参与数据合并，分为单比特合并和多比特合并两种。单比特合并是各个本地节点独立地进行检测，判决结果是各个节点判决结果的加权之和的形式。一般分为“与”准则、“或”准则和“K 秩”准则。“与”准则是当所有的本地节点都认为信号存在时，中心节点才认为信号是存在的；“或”准则是指当有一个本地节点认为被检测信号存在时，中心节点就认为信号是存在的；“K 秩”准则可描述为：当总共 N 个本地节点中有 K 个以上的节点判断信号存在时，中心节点认为信号是存在的。多比特是相对于单比特合并而言，即每个认知用户将向融合中心发送多于 1 比特的信息，这样比 1 比特合并少丢失信息，所以性能有所提高。

2. 物理层波形技术

物理层波形是实现信息传输的物理载体。在认知无线网络中，物理层波形设计需要在避免对主用户造成有害干扰的前提下充分利用频谱资源。认知无线网络中认知用户与主用户的共存场景主要分为两种。

- 间插式共存：认知用户只能择机接入到主用户不使用的空闲频谱上。这种共存方式对频谱感知精确度的要求高，而对主用户的干扰主要是由频谱感知错误引起的同频冲突和认知无线网络发射信号的边带泄漏引起的，间插式共存场景如图 5.37所示。
- 叠加式共存：认知用户与主用户能够共同使用一段频谱，但是要求认知无线网络用户的发射功率足够低，低于主用户所规定的干扰温度阈值。这种共存方式类似于超宽带信号与授权系统的共存方式。在这种情况下，认知无线网络用户对主用户的干扰主要是由发射功率高于由干扰温度计算出的阈值功率所引起的，叠加式共存场景图如图5.38所示。

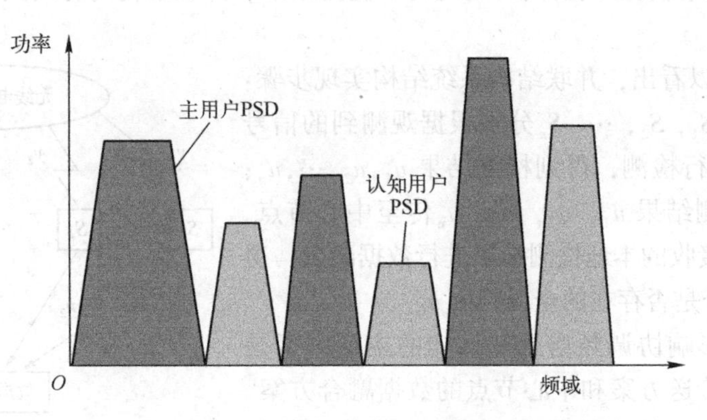

图5.37 间插式共存场景

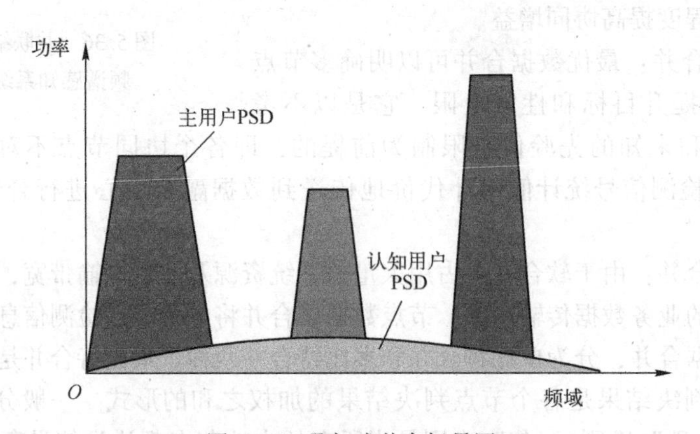

图5.38 叠加式共存场景图

在间插式共存场景中，认知无线网络物理层需要与主用户在频谱上有机共存，实现频谱的自适应。物理层波形一方面要避开主用户占用的频谱，以免对主用户产生干扰，此时采用非连续OFDM较好。另一方面还要避免带外辐射对主用户的干扰，必须对边带泄漏进行抑制。

非连续OFDM信道估计关键技术涉及导频图案、降噪方法等技术。非连续OFDM带外辐射抑制算法有：插入抑制子载波和子载波权重分配的边带抑制算法。在干扰抑制要求不太高时，两种算法都可以取得近似的最优性能。在SNR高的环境下，选择插入抑制子载波算法。在干扰抑制升高时，选择插入子载波权重分配算法。

对于基于干扰温度的叠加式认知无线网络，一般情况下，可以要求认知无线网络用户以极低的功率传输，但这样影响其传输范围，使得应用场景受限。引入多天线共存波形之后，通过方向性的波束成形可以控制电波方向及范围，通过优化认知无线发射信号，使得对其某个空间位置的主用户干扰程度降低到可以忍受的阈值之下，使其实际应用成为可能。

多天线系统带能带来空间分集优势及空间干扰避让机制，使得认知无线网络在接入机会上大大增加。设计认知基站的波束成形因子，可以区别各个认知用户之间的信号，避免认知用户间干扰。另外，从空间上避免认知无线网络对主用户的干扰。

3. 动态频谱接入技术

动态频谱接入是认知无线电技术的研究热点之一，主要任务是寻找并高效利用可用的频谱机会来满足认知用户的需求。认知无线网络的动态频谱接入技术要考虑授权系统对无线环境的影响。

在认知无线网络中常用的网络架构有集中式和分布式两种，涉及的动态频谱接入技术也分为集中式动态频谱接入技术和分布式动态频谱接入技术。

1）集中式动态频谱接入技术

集中式动态频谱接入技术是指网络中存在一个中心控制点（如基站），由该中心点负责汇合非中心点认知用户的频谱感知结果，并生成频谱分配表，完成频谱接入。主要有等概率随机接入策略和按信道序号接入策略。

等概率随机接入策略：即当有新主用户（或认知用户）到达，授权系统（或动态频谱共享系统）以等概率选择空闲信道为其分配通信信道。按信道序号接入策略：每个信道有独立的编号，对于授权系统，其接入策略为先分配序号最小的空闲信道给新到达用户；对动态频谱共享系统，其接入策略为先分配序号最大的空闲信道给新到达用户。

2）分布式频谱动态接入技术

当没有条件构建集中式结构的情况下，采用分布式共享方案，这时所有节点均各自根据其接入策略争用频谱。分布式认知网络的特点是没有中心控制机制，网络节点通过协调和竞争共享本地剩余频谱资源。分布式的网络架构具有灵活性和自主性，其网络架构更适合认知无线电这种频谱动态变化的系统。

分布式频谱动态接入技术为提高网络性能，面临许多技术挑战，如公共控制信道问题、频谱感知调度策略、功率控制机制及多信道隐藏问题，接入协同机制及移动性问题等。

4. 多跳传输技术

认知无线网络多跳传输技术主要包括协作中继、路由和传输控制机制。相对传统的无线网络，认知无线网络不再是被动传输数据，而是在传输过程中不断地对网络环境进行观察和学习，从而进行适应网络环境变化的传输决策。

1）协作中继技术

无线通信的一个重要趋势是高速化，提供更多高速的数据传输业务。协作中继技术融合了分集与中继两种技术的优势。在协作中继通信中，数据发送方可以利用无线通信固有的广播特性，将相同的数据信息同时广播给多个用户，包括中继节点和数据接收方，中继节点可以将接收到的数据信息转发给接收方，从而获得一定的空间分集增益，可对抗复杂无线环境中的各种衰落，以协助获得更高的数据传输速率和更好的通信质量。

在认知无线网络中，其中主用户拥有某个无线频段的使用权，认知用户自身没有任何频段的使用权，可以通过与主用户之间的协商来获得在特定时间段临时使用授权频段的权利。但这一协商需要由认知用户向主用户付出一定的代价才能实现。在此方式下，认知用户需要向主用户付出的代价是作为中继节点为主用户提供协作传输服务。通过这一服务，主用户可提升数据传输的速率和可靠性，与此同时，作为提供协作传输服务的补偿，认知用户可以从主用户那里获得临时使用授权频谱的许可，作为传输认知用户自身的数据。通过这一协作中继方式，主用户和认知用户均可以实现自身传输效能的提升，从而形成双赢的局面。

2）基于移动的认知路由技术

由于认知无线网络所处的无线环境是非常复杂的，其可用频谱是不规则的，网络内部通常存在频谱异构的情况，并且认知节点之间的可用频谱随着时间、空间和地理位置不断变化，因此认知无线网络需要采用非静态的频谱分配方式。而传统多跳网络只能采用静态频谱接入，使用固定分配的频谱进行通信。因此认知网络的路由需要与频谱感知密切地联系。

传统的多跳路由对节点移动的影响考虑很少，节点的移动会造成路由中断，带来数据包的堆积、重路由等一系列问题，影响端到端的传输性能。更合理的方法是使用随机概率来描述无线链路，采用链路维持概率来描述无线链路的状态，即收、发节点在一段时间内始终处于有效通信范围内的概率。基于移动的认知无线网络路由协议，采用基于“分段运动模式”的链路维持概率计算方法，使节点能够准确获知自身与周围节点的相对运动状态，节点可以计算出与任意节点的链路维持概率，从而在路由查找时根据需要做出选择。该路由协议同时考虑了端到端路径的稳定性和最小跳数，还与传输层结合，从而减少了路由中断，提高端到端传输性能。

3）适变传输控制技术

认知无线网络传输的最终目的通过主动认知通信节点内、外部环境以及用户的传输需求等信息，智能地做出决策，动态地分配资源，从而实现端到端用户的传输需求和网络资源利用率的最大化。根据这一目标，引入相应的适变传输控制机制。

适变传输控制技术结合了网络层和传输层的跨层控制机制。该机制通过“主动路由切换”预测路由中断的发生，提前发起新路由查找，减少路由中断。利用“存储后转发”在路由中断期间使路由中断节点与源节点之间形成可靠传输，保持了路由中断期间的吞吐量，并保证了传输数据的顺序性和完整性。同时针对认知环境中频谱变化和运动变化因素，采用“反压式”和基于链路稳定性路由的传输控制机制，能有效解决节点移动性对端到端传输的影响。

5. 联合优化技术

认知无线传输技术能自适应地探索频谱可用机会，即能感知信道、存储感知信息、分析感知信息，从而学习到主用户网络的信道占用规律，并根据此规律、信道衰落状态和缓存器状态，实现相应机制的联合优化。联合优化就是针对多个不同的优化目标，进行多目标联合优化设计，从而得到最优方法和参数。

一般的优化手段主要包括自适应传输、功率控制、频谱资源接入及分配、数据包分组调度及认知中继节点选择及资源分配等。为进一步提升认知网络性能，认知无线网络采用了频谱感知与功率分配、自适应接入与分组传输及自适应功效与分组调度等联合优化技术。

1）频谱感知与功率分配联合优化

设认知无线网络能择机接入主用户网络的 N 个窄带信道，为了有效控制对主用户的干扰，认知无线网络采用周期性的帧结构，分为频谱感知和数据传输时间。一个帧时间 T 内每个窄带或被主用户占用或属空闲，且在频谱感知时间段，该认知用户可使用能量检测方法

同时感知 N 个窄带信道，在获得空闲信道后，认知用户可通过多载波技术同时利用多个被感知为空闲的信道。

频谱感知与功率分配联合优化技术就是在认知无线网络总传输功率受限和主用户网络平均干扰功率受限基础上联合优化感知时间、感知阈值和功率分配。

2) 自适应接入与分组传输

自适应接入和分组传输的优化目标是考虑在满足平均功率约束及与主用户网络冲突约束的前提下，最大化平均吞吐量。也就是指导发射机如何根据感知结果和信道衰落来选取适当的传输方案和接入信道，最终在满足约束条件的同时，最大化平均吞吐量。

根据衰落信道的状态信息，采用自适应调制方案提供系统的平均吞吐量。调制阶数越高，如果没有功率限制，调制方案能提供的吞吐量越大；调制阶数越低，则调制的功效（每消耗单位功率能提供的吞吐量）越高。

3) 自适应功效与分组调度

高层的数据以分组的形式到达长度为 L 的缓存器，而且服从泊松分布。在物理层，发射机通过 M 个快衰落信道择机地向接收机传输数据。这 M 个窄带信道组成了一个授权信道或者其中一部分。为最大化频谱利用率，在传输数据时每个信道上采用了自适应调整。发送机内的智能控制器在每帧内自适应地调整传输速率，以完成分组的调度。

发射机从缓存器内取出若干分组，将他们映射到符号中，同时选择相应的传输速率，通过 M 个信道将分组发送到接收机。在每一帧的最后，接收机向发射机反馈无错、无延时的 ACK 或者 NAK 信息，分别用于表明分组接收的成功或者失败。通过定义联合考虑功效以及调度评估参数的效用函数，以满足与主用户网络的平均冲突为约束，最大化系统平均效用。

5.8.3　认知无线网络特点及应用

白频谱是指在特定时间、特定区域，在不对更高级别的服务产生干扰的基础上，可被无线通信设备或系统使用的频谱。其中包括管理者未分配的频谱、已分配但未使用或未充分利用的频谱、相邻频道间的保护频段以及模拟信号数字化带来的“数字红利”等。所谓广电白频谱，是指频率范围在广播电视频段的白频谱，美国与欧洲的管理者分别将 54 ～ 698MHz 和 470 ～ 862MHz 范围内的白频谱，划归为广电白频谱，对应到我国为 49 ～ 798MHz 范围内的相应频段。

随着认知无线电及认知无线网络技术的发展，如何利用认知无线电和认知无线网络提高广电白频谱的利用率成为最受关注的应用。同时针对认知无线网络在广电白频谱的应用，大量的国际标准化组织也开始研究并制定了相关的标准，促进广电白频谱的网络的商用化。

1. 认知无线网络特点

认知无线网络由单元设备组成无线传输网络，实现平台化的网络连接，构建于二层网络之上，支持双向 IP 数据业务的透明传输。覆盖范围大、带宽大、搭建组网便捷快速。系统特点如下。

适于与现有广电广播业务融合发展：采用 8MHz 频率规划，自身临频干扰要求严格，系统可以在 UHF 电视频段上任意频点工作，适于为广电提供各种互联网服务，在终端实现各类新媒体业务的有机融合，有效支撑三网融合的新态势。

组网方式灵活：组网方式非常灵活，网络拓扑结构简单，方便快捷地实现点对多点、自主网状网、链状网的布网结构；不同的应用场景下，具有较强的移动性和机动性，易于建网、调试和维护。

网络适用多种业务：系统接收灵敏度高，能够以很低的功耗在非视距条件下覆盖较大的范围，非常适合城市建筑物阻挡等环境及室内外覆盖应用。同时采用 OFDM/CDMA 调制方式，确保在高速移动和多径传播环境下，实现稳定高速的数据传输。

基站架设方式多样灵活：可采用点对多点、自组网状网、中续链状网三种方式架设基站，根据负载需要在覆盖区域灵活部署，组网灵活，用于系统快速部署。通过配置多种类型满足各类业务应用场景需求，用户可以以最简单、最快捷的方式接入网络，获得高质量服务。

基于 IP 的数据传输和交换：系统的数据传输和交换采用基于 IP 协议的分组传输模式，具有较强的灵活性和适配性，与其他控制协议有良好的兼容性，同时容易实现 QoS 控制，便于与其他异构网络进行数据交换，提高了系统的兼容性。

动态管理频谱资源机制：系统工作的频带范围很宽，自动扫频、自主选频、结合跳频切换等功能，大大增强了抗干扰能力，系统频谱利用率高，非同步系统能够使上下行带宽自适应业务的需要，能够以较低的载频带宽传输各种高速数据业务。

2. 认知技术在广电白频谱的应用场景

TV 频段在各个国家主要位于 VHF 和 UHF。随着数字电视技术的飞速发展，TV 频段的利用率越来越高，一些频段被空闲出来了。相对于传统的未授权频段如 2. 4GHz、5. 8GHz，这些 TV 空闲频段具有良好的空间传播特性。广播电视白频谱提供了数百兆的可用频段，对无线服务提供商而言，这些空闲的白频谱，无疑会带来巨大的商机。

电视广播业务。广播电视对社会和人们群众的生活产生的影响巨大，广播电视业务包括高质量音视频广播、互动电视、电子节目指南、信息广播等。广播电视具有信息内容资源优势和普及率高的用户优势，是国家现代服务业以及国家信息化建设的重要组成部分。

物联网业务。物联网用于实现人与物、物与物相联，实现信息化、远程管理控制和智能化的网络。物联网业务包括公共安全管理、智能交通综合管理系统、社区及家庭服务、节能减排、地下管网管理、机动车智能识别和停车场管理。

① 公共安全管理：通过传感器网络，对城市公共安全进行日常的监管和分析，包括危险源数据采集监管、易燃易爆/有毒环境监测等。

② 智能交通综合管理系统：可以满足交通部门智能管理交通状况、移动执法办公的信息化需求，交通部门可以通过车辆、交通灯和监控设备上传的数据信息实时管控交通，用户也可以通过上传车辆状况和周边环境信息得到车辆的最佳路线，及时汇报路况、交通管控、交通事故等信息。

③ 机动车智能识别：通过物联网技术构建的智能车辆识别管理系统基于智能标签、移动监测设备、后台管理系统等设备和系统建成，可以实现各种场合的车辆识别和管理，可用于停车场管理、刑事侦查等场景。

跨行业应用。近年来，互联网产业一直维持高速发展，人类已经逐渐步入信息时代。鉴于这一情况，双向高带宽、安全可靠、高速率、高稳定性的无线宽带接入网络，可以实现跨行业的可控可管的应用服务。跨行业应用可以扩大广电的业务范围，既有利于国计民生，又可以产生直接的经济效益和社会效益，加速各产业信息化建设的步伐，提高社会的服务能力。例如，可以为政府网站、企业网提供专网应用服务，也可以解决铁路车厢内部的通信和广播电视网络的覆盖问题，在为乘客提供高质量的多媒体服务的同时，还可以为铁路行业提供包括视频监控、多媒体语音服务、紧急广播等跨行业服务。

紧急广播。通过广播电视业务向公众通知紧急事件。当发生重大自然灾害、突发事件、公共卫生与社会安全等突发公共危机时，紧急广播可提供一种迅速快捷的讯息传输通道，在第一时间把灾害消息或灾害可能造成的危害传递到民众手中，保证指挥信息通畅，将生命财产损失降到最低。

第6章　5G支撑技术

6.1　移动云技术

6.1.1　云计算的概念

云计算没有一个统一的标准定义，不同的企业和专家对其都有着自己的定义。

狭义云计算是指IT基础设施的交付和使用模式，即通过网络以按需、易扩展的方式获得所需的资源。云计算包括信息基础设施（硬件、平台、软件）以及基于基础设施的信息服务。“云”通常指一些可以自我维护和管理的虚拟计算资源，包括计算服务器、存储服务器、宽带资源等。云计算将所有的计算资源集中起来，并由软件实现自动管理，不需要人为干预。这使得应用提供者不需要为烦琐的细节而烦恼，能够更加专注于自己的业务，有利于创新和降低成本。之所以称之为“云”，是因为它在某些方面具有现实中云的特征：云一般都较大；云的规模可以动态伸缩，其边界是模糊的；云在空中飘忽不定，你无法也不需要确定其具体位置，但它确实存在于某处。在使用者看来，“云”中的资源是可以无限扩展的，并且可以随时获取，按需使用，随时扩展，按使用付费。“云”服务就好比单台发电机模式转向电网集中供电的模式，它意味着计算能力也可以作为一种商品进行流通，就像煤气、水电一样，取用方便，费用低廉。最大的不同在于，它是通过互联网进行传输的。因此，在未来，只需要一台笔记本或者一个智能手机，就可以通过网络服务来实现我们需要的一切，甚至包括超级计算这样的任务，从这个角度而言，最终用户才是云计算的真正拥有者。云计算的应用包含这样一种思想，把力量联合起来，给其中每一个成员使用。

广义云计算是指服务的交付和使用模式，即通过网络以按需、易扩展的方式获得所需的服务。这种服务可以是与IT、软件和互联网相关的，也可以是其他任意服务。维基百科这样解读云计算：云计算是基于互联网的计算方式，它可实现共享软硬件资源和信息，并按需提供给计算机和其他设备。美国加州大学伯克利分校于2009年2月10日发表的《云之上：伯克利眼中的云计算》研究报告认为，云计算包含互联网上的应用服务及在数据中心提供这些服务的软硬件设施。

云计算是并行计算、分布式计算和网格计算的发展，或者说是这些计算机科学概念的商业实现。它可以看作是虚拟化、效用计算、IaaS（Infrastructure as a Service，基础设施即服务）、PaaS（Platform as a Service，平台即服务）、SaaS（软件即服务）等概念混合演进并跃升的结果。云计算旨在通过网络把多个成本相对较低的计算实体，整合成一个具有强大计算能力的完美系统，并借助SaaS、PaaS、IaaS、MSP（Management Service Provider，管理服务提供商）等先进的商业模式，把这强大的计算能力分配到终端用户手中。云计算的一个核心理念，就是通过不断提高“云”的处理能力，进而减少用户终端的处理负担，最终使用户终端简化成一个单纯的输入/输出设备，并能按需享受“云”强大的计算处理能力！云计算的核心思想，是将大量用网络连接的计算资源统一管理和调度，构成一个计算资源池，源源不断地为用户提供按需服务。云计算的基本原理是，计算运行在大量的分布式计算机上，而非本地计算机或远程服务器中，企业数据中心的运行机理将与互联网相似。这使得企业能够将资源切换到所需的应用上，根据需求来访问计算机和存储系统。

制定云计算标准的标准化组织很多，简介如下。

ISO/IEC：2009 年 5 月，ISO（国际标准化组织）/IEC（国际电工委员会）JTC1（第一联合技术委员会）软件与系统工程分技术委员会（SC7）成立了云计算 IT 治理研究组（WGIA），负责分析和研究市场对于 IT 治理中的云计算标准需求，并提出 JTCI/SC7 内的云计算标准内容和目标。

IEEE：2011 年 4 月 4 日，电气电子工程师学会（IEEE）宣布成立两个工作组，致力于开发云计算标准。这两个工作组分别为 P2301 和 P2302。

IEEE P2301 将提供现有和在研云计算标准在关键领域（如应用、便携性、管理和互操作接口、文件格式、操作规程）的配置文件。它将采用多种文件格式和接口标准，研究云迁移和云管理方面的标准化。当 IEEE P2301 完成后，该标准将帮助用户采购、开发、建设和使用基于标准的云计算产品和服务，支持更好的便携性，提高云产品的通用性，实现整个行业的互操作。

IEEE P2302 定义了为实现云到云可靠的互操作性和集成性所需的基本拓扑结构、协议、性能和管理。该标准在保持对用户和应用透明的前提下，有助于在云产品和服务提供商之间建立一个可扩展经济体。由于采用了支持云商业模式不断演进的动态基础架构，因而 IEEE P2302 是一种促进经济增长和提高竞争力的理想平台。

ITU-T 云计算焦点组：2010 年 8—11 日，在日内瓦召开的电信标准化顾问组（TSAG）会议上，ITU-T 决定成立云计算焦点组（FG Cloud）。云计算焦点组分为 2 个工作组：云计算优势与需求工作组，研究内容包括云计算定义、生态系统和分类、用例需求与架构、云安全、基础设施与网络支撑云、云服务与资源管理、平台和中间件、云计算优势与关键需求；ITU-T 云计算标准开发差距分析与路线图工作组，研究内容包括云计算标准化组织活动综述，ITU-T 云计算标准开发的差距分析和行动计划。

分布式管理任务组：2009 年 4 月 27 日，分布式管理任务组（DMTF）成立“开放云标准研究组”的专项组织，致力于开发云资源管理规范。小组的工作重点是计划“通过开放云资源管理，来改善平台之间的互操作性”，从而促进企业内部私有云和其他私有云、公共云或混合云之间的操作性。工作目标是制定相关规范，使“云服务便捷化，并实现云和企业平台的管理一致性”。该标准研究组计划开发云资源管理协议、封装格式和安全机制，所有这一切都是为了增加互操作性。

云安全联盟：2009 年 4 月 21 日，在美国加利福尼亚州旧金山召开的 2009 年 RSA 大会上，云安全联盟（CSA）正式宣告成立，成员包括国际领先的电信运营商、IT 和网络设备厂商、网络安全厂商、云计算提供商等。云安全联盟成立的目的是为了提供云计算环境下的最佳安全方案。

美国国家标准技术研究所（NIST）：该组织共成立了 5 个云计算研究组，即参考架构与分类研究组、云计算标准推进研究组、云安全研究组、标准路线图研究组和商业用例研究组。目标是提供与云计算相关的范式和指南，推进云计算在IT产业和政府机构内的应用。研究内容包括云计算交互性、便携性、安全性和应用案例，旨在通过标准化研究工作，缩短云计算部署周期，加速企业级云计算应用的进程。

2010年1月，美国国家标准技术研究所发布《NIST的云计算定义》。文档指出：云计算是一种模型，该模型支持用户随时随地便捷地按需访问一个共享的、可配置的资源池（如网络、服务器、存储、应用和服务）。这些资源可以被迅速提供并发布，且可实现管理成本和服务提供商的干涉最小化。该模型包含5项功能，即按需自助服务、泛在网络接入、资源共享、快速扩展性、服务可计量；服务模型有软件即服务（SaaS）、平台即服务（PaaS）和基础设施即服务（IaaS）3种；部署模型分为公共云、私有云、社区云和混合云。

开放网格论坛（OGF）：该组织是一个致力于推动分布式计算快速发展和部署的开放性组织，主要任务是促进分布式计算技术的应用。2009年4月28日，OGF正式成立开放云计算接口（OCCI）工作组，目标是促进按需提供的云基础设施开放性API的快速开发。

网络存储工业协会（SNIA）：该组织是一个针对广大存储开发和网络产品厂商、网络存储行销渠道商、存储解决方案最终用户的客观和中立的行业协会。协会宗旨是：发展网络存储，确保网络存储技术成为IT领域完整的、可信赖的解决方案，促进网络存储技术在全球的发展，为网络存储的应用和发展推波助澜。

此外，欧洲电信标准组织（ETSI）、开放云计算联盟（OCC）、结构化信息标准促进组织（OASIS）、开放群组（TOG）、云计算互操作论坛（CCIF）、对象管理组织（OMG）、全球云间技术论坛（GICTF）、电信管理论坛（TMF）也在开展与云计算有关的标准化工作。

6.1.2 移动云的概念

伴随着基于云的资源共享服务的兴起，移动云计算概念被提出，移动终端被视作可以接入基于云的资源池并提供服务的节点。一般而言，提供远程接入服务的个体云节点的能力远远超过所请求的能力，如处理能力和存储能力。移动云计算的概念在最初特指将计算密集型任务分流到云端，基于这一场景，学界重点研究终端本地CPU计算周期的节省与云计算通信开销间的平衡关系。由于现在的移动终端处理能力已经相当于10年前桌面PC的水平，使得移动终端分布式资源共享这一方法变得越来越可行。另外，加入移动终端为虚拟云计算池引入新资源提供了机会，这些资源原本仅在移动环境中可行，如无线连接、传感器、执行设备及其他的功能等。

这一过程与以网络为中心的C-S通信模式向P2P架构扩展相似，然而P2P架构中个体节点之间的通信仍遵循客户端—服务器原则，每一个节点都可以是客户端或服务器（或集团化资源云的服务提供商）。另一个对基于个体的云资源服务提供这一通用概念的扩展带来的好处在于提供更具弹性的灾备服务，避免资源完全掉线。分布式部署在不同地理位置数据中心的云资源增加了冗余度和额外的服务扩展能力。此外，服务在靠近消费者的位置缓存，正如CDN已经普遍实现的那样。将移动终端本身纳入不同潜在云服务的资源池大大增加了业务灵活性。

6.1.3　移动云的网络架构

针对移动云计算的研究主要针对以下两个方面。首先，解决如何调整当前的无线接入网络体系架构使之能够适应移动云应用及其支持平台的具体特点。例如，在移动终端应用程序的云端卸载过程中，无线接入网络必须以更多的带宽在尽可能低的时延下，来满足云用户的服务体验质量（Quality of Experience，QoE）。更重要的是通过进一步优化无线接入网络的协议和算法来满足日益增长的移动云用户服务需求。此外，以上云端卸载过程还可能涉及云应用的识别问题，以及云应用和网络算法之间的通信问题。因此，如何提高无线网络的信息承载能力来高效地支持云应用实现是一大挑战。另一方面，无线接入网络如何利用云计算技术的优势来提升自身性能？移动云计算的宏观体系架构如图 6.1 所示。

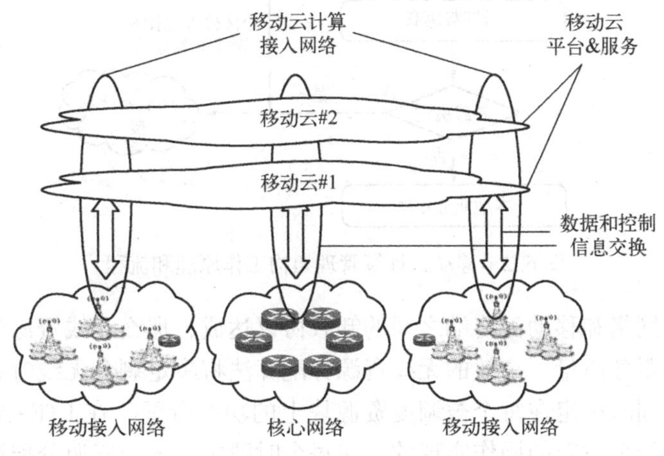

图 6.1　移动云计算的宏观体系架构

实现云计算和宽带无线接入技术的融合，无疑将面临许多新的挑战。在移动云计算系统中，资源约束的移动终端必须通过无线网络接入远方的云端资源。然而，无线传输中变化的信道质量和数据速率会大大降低用户的体验质量。同时，由于系统频谱资源和终端功率资源的严重受限，仅仅利用当前的同构无线接入网络来保证移动云计算用户的体验质量几乎是不可能的。很显然，需要给出新的移动云计算接入网络体系结构，提供令人满意的移动云服务。换言之，此网络架构应该能够为云用户提供更高更稳定的传输速率和无缝的室内覆盖，同时改善终端能量受限的问题。需要强调的是，信息科技和工业的能源消耗在全球范围的能源消耗中所占的比例不断增加，很长时间以来一直是一个棘手的问题。然而，高吞吐量的云计算无线接入网络必将产生更多的能源消耗，这在经济上也是不可持续的。综上可知，下一代移动云计算接入网络必须是高能效的。

对于资源受限的移动终端来说，业务的远程云端接入毋庸置疑是提高数据处理能力最有效的方式。一般而言，云端资源主要用于提供极其强大的存储服务和数据处理服务。而移动云计算卸载技术是实现移动业务远程云端处理的基本方法，可以将移动终端的云业务通过无线接入网络转移到远方的云端，实现了移动云应用和云资源的结合，从而可以增强移动终端的数据处理能力，同时大大降低了移动终端的能量消耗。遗憾的是，在未来的实际移动云计算系统中，时变的无线信道和动态的网络负载在很大程度上会影响和阻碍移动云计算卸载技术的高效实现。参考文献提出了一种基于LTE-A的宏蜂窝/小蜂窝网络的移动云计算管理体系架构，高效地实现移动云计算系统对移动终端的服务，移动云计算管理架构工作原理和流程如图6.2所示。

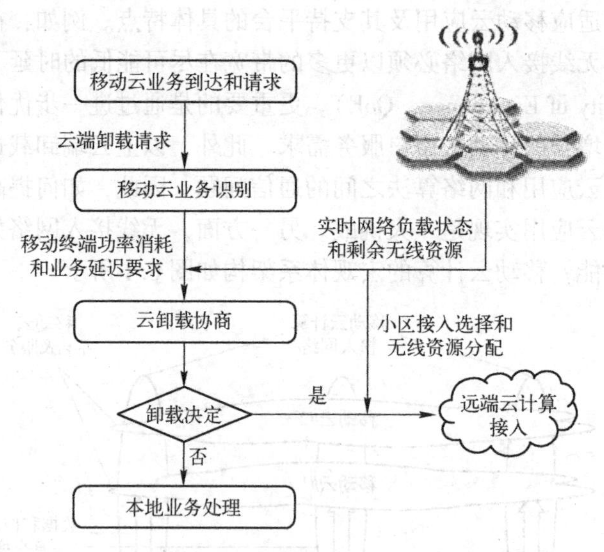

图6.2　移动云计算管理架构工作原理和流程

一旦无线接入网络和移动云终端之间的卸载协议达成，那么无线资源分配算法将尽全力保证移动云用户的服务质量。高效的无线资源分配算法将决定剩余无线时频资源块和云业务终端之间的匹配，同时决定在每个被调度资源块上的功率分配。在LTE-A系统中，信号的空间传输是通过一个个时隙的操作实现的。在每个时隙中，无线资源分配算法会充分利用时变的无线信道状态和业务延迟状态信息来获得最高的性能增益。需要说明的是，一个云业务卸载过程的延迟对应业务在无线接入网络的驻留时间和上下行传输时间；而一个云端卸载过程的终端功率消耗对应了所有上下行信息传输的功率消耗。同时，系统的能量消耗和无线传输延迟在很大程度上是受到无线资源分配限制的。

6.1.4　移动云的资源

可用于移动云的资源是非常广泛的。每个资源的可用性程度和时间可以通过显性的用户配置或（半）自动配置的、不同控制粒度的规则进行设置。根据不同场景，这些资源可以是连续可用的，或者是在时间和数量上间断可用的。一个特别有趣的用例是由同一个用户私人设备构成的私有云。现在，一个用户拥有多个移动设备（智能手机、平面、笔记本、智能手表等）早已司空见惯，这些设备的资源可以在本地共享为所有者提供服务。

1. 用户资源

一般情况下，从物理感知来看，用户自身并不是云的成员，然而最终我们讨论的资源是由用户拥有和操纵的。依赖于和社交环境的整合程度，我们可以按如下方式区分用户资源的等级。

- 由个人用户控制的一台或多台设备，实现对全部设备统一的操作参数配置，与个人云的概念类同。在这里，所有的交互都依赖于用户——最终也可以是个人企业。了解和预判个人用户行为非常有用，因为这样可以确定个人云内部多设备间的协作策略。

- 利用组级别实现多用户或所有者/运营商协作，特别能体现对其社交方面关系的关注。在个人行为基础上对社交和组行为的解析，对生成协作策略，最大限度地联合利用组合个体成员大有裨益。通常，如果能得到好处，个体成员将加入云。
- 包含对云环境中可用资源的普遍控制的通用资源。这里最有可能的场景是总体由社会提供的基础设施许可所有人接入。一个直观的例子可以是：由政府事业部门来维护环境传感器，传感器向其邻近的设备不加密地发送短期数据读数。

移动云的社交属性是云自身的重要使能特性，能够从多个角度被解读，如网络经济或网络工程等。

2. 软件资源

需要将操作系统与随移动设备发布的非可用软件服务，以及用户自维护的软件（主要为移动 APP 应用）区分开来。

- 操作系统定义一个云节点，如一台移动设备，包括底层接口能力在内的完整的操作功能。最典型的操作系统的例子包括 Linux、iOS 和 Android 等。
- 非可用软件服务一般出现在大多数移动设备上，以对用户透明的方式操纵 UI 设备（如智能手机）。
- 用户空间应用，按用户需求和设备应用场景安装，每一个操作系统族一般都会建立庞大的应用商店供终端用户下载安装，其价格非常低廉甚至免费。通常，应用需要和操作系统绑定。用户空间级应用既可以跨云共享，也可以与其他应用绑定形成新的体验。

上述示例大多聚焦在功能方面，也需要考虑优化框架。一些优化框架整合了来自硬件和通信资源的功能，如通信中间件，其可用性很高。

3. 硬件资源

可供移动云中的其他成员共享的硬件资源由组成云的终端设备的物理实体构成，即由单个节点贡献的实质资源。按照定义，硬件资源可以分为以下不同组别。

- 计算资源，如中央处理单元（CPU）、图形处理单元（GPU）或专用数字信号处理器（DSP），乃至可编程逻辑门阵列 FPGA。
- 存储资源，如掉电消除的临时存储 RAM 和可保持的长期存储，如闪存。
- 传感器，包括光学、位置、温度、麦克风和镜头等。
- 执行器，包括显示、flash、警告灯、话筒，甚至包括伺服电动机。
- 能量，如电视、太阳能板，甚至包括在即插即用场景中来自电网的持续电源。

如前所述，因场景而异，资源可以是连续可用的，或者是在时间和数量上间断可用的。例如，在充电状态，移动设备向云提供的 CPU 资源可以是连续的，一旦采用电池供电，则可能需要限制在一定的指令周期内。一般情况下，是否能再生、是否有限或稀缺决定了硬件资源可贡献度的等级，这一点对终端用户来说非常现实，如智能终端和平板，必须在向云端贡献和延长用户使用时间方面做权衡。

4. 网络资源

移动设备是未来移动云视角中的主要贡献者之一，设备的连接能力在用于资源共享的同时，其本身也是一种资源，这一点非常关键。大部分移动设备包含多种通信接口，从专用短距离到通用长距离，甚至还包括有线连接。移动设备主要的连接技术包括以下几种。

- 蜂窝通信（从2G到4G）提供了运营商覆盖范围内的永久在线、连接保持等服务特性。随着移动用户数的增长，设备能力的增强和因此而带来的用户数据需求的增多，对高带宽和大容量蜂窝网络的需求持续提升。
- 无线局域网在移动设备兴起的早期主要应用在大型设备上，如笔记本电脑，当时笔记本电脑还是常规的移动环境计算平台。随着智能手机的问世，WLAN起到了很好的辅助作用，主要用于从蜂窝网络卸载流量，或者以ad-hoc方式组织终端网络传送大文件以显示镜像。
- 蓝牙出现在移动终端上的历史已经超过10年。它当前主要用在传感网领域，用途是以较低功耗实现终端间的小量数据交互（Bluetooth Love Energy，BLE），但是这一特性在未来会有更广泛的应用场景。
- 红外（IR）/可见光通信（VLC）代表了一类光学空口，与一般基于天线频谱的通信方式不同。一些智能设备制造商开始利用设备的红外收发机来实现远程控制。
- 近场通信（NFC）正在获得更多的关注，并逐渐成为智能手机的常规外设。NFC在移动设备上的典型应用是移动支付系统的推送。移动支付系统将蜂窝连接的设备纳入价值链中，如ISIS或谷歌钱包。
- 移动设备的有线接口主要用于“即插式通信”，方式有直连和上网卡扩展等。一般可见的例子是平板/混合设备上经常留有一个用于有线连接的端口。

每一种通信接口特征都有自身的特性、归档文件，以及在数据量、覆盖范围和能耗等多方面的综合设定。通信接口既用于为移动云提供便利的连接，同时也被视为实现移动云最重要的资源。移动用户设备和移动环境部署设备（如物联网设备）最终将构成一个可以通过灵活合作来满足不同目标的平台。

6.1.5 移动云使能技术

移动云非常依赖于个体资源提供节点间的协作，这些节点构成每一个云的关系，节点设备背后的用户也正在成为这一协作关系中的参与者。因此，非技术用户协作是一类特殊的使能组件，构建在无线技术和新技术框架之上，如网络编码。中间件方法，也称为跨层优化方法，是一类终端上或移动云内的媒介和协调使能技术。

1. 移动用户域

可以将移动云的应用范畴扩展到包含移动用户和设备。虽然除了时间和空间的关联外（在相同的物理地点和时间为移动云资源池提供服务）设备自身本不存在太多共性，但其具有社交属性，即通过用户或设备自动化地参与资源提供与消费。更新的移动云定义可以表述为一组临时的节点协作部署并以获利的动机共享可用资源。通过无线连接的移动终端的互联关系是非静态的，协作关系是短期的，节点的整体可用性限制了更大时间规模的协作关系。

在个体云协作底层是由技术和社交关系驱动的协作的基本形态，这种协作是以博弈论为基础的一般性人与人之间的交互，是在最初的囚徒困境模型基础上逐步形成的描述合作方法与动机的通用框架。合作关系综述如图6.3所示，描述了合作等级和主要驱动力的谱系图（从被迫合作到利他合作），其中标注了一组在技术和社交范畴中有利于合作化用户行为的方法。

通常，用户只会在其资源投资能获得某种形式的正面回报时才会有合作的动机，即用户行为方式一般符合利己主义。因此，如果成本高于用户回报，合作就需要采用技术手段强制执行。反之，如果用户能够获得积极的回报，利己就是最佳的合作动机，进而实现合作双赢。如果成本和回报均等或不存在，则用户参与合作将无利可获。更高级的合作模型涉及偿还容忍策略，即报偿将在未来实现。合作也可以被视为个人资源的长时间投资。由于无法获得即时的回报，不同时间规模的偿还也能保证合作是有回报的。在这种场景下，人们可以期望获得某种形式的等待收益，类似于贷款的利息。在大多数场景下还存在用户效用的附带(Extrinsic) 回报。其中一些回报可能是无形的，如正面的社会形象。利他主义的合作可以被视为一种特殊用户动机——他人获得回报，如捐赠就是这种情况。

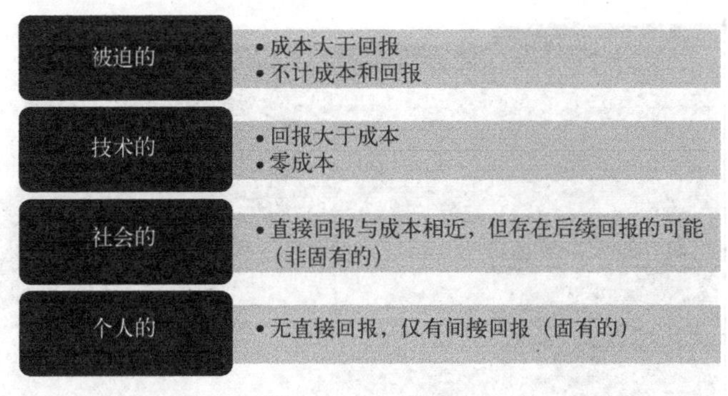

图6.3 合作关系综述

可以将上述理论扩展到移动用户及其与网络运营商的关系方面。典型地，蜂窝数据的高附加成本是促成合作的强力因素。相同或不同用户的不同设备间可以产生合作关系。以典型分流场景为例，用户利用的是自己的WiFi接入点而不是蜂窝网络。相似地，咖啡店的WiFi促使用户停留更长时间，增加了购买机会，有很大的可能为商户提供超过WiFi设置成本的高回报。接着，在技术使能场景中，用户可以利用蓝牙和WiFi直传文件交换技术，在本地共享下载数据而不必接入蜂窝网络产生下载流量。如果社交反馈可以让一个用户在其社交网络中脱颖而出，则合作又提供了新的效益使得综合回报更加积极。最后，还可以将利他主义者计算在内：在紧急场景中，用户愿意与周边需要紧急接入网络的用户分享个人有限的流量。在这种场景中，表面上的利他的单边合作，实质上仍然给个人带来了效益而令其忽视成本："助人为乐的感觉真棒。"换句话说，除了被迫场景外，所有的合作都会导致产生回报，与合作底层实现机制无关。

2. 无线技术

大多数现有场景的主线是个体节点利用短距离无线链路通信接入长距离链路中，如蜂窝或接入点网络。图6.4中展现了现有常见无线技术的覆盖范围。

1）无线广域网（WWAN）范围

无线广域网通常指的是蜂窝网络。此外，如点到点和点到多点无线连接也可能属于这一范畴——这两种连接通常采用微波或光技术（如LOS）传输，但并不是针对移动终端部署而设计的。蜂窝通信已经从仅语音通信演进到支持以数据为中心通信的LTE网络，即常说的4G。第一代移动蜂窝系统多采用频分多址（FDMA）方式，提供模拟信道，不支持数据通信。其后续渐进技术2G也被称为GSM，支持电路交换语音业务网并首次提供9.6kbit/s速率的数据连接。蜂窝网络首次数据速率的提升发生在电路域，高速电路交换（HSCSD）技术将数据速率提升为14.4kbit/s，同时支持最高4信道绑定，使最大数据速率提升到57.6kbit/s。首次演进式的数据速率升级系统是GPRS（通用分组无线业务），它也通常被视为通信技术换代的中间阶段——2.5G。GPRS提升了可绑定的信道数量并改变了编码模式，与TDMA时分多址技术结合可提供171.2kbit/s的理论峰值速率。通过从电路交换向TDMA接入迁移，GPRS开启了移动分组业务代替承载调制数据的模拟语音信道的统治时代。后续增强技术包括EDGE（GSM演进增强数据速率），数据速率可达473.4kbit/s，基于EDGE的研究最终速率可达1.6Mbit/s。

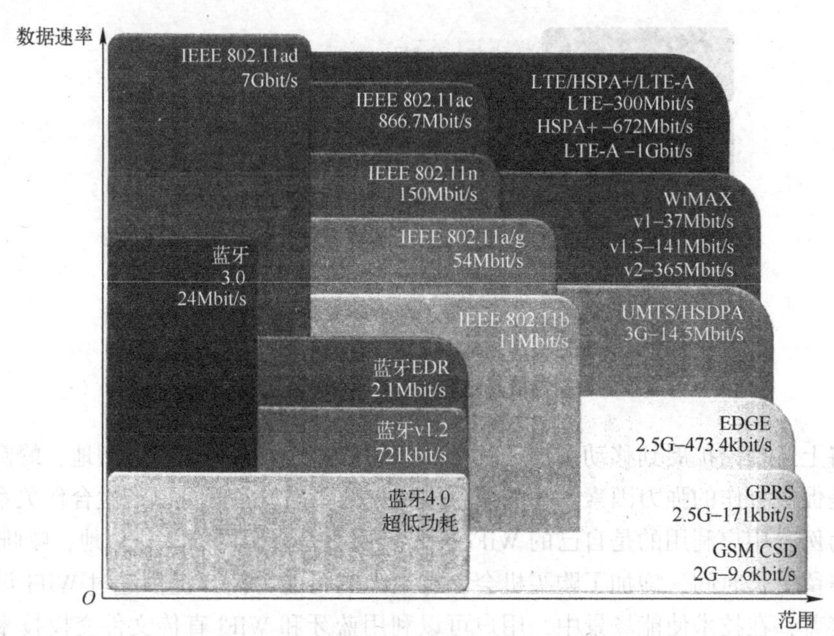

图6.4 常见无线技术的覆盖范围

3G利用HSDPA技术，通过增加带宽可将数据速率提升到14Mbit/s。与GSM的多址方式不同，3G技术选择了码分多址方式，即CDMA。4G业务最初提出的两种竞争技术，分别是WiMAX论坛支持的支持全球范围互操作的微波接入（WiMAX）和3GPP提出的LTE。这两种方案都承诺其业务（包括中间版本方案）所支持的数据速率可达500Mbit/s。最终，LTE成为目前为止最广泛采纳的4G移动业务标准，甚至包括那些原先部署不兼容CDMA技术的地区。4G蜂窝网络的技术融合对用户而言大有益处，用户无须更换设备就可以在全球范围的无线运营商间无缝迁移，是真正的全球标准。针对移动云组网，蜂窝网络提供了连接移动用户与初始提供资源的核心方法。最后，LTE网络当前正在向LTE-A的方向演进，以提供更充分的性能增强。LTE-A当前值得一提的创新方案包括D2D连接，利用蜂窝网络空口实现设备直连通信。

2）无线局域网范围

IEEE802.11系列标准可能是当今最广泛采用的智能移动终端通信方式，其市场推广名称更为人熟知——WiFi。WiFi 标准分为媒介接入协议和物理层规范。依赖于具体实现，物理层基于 2.4G 频段上 1 ～ 2Mbit/s 的基础速率和红外 LOS。由于分为两层，底层信道定义的实现可以与实际机制分离，这使得 WiFi 技术可以利用全球不同范围（工业、科技和医疗）的免费频段。从 WiFi 技术出现之日起，便存在不同的实现技术相互竞争，如 802.11a 和 802.11 b。虽然 802.11a 技术更先进，但其成本劣势驱动业界更多地采纳了 802.11b，随之演进出 802.11g 和 802.11 n 版本。当这些实现都集中在越发拥挤的 2.4GHz 频段时，802.1l a 已经可以在 5GHz 频段运行。802.11a 和 802.11g 在良好的信噪比条件下，可以达到 54Mbit/s 的最大数据速率。

在 WiFi 通用的运行模式中，调制和编码方式可以随 SNR 条件而改变，保持了广域条件范围下的可连接性，而吞吐量随信道条件而调整。共享媒介的接入竞争机制采用了载波监听多路访问（CSMA）技术，该技术允许产生冲突。为获得更高利用率并降低冲突的发生，802.11 引入了少量的帧间时隙用于传递管理信息。这些时隙可以用于传输 802.11 RTA（发送准备好）和 CTS（清空待发送）消息来实现冲突避免（CA）的操作。更新的技术版本 802.11g 和 802.11 ac 通过在两个频段上的信道绑定和操作修改技术，分别实现了 300 ～ 400Mbit/s的吞吐量。随着在原始版本上增加了更多的附件技术，如简单的 P2P 组网，商标为“WiFi direct”，从适宜的通信开销角度考虑，WLAN 的覆盖范围是最合适的覆盖范围之一。

3）无线个域网范围

桌面电脑以外的设备的出现，激发了不同设备间个体、短距离的频繁数据传输的需求。

（1）蓝牙。

蓝牙技术运行在 2.4GHz 频段，与其他广泛范围的中短距离技术相似。蓝牙技术的最初概念源于取代 PC 范围的有线连接，如蓝牙键鼠等。蓝牙技术的通信范围是可变的，并由蓝牙模块“Class”决定，Class 取值 1（超过 100m）～ 3（10m 以内）。最初的蓝牙设计包含硬件模块和软件协议栈规范，由一个产业联盟重点推进并最终在 IETF 完成标准化。该产业联盟如今依然在推进标准化和认证工作。蓝牙以主从配置方式运行在个人的微站内，一个主节点可以控制多达 7 个从节点，所有通信都经由主节点完成。虽然标准中指出多个微站可以互连，但在实际中极少出现，因为非运行设备可以进入一个停驻状态，此刻会暂时拒绝与其他设备的通信来节省电量。出于早期实现时对安全的考虑，蓝牙设备需要执行一个初始配对操作来启动后续通信。

实际通信技术的实现主要采用跳频技术生成同步和异步信道，信道由包含 ACK 的 TDMA 多址方式接入。蓝牙的数据速率起始于 700kbit/s 这一基础速率，通过增强可达 2.1Mbit/s，在蓝牙 v3 中进一步增加到 24Mbit/s。最新的标准版本迭代保留了前序版本的速率增强，另外新增了低功耗运行模式“Bluetooth Low Energy（BLE）”。BLE 主要针对传输小量数据的传感器设备组网，如通常在医疗和健康市场的应用需求，这一领域也是其他接入技术试图拓展的领域。出于移动云组网的目的，由蓝牙组网提供的吞吐量和开销是禁止的。但是蓝牙连接和 BLE 可以被用于高效配置更高吞吐量的网络连接。

（2）IEEE 802.15.4 及其软件协议栈。

在工业和家居自动化场景中，存在过多的在千禧年初提出的不同标准，这些标准往往出于不同的产业背景。两种主要的标准为 IEEE 802.15.4 和根据标准化构建的软件协议栈，ZigBee 和 6LoWPAN。IEEE 802.15.4 可以运行在 900 MHz 和 2.4 GHz 频段，且只有后者获得重点关注。IEEE 802.15.4与蓝牙技术的区别在于除了星形拓扑外，前者还能够支持网状网和P2P网络。与蓝牙技术类似，IEEE 802.15.4也存在不同设备分类，名称为全功能设备（FFD）和减功能设备（RFD）。只有FFD设备可以作为协调人，这一点与蓝牙不同。当使用专用网络协调器时，IEEE 802.15.4采用CSMA/CA机制和额外的信标帧结构（需要配置）来完成协调和预留实体的功能。

ZigBee在应用层增加了全特性协议软件栈，考虑路由、安全性和自动化等。这些机制在应用场景归档文件以外被实现，即在IEEE 802.15.4定义的底层协议的上层。为了以全IP配置实现互操作，IETF中的6LoWPAN工作组在草案RFC 6282中完成了与IEEE 802.15.4聚合的标准化工作。

综上，IEEE 802.15.4的最佳数据速率大约可以达到250kbit/s，这一点与蓝牙相似，也使得这一技术更适合于协同和带外信令交互，而不是直接用于移动云的本地数据交互。

（3）Infrared红外线。

红外数据联盟（IrDA）是一个早在20世纪90年代中期就成立的产业兴趣小组，旨在标准化红外通信协议栈。与蓝牙类似，协议栈包括物理层、汇聚层和专用应用归档文件。在移动计算初始阶段，红外通信因低速率LOS数据交流而流行，这一技术广泛应用在传统的掌上电脑设备上。随着无线频谱上更高速技术的出现，这一技术不再流行而变成了一个在当今趋于小众的方案，但是该技术的后续研究强调在可见光频段实现高速近距离通信直连数据交互。IrDA技术与移动云关系不大，主要是由于其较低的采用率和速率方面的限制。

（4）Near Field Communications近场通信（NFC）。

近场通信描述了一类特殊用例，这类用例通常被视为无线个域网范畴，特别是应用在小量数据通信应用中。NFC常规的通信范围仅为若干厘米，因此该技术一般应用在一些生活便利场景中，如无线支付。NFC表面上的通信距离有限，事实上NFC并不具备固有的安全性，且可以在非常广域的范围内实施监听，同样存在含IP的NFC实现。NFC的常见应用场景之一是RFID环境，包括后勤、安全、物件更正、政府文件签发（如护照）。在移动云场景中，NFC可以用于配置物理位置非常接近的移动资源提供者之间的连接，但由于其吞吐量太小，因此不宜实现数据交换。

3. 软件和中间件

针对移动云合成优化的实际实现的考量，业界常常引出非透明实现的跨层方案，但是，以移动应用举例，应用需要采用侦听模式获取额外的机会信息或协同需求。这些通常在代理服务中以中间件的方式实现，中间件可以部署在移动设备自身上，或与其他云资源耦合。一个描述性的例子是将移动设备的计算任务透明地外包给云资源提供商，云资源提供商负责完成计算任务并将结果回传到移动设备。

近期代理服务器的消费产品实现，如Amazon's Silk或Opera移动浏览器，成功展示了通过改变内容来实现移动设备节能要求的可能性，Web浏览是典型场景。基于代理的方法可解释连接请求并将请求前转到目的（或另一个proxy代理）。优化一般在代理层面完成，仅须克服很小的开销，并有极大的潜力。其中一些方法基于SOCKSv5协议。移动云环境下移动设备总体通信中的中间件/代理业务的位置如图6.5所示，利用中间件或代理服务可以实现无缝的通信和潜在的透明运行。中间件作为本地协作设备间的中介，这些设备既可以属于某个用户，或邻近的其他用户，也可以是通过蜂窝连接访问的云端资源。

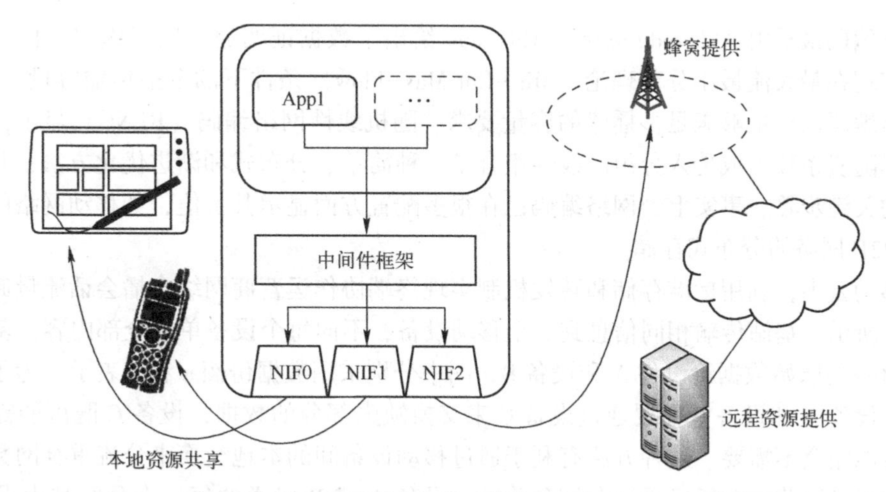

图 6.5　移动云环境下移动设备总体通信中的中间件/代理业务的位置

4. 网络编码

在移动云中，通信架构将发生巨大变化。当前，蜂窝通信仍以集中管理的点到点通信架构为主导架构。移动云将打破这一设计范式，转向采用分布式功能。当前最先进的通信系统仍从某个单一实体获得信息，即在一种空口技术之上设置云存储，而移动云可以利用多个空口同时从多个源获取内容。由于这一重大变化，底层通信技术和策略也将改变。采用多源/多空口方案的基本挑战包括：在不同数据源和空口上实现数据分组协同需要大量信令开销；性能对数据源和空口条件的依赖性强。为了解决这些问题，移动云需要引入网络编码这一关键使能技术。

网络编码打破了当前网络存储和前转的范式，即分组交换网络中的任意节点接收、存储和前转分组，但并不改变分组内容，而是改为全新模式：计算并前转。在全新的模式中，传入网络节点的分组被存储，发送分组则按照节点缓存中存储的分组组合生成。这意味着网络中间节点能够操作传入数据的内容。一方面，这种技术鼓励目的节点聚焦接收足够的数据分组组合来恢复原始数据而不是努力接收单片数据报文，这意味着不同的源和接口可以发送分组的不同线性组合，使得多源/多接口协作要求降低。由于数据恢复不再依赖于分组时延或接口连接丢失，而是依赖于能否接收足够的分组，这也使得系统动态性更高、更健壮。另一方面，网络编码从根本上改变了网络资源管理方式。因为从传统上来说，每一个传入节点的分组都会在存储和前转网络中停留一段时间，然后离开节点。现在网络编码改变了这一假设，改为发送、接收分组的线性组合，则节点可以根据网络条件和拓扑发送少于、多于和等同于入口速率的分组组合。

不同于现有的丢包/误包编码策略，以及源和信道编码，网络编码不仅限于端到端通信。如前所述，网络编码技术应用可以贯穿整个网络，产生新编码分组的中间节点不需要对原有数据进行解码，甚至有限的分组线性子集也能进行编码。上述特征都是网络编码独有的特征。

因此，这些特征使得网络编码是移动云可行的方案。现实中，网络编码操作（编码、记录和解码）能够在多样的移动设备中快速完成，进一步证明了其技术的可行性。很多实验显示，分组编码的处理速度超过最大空口速率一到几个数量级。

网络编码最早由Ahlswede提出。Ahlswede给出了数据证明通过网络编码，任意网络拓扑可以实现在最大流最小分割理论（Min-Cut Max-Flow）条件下的多播传输容量。事实上，线性网络编码已经足够满足多播流的容量要求。随机线性网络编码（RLNC）显示，由中间节点选择随机系数生成传入分组的线性组合是一种简单、分布式和渐进优化方法，是吸引研究兴趣的关键步骤。事实上，网络编码已在很多配置方面显示其价值，如移动网络的多媒体传输和P2P网络的分布式存储。

在移动云中，利用标准存储和转发机制实现终端协作运营商网络多播会话流量卸载方法如图6.6所示，基站传输相同信息到3个移动设备，不向每个设备单播全部内容，基站将分别发送50%的原始数据给设备A和设备B，图中分别采用数据份额a和b表示。为了接收完整信息，设备A和设备B需要通过设备C来交换缺失部分的数据，设备C既可能需要该数据，也可能完全不需要。这种方法有利于通过移动设备间的本地交换来分流重叠网数据，降低终端和网络运营商能耗。通过存储和前转，设备A或B发送的每一个分组都由设备C转发。首先，分组a由A发送到C，然后在下一个时隙前转到B，反向分组b相似，因此在全部设备间完全信息交换需要4个时隙。

如果设计更有效率的交换策略，则移动云的潜在增益有望进一步提高。利用网络编码，设备C能够实现内容的线性组合，然后将组合数据同时向设备A和B广播，这将完整信息交互的传输数量进一步降低到了3个时隙。此处的线性组合算法仅仅是对两个分组简单的逐比特位异或（XOR）操作。在移动云中，利用标准网络编码机制实现终端协作运营商网络多播会话流量卸载如图6.7所示。如此一来，广播分组大小等同于分组a或b。设备A或B接收到分组后，通过设备上接收分组与之前发送分组的再次异或操作就能分别解出所需信息。

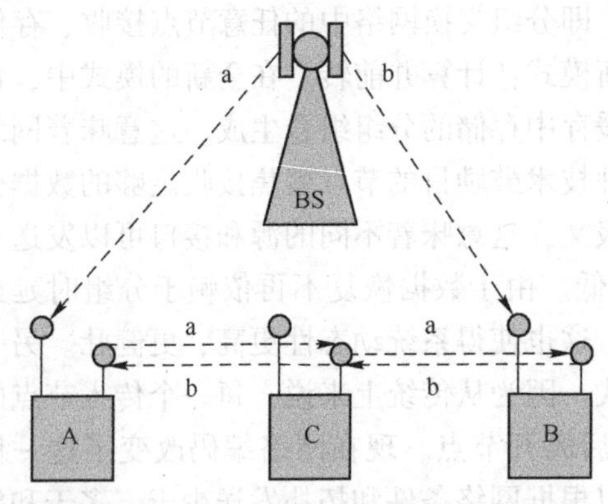

图6.6 在移动云中，利用标准存储和转发机制实现终端协作运营商网络多播会话流量卸载方法

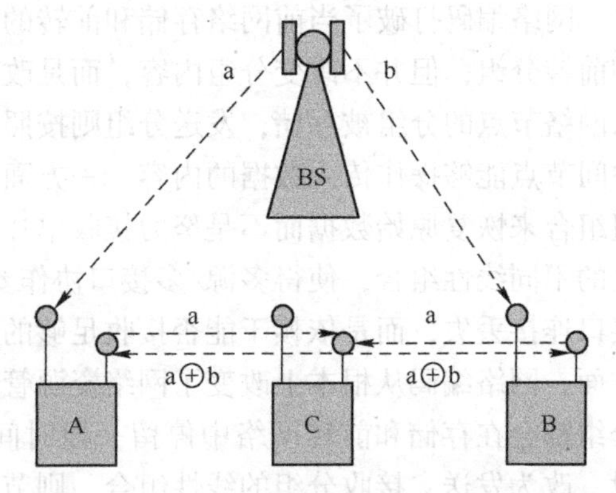

图6.7 在移动云中，利用标准网络编码机制实现终端协作运营商网络多播会话流量卸载

流间通信网络编码的另一个不足是在分布式设置中，编码需要规划以实现优化。规划过上述网络编码类型应用于流间通信，流间网络编码的优点是简单而有效，因此对运行平台的复杂性要求不高。此外，这一方案也不限制于上述例子所描述的简单网络拓扑。有人提出了一种包含15个移动节点的无线网状网络实现，其吞吐量增益为3～4dB，会带来信令开销，这不但会降低增益，同时会导致实际系统的实现困难。

有别于不同业务流的混合，随机线性网络编码（RLNC）对同一流的分组进行编码，也就是说，这是一种流内网络编码的方法。RLNC对一组数据分组进行编码，编码结果称为“generations”。在这个意义上，一个大小为G的generations包含G个未编码的分组。

RLNC相比端到端编码有两点主要优势，换句话说，即中间节点无须解码即可重编码分组，以及使用滑动窗口进行编码。后者意味着在传输开始时源端不需要拥有全部的分组，generations的生成也不是永远必需的。

RLNC使用滑动窗口编码，与现有的块纠删编码不同。某种意义上，这意味着RLNC不必等到全部generation都可用后才能开始编码。每一个到达的新分组都可以实时地与已经存在的分组共同编码。另外，已经成为组合一部分的分组可以从编码分组池中移除。这一结构非常符合流媒体应用和协议的需求，能够避免网络中的分组丢失，维持数据顺序传输。这一特性已经用来为TCP/IP提供可靠性。

6.1.6 移动云的关键技术

移动云从技术上分软连接、硬连接两种方式，其中软连接技术指的是以软件方式实现远程操控移动终端的技术，一般是通过在移动终端上部署应用服务程序，用户远程与该应用服务程序进行交互，实现远程操控并获取实时视频信息；硬连接技术指的是通过硬件改造的方式实现远程操控移动终端的技术，一般是对移动终端进行拆解，将音视频等信号引出，通过网络将它传输给远端用户，实现远程实时音视频的播放。另外采集用户的键盘输入、音频输入等，通过网络传输到移动终端，并代替移动终端原有的输入，实现远程操控及音频输入。表6.1是软连接和硬连接优缺点比较。

表6.1 软连接和硬连接优缺点比较

软连接技术	优点	软件改造较简单，上线周期短，成本低
	缺点	支持的移动终端少，目前仅支持An-droid、iOS、Symbian智能终端；远程操控流畅性一般，主要受移动终端本身硬件性能影响；无音频交互
硬连接技术	优点	理论上支持所有移动终端，包括非智能终端，远程操控体验流畅，与移动终端本身硬件性能无关，支持音频交互
	缺点	硬件改造复杂，上线周期长，成本高

移动终端云关键技术包括软连接技术、硬连接技术、自动化测试技术及业务级容灾技术等。

1. 软连接技术

1）远程控制服务

远程控制服务是软连接最为关键的技术之一，软连接通过在移动终端上部署远程控制应用服务与用户进行交互。

对于Android、Symbian系统的移动终端，远程控制服务可以使用虚拟网络计算机（Virtual Network Computing，VNC）。VNC是一款优秀的远程控制软件，由AT&T的欧洲研究实验室开发。VNC基于UNIX和Linux操作系统，远程控制能力强大，高效实用，性能可以与Windows和MAC中的远程控制软件相媲美。对于iOS系统的移动终端，可以在移动终端上部署Veency软件（类似于VNC Server），这样用户就可以通过与远程控制服务交互完成对移动终端的远程操控。

由于远程控制服务部署在移动终端上，移动终端的硬件性能直接影响远程操控的流畅性及效果，但可以通过优化远程控制服务的性能来提高移动终端云的性能。VNC 的关键技术之一是屏幕逐像素值比对，屏幕分辨率越大，像素比对所需的时间越长，可以通过减少屏幕像素点比对的数量来提高性能。同时，VNC 承载协议是远程帧缓冲（Remote Frame Buffer，RFB），其设计思想是允许多路客户端同时接入，可以通过裁剪掉冗余流程，例如客户端编码格式设定、压缩格式设置等，提高 VNC 的性能。

2）端口映射

端口映射包括 USB 端口映射和网络端口映射两种。在移动终端上部署远程控制应用服务后，用户要想与该服务进行交互，就需要将移动终端的远程控制服务通过 USB 或者网络映射到用户可以访问到的域，用户通过 USB 或者网络映射的“端口”实现与远程控制服务的交互。

端口映射及远程控制如图 6.8 所示。移动终端上部署远程控制服务，代理服务器将 USB 或者网络端口进行映射，为用户通过 VNC Client 使用远程控制服务提供通道。

3）屏幕分辨率适配

移动终端的屏幕分辨率种类繁多，包括 480×800、960×540、960×640 等，同一款移动终端触摸屏分辨率和显示屏分辨率也不相同，一般情况下触摸屏分辨率大于显示屏分辨率，大于显示屏的部分被手机外壳遮盖（见图 6.9），部分触屏手机的物理按键实际上是触发触屏操作，就是将物理按键与触摸屏接触实现的。

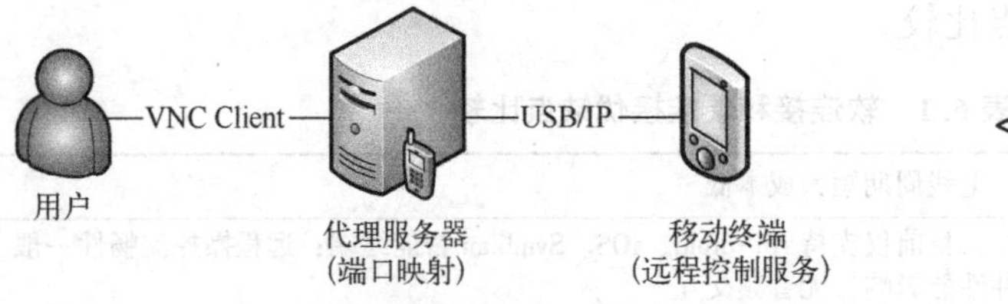

图 6.8　端口映射及远程控制

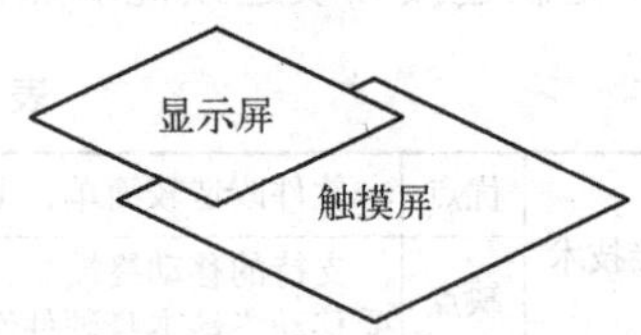

图 6.9　移动终端显示屏与触摸屏关系

这样，用户在操控移动终端时，需要将操控的位置坐标转换为对应的像素点以便实现远程同步操作，这里的坐标转换需要针对不同的屏幕分辨率进行适配。

2. 硬连接技术

1）音视频编解码与流媒体技术

硬连接需要将移动终端的音视频信号引出来，并进行编码，生成流媒体格式数据流，采用流媒体技术通过网络将音视频信息传送给用户，同时对用户输入的音频进行编码，通过流媒体技术将音频输出到移动终端的音频输入上，实现音频的双向交互。

流媒体是采用流式传输的方式在互联网上播放的媒体格式，可以将编码后的移动终端音视频数据流及用户端的音频输入流数据通过网络进行传输，硬连接技术实现如图 6.10 所示。

2）触控及按键命令触发技术

用户的触控及按键操作命令如何传递到移动终端上是硬连接的关键技术，首先需要接管移动终端的输入信号（包括触摸屏输入、按键输入等），然后将远端用户的触控及按键命令通过网络转发给接管端，由接管端触发移动终端上的触控及按键操作。

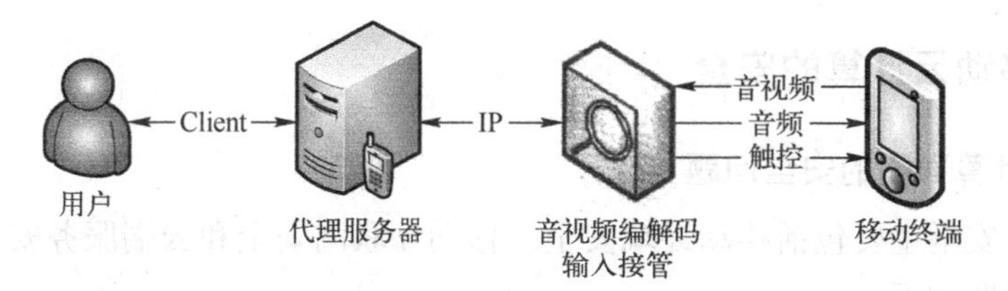

图 6.10　硬连接技术实现

3. 自动化测试技术

移动云系统主要的用户群体是应用开发者。对于应用开发者，应用开发完成后，如何快速在大量终端上进行匹配性测试是最大的难题。自动化测试技术就是针对这个问题，通过将测试的过程录制成自动化测试脚本，然后在其他移动终端上执行自动化测试脚本进行回放，完成自动化测试并生成测试报告。这样，可以大大提高测试的效率和准确率，缩短应用上线的周期。自动化测试技术主要包含以下关键技术。

1）自动化测试脚本录制技术

自动化测试脚本的录制是对用户的触控及按键操作进行采集，并根据采集的数据生成自动化测试脚本，脚本中包含操作命令数据及操作时间的信息，供在其他移动终端上回放实现自动化测试。

2）自动化测试脚本回放技术

自动化测试脚本的回放是根据已生成的自动化测试脚本，在其他移动终端上自动执行实现自动化测试。回放的过程可以执行图像比较、光学字符识别（Optical Character Recognition，OCR）提取操作，验证测试用例是否正常执行。

其中，图像比较指的是在脚本录制时通过截图操作生成一张图片，在脚本回放时执行相同的截图操作，并与录制时的截图进行比较，根据相似度判断自动化测试的结果；OCR 提取功能是指在脚本录制时输入期望字符值，例如“成功”，在自动化测试脚本回放时，在当前画面，识别是否包含“成功”字符并返回识别结果。自动化测试可以根据 OCR 识别的结果判断测试用例是否执行成功。

4. 业务级容灾技术

容灾主要解决两个问题：第一是保证数据不丢失；第二是保证应用不中断。

移动云系统中包含若干部移动终端，用户在远程使用时，移动终端可能由于各种原因中断服务，例如重启、死机、SD 卡异常等。如何在移动终端中断服务后依然保持用户的无缝体验，就是移动云系统的业务级容灾技术。

移动云系统的业务级容灾技术核心是终端代理服务器。终端代理服务器主要的功能包括软连接的端口映射、硬连接的音视频播放、音频及操控命令转发功能，同时实现移动终端的调度。

一个终端代理服务器连接多个移动终端。终端代理服务器保存用户的当前会话信息，包括一段时间内用户的操控命令数据。当其中一个移动终端中断服务时，将该用户的会话请求调度到其他服务正常的移动终端上，实现应用业务级不中断容灾。这是一个终端代理内移动终端的业务级容灾技术，通过终端代理服务器之间建立关系，也可以实现不同终端代理服务器之间的业务级容灾技术。

6.1.7 移动云计算的安全

1. 移动云计算面临的安全问题

移动云计算安全主要包括移动终端安全、移动互联网安全和云端服务安全 3 个方面，主要面临的安全问题如下。

1）移动终端安全问题

移动终端是用户使用云计算服务的入口，主要包括手机、PAD 等便携式移动设备，其本身系统的安全性会影响移动云计算的安全。比如终端系统本身存在漏洞、云应用软件存在的漏洞、手机病毒等，这些都会导致移动终端容易被恶意人员或黑客攻击，给用户使用移动云计算服务带来了严重的安全隐患。如系统不可用、用户敏感信息泄露、恶意吸费等，甚至可能以移动终端为跳板，进一步攻击云端服务。这些安全问题有些比较隐蔽，用户很难识别，严重影响了用户对云计算服务的使用体验。

2）移动互联网安全问题

移动互联网是连接移动终端和云端服务的通道，主要包括 2G/3G 网络、WiFi 无线网络等，其安全问题主要表现在终端接入认证安全、数据传输安全方面。比如在终端进行接入认证时，存在中间人攻击，仿冒云端服务，窃取终端用户的用户名、密码以及其他与云端的通信数据。特别是在终端使用无安全防护措施或公共的未经认证的 WiFi 无线网络时，这一安全风险更会大。从研究结果看，2G/3G 网络本身具备一定的安全加密措施，且 3G 网络的安全性高于 2G 网络。利用可信的 WiFi 无线网络，其传输的安全性也能够得到保障。

3）云端服务安全问题

提供云计算服务是云端的主要功能，是移动云计算的核心，云端服务安全是移动云计算安全中的关键，主要体现为云端 IT 基础架构和服务的安全，不仅包括物理、主机、应用、网络、数据等传统的信息安全问题，也包括云计算特有的虚拟化安全、数据集中存储和非授权访问安全、云端安全管理等新型安全问题。这些问题对于用户来讲都是不透明的，云计算服务提供商并没有给出许多细节的具体说明，这给用户使用云服务又蒙上了一层阴影。

针对这些问题，目前云服务提供商、移动运营商、系统及软件开发商以及国内外相关组织已经研究并实施了大量的解决方案。例如，针对移动终端安全开发的安全防护软件、杀毒软件，针对认证和移动网络传输提出的基于密钥的强认证机制，针对云端服务安全提出虚拟化环境下的数据隔离和数据加密技术等，另外从规范法律层面提出通过建立和完善移动云计算安全相关标准规范、法律法规的方式来保障安全。

2. 移动云计算安全度量

通过以上分析，可以看出移动云计算安全度量在移动云计算发展进程中是非常重要的，移动云计算安全可以根据传统的信息安全风险评估的方式实施安全度量，度量步骤如下。

1）资产识别与量化

资产识别主要是针对云端服务，识别承载云端服务的相关信息资产，包括软件、硬件、数据、服务等，识别资产的保密性、完整性和可用性，并根据一定的量化原则进行量化计算，得出资产价值。计算资产价值时，取对数法，资产值可能包含小数，此时可通过一定的原则，保存小数位，或采用四舍五入法，以整数方式体现。

2）威胁识别与量化

威胁识别需要识别移动云计算环境中传统的安全威胁和特有的安全威胁，并根据威胁源的动机和威胁源的能力设定量化原则，将威胁量化成一个数值，表示为 T。

（1）脆弱性识别与量化。

脆弱性识别需要识别移动云计算环境中，信息资产本身存在的安全漏洞或弱点，并根据其影响程度大小量化成一个数值，表示为V。

（2）已有安全措施识别与量化。

这是对服务提供商已经实施的安全解决方案进行有效性的分析，可以通过模拟攻击等方式验证安全解决方案的有效性，根据测试和分析结果，将解决方案的有效性量化成一个数值，表示为 P。

（3）安全风险分析计算。

安全风险分析计算是将资产识别、威胁识别、脆弱性识别和已有安全措施识别的量化值，代入安全风险计算公式进行计算。计算如下：

风险值（R）=资产价值（S）×弱点值（V）×威胁值（T）/安全措施（P）。

以上是传统的安全风险度量方法，该方法可以用于移动云计算环境，特别是在度量云端服务安全和移动互联网安全方面较为有效。但该方法的度量结果无法直接展现给用户，且用户使用的移动终端的安全性状况是未知的，导致用户对使用移动云计算服务顾虑重重。

为了弥补传统的安全风险度量方法在度量移动云计算安全中的不足，参考文献提出一种基于场景的移动云计算安全度量方法，该方法将移动云计算服务分割成多个应用场景，通过用户主动触发的方式，对不同应用场景的安全性进行度量，并将度量结果快速反馈给用户，让用户知晓使用该云应用的安全系数，辅助用户进行判断。

6.2 双连接技术

6.2.1 双连接技术简介

在异构无线系统中，不同类型的基站协同组网时，由于单个基站的带宽资源和覆盖范围有限，因此集中多个小区或者基站的无线资源来为用户提供服务，更易于满足用户的容量需求和覆盖要求，这种方式通常称为多连接。在LTE系统中，常用的多连接方式包括载波聚合、CoMP（Coordinated Multiple Points Transmission/Reception，多点协作传输）以及双连接等。

移动通信系统中，带宽越大，所能提供的吞吐量就越高。R10版本中提出了LTE-A载波聚合技术，实现不同系统（FDD、TDD）、不同频段、不同带宽间频带的组合使用，以便利用更大的带宽来提升系统性能。载波聚合技术中，多个载波主要在MAC层（媒体接入层）进行聚合，多个分量载波共享MAC资源，MAC层需要支持跨载波调度，控制载波间的时域和频域联合调度。

基站间采用时延较小的光纤链路时，基站间协同调度的性能可以得到保证，所以载波聚合技术能够提供较好的性能。但是，基站间采用xDSL（x Digital Subscriber Line，各类型数字用户线路)、微波以及其他类似中继的链路时，传输时延较大，对载波聚合以及 CoMP 的性能影响也较大，因此需要采用 LTE R12 版本中提出的双连接技术，它是基站间非理想传输条件下的性能解决方案。在这种方式下，为了规避 MAC 层调度过程中的时延和同步要求，数据在 PDCP（Packet Data Convergence Protocol，分组数据汇聚协议）层进行分割和合并，随后将用户数据流通过多个基站同时传送给用户，从而有助于实现用户性能提升，对用户总体吞吐量和切换时延都有帮助。

无线网络中容量需求呈现指数增长的趋势，为了满足未来无线网络的容量需求，当前一种主流的解决方案是通过部署小基站来解决空间和时间上的负载不均衡问题，但是小基站的部署也引入了很多新问题，例如同频干扰较难控制、切换掉话率高、切换频率和网络信令负荷增加等。为了减小上述问题对于异构组网的影响，实现用户体验和网络性能的提升，3GPP 中提出双连接的方案用于解决上述问题。

3GPP RAN62 次全会上通过了由 DoCoMo 主导的小基站增强高层部分的 WI 立项，在 RAN66 次全会中完成了 R12 相关的标准制定工作。双连接是指蜂窝与小基站异频重叠覆盖时，宏蜂窝提供基础覆盖，负责移动性管理，小基站负责数据传输能力提升，提升移动鲁棒性，减少频繁切换带来的信令开销。双连接涉及宏微小区间用户面协议和控制面协议的分离，也称为 C-U 分离方案，如图 6.11 所示。对于控制面，双连接中控制面 MME 实体仅与宏蜂窝 MeNodeB 存在接口，小基站 SeNodeB 和 MeNodeB 之间通过 X2 接口连接，这样可以避免终端维护两个 RRC 连接，降低终端复杂度，并且 SeNodeB 对 MME 不可见，避免双连接架构核心网信令面的影响。对于数据面，存在 1A 和 3C 架构两种协议架构。

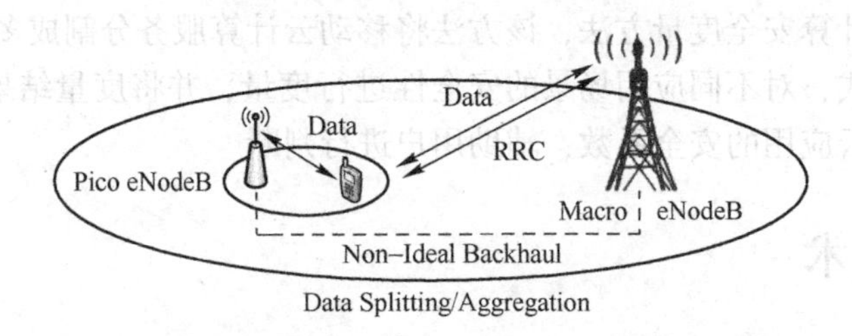

图 6.11　异构组网中双连接技术示意

6.2.2 LTE 双连接架构

1. LTE 双连接控制面架构

LTE 系统中，处于双连接模式下的 UE（User Equipment，用户终端）可以同时从两个 eNodeB 中接收数据。其中，一个 eNodeB 与 MME（Mobility Management Entity，移动性管理实体）之间存在 S1-MME 连接，提供 S1-MME 连接的 eNodeB 称为 MeNB（Master eNodeB，主 eNodeB，也可写为 MeNodeB）；另一个 eNodeB 用于提供额外的资源，称为 SeNB（Secondary eNodeB，次 eNodeB，也可写为 SeNodeB）。

每个 eNodeB 都能够独立管理 UE 和各自小区中的无线资源，MeNB 与 SeNB 之间的资源协调工作经由 X2 接口上的信令消息来传送。图 6.12 为双连接模式下 UE 的控制面连接示意图。其中，S1-MME 终结在 MeNB，MeNB 与 SeNB 之间经由 X2-C（X2 Control，X2 控制面）接口来互连。

LTE 双连接系统中，SRB（Signalling Radio Bearer，信令无线承载）不能被分担或者分割，也就是说，UE 所需的全部 RRC（Radio Resource Control，无线资源控制）信令消息和功能都由 MeNB 进行管理，如公共无线资源配置、专用无线资源配置、测量和移动性管理等。R12 规范中，MeNB 与 SeNB 的 RRM（Radio Resource Management，无线资源管理）功能在协调后，由 MeNB 产生最终的 RRC 消息发送到 UE，UE 认为所有 RRC 消息都是由 MeNB 发送的，因此也只对 MeNB 进行回应。RRC 消息在底层如何传送，取决于用户面解决方案，具体如图 6.13 所示。

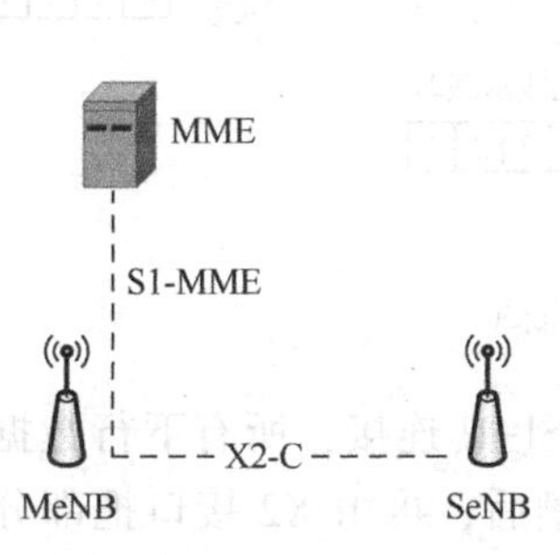

图 6.12　双连接模式下 UE 的控制面连接示意图

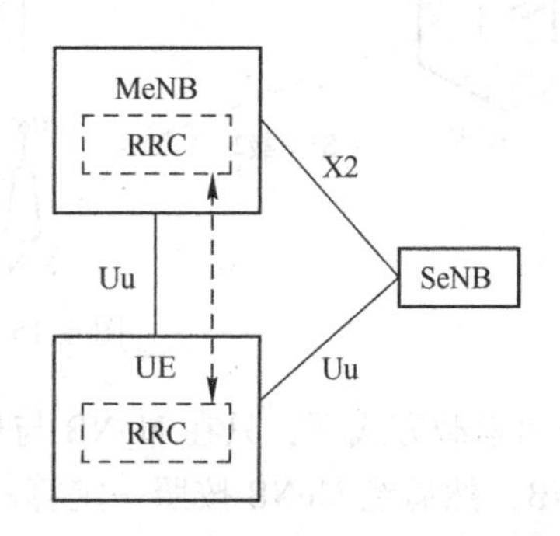

图 6.13　3GPP R12 中双连接的 RRC 传送方案示意图

2. LTE 双连接用户面架构

LTE 双连接中，数据面无线承载可以由 MeNB/SeNB 独立服务或者由 MeNB 和 SeNB 同时服务。仅由 MeNB 服务时称为 MCG（MeNB Controlled Group，MeNB 控制的服务小区组）承载，仅由 SeNB 服务时称为 SCG（SeNB Controlled Group，SeNB 控制的服务小区组）承载，同时由 MeNB 和 SeNB 服务时称为分离（Split）承载，具体如图 6.14 所示。

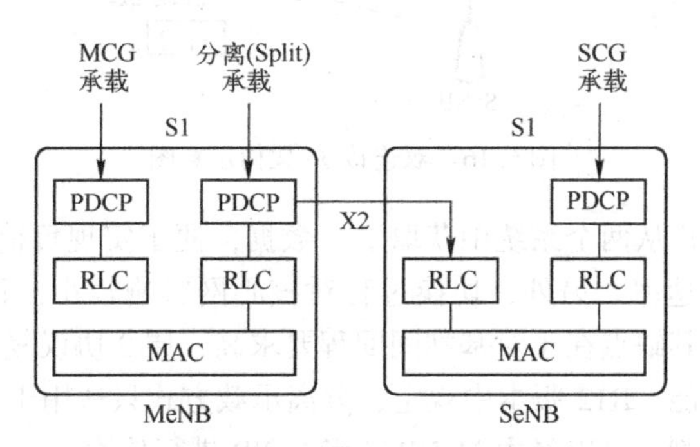

图 6.14　用户面不同承载分离类型及协议栈示意图

MCG 承载是传统的承载模式，控制面信令通常是由 MeNB 承载来传输的。

在 SCG 承载方式下，同一数据承载（上行和下行）由核心网控制分配到 MeNB 或者 SeNB 中。MeNB 与 SeNB 都存在 Sl-U（Sl-User，Sl 用户面）连接，数据流在核心网分割后，经由 MeNB 和 SeNB 独立进行传送，SeNB 起到负荷分担的作用，这种架构也称为 la 方式，双连接 la 架构示意图如图 6.15 所示。

这种方式对基站间回程没有特殊要求，层2协议层也无须进行特殊配置，基站间不存在负荷分担功能，其峰值速率完全取决于MeNB和SeNB自身的无线能力，切换过程中需要核心网参与，并存在数据中断的问题。

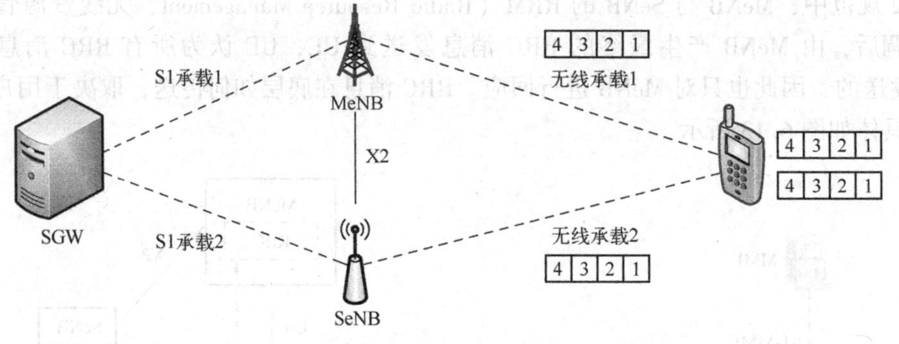

图6.15 双连接1a架构示意图

在分离承载方式下，只在MeNB与核心网之间存在S1-U连接，所有下行数据流首先传送到MeNB，然后经MeNB按照一定算法和比例进行分割后，再由X2接口把部分数据发送给SeNB，最终在MeNB和SeNB上同时给UE下发数据，这种架构称为3c方式，双连接3c架构示意图如图6.16所示。

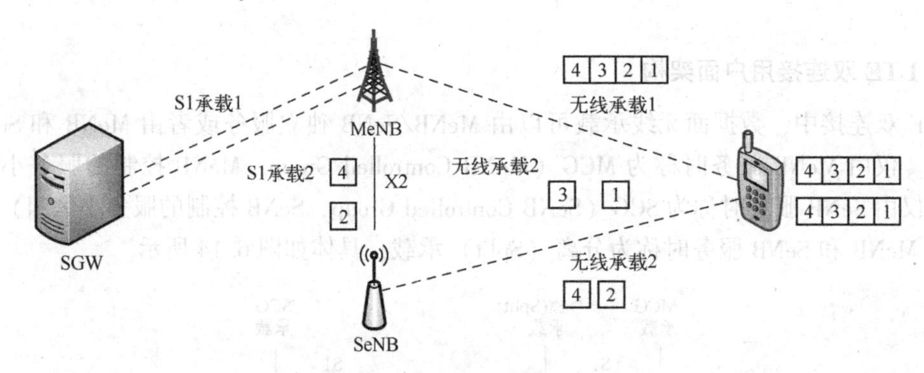

图6.16 双连接3c架构示意图

在这种方式下，用户从两个系统中获取下行数据，便于实现负荷分担和资源协调功能，同时也有利于提高用户速率。另外，切换过程对核心网影响较小，且由于存在多条无线链路，所以切换时延低。其缺点在于对基站间回程要求高，层2协议复杂性要求高，且基站间回程需要实现流控等功能。R12版本中规定，分离承载方式只适用于下行方向。而在上行方向上，数据流不进行分割，可以经由MeNB或者SeNB进行传输。

需要注意的是，分离承载和SCG承载不能同时存在，即1a和3c方式需要独立工作。由于这两种方式各有优缺点，所以在实际中如何选择需要依据运营商对网络的部署以及对网络性能指标的要求的权重等因素来确定。

为了适应双连接的技术需求，R12阶段3GPP对于当前LTE的控制面和用户面协议和架构进行了相关的增强和澄清。其中MeNodeB和SeNodeB都支持载波聚合，PUCCH资源以及分别具有独立的MAC层实体和独立的C-RNTI，对于3C架构引入了流控机制（RLC UM Like Reordering Scheme）。MCG和SCG支持功能差异见表6.2。

表 6.2　MCG 和 SCG 支持功能差异

	MCG	SCG
PUCCH 资源	支持	支持
SPS	MCG 和 SCG 可以同时和独立配置	
跨载波调度	不支持 MCG 和 SCG 之间的跨载波调度以及不支持对于 PSCell 的跨载波调度	
TT Bundling	支持	不支持
eICIC	支持	不支持
CA	支持	支持
DRX	MCG 和 SCG 独立配置 DRX	
CoMP	支持	支持
随机接入	支持基于竞争随机接入和非竞争随机接入	仅支持非竞争随机接入
MAC 实体	独立配置	独立配置

6.2.3　双连接技术优势和面临的挑战

相对于传统的异构网络部署方案，双连接具有以下几方面技术优势。

移动性：传统的异构网部署中，采用异构部署会导致用户在宏微之间切换性能的下降。有人在传统异构网部署环境中比较了在 4 种场景下的移动性性能，可以发现采用了传统异构组网方式（无论是同频还是异频）后，RLF 发生的概率明显高于纯宏站组网场景，而双连接用户在移动过程中，控制面始终位于宏基站，因此在移动性能上要优于传统的异构部署。

覆盖和容量：采用双连接可以使用两个节点的无线资源，从而实现资源的灵活分配。相对于传统的异构组网，其增益效果类似于多载波聚合中的“集群效应”，双连接改善了网络中用户资源分配的公平性，提升了网络的整体边缘和平均吞吐量。

核心网的信令负荷：采用传统的异构组网时，宏基站与小基站之间的切换操作会给核心网带来一些信令，随着宏基站覆盖区域中小基站数量的增加，覆盖区域中的信令负荷会极大地增加。若采用 3C 架构，由于承载的分裂是在宏基站的 PDCP 层，因此 SCG 的激活与去激活对于核心网而言是不感知的，因此有效地降低了对于核心网的信令压力。

相对于传统 LTE 网络和终端，双连接技术也面临着诸多挑战。

无线资源管理更加复杂：对于 3C 架构，需要引入 SeNodeB 与 MeNodeB 之间的流控；并且由于宏微基站有两套独立的 RRM，对于一些共享资源在两个节点之间的分配与传统的载波聚合相比实现复杂度更高。

终端的复杂度高：从协议栈架构上来看，支持双连接的终端上行发射至少需要两套独立的 RF 以及 LTE 协议栈，并且每个协议栈都需要支持载波聚合。这些特性极大地增加了终端制造的成本以及功耗。

6.2.4　5G 建设中的双连接

1. 5G 建设中使用双连接的必要性

在 LTE 网络基础上部署 5G 热点时，可以只建设 5G 基站，将 5G 无线系统连接到现有的 LTE 核心网络中，就可以实现 5G 系统的快速部署。在这种情况下，通过双连接技术实现 5G

与 LTE 系统间的协同工作，有助于提升用户速率，降低切换时延。

随着 5G 网络的大规模部署，会考虑采用独立 5G 系统单独进行组网，这种情况下虽然 5G 可以提供高速业务和更高的业务质量，但是在某些覆盖不足的地方仍可以借助 LTE 系统来提供覆盖和容量，因此双连接仍将是一个不可或缺的技术手段。

从 5G 部署场景来看，采用双连接技术有助于提高系统性能。在连续广域覆盖场景下，用户同时连接到多个小区或者服务小区组，在切换过程中有助于降低时延，避免业务中断，保持业务连续性。在热点高容量覆盖下，通过双连接技术，用户使用多个小区的无线资源同时传送数据，可以提高用户吞吐量，满足热点高容量需求。对于低时延高可靠场景来说，采用多个链路进行数据和控制消息的传送，可以提高数据或者信令的传输速度和可靠性。

2. 5G 与 LTE 双连接架构考虑

在 5G 与 LTE 系统间采用双连接方式时，需要考虑如何选择用户面和控制面架构、UE 的支持状态等问题。

（1）控制面双连接架构选择。

控制平面的多连接传输是指网络通过多个小区为用户提供控制信令的传输。对于 RRC 消息来说，R12 版本中规定仅由 MeNB 控制 RRC 消息的处理工作。除此之外，未来 5G 系统中也许还可以考虑 RRC 的分集发送及多链路传送等技术，以提高 RRC 信息传送的可靠性。

RRC 的分集传输：在多个小区中传送 RRC 控制信令，可以保证 RRC 消息传送的可靠性。在切换过程中，在源小区和多个目标小区内同时传输切换相关的信令，还可以避免无线链路失败及 RRC 连接重建过程，从而提高切换性能，以保证用户的无缝移动性。

RRC 的多连接：由多连接服务小区组内的多个小区向用户发送 RRC 信令，可以降低传输时延和回传链路上的信令开销，实现快速高效的 RRC 配置和对多连接链路的优化管理。

对于上述多种方式，都需要考虑主服务小区和非主服务小区的 RRC 功能划分、RRC 信令的一致性以及信令流程等问题。

（2）MeNB 与 SeNB 的选择。

5G 系统中是否具有完整的 RRC 协议层，将决定 5G 基站在双连接网络中的角色。

如果 5G 与 LTE 共用 LTE 核心网，但 5G 系统不支持所有的 RRC 消息，则 UE 无法通过 5G 网络接入，5G 系统的关键 RRC 消息仍须通过 LTE 系统下发，此时 LTE 可作为 MeNB，5G 系统只能作为 SeNB。

如果 5G 采用独立核心网，则意味着 5G 与 LTE 都具有完整的 RRC 协议和控制面协议，因此可以灵活选择 5G 基站作为 MeNB 还是 SeNB。

（3）用户面双连接架构选择。

在 LTE 定义的双连接用户面架构中，如果同时采用 MCG 承载和分离承载，则相当于 3c 模式；如果同时采用 MCG 承载和 SCG 承载，则相当于 1a 模式。那么，未来的 5G 与 LTE 采用双连接时该考虑选用哪种架构呢？

采用 1a 架构时，数据流从核心网进行分割，再经由 MeNB 和 SeNB 进行传送。这种方式对无线网络中各协议层影响较小，便于快速部署，但是无线资源协调功能相对较差，从而影响系统性能。如果采用这种架构实现 5G 与 LTE 系统间的双连接功能，则可以降低对 LTE 无线系统的影响，且采用支持 R12 协议的 LTE 核心网即可快速实现双连接功能。

采用 3c 架构时，数据流在 MeNB 中分流后，经由 MeNB 和 SeNB 同时下发。如果采用这种方式实现 5G 与 LTE 网络间的双连接，则需要对 PDCP 协议和算法进行修改，因此对无线系统影响较大。

具体采用 1a 还是 3c 方式，可以从网络建设需求和技术开发难度两个角度来考虑。

目前 5G 标准尚未确定，5G 核心网络也处于研发阶段，因此如果想要快速建设 5G 无线网络，可考虑将非标准化的 5G 无线系统接入 LTE 核心网，并采用 1a 双连接模式，就可以快速实现 5G 与 LTE 之间的双连接功能。这种方式既方便快捷又降低开发成本，并且还能够避免对 LTE 无线网络的临时性改造；缺点是由于使用 LTE 核心网，所以 5G 系统的带宽可能受到核心网的限制。此外，5G 与 LTE 系统带宽差异较大时，还需要深入研究核心网络分流时用户的性能特点。

未来 5G 空口标准明确后 5G 与 LTE 的 PDCP 协议层不再发生太大变化，就可以根据标准要求设计符合规范要求的 5G 无线系统，或者对 LTE 无线系统进行相应改造，从而设计出满足 3c 架构双连接需求的算法，实现类似 3c 的双连接网络体系，以便更好地实现无线资源间的协调和控制功能。

当然，5G 标准中也可能会采用其他新的架构来实现双连接功能。因此，未来 3GPP 标准中如何进行选择和取舍，还有待进一步观察、分析和研究。

（4）3c 模式下的分流方向。

3c 模式下，在 5G 与 LTE 之间实现双连接功能时，由于 5G 系统带宽资源比 LTE 大很多，因此无论从 5G 还是从 LTE 进行分流，对用户的感知可能会产生一定的影响。

不管是采用 1a 还是 3c 架构，都需要保证用户侧数据报的有序传送和接收。正常情况下，5G 与 LTE 性能差异较大，采用两条流速不同的链路难以保证同一用户数据的有序传送，从而导致高速链路被低速链路所拖累，使承载的整体性能下降。因此，这种情况下采用双连接对用户面性能没有太大帮助，但是控制面仍可以提供时延和可靠性的改善。为了解决用户面的问题，可以考虑全分割的方式（或称为转换方式），即同一时刻数据只在一个网络上进行传送而不同时在两个网络上传送，以避免两个网络之间速率不同所产生的问题。

在某些场景下，5G 与 LTE 性能差异较小，通过分流有利于实现两者资源的协同应用。鉴于未来 5G 核心网设备的功能较为强大，协议扩充性更强，空口性能也较好，因此可使用 5G 基站来控制分流，以便降低对 LTE 协议的影响，从而提供更好的性能。

3. UE 的支持性

在 5G 系统中，无论采用哪种双连接网络架构，都需要终端和芯片予以支持。因此，设备商需要和芯片厂家一起研究分析相关的解决方案，对协议修改的方便性和可行性等方面进行抉择。

比如，在现有 LTE 芯片上实现 5G 与 LTE 的双连接功能，需要新增 5G 协议处理模块以及 LTE/5G 数据分割和聚合模块，支持不同系统下发的数据流的有效组合和排序处理，以保证数据的有序接收和高性能，这对现有芯片的改造可能较大。此外，如果在早期网络建设中追求降低工作量、加快工期、仅考虑承载全分离功能，也需要相应的芯片予以支持。

6.3 SON技术

6.3.1 自组织网络的发展与演进

自组织的概念起源于一些生物系统进行的自组织行为，这些行为可以根据动态的环境变化自动地、智能地达到预期目标。比如，聚集的鱼群、昆虫、羊群以及人类复杂的免疫系统等都属于自组织行为。

在无线通信系统中，自组织技术可以理解为一种智能化技术，能够在动态复杂的无线通信环境中学习，并且能够适应环境变化以实现可靠性、智能性通信。网络自组织技术通过检测网络变化并进行分析，根据这些变化做出相应的决策，以达到维护网络性能的目标。总体来说，网络自组织技术的提出主要是为了实现网络的自主功能，减少网络的运维成本。该功能主要包括3类，分别为自配置功能、自优化功能和自修复功能。

从Release 8版本开始，LTE（E-UTRAN）标准就引入了SON概念，在随后的版本中对SON的概念进行了扩展。3GPP标准化的一个重要目标是支持不同厂商网络设备的自组织组网。3GPP定义了一系列LTE网络SON用例和SON功能，随着LTE标准不断演进，SON也随之完善。Release 8版本中SON功能主要集中在新设备的安装方面，其中包括了eNodeB自配置的多个不同方面：自动邻区列表、自动软件下载、自动邻区关联、自动物理小区ID分配。Release 9版本中更多关注已建网络的自组织，包括：容量和覆盖的优化、移动健壮性优化、随机接入信道（RACH）优化和负载均衡优化。其他方面还包括电信管理系统的改进以降低能耗，家庭基站与OAM的控制接口，用户设备（UE）上报功能和自检、自修复功能。SON规范是建立在3GPP的网络管理架构之上，网管接口采用开放方式为不同设备厂商留出了开发空间。随着LTE标准演进，SON相关功能将不断扩展。

3GPP由SA5进行LTE自组织网络（SON）管理的相关标准化工作。

SON标准发展的另一个重要来源是下一代移动网络（NGMN）工业论坛。NGMN是由移动运营商推动成立的组织，目标是为了推动移动通信网向下一代移动通信网络演进。NGMN于2006年提出了一套SON需求，随后涵盖了无线网运营的多个方面，包括网络规划、部署、优化和维护。NGMN对SON的需求规范被3GPP接受并应用于自组织网络的标准中。许多运营商希望把一些日常的网络运维工作也纳入到SON规范中，可以预计更多的用户需求将引入到未来的SON标准当中，NGMN的用户需求定义如表6.3所示。

表6.3 NGMN的用户需求定义

网络规划	优化	部署	维护
eNodeB规划	支持集中优化	硬件安装	硬件/容量扩展
eNodeB射频参数规划	邻区优化	eNodeB/网络鉴权	自动NEM升级
eNodeB传输参数规划	干扰控制	O&M安全隧道建立	小区/服务中断检测和补偿
eNodeB参数调整规划	切换参数优化	自动邻区列表	实时性能管理
—	QoS参数优化	自动软件下载到eNB	错误管理的信息纠正
—	负载均衡	传输建立	用户和设备跟踪

续表

网络规划	优　化	部　署	维　护
—	家庭基站优化	射频参数建立	高层网元中断补偿
—	RACH 负载优化	自检	不稳定 NEM 系统的快速恢复
—	—	—	网元中断缓解

6.3.2　SON 的基本功能

图 6.17 显示了 SON 的基本功能架构，包括：自配置、自优化和自修复。

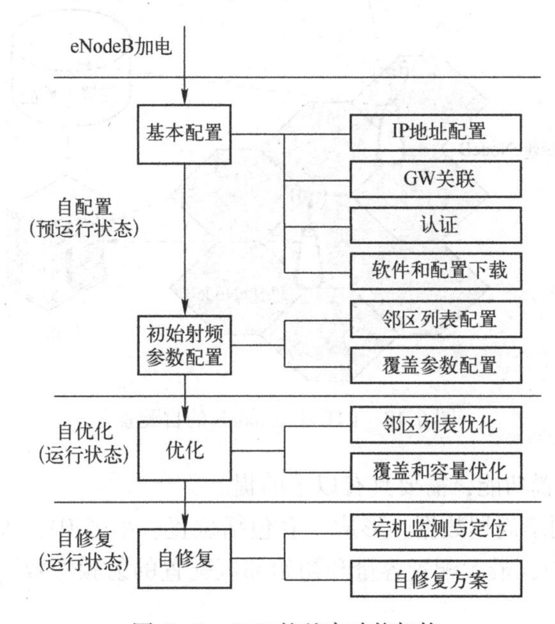

图 6.17　SON 的基本功能架构

1. 自配置功能

自配置功能是指无线通信网络中网元节点加入、更新、扩展等造成网络环境变化时，系统能够自主完成相关参数配置的过程。另外，自配置技术可以结合自修复技术，在网络发生故障时，自主恢复或者提供补偿服务。自配置功能能够有效减少人为干预，从而降低网络管理和运维的成本，实现高效的网络部署。未来 5G 超密集网络中网元节点部署数量将大幅度增加，且即插即用的家庭基站的引入也会提高网元节点的部署灵活程度和复杂程度，因此，在 5G 超密集网络中引入自配置技术是非常有必要的。常见的自配置技术主要包括节点基本配置（如 IP 地址、网关与鉴权等）以及节点无线资源相关的参数配置（如小区 ID、邻区列表等基本参数的配置）。

1）基站的自配置

SON 自配置功能的主要目标是在 eNodeB 中加入“即插即用”模块以减少网络规划、部署、配置过程中的人为参与，这样可以提高网络部署的速度，减少运营支出，而且可以减少网元管理当中的人为错误。

自配置是一个广义的概念，包括了 SON 特征中几个不同功能，如自动软件管理、自检和自动邻区关联配置。自配置算法主要考虑 eNodeB 首次运行需要配置的各种软件参数。自配置过程包括探测到传输链路，与核心网元建立连接、下载升级相应软件版本、建立初始配置参数（邻区关联）、完成自检，最后进入运行模式。为了实现以上功能，eNodeB 必须实现与多个网元进行通信，具体过程如图 6.18 所示。

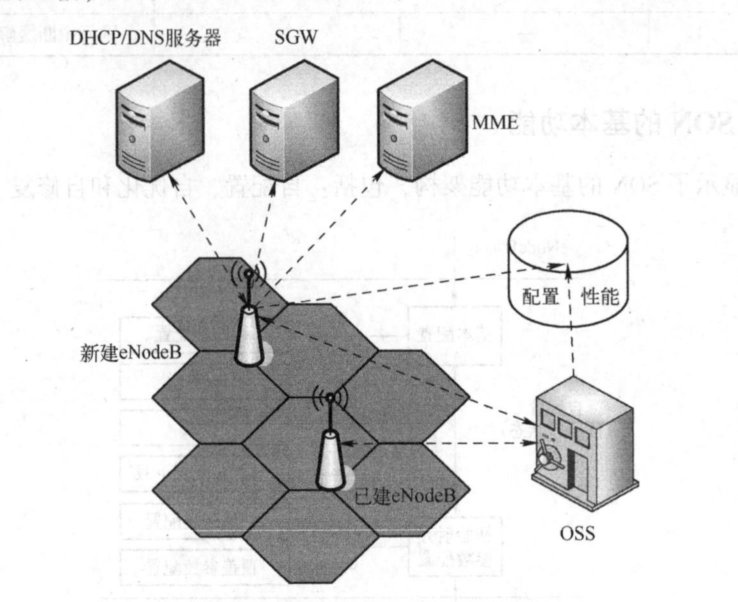

图 6.18　LTE 中 eNodeB 的自配置

为了成功实现自配置功能，需要具有以下前提。

① 提取已有小区网络规划数据，形成一套包括位置、小区 ID、天线参数（高度、极化方向和类型）、发射功率、最大配置容量和初始邻区配置的射频参数。这些信息需要存储在配置服务器上以供调用。

② eNodeB 的传输参数需要提前规划，包括带宽、VLAN 划分、IP 地址等参数。eNodeB 对应的 IP 地址范围和服务网关地址也需要存储在配置服务器上。

③ 更新的软件包也需要存储在 OSS 上。

2）自动邻区关联

无线网的邻区关联对网络切换有着重要作用。随着网络的扩张，基站的邻区关联是一个不断进行的过程，而且对于已运行网络邻区关联也比较耗时。当存在多个异构网络时，邻区关联的工作会变得更加复杂，即便采用最先进的处理算法，手动维护成千上万条的邻区关联也是一项巨大的工作，所以自动邻区关联（Automatic Neighbor Relation，ANR）是自组织网络的重要功能之一。为了完全发挥 SON 的功能，ANR 必须支持不同厂商的设备，所以 ANR 是第一个 3GPP 标准化的 SON 功能。在新建 eNodeB 以及邻区列表优化时，ANR 可以减少繁重的邻区关联工作，而且能够减少由于缺乏邻区关联导致切换失败引起的掉话。

在 LTE 标准中，当一个用户从正在通信的 eNodeB 覆盖区域移动到另一个 eNodeB 覆盖区域（目标 eNodeB）时，ANR 允许自动发现并建立邻区关联，LTE 中的 ANR 功能如图 6.19所示。ANR 也能自动建立 eNodeB 间 X2 的接口，但主要还是实现 UE 的切换。LTE 具有两个明显特征才能够实现 ANR 功能：一是在 LTE 标准中用户不需要产生邻区基站列表，在切换准备过程中用户可以将切换测量信息快速发送给具有 ANR 功能的未知小区，而不是正在通信的 eNodeB；二是 eNodeB 可以要求用户报告小区的完整信息从而使其确定相邻小区 ID。

3）跟踪区域规划

无线网络将区域划分为多个不重叠的流量区域（Traffic Areas，TA），每个 TA 有一个唯一的 TA 标识（Traffic Areas Identification，TAI），每个用户在开机状态下会映射到一个（或多个）TA 上。TA 主要是为了方便寻呼。当需要对某个移动用户建立呼叫时，每个 eNodeB 会在寻呼信道广播查找用户，当目标用户回应寻呼信息后，eNodeB 与用户建立业务信道实现通话。当用户发现正在通信的 eNodeB 有不同的 TAI 时，为了使移动管理模块（Mobility Management Entity，MME）获得每个用户所属 TAI 的最新信息，用户需要发送变化的 TAI。这种架构导致需要在 RACH 和寻呼信道间实现一种均衡。如果 TA 设置较小，移动用户跨越多个 TA 时会导致较多使用 RACH 发送信息。但如果 TA 设置较大，边界 eNodeB 的 RACH 负载较轻，每个语音/数据传输结束会导致 MME 对 TA 所属的每个 eNodeB 发送寻呼信息，将对传输链路产生较大压力。所以 TA 大小设置需要综合考虑 RACH 负载和 eNodeB 寻呼信道负载的均衡。

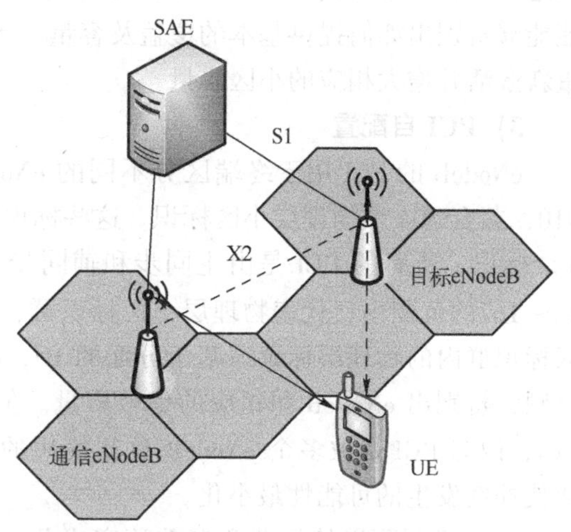

图 6.19　LTE 中的 ANR 功能

由于 TA 调整的复杂性，目前大部分运营商基本不改变小区 TA 的大小。SON 网络能够在网络部署阶段使用跟踪区域规划（TAP）改变 TA，也能够在随后的网络优化阶段使用跟踪区域优化（Tracking Area Optimization，TAO）改变 TA。在网络部署阶段，TAP 算法采用自治模式计算小区站址的部署规划，TAP 输出每个 eNodeB 的 TA，在初始阶段 TAI 也相应地分配给每个 eNodeB。一旦初始部署完成后，TAO 算法将主动监测跟踪区域更新信息和 RACH 负载能力，从而发现那些最适合变化 TAI 的 eNodeB，修改 TA 的大小。

2. 自优化功能

自优化是指网络设备根据其自身运行状况，自适应地调整参数，优化网络性能。传统的网络优化，可以分为两个方面：其一为无线参数的优化，如发射功率、切换门限、小区个性偏置等；其二为机械和物理优化，如天线方向和下倾、天线位置、补点等。自优化只能部分代替传统的网络优化，包括覆盖与容量优化、节能、PCI 自配置、移动健壮性优化、移动负荷均衡优化、RACH 优化，以及自动邻区关系和小区内干扰协调等。

1）覆盖和容量优化

在 R9 阶段，网络的覆盖优化比容量优化的优先级高，但覆盖优化的算法也需要考虑对容量的影响。覆盖和容量是相互制约的，覆盖越大，则系统的容量就会减小；反之，如果要求高容量，则系统的覆盖就会缩小。优化的目的就是找到一种系统覆盖和系统容量之间的折中。

2）节能

能源开支是运营商一个很大的开销。节能是通过让网络的容量尽可能与业务需求相匹配来达到节省能源开支的目的。小区在部署阶段就设计了可以提供附加容量的功能，SON功能能够辨别出如何提供基本的覆盖及容量。当业务量下降时，降低小区的容量；当需要时，重新激活并增大相应的小区容量。

3）PCI自配置

eNodeB的PCI用于终端区分不同的eNodeB。基于LTE的物理层技术规范TS36.211-910，共有504个物理层小区标识。这些标识被分成168个物理层小区标识群，每个群包含3个标识。所有的PCI是由主同步和辅同步ID构建：$PCI=3N_{ID}^{(1)}+N_{ID}^{(2)}$。其中，$N_{ID}^{(1)}$取值在0～167的范围内，代表物理层小区标识群，$N_{ID}^{(2)}$取值在0～2的范围内，代表在物理层小区标识群内的物理层标识。基于分配的ID，eNodeB在下行导频上发送PCI。终端通过接收导频，辨别出eNodeB和相应的信号质量。但是，终端有可能发现两个eNodeB拥有同一个PCI，因为PCI是被多个eNodeB重复使用的。因此，运营商必须保证这些冲突不会发生，或使冲突发生的可能性最小化。

SON机制可以使运营商自动地完成分配PCI的工作。在SON框架内，在自动配置阶段，一旦eNodeB开机，就会分配给它一个PCI。PCI规划的原理与3G的扰码规划类似，码字规划基于不同码字之间的互相关特性，基本原则是在覆盖区交叠的相邻小区不分配互相关特性相对较高的码字对。SON可确保每一个eNodeB在安装的时候都自动分配一个PCI。

在运行阶段，每个eNodeB收集与PCI冲突有关的信息。LTE终端收到两个eNodeB的相同的PCI时，向服务eNodeB报告冲突。这个告警被转发到OSS/SON，收集并记录冲突详情。运营商可以决定在合适的时间激活PCI优化工具POT（PCI Optimization Tool）。POT算法使用收集的日志、告警和更新的覆盖地图来判定哪个eNodeB需要改变PCI并且分配给其一个新的PCI。

4）移动健壮性优化

在当前的2G/3G系统中手动设置切换参数是一个十分费时的工作，在许多情况下，完成部署后由于成本太高而不更新参数。切换准则依赖于设置的偏置门限，因此不正确的切换参数设置会负面影响用户体验，产生乒乓效应、切换失败和无线链路失败。移动健壮性优化的主要目标就是减少与切换相关的无线链路失败的次数，提高网络资源的使用效率。非最优的切换参数配置，即使没有导致无线链路失败，也会导致业务性能的严重恶化。这种情况的一个例子就是切换迟滞（Handover Hysteresis）的错误设置导致乒乓效应或者会延迟接入到最优小区。

5）移动负荷均衡优化

移动负荷均衡优化产生的原因有3点：首先，由于网络应用和服务发展快速，资源需求增长迅速，使得资源短缺在蜂窝网络里很普遍；其次，业务是时变的且不可预测的，因此静态的、预先设定好的网络规划不能很好地适应变化的负荷；最后，通过有效使用资源来减少花费，这也是来自市场的一个强大的驱动力。

负荷均衡的主要目的是适时地将高负荷小区中的部分业务转移到相对较低负荷的小区，以使各小区的负荷比较均衡，提高网络的容量。

6）RACH优化

RACH设置对RACH碰撞概率有很大影响，RACH碰撞概率是影响呼叫建立延迟、上行非同步状态下的数据恢复延迟、切换延迟的重要因素，也会影响到呼叫建立成功率和切换成功率。由于需要专门为RACH保留上行资源单元，预留资源的数量会影响到LTE网络的容量。因此，RACH参数优化对于已经部署的网络可带来比较明显的增益。

RACH参数依赖众多因素，例如来自PUSCH的上行小区间干扰、RACH负荷（呼叫到达率、切换率、跟踪区更新、小区覆盖范围的业务类型和人口数量）、PUSCH负荷、分给小区的前导的容量、小区是否在高速模式下、上下行失衡。因为这些都是受网络配置（如天线下倾角、发送功率设置和切换门限）影响，所以在这些配置中有任何的改变都会影响到最优的RACH配置。例如，如果小区的天线下倾角改变了，小区的覆盖范围就会改变，相应地影响到每个小区的呼叫达到率和切换率。这会影响每个小区的RACH总量，包括每个前导范围的使用。那么，运营商就必须检查每个小区的RACH性能和使用，并且检测与应用改变相关的问题。SON实体需要收集关于RACH性能和使用的测量。

自动RACH优化功能监视主要的条件，例如RACH负荷的改变、上行干扰等，确定并且更新一些适合的参数。

RACH优化功能的主要目的就是减少所有终端的接入延迟和由RACH产生的上行干扰，其次是要减少RACH尝试之间的干扰。所以，RACH优化功能将会自动设置与RACH性能相关的几个参数，例如PRACH配置索引（资源单元分配和格式）、RACH前导拆分、RACH回退参数值，PRACH传输功率控制参数等。

3. 自修复功能

自修复功能是应对由于自然灾害或元器件故障等因素所引起的无线通信系统内网元故障的有效手段。在无线网络尤其是在超密集部署的5G网络中，大量的无线网络节点难免遇到器件损坏、自然灾害等意外因素并产生软件或硬件故障等现象而导致突发性的意外中断，这样便会造成巨大的网络环境变化，并且在基站中断区域会产生弱覆盖或覆盖空洞导致用户无法接入网络或服务质量差，这将严重影响该区域内用户的用户体验。面对网络出现的意外故障，传统的修复方法往往需要耗费大量的人力并且需要较长时间才能恢复网络正常运营。然而，网络自修复技术通过对意外故障的自动检测及补偿修复，即通过对性能异常现象的分析诊断出网络中存在的故障情况，最终通过自主修复故障问题或执行对故障的补偿手段，避免对用户体验的严重影响并增强网络的顽健性。因此，网络的自修复能力对于保障网络的可靠性至关重要。

6.3.3　LTE SON的管理系统架构

1. 自主管理系统概述

IBM公司Kephart给出了自主计算的通用参考模型MAPE-K自动控制环，如图6.20所示。

图6.20中自主管理系统由自主管理者（Autonomic Manager，AM）和被管网元（Managed Element，ME）组成。

ME可以是各种被管的网络资源，AM通过管理接口监视和控制ME，并根据高层管理策略，通过一个“MAPE（监视—分析—计划—执行）”控制环来实现自主管理任务。其中，监视功能通过传感器来收集ME的当前状态信息；并将各类状态信息交给分析功能进行分析；通过分析结果制订实施计划；并将计划交予执行功能来具体实施；最后通过效应器来执行管理动作，如分配或调整资源和任务等。在整个控制环的各个步骤中，都可能会使用到知识库中的相关信息进行比较、分析和方案制定。

而3GPP中传统的网络管理采用的是集中式分层管理体系架构，如图6.21所示。在图6.21中，传统管理体系架构中包括被管网元、网元管理系统和网络管理系统，一般来说，网元通过私有接口与网元管理系统进行交互，网元管理系统通过标准的北向接口（Itf-N）与网络管理系统进行交互。这一管理体系很好地适应了传统网络的管理与维护体系，在移动通信网络管理与维护中发挥了积极的作用。

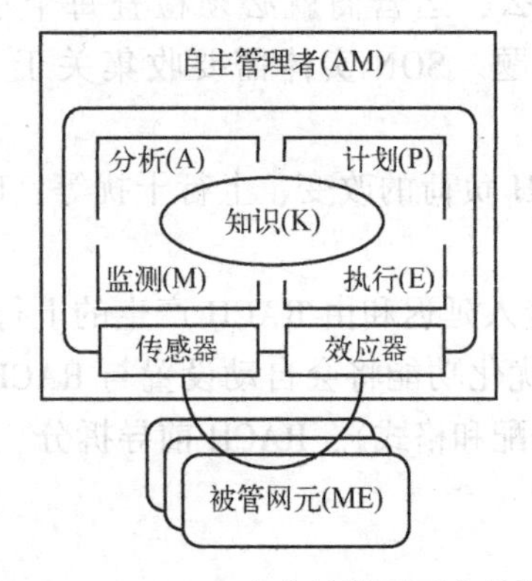

图6.20 MAPE-K自主计算通用参考模型

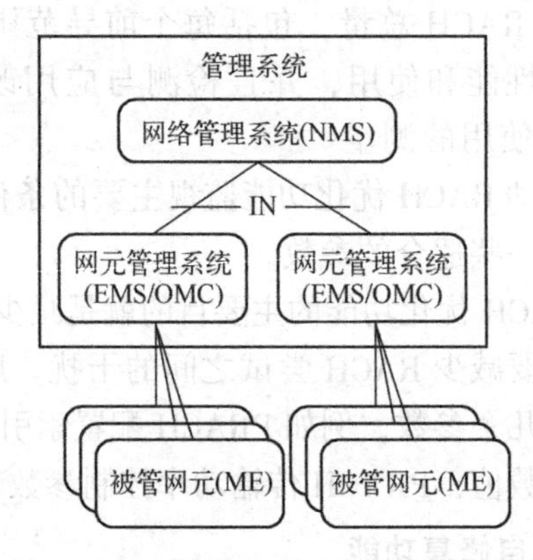

图6.21 3GPP传统集中式分层管理体系架构

但这一以管理系统为中心的集中式管理体系结构已经不适应自组织网络对管理的灵活性要求。为了适应自组织网络的管理需求，需要提出基于自主管理的自组织网络管理体系架构。这一架构应当具有如下特性：

（1）不再是单一的集中式管理，应当适应自组织网络的需求，设计灵活的管理架构。

（2）网络管理体系基于自主管理思想，体现自主控制环。

（3）应当根据不同的场景和需求设计不同的管理体系架构。

2. 基于自主管理的SON管理体系架构

自主管理系统的基本功能要素是自主控制环，系统通过对上下文的分析，判定网元是否处于一个需要进行配置或优化的状态，并以此决定系统将会采取的行动。该自主控制环部署在SON实体中，SON实体的功能包括对测量报告的监测和接收，通过自主功能实体完成自主控制的分析和决策，最后对参数设置实现控制，SON实体功能示意图如图6.22所示。

3GPP提出了SON的管理需求，并提出SON功能可采用三种部署方案，即分布式、集中式和混合式。集中式系统由一个单独的管理中心对网元进行自主管理，分布式方法将自主管理功能部署到网络中的各个网元，混合式是上述两种方法的综合。不同的体系结构对自主网元的自主管理能力要求有所差异，其中分布式体系结构中网元自主程度最高，混合式次之，集中式仍然具有传统网管体系结构的特点。

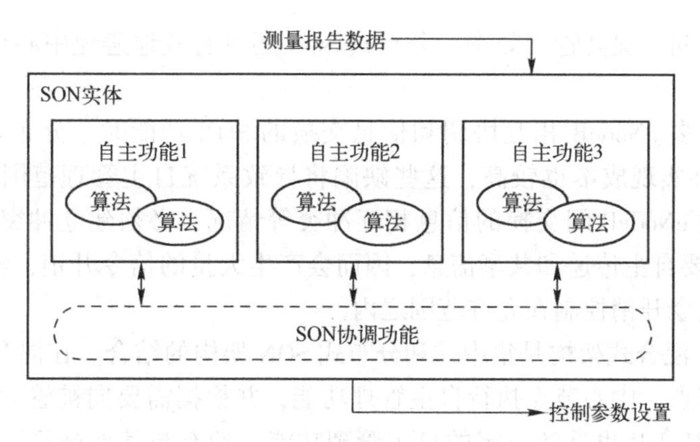

图 6.22　SON 实体功能示意图

SON 的集中式、分布式和混合式架构各有优缺点，不同案例采用不同架构，现在多数案例倾向于混合式。SON 的三种架构及工作流程如图 6.23 所示。

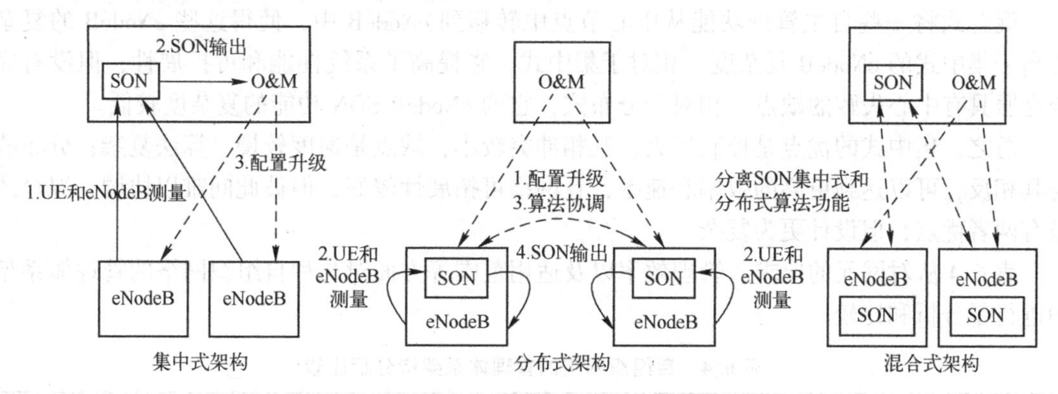

图 6.23　SON 实现的架构及工作流程

（1）集中式：集中式架构中的 SON 功能全部在网管系统 O&M 上实现。其中 eNodeB 仅负责测量和收集相关信息，SON 则负责决策并与 O&M 协调。集中式架构中所有自主管理功能在一个中心节点 O&M 内执行，eNodeB 除了进行各种所需的测量和信令交换，并根据中心节点指令执行相关动作外，不自主执行其他行动。在这种架构中，eNodeB 相对简单，成本也低，对于小数量 eNodeB 管理，自主管理可以达到更高水平。适用于需要管理和监测不同 eNodeB 间协作的情况。

集中式 SON 是传统的 SON 架构，在 LTE 扁平化网络结构中，存在一些问题，如中心节点（一般为网管系统）直接与 eNodeB 相连，eNodeB 数量大、距离远，存在 eNodeB 接入到中心节点的困难；又如集中控制不可避免地存在中心点失败问题，当中心节点控制失败时，会致使整个系统不可用。同时，中心节点也会限制整个 SON 系统的性能和扩展性，在经常变化的复杂网络中，是处理和通信功能的瓶颈。

（2）分布式：分布式架构中的 SON 全部放在各自的 eNodeB 上，SON 功能由 eNodeB 通过分布方式实现。其中 eNodeB 不仅负责测量和收集相关信息，还要负责决策和与上层 O&M 及其他基站间的协调。在分布式 SON 中，自主管理功能在 eNodeB 本地实现，同时在 eNodeB 间直接进行信息交互。对于基于独立小区如拥塞控制参数优化等最为适用，可以避免不必要的反应时间，提高管理效率。分布式SON还可有效地避免中心点失败对系统带来的致命损失。

当需要实现众多eNodeB相互协调和信息交换的SON功能时，分布式SON是复杂的，eNodeB的可靠性和实现成本也较高，这些缺陷将导致系统自主管理范围存在一定的局限。同时，还可能引发eNodeB间交换的信息相互冲突等情况，必须建立冲突处理机制。此外，由于eNodeB间需要自主传递和共享信息，因而会产生大量的信令开销，给网络带来很大负担，因此需要将信令开销控制在允许范围之内。

(3) 混合式：混合式架构是集中式和分布式SON架构的结合。在混合式SON中，存在一个或多个中心节点，中心节点执行自主管理功能，并根据需要向被管eNodeB发出动作指示。同时，被管eNodeB也具备一定的自主管理功能，拥有与其他被管eNodeB间的直接交互接口，可根据自己和相邻eNodeB的测量数据执行相应的自主管理活动。混合式SON适用于有较多的自主管理任务可以由eNodeB自身完成，但一些复杂任务又需要通过一个中心节点统筹管理的场景。

混合式将一些自主管理功能从中心节点中转移到eNodeB中，使得这些eNodeB的复杂度高于集中式的eNodeB复杂度。相对于集中式，它提高了系统性能和可扩展性，但没有完全克服具有中心失败的缺点。相对于分布式，它的eNodeB SON功能的复杂度较低。

总之，集中式的优点是控制较大、互相冲突较小，缺点是速度较慢、算法复杂；分布式与其相反，可以达到更高的效率和速率，且网络可拓展性较好，但彼此间难以协调。混合式虽有两者优点，但设计更为复杂。

表6.4从对网元的要求、管理效率以及适用范围等方面对几种自组织网络的管理体系架构进行了分析和比较。

表6.4　自组织网络的管理体系架构分析比较

比较项目	集中式	分布式	混合式
网元复杂度	低	高	一般
网元可靠性	高	低	一般
系统可延展性	受限	几乎不受限（前提是建立高效冲突处理机制）	部分受限
本地管理效率	低	高	较高（合理部署）
协作管理效率	高	低	较高（合理部署）
失败中心点	存在	不存在	存在
适用范围	网元间协作任务量较大、规模较小的网络	网络规摸大、网元智能化程度高、网元间相互协调和信息交换任务较少	部分自主管理任务可由网元自身完成，部分复杂或影响全网的任务必须协调全网或大量网元才能完成

从表6.4可知，混合式是集中式和分布式的综合，如果在网元和中心节点间有一个合适的责任划分，则可以通过混合式管理方式中的集中与分布机制的各自特点择优而用。一个单独的网络管理方法不可能对所有类型的应用都是最佳的，对于一个特定的应用，确定最有效的方法必须经过详细的分析和仿真试验。

6.3.4 5G中的SON

1. 5G中引入SON的必要性

超密集组网技术通过在热点区域大规模部署低功率的接入点可以有效提升网络容量，扩展网络覆盖范围，已成为5G的关键技术之一。

超密集组网技术拉近了接入点与终端设备的距离，根据预测，未来无线网络在宏基站的覆盖区域中，各种无线传输技术的低功率接入点的部署密度将达到现有部署密度的10倍以上，接入点之间的距离达到10m甚至更小。除此之外，LTE-Advanced、UMTS、WiFi等多种制式重叠覆盖，既有负责基础覆盖的宏基站，也有承担热点覆盖的超密集低功率接入点，甚至有支持即插即用等更加便携智能的设备。超密集组网带来了系统容量、频谱效率的大幅度提升，但与此同时，海量的参数配置、大量网元节点的运维使得无线网络管理复杂度远远高于现有网络，如何有效地完成网络管理和运维工作成为5G研究的热点之一。

在传统的移动通信网络中，网络部署、运维等基本依靠人工的方式，需要投入大量的人力，给运营商带来巨大的运维成本。在越来越复杂的5G超密集场景下，各种无线接入技术和各种覆盖能力的网络节点之间的关系错综复杂，传统的网络部署、运营、维护方法已经无法满足运营商的需求。网络自组织技术通过对大量关键性能指标（Key Performance Indicator，KPI）和网络配置参数以及网元节点的智能管理，可以有效增强网络的灵活性和智能性，提高网络性能和用户服务体验。因此，在面向5G超密集组网的场景下，引入网络自组织技术完成运维和管理是非常有必要的。

2. 超密集场景中SON所面临的挑战

将网络自组织技术引入5G超密集场景中，可以更好地适应未来5G网络结构的扁平化和灵活性，更加智能地管理网络内大量的网元节点和海量的参数配置，减少运营商对网络进行操作维护的人工成本，提高网络的自组织能力，简化无线网络设计和网络运维，实现网络的自配置、自优化和自修复功能，满足未来移动通信系统的技术和业务需求。但是，面对非线性增长和多因素联合决定的超密集场景，网络自组织技术应用到5G超密集网络中还存在一些问题与挑战。

（1）为了利用自组织技术，实现对超密集网络的高效管理，需要实时动态地对各个网元节点的多维参数进行优化。然而，由于存在动态复杂的通信环境、多样化的用户业务需求、多维度的优化参数等，因此在超密集网络中引入自组织技术仍需要研究。

（2）在5G超密集网络中引入自组织技术将对接入点、用户以及网络管理单元等产生大量的信息交互信息，并且要求处理实时性更强，对网络内网元节点的计算处理能力、网元间信息交互能力提出了更高的要求。

（3）在动态复杂的5G超密集场景下，自配置、自优化、自修复功能需要更加智能地完成网络运维工作，保障网络基础设施负载程度合理、网络稳定，使网络在自组织过程中不会由于不恰当的维护优化行为而导致网络性能恶化甚至崩溃。

（4）由于无线通信网络具有多方面的关键性能指标需求，如容量、覆盖、能效等。网络自组织各项功能虽然能够通过参数优化调整等方法使网络性能得到提升，但是，不同的优化功能所针对的优化目标、需求不尽相同，在优化过程中，往往会产生参数调整冲突。因此，需要协调不同功能的不同目标，对各方面性能的优化进行合理折中，以更合理地提升网络整体性能。

（5）网络自组织技术涉及功能较多，其中一些功能的实现依赖于终端设备。为了实现某些网络自组织功能，移动终端不仅需要进行信号测量、信息上报等，而且需要一定的信息处理和计算能力，因此，网络自组织部分功能的实现对终端性能提出了更高的要求。

3. 超密集场景下 SON 的关键技术

针对 5G 超密集网络场景，网络自组织技术有效地提升了网络管理效率和用户服务体验，使 5G 超密集网络具备可扩展性、灵活性、自主性和智能性。目前，随着 LTE 系统的全球大规模商用，网络自组织技术的实现和利用，使 LTE 运营商提高了网络的整体性能和操作效率，明显降低了运维成本，提升了 LTE 的竞争优势。但是，现有的网络自组织技术主要是针对传统的单一结构的 LTE 网络，在未来超密集场景下，由于多种服务不同制式的小区共存，为满足用户的服务体验和网络管理性能，需要进一步研究适用的新技术。

1）物理小区标识自配置技术

物理小区标识（Physical Cell Identity，PCI）是终端设备识别所在小区的唯一标识，用于产生同步信号，其中，同步信号与 PCI 存在一一对应的关系，终端设备通过这些映射关系区分不同的小区。

PCI 在进行分配时需要满足两个最基本要求：避免冲突和避免混淆，即无线网络内任意相邻小区的 PCI 必须不同，无线网络同一小区相邻的任意两个小区的 PCI 也必须不同。在实际无线网络中，尤其是针对超密集的网络场景，小区的个数远远超过 PCI 的总数，因此，5G 中超密集部署的小区需要通过 PCI 复用来完成配置。PCI 的复用距离的选择是一个关键问题，复用距离过小，会导致相邻小区 PCI 发生冲突和混淆，过大则会导致 PCI 资源浪费。

有人提出了采用基站扫描的自配置算法，通过扫描基站自身的无线环境，接收相邻小区的下行信号以获得邻区 PCI 信息，然后从可用的 PCI 资源库中删除已被邻区使用的 PCI，避免了小区冲突的问题，但是小区混淆的问题没有得到解决。有人将 PCI 配置问题转化为图着色问题，提出了一种基于局部启发式搜索的优化 PCI 配置算法，每一个小区通过观察相邻小区的 PCI 编号确定自己的 PCI，从而避免了小区冲突和混淆的问题，并且降低了小区之间的信令交互。

在面向未来 5G 超密集场景中，接入点密集引起的信令干扰等问题严重降低了网络管理效率。现有的 PCI 配置方案大都仅仅考虑小区混淆和小区冲突的问题，却没有考虑信令干扰问题。针对这个问题，可以联合干扰管理技术，如功率控制、干扰协调、分簇等方法，综合考虑干扰和 PCI 资源配置完成 PCI 资源分配，提高资源利用率。

2）邻区关系列表自配置技术

邻区关系列表（Neighbor Relation List，NRL）是网络内小区生成的关于相邻小区信息的列表，只是在小区内部使用，不会在系统信息中广播。在新的接入点加入网络时，利用 NRL 自配置技术可以自动发现邻区，并创建和更新邻区关系列表，包括对邻区冗余、邻区漏配和邻区关系属性的动态管理。在面向 5G 的超密集场景中，不仅接入点密集，而且存在大量同频或异频、同系统或异系统的邻区，因此自组织邻区关系列表自配置是非常必要的。

目前，对 NRL 自配置的研究还是比较广泛的。有人综合考虑相邻接入点的负载和 QoS 因素，提出了基于移动终端测量报告的改进的自配置方案，通过用户设备测量信号强度并告知服务的接入点，完成接入点的邻区关系列表的配置。有人提出了NRL自配置算法，根据历史交互信息和邻区列表信息，发现具有可能性的邻区，降低邻区列表内的小区数目，从而提高了用户切换的效率，并且保证了网络的性能。实际上，PCI和NRL作为自配置的两大用例，联合优化配置可以有效提高网络管理效率和用户服务体验。因此有人提出了基于基站位置信息的联合PCI和NRL的自配置方案，利用基于借贷的冲突解决方法，进行PCI分配，并且根据PCI分配的结果，完成NRL的配置，有效地避免了小区冲突，提高了网络性能。

在5G超密集场景中，存在大量同频或异频、同系统或异系统邻区，且网络拓扑动态复杂，使得传统的静态邻区关系列表配置机制无法适用于复杂多变的网络中。同时，由于接入点密集，使得移动终端设备完成接入点选择复杂和多样化。因此，减少邻区关系列表内的数目对于用户最优切换也是非常有必要的。随着智能设备以及网络的快速发展和智能化，移动终端设备不仅可以实现实时感知周围邻区状态以及探测网络状况，也可以完成一部分的数据处理，因此，可以利用终端设备上报实时的测量报告，完成接入点的NRL自主配置和动态更新。此外，针对网络异构和接入点密集情况，可以根据不同网络设置不同切换参数以及调整控制参数，利用多目标决策、大数据分析等方法完成NRL的自主配置，减少邻区关系列表的数目，提高网络的智能性和自主性。

3）干扰管理自优化技术

超密集组网通过降低基站与终端用户间的路径损耗提升了网络吞吐量，在增大有效接收信号的同时也放大了干扰信号，同时，不同发射频率的低功率接入点与宏基站重叠部署，小区密度的急剧增加使得干扰变得异常复杂。如何有效进行干扰消除、干扰协调，成为未来超密集组网场景下需要重点考虑的问题。

现有网络采用的分布式干扰协调技术，其小区间交互控制信令负荷会随着小区密度的增加以二次方趋势增长，极大地增加了网络控制信令负荷。因此，在未来5G超密集网络的环境下，可以通过局部区域内的分簇化集中控制，解决小区间干扰协调问题。基于分簇的集中控制，不仅能够解决未来5G网络超密集部署的干扰问题，而且能够更加容易地实现相同无线接入技术下不同小区间的资源联合优化配置、负载均衡以及不同无线接入系统间的数据分流、负载均衡等，从而提升系统整体容量和资源整体利用率。此外，现有通信系统的干扰协调算法只能解决单个干扰源问题，而在超密集场景中，相邻节点的传输损耗一般差别不大，这将导致多个干扰源强度相近，进一步恶化网络性能，使得现有协调算法难以应对。可以同时联合考虑接入点的选择和多个小区间的集中协调处理，实现小区间干扰的避免、消除甚至利用，提高网络资源利用率和用户服务体验。

4）负载均衡自优化技术

负载均衡自优化即通过将无线网络的资源合理地分配给网络内需要服务的用户，从而提升用户体验，同时提高整个系统的吞吐量。移动业务具有时间以及空间的不均衡性特征。空间的不均衡性表现在相同时间不同小区之间的负载差异可能较大，导致部分小区资源紧张引发过载阻塞，而另一部分小区的资源过于空闲、资源利用率低下，难以实现资源的有效配置和利用。负载均衡的主要目标就是平衡各小区业务的空间不均衡性。通过优化网络参数以及切换行为，将过载小区的业务量分流到相对空闲的小区，平衡不同小区之间业务量的差异性，提升系统容量。

在传统同构网络中，可以通过覆盖扩展和虚拟小区呼吸两种方式完成负载均衡优化。覆盖扩展的方式可以通过部署其他类型接入点或者调整射频参数来实现。可以通过调整控制信号来扩展覆盖区域从而均衡相邻小区的负载，也可以采用部署分散的小型基站来实现负载均衡。除此之外，虚拟小区呼吸的方式可以通过控制小区之间的切换参数来实现负载均衡，即将业务量高的小区用户向业务量低的小区切换，实现均衡优化。在异构网络中，多种无线接入方式共存，这时，就需要考虑多种接入技术的资源作为整体来进行优化和分配，从而提高网络的资源利用率。可以将用户选择网络的问题转换为点附着问题，优化网络的资源利用率，实现负载均衡。

随着5G无线网络的发展，移动业务和应用的日益丰富以及接入点日益小型化和密集化，移动业务的空间不均衡特征将进一步加剧，给传统静态的小区选择以及静态的切换参数带来了巨大挑战。为了完成用户快速和最优切换，可以利用云计算技术对用户的上报数据以及基站感知信息进行处理，通过对多维数据的实时分析和快速处理，实现用户的最优切换，提高资源利用率。

5）网络节能自优化技术

针对未来网络超密集部署引起的日益增长的能量消耗，绿色节能问题日益引起研究者的广泛关注，网络的能量效率也成为网络资源管理的重要指标。无线网络中接入点系统能耗是能耗的主要组成部分，而且随着接入点的大规模部署，能耗问题越来越严重。因此，提高网络资源利用率、降低网络系统能耗具有重要意义。目前，基站激活及休眠策略是提升能效的主要方案，当业务量降低时，在保证当前用户的服务需求下，通过自主地关闭不必要的网元或者资源调整等方式达到降低能耗的目的。

有人提出了一种基站激活及休眠策略，并重点研究了基站频谱开关问题以及未能及时激活而导致的吞吐量下降问题。针对异构网络场景，有人提出一种自组织协作节能架构，各异构网络基站通过增加网内网间通信模块及基站休眠决策模块来制定协作节能策略并降低网络能耗。

针对5G超密集场景下对网元节点自组织特性以及网络节能的要求，可以利用认知无线电技术，提升网元节点的环境感知能力，获取附近的干扰和网络的拓扑信息，同时结合网络大数据的智能化分析处理，实现基站激活及休眠以及移动终端设备的智能化接入点选择。此外，针对未来5G超密集组网的场景，大量的信令开销也是一个不容忽视的问题，可以采用分布式的基站休眠机制增强各基站的自主决策以及自主配置优化能力，从而提高网络资源利用率。

6）覆盖与容量自优化技术

由于网络业务需求在时间及空间上具有潮汐分布特性，各接入点的业务负载也存在较大的分布差异性，为了合理有效地利用网络资源和提高网络适应业务需求的能力，覆盖与容量自优化技术通过对射频参数的自主调整，如天线配置、发射功率等，将轻载小区的无线资源分配至业务热点区域内，实现网络覆盖性能与容量性能的联合提升；通过对射频参数的自主调整实现对热点区域的容量增强。另外，网络运行过程中的突发故障也会造成网络的环境变化，在故障区域可能会产生覆盖空洞，严重影响该区域内的用户体验。因此，覆盖与容量自优化技术也可与自修复技术相结合，从而有效应对网络故障场景，完成对故障区域的覆盖与容量增强。

常用的覆盖与容量自优化方法趋向于采用启发式的解决方案。一种是基于规则的小区覆盖优化方法，利用预先获取的覆盖优化经验提升天线配置参数优化过程的寻优速度，然而在复杂的无线网络环境下往往难以事先获取准确的优化经验；一种是采用基于案例的推理算法并且将案例优化经验直接应用于优化新的网络状态；一种基于模糊学习的天线下倾角控制策略，通过在连续的参数设置空间中学习，完成网络的覆盖与容量优化。

但是现有的覆盖与容量自优化方法中，大部分算法仅仅针对单一的射频参数，并且，在优化过程中各网元节点的合作性及智能性仍有待加强。在面向 5G 超密集场景中，为了能够同时考虑“覆盖”和“容量”这两个因素，可以通过控制面与数据面的分离，即分别采用不同的小区进行控制面和数据面操作，从而实现未来网络对于覆盖和容量的单独优化设计。同时，该方法可以灵活地根据数据流量的需求在热点区域扩容数据面传输资源，并不需要同时进行控制面增强。宏基站主要负责提供覆盖（控制面和数据面），低功率接入点则负责提升局部地区系统容量（数据面）。通过控制面与数据面分离实现覆盖和容量的单独优化设计，可以有效提高网络管理性能和资源利用率。

7）故障检测和分析技术

网络故障检测作为一种智能化的自动故障处理功能，主要是通过对无线参数等信息的挖掘分析，自动检测网络中的中断故障。在无线通信网络中，传统的网络故障检测通常需要一定时间及相应的专业人员投入，会消耗大量的人力成本。随着未来 5G 超密集网络内网元节点和用户服务需求的不断增加，网络环境变得越来越复杂，为了提高网络资源管理效率和网络的顽健性，故障自动检测技术引起了广泛的关注与研究。

可以通过指定一个观测基站收集邻区的信道质量指标（Channel Quality Indicator，CQI）以及其他参数，采用联合假设检验方案判断性能指标在小区正常与异常状态下的变化，从而实现中断检测的目的。也可以对移动终端上报的邻区关系列表进行数据建模，采用统计分类方案和启发式算法构造关于邻区列表的分类器，并基于该分类器准确探测中断。

随着移动设备以及网络的飞速发展，用户间可随时通过智能终端实现即时互通，使得移动网络成为大数据存储和流动的载体。因此，可以利用大数据分析和云计算的方法，对移动网络内用户的行为信息以及网络异常的统计信息等进行分析和处理，完成基站的网络故障检测和分析并给出相应的处理方案。此外，由于未来 5G 超密集场景内异构节点共存，不同系统和制式的接入点的覆盖范围和服务的用户数目差异较大，即不同基站产生的数据量等信息不同，如果采用相同的故障检测方法极有可能检测错误。因此，需要针对不同类型的接入点设置不同的特征值和判决参数，然后根据网络内的信息进行数据处理，提高故障检测效率，实现网络的智能化和自主化管理。

8）网络中断补偿技术

当检测到网络故障时，需要采取相应的补偿方法来抑制网络性能恶化以保障网络性能及用户体验。传统的补偿方式是调整周围接入点的无线参数，如天线仰角、功率调整等，主要从直接扩展相邻接入点的覆盖范围实现中断补偿，然而传统的中断补偿方式仅仅适用于宏蜂窝网络中，而对于大量低功率节点重叠覆盖且采用全向天线的超密集场景并不适用。

5G 网络中接入点的超密集部署增强了小区间协作的能力，使基于小区间协作的自治愈机制成为网络故障补偿的有效途径之一。一种用于小区中断补偿的协作资源分配算法是从普通信道中选择一组专用补偿信道为中断区域用户提供业务补偿以实现系统速率最大的目标。为了进一步考虑用户公平性，一种基于公平的协作资源分配算法将加权和速率最大化问题纳入考虑之中，并采用比例公平调度来公平地为用户提供服务。但是使用专用补偿信道时，全部小区协作服务于同一个处于中断小区的用户，这将带来网络吞吐率和用户公平性的损失。

在5G超密集场景中，由于接入点密集分布和异构节点共存，需要考虑跨层干扰和基站选择的问题。结合控制面和数据面分离的思想，宏基站可以通过调整天线和功率参数提供故障区域内的覆盖（控制面和数据面）。根据网络故障区域内的用户接入点选择结果，低功率节点则负责保障故障区域的数据传输（数据面）。控制面与数据面的分离设计综合考虑跨层干扰和接入点选择等因素，可以有效提高网络的顽健性和可靠性，提升用户的服务体验。

6.4 M2M技术

6.4.1 M2M/MTC标准概述

M2M（Machine To Machine）或者机器型通信（Machine Type Communication，MTC）是相对人和人通信（Human To Human，H2H）的一种通信方式，是指不在人的干涉下的一种通信方式。

随着物联网技术研发及市场推广的不断深入，全球各通信标准化组织都在加强物联网标准化工作。在技术标准方面，业内已基本达成相关共识，即M2M技术高层架构应由网络连接层、业务能力层（SCL）和应用服务层构成，并且ETSI M2M技术委员在2011年10月正式发布的M2M功能架构标准ETSI TS 102 690中就提出了相关架构。在该标准中定义了网络域和终端/网关域的SCL，并采用了RESTful API接口，各SCL可提供应用使能、通用通信、远程终端管理、可达性/寻址、电信网能力开放、历史/数据保存、交易管理及安全功能等。网络域的网络业务能力层（NSCL）负责提供能在不同应用平台间共享的M2M功能，并通过mIa接口将NSCL的功能暴露给M2M应用平台，从而简化和优化了应用的开发和部署。终端/网关域的M2M应用程序通过dIa接口可调用终端/网关业务能力层（D/GSCL）。NSCL与D/G SCL间，通过mId接口进行交互。各SCL都包含有一个标准化的用于存储信息的树形资源结构，进而ETSI对处理这些资源的流程进行了标准化，从而使SCL与各应用及各应用间能通过标准接口以资源形式交互信息。

2011年5月，在ICT领域一些重要公司的推动下，欧洲电信标准化协会（ETSI）联络美国和中、日、韩各通信标准化组织（共7家），提议参照3GPP的模式成立物联网领域国际标准化组织“oneM2M”。同时邀请垂直行业加入，共同开展物联网业务层国际标准的制定。2012年7月24日，7家发起组织在美国共同签署了伙伴协议，宣告物联网领域国际标准化组织“oneM2M”正式成立。目前其成员单位包括7个行业制造商和供应商、用户设备制造商、零部件供应商以及电信业务提供商等各个行业的思想领袖。oneM2M组织伙伴包括：ARIB（日本）、ATIS（美国）、CCSA（中国）、ETSI（欧洲）、TIA（美国）、TTA（韩国）以及TTC（日本）。其他对oneM2M工作做出贡献的相关伙伴组织包括：宽带论坛（BBF）、Continua健康联盟、家庭网关组织（HGI）以及开放移动联盟（OMA）。

MTC在3GPP标准中进展顺利，在标准版本Release8制定时，M2M的研究就已经开始，项目代号为FS_M2M。该研究主要针对M2M通信的市场前景、应用场景、通信方式、大规模终端设备的管理。SA1小组负责对计费、安全以及寻址等方面问题的应用需求展开研究，并形成了项目完成研究报告（TR 22.868）。研究结果表明，M2M 通信技术在物流跟踪、健康监护、远程管理/控制、电子支付、无线抄表等方面具有极为广阔的应用前景，由此对移动通信网络在支持机器类通信服务方面提出了新的需求。

在 3GPP Release 9 版本制定中，3GPP 又从安全角度出发，研究远程管理 M2M 终端 USIM 应用的可行性，并建立远程管理信任模型，相关项目代号为 FS UM2M。

3GPP 在 Release 10 版本中启动 MTC 网络增强项目，项目代号为 NIMTC，并将 M2M 通信正式定义为 MTC，以避免众多的 M2M 标准混淆。该项目由 3GPP 多个工作组协同参与，包含 MTC 整体需求和架构、CN 需求、GERAN 需求和防止核心网拥塞的 RAN 控制机制四个部分，整个项目于 2011 年 9 月完成。

在 Release 11 版本中，SIMTC（MTC 系统增强）项目继续 Release 10 版本中 NIMTC 工作项目的研究，对原有方案做进一步完善。2011 年 9 月，SIMTC 第一阶段工作已经完成，并更新了 TS 22.368 和 TR 23.888。MTC 架构也有所更新，将 MTC 通信分成三类模型。①间接模型：分两种情况。MTC 服务器不在运营商域内，由第三方 MTC 服务提供商提供 MTC 通信，MTCi、MTCsp 和 MTCsms 是运营商网络的外部接口；或者 MTC 服务器在运营商域内，MTCi、MTCsp 和 MTCsms 是运营商网络的内部接口。②直接模型：MTC 应用直接连接到运营商网络，不需要 MTC 服务器。③混合模型：直接模型和间接模型同时使用。典型例子就是用户平面采用直接模型，而控制平面采用间接模型。与原有架构相比，新的 MTC 架构将用户层和控制层分离，定义了新的 MTCCsp 接口，实现更灵活高效的组网。与原有架构比，MTC 对核心网部分的研究更加深入，但 MTC-IWF（MTC 交互功能模块）的功能实现还需要进一步研究。

在 Release 12 版本阶段，3GPP 仍在继续深化针对 MTC 方面的网络优化工作，启动了 MTCe 工作项目。在 Release 13 版本的标准演进中，3GPP 希望进一步降低 LTE 网络中 MTC 设备的复杂性。在 Release 12 版本的 FS-LC-MTC-LTE 项目中，MTC 设备的覆盖性能增强方面研究虽然取得了一些进展，但由于时间原因并未完成，也将被推迟到 Release 13 版本的标准中进行进一步研究。功耗问题也是另一个值得关注的重要问题，虽然降低功耗需要进行跨层设计，但最重要的实际上是减少在物理层对收发信机的收发持续时间。Release 13 版本的研究目标包括基于 Release 12 版本低复杂度 UE 类型；定义新的 Release 13 版本更低复杂度的 UE 类型；在上述新的 UE 类型以及其他 MTC 应用的 UE 的通信延迟容限范围内，对 FDD 提高 15dB 的覆盖改善；对新 UE 类型提供更低的功耗设计，以延长使用时间；半双工 FDD、全双工 FDD 以及 TDD 均应该被支持；移动性支持可以减少以求可以达成相关目标。

这种通信方式的应用范围非常广泛，如智能自动抄表、照明管理、交通管理、设备监测、环境监测、智能家居、安全防护、智能建筑、移动 POS 机、移动售货机、车队管理、车辆信息通信、货物管理等，是在没有人的干预下自动进行的通信。

6.4.2 关键技术

随着 M2M 终端以及业务的广泛应用，未来移动网络中连接的终端数量会大幅度提升。海量 M2M 终端的接入会引起接入网或核心网过载和拥塞，这不但会影响普通移动用户的通信质量，甚至会造成用户接入网络困难甚至无法接入。解决海量 M2M 终端接入的问题是

M2M技术应用的关键，目前业界对于M2M的重点研究内容主要包括以下几个方面。

1）分层调制技术

MTC业务类型众多，不同类型业务的QoS要求也有很大差异，可以考虑将MTC信息分为基本信息和增强信息两类。当信道环境比较恶劣时，接收机可以获得基本信息以满足基本的通信需求，而当信道环境比较好时，接收机则可以获得基本信息和增强信息，在提高频谱效率的同时也提供了更好的服务体验。

2）小数据包编码技术

该技术研究适应于小数据包特点的编码技术方案。

3）网络接入和拥塞控制技术

大量的M2M终端同时进行随机接入时，将会对网络产生巨大的冲击，致使网络资源不能满足需求，因此如何优化目前的网络，使之能适应M2M各种场景，是未来M2M需要解决的关键技术之一。目前的解决方案主要包括以下类型：接入控制方案、资源划分方案、随机接入回退（Backoff）方案、特定时隙接入方案等，另外还有针对核心网拥塞的无线侧解决方案。

4）频谱自适应技术

未来在异构网络环境下，各种不同频段的无线接入技术汇聚在一起，终端会拥有多个频段，同样MTC由于其广泛的应用和类型的多样性决定了它会有应用于各种不同类型的频谱资源，而终端通过频谱自适应技术，可以充分利用有限的频谱资源。

5）多址技术

在未来的移动通信系统中，M2M终端业务一般具有小数据包业务的特性，而基于CDMA的技术在支持海量M2M数目方面要比OFDM更具有天然的优势。

6）异步通信技术

M2M终端对能耗非常敏感，再考虑到M2M业务包通常都具有比较小、突发性强的特点，因此像H2H终端那样要求M2M终端总是与网络保持同步状态下通信是不合适的。

7）高效调度技术

为了减小系统开销，提高调度的灵活性，应针对适应M2M业务的自主传输技术、多帧/跨帧调度技术等开展相关研究。

6.5 D2D技术

6.5.1 D2D技术概述

D2D（Device-to-Device）即终端直通技术，是指邻近的终端可以在近距离范围内通过自连链路进行数据传输的方式，而不需要通过中心节点（基站）进行转发。当前的无线蜂窝通信系统中，设备之间的通信都是由无线通信运营商的基站进行控制，而无法进行直接语音或数据通信。这是因为，一方面，终端通信设备的能力有限，如手机发射功率较低，无法在设备间进行任意时间和位置的通信；另一方面，无线通信的信道资源有限，需要规避使用相同信道而产生的干扰风险，因此需要一个中央控制中心管理协调通信资源。

3GPP SA1于2011年9月成立了ProSe SI（Proximity Service Study Item）研究近场通信

的问题。在对近场通信技术的用例与相应技术性需求做了完整的分析积累后，开始对 D2D 技术进行标准化工作，在 Release 12 版本中，完成了网络覆盖范围内的近场通信 D2D 终端发现、D2D 广播通信以及组播与单播的高层支持。在 Release 13 版本中，进一步增强多载波以及多网络中 D2D 技术的支持，例如当前终端利用 D2D 技术传输是限制在其接入小区中，这就迫使多终端进行 D2D 通信时的信令需要在相同的小区进行传输，这也反过来导致不同载波的负载不均衡。允许终端在非服务载波传输可以减轻这种负载不均衡的影响，除了接入网侧的工作，Release13 版本的标准定义在核心网侧也进行了进一步标准化工作，如 SA1（SP-140386）和 SA2（SP-14038 5）均准备对相关增加的近场通信功能进行增强。

D2D 通信具备独特的应用需求。在由 D2D 通信用户组成的分布式网络中，每个用户节点都能发送和接收信号，并具有自动路由（转发消息）的功能。网络的参与者共享它们所拥有的一部分硬件资源，包括信息处理、存储以及网络连接能力等。这些共享资源向网络提供服务和资源，能被其他用户直接访问而不需要经过中间实体。在 D2D 通信网络中，用户节点同时扮演服务器和客户端的角色，用户能够意识到彼此的存在，自组织地构成一个虚拟或者实际的群体。目前，社交网络、短距离数据共享、本地信息服务等应用的流行，使得 D2D 通信的需求逐渐增加；同时在 M2M 模式的自动设备监控与信息共享等应用中，网关、传感器等实体之间需要能近距离高效通信的技术手段；另外，在网络覆盖较差的区域，可利用附近的手机终端进行协作中继，保持与基站的通信也是一种基于位置的 D2D 通信手段。目前，不基于网络基础设施可直接进行通信的 D2D 技术包括蓝牙通信、红外通信以及 WiFi 通信等，这些技术使用无须授权的公共通信频段进行通信，可解决部分 D2D 应用的需求。但基于网络基础设施控制或辅助的 D2D 技术，仍然有其特有的应用需求，其中 3GPP 最新定义的基于 LTE 的设备间直接通信的 LTE-D2D 即是此类技术。

6.5.2　D2D 通信的原理及场景

1. D2D 模型

D2D 技术可以应用于移动蜂窝网络，以提高资源利用率和网络容量。每一个 D2D 通信链路占用的资源与一个蜂窝通信链路占用的相等。D2D 通信将在宏蜂窝基站的控制下获得通信所需的频率资源和传输功率。它与蜂窝网络共享无线资源的同时，也会带来一定的干扰。

在研究小区内 D2D 通信方案时，考虑只有一个独立小区的场景，D2D 通信在蜂窝通信中的模型如图 6.24 所示。BS 为小区中心基站，UE_i 是小区内的用户，其中 UE_1 是与蜂窝基站通信的用户，UE_2 和 UE_3 组成一条 D2D 链路，它们可以在基站的协调下直接进行通信。D2D 通信与宏蜂窝通信共享网络资源。

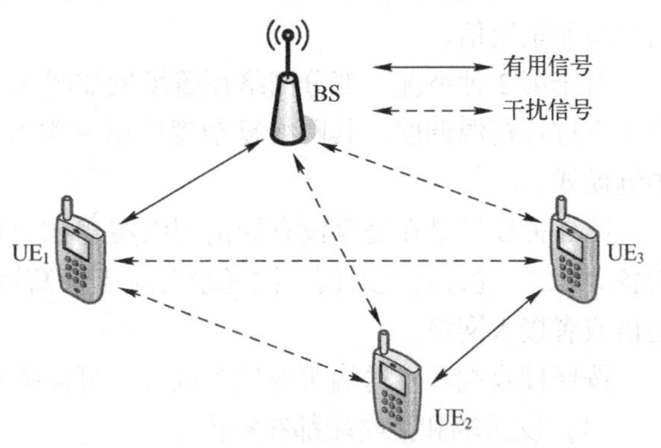

图 6.24　D2D 通信在蜂窝网中的应用模型

在实际应用中，由于基站无法获知小区内不同用户之间通信链路的信道信息，所以基站不能直接基于用户之间信道信息来进行资源调度。D2D通信在蜂窝网络中将分享小区内的所有资源，因此，D2D通信用户将有可能被分配到两种情况的信道资源：与正在通信的蜂窝用户相互正交的信道；与正在通信的蜂窝用户相同的信道。

若D2D通信被分配到正交的信道资源时，它不会对原来的蜂窝网络中的通信造成影响。若D2D通信被分配到非正交的信道资源时，D2D通信将会对蜂窝链路中的接收端造成干扰。所以，在通信负载较小的网络中，可以为D2D通信分配多余的正交的资源，这样显然可以取得更好的网络总体性能。但是，由于蜂窝网络中的资源有限，考虑到通信业务对频率带宽的要求越来越高，而采用非正交资源共享的方式可以使网络有更高的资源利用效率。这也是在蜂窝网络中应用D2D通信的主要目的。

在非正交资源共享模式下，基站可以有多种资源分配方式，它们最后能得到不同的性能增益和实现复杂度。其中实现最为简单的方式是基站可以随机选择小区内的资源，这样D2D通信与蜂窝网络之间的干扰也是随机的；此外，基站还可以尽量选择距离D2D用户对较远的蜂窝用户的资源来进行资源共享，这样保证它们之间的干扰尽可能小。

2. D2D通信场景

在业务和系统结构层面上，3GPP组织把D2D场景分为公共安全场景（Public Safety Scenarios）和非公共安全场景（Non Public Safety Scenarios），非公共安全也称为商业应用。公共安全场景是指在发生自然灾害、设备故障、停电及人为破坏后蜂窝系统瘫痪，或在网络覆盖较差及用户密度较高的地区，使用D2D技术，使用户终端之间直接进行通信以达到保持正常通信或扩容等目的。该场景具有较大的现实意义，并得到若干国家运营商的支持，如美国准备分配700 MHz频带上的部分频谱专门作为D2D应急通信资源。

D2D同样具有广阔的商用模式，首先体现在广播方面，如在大型活动中的资料共享，购物中心促销、打折等信息的推送，政府部门重要信息广播等。

在无线接入层面，按照蜂窝网络覆盖范围区分，可以把D2D通信分成如下3种场景：

(1) 蜂窝网络覆盖下的D2D通信（蜂窝网络控制下的D2D通信）。

(2) 部分蜂窝网络覆盖下的D2D通信（蜂窝网络辅助控制下的D2D通信）。

(3) 无蜂窝网络覆盖下的D2D通信（不受蜂窝网络控制的D2D通信）。

对于第1种情况，网络覆盖场景如图6.25所示，LTE基站首先需要发现D2D通信的设备，建立逻辑连接，然后控制D2D设备的资源分配，进行资源调度和干扰管理，用户可以获得高质量通信。

对于第2种情况，部分网络覆盖场景如图6.26所示，基站只须引导设备双方建立连接，而不再进行资源调度，其网络复杂度比第一类D2D通信有大幅降低，可对应于下文提到的中继模式。

第3种场景是在完全没有蜂窝网络覆盖的时候，无网络覆盖场景如图6.27所示，用户设备（UE）进行直接通信，该场景对应于蜂窝网络瘫痪时，用户可以经过多跳，进行相互通信或者接入网络。

按照接收端和发送端所处位置区分，可以把D2D通信分成如下3种场景。

(1) 发送端和接收端都在室内。

(2) 发送端和接收端都在室外。

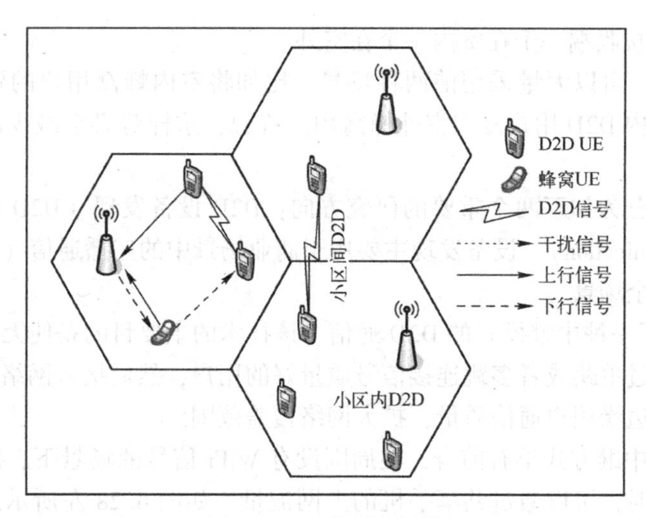

图 6. 25　网络覆盖场景

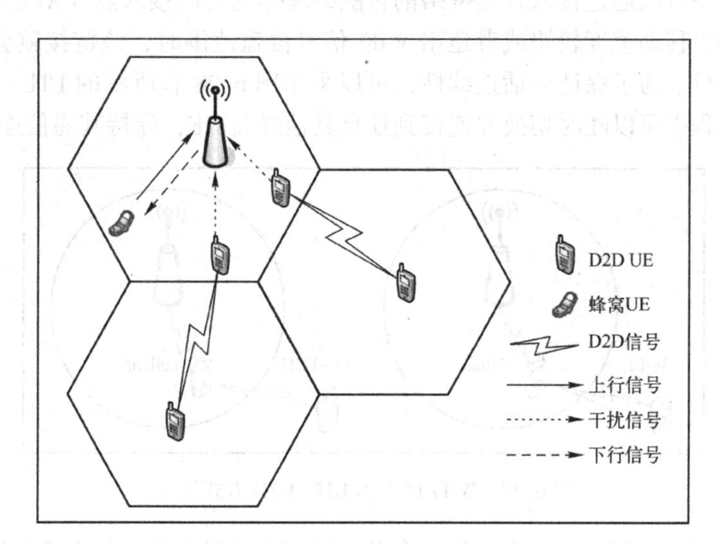

图 6. 26　部分网络覆盖场景

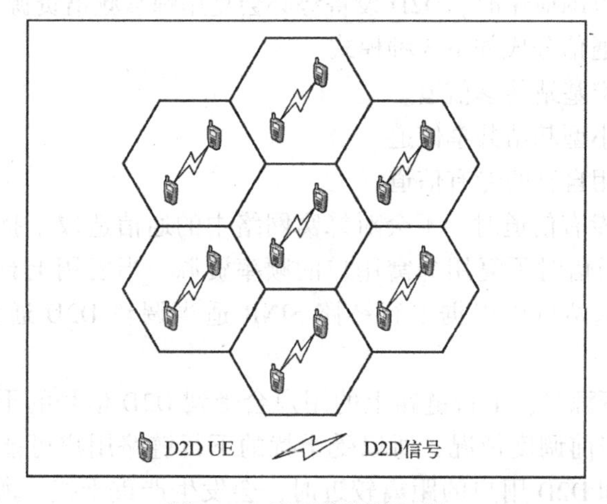

图 6. 27　无网络覆盖场景

(3) 发送端和接收端一个在室内一个在室外。

在实际应用中，可以大量采用前两种场景，比如将室内蜂窝用户的资源复用给室外的D2D用户，或者室内D2D用户复用室外蜂窝用户资源，这样势必会减少因复用资源而产生的干扰。

D2D技术主要分为如下两个重要的研究方向：D2D设备发现（D2D Discovery）和D2D通信（D2D Communication）。设备发现主要用于商业场景中的广播通信（广告），而D2D通信主要用于公共安全场景。

3GPP还提出了一种中继模式的D2D通信。该技术的主要目的是使无网络覆盖或者处在小区边缘的用户通过单跳或者多跳连接信号质量好的用户，然后接入网络，这可以提升小区吞吐量，提高小区边缘用户通信质量，扩大网络覆盖范围。

其实，D2D的中继方式早有前身，在周围没有WiFi信号的场景下，用户使用某种没有蜂窝能力设备上网时，可以通过共享手机的上网流量，如图6.28左所示。无法直接接入蜂窝网络的用户设备可以通过接入蜂窝网络的智能终端作为访问接入点（AFB）从而实现上网功能，但是当用户移动速度较快或者超出WiFi信号覆盖范围时，该链接就会中断，不能保证用户的服务质量。为了保证会话连续性，可以采用图6.28右所示的LTE-D2D接入方式，使用户在移动过程中可以随时切换并连接到任意其他蜂窝UE，保持其通信连续性。

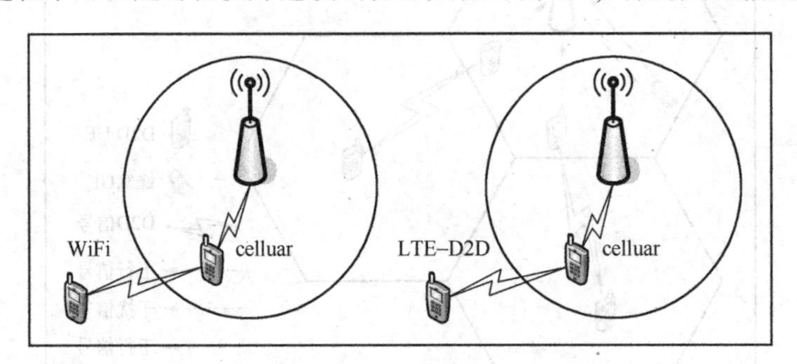

图6.28 WiFi接入和LTE-D2D方式接入

在中继模式下，如何保证用户通信安全及中继用户的通信质量是今后的研究重点。

当D2D在未来大范围应用时，D2D设备势必会复用蜂窝频谱资源，按照D2D使用的信道区分，可以把D2D通信分成如下3种模式。

(1) D2D设备与宏基站共享信道。

(2) D2D设备与小型基站共享信道。

(3) D2D设备使用自己的专有信道。

当D2D设备使用专有信道时，不会对蜂窝网络中的通信造成干扰。但当小区中用户密度较高时，D2D设备通信时须复用蜂窝用户的频率资源，当复用上行链路资源时，eNB会受到同频干扰，这时基站可以根据上行链路SINR适当调整D2D通信的发送功率以控制干扰。

当复用下行链路资源时，下行链路上的用户会受到D2D信号的干扰，被干扰的用户位置取决于蜂窝系统的当前调度情况，所以受干扰的下行链路用户可能位于小区中的任意位置，如果受干扰用户和D2D用户的距离较近时，会发生严重干扰，所以3GPP组织优先研究D2D复用上行链路资源，同时，对于TDD系统，优先复用上行子帧。

为了避免同频干扰，可以将被干扰的用户和 D2D 用户在空间上分离，基站可以将相同的频谱资源分别分配给室内和室外的用户。

6.5.3　D2D 的技术特点

D2D 具有明显的技术特征，相比于类似技术，其最大的优势在于工作于许可频段。作为 LTE 通信技术的一种补充，它使用的是蜂窝系统的频段，通信双方即使增加了通信距离，还能保证用户体验质量（QoE），然而，WiFi Direct 等技术在增大通信距离之后，势必会存在一定的干扰。

D2D 技术本身的短距离通信特点和直接通信方式，使其具有如下优势。

（1）终端近距离直接通信方式可实现较高的数据速率、较低的时延和较低的功耗。

（2）利用网络中广泛分布的用户终端以及 D2D 通信链路的短距离特点，可以实现频谱资源的有效利用，获得资源空分复用增益。

（3）D2D 的直接通信方式能够适应如无线 P2P 等业务的本地数据共享需求，提供具有灵活适应能力的数据服务。

（4）D2D 直接通信能够利用网络中数量庞大且分布广泛的通信终端以拓展网络的覆盖范围。

因此，在未来的 5G 系统中，D2D 通信关键技术必然将以具有传统的蜂窝通信不可比拟的优势，在实现大幅度的无线数据流量增长、功耗降低、实时性和可靠性增强等方面，起到不可忽视的作用。

D2D 技术在实际应用过程中，将面临的主要困难如下。

1）链路建立问题

在蜂窝通信融合 D2D 通信的系统中，首先需要解决的问题就是链路建立的问题。传统的 D2D 建链具有较大的时延，而且由于 D2D 信道探测是盲目的，而系统缺乏终端的位置信息，成功建立的概率较低，导致浪费较多的信令开销和无线资源。

2）资源调度问题

何时启用 D2D 通信模式，D2D 通信如何与蜂窝通信共享资源，是采用正交的方式，还是复用的方式，是复用系统的上行资源，还是下行资源，这些问题都增加了 D2D 辅助通信系统资源调度的复杂性和对小区用户的干扰情况，直接影响到用户的使用体验感受。

3）干扰抑制问题

为了解决多小区 D2D 通信的干扰抑制问题，在合理分配资源前需要对全局 CSI 有着准确的了解。目前的基站协作技术虽然可以实现这个功能，但是还存在着精确度与能耗等方面的问题。因此如何解决这些问题，更好地支持 D2D 通信技术，达到绿色通信的目的将会是未来研究的难点。

4）实时性和可靠性问题

在 D2D 通信过程中，如何根据用户需求和服务类型满足实时性和可靠性也是应用难点。

对 D2D 进行扩展，即多用户间协同/合作通信（Multiple Users Cooperative Communication，MUCC），是指终端和基站之间的通信可以通过其他终端进行转发的通信方式。每个终端都可以支持为多个其他的终端进行数据转发，同时也可以被多个其他终端所支持。D2D 技术可以在不更改现有网络部署的前提下提升频谱效率以及小区覆盖水平。

D2D技术应用难点主要有以下几个方面。

(1) 安全性。

发送给某个终端的数据需要通过其他终端进行转发，这就会涉及用户数据泄露的问题。

(2) 计费问题。

经过某个终端转发的数据流量如何进行清晰的计费，也是影响MUCC技术应用的一个重要问题。

(3) 多种通信方式支持。

MUCC应当支持多种通信方式，以便支持不同场景的应用，如LTE、D2D、WiFi Direct、蓝牙等。

6.5.4 D2D的应用

D2D的应用场景可以从不同的角度进行划分。

3GPP定义的LTE-D2D的应用场景分成了两大类：公共安全和商业应用。

公共安全场景是指发生地震或其他自然灾害等紧急情况，移动通信基础设施遭到破坏或者电力系统被切断导致基站不能正常工作，此时允许进行终端间的D2D通信。

商业应用场景可依据通信模式分为对等通信和中继通信。对等通信的应用场景包括：①本地广播，应用D2D技术可以较准确定位目标用户。如商场广播打折信息、个人转让门票打折券等，德国电信就计划用D2D做此类应用。现有技术，如Femto/Relay/MBMS/WiFi等也可实现类似的功能。②大量信息交互，如朋友间交换手机上的照片和视频。距离很近的两个人进行对战游戏。这类场景中使用D2D技术能够节省蜂窝网络资源，但是需要面对免费的WiFi Direct等技术的竞争。③基于内容的业务，即人们希望知道自己周围有哪些感兴趣的事物，并对某些事物存在通信需求，如大众点评网、社交网站等。应用D2D技术使运营商能够提供基于环境感知的新业务，但是与目前基于位置信息的服务相比，优势不够显著。

中继通信的应用场景主要包括：①在安全监控、智能家居等通过将UE当作类网关的M2M通信中，感知检测可以采用基于LTE的D2D技术。该场景中应用D2D能帮助运营商提供新业务，并有效保证信息的安全和QoS要求，但是面临ZigBee等传统免费D2D技术的竞争。②弱/无覆盖区域的UE中继传输。允许信号质量较差的UE通过附近的UE中继参与同网络之间的通信，能帮助运营商扩展覆盖、提高容量，但需要保证数据安全可靠，并且激励相关UE积极参与中继传输。

结合目前无线通信技术的发展趋势，5G网络中可考虑采用D2D通信技术的主要应用场景包括如下方面。

1）本地业务

本地业务一般可以理解为用户面的业务数据不经过网络侧（如核心网）而直接在本地传输。

本地业务的一个典型用例是社交应用，基于邻近特性的社交应用可看作D2D技术最基本的应用场景之一。例如，用户通过D2D的发现功能寻找邻近区域的感兴趣用户；通过D2D通信功能，可以进行邻近用户之间数据的传输，如内容分享、互动游戏等。

本地业务的另一个基础的应用场景是本地数据传输。本地数据传输利用D2D的邻近特性及数据直通特性，在节省频谱资源的同时扩展移动通信应用场景，为运营商带来新的业务增长点。例如，基于邻近特性的本地广告服务可以精确定位目标用户，使得广告效益最大化：进入商场或位于商户附近的用户即可接收到商户发送的商品广告、打折促销等信息；电影院可向位于其附近的用户推送影院排片计划、新片预告等信息。

本地业务的另一个应用是蜂窝网络流量卸载（Offloading）。在高清视频等媒体业务日益普及的情况下，其大流量特性也给运营商核心网和频谱资源带来巨大压力。基于D2D技术的本地媒体业务利用D2D通信的本地特性，节省运营商的核心网及频谱资源。例如，在热点区域，运营商或内容提供商可以部署媒体服务器，时下热门媒体业务可存储在媒体服务器中，而媒体服务器则以D2D模式向有业务需求的用户提供媒体业务。或者用户可借助D2D从邻近的已获得媒体业务的用户终端处获得该媒体内容，以此缓解运营商蜂窝网络的下行传输压力。另外近距离用户之间的蜂窝通信也可以切换到D2D通信模式以实现对蜂窝网络流量的卸载。

2）应急通信

当极端的自然灾害（如地震）发生时，传统通信网络基础设施往往也会受损，甚至发生网络拥塞或瘫痪，从而给救援工作带来很大障碍。D2D通信技术的引入有可能解决这一问题。如通信网络基础设施被破坏，终端之间仍然能够采用基于D2D技术进行连接，从而建立无线通信网络，即基于多跳D2D组建Ad Hoc网络，保证终端之间无线通信的畅通，为灾难救援提供保障。另外，受地形、建筑物等多种因素的影响，无线通信网络往往会存在盲点。通过一跳或多跳D2D技术，位于覆盖盲区的用户可以连接到位于网络覆盖内的用户终端，借助该用户终端连接到无线通信网络。

3）物联网增强

移动通信的发展目标之一是建立一个包括各种类型终端的广泛的互联互通的网络，这也是当前在蜂窝通信框架内发展物联网的出发点之一。根据业界预测，在2020年时，全球范围内将会存在大约500亿部以上的蜂窝接入终端，其中的大部分将是具有物联网特征的机器通信终端。如果D2D技术与物联网结合，则有可能产生和建立真正意义上的互联互通无线通信网络。

针对物联网增强的D2D通信的典型场景之一是车联网中的V2V（Vehicle-to-Vehicle）通信。例如，在高速行车时，车辆的变道、减速等操作动作，可通过D2D通信的方式发出预警，车辆周围的其他车辆基于接收到的预警对驾驶员提出警示，甚至紧急情况下对车辆进行自主操控，以缩短行车中面临紧急状况时驾驶员的反应时间，降低交通事故发生率。另外，通过D2D发现技术，车辆可更可靠地发现和识别其附近的特定车辆，比如经过路口时的具有潜在危险的车辆、具有特定性质的需要特别关注的车辆（如载有危险品的车辆、校车）等。

基于终端直通的D2D由于在通信时延、邻近发现等方面的特性，使其在车联网车辆安全领域具有先天应用优势。

在万物互联的5G网络中，由于存在大量的物联网通信终端，网络的接入负荷将成为一个严峻的问题。基于D2D的网络接入有望解决这个问题。比如在巨量终端场景中，大量存在的低成本终端不是直接接入基站，而是通过D2D方式接入邻近的特殊终端，通过该特殊终端建立与蜂窝网络的连接。如果多个特殊终端在空间上具有一定的隔离度，则用于低成本终端接入的无线资源可以在多个特殊终端间重用，不但缓解基站的接入压力，而且能够提高频谱效率。并且，相比于目前4G网络中微小区（Small Cell）架构，这种基于D2D的接入方式，具有更高的灵活性和更低的成本。

比如在智能家居应用中，可以由一台智能终端充当特殊终端；具有无线通信能力的家居设施（如家电等）均以 D2D 的方式接入该智能终端，而该智能终端则以传统蜂窝通信的方式接入到基站。基于蜂窝网络的 D2D 通信的实现，有可能为智能家居行业的产业化发展带来实质突破。

4）其他场景

5G 网络中的 D2D 应用还包括多用户 MIMO 增强、协作中继、虚拟 MIMO 等潜在场景。比如，传统多用户 MIMO 技术中，基站基于终端各自的信道反馈，确定预编码权值以构造零陷，消除多用户之间的干扰。引入 D2D 后，配对的多用户之间可以直接交互信道状态信息，使得终端能够向基站反馈联合的信道状态信息，提高多用户 MIMO 的性能。

另外，D2D 技术应用可协助解决新的无线通信场景的问题及需求，如在室内定位领域。当终端位于室内时，通常无法获得卫星信号，因此传统基于卫星定位的方式将无法工作。基于 D2D 的室内定位可以通过预部署的已知位置信息的终端或者位于室外的普通已定位终端确定待定位终端的位置，通过较低的成本实现 5G 网络中对室内定位的支持。

6.5.5 关键技术

针对前面描述的应用场景，涉及接入侧的 5G 网络 D2D 技术的潜在需求主要包括以下几个方面。

1）D2D 发现技术

实现邻近 D2D 终端的检测及识别。对于多跳 D2D 网络，需要与路由技术结合考虑；同时考虑满足 5G 特定场景的需求，如超密集网络中的高效发现技术、车联网场景中的超低时延需求等。

2）D2D 同步技术

同步是 D2D 通信的前提，UE 需要接收同步源发射的同步信号达到定时及频率同步的目的。D2D 同步信号（D2DSS）的原理与结构同 LTE 中的 PSS/SSS 类似，是 D2D 通信中非常重要的组成部分。在 UE 发送信号之前，首先需要侦测同步源，当发现多个同步源时，以基站发射的同步信号为最高优先级。一些特定场景如覆盖外场景或者多跳 D2D 网络会对保持系统的同步特性带来比较大的挑战。

3）无线资源管理

未来的 D2D 可能会包括广播、组播、单播等各种通信模式以及多跳、中继等应用场景，因此调度及无线资源管理问题相对于传统蜂窝网络会有较大不同，也会更复杂。

4）功率控制和干扰协调

相比传统的 Peer-to-Peer（P2P）技术，基于蜂窝网络的 D2D 通信的一个主要优势在于干扰可控。不过，蜂窝网络中的 D2D 技术势必会给蜂窝通信带来额外干扰。并且，在 5G 网络 D2D 中，考虑到多跳、非授权 LTE 频段（LTE-U）的应用、高频通信等特性，功率控制及干扰协调问题的研究会非常关键。

5）通信模式切换

模式切换包含 D2D 模式与蜂窝模式的切换、基于蜂窝网络 D2D 与其他 P2P（如 WLAN）通信模式的切换、授权频谱 D2D 通信与 LTE-U D2D 通信的切换等方式，先进的模式切换能够最大化无线通信系统的性能。

6.6 网络切片技术

6.6.1 网络切片的概念及特征

当今移动网络需要支持多种类型的终端［例如机器类通信（MTC）、固定终端、智能终端、平板电脑等］和终端的不同业务流及不同移动需求。不同类型的终端对网络的带宽、时延、连接数、安全性等方面相应的需求也有较大差异。此外，第三方合作伙伴也可能有不同的业务需求，如支持可选功能、支持业务特性、可用性、拥塞管理、用户面业务的信令比等。

移动运营商要支持不同类型的设备和合作伙伴，就要创建满足不同需求的专用核心网。创建专用核心网使冗余更简单，缩放更独立，对于特定用户或业务可以提供特定的功能并且可以促使特定用户与业务相互之间的隔离。

3GPP R13和R14标准引入了专用核心网（DECOR）和扩展专用核心网（eDECOR），对服务能力显现框架（AESE）也进行了研究。DECOR/eDECOR定义了为支持特定功能用户的专用核心网的增强架构，通过专用核心网来支持多业务多租赁，如图6.29所示。专用核心网（DCN）可以提供特定特性和（或）功能，或隔离特定的用户设备和用户（例如M2M用户，属于特定企业或独立行政领域等）。

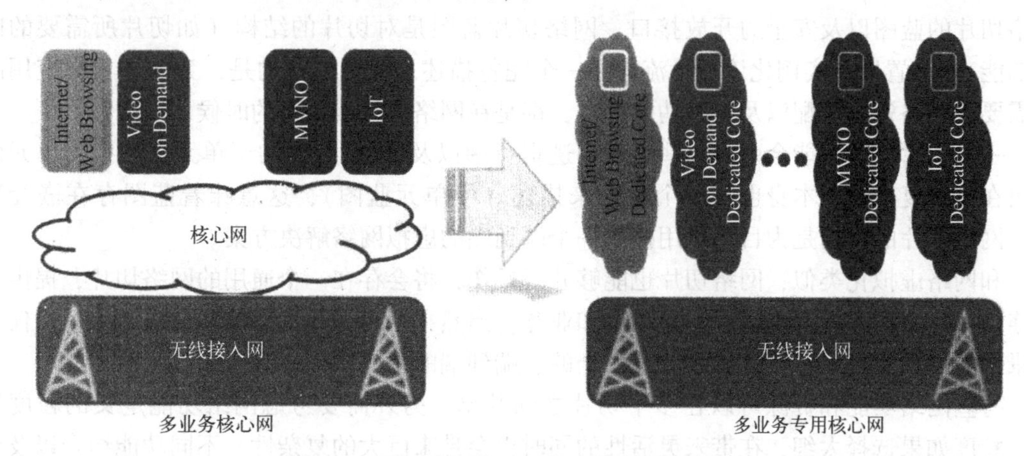

图6.29　通过专用核心网来支持多业务多租赁

主要的架构增强是路由终端到带有服务PLMN的相应终端的独立核心网和保持终端到带有服务PLMN的相应终端的独立核心网。一个独立核心网可能部署支持一个或多个无线接入技术。

为了通过提供增值服务给外部第三方商业伙伴的方式扩大移动运营商收入机会，AESE功能通过支持一个或多个标准化的基于网页应用的API接口定义了3GPP移动网络能力框架，例如OMA-API。网络服务能力例如通信、报文、订阅和控制考虑了第三方商业伙伴自身的服务部署。

DÉCOR、eDECOR和AESE的缺点是它们的设计都基于现有EPC架构。因此，它们不能完全满足运营商正在极力寻求的灵活业务需求，主要原因如下：网络服务的非最优DCN

支持；缺少灵活的网络功能配置；缺少支持第三方应用/服务的开放接口 API 定制能力；缺乏支持 DCN 的端到端的隔离；缺少灵活的 MVNO 来协调基于 AESE 的 API，DCN 内部没有内置功能来允许 MVNO 协调 AESE。

未来网络中，不同类型应用场景对网络的需求是差异化的，有的甚至是相互冲突的。不同的应用场景在网络功能、系统性能、安全、用户体验等方方面面都有着非常不同的需求，通过单一网络同时为不同类型应用场景提供服务，会导致网络架构异常复杂、网络管理效率和资源利用效率低下。因此 5G 网络需要一个融合核心网，能同时应对大量的差异化场景需求，几个突出的电信标准组织（如 NGMN、5G- PPP/NORMA、METIS 和 4G America 等）提出了 5G 阶段的开放网络架构框架的服务和运营需求。这种新概念被称为网络切片。

通过虚拟化将一个物理网络分成多个虚拟的逻辑网络，每一个虚拟网络对应不同的应用场景，这就叫网络切片技术。网络切片是一组网络功能（Network Function）及其资源的集合，由这些网络功能形成一个完整的逻辑网络，每一个逻辑网络都能以特定的网络特征来满足对应业务的需求，通过网络功能和协议定制，网络切片为不同业务场景提供所匹配的网络功能。其中每个切片都可独立按照业务场景的需要和话务模型进行网络功能的定制剪裁和相应网络资源的编排管理，是对 5G 网络架构的实例化。

网络切片使网络资源与部署位置解耦，支持切片资源动态扩容缩容调整，提高网络服务的灵活性和资源利用率。切片的资源隔离特性增强了整体网络健壮性和可靠性。

为了在运营商的移动网络上支持第三方的垂直应用，运营商需要向第三方合作伙伴提供网络切片的蓝图以及安全的开放接口。网络切片蓝图是对切片的结构（如切片所需要的网络功能）、配置以及实例化该切片流程的一个完整描述。需要注意的是，为服务目标应用的所需要的网络资源分配以及网络功能激活，都是在网络切片实例化的时候才发生。

一个切片蓝图可能会引用一些物理和逻辑资源以及/或者其他的子单元，这些子单元由于内在协调复杂性，本身也有一个蓝图来描述（子单元蓝图），这意味着蓝图存在嵌套现象。网络切片的目的是为目标应用提供一个端到端的虚拟网络解决方案。

和网络虚拟化类似，网络切片也能够并行操作，将会存在一个通用的网络切片，提供基本连接服务，用来处理一些未知的场景和业务。当然，网络切片的总体架构应该保证在任何场景下，可以实现基于网络控制的、安全的、端到端的操作。

有些网络功能和资源可以在多个切片之间共享。另外需要考虑网络功能定义的粒度选择，粒度如果选择太细，在带来灵活性的同时也会带来巨大的复杂性。不同功能组合以及切片应用需要复杂的测试，而且不同网络之间的互操作性问题也不可忽视。所以，需要确定一个合适的功能粒度，在灵活性和复杂性之间取得平衡。粒度的选择也会影响提供解决方案的整个生态系统的组成。为了使支持下一代业务和应用的网络切片方案更开放，第三方应用需要通过安全而灵活的 API 接口对网络切片的某些方面进行控制，以便提供一些定制化的服务。

6.6.2 网络切片的总体架构

NGMN 标准规定的网络切片逻辑架构如图 6.30 所示，分为业务实例层、网络切片实例层和资源层。其中，业务实例层通过一个网络切片实现最终企业服务；网络切片实例层包括虚拟化后一组特定的网络逻辑功能，向业务实例层提供所需要的网络特性；资源层包括计算、存储、传输等物理资源及虚拟化后的逻辑资源。

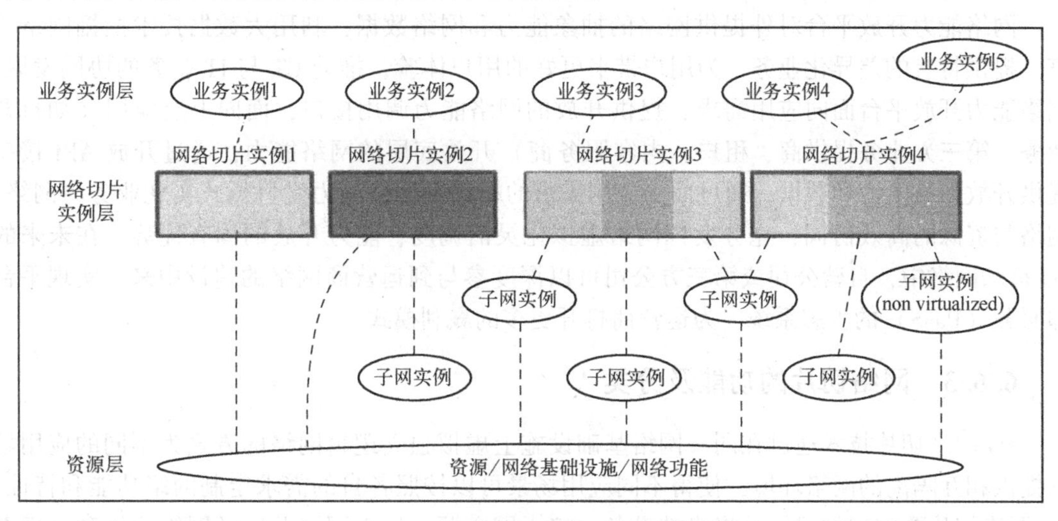

图 6.30　网络切片逻辑架构

基于能力开放和多级数据中心的网络切片总体架构如图 6.31 所示。

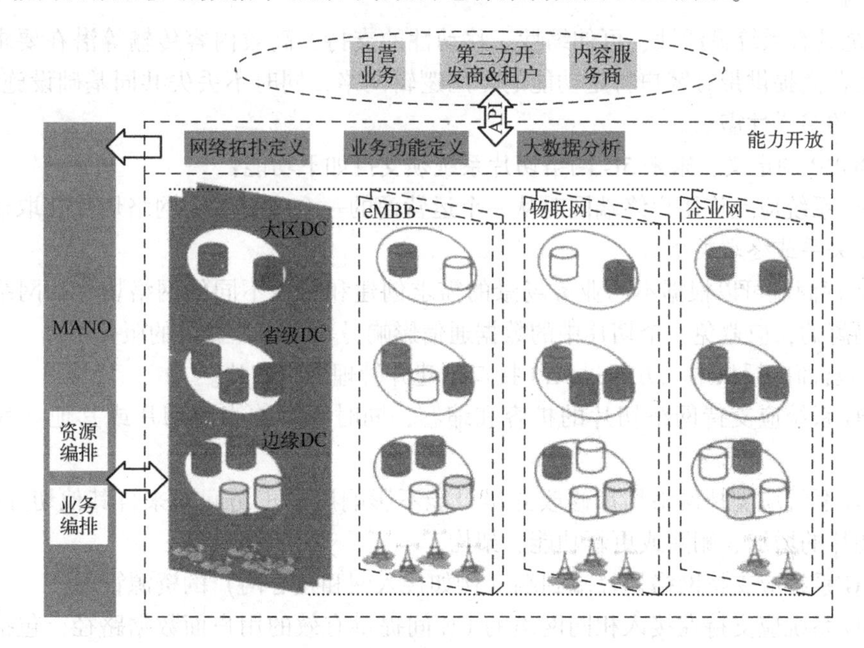

图 6.31　基于能力开放和多级数据中心的网络切片总体架构

移动网络可以根据不同业务的需求，提供通用或专有网络服务，形成不同的网络切片。在 5G 网络中，网元概念将被弱化，取而代之的是虚拟机中运行的各种功能模块，这些功能模块是从原有网元功能中剥离出来的，并进行优化、增强后，通过 NFV 技术实现。功能模块可以是自有能力或第三方 APP，模块划分粒度根据业务的需要自由定义（如以移动管理、会话管理、存储、鉴权等作为不同功能模块）。不同用户可根据特定的需要调用不同的功能模块，形成不同的网络切片，实现个性化服务。典型的网络切片种类包括但不限于 eMBB、物联网、企业网、关键通信网络等。

网络能力开放平台对外提供网络的抽象能力和网络数据，利用大数据技术挖掘网络价值，提供特有的差异化业务，为用户带来更好的用户体验，推动CT与IT业务的协同发展。网络能力开放平台面向应用需求，提供开放的网络能力调用接口，面向上层应用（如自营业务、第三方业务提供商、租户、内容服务商）开放底层的网络能力；通过开放API接口提供开放网络能力和数据；通过面向应用需求的端到端网络能力交付形式实现业务与网络、网络与资源的高效协同，充分发挥网络虚拟化灵活调度、能力开放的固有优势。在未来的5G移动网络中，自营公司或第三方公司可以深度参与到运营商网络的建设中来，实现平台即服务（PaaS）的生态系统，为运营商打开更多的赢利模式。

6.6.3 网络切片的功能及分类

5G网络切片技术通过在同一网络基础设施上虚拟独立逻辑网络的方式为不同的应用场景提供相互隔离的网络环境，使得不同应用场景可以按照各自的需求定制网络功能和特性。5G网络切片要实现的目标是将终端设备、接入网资源、核心网资源以及网络运维和管理系统等进行有机组合，为不同商业场景或者业务类型提供能够独立运维、相互隔离的完整网络。

5G系统具有系统灵活性、可伸缩性、移动性的支持、高效内容传输等潜在要求，切片技术允许运营商提供带有客户特定功能的专用逻辑网络，同时不丢失共同基础设施的规模，以满足系统的多样性需求。

根据3GPP的定义，未来5G网络切片系统须支持如下功能：

（1）5G系统应允许用户终端同时从一个运营商的一个或者多个网络切片获取业务，例如基于订阅关系或终端类型。

（2）运营商应可以根据不同业务场景的需求创建和管理不同的网络切片，网络切片之间是相互隔离的，应避免一个切片中的数据通信影响另一个切片提供的服务。

（3）运营商应授权第三方通过API接口创建并管理网络切片。

（4）5G系统应支持网络切片的扩容和缩容，同时不影响当前切片或其他切片提供的服务。

（5）5G系统应支持网络切片修改并尽可能不影响用户正访问的来自其他切片的服务，例如网络切片的增加、删除或更新功能、架构。

（6）5G系统应支持网络切片端到端（例如接入网和核心网）的资源管理。

（7）5G系统应支持在接入相同网络的UE间提供有效的用户面数据路径，包括通信过程中UE位置改变的情况。

（8）一个UE支持同时从一个运营商的一个或多个特定网络切片中获得服务。

（9）运营商可对网络切片进行操作和管理。

（10）运营商能够平行、隔离地对不同的网络切片进行操作。

（11）可以只对某个切片进行特定的业务安全保障需求，而不是对整个网络进行要求。

（12）网络切片须具备弹性容量，同时不会对别的切片产生影响。

（13）3GPP标准定义切片应当为用户提供在VPLMN中相关联的业务功能。如果没有相应的已定义的切片可以提供，用户需要被分配给一个默认的网络切片。

网络切片可以分为2种切片。

（1）独立切片。拥有独立功能的切片，包括控制面、用户面及各种业务功能模块，为特定用户群提供独立的端到端专网服务或者部分特定功能服务。

（2）共享切片。其资源可提供各种独立切片共同使用的切片，共享切片提供的功能可以是端到端的，也可以提供部分共享功能。

网络切片的部署场景多种多样。

（1）共享切片与独立切片纵向分离。端到端的控制面切片作为共享切片，在用户面形成不同的端到端独立切片。控制面共享切片为所有用户服务，对不同的个性化独立切片进行统一的管理，包括鉴权、移动性管理、数据存储等，网络切片部署场景Ⅰ如图6.32所示。

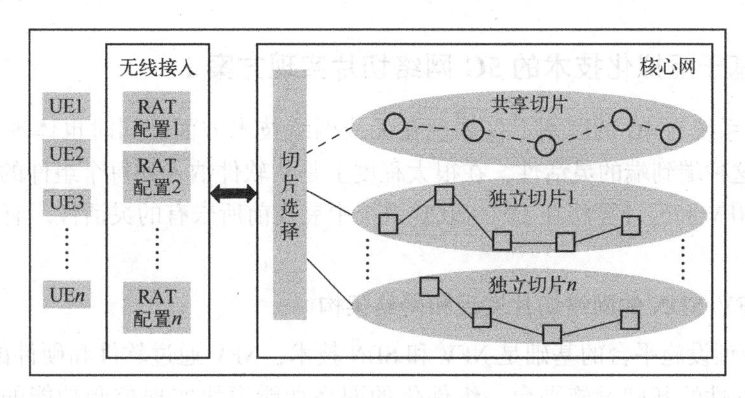

图6.32　网络切片部署场景Ⅰ

（2）独立部署各种端到端切片，每个独立切片包含完整的控制面和用户面功能，形成服务于不同用户群的专有网络，如CIoT、eMBB、企业网等，网络切片部署场景Ⅱ如图6.33所示。

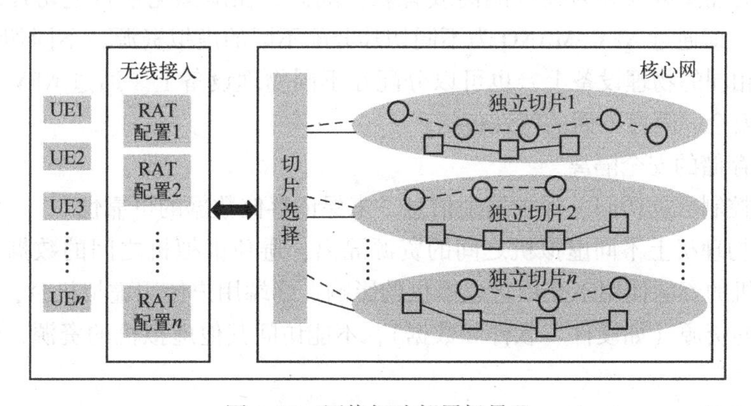

图6.33　网络切片部署场景Ⅱ

（3）共享切片与独立切片横向分离，共享切片实现一部分非端到端功能，后接各种不同的个性化的独立切片。典型应用场景包括共享的vEPC+GiLAN业务链网络，网络切片部署场景Ⅲ如图6.34所示。

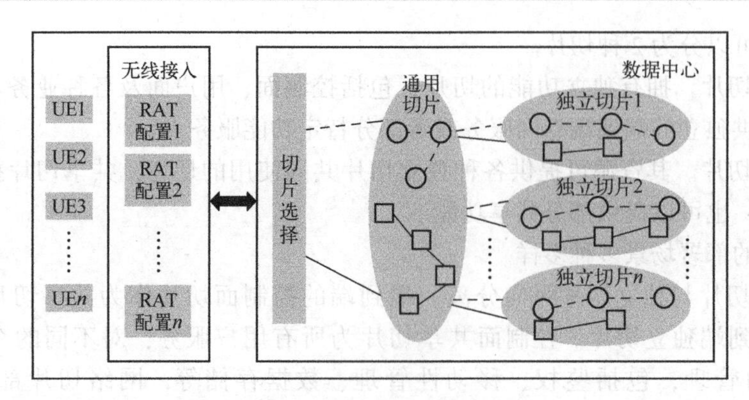

图 6.34 网络切片部署场景Ⅲ

6.6.4 基于虚拟化技术的5G网络切片实现方案1

IMT-2020系统与4G的区别不仅体现在无线网络技术方面，同时也体现在极大提高系统灵活性上。这种端到端的灵活性，在很大程度上是从软件纳入到每个组件的。众所周知的技术如SDN、NFV和云计算将在IMT-2020系统中展现前所未有的灵活性。有文献提出了一种实现方案。

1. 基于NFV/SDN的网络切片实现和网络架构

实现5G新型设施平台的基础是NFV和SDN技术，NFV通过软件和硬件的分离，为5G网络提供更具弹性的基础设施平台，组件化的网络功能模块实现控制功能的可重构。NFV使网络功能与物理实体解耦，采用通用硬件取代专用硬件，可以方便快捷地把网元功能部署在网络中任意位置，同时对通用硬件资源实现按需分配和动态伸缩，以达到最优的资源利用率。

切片之间的隔离可以分为硬件隔离或者软件隔离。在虚拟化平台上切片隔离可以基于NFV技术实现，即通过NFV-MANO为不同切片分配不同的虚拟资源，不同切片的虚拟资源既可以共享在相同的物理设备上，也可以分配在不同物理设备上。通过NFV技术可实现未来网络切片的安全、隔离方面的特性包括：

（1）数据存储的安全隔离。

（2）通过控制数据访问、保护剩余信息，来保证存储数据的可靠性。

（3）同一物理机上不同虚拟机之间的资源隔离，避免虚拟机之间的数据窃取或恶意攻击，保证虚拟机的资源使用不受周边虚拟机的影响。终端用户使用虚拟机时，仅能访问属于自己的虚拟机的资源（如硬件、软件和数据），不能访问其他虚拟机的资源，保证虚拟机安全隔离。

（4）网络传输的安全隔离。

（5）通过网络平面隔离、保障不同网络平面之间通过防火墙、传输加密等手段互通。

（6）不同租户之间所有配置信息相互隔离，包括虚拟机规格、虚拟机网络、私有镜像等。不同租户创建的虚拟机规格、虚拟机网络、私有镜像，可能带有各自的私有描述信息、版权程序、私有文件等，如果共享可能导致信息泄露。

软件定义网络（Software Defined Network，SDN）的基本思路是通过将网络设备的控制面与转发面分离，实现网络功能的可编程和集中转发控制，随着以 OpenFlow 技术为代表的 SDN 方案的提出，SDN 已成为数据中心和电信网络的热点研究课题。SDN 架构具有灵活、动态、支持各种业务需求的特性，可实现控制功能和转发功能的分离，通过网络控制平台从全局视角来感知和调度网络资源，实现网络连接的可编程。

SDN 架构允许一个 SDN 控制器管理大量数据层资源。对于大量不同数据层的存在，SDN 提供一种可能性来统一、简化不同资源的配置工作。SDN 网络虚拟化技术不仅可以有效地增强网络资源的共享，而且可以使网络控制变得更加灵活和智能，主要体现在：

（1）通过网络设备控制与转发的分离，使网络设备控制面可以更集中。通过控制面的统一的路由策略调度可以更灵活地调整网络拓扑和转发路由，从而简化 IP 网络的运维。

（2）分离后的转发面更简单，容易标准化，可提升转发性能。

（3）通过开放的 API，使运营商可以通过业务编排更方便地提供网络服务或通过引入第三方应用来提升网络的增值能力。

5G 系统通过 SDN 技术能获得极大的灵活性及可编程性，灵活的网络架构有助于网络切片的部署，并且通过端到端的 SDN 架构进行实例化。

（1）网络切片可以根据需要及任何标准来完成定义，并通过 SDN 架构实现业务实例化。

（2）NGMN 将网络切片描述为彼此隔离的网络资源，而 SDN 架构支持通过客户端协议以地址、域名、流量负载等方式来实现资源隔离。

（3）5G 网络的部署和商用将是一个漫长过程，而 SDN 技术是实现 4G 网络逐步演进并与 5G 网络共存的关键技术之一。

如图 6.35 所示，基于 SDN 架构上的端到端网络切片逻辑架构的功能为：通过 SDN 网络，动态、灵活地实现网络切片的实例化，以及切片管理器对网络切片的生命周期管理。

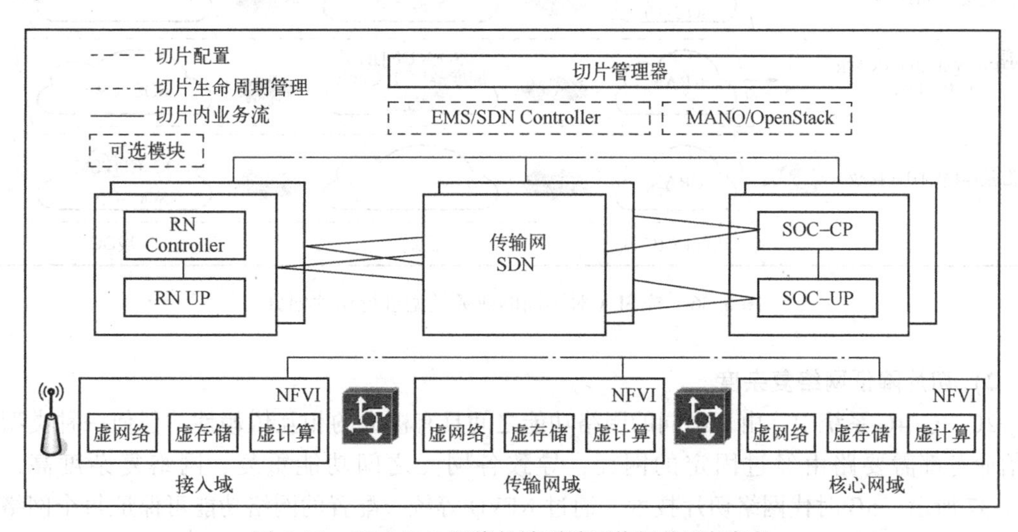

图 6.35　基于 SDN 网络的端到端网络切片逻辑架构

2. 基于 NFV/SDN 的网络切片的性能

网络切片技术主要基于 NFV 和 SDN 技术实现：NFV 利用虚拟化技术，通过 NFVO 为网络应用分配所需的虚拟资源，并将应用自动部署到虚拟机上；SDN 利用控制和转发理念，将网络控制能力集中到SDN控制器上，由Controller来统一控制每种业务的转发路径，保证每种业务都能得到相应的QoS保障。

而通过网络切片技术获得的网络性能也是显而易见的，主要体现在如下几个方面。

1）切片实现差异化的SLA

为了满足不同场景下的用户体验，NGMN给出了目前业界认可的八大场景及其相应的端到端系统性能指标。

对于各种不同SLA指标的业务类型，若针对每一种都建立相应的网络去满足业务需求，高额的网络成本势必严重制约业务发展；若所有业务均承载在相同的基础设施上，QoS差异化的各类业务将会互相干扰。通过5G的网络切片技术，以上问题均能得到解决：网络切片通过对计费、策略控制、安全、移动性、性能、隔离性等功能的不同要求，将终端通过一种基于订阅的方式满足运营商或用户需求，将终端引导到合适的切片。

图6.36为按SLA对不同的业务类型进行切片划分，即根据不同的时延、可靠性、速率等SLA用户指标，将公共切片及个性切片的功能进行组合，为客户提供差异化服务。

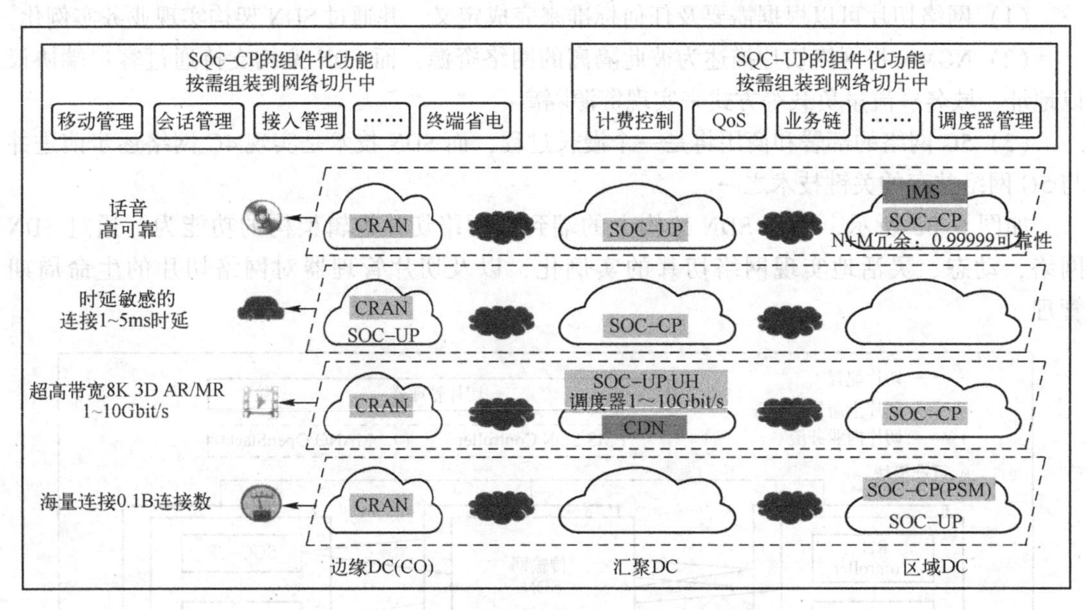

图6.36 按SLA对不同的业务类型进行切片划分

2）切片降低网络复杂度

2G/3G/4G系统中，由于不同的网络功能之间具有极大的相互依赖性，任何一种类型的通信业务都需要路由经过固定的网元，导致各网元之间功能重复、网络复杂度高，如图6.37所示。5G时代网络切片技术，通过NFVO等统一配置的网络功能可保证每个网络切片仅包含根据服务类型定义的所需的网络功能。切片之间功能互不影响，自动的功能部署增加业务部署的TTM（Time To Market），并且由此获得的网络复杂度降低，将给运营商带来更加简单的网络配置和操作流程。

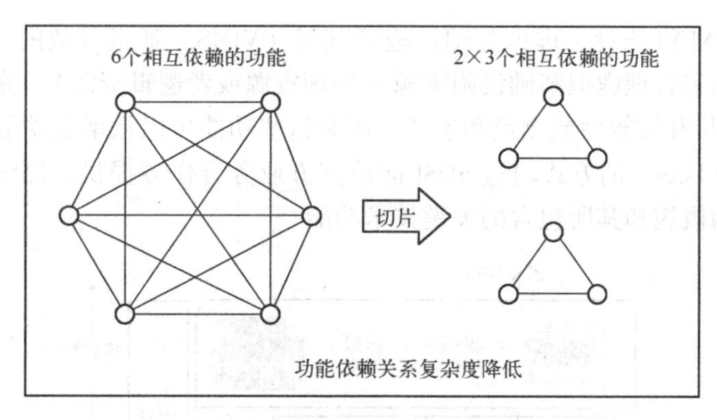

图 6.37　网络切片降低网络复杂度

6.6.5　基于虚拟化技术的 5G 网络切片实现方案 2

NGMN 发布的《5G 白皮书》中建议 5G 网络架构包含 3 层：基础设施层、业务使能层和业务应用层，以及端到端的管理/编排实体。

与 NGMN 的 5G 观点一致，有文献所提出的新网络切片架构对 NGMN 5G 白皮书中所描述的 3 个层次和实体进行提炼和延伸，形成如下一组功能：软件定义基础设施（SDI）、软件定义网络功能（SDNF）、软件定义网络切片（SDNS）、软件定义服务接口（SDSI），3+1-S 网络切片方案概览如图 6.38 所示。

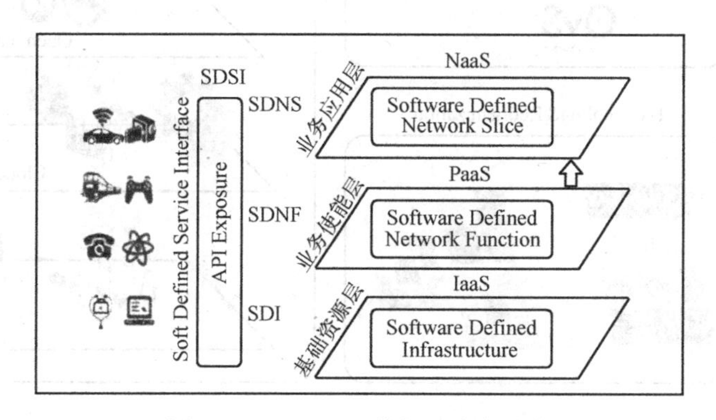

图 6.38　3+1-S 网络切片方案概览

1. SDI

SDI 层包含 2 个域：物理资源域和虚拟资源域，相当于 NGMN 5G 白皮书中的基础设施层。网络功能的虚拟化在 SDI 层中实现。SDI 与 ETSI 提出的 NFVI 功能相同，并且与虚拟机（VM）技术中的用来交互连接各种虚拟功能（VF）的云数据中心类似。这些虚拟功能与虚拟化的通信网络节点相对应，而这些节点可以是边缘节点、接入节点、核心节点或者是虚拟化组网节点（如交换机、路由器等）、虚拟化计算节点、虚拟化存储节点等。这些节点形成了虚拟化基础设施资源。

这些虚拟化资源依据资源类型形成不同的资源池。这些资源池将被重新组合形成包含不同虚拟资源的复合资源池，用以特定的应用和服务。

根据ETSI的NFVI设计，虚拟基础设施管理层（VIMS）通过开放的API接口与NFVO进行协同，来控制和管理虚拟基础设施资源（物理资源或者逻辑资源）、分配资源（共享的或者专用的）、搜集和发布性能测量和事件。所有这些功能可以从增值功能的形式商用，以基础设施即服务（IaaS）的方式通过SDSI向第三方业务合作方提供。图6.39和图6.40呈现了SDI功能架构概貌和其所包含的关键技术功能。

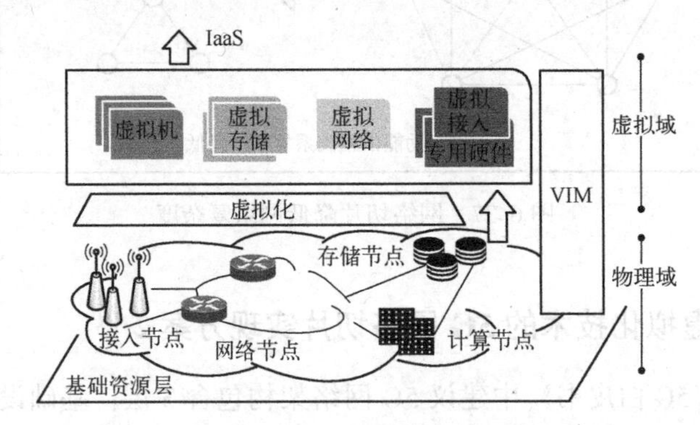

图6.39　SDI功能架构概貌

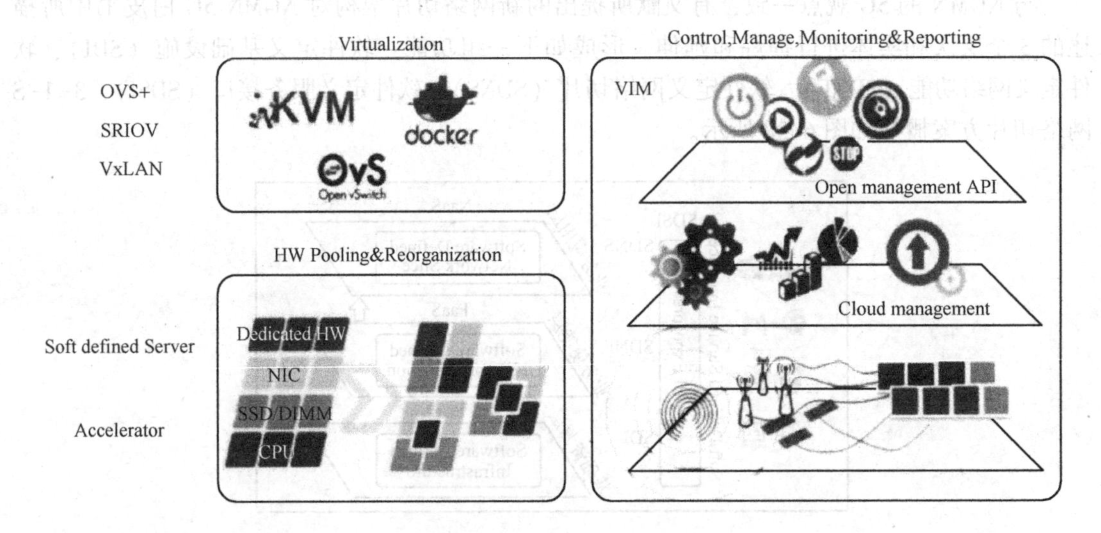

图6.40　SDI关键技术功能

2. SDNF

依据NGMN的5G白皮书，SDNF在业务使能层提供2个层次的功能。首先提供一个电信云执行环境，有一些共享的服务，比如通信、数据库、监控等，预制了这些服务在这个执行环境里。在这之上，提供一个模块化网络功能的仓库，在这里，网络功能都是以模板的方式存储。当上层应用需要提供网络切片服务时，可以调用这些预制的服务以及编排网络功能形成新的服务，再通过SDI和VIM部署网络功能到相应的基础设施上（如无线接入节点、业务边缘节点或者核心节点）。图6.41给出了支持电信平台即服务（PaaS）的SDNF功能架构概览。

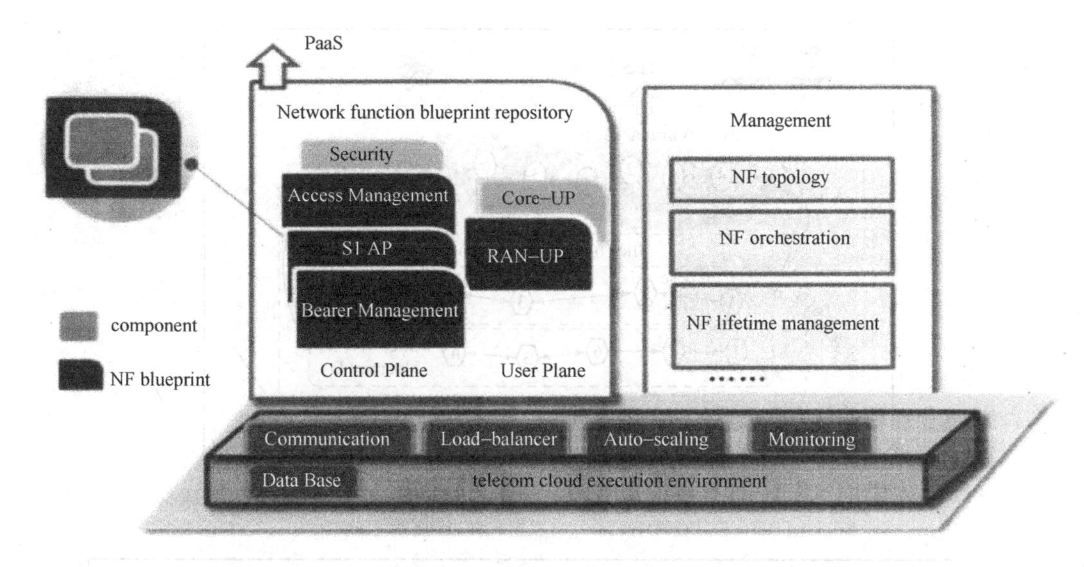

图 6.41　SDNF 功能架构概览

3. SDNS

依据 NGMN 的《5G 白皮书》，SDNS 在业务应用层，这一层可以帮助运营商或者第三方业务合作伙伴来设计编排以及部署所需要的业务切片。如支持车车通信的 V2X 切片。网络切片蓝图给出了网络功能组合、资源、运营商策略和网络切片配置的清单以及如何实例化或是根据移动运营商的业务模型和策略（如 SLA）来修改网络切片的流程。

SDNS 负责维护网络切片蓝图的知识库，并通过 SDSI 与第三方业务伙伴沟通。根据第三方业务伙伴与移动运营商之间达成的优先服务协定与策略，当有一个新的应用需求时，并不一定需要重新生成一个网络切片蓝图。这个需求可能会通过修改调整一个已存在的网络切片来满足。另一方面，第三方业务伙伴也可定制化网络切片蓝图来满足自身应用/服务的特定需求。

还有一种可能性，第三方业务伙伴可能会要求一个不同的网络业务，从而要求一个不同的网络切片实例，但新的网络切片实例可能被允许共享某些网络功能或资源给其他网络切片，无论如何，共享或者专用的网络功能取决于移动运营商与业务伙伴之间的业务协定（如 SLA）。图 6.42 给出了支持网络即服务（NaaS）的 SDNS 功能架构概览。

4. SDSI

为了成功将网络业务商用化，对开放 API 的支持至关重要。SDSI 是一种软件定义的 API，能在第三方业务合作伙伴和移动运营商间进行安全、灵活的通信。该软件定义的 API 允许第三方业务合作伙伴对 API 进行定制化来满足自身的应用、服务与需求。通过 SDSI，移动运营商能支持 IaaS、PaaS、NaaS 等由 SDI、SDNF 和 SDNS 提供的功能。

网络部署的数据中心按照位置和规模的不同，可分为 3 种类型的节点：无线接入节点、边缘业务节点和核心节点。本方案利用 NGMN 的 3 层 5G 网络架构理念与端到端的管理与编排架构（要求在 NFV MANO 基础上进行延伸），部署在数据中心（DC），依据所需要的网络性能、网络功能和资源来服务不同的网络部分，如图 6.43 所示。

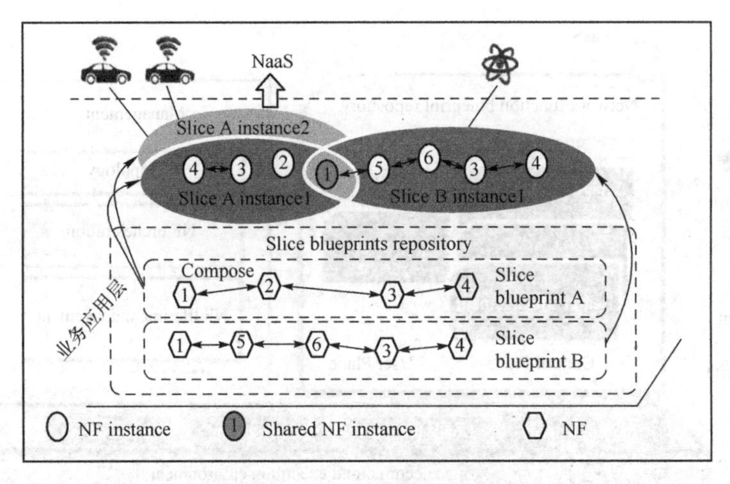

图 6.42　SDNS 功能架构概览

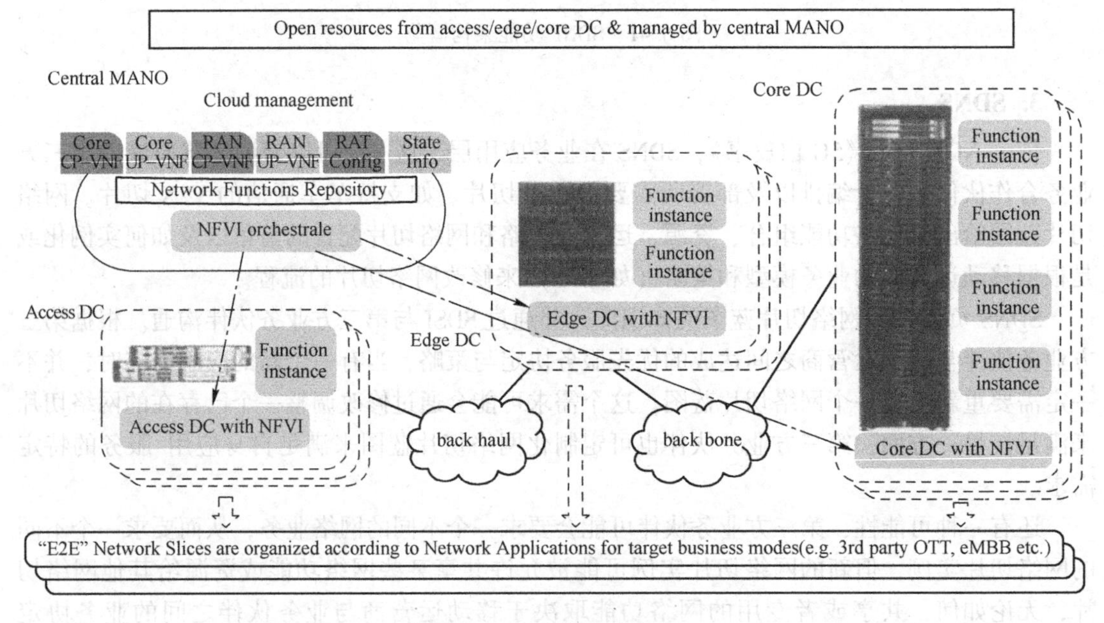

图 6.43　灵活的网络切片部署

6.6.6　虚拟化技术下的网络切片的资源管理

网络切片是逻辑上完全隔离的不同专有网络，通过虚拟化技术可以实现不同网络切片之间资源的生命周期管理。

网络切片的生命周期包含设计、购买、上线、运营、下线5个阶段。其中设计阶段又分为切片设计以及切片的商业设计。切片设计过程生成切片模板，设计过程中设计人员根据切片上预期运行的特定业务的特点选择相应的特性，包括所需要的功能、性能、安全、可靠性、业务体验、运维特征等，切片设计完成后生成切片模板，切片设计的过程即完成。

商业设计人员可以根据市场策略为这个切片进行商业设计，商业设计可根据切片运行的不同特点完成差异化的商业设计，如根据切片运行的区域、切片的能力规格（如支持多少规模用户）、是否具备可拓展能力等完成差异化的定价。切片设计阶段的工作完成后，切片就可以购买了，购买方根据自己的业务特征、地域特征、能力特征等选择适合的切片完成购买。切片购买完成后即可上线了，切片上线的过程完全自动化，无需人工干预，切片上线的过程完成切片的部署，过程中系统为切片选择最适合的物理资源/虚拟资源完成指定功能的部署及配置以及切片的连通性测试。

这里需要说明的是切片上线的过程是设计的切片模板的一个实例化过程，也即切片模板是可以生成多个切片实例的。切片完成上线后，进入切片运营阶段，这个阶段切片运营方可在切片上完成自己制定的切片运营策略、切片用户发放、切片的维护、切片的监控等工作，在切片运行的过程中，切片运营方对切片进行实时监控，包括资源监控以及业务监控，监控的粒度可以是系统级、子切片级性能以及切片级，通过切片的监控结果切片运营方案可及时做出相应策略调整。这些策略包括对切片的动态修改，切片的动态修改包括切片的动态伸缩以及切片功能的增加和减少。此外，网络侧也可提供开放的运维接口给运营方，以便切片运营方进行二次开发，按照自己的特殊要求开发自己特定的运维功能。最终切片运营方将因为某些原因不再运营切片，则可进行切片的下线。

6.7　边缘计算技术

6.7.1　边缘计算技术概述

移动互联网和物联网的快速发展以及各种新型业务的不断涌现，促使移动通信在过去的 10 年间经历了爆炸式增长，智能终端（智能手机、平板电脑等）已逐渐取代个人电脑成为人们日常生活、工作、学习、社交、娱乐的主要工具，同时海量的物联网终端设备（智能电表、无线监控等）则广泛应用在工业、农业、医疗、教育、交通、金融、能源、智能家居、环境监测等行业领域。然而，通过在云计算数据中心部署业务应用（在线游戏、在线教育、在线影院等），智能终端直接访问的移动云计算方式在给人们生活带来便利、改变生活方式的同时，极大增加了网络负荷，对网络带宽提出了更高的要求。除此之外，为了解决移动终端（尤其是低成本物联网终端）有限的计算和存储能力以及功耗问题，需要将高复杂度、高能耗计算任务迁移至云计算数据中心的服务器端完成，从而降低低成本终端的能耗，延长其待机时长。然而计算任务迁移至云端的方式不仅带来了大量的数据传输，增加了网络负荷，而且引入大量的数据传输时延，给时延敏感的业务应用（例如工业控制类应用）带来一定影响。因此，为了有效解决移动互联网和物联网快速发展带来的高网络负荷、高带宽、低时延等要求，移动边缘计算（Mobile Edge Computing，MEC）概念得以提出，并得到了学术界和产业界的广泛关注，其中，欧洲电信标准化协会（European Telecommunication Standard Institute，ETSI）已于 2014 年 9 月成立了 MEC 工作组，针对 MEC 技术的服务场景、技术要求、框架以及参考架构等开展深入研究。

ETSI 对 MEC 的定义为："在移动网边缘提供 IT 服务环境和云计算能力"，强调靠近移动用户，以减少网络操作和服务交付的时延，提高用户体验。ETSI 目前也有相应的行业规范组在负责制定相关标准。其他研究机构和标准化组织如 NGMN、3GPP 等，在研究和制定下一代移动通信网标准时也都有考虑 MEC。NGMN 的研究中相应的概念名为"智能边缘节点”，3GPP 在 RAN3 和 SA2 子工作组中各自都有与 MEC 相关的立项。另外，国内标准化组织 CCSA 也有名为“面向服务的无线接入网（SoRAN）”的项目课题研究。

移动边缘计算技术以其本地化、近距离、低时延等特点迅速普及成为5G 网络基础架构的核心特征之一，边缘计算能够将无线网络和互联网技术有效融合在一起，为无线接入网侧的移动用户提供 IT 和云计算能力。据 Gartner 报告预测，到 2020 年，全球连接到网络的设备数量将达到208 亿台，而边缘计算的本地化部署可以有效提升网络响应速度，缩短网络时延，因此，在如今虚拟现实（VR）、高清视频、物联网、自动化、工业控制等日益发展的环境下，边缘计算将是未来网络时代不可缺少的一个重要环节。

除了本地化、近距离、低时延的优势外，对位置的感知和对网络上下文信息的获取也是边缘计算的重要特点，有别于传统的移动宽带业务能力，实时获知小区的负载、带宽信息、用户位置等信息，网络可以根据这些上下文信息，进一步提供其他相关的业务和应用。对于应用开发者和内容提供商来说，无线接入网的边缘提供了一个低时延、高带宽，实时访问无线网络的内容、业务和应用加速的业务环境。运营商可以向第三方开放无线网络边缘，允许第三方快速部署创新的业务及应用，更好地为移动用户、企业及其他垂直行业服务。

6.7.2 移动边缘计算系统平台架构

1. 移动边缘计算系统平台的基本架构

边缘计算系统平台作为承载移动边缘应用的业务服务平台，其最显著的特点是更加接近用户侧，平台的部署位置可以根据具体的网络情况和运营需求确定，例如部署在无线节点侧、基站的聚合节点侧或者核心网边缘节点处（例如分布式数据中心）来提供相应业务服务。

部署于无线接入网络边缘的计算服务器面向各种上层应用及业务开放实时的无线及网络信息（例如处于移动状态下的用户所在的实时具体位置、基站实时负载情况等），实现对无线网络条件及位置等上下文信息的实时感知，以便提供各种与情境相关的服务，使业务对网络条件的改变做出及时响应，高效应对业务流量增加等情况，更好地优化网络和业务运营，提高用户业务体验的同时也提升了网络资源利用率。业务方面，边缘计算平台应可以针对不同的业务需求和用户偏好定制具体的业务应用，让业务类型多样化、个性化，丰富移动宽带业务的用户体验。

边缘计算可最大限度地应用 NFV 虚拟化架构和管理模式，众所周知，NFV 技术聚焦于网络功能的虚拟化，强调从传统基于设备的配置向通用硬件和云架构的变迁，不同的虚拟化功能可以链接起来共同完成通信服务。与 NFV 技术不同的是，边缘计算强调在 RAN 侧创造第三方应用和业务的集成环境，为各领域提供大量的新颖用例，其聚焦的角度和商业目标与 NFV 技术有所不同。

目前 ETSI 已经讨论并明确了边缘计算系统（MEC）平台的基本架构，如图 6.44 所示。

移动边缘计算系统平台设计主要涉及 2 个部分，移动边缘系统层（Mobile Edge System Level）和移动边缘服务器层（Mobile Edge Server Level）。

移动边缘系统层是在运营商网络或子网络中，运行各类移动边缘应用所需的移动边缘主机和移动边缘管理实体的集合。系统层包含运营商的运营支持系统（OSS）和移动边缘编排器（Mobile Edge Orchestrator），完成运营商的管理和控制，对系统可用资源、业务和拓扑的全视图管理以及应用的上线管理等工作。运营支撑系统（OSS）由运营商进行管理和控制操作，可从外部的实体（如 User APP LCM 代理、CFS portal）为应用实例接收相关请求，决定该请求是否执行，并发送请求到编排器。编排器可呈现整个系统和移动边缘服务器、可用资源、业务和拓扑的总体视图，主要作用包括应用的上线，例如检查应用的完整性并完成鉴权、应用规则和要求的生效及调整（如根据运营商策略的不同进行调整）、上线包记录的保存以及 VIM 处理应用的准备等，编排器基于具体的要求、规则、可用资源为应用示例选择合适的服务器，完成应用实例的触发和终结。

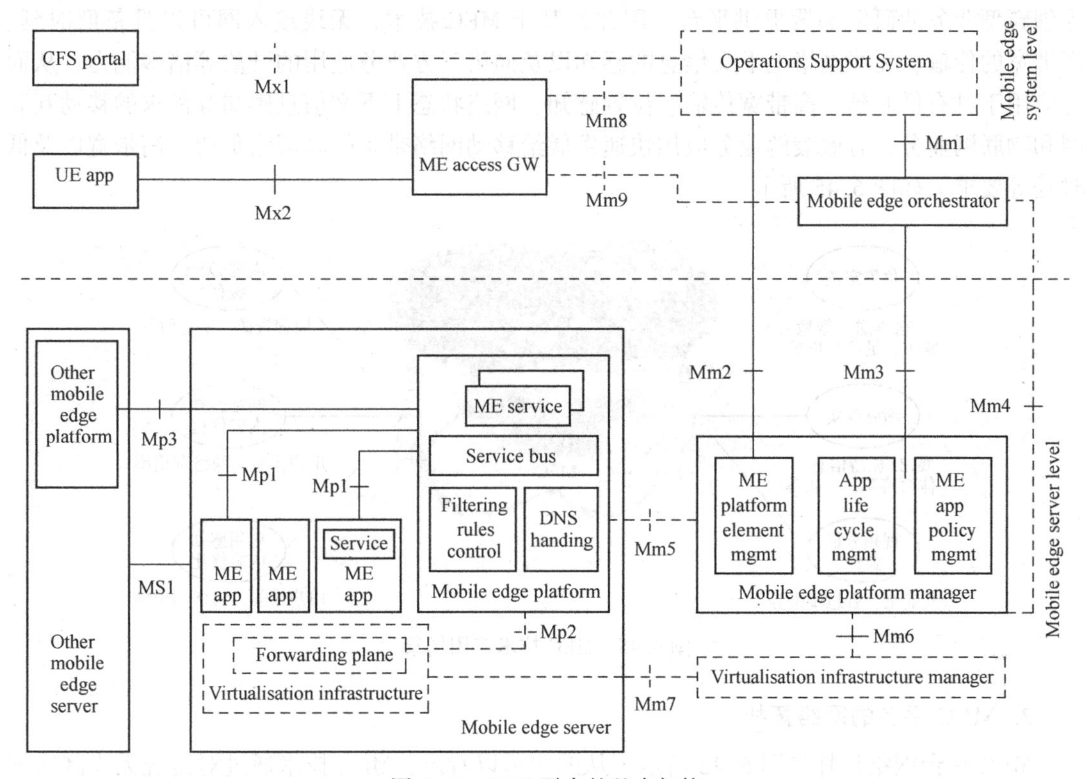

图 6.44　MEC 平台的基本架构

服务器层主要包含移动边缘服务器（Mobile Edge Server）和移动边缘平台管理（Mobile Edge Platform Manager）2 个部分，主要负责提供移动边缘业务、广告、消费等环境，完成业务的注册、鉴权，并进行平台业务应用的生命周期管理及应用的规则管理等。移动边缘服务器是以通用硬件为虚拟化资源的移动边缘应用平台，主要包括业务平台本身以及部署在平台上的移动边缘业务应用。业务平台提供移动边缘业务的发现、业务的注册、广告等业务环境，在 SDN 架构下基于流量规则进行用户面数据的控制，并根据从管理平台得到 DNS 记录进行 DNS 代理服务器的配置，同时提供持续存储和精确时间信息的入口。移动边缘平台管理单元负责管理业务平台的各个部分，包括应用的生命周期管理如通知编排器相关应用的生命周期事件，应用规则的管理如业务授权、流量控制、DNS 配置、冲突解决等，同时还会从 VIM 接收虚拟资源错误报告和性能测量并进行处理。

2. MEC 应用场景

根据 ETSI 定义，MEC 技术主要指通过在无线接入侧部署通用服务器，从而为无线接入网提供IT和云计算的能力。换句话说，MEC技术使得传统无线接入网具备了业务本地化、近距离部署的条件，无线接入网由此具备了低时延、高带宽的传输能力，有效缓解了未来移动网络对于传输带宽以及时延的要求。同时，业务面下沉即本地化部署可有效降低网络负荷以及对网络回传带宽的需求，从而实现缩减网络运营成本的目的。除此之外，业务应用的本地化部署使得业务应用更靠近无线网络及用户本身，更易于实现对网络上下文信息（位置、网络负荷、无线资源利用率等）的感知和利用，从而可以有效提升用户的业务体验。更进一步，运营商可以通过MEC平台将无线网络能力开放给第三方业务应用以及软件开发商，为创新型业务的研发部署提供平台。因此，基于MEC技术，无线接入网可以具备低时延、高带宽的传输，无线网络上下文信息的感知以及向第三方业务应用的开放等诸多能力，从而可应用于具有低时延、高带宽传输、位置感知、网络状态上下文信息感知等需求的移动互联网和物联网业务，有效缓解业务应用快速发展给移动网络带来的高网络负荷、高带宽以及低时延等要求，如图6.45所示。

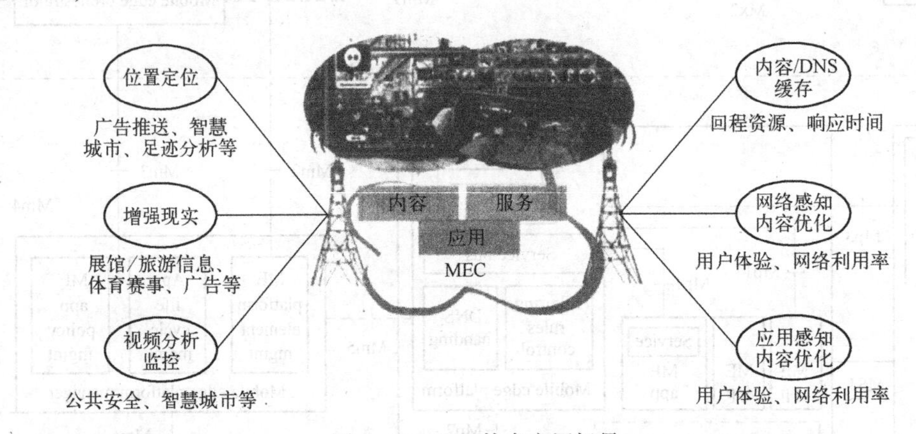

图6.45　MEC技术应用场景

3. MEC平台的网络拓扑

MEC平台网络拓扑如图6.46所示。从图中可以看出，MEC技术通过对传统无线网络增加MEC平台功能/网元，使其具备了提供业务本地化以及近距离部署的能力。然而，MEC功能/平台的部署方式与具体应用场景相关，主要包括室外宏基站场景以及室内微基站场景。

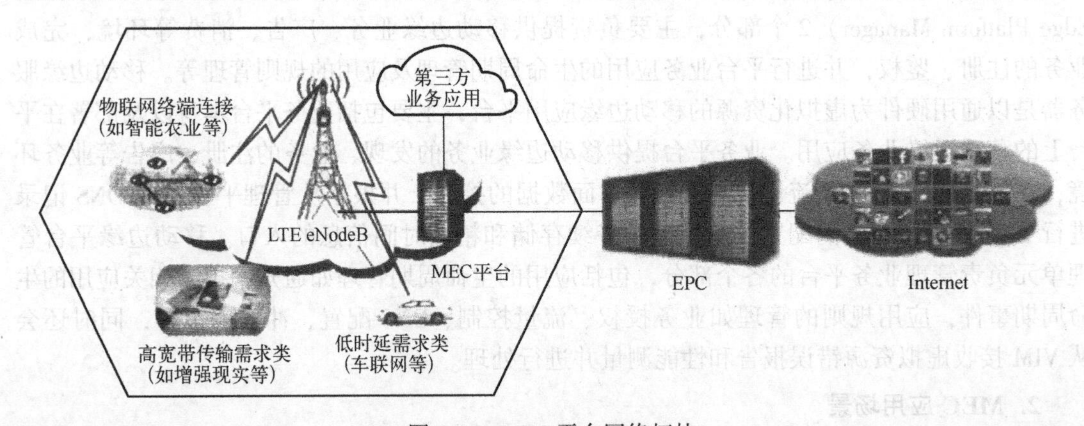

图6.46　MEC平台网络拓扑

1）室外宏基站

由于室外宏基站具备一定的计算和存储能力，此时可以考虑将MEC平台功能直接嵌入宏基站中，从而更有利于降低网络时延、提高网络设施利用率、获取无线网络上下文信息以及支持各类垂直行业业务应用（如低时延要求的车联网等）。

2）室内微基站

考虑到微基站的覆盖范围以及服务用户数，此时MEC平台应该是以本地汇聚网关的形式出现。通过在MEC平台上部署多个业务应用，实现本区域内多种业务的运营支持，例如物联网应用场景网关汇聚功能、企业/学校本地网络的本地网关功能以及用户/网络大数据分析功能等。

因此，为了让MEC更加有效地支持各种各样的移动互联网和物联网业务，需要MEC平台的功能根据业务应用需求逐步补充完善并开放给第三方业务应用，从而在增强网络能力的同时改善用户的业务体验并促进创新型业务的研发部署。综上所述，MEC技术的应用场景适用范围取决于MEC平台具有的能力。图6.47给出了一种MEC平台示意，主要包括MEC平台基础设施层、MEC应用平台层以及MEC应用层。

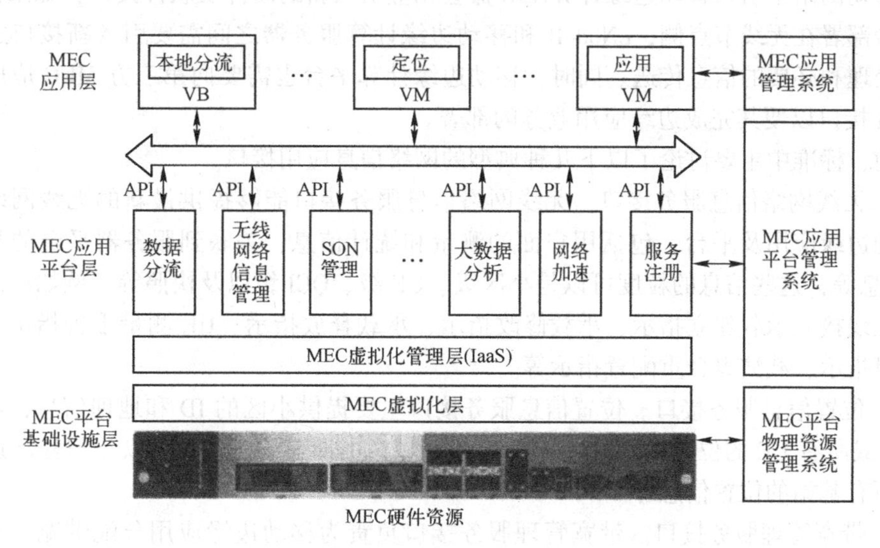

图6.47 MEC平台示意

（1）MEC平台基础设施层。

该层基于通用服务器，采用网络功能虚拟化的方式，为MEC应用平台层提供底层硬件的计算、存储等物理资源。

（2）MEC应用平台层。

该层由MEC的虚拟化管理和应用平台功能组件组成。其中，MEC虚拟化管理采用以基础设施作为服务（Infrastructure as a Service，IaaS）的思想，为应用层提供一个灵活高效、多个应用独立运行的平台环境。MEC应用平台功能组件主要包括数据分流、无线网络信息管理、网络自组织（Self-organizing Network，SON）管理、大数据分析、网络加速以及业务注册等功能，并通过开放的API向上层应用开放。

（3）MEC应用层。

该层基于网络功能虚拟化VM应用架构，将MEC应用平台功能组件进一步组合封装成虚拟的应用（本地分流、无线缓存、增强现实、业务优化、定位等应用），并通过标准的接口开放给第三方业务应用或软件开发商，实现无线网络能力的开放与调用。

除此之外，MEC平台物理资源管理系统、MEC应用平台管理系统以及MEC应用管理系统则分别实现IT物理资源、MEC应用平台功能组件/API以及MEC应用的管理和向上开放。

可以看出，无线网络基于MEC平台可以提供诸如本地分流、无线缓存、增强现实、业务优化、定位等能力，并通过向第三方业务应用/软件开放商开放无线网络能力，促进创新型业务的研发部署。需要注意的是，本地分流是业务应用的本地化、近距离部署的先决条件，也因此成为MEC平台最基础的功能之一，从而使无线网络具备低时延、高带宽传输的能力。

4. 移动边缘计算业务平台API接口

1）平台网络信息接口

在移动网络中引入移动边缘计算服务器会相应引入新的硬件及软件接口，如果移动边缘计算平台部署在无线节点侧，eNodeB和移动边缘计算服务器之间需要引入新接口进行数据的分流处理和必要的信息传送。同时，移动边缘计算平台也需要向第三方MEC应用提供相应的API接口以便其完成边缘应用业务的部署。

目前，标准中主要讨论了以下几种典型的网络信息应用接口。

（1）无线网络信息服务接口。无线网络信息服务接口能够提供最新的无线网络相关信息给移动边缘应用及平台，包括用户面的测量和统计信息，关联到服务器平台的基站中的UE的信息等，这些信息的粒度可以是小区级、UE级、QCI级以及快照等，例如小区改变的指示、无线接入承载建立指示、承载修改指示、承载释放指示、UE测量报告指示、测量时间提前量指示、载波聚合重配置指示等。

（2）位置信息服务接口。位置信息服务接口主要提供小区的ID和地理信息，例如提供特定UE或所有UE的位置信息，或一个位置区域内的所有UE列表，以及与移动边缘平台关联的所有基站的位置信息等。

（3）带宽管理服务接口。带宽管理服务接口负责为移动边缘应用分配带宽，并确定路由到相关移动边缘应用的特定业务流的优先级。

目前，标准组织尚未对无线网络信息服务接口进行相关标准化工作。对于无线网络信息服务接口，平台侧需要支持对多设备厂商进行无线网络信息的获取。当边缘计算服务器部署在集中站点时，服务器需要从基站处获取信息，例如读取基站的业务负荷和特定小区的资源块利用率等。但现阶段接口尚未定义，这需要边缘计算平台提供商和设备供应商合作，一般情况下移动网络设备并不支持无线网络信息的接口开放，因此，为了确保边缘计算平台可以在多厂商环境中的工作能力，标准上提供了一种通过设备供应商APP的方式来获取无线网络信息，即通过网络设备供应商提供的APP来实现平台与eNB之间的私有接口，并通过平台与APP之间的标准化接口向平台提供网络信息。

2）平台第三方应用接口

标准上目前已经讨论了边缘计算平台与应用服务之间的接口，图6.44中所示的Mp1接口主要完成应用与移动边缘系统的交互，描述相关信息流与需求信息，并明确必要的数据模型和数据格式。Mp1 接口捆绑了边缘计算平台与边缘应用之间的所有通信，主要包括：

① 业务注册、业务发现和通信支持；

② 应用的可用性、会话状态、重定位支持流程；

③ 业务流规则和 DNS 规则的激活；

④ 持续存储和时间信息的入口。

边缘应用通过 Mp1 接口向平台注册、去注册、鉴权，授权后 APP 可以通过 Service Discovery 消息找到平台支持的业务并订阅，若订阅业务有更新，则平台通知 APP 更新数据。APP 可以要求平台更改业务流规则，平台根据路由策略决定是否执行，这些流程均通过 Mp1 接口进行。

需要强调的是，移动边缘计算的第三方应用 API 接口应该遵循几项原则。首先，服务 API 必须由第三方应用进行消费（如 RESTful、HTTP API、JSON、XML 等）；其次，API 接口的安全和隐私原则需要注意对 API 接口调用频率的控制、匿名的真实身份、基于 API 接口开放的信息敏感性的应用授权，并签署使用应用开发者的相关机制（如 OAuth 协议、OpenID 等）；第三，至少在一个网络运营商下，服务 API 在跨移动边缘实例时必须保持一致。在相关的原则之下，开放的 API 接口能够给价值链中的每一环带来革新和突破的机会，在多厂商的移动网络环境中创造更多价值。

6.7.3　MEC 的关键技术

MEC 的关键技术包括业务和用户感知、跨层优化、网络能力开放、C/U 分离等 5G 趋势技术。

1. 业务和用户感知

传统的运营商网络是“哑管道”，资费和商业模式单一，对业务和用户的管控能力不足。面对该挑战，5G 网络智能化发展趋势的重要特征之一就是内容感知，通过对网络流量的内容分析，可以增加网络的业务黏性、用户黏性和数据黏性。

同时，业务和用户感知也是 MEC 的关键技术之一，通过在移动边缘对业务和用户进行识别，可以优化利用本地网络资源，提高网络服务质量，并且可以对用户提供差异化的服务，带来更好的用户体验。

其实，为了改变哑管道的不利地位属性，部分运营商目前已经在现网 EPC 中开展了业务和用户识别的部分相关工作，主要依靠深度包解析（DPI）得到的 URL 信息进行关键字段匹配，目前第三方后向收费的资费模式也正处在尝试和逐步推进的过程中。与核心网的内容感知相比，MEC 的无线侧感知更加分布化和本地化，服务更靠近用户，时延更低，同时业务和用户感知更有本地针对性。但是，与核心网设备相比，MEC 服务器能力更受限。对于 DPI 的计算开销能否承受，怎样减小开销（比如采用终端或核心网辅助解析的方式将部分应用层信息传递到低层协议头中）等问题，都有待研究。此外，对 HTTPS 加密数据的 DPI 目前还不成熟，相关的解析标准也还在制定中。

MEC 对业务和用户的感知，将促进运营商传统的哑管道向 5G 智能化管道发展。

2. 跨层优化

跨层优化在学术界已经有相当多的研究工作，但该思想应用于现网还相对不多，MEC

为此提供了契机。MEC 由于可以获取高层信息，同时由于靠近无线侧而容易获取无线物理层信息，十分适合进行跨层优化。跨层优化是提升网络性能和优化资源利用率的重要手段，在现网以及 5G 网络中都能起到重要作用。目前 MEC 跨层优化的研究主要包括视频优化、TCP 优化等。

移动网中视频数据的带宽占比越来越高，这一趋势在未来 5G 网络中将更加明显。当前对视频数据流的处理是将其当作 Internet 一般数据流处理，有可能造成视频播放出现过多的卡顿和延迟。而通过靠近无线侧的 MEC 服务器估计无线信道带宽，选择适合的分辨率和视频质量来进行吞吐率引导，可大大提高视频播放的用户体验。

另一类重要的跨层优化是 TCP 优化。TCP 类型的数据目前占据 Internet 流量的 95%～97%。但是，目前常用的 TCP 拥塞控制策略并不适用于无线网络中快速变化的无线信道，造成丢包或链路资源浪费，难以准确跟踪无线信道状况变化。通过 MEC 提供无线低层信息，可帮助 TCP 降低拥塞率，提高链路资源利用率。

其他的跨层优化还包括对用户请求的 RAN 调度优化（比如允许用户临时快速申请更多的无线资源），以及对应用加速的 RAN 调度优化（比如允许速率遇到瓶颈的应用程序申请更多的无线资源）等。

3. 网络能力开放

网络能力开放旨在实现面向第三方的网络友好化，充分利用网络能力，互惠合作，是 5G 智能化网络的重要特征之一。除了 4G 网络定义的网络内部信息、QoS 控制、网络监控能力、网络基础服务能力等方面能力的对外开放外，5G 网络能力开放将具有更加丰富的内涵，网络虚拟化、SDN 技术以及大数据分析能力的引入，也为 5G 网络提供了更为丰富的可以开放的网络能力。

由于当前各厂商设备不同，缺乏统一的开放平台，导致网络能力开放需要对不同厂商的设备分别开发，加大了开发工作量。ETSI 对于 MEC 的标准化工作很重要的一点就是网络能力开放接口的标准化，包括对设备的南向接口和对应用的北向接口。MEC 将对 5G 网络的能力开放起到重要支撑作用，成为能力开放平台的重要组成部分，从而促进能力可开放的 5G 网络的发展。

4. C/U 分离

MEC 由于将服务下移，流量在移动边缘就进行本地化卸载，计费功能不易实现，也存在安全问题。而 C/U 分离技术通过控制面和用户面的分离，用户面网关可独立下沉至移动边缘，自然就能解决 MEC 计费和安全问题。所以，作为 5G 趋势技术之一的 C/U 分离同时也是 MEC 的关键技术，可为 MEC 计费和安全提供解决方案。

MEC 相关应用的按流量计费功能和安全性保障需求，将促使 5G 网络的 C/U 分离技术的发展。

网络切片作为 5G 的网络关键技术之一，目的是区分出不同业务类型的流量，在物理网络基础设施上建立起更适应于各类型业务的端到端逻辑子网络。MEC 的业务感知与网络切片的流量区分在一定程度上具有相似性，但在流量区分的目的、区分精细度、区分方式上都有所区别，如表 6.5 所示。

表 6.5　网络切片与 MEC 的流量区分比较

	网络切片	MEC
流量区分目的	逻辑上区分为网络的不同切片	仅决定是否进行流量卸载
流量区分精细度	按业务类型区分（如 eMBB 类型、uRLLC 类型、mMTC 类型等）	按业务、服务提供商、用户区分均可支持（精细度更高）
流量区分方式	一般认为按 PDN 连接类型（APN）进行流量区分	依赖于 L3/L4 信息（典型如 IP 五元组）以及应用层信息区分数据流

MEC 与网络切片的联系还在于，MEC 可以支持对时延要求最为苛刻的业务类型，从而成为超低时延切片中的关键技术。MEC 对超低时延切片的支持，丰富了实现网络切片技术的内涵，有助于驱使 5G 网络切片技术加大研究力度、加快发展。

6.7.4　MEC 典型应用场景

MEC 典型应用场景主要的技术指标特征是高带宽和低时延，同时在本地具有了一定的计算能力；商业模式特征主要包括通过业务和用户识别使能的第三方业务区别化（对不同的第三方业务差异化地提供网络资源、开放网络能力）、用户个性化（对不同用户差异化的前向或后向收费），以及与具体的部署、服务位置有关的本地情境化。表 6.6 归纳了 MEC 的几种应用案例及其所具有的 MEC 典型特征。

表 6.6　几种应用案例及其所具有的 MEC 典型特征

MEC 应用案例	技术指标特征			商业模式特征		
	高带宽	低时延	本地高计算能力	第三方业务区别化	用户个性化	本地情境化
视频缓存与优化	√	√		√	√	
本地流量爆发	√	√				√
监控数据分析	√	√	√			√
增强现实	√	√	√	√	√	√
大型场所的新型商业模式	√			√	√	√

1. 视频缓存与优化

该应用的目的在于视频播放加速，提高用户体验，尤其有助于 4K/8K 超高清视频和 VR 等对带宽要求高的内容源，涉及如下 3 种可能应用到的技术。

（1）本地缓存。将内容缓存到靠近无线侧的 MEC 服务器上，用户发起内容请求，MEC 服务器检查本地是否有该内容，如果有则直接服务；否则去 Internet 服务提供商处获取，然后内容可缓存至本地供其他用户访问。该技术的核心问题在于内容的命中率，从而决定缓存设备的投资回报率。

（2）基于无线物理层吞吐率引导的跨层视频优化。实质是下层信息传递给上层，根据物理层无线信道的质量，MEC 服务器决定为 UE 发送视频的清晰度、质量等，在减小网络拥塞率的同时提高链路利用率，从而提高用户体验。

（3）用户感知。通过在移动边缘的用户感知，可以确定用户的服务等级，实现对用户差异化的无线资源分配和数据包时延保证，合理分配网络资源提升整体的用户体验。当然，差异化的用户等级服务也可实现比如前向免流量、后向收费等新的资费和商业模式。

2. 本地流量爆发

本地IP流量爆发类应用特别适合于本地超高带宽和超低延迟的业务。当UE附着网络并从核心网获取IP地址后，UE为某项业务应用初始化IP请求。接入网可以通过识别数据包的地址、端口（IP五元组）或UE ID，并且基于这些信息与本地数据服务器建立IP连接。

典型场景例如球场、赛场等实时直播，多角度拍摄的视频经过MEC服务器向本地用户转发，用户可以随意选择观看，实时多角度观察了解赛事状况。类似的场景还有热点区域实时路况的视频转发等。

3. 监控数据分析

当前的视频监控采用以下2种典型的数据处理方式。

（1）由摄像头处理，缺点是要求每个摄像头都具备视频分析功能，会大大提高成本。

（2）由服务器处理，缺点是需要将大量的视频数据传到服务器，增加核心网负担且延迟较大。而使用具有较高计算能力的MEC服务器来处理，可降低摄像头的成本，同时不会对核心网造成负担，并且延迟较低。

典型应用包括车牌检测（收费站、停车场等）、防盗监控等需要视频数据分析的应用。

4. 增强现实

增强现实（AR）是当前的关注热点。AR将真实世界和虚拟世界的信息集成，在三维尺度的空间中增添虚拟物体和信息，具有实时交互性。AR的应用场景涵盖了军事、医疗、娱乐、教育、影视等诸多领域。

AR的技术指标要求首先包括高数据量和低时延，此外，对数据库的匹配等计算还要求本地有一定的计算能力。可能的商业模式利润间接来自用户（含在旅游景点、博物馆门票中或类似方式），以及在移动边缘进行广告等内容推送。

5. 大型场所的新型商业模式

MEC的该类型应用大体上可分为商场和办公楼（工业园区）2种场景。商场需要关注盈利模式，盈利手段可以是与所在位置商场或消费区域的商家高度相关的广告、优惠券打折等信息推送，以及对于特定商家特定账户的免费服务（类似于1 h免费手机电影），以吸引顾客前来等。对运营商的优势在于提供了基于大数据分析的多元化客户服务，有助于拓宽运营商盈利途径。

办公楼（工业园区）可以通过与物业所有者（公司）之间类似于“通信服务换配合建网运维”的共赢模式（比如提供一定数量的本地流量免费账户），缓解了运营商在室内网络建设和维护中与物业所有者的协商困难，降低了网建和日常运维成本（电费等开销）。另外，通过企业移动网络的整合，提高了用户黏性。而对于企业，MEC相对于目前更常见的WLAN室内覆盖，提高了网络安全性。总体来说，可以让运营商、企业、物业多方受益。

6.7.5 MEC应用于本地分流

1. 基于MEC的本地分流方案

为实现业务应用在无线网络中的本地化、近距离部署，以及低时延、高带宽的传输能力，无线网络需要具备本地分流的能力。有文献给出了基于 MEC 应用平台数据分流功能组件实现的本地分流方案示意，如图 6.48 所示，其主要设计目标如下。

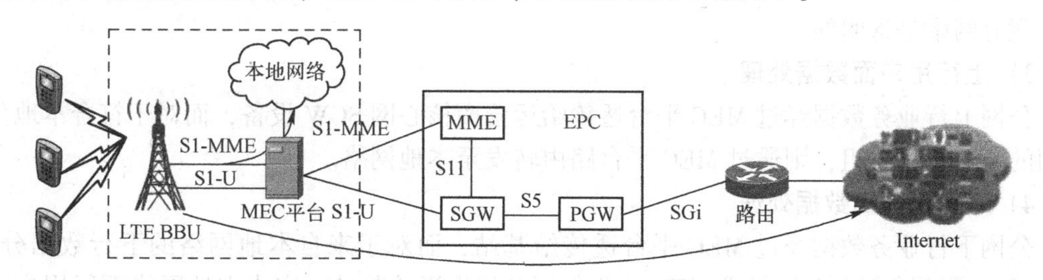

图 6.48　基于 MEC 的本地分流方案示意

1）本地业务

用户可以通过 MEC 平台直接访问本地网络，本地业务数据流无须经过核心网，直接由 MEC 平台分流至本地网络。因此，本地业务分流不仅降低回传带宽消耗，同时也降低了业务访问时延，提升了用户的业务体验。换句话说，基于 MEC 的本地分流目标是实现类似 WiFi 的 LTE 本地局域网。

2）公网业务

用户可以正常访问公网业务。包括两种方式：一是 MEC 平台对所有公网业务数据流采用透传的方式直接发送至核心网；二是 MEC 平台对于特定 IP 业务/用户通过本地分流的方式从本地代理服务器接入 Internet（由于此类业务是经过本地分流的方式进行，后面描述的本地业务包含这部分本地分流的公网业务）。

3）终端/网络

本地分流方案需要在 MEC 平台对终端以及网络透明部署的前提下，完成本地数据分流。也就是说，基于 MEC 的本地分流方案无须对终端用户与核心网进行改造，降低 MEC 本地分流方案现网应用部署的难度。

为了实现上述目标，基于 MEC 的本地分流的详细技术方案如下。

1）本地分流规则

MEC 平台需要具备 DNS 查询以及根据指定 IP 地址进行数据分流的功能。例如，终端通过 URL（www. Locallntranet. com）访问本地网络时，会触发 MEC 平台进行 DNS（Domain Name System，域名系统）查询，查询 www. LocalIntranet. com 对应服务器的 IP 地址，并将相应 IP 地址反馈给终端用户。因此，需要 MEC 平台配置 DNS 查询规则，将需要配置的本地 IP 地址与其本地域名对应起来。其次，MEC 平台收到终端的上行报文，如果是指定本地子网的报文，则转发给本地网络，否则直接透传给核心网。同时，MEC 平台将收到的本地网络报文返回给终端用户。可以看出，在本地分流规则中，DNS 查询功能不是必须的，当没有 DNS 查询功能时，终端用户可以直接采用本地 IP 地址访问的形式进行，MEC 平台根据相应的 IP 分流规则处理相应的报文即可。除此之外，也可以配置相应的公网 IP 分流规则，实现对于特定 IP 业务/用户通过本地分流的方式从本地代理服务器接入分组域网络，实现对于公网业务的选择性 IP 数据分流。

2）控制面数据

MEC 平台对于终端用户的控制面数据即 S1-C，采用直接透传的方式发给核心网，完成终端正常的鉴权、注册、业务发起、切换等流程，与传统的LTE网络无区别。即无论是本地业务还是公网业务，终端用户的控制依然在核心网进行，保证了基于MEC的本地分流方案对现有网络是透明的。

3）上行用户面数据处理

公网上行业务数据经过MEC平台透传给运营商核心网SGW设备，而对于符合本地分流规则的上行数据分组，则通过MEC平台路由转发至本地网络。

4）下行用户面数据处理

公网下行业务数据经过MEC平台透传给基站，而对于来自本地网络的下行数据分组，MEC平台需要将其重新封装成GTP-U的数据分组发送给基站，完成本地网络下行用户面数据分组的处理。

基于MEC的本地分流方案通过在传统的LTE基站和核心网之间部署MEC平台（串接），根据IP分流规则的设定，从而实现本地分流的功能。MEC平台对控制面数据（S1-C）直接透传给核心网，仅对用户面数据根据相关规则进行分流处理，由此保障了基于MEC的本地分流方案对现有LTE网络的终端以及网络是透明的，即无须对现有终端及网络进行改造。因此，基于MEC的本地分流方案可以在对终端及网络透明的前提下，实现终端用户的本地业务访问，为业务应用的本地化、近距离部署提供可能，实现了低时延、高带宽的LTE的本地局域网。同时，由于MEC对终端公网业务采用了透传的方式，因此不影响终端公网业务的正常访问，使得基于MEC的本地分流方案更易部署。

上述基于MEC的本地分流方案可广泛应用在企业、学校、商场以及景区等需要本地连接以及本地大流量业务传输（高清视频）等需求的应用场景。以企业/学校为例，基于MEC的本地分流可以实现企业/学校内部高效办公、本地资源访问、内部通信等，实现免费/低资费、高体验的本地业务访问，使得大量本地发生的业务数据能够终结在本地，避免通过核心网传输，降低回传带宽和传输时延。对于商场/景区等，可以通过部署在商场/景区的本地内容，实现用户免费访问，促进用户最新资讯（商家促销信息等）的获取以及高质量音视频介绍等，同时企业/校园/商场/景区的视频监控也可以通过本地分流技术直接上传给部署在本地的视频监控中心，在提升视频监控部署便利性的同时降低了无线网络回传带宽的消耗。除此之外，基于MEC的本地分流也可以与MEC定位等功能结合，实现基于位置感知的本地业务应用和访问，改善用户业务体验。

2. 基于LIPA/SIPTO的本地分流方案

沃达丰等运营商在2009年3GPP的SA#44会议上联合提出LIPA/SIPTO，其目标与上面描述的本地分流目标相同。同时经过R10、R11等持续研究推进，LIPA/SIPTO目前存在多种实现方案，下面仅介绍确定采用且适用于LTE网络的方案。

1）家庭/企业LIPA/SIPTO方案

经过讨论，确定采用L-S5的本地方案实现LIPA本地分流，它适用于HeNB LIPA的业务分流，3GPP家庭/企业LIPA/SIPTO方案如图6.49所示。该方案在HeNB处增设了本地网关（LGW）网元，LGW与HeNB可以合设也可以分设，LGW与SGW间通过新增L-S5接口连接，HeNB与MME、SGW之间通过原有S1接口连接。此时，对于终端用户访问本地业务的数据流，在LGW处分流至本地网络中，并采用专用的APN来标识需要进行业务分流的PDN。同时，终端用户原有公网业务则采用与该PDN不同的原有PDN连接进行数据传输，即终端用户须采用原有 APN 标识其原有公网业务的 PDN。

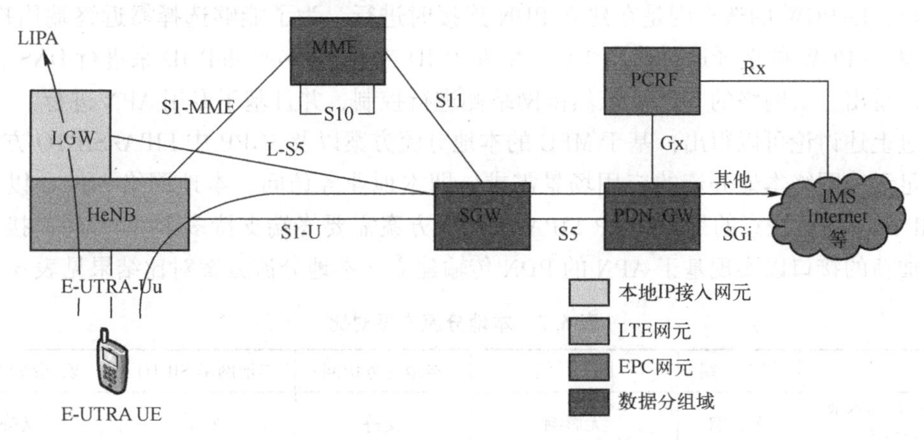

图 6.49　3GPP 家庭/企业 LIPA/SIPTO 方案

除此之外，需要注意的是，当 LGW 与 HeNB 分设时，需要在 LGW 与 HeNB 间增加新的接口 Sxx。如果 Sxx 接口同时支持用户面和控制面协议，则和 LGW 与 HeNB 合设时类似，对现有核心网网元以及接口改动较小。如果 Sxx 仅支持用户面协议，则 LIPA 的实现类似于直接隧道的建立方式，对现有核心网网元影响较大。

除此之外，当 LGW 支持 SIPTO 时，LIPA 和 SIPTO 可以采用同样的 APN，而且 HeNB SIPTO 不占用运营商网络设备和传输资源，但 LGW 需要对 LIPA 以及 SIPTO 进行路由控制。

可以看出，终端用户的本地访问需要得到网络侧授权，同时还需要提供专用的 APN 来请求 LIPA/SIPTO 连接。

2）宏网络 SIPTO 方案

对于 LTE 宏网络 SIPTO 方案，3GPP 最终确定采用 PDN 连接的方案（本地网关）进行，如图 6.50 所示。该方案通过将 SGW 以及 L-PGW 部署在无线网络附近，SGW 与 L-PGW 间通过 S5 接口连接（L-PGW 与 SGW 也可以合设），SIPTO 数据与核心网数据流先经过同一个 SGW，然后采用不同的 PDN 连接进行传输，实现宏网络的 SIPTO。

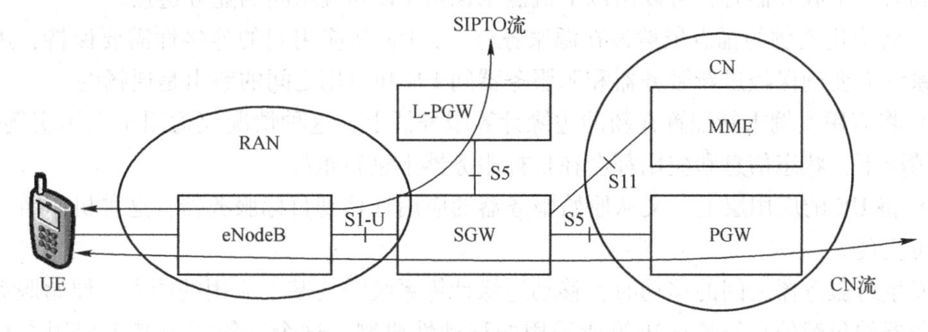

图 6.50　3GPP 基于 PDN 连接的宏网 SIPTO 方案

其中，用户是否建立 SIPTO 连接由 MME 进行控制，通过用户的签约信息（基于 APN 的签约）来判断是否允许数据本地分流。如果 HSS 签约信息不允许，则 MME 不会执行 SIPTO，否则 SIPTO 网关选择为终端用户选择地理/逻辑上靠近其接入点的网关，包括 SGW 以及 L-PGW。其中，SGW 的选择在终端初始附着和移动性管理过程中建立的第一个 PDN 连接时进行，L-PGW 的选择则是在建立 PDN 连接时进行。为了能够选择靠近终端用户的 L-PGW，其 L-PGW 的选择通过使用 TAI、Node B ID 或者 TAI+eNodeB ID 来进行 DNS 查询。

可以看出，宏网络的 SIPTO 依然由网络侧进行控制，并且基于专用 APN 进行。

经过上述讨论可以得出，基于 MEC 的本地分流方案以及 3GPP 中 LIPA/SIPTO 方案，均可以满足无线网络本地分流的应用场景需求，即本地业务访问、本地网络 SIPTO 以及宏网络的 SIPTO。需要注意的是，3GPP LIPA/SIPTO 方案需要终端支持多个 APN 的连接，同时需要增加新的接口以实现基于 APN 的 PDN 传输建立。本地分流方案对比结果见表 6.7。

表 6.7 本地分流方案对比

方案	终端	网络	本地业务访问	本地网络 SIPTO	宏网络 SIPTO
基于 MEC 的本地分流方案	无影响	无影响	支持	支持	支持
3GPP LIPA/SIPTO	支持多个 APN 连接	APN 签约，PDN 选择，增加新接口	支持	支持	支持

而在基于 MEC 的本地分流方案中，MEC 平台对于终端与网络是透明的，可以通过 IP 分流规则的配置实现终端用户数据流按照指定 IP 分流规则执行，而且无须区分基站类型。更进一步，由于 MEC 的本地分流方案对终端与网络是透明的，因此更适合于 LTE 现网本地分流业务的部署。

6.7.6 MEC 面临的问题与挑战

1. 移动性问题

移动边缘计算系统所涉及的移动性问题存在 2 种可能的情况，一种是 UE 从某一基站移动至另一个基站而边缘计算服务器不发生变化，另一种是 UE 从一个边缘计算服务器移动到另一个边缘计算服务器。当 UE 在同一服务器范围内移动时，服务器需要保证 UE 到应用的连接性能，须跟踪 UE 当前的连接节点来确保下行数据的路由。当 UE 从一个边缘计算服务器移动到另一个服务器时，可以由以下机制来保持 UE 和应用间的业务链接。

（1）将应用实例的锚点依然设在源服务器上，UE 和应用间的连接性需要保持，边缘移动计算系统需要确保经过新服务器和源服务器间 UE 和应用之间的路由是通畅的。

（2）将应用实例重新配置在新的边缘计算服务器上，这种情况仅适用于应用实例是 UE 专有的情况下，状态信息和应用都会在目标服务器上进行重配。

（3）将 UE 的应用层上下文从原始服务器的应用迁移到目标服务器，这种机制需要应用支持才可实现。

当发生跨服务器之间的移动时，移动边缘计算系统需要基于应用的能力、原始服务器和目标服务器的负载信息等情况决策所采用的移动性机制，这个决策需要基于应用本身的能力、原始服务器和目标服务器的负载信息等进行。对于某些 UE 特定的应用类型，UE 可以在移动边缘系统和外部云环境之间迁移应用实例。

2. 安全及计费问题

移动边缘计算平台在部署时由于将服务下移，流量在边缘进行本地化卸载，计费功能不易实现，也存在一定的安全问题，例如可能存在一些不受信任的终端及移动边缘应用开发者的非法接入问题，这些行为需要进行阻止，因此需要在基站和边缘计算服务器之间建立鉴权流程和安全隧道的通信，以保证数据的机密性和完整性，并保证网络的安全。

对于计费问题，移动边缘计算平台的标准化工作尚未涵盖该部分的实现，不同的公司均有自己倾向的解决方案，如服务器可以通过 HTTP 头识别和 URL 识别确定分流方案，利用应用层信息甚至可以实现更丰富的功能如灵活计费。3GPP SA2 的 SDCI（Sponsor Data Connectivity Improvement）项目针对 HTTPS 数据的解析问题提出了一套解决方案，思路是将部分应用层信息通过传输层协议头扩展告知下层，不过该方案需要运营商与 OTT 的深度合作。而作为 5G 趋势技术之一的 C/U 分离技术通过控制面和用户面的分离，用户面网关可独立下沉至移动边缘，也可为移动边缘计算系统的计费和安全提供解决方案。计费问题由于涉及较多核心网网元，也需要设备供应商、OTT、运营商等多方的共同努力积极探索。

3. MEC 用于本地分流面临的问题

MEC 技术通过为无线接入网提供 IT 和云计算的能力，使其具备了业务本地化、近距离部署的条件，从而使无线接入网具备低时延、高带宽的传输，无线网络上下文信息的感知以及向第三方业务应用的开放等诸多能力，从而可应用于具有低时延、高带宽传输、位置感知、网络状态上下文信息感知等需求的移动互联网和物联网业务，有效缓解业务应用快速发展给 LTE 网络带来的高网络负荷、高带宽以及低时延等要求。除此之外，基于 MEC 的本地分流方案通过对本地指定 IP 数据流进行分流、公网数据流透传的方式实现了 MEC 平台的透明部署，从而在不影响现网的情况实现了无线网络数据本地分流功能，为业务本地化、近距离部署提供了先决条件。然而，MEC 以及基于 MEC 的本地分流方案真正应用到现网中还存在一些问题与挑战，主要包括以下几个方面。

1）MEC 平台旁路功能

MEC 平台串接在基站与核心网之间，此时 MEC 平台需要支持旁路功能。也就是说，当 MEC 平台意外失效，例如电源故障、硬件故障、软件故障等，MEC 平台需要自动启用旁路功能，使基站与核心网实现快速物理连通，不经过 MEC 平台，从而避免 MEC 平台成为单点故障。如果 MEC 平台恢复正常，MEC 平台就需要自动关闭旁路功能。除此之外，MEC 平台升级维护以及调试时，也需要 MEC 平台支持手动启用旁路功能，从而降低网络运维管理的难度。

2）公网业务与本地业务的隔离与保护

如前所述，基于 MEC 的本地分流方案可以实现本地业务和公网业务同时进行，考虑到用户在承载建立过程中，核心网无法区分用户访问的是公网业务还是本地业务，此时本地高速率业务访问对无线空口资源的大量消耗可能会影响公网正常业务的访问（尤其是宏覆盖场景），此时 MEC 平台如何通过相应的策略实现本地业务与公网正常业务之间的隔离与保护成为 MEC 本地分流方案现网应用需要重点考虑的问题。

当然，MEC 本地分流方案也面临前面所提到的计费问题和安全问题。

6.7.7　MEC 从 4G 到 5G 的平滑过渡部署建议

MEC 可以应用于 4G 和未来的 5G 网络，有文献给出了从 4G 现网到未来 5G 网络平滑过渡的部署建议。

1. 阶段 1

基于4G EPC现网架构，MEC部署在eNodeB之后、S-GW之前。MEC部署在基站汇聚节点后，即多个eNodeB共享一个MEC服务器。MEC服务器可以为单独网元，也可把MEC的功能集成在汇聚点或eNodeB内。MEC服务器位于LTE S1接口上，对UE发起的数据包进行SPI/DPI报文解析，决策出该数据业务是否可经过MEC服务器进行本地分流。若不能，则数据业务经过MEC透传给核心网S-GW，阶段1部署建议：MEC服务器部署在RAN侧汇聚节点后如图6.51所示。

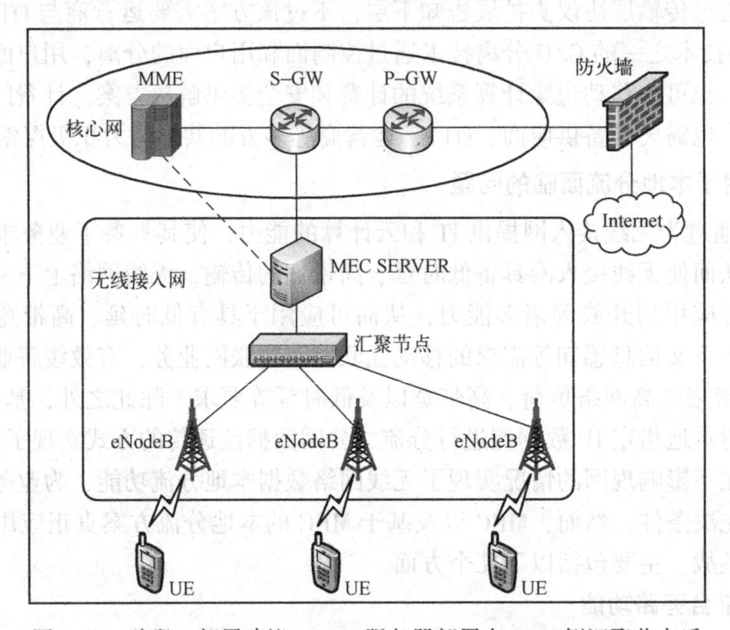

图6.51 阶段1部署建议：MEC服务器部署在RAN侧汇聚节点后

具体到部署要求，有以下几点值得注意。第一，虚拟化方面，MEC服务器尽量基于通用的虚拟化平台，以期未来可经过软件升级的方式实现4G到5G的平滑过渡。同时，与现网中的非通用网元虚实共存，促进现有网元的虚拟化替代，并期待网络在未来向全面虚拟化转型。第二，基于部署推动力的考虑，强调业务优先、分场景部署。针对大数据量、低时延等典型业务，优先考虑用MEC进行本地分流，降低传输及核心网压力。第三，对于LTE新建站（包括宏站和微站），在有具体业务需求的情况下，建议NodeB与MEC服务器同时部署，实现一次进站、统一管理。此外，对于LTE已建站（包括宏站和微站），在有具体业务需求的情况下，也可打断S1-U接口并部署MEC服务。

阶段1的方案因为考虑到现网条件，以及尚未冻结的相关技术标准等，因此存在如下几个问题。第一，由于EPC的网关在现网中并没有实现分布式部署，MEC服务器只能部署在网关之前，流量计费存在问题。目前的应对措施是，由MEC服务器把统计的流量上报给核心网（本地流量可适当打折计费），或者运营商与OTT厂商之间切磋新的商业模式（例如可通过提升场馆门票、广告推送等方式）。第二，由于标准尚未冻结，目前MEC服务器与eNodeB需要为同厂家设备，采用私有化接口，限制了运营商的选择。目前应对措施是转被动为主动，运营商需要联手在3GPP等国际组织推动MEC接口的标准化。第三，考虑到用户隐私及法规政策等因素，基站可开放哪些信息尚不明确，影响了 MEC 服务器对用户业务的感知优化。目前的应对措施是优先开放用户不敏感信息，并尽快推动 MEC 网络能力开放的标准化工作。

2. 阶段 2

MEC 部署在下沉的用户面网关（GW-U）之后，与阶段 1 的部署方式并存。LTE C/U 分离标准冻结后，异厂家的 GW-U 与 GW-C 可实现标准化对接。在有具体业务需求的情况下，新建站建议采用基于 C/U 分离的 NFV 架构，MEC 部署在 GW-U 之后，如图 6.52 所示。对于已建站，建议可保留，与阶段 2 的新部署方式并存。

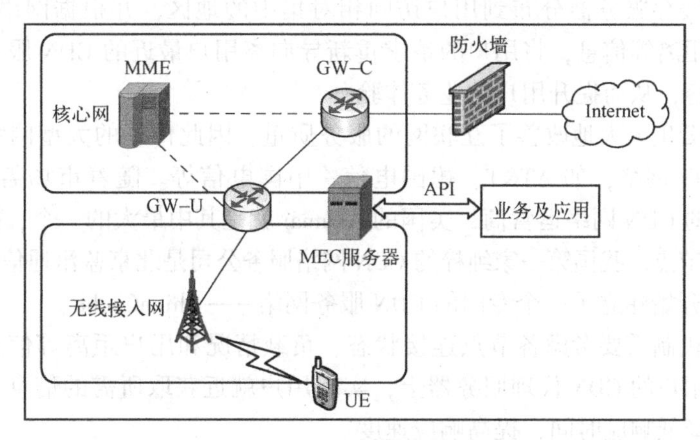

图 6.52　阶段 2 部署建议：MEC 服务器部署在 GW-U 之后

在基于 C/U 分离的传统或 NFV 架构下，MEC 服务器与 GW-U 既可集成也可分开部署，共同实现本地业务分流。

3. 阶段 3

在基于 SDN/NFV 的 5G 网络架构下，DC 采用分级部署的方式，MEC 作为 CDN 最靠近用户的一级，与 GW-U 以及相关业务链功能部署在边缘 DC，控制面功能集中部署在核心网 DC。

预期中的 5G 网络部署包括 3 级，由下到上为边缘 DC、核心 DC 和全国级核心 DC。具体地，全国级核心 DC 以控制、管理和调度职能为核心，可按需部署于全国节点，实现网络总体的监控和维护；核心 DC 可按需部署于省一级网络，承载控制面网络功能，例如移动性管理、会话管理、用户数据和策略等；边缘 DC 可按需部署于地（市）一级或靠近网络边缘，以承载媒体流终结功能为主，需要综合考虑集中程度、流量优化、用户体验和传输成本来设置。边缘 DC 主要包括 MEC、下沉的用户面网关 GW-U 和相关业务链功能等，在有些场景下，部分控制面网络功能也可以灵活部署在边缘 DG。

6.8　CDN

6.8.1　CDN 概述

内容分发网络（Content Delivery Network，CDN）是建立并覆盖在承载网之上、由分布在不同区域的服务节点组成的分布式网络。它通过一定规则将源内容传输到最接近用户的边缘，使用户可以就近取得所需的内容，减少对骨干网的带宽要求，提高用户访问的响应速度。

这个概念始于 1996 年，是美国麻省理工学院的一个研究小组为改善互联网的服务质量而提出的。为了能在传统的 IP 网上发布丰富的宽带媒体内容，他们提出在现有互联网基础上建立一个内容分发平台专门为网站提供服务，并于 1999 年成立了专门的 CDN 服务公司，为雅虎公司提供专业服务。由于 CDN 是为加快网络访问速度而被优化的网络覆盖层，因此被形象地称为“网络加速器”。

CDN 通过将缓存服务器分布到用户访问相对集中的地区，并根据网络的负荷、流量、时延和到用户的距离等信息，将用户的请求重新导向离用户最近的 CDN 服务节点上，使用户可就近取得内容，从而提升用户的业务体验。

CDN 网络的诞生大大地改善了互联网的服务质量，因此传统的大型网络运营商纷纷开始建设自己的 CDN 网络，如 AT&T、德国电信、中国电信等。随着市场需求的不断增加，甚至出现了纯粹的 CDN 网络运营商，美国的 Akamai 就是其中最大的一个，拥有分布在世界各地的 1000 多个节点。我国第一家纯粹的 CDN 网络服务公司是北京蓝汛通信技术有限责任公司，它从 2000 年开始建立了一个专门的 CDN 服务网络——ChinaCache。

CDN 的路由机制需要考虑各节点连接状态、负载情况和用户距离等信息，通过将相关内容分发至靠近用户的 CDN 代理服务器上，实现用户就近获取所需的信息，使得网络拥塞状况得以缓解，降低响应时间，提高响应速度。

6.8.2 CDN 的网络架构

CDN 属于应用层的网络架构，如图 6.53 所示，在用户与内容源 Server 间部署 CDN 边缘节点 Server，当用户请求内容时，本地 DNS 将请求转发到全球负载均衡集群，全球负载均衡集群对用户请求域名进行解析，将响应最快的 CDN 边缘集群地址返回给本地 DNS 服务器。本地 DNS 服务器将该边缘 CDN 的 IP 返回给客户端，客户端获取到该 IP 后，直接从本地边缘 CDN 节点获取内容，从而降低网络时延并提高用户体验。

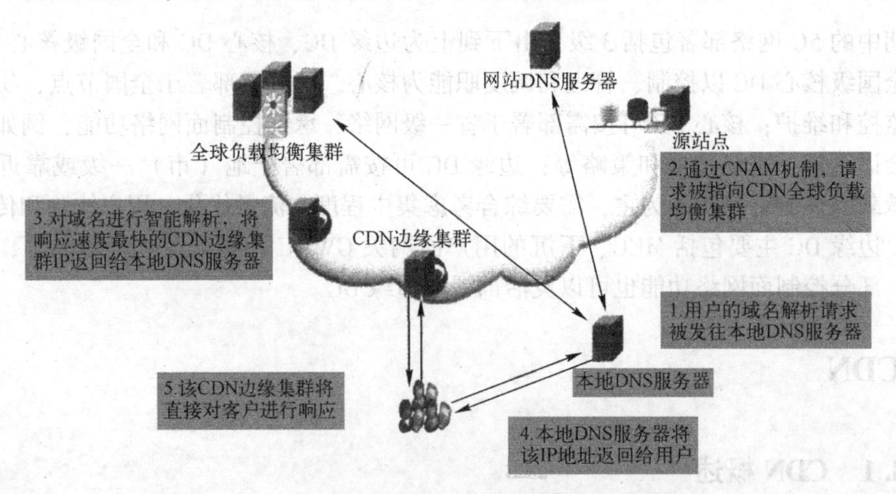

图 6.53 CDN 网络架构

图 6.54 所示为一个典型的 CDN 网络，其主要环节包括内容缓存设备、内容交换机、内容路由器、内容管理系统等。

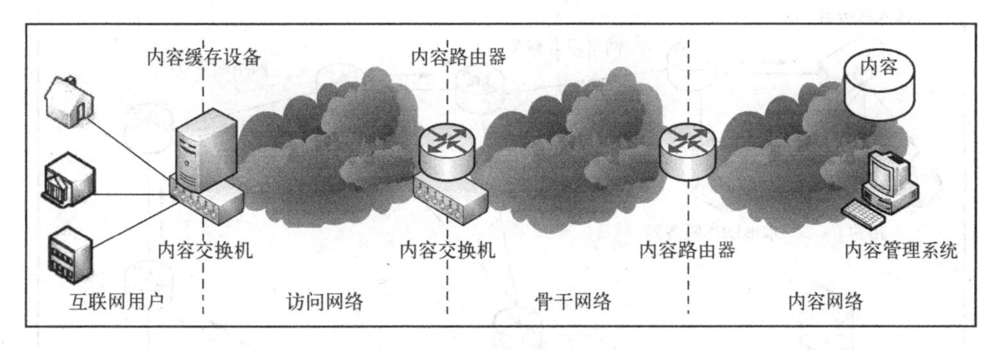

图 6.54　典型的 CDN 网络

内容缓存设备也称为 Cache 网络节点或 CDN 网络节点，它不仅是 CDN 的业务提供点，也是面向最终用户的内容提供设备。它一般部署于集中的用户接入点，可以缓存静态的 Web 内容和流媒体内容，从而实现内容的边缘传播和存储，以便于最终用户的就近访问。

内容交换机。可以均衡单点多个内容缓存设备的负载，并对内容进行缓存负载平衡及访问控制。它一般与内容缓存集中在一个设备上，处于用户接入集中点和 POP 点。

内容路由器负责将用户的请求调度到适当的设备上。内容路由通常通过负载均衡系统来实现，动态地均衡各个内容缓存站点的负荷分配，为用户的请求选择最佳的访问站点，同时提高网站的可用性。内容路由器可根据多种因素制定路由，包括站点与用户的临近度、内容的可用性、网络负载、设备状况等。

内容管理系统主要负责整个 CDN 系统的内容管理，包括内容的注入和发布、内容的分发和审核、内容的服务等。此外，内容管理系统还承担部分网络管理工作，包括为使用网络内容分布和传输服务的用户或者服务供应商监视、管理或者控制网络内容的分布和设备的状态等。

在传统互联网环境下，用户必须穿过中间的各个环节，最终访问目标 Web 服务器，如图 6.55（a）所示。有了 CDN 网络之后，用户对互联网的访问基本上可以不费周折。当用户访问已经加入 CDN 服务的网站时，首先通过域名服务器（DNS）重定向技术确定接近用户的最佳 CDN 节点，同时将用户的请求指向该节点，CDN 内容缓存服务器负责将用户请求的内容提供给用户，如图 6.55（b）所示，具体流程如下。

① 用户在自己的浏览器中输入要访问的网站域名；

② 浏览器向本地 DNS 请求对该域名的解析；

③ 本地 DNS 将请求发到网站的主 DNS，主 DNS 再将域名解析请求转发到重定向 DNS；

④ 重定向 DNS 根据一系列的策略确定当时最适当的 CDN 节点，并将解析的结果（IP 地址）发给用户；

⑤ 用户向给定的 CDN 节点请求相应网站的内容；

⑥ CDN 节点中的服务器响应用户的请求，提供所需的内容。

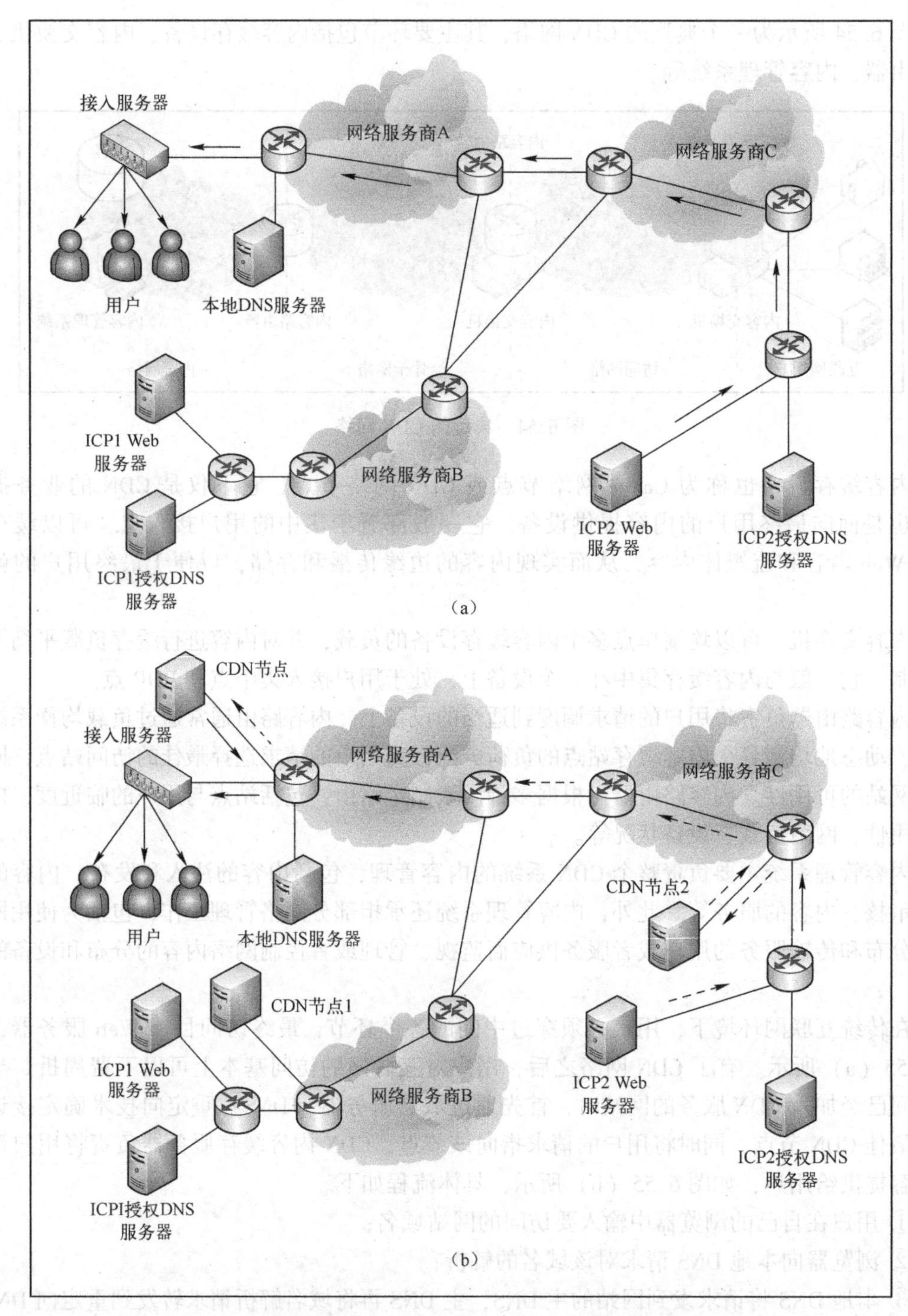

图 6.55　传统互联网与 CDN 网络的基本结构和数据传输比较

6.8.3　CDN 网络关键技术

CDN 网络关键技术包括高速缓存、负载均衡、内容路由、内容分发、内容存储和内容管理等。其中，高速缓存技术可以将互联网内容存储到 CDN 网络节点，并将其就近提供给用户，从而改善用户的响应时间；负载均衡技术可以将网络负载尽量均匀地分配到几个能完成相同任务的服务器或网络节点上去，从而大大地改善网络性能，提高处理效率；内容路由技术可以根据相关策略，将用户的请求导向整个 CDN 网络中的最佳节点。内容分发技术是使用 FTP、HTTP、P2P 等协议，将内容从内容源分发到 CDN 边缘的 Cache 节点；内容存储技术用来解决海量媒体内容的大规模存储问题；内容管理技术是负责对互联网上的内容进行索引、拷贝和访问状态信息管理等工作。

1. 内容路由技术

CDN 负载均衡系统实现 CDN 的内容路由功能。它的作用是将用户的请求导向整个 CDN 网络中的最佳节点。最佳节点的选定可以根据多种策略，例如距离最近、节点负载最轻等。负载均衡系统是整个 CDN 的核心，负载均衡的准确性和效率直接决定了整个 CDN 的效率和性能。

通常负载均衡可以分为两个层次：全局负载均衡（GSLB）和本地负载均衡（SLB）。全局负载均衡（GSLB）主要的目的是在整个网络范围内将用户的请求定向到最近的节点（或者区域）。因此，就近性判断是全局负载均衡的主要功能。本地负载均衡一般局限于一定的区域范围内，其目标是在特定的区域范围内寻找一个最适合的节点提供服务，因此，CDN 节点的健康性、负载情况、支持的媒体格式等运行状态是本地负载均衡进行决策的主要依据。

负载均衡可以通过多种方法实现，主要的方法包括 DNS、应用层重定向、传输层重定向等。

对于全局负载均衡而言，为了执行就近性判断，通常可以采用两种方式，一种是静态的配置，例如根据静态的 IP 地址配置表进行 IP 地址到 CDN 节点的映射。另一种方式是动态的检测，例如实时地让 CDN 节点探测到目标 IP 的距离（可以采用 RRT、Hops 作为度量单位），然后比较探测结果进行负载均衡。当然，静态和动态的方式也可以综合起来使用。

对于本地负载均衡而言，为了执行有效的决策，需要实时地获取 Cache 设备的运行状态。获取的方法一般有两种，一种是主动探测，一种是协议交互。主动探测针对 SLB 设备和 Cache 设备没有协议交互接口的情况，通过 ping 等命令主动发起探测，根据返回结果分析状态。另一种是协议交互，即 SLB 和 Cache 根据事先定义好的协议实时交换运行状态信息，以便进行负载均衡。比较而言，协议交互比探测方式要准确可靠，但是目前尚没有标准的协议，各厂家的实现一般仅是私有协议，互通比较困难。

2. 内容分发技术

内容分发包含从内容源到 CDN 边缘的 Cache 的过程。从实现上看，有两种主流的内容分发技术：PUSH 和 PULL。

PUSH 是一种主动分发的技术。通常，PUSH 由内容管理系统发起，将内容从源或者中心媒体资源库分发到各边缘的 Cache 节点。分发的协议可以采用 HTTP/FTP 等。通过 PUSH 分发的内容一般是比较热点的内容，这些内容通过 PUSH 方式预分发（Preload）到边缘 Cache，可以实现有针对的内容提供。对于 PUSH 分发需要考虑的主要问题是分发策略，即在什么时候分发什么内容。一般来说，内容分发可以由 CP（内容提供商）或者 CDN 内容管理员人工确定，也可以通过智能的方式决定，即所谓的智能分发。它根据用户访问的统计信息，以及预定义的内容分发的规则，确定内容分发的过程。

PULL 是一种被动的分发技术，PULL 分发通常由用户请求驱动。当用户请求的内容在本地的边缘 Cache 上不存在（未命中）时，Cache 启动 PULL 方法从内容源或者其他 CDN 节点实时获取内容。在 PULL 方式下，内容的分发是按需的。

在实际的 CDN 系统中，一般两种分发方式都支持，但是根据内容的类型和业务模式的不同，在选择主要的内容分发方式时会有所不同。通常，PUSH 的方式适合内容访问比较集中的情况，如热点的影视流媒体内容；PULL 方式比较适合内容访问分散的情况。

在内容分发的过程中，对于 Cache 设备而言，关键的是需要建立内容源 URL、内容发布的 URL、用户访问的 URL，以及内容在 Cache 中存储的位置之间的映射关系。

3. 内容存储技术

对于 CDN 系统而言，需要考虑两个方面的内容存储问题。一个是内容源的存储，一个是内容在 Cache 节点中的存储。

对于内容源的存储，由于内容的规模比较大（通常可以达到几个甚至几十个 TB），而且内容的吞吐量较大，因此，通常采用海量存储架构，如 NAS 和 SON。

对于在 Cache 节点中的存储，是 Cache 设计的一个关键问题。需要考虑的因素包括功能和性能两个方面：在功能上包括对各种内容格式的支持、对部分缓存的支持，在性能上包括支持的容量、多文件吞吐率、可靠性、稳定性。

其中，多种内容格式的支持要求存储系统根据不同文件格式的读写特点进行优化，以提高文件内容读写的效率，特别是对流媒体文件的读写。

部分缓存能力是指流媒体内容可以以不完整的方式存储和读取。部分缓存的需求来自用户访问行为的随机性，因为许多用户并不会完整地收看整个流媒体节目，事实上，许多用户访问单个流媒体节目的时间不超过 10 分钟。因此，部分缓存能力能够大大提高存储空间的利用率，并有效地提高用户请求的响应时间。但是部分缓存可能导致内容出现碎片问题，需要进行良好的设计和控制。

Cache 存储的另一个重要因素是存储的可靠性，目前，多数存储系统都采用了 RAID 技术进行可靠存储。但是不同设备使用的 RAID 方式各有不同。

4. 内容管理技术

内容管理在广义上涵盖了从内容的发布、注入、分发、调整、传递等一系列过程。在这里，内容管理重点强调内容进入 Cache 点后的内容管理，称为本地内容管理。

本地内容管理主要针对一个 CDN 节点（由多个 CDN Cache 设备和一个 SLB 设备构成）进行。本地内容管理的主要目标是提高内容服务的效率，提高本地节点的存储利用率。通过本地内容管理，可以在 CDN 节点实现基于内容感知的调度，通过内容感知的调度，可以避免将用户重定向到没有该内容的 Cache 设备上，从而提高负载均衡的效率。通过本地内容管理还可以有效地实现在 CDN 节点内容的存储共享，提高存储空间的利用率。

在实现上，本地内容管理主要包括如下几个方面。

一是本地内容索引。本地内容管理首先依赖于对本地内容的了解。包括每个 Cache 设备上内容的名称、URL、更新时间、内容信息等。本地内容索引是实现基于内容感知的调度的关键。

二是本地内容拷贝。通常，为了提高存储效率，同一个内容在一个 CDN 节点中仅存储一份，即仅存储在某个特定的 Cache 上。但是一旦对该内容的访问超过该 Cache 的服务提供能力，就需要在本地（而不是通过 PUSL 的方式）实现内容的分发。这样可以大大提高效率。

三是本地内容访问状态信息收集。搜集各个 Cache 设备上各个内容访问的统计信息，Cache 设备的可用服务提供能力及内容变化的情况。

可以看出，通过本地内容管理，可以将内容的管理从原来的 Cache 设备一级，提高到 CDN 节点一级，从而大大增加了 CDN 的可扩展性和综合能力。

6.8.4 CDN 在 5G 的应用

CDN 通过低成本的 Cache 可以显著降低用户获取内容的时延，当前 CDN 技术已经和无线核心网开始融合，未来 5G 网络，高速、低延迟的业务越来越多，仅仅靠增加带宽并不能解决所有问题，因此 CDN 将成为 5G 系统解决网络拥塞问题和提升用户体验的合理选择。

未来 5G 网络更加扁平，通过将内容尽量分发至最靠近用户的基站，并对移动终端访问互联网流量进行优化、缓存和加速，可以显著提升用户体验，而小型化的基站则成为 CDN 的首选来存储热点内容，5G 中如何融合 CDN 系统，优化处理内容获取的效率，解决无线网络中数据业务传送的瓶颈，这成为一个迫切的问题。

CDN 在 5G 中应用需要关注音视频码流自适应、智能预推、TCP 改进、无缝切换等内容。

1）音视频码流自适应

通过无线网络访问多媒体资源时，容易受到无线信号质量的影响（如音频不连续、视频会卡顿、掉帧、马赛克等），在 5G 的 CDN 系统中采用码流自适应技术，动态检测用户空口资源的变化情况，系统将根据不同带宽情况，实时转换码率格式，及时调整发送内容的码率，从而充分保障用户接收多媒体音视频的流畅性，提升用户体验。

2）智能预推

智能预推是一种提前部署热点内容到边缘节点的技术，即在网络空闲期间，将热点内容推送到 CDN。在网络繁忙期间，优先使用热点内容命中用户请求，当用户请求未命中时，利用下拉方式从内容源获取内容。智能预推充分利用了空闲的带宽资源，保证了用户的业务体验。在 5G 网络中，允许内容提供商预先加载内容到移动 CDN，可减少传输时延，减轻核心网的业务流量，提高 5G 网络传输速度。

3）TCP 改进

传统的 TCP 是针对有线网络、数据分组错误率小的场景而设计，TCP 假定分组数据包丢失全是网络拥塞引起的，采用数据分组重传机制解决丢包问题。因此，在网络环境恶劣的情况下，简单的数据重传反而会进一步恶化网络状况，而无线网络由于误码率高、传输带宽低、移动性等特点，传统的 TCP 显得力不从心。

5G 网络中移动 CDN 需要对 TCP 的重传机制进行改进，制定合理的慢启动门限值和拥塞窗口大小，此外还可以考虑一些新的 TCP 传输协议，如 MP-TCP（多径 TCP）。

4）无缝切换

5G 网络的 CDN 技术通过用户识别会话保存技术，在用户与基站之间切换时，可以保证用户在文件下载、视频观看的时候，即使发生了接入基站的切换变化也无须重新下载文件或者中断视频，从根本上屏蔽了移动网络位置改变带来的影响。

传统CDN无法感知网络状态，不具备获取全网拓扑的能力，难以定义转发策略，也不能实现动态的底层资源跨区域调度，内容调度难以做到效率最优，性能难以大幅提高；而SDN将控制平面与转发平面解耦后，控制平面可以集中式调度，获得全网拓扑以及实现流量优化控制，为用户实时动态分配资源。因此SDN和CDN可以形成技术优势的互补，使得基于SDN的CDN技术成为5G的研究内容。

如图6.56所示是基于SDN的CDN网络架构，它结合了SDN和CDN的优势，能够根据获取的全网拓扑，整体优化内容调度。此外，SDN Based CDN还可以修改网络状态及拓扑，掌控更多网络的细节，实现细粒度的策略控制，具备负载均衡机制、动态内容分发等关键能力。

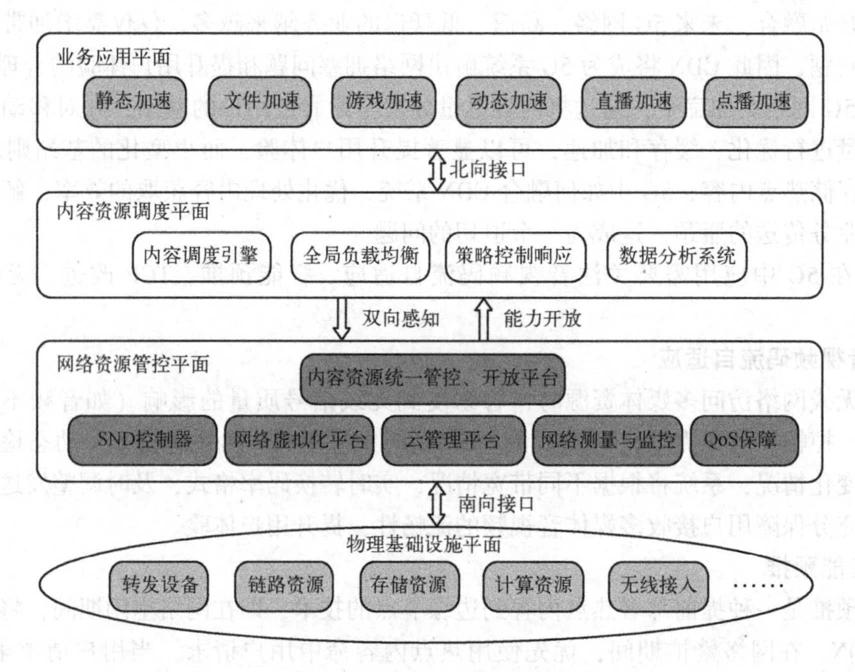

图6.56 基于SDN的CDN网络架构

图6.56的SDN Based CDN架构包括物理基础设施平面、网络资源管控平面、内容资源调度平面、业务应用平面，该架构采用SDN的南、北向接口，其中南向接口是控制和转发的接口，北向接口是CDN业务对外开放的接口。

其中，物理基础设施平面由分布式的路由器、服务器构成，提供转发、存储、计算能力；内容资源调度平面层替代原有的CDN中心调度系统，通过管控平面提供的数据实现全局负载均衡，而其上层为应用层，用于提供不同类型的加速服务，下层的分布式节点也由与负载均衡系统直接连接，变为通过SDN框架统一调度，经由资源管控平面控制资源的分配。因此，基于SDN的CDN可以实现控制与转发分离、功能与实现分离，也提高了CDN加速系统的扩展性及可维护性。

6.8.5 虚拟 CDN

1. 传统 CDN 存在的问题

传统的 CDN 主要面临如下问题。

从业务层面来看，内容、终端和业务需求在不断变化，现有 CDN 网络架构和业务流程无法实现业务的快速部署。同时对网络资源和全局拓扑的无法感知导致难以制定转发策略，无法动态调度底层资源最优匹配业务需求。

从网络架构来看，各 CDN 系统之间彼此孤立，难以形成中心化的调度和控制体系。设备处理能力通常按照峰值性能要求设计，这些富余的能力无法在闲时开放。CDN 节点的峰值平均利用率和弹性可收缩性低于硬件资源共享模式，导致资源利用率降低。

从网络运维来看，目前运营商传统 CDN 系统的数据转发层和控制层是紧耦合关系。不同的业务系统对应不同的分发网络，需要部署专用硬件或在通用硬件设备上部署专用软件。当大规模应用部署时，业务逻辑复杂，容易造成运维管理困难，运营成本高的问题。

从扩展性来看，为提升全国各地的访问速度，CDN 缓存服务器分布在服务提供商的各机房中，某地区访问量激增时，需要通过增设服务器的方式解决，这不仅无法应对动态访问请求，而且这种补丁式的解决方案也会造成各种维护问题。同时对网络配置的频繁性改变也会影响用户的体验。

为了解决传统 CDN 存在的问题，出现了互联网 CDN。互联网 CDN 通过租用运营商的 IDC 资源或专线资源，建设全国范围内服务的 CDN，为广大的互联网企业提供内容加速服务。互联网 CDN 一个突出特点是可适应用户多样的业务需求，根据内容分发的地域、内容传输的协议以及内容分发的能力灵活设置资源。互联网 CDN 也称为虚拟 CDN。

2. 虚拟 CDN 的特点

（1）资源共享。虚拟 CDN 通过引入网络虚拟化技术，为多个租户提供内容分发服务。虚拟 CDN 合理利用网络和服务器资源，基于虚拟化技术在 CDN 上划出一部分资源作为虚拟 CDN，提供内容加速分发服务，由服务形成产品，把这些产品出售给 SP/CP 客户。SP/CP 均可以在虚拟 CDN 平台上具备自己的内容储存空间和资源查看能力；不同 SP/CP 资源可以分布在同一物理 CDN 节点；一个 SP/CP 的资源也可以跨越多个物理 CDN 节点，SP/CP 可以在分配的资源范围内进行内容的管理和业务的运营。运营商对业务运营商租用的资源进行管理和监控。

（2）弹性调配。虚拟 CDN 通过引入 SDN 技术，为用户差异化及动态变化的业务需求提供快速精准的服务响应。虚拟 CDN 采用统一的控制平台对虚拟化资源进行统一管控。根据客户对 VCDN 服务的要求，虚拟 CDN 为客户分配相应的虚拟资源配置内容分发能力，并与骨干网络通信，为内容分发能力提供资源和网络，进而实现对虚拟 CDN 资源的灵活分配和部署。

3. 虚拟 CDN 的技术原理

虚拟 CDN 通过运用云计算的主机虚拟化、存储虚拟化和网络虚拟化技术，并结合 SDN/NFV 技术的架构，构建新型虚拟 CDN 的体系。

（1）为多用户提供服务：VCDN 根据用户需求动态提供资源。

（2）快速、灵活地适应用户需求：VCDN 根据用户需求，通过动态调整配置和虚拟资源重分配，快速响应用户需求。

(3) 能力和效率的提升：VCDN 通过虚拟资源池为用户分配资源，增加了资源利用的能力和效率。

(4) 减少投资：VCDN 可以根据网络负载情况，自适应调节虚拟资源的使用。资源采用共享的方式，而不是固定物理资源指定服务固定区域的方式，减少了物理资源的开销，从而降低了成本。

(5) 增加弹性和鲁棒性：VCDN 广泛应用于网络和计算资源的虚拟化，增加资源的连续性，而不受制于物理网络；在端到端的业务流程中，任意组件出现问题都可以触发自动调整来增加可靠性。

CDN 的分布式节点部署在不同的地理位置，以保证能够给不同区域的终端用户提供可靠的内容分发服务。每个 CDN 节点使用的物理资源包括服务器、存储介质和交换设备，这些物理资源构成了物理资源池。传统的 CDN 通过这些实体物理资源提供 CDN 的内容分发服务，VCDN 利用虚拟化技术将这些实体物理资源进行虚拟化，形成虚拟资源池，包括虚拟主机资源、虚拟存储资源和虚拟交换网络。虚拟资源可以将 1 台物理设备的资源划分成若干个小单元的虚拟资源，这些虚拟资源可由控制系统进行隔离与聚合。根据 VCDN 租户的业务需求，每个 CDN 节点上给不同的 VCDN 租户按需提供租户分配资源，为其分配相应的虚拟资源。

图 6.57 示出了虚拟 CDN 系统的技术原理。

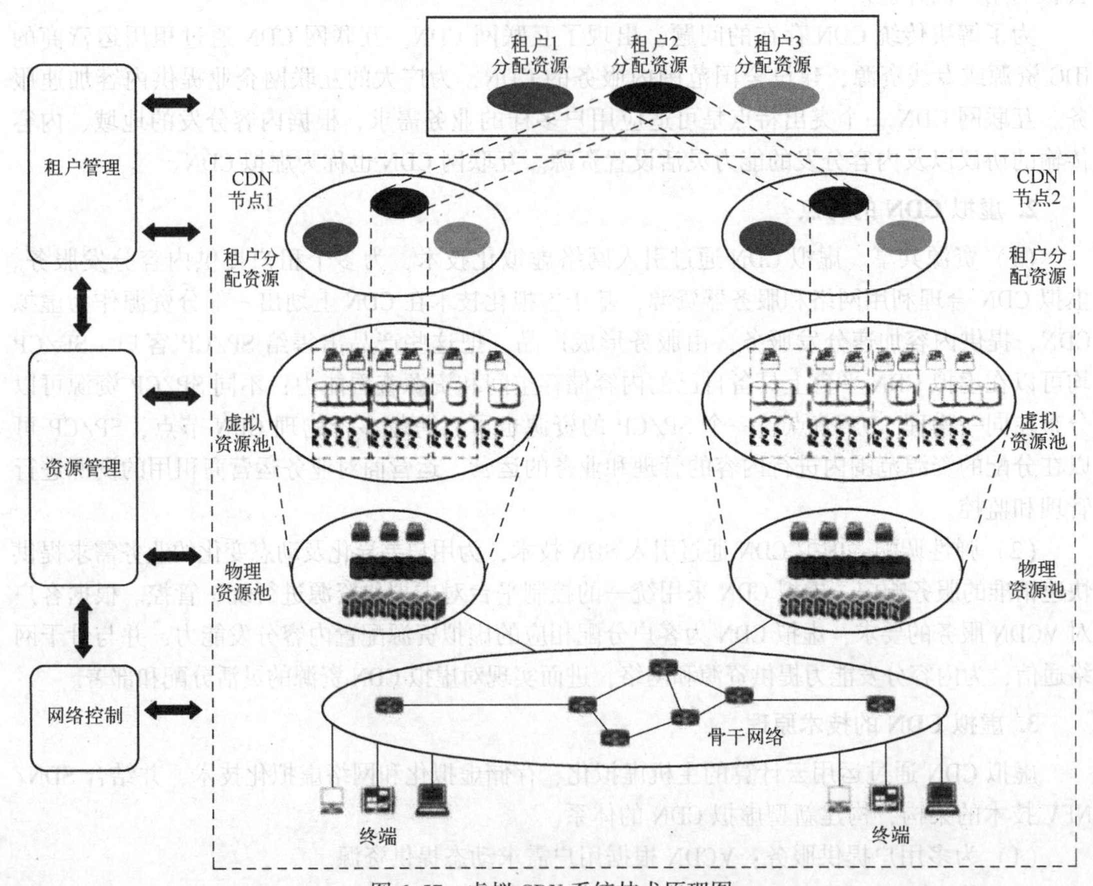

图 6.57　虚拟 CDN 系统技术原理图

租户管理模块负责对 VCDN 租户的资源进行管理，根据租户的需求，形成租户资源分配信息；资源管理模块对虚拟资源和物理资源进行管理，租户管理模块将每个租户所需的资源分配需求提交给资源管理模块，资源管理模块根据需求可以控制和配置虚拟资源的分配、迁移，以满足用户的需求。例如：当某个 VCDN 租户需要扩大 *A* 节点的资源时，租户管理模块向资源管理模块请求，为该租户增加相应的计算、存储和网络虚拟资源，当该节点的虚拟资源无法满足该租户的需求时，而 *B* 节点还有较多资源，资源管理模块会将虚拟资源从 *B* 节点转移到 *A* 节点。同时，资源管理模块向网络控制功能发起请求，例如优化路由、增加带宽等，以达到调节骨干网络性能的目的，如当终端用户需要访问 *B* 节点的资源时，网络控制功能会为终端用户提供一条最佳的网络通路，使得终端用户访问 *B* 节点的效果如同在 *A* 节点访问一致。网络控制功能是骨干网络的功能，不属于 VCDN 功能实体，骨干网络应能支持 SDN 功能，即可以通过软件定义控制网络的性能，灵活满足 VCDN 用户的网络需求。

4. 系统架构

VCDN 的系统架构如图 6.58 所示，其中深灰色的功能模块为 VCDN 系统的功能模块，浅灰色功能模块为外部系统功能。

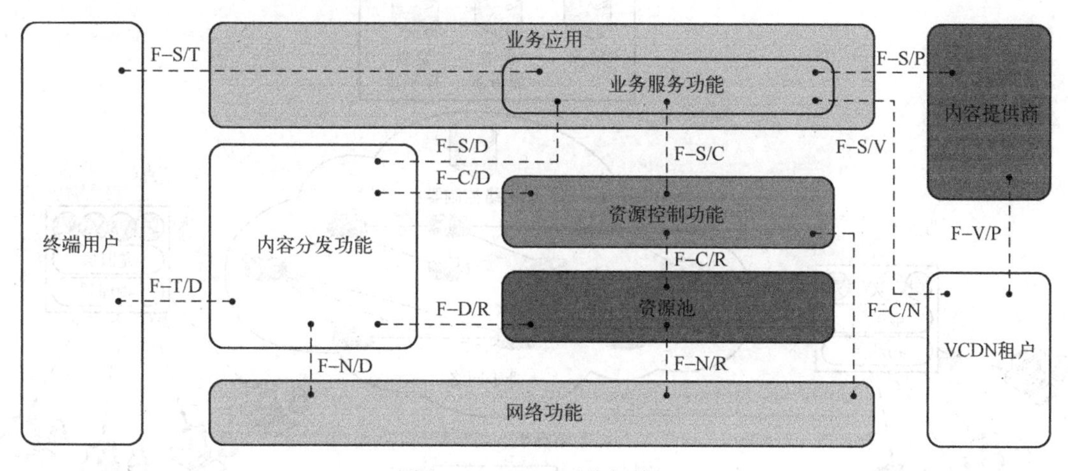

图 6.58　VCDN 系统架构图

（1）业务服务功能。支持为终端用户提供业务服务，为终端用户提供服务页面，提供鉴权、认证、计费等功能；同时支持为 VCDN 租户提供服务，为租户提供服务界面，租户使用规范化的 API 接口完成所需服务的订购。

（2）内容分发功能。传统 CDN 具备的功能，实现内容的注入、存储、处理、分发、调度、服务等功能。

（3）资源池。包括物理资源池和虚拟资源池。物理资源能力支持硬件资源的虚拟化，实现虚拟主机、虚拟存储和虚拟交换。虚拟资源池由物理资源虚拟化，其资源能力被分配相关服务资源，以满足 VCDN 服务用户的需求。

（4）资源控制功能。完成对物理资源或虚拟资源的管理。根据租户对 VCDN 服务的要求，资源控制功能为用户分配相应的虚拟资源，通过内容分发功能配置内容分发能力，并与骨干网络通信为内容分发能力提供资源和网络。

（5）网络功能。承载 CDN 分发的骨干网络。为支持 VCDN 的业务功能，网络功能须具备SDN的架构，可通过控制器对VCDN的业务需求提供灵活的网络资源分配服务。

（6）VCDN租户。VCDN为多个VCDN租户提供服务，不同的VCDN租户可在业务服务功能界面上注册、订购、查询、管理其VCDN服务。

（7）内容提供商。内容提供商为VCDN租户提供内容服务，一个VCDN租户可由多个内容提供商为其提供内容，而内容提供商也可是VCDN的租户。

（8）终端用户。由内容提供商提供内容，VCDN租户租用VCDN进行内容分发，VCDN提供端到端的内容分发服务，终端用户访问内容。

5. 业务场景

如图6.59所示，网络中部署的VCDN系统，其中3个分布式的CDN节点分别为节点*A*、节点*B*和节点*C*，由集中的CDN中心节点统一管理控制，包括GSLB、业务控制及资源控制等。该VCDN提供给3个租户。3个节点之间通过骨干网络互联，骨干网络支持SDN，由网络控制器进行管理控制。

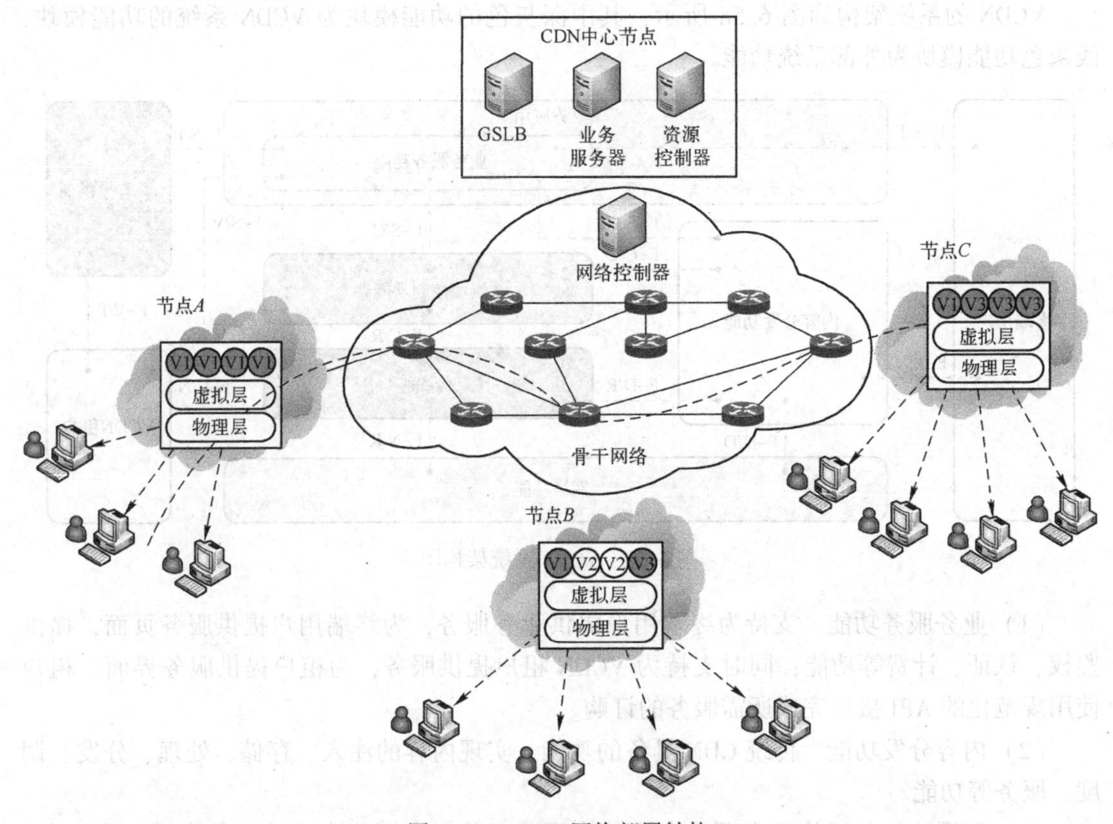

图6.59 VCDN网络部署结构

VCDN主要适用于以下几个业务场景。

业务场景1：流量突发。当租户1在*A*节点的用户视频业务突然增加时，租户1通过业务服务页面提交配置申请，并告知资源控制服务器，资源控制服务器检测到节点*A*已经没有多余的虚拟资源可分配了，但发现节点*C*还有空余的虚拟资源，于是动态地将节点*C*的空余资源划拨给租户1，为*A*节点的用户提供服务。同时，资源控制服务器告知骨干网控制器，配置一条从节点 A 用户到节点 C 服务的一条最佳网络路径，控制器下发网络配置命令后，节点 A 用户可访问节点 C 的资源，其网络响应速度与在节点 A 访问时体验相同。

业务场景 2：容灾备份。当 A 节点的资源池设备所在机房发生故障时，无法为 A 节点的用户提供服务，资源控制服务器检测到节点 C 还有部分空余的资源，于是动态地将节点 C 的空余资源划拨给租户 1，为 A 节点的用户提供服务。同业务场景 1，节点 A 可以最佳的网络链路访问节点 C 内容。

业务场景 3：差异化服务。租户 2 申请最优等级的内容分发服务，租户 1 申请一般等级的内容分发服务，当租户 1 和租户 2 在 B 节点的用户在访问资源时，由于节点 B 的资源有限，资源控制器会为其提供差异化的配置策略。对租户 2 的用户访问本地节点 B 的资源，而对租户 1 的用户访问节点 A 的资源，租户 2 的用户体验要优于租户 1 的用户体验。

6. 虚拟 CDN 演进策略

虚拟 CDN 网络架构在电信网络中的应用必须考虑网络的平滑演进，从演进的技术上来看可以分为以下 3 个阶段。

阶段 1 属于发展初期，先实现 CDN 计算服务资源的虚拟化，由于服务器的虚拟化技术目前最为成熟，而存储虚拟化及网络虚拟化目前还在实践阶段，骨干网实现 SDN 则在理论研究阶段。将每个节点实现 IaaS 的服务器基础资源池，形成若干个虚拟机，通过云计算管理服务器实现资源控制器对虚拟机的管理，将虚拟机分配给多租户服务。

阶段 2 属于发展中期，逐步实现存储虚拟化及网络虚拟化，在不同 CDN 的节点之间实现二层网络的打通，使得虚拟机资源可在节点间进行迁移，可先在局部网络区域内进行部署的尝试，同时进行一些业务流控制的验证。

阶段 3 属于发展成熟期。随着 SDN 在骨干网络技术应用的成熟，通过 SDN 控制器控制网络拓扑。VCDN 资源控制器可以与 SDN 控制器进行通信，并根据租户的业务需求进行全业务流程的验证。

第7章　5G网络的安全

7.1　移动通信网络安全概述

移动通信的空中接口是一个完全开放的信道，客观上存在极大的安全通信隐患。第一代模拟蜂窝通信系统（1G）只用了简单的电子序列号（ESN）与终端识别号（MIN）作为用户与网络相互确认的唯一手段，即移动终端以明文方式将ESN和MIN传送给网络进行比较，若二者相符，网络便确认终端用户可以在网络中通信。安全机制面临的最大危险是终端的ESN和MIN号易被克隆。

第二代数字蜂窝通信系统（2G）采用了基于私钥的数字密码体制，如GSM通过提供用户识别模块（SIM卡）来控制系统的使用，在SIM卡中包含的用户身份和鉴权或认证的密钥。这种密钥被窃取的难度比较大，从而使其安全性得到大幅提升，但因在身份认证及加密算法等方面存在许多不足，同样面临着克隆、数据完整性、拒绝服务攻击等众多安全威胁。

第三代数字蜂窝通信系统（3G）因其数字通信的技术基础，使其既可保留2G数字化安全优势，也能形成自己独有的安全体系特征。3G定义了更加完善可靠的安全机制与鉴权体系，提供了双向认证，既改进了算法，又把密钥长度增加到128比特，还把2G数据加密从接入链路延伸到了无线接入控制器（RNC），这种改进不仅为接入链路信令数据提供了完整性保护，也为用户随时查看自己的安全模式和安全级别提供了可视性操作。

LTE系统专门设计了两层安全保护网：第一层为E-UTRAN中的无线资源控制RRC层安全和用户层安全，即接入层安全；第二层是演进型分组核心网EPC中的非接入层安全。

7.2　5G网络安全的实现

7.2.1　5G网络安全面临的挑战

随着移动互联网、物联网及行业应用的爆发式增长，未来移动通信将面临千倍数据流量增长和千亿设备联网需求。5G作为新一代移动通信技术发展的方向，将在提升移动互联网用户业务体验的基础上，进一步满足未来物联网应用的海量需求，与工业、医疗、交通等行业深度融合，实现真正的“万物互联”。除了带给普通用户最直观的网速提升之外，5G还将满足超大带宽、超高容量、超密站点、超高可靠性、随时随地可接入等要求。因此，可以认为5G是一个广带化、泛在化、智能化、融合化的绿色节能网络。

5G网络新的发展趋势，尤其是5G新业务、新架构、新技术，对安全和用户隐私保护都提出了新的挑战。5G安全机制除了要满足基本通信安全要求之外，还需要为不同业务场景提供差异化安全服务，能够适应多种网络接入方式及新型网络架构，保护用户隐私，并支持提供开放的安全能力，因此面临多方面的挑战。

1. 新的业务场景

5G 网络不仅用于人与人之间的通信，还会用于人与物以及物与物之间的通信。目前，5G 业务大致可以分为 3 种场景：eMBB（增强移动宽带）、mMTC（海量机器类通信）和 uRLLC（超可靠低时延通信），5G 网络需要针对这三种业务场景的不同安全需求提供差异化安全保护机制。

eMBB 聚焦对带宽有极高需求的业务，例如高清视频、VR（虚拟现实）/AR（增强现实）等，满足人们对于数字化生活的需求。eMBB 广泛的应用场景将带来不同的安全需求，同一个应用场景中的不同业务其安全需求也有所不同，例如，VR/AR 等个人业务可能只要求对关键信息的传输进行加密，而对于行业应用可能要求对所有环境信息的传输进行加密。5G 网络可以通过扩展 LTE 安全机制来满足 eMBB 场景所需的安全需求。

mMTC 覆盖对连接密度要求较高的场景，例如智慧城市、智能农业等，能满足人们对于数字化社会的需求。mMTC 场景中存在多种多样的物联网设备，如处于恶劣环境之中的物联网设备，以及技术能力低且电池寿命长（如超过 10 年）的物联网设备等。面向物联网繁杂的应用种类和成百上千亿的连接，5G 网络需要考虑其安全需求的多样性。如果采用单用户认证方案则成本高昂，而且容易造成信令风暴问题，因此在 5G 网络中，须降低物联网设备在认证和身份管理方面的成本，支撑物联网设备的低成本和高效率海量部署（如采用群组认证等）。针对计算能力低且电池寿命需求高的物联网设备，5G 网络应该通过一些安全保护措施（如轻量级的安全算法、简单高效的安全协议等）来保证能源高效性。

uRLLC 聚焦对时延极其敏感的业务，例如自动驾驶/辅助驾驶、远程控制等，满足人们对于数字化工业的需求。低时延和高可靠性是 uRLLC 业务的基本要求，如车联网业务在通信中如果受到安全威胁则可能会涉及生命安全，因此要求高级别的安全保护措施且不能额外增加通信时延。5G 超低时延的实现需要在端到端传输的各个环节进行一系列机制优化。从安全角度来看，降低时延需要优化业务接入过程身份认证的时延、数据传输安全保护带来的时延、终端移动过程由于安全上下文切换带来的时延，以及数据在网络节点中加解密处理带来的时延。

因此，面对多种应用场景和业务需求，5G 网络需要一个统一的、灵活的、可伸缩的 5G 网络安全架构来满足不同应用的不同安全级别的安全需求，即 5G 网络需要一个统一的认证框架，用以支持多种应用场景的网络接入认证（即支持终端设备的认证、支持签约用户的认证、支持多种接入方式的认证、支持多种认证机制等）；同时 5G 网络应支持伸缩性需求，如网络横向扩展时需要及时启动安全功能实例来满足增加的安全需求，网络收敛时需要及时终止部分安全功能实例来达到节能的目的。另外，5G 网络应支持按需的用户面数据保护，如根据三大业务类型的不同，或根据具体业务的安全需求，部署相应的安全保护机制，此类安全机制的选择，包括加密终节点的不同，或者加密算法的不同，或者密钥长度的不同等。

2. 新的网络架构

为了满足千倍流量增长、无感知时延和海量设备连接的网络发展需求，5G 需要有新的网络架构，从而支持网络管理的自动化、网络资源的虚拟化和网络控制的集中化。目前业界比较认可的5G架构演进方向包括两个方面：一是在网络设备上，通过NFV（Network Function Virtualization，网络功能虚拟化）实现软件和硬件解耦，提高网络资源利用率；二是在网络架构上，通过SDN（Software Defined Networking，软件定义网络）技术实现控制和转发的进一步分离。

NFV使得传统的物理网络设备以VNF（Virtualized Network Function，虚拟网络功能）的方式部署在通用硬件的虚拟机上，灵活实现网络资源的弹性伸缩，加快网络的部署，提升网络的运维管理效率。而采用SDN技术将会提升控制面集成度，增强转发面效率。对于网络设备的控制面，将采用集中控制、分布控制或者两者结合的控制方式；对于网络设备的转发面，基站与路由交换等基础设施将具备可编程的能力，使得网络应用层可以与各种应用场景灵活适配，增强网络的开放性和兼容性。

5G接入网中可能需要更多的天线数、更高的调制阶数、更强的干扰消除机制等，使得5G网络能够支持高密度小区、支持网络容量呼吸和迁移、支持多网融合，进而实现对高密度和新空口的高频数据以及新型移动互联网应用的适配。因此，大规模天线系统、高频段新波形设计、非正交传输和接入技术、同时同频全双工技术、网络架构与信令优化等都将作为5G网络架构演进的重要技术。新技术的引入也为5G网络安全带来了新的挑战。

5G网络通过引入虚拟化技术实现了软件与硬件的解耦，通过NFV技术的部署，使得部分功能网元以虚拟功能网元的形式部署在云化的基础设施上，网络功能由软件实现，不再依赖于专有通信硬件平台。由于5G网络的这种虚拟化特点，改变了传统网络中功能网元的保护在很大程度上依赖于对物理设备的安全隔离的现状，原先认为安全的物理环境已经变得不安全，实现虚拟化平台的可管可控的安全性要求成为5G安全的一个重要组成部分，例如安全认证的功能也可能放到物理环境安全当中，因此，5G安全需要考虑5G基础设施的安全，从而保障5G业务在NFV环境下能够安全运行。另外，5G网络中通过引入SDN技术提高了5G网络中的数据传输效率，实现了更好的资源配置，但同时也带来了新的安全需求，即需要考虑在5G环境下，虚拟SDN控制网元和转发节点的安全隔离和管理，以及SDN流表的安全部署和正确执行。

3. 新特征

为了更好地支持上述3个业务场景，5G网络将建立网络切片，为不同业务提供差异化的安全服务，根据业务需求针对切片定制其安全保护机制，实现客户化的安全分级服务，同时网络切片也对安全提出了新的挑战，如切片之间的安全隔离，以及虚拟网络的安全部署和安全管理。

面向低时延业务场景，5G核心网控制功能需要部署在接入网边缘或者与基站融合部署。数据网关和业务使能设备可以根据业务需要在全网中灵活部署，以减少对回传网络的压力，降低时延和提高用户体验速率，随着核心网功能下沉到接入网，5G网络提供的安全保障能力也将随之下沉。

5G网络的能力开放功能可以部署于网络控制功能之上，以便网络服务和管理功能向第三方开放，在5G网络中，能力开放不仅体现在整个网络能力的开放上，还体现在网络内部网元之间的能力开放，与4G网络的点对点流程定义不同，5G网络的各个网元都提供了服务的开放，不同网元之间通过API（应用程序接口）调用其开放的能力。因此5G网络安全需要核心网与外部第三方网元以及核心网内部网元之间支持更高更灵活的安全能力，实现业务签约、发布，及每用户每服务都有安全通道。

4. 多种接入方式和多种设备形态

由于未来应用场景的多元化，5G 网络需要支持多种接入技术，如 WLAN（无线局域网络）、LTE（长期演进）、固定网络、5G 新无线接入技术，而不同的接入技术有不同的安全需求和接入认证机制；再者，一个用户可能持有多个终端，而一个终端可能同时支持多种接入方式，同一个终端在不同接入方式之间进行切换时或用户在使用不同终端进行同一个业务时，要求能进行快速认证以保持业务的延续性从而获得更好的用户体验。因此，5G 网络需要构建一个统一的认证框架来融合不同的接入认证方式，并优化现有的安全认证协议（如安全上下文的传输、密钥更新管理等），以提高终端在异构网络间进行切换时的安全认证效率，同时还能确保同一业务在更换终端或更换接入方式时连续的业务安全保护。

在 5G 应用场景中，有些终端设备能力强，可能配有 SIM（用户身份识别模块）/USIM（通用用户身份识别模块）卡，并具有一定的计算和存储能力，有些终端设备没有 SIM/USIM 卡，其身份标识可能是 IP 地址、MAC（介质访问控制）地址、数字证书等；而有些能力低的终端设备，甚至没有特定的硬件来安全存储身份标识及认证凭证，因此，5G 网络需要构建一个融合的统一的身份管理系统，并能支持不同的认证方式、不同的身份标识及认证凭证。

5. 新的商业模式

5G 网络不仅要满足人们超高流量密度、超高连接数密度、超高移动性的需求，还要为垂直行业提供通信服务。在 5G 时代将会出现全新的网络模式与通信服务模式。同样地，终端和网络设备的概念也将会发生改变，各类新型终端设备的出现将会产生多种具有不同态势的安全需求，在大连接物联网场景中，大量的无人管理的机器与无线传感器将会接入到 5G 网络之中，由成千上万个独立终端组成的诸多小的网络将会同时连接至 5G 网络中，在这种情况下，现有的移动通信系统的简单的可信模式（即一个用户及其通信终端和运营商）可能不能满足 5G 支撑的各类新兴的商业模式，需要对可信模式进行变革，以应对相关领域的扩展型需求。为了确保 5G 网络能够支撑各类新兴商业模式的需求，并确保足够的安全性，需要对安全架构进行全新的设计。

同时 5G 网络是能力开放的网络，可以向第三方或者垂直行业开放网络安全能力，如认证和授权能力，第三方或者垂直行业与运营商建立了信任关系，当用户允许接入 5G 网络时，也同时允许接入第三方业务。5G 网络的能力开放有利于构建以运营商为核心的开放业务生态，增强用户黏性，拓展新的业务收入来源。对于第三方业务来说，可以借助被广泛使用的运营商数字身份来推广业务，快速拓展用户。

6. 更高的隐私保护需求

5G 网络中业务和场景的多样性，以及网络的开放性，使用户隐私信息从封闭的平台转移到开放的平台上，接触状态从线下变成线上，泄露的风险也因此增加。例如在智能医疗系统中，病人病历、处方和治疗方案等隐私性信息在采集、存储和传输过程中存在被泄露、篡改的风险，而在智能交通中，车辆的位置和行驶轨迹等隐私信息也存在暴露和被非法跟踪使用的风险，因此 5G 网络有了更高的用户隐私保护需求。

5G 网络是一个异构的网络，使用多种接入技术，各种接入技术对隐私信息的保护程度不同。同时，5G 网络中的用户数据可能会穿越各种接入网络及不同厂商提供的网络功能实体，从而导致用户隐私数据散布在网络的各个角落，而数据挖掘技术还能够让第三方从散布的隐私数据中分析出更多的用户隐私信息。因此，在 5G 网络中，必须全面考虑数据在各种接入技术以及不同运营网络中穿越时所面临的隐私暴露风险，并制定周全的隐私保护策略，包括用户的各种身份、位置、接入的服务等。

4G 网络已经暴露出泄露用户身份标识［如 IMSI（国际移动用户标识）暴露问题］的漏洞，因此在 5G 网络中需要对 4G 网络的机制进行优化和补充，通过加强的安全机制对用户身份标识进行隐私保护，杜绝出现泄露用户身份标识的情况，解决已有的 4G 网络的漏洞。另外，由于 5G 接入网络包括 LTE 接入网络，因此用户身份标识的保护需要兼容 LTE 的认证信令，防御攻击者引导用户至 LTE 接入方式，从而执行针对隐私性的降维攻击。同时，攻击者也可能会利用 UE 位置信息或者空口数据包的连续性等特点进行 UE 追踪的攻击，因此 5G 隐私保护也需要应对此类位置隐私的安全威胁。

7.2.2 5G 网络安全的目标

5G 时代，一方面，垂直行业与移动网络的深度融合，带来了多种应用场景，包括海量资源受限的物联网设备同时接入、无人值守的物联网终端、车联网与自动驾驶、云端机器人、多种接入技术并存等；另一方面，IT 技术与通信技术的深度融合，带来了网络架构的变革，使得网络能够灵活地支撑多种应用场景。5G 安全应保护多种应用场景下的通信安全以及 5G 网络架构的安全。

5G 网络的多种应用场景中涉及不同类型的终端设备、多种接入方式和接入凭证、多种时延要求、隐私保护要求等，所以 5G 网络安全应保证：

- 提供统一的认证框架，支持多种接入方式和接入凭证，从而保证所有终端设备安全地接入网络。
- 提供按需的安全保护，满足多种应用场景中的终端设备的生命周期要求、业务的时延要求。
- 提供隐私保护，满足用户隐私保护以及相关法规的要求。

5G 网络架构中的重要特征包括 NFV/SDN、切片以及能力开放，所以 5G 安全应保证：

- NFV/SDN 引入移动网络的安全，包括虚拟机相关的安全、软件安全、数据安全、SDN 控制器安全等。
- 切片的安全，包括切片安全隔离、切片的安全管理、UE 接入切片的安全、切片之间通信的安全等。
- 能力开放的安全，既能保证开放的网络能力安全地提供给第三方，也能够保证网络的安全能力（如加密、认证等）能够开放给第三方使用。

7.2.3 5G 网络的安全架构

由于对 5G 提出的高速率、低时延、处理海量终端等要求，5G 安全架构需要从优化保护节点和密钥架构等方面进行演进。

1. 保护节点的演进

在 5G 时代，用户对数据传输的要求更高，不仅对上下行数据传输速率提出挑战，同时也对时延提出了“无感知”的苛刻要求。而在传统的 2G、3G、4G 网络中，用户设备（UE）与基站之间提供空口的安全保护机制，在移动时会频繁地更新密钥。而频繁地切换基站与更新密钥将会带来较大的时延，并导致用户实际传输速率无法得到进一步提高，因此在 5G 中必须对此加以改进。5G 网络可考虑从数据保护节点处进行改进，即将加解密的网络侧节点由基站设备向核心网设备延伸，利用核心网设备在会话过程中较少变动的特性，实现降低切换频率的目的，进而提升传输速率。在这种方式下，空口加密将转变为 UE 与核心网设备间的加密，原本用于空口加密的控制信令也将随之演进为 UE 与核心网设备间的控制信令。

此外，5G 时代将会融合各种通信网络，而目前 2G、3G、4G 以及 WLAN 等网络均拥有各自独立的安全保护体系，提供加密保护的节点也有所不同，如 2G、3G、4G 采用 UE 与基站间的空口保护，而 WLAN 则多数采用终端到核心网的接入网元 PDN 网关或者边界网元 ePDG 之间的安全保护。因此，终端必须不断地根据网络形态选择对应的保护节点，这为终端在各种网络间的漫游带来了极大的不便，因此可考虑在核心网中设立相应的安全边界节点，采用统一的认证机制解决这一问题。

2. 密钥架构优化

4G 网络架构的扁平化导致密钥架构从原来使用单一密钥提供保护，变成使用独立密钥对 NAS（Non-Access Stratum，非接入层）和 AS（Access Stratum，接入层）分别进行保护，如图 7.1 所示。所以保护信令面和数据面的密钥个数也从原来的 2 个变成 5 个，密钥推衍变得相对复杂，多个密钥的推衍计算会带来一定的计算开销和时延。在 5G 场景下，需要对 4G 的密钥架构进行优化，使得 5G 的密钥架构具备轻量化的特点，满足 5G 对低成本和低时延的要求。

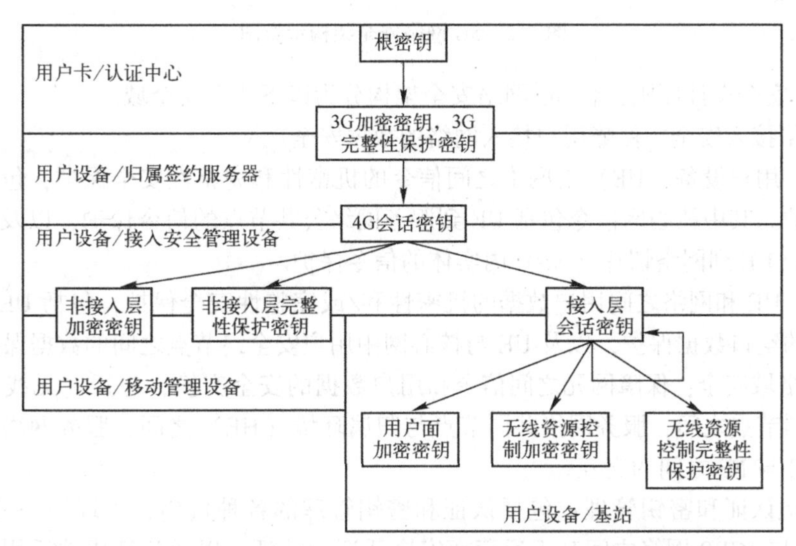

图 7.1　4G 网络的密钥架构

另外，5G 网络中可能会存在两类计算和处理能力差别很大的设备：一类是大量的物联网设备，这些设备的成本低、计算能力和处理能力不强，无法支持现在通用的密码算法和安全机制（如 AES、TLS 等），因此除了上述的密钥架构之外，5G 还需要开发轻量级的密钥算法，使得 5G 场景下海量的低成本、低处理能力的物联网设备能够进行安全的通信；另一类是高处理能力的设备（如智能手机），随着芯片等技术的高速发展，设备的计算、存储能力将大大提高，也会很容易支持快速公私钥加解密，此时可以大范围使用证书来更简单、更方便地产生不同的多样化密钥，从而对具有高处理能力的设备之间的通信进行保护。

5G 网络安全架构的设计须满足上述新的安全需求和挑战，包括新业务、新技术、新特征、接入方式和设备形态等。5G 网络安全架构的设计原则包括支持数据安全保护、体现统一认证框架和业务认证、满足能力开放，以及支持切片安全和应用安全保护机制。5G 网络安全架构如图 7.2 所示。

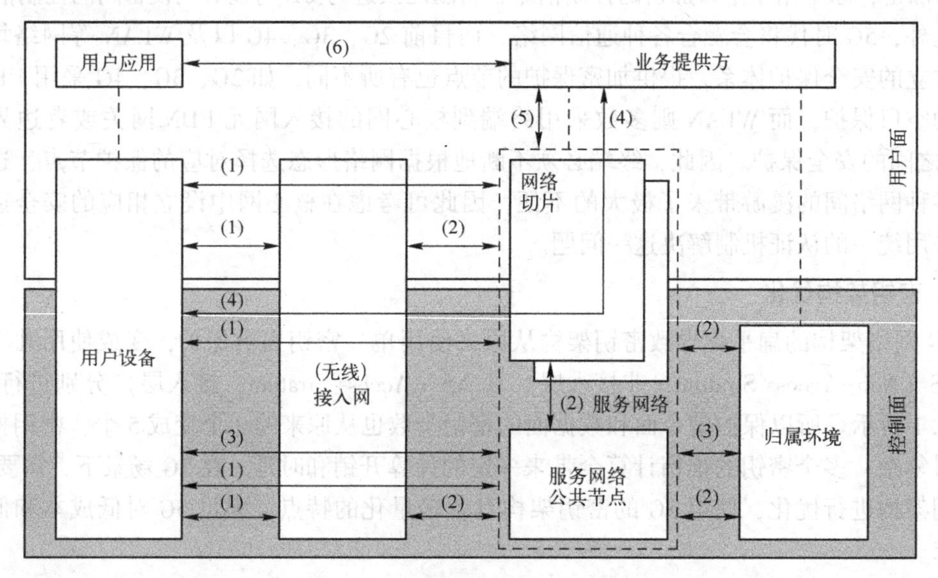

图 7.2　5G 网络安全架构示意图

根据 5G 安全设计原则，将 5G 网络安全架构分为以下八个安全域。

（1）网络接入安全：保障用户接入网络的数据安全。

控制面：用户设备（UE）与网络之间信令的机密性和完整性安全保护，包括无线和核心网信令保护。其中核心网信令包括 UE 到服务网络公共节点的信令保护，以及根据切片安全需求部署的 UE 到网络切片（NS）内实体的信令保护。

用户面：UE 和网络之间用户数据的机密性和/或完整性安全保护，包括 UE 与（无线）接入网之间的空口数据保护，以及 UE 与核心网中用户安全终节点之间的数据保护。

（2）网络域安全：保障网元之间信令和用户数据的安全交换，包括（无线）接入网与服务网络共同节点之间，服务网络共同节点与归属环境（HE）之间，服务网络共同节点与 NS 之间，HE 与 NS 之间的交互。

（3）首次认证和密钥管理：包括认证和密钥管理的各种机制，体现统一的认证框架。具体为：UE 与 3GPP 网络之间基于运营商安全凭证的认证，以及认证成功后用户数据保护的密钥管理。根据不同场景中设备形式的不同，UE 中认证安全凭证可以存储在 UE 上基于硬件的防篡改的安全环境中，如 UICC（通用集成电路卡）。

（4）二次认证和密钥管理：UE 与外部数据网络（如，业务提供方）之间的业务认证以及相关密钥管理。体现部分业务接入5G网络时，5G网络对于业务的授权。

(5) 安全能力开放：体现5G网元与外部业务提供方的安全能力开放，包括开放数字身份管理与认证能力。另外通过安全开放能力，也可以实现5G网络获取业务对于数据保护的安全需求，完成按需的用户面保护。

(6) 应用安全：此安全域保证用户和业务提供方之间的安全通信。

(7) 切片安全：体现切片的安全保护，例如UE接入切片的授权安全，切片隔离安全等。

(8) 安全可视化和可配置：体现用户可以感知安全特性是否被执行，这些安全特性是否可以保障业务的安全使用和提供。

7.2.4 5G网络新的安全能力

1. 统一的认证框架

5G支持多种接入技术（如4G接入、WLAN接入以及5G接入），由于目前不同的接入网络使用不同的接入认证技术，并且，为了更好地支持物联网设备接入5G网络，3GPP还将允许垂直行业的设备和网络使用其特有的接入技术。为了使用户可以在不同接入网间实现无缝切换，5G网络将采用一种统一的认证框架，实现灵活并且高效地支持各种应用场景下的双向身份鉴权，进而建立统一的密钥体系。

EAP（可扩展认证协议）认证框架是能满足5G统一认证需求的备选方案之一。它是一个能封装各种认证协议的统一框架，框架本身并不提供安全功能，认证期望取得的安全目标，由所封装的认证协议来实现，它支持多种认证协议，如EAP-PSK（预共享密钥）、EAP-TLS（传输层安全）、EAP-AKA（鉴权和密钥协商）等。

在3GPP目前所定义的5G网络架构中，认证服务器功能/认证凭证库和处理功能（AUSF/ARPF）网元可完成传统EAP框架下的认证服务器功能，接入管理功能（AMF）网元可完成接入控制和移动性管理功能，5G统一认证框架示意如图7.3所示。

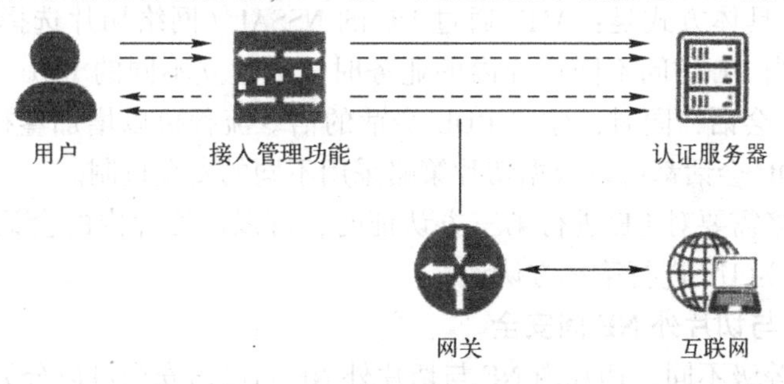

图7.3 5G统一认证框架示意

在5G统一认证框架里，各种接入方式均可在EAP框架下接入5G核心网：用户通过WLAN接入时可使用EAP-AKA’认证，有线接入时可采用IEEE 802.1x认证，5G新空口接入时可使用EAP-AKA认证。不同的接入网使用在逻辑功能上统一的AMF和AUSF/ARPF提供认证服务，基于此，用户在不同接入网间进行无缝切换成为可能。

5G网络的安全架构明显有别于以前移动网络的安全架构。统一认证框架的引入不仅能降低运营商的投资和运营成本，也为将来5G网络提供新业务时对用户的认证打下基础。

2. 多层次的切片安全

切片安全机制主要包含三个方面：UE和切片间安全、切片内NF（网络功能）与切片外NF间安全、切片内NF间安全，如图7.4所示。

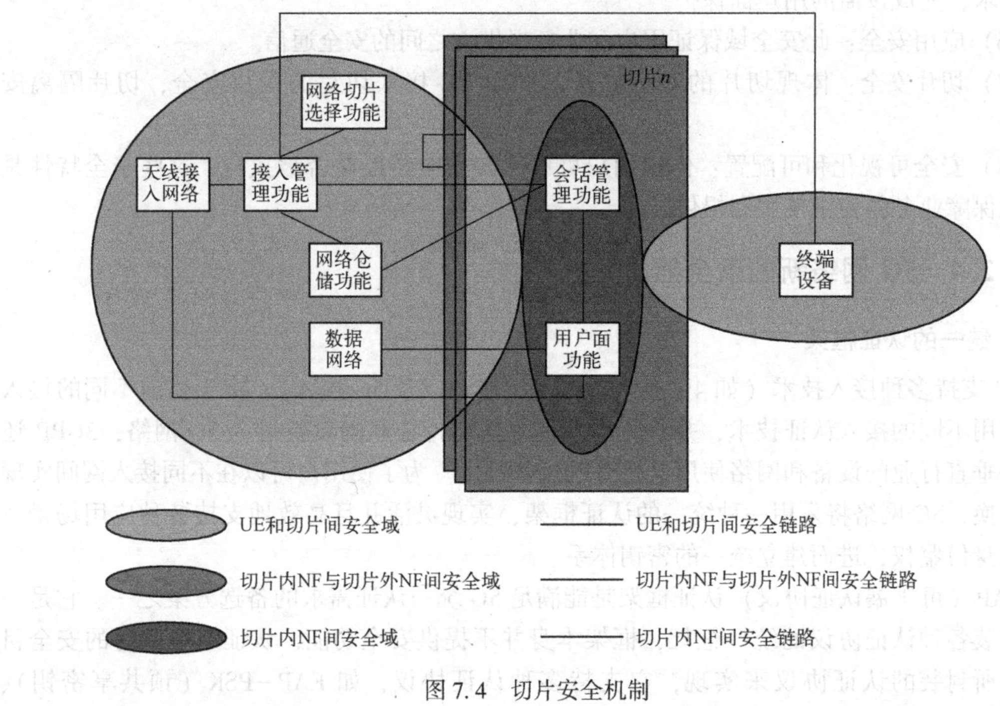

图7.4 切片安全机制

1）UE和切片间安全

UE和切片间安全通过接入策略控制来应对访问类的风险，由AMF对UE进行鉴权，从而保证接入网络的UE是合法的。另外，可以通过PDU（分组数据单元）会话机制来防止UE的未授权访问，具体方式是：AMF通过UE的NSSAI（网络切片选择辅助信息）为UE选择正确的切片，当UE访问不同切片内的业务时，会建立不同的PDU会话，不同的网络切片不能共享PDU会话，同时，建立PDU会话的信令流程可以增加鉴权和加密过程。UE的每一个切片的PDU会话都可以根据切片策略采用不同的安全机制。

当外部数据网络需要对UE进行第三方认证时，可以由切片内的会话管理功能（SMF）作为EAP认证器，为UE进行第三方认证。

2）切片内NF与切片外NF间安全

由于安全风险等级不同，切片内NF与切片外NF间通信安全可以分为以下三种情况。

- 切片内NF与切片公用NF间的安全。

公用NF可以访问多个切片内的NF，因此切片内的NF需要安全的机制控制来自公用NF的访问，防止公用NF非法访问某个切片内的NF，以及防止非法的外部NF访问某个切片内的NF。

网管平台通过白名单机制对各个NF进行授权，包括每个NF可以被哪些NF访问，每个NF可以访问哪些NF。

切片内的SMF需要向网络仓储功能（NRF）注册，当AMF为UE选择切片时，询问

NRF，发现各个切片的 SMF 在 AMF 和 SMF 通信前可以先进行相互认证，实现切片内 NF（如 SMF）与切片外公共 NF（如 AMF）之间的相互可信。

同时，可以在 AMF 或 NRF 进行频率监控或者部署防火墙防止 DoS/DDoS 攻击，防止恶意用户将切片公有 NF 的资源耗尽，而影响切片的正常运作。比如，在 AMF 进行防御，进行频率监控，当检测到同一 UE 向同一 NRF 发消息的频率过高，则将强制该 UE 下线，并限制其再次上线，进行接入控制，防止 UE 的 DoS 攻击；或者在 NRF 进行频率监控，当发现大量 UE 同时上线，向同一 NRF 发送消息的频率过高，则将强制这些 UE 下线，并限制其再次上线，进行接入控制，防止大范围的 DDoS 攻击。

- 切片内 NF 与外网设备间安全。

在切片内 NF 与外网设备间，部署虚拟防火墙或物理防火墙，保护切片内网与外网的安全。如果在切片内部署防火墙则可以使用虚拟防火墙，不同的切片按需编排；如果在切片外部署防火墙则可以使用物理防火墙，一个防火墙可以保障多个切片的安全。

- 不同切片间 NF 的隔离。

不同的切片要尽可能保证隔离，各个切片内的 NF 之间也需要进行安全隔离，比如，部署时可以通过 VLAN（虚拟局域网）/VxLAN（虚拟扩展局域网）划分切片，基于 NFV 的隔离来实现切片的物理隔离和控制，保证每个切片都能获得相对独立的物理资源，保证一个切片异常后不会影响到其他切片。

3）切片内 NF 间安全

切片内的 NF 之间通信前，可以先进行认证，保证对方 NF 是可信 NF，然后可以通过建立安全隧道保证通信安全，如 IPSec。

3. 差异化安全保护

不同的业务会有不同的安全需求，例如，远程医疗需要高可靠性安全保护，而部分物联网业务需要轻量级的安全解决方案（算法或安全协议）来进行安全保护。5G 网络支持多种业务并行发展，以满足个人用户、行业客户的多样性需求。从网络架构来看，基于原生云化架构的端到端切片可以满足这样的多样性需求。同样，5G 安全设计也须支持业务多样性的差异化安全需求，即用户面的按需保护需求。

用户面的按需保护本质上是根据不同的业务对于安全保护的不同需求，部署不同的用户面保护机制。按需的保护主要有以下两类策略。

（1）用户面数据保护的终节点。终节点可以为（无线）接入网或者核心网，即 UE 到（无线）接入网之间的用户面数据保护，或者 UE 至核心网的用户面数据保护。

（2）业务数据的加密和/或完整性保护方式。如，不同的安全保护算法、密钥长度、密钥更新周期等。

通过和业务的交互，5G 系统获取不同业务的安全需求，并根据业务、网络、终端的安全需求和安全能力，运营商网络可以按需制定不同业务的差异化数据保护策略，如图 7.5 所示。

图 7.5 中，根据应用与服务侧的业务安全需求，确定相应切片的安全保护机制，并部署相关切片的用户面安全防护。例如考虑 mMTC 中设备的轻量级特征，此切片内数据可以根据 mMTC 业务需求部署轻量级的用户面安全保护机制。另外，切片内还包含 UE 至核心网的会话传输模式，因此基于不同的会话进行用户面数据保护，可以增加安全保护的灵活度。对

于同一个用户终端，不同的业务有不同的会话数据传输，5G 网络也可以对不同的会话数据传输进行差异化的安全保护。

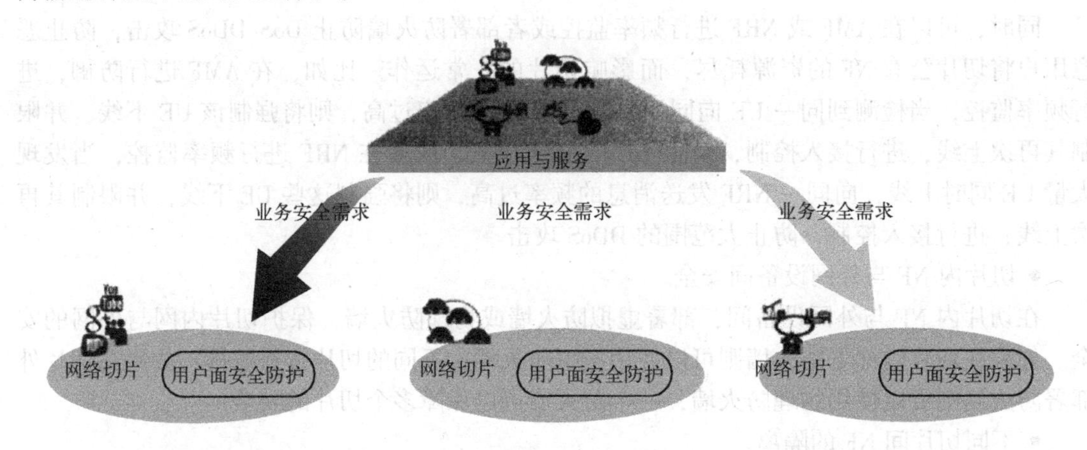

图 7.5　基于业务的差异化用户面安全保护机制示例

4. 开放的安全能力

5G 网络安全能力可以通过 API 接口开放给第三方业务（如业务提供商、企业、垂直行业等），让第三方业务能便捷地使用移动网络的安全能力，从而让第三方业务提供商有更多的时间和精力专注于具体应用业务逻辑的开发，进而快速、灵活地部署各种新业务，以满足用户不断变化的需求；同时运营商通过 API 接口开放 5G 网络安全能力，让运营商的网络安全能力深入地渗透到第三方业务生态环境中，进而增强用户黏性，拓展运营商的业务收入来源。

开放的 5G 网络安全能力主要包括：基于网络接入认证向第三方提供业务层的访问认证，即如果业务层与网络层互信时用户在通过网络接入认证后可以直接访问第三方业务，简化用户访问业务认证的同时也提高了业务访问效率；基于终端智能卡（如 UICC /eUICC/ iUICC）的安全能力，拓展业务层的认证维度，增强业务认证的安全性。

5. 灵活多样的安全凭证管理

由于 5G 网络需要支持多种接入技术（如 WLAN、LTE、固定网络、5G 新无线接入技术），以及支持多样的终端设备，如部分设备能力强，支持（U）SIM 卡安全机制；部分设备能力较弱，仅支持轻量级的安全功能，于是，存在多种安全凭证，如对称安全凭证和非对称安全凭证。因此，5G 网络安全需要支持多种安全凭证的管理，包括对称安全凭证管理和非对称安全凭证管理。

1）对称安全凭证管理

对称安全凭证管理机制便于运营商对于用户的集中化管理。如，基于（U）SIM 卡的数字身份管理，是一种典型的对称安全凭证管理，其认证机制已得到业务提供者和用户广泛的信赖。

2）非对称安全凭证管理

采用非对称安全凭证管理可以实现物联网场景下的身份管理和接入认证，缩短认证链条，实现快速安全接入，降低认证开销；同时缓解核心网压力，规避信令风暴以及认证节点高度集中带来的瓶颈风险。

面向物联网成百上千亿的连接，基于（U）SIM 卡的单用户认证方案成本高昂，为了降低物联网设备在认证和身份管理方面的成本，可采用非对称安全凭证管理机制。

非对称安全凭证管理主要包括两类：证书机制和基于身份安全 IBC（基于身份密码学）机制。其中证书机制是应用较为成熟的非对称安全凭证管理机制，已广泛应用于金融和 CA（证书中心）等业务，不过证书复杂度较高；而基于 IBC 的身份管理，设备 ID 可以作为其公钥，在认证时不需要发送证书，具有传输效率高的优势。IBC 所对应的身份管理与网络/应用 ID 易于关联，可以灵活制定或修改身份管理策略。

非对称密钥体制具有天然的去中心化特点，无须在网络侧保存所有终端设备的密钥，无须部署永久在线的集中式身份管理节点。

网络认证节点可以采用去中心化部署方式，如下移至网络边缘，终端和网络的认证无须访问网络中心的用户身份数据库。去中心化安全管理部署方式示意图如图 7.6 所示。

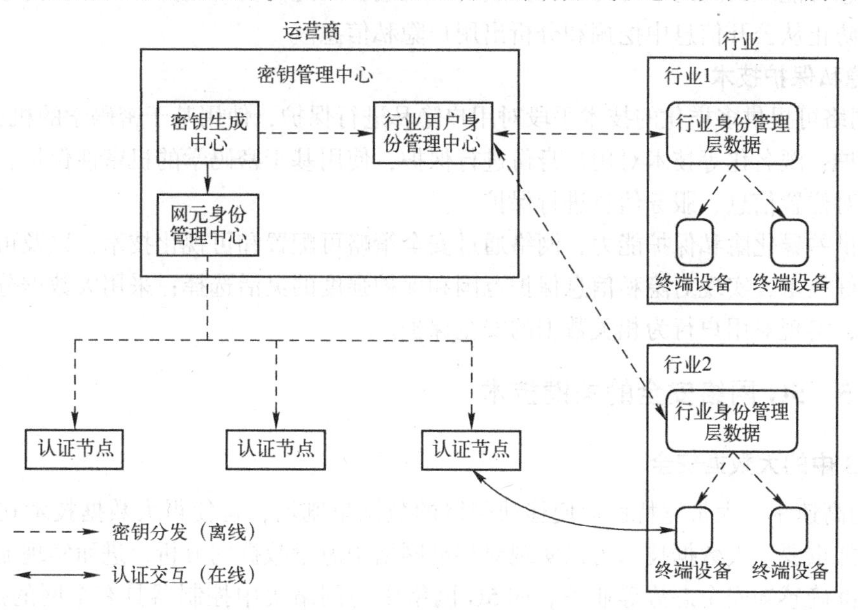

图 7.6　去中心化安全管理部署方式示意图

6. 按需的用户隐私保护

5G 网络涉及多种网络接入类型并兼容垂直行业应用，用户隐私信息在多种网络、服务、应用及网络设备中存储使用，因此，5G 网络需要支持安全、灵活、按需的隐私保护机制。

1）隐私保护类型

5G 网络对用户隐私的保护可以分为以下几类。

身份标识保护：用户身份是用户隐私的重要组成部分，5G 网络使用加密技术、匿名化技术等为临时身份标识、永久身份标识、设备身份标识、网络切片标识等身份标识提供保护。

位置信息保护：5G 网络中海量的用户设备及其应用，产生大量用户位置相关的信息，如定位信息、轨迹信息等，5G 网络使用加密等技术提供对位置信息的保护，并可防止通过位置信息分析和预测用户轨迹。

服务信息保护：相比 4G 网络，5G 网络中的服务将更加多样化，用户对使用服务产生的信息保护需求增强，用户服务信息主要包括用户使用的服务类型、服务内容等，5G 网络使用机密性、完整性保护等技术对服务信息提供保护。

2）隐私保护能力

在服务和网络应用中，不同的用户隐私类型保护需求不尽相同，存在差异性，因此需要网络提供灵活、按需的隐私保护能力。

提供差异化隐私保护能力：5G 网络能够针对不同的应用、不同的服务，灵活设定隐私保护范围和保护强度（如提供机密性保护和完整性保护等），提供差异化隐私保护能力。

提供用户偏好保护能力：5G 网络能够根据用户需求，为用户提供设置隐私保护偏好的能力，同时具备隐私保护的可配置、可视化能力。

提供用户行为保护能力：5G 网络中业务和场景的多样性，以及网络的开放性，使得用户隐私信息可能从封闭的平台转移到开放的平台上，因此需要对用户行为相关的数据分析提供保护，防止从公开信息中挖掘和分析出用户隐私信息。

3）隐私保护技术

5G 网络可提供多样化的技术手段对用户隐私进行保护，使用基于密码学的机密性保护、完整性保护、匿名化等技术对用户身份进行保护，使用基于密码学的机密性保护、完整性保护技术，对位置信息、服务信息进行保护。

为提供差异化隐私保护能力，网络通过安全策略可配置和可视化技术，以及可配置的隐私保护偏好技术，实现对隐私信息保护范围和保护强度的灵活选择；采用大数据分析相关的保护技术，实现对用户行为相关数据的安全保护。

7.2.5 5G 网络安全的关键技术

1. 5G 中的大数据安全

5G 的高速率、大带宽特性促使移动网络的数据量剧增，也使得大数据技术在移动网络中变得更加重要。大数据技术可以实现对移动网络中海量数据的分析，进而实现流量的精细化运营，准确感知安全态势等业务。如 5G 网络中的网络集中控制器具有全网的流量视图，通过使用大数据技术分析网络中流量最多的时间段和类型等，可以对网络流量的精细化管理给出准确的对策。另外，对于移动网络中的攻击事件也可以利用大数据技术进行分析，描绘攻击视图有助于提前感知未知的安全攻击。

在大数据技术为移动网络带来诸多好处和便利的同时，也需要关注和解决大数据的安全问题。而随着人们对个人隐私保护越来越重视，隐私保护成为了大数据首先要解决的重要问题。大量事实已经表明，大数据如得不到妥善处理，将会对用户的隐私造成极大的侵害；另外，针对大数据的安全问题，还需要进一步研究数据挖掘中的匿名保护、数据溯源、数据安全传输、安全存储、安全删除等技术。

2. 5G 中云化、虚拟化、软件定义网络带来的安全问题

对 5G 系统的低成本和高效率的要求，使得云化、虚拟化、软件定义网络等技术被引入 5G 网络。随着这些技术的引入，原来私有、封闭、高成本的网络设备和网络形态变成标准、开放、低成本的网络设备和网络形态。同时，标准化和开放化的网络形态使得攻击者更容易发起攻击，并且云化、虚拟化、软件定义网络的集中化部署，将导致一旦网络上发生安全威胁，其传播速度会更快、波及范围会更广。所以，云化、虚拟化、软件定义网络的安全变得更加重要，其主要的安全问题如下。

云化、虚拟化网络引入虚拟化技术，要重点考虑和解决虚拟化相关的问题，如虚拟资源的隔离、虚拟网络的安全域划分及边界防护等。

网络云化、虚拟化后，传统物理设备之间的通信变成了虚拟机之间的通信，需要考虑能否使用虚拟机之间的安全通信来优化传统物理设备之间的安全通信。

引入 SDN 架构后，5G 网络中设备的控制面与转发面分离，5G 网络架构产生了应用层、控制层以及转发层，需要重点考虑各层的安全、各层之间连接所对应的安全（如南北协议安全和东西向的安全）以及控制器本身的安全等。

3. 移动智能终端的安全

5G 时代用户使用的业务会更加丰富多彩，对业务的欲望也会更加强烈，移动智能终端的处理能力、计算能力会得到极大的提高，但同时黑客使用 5G 网络的高速率、大数据、丰富的应用等技术手段，能够更加有效地发起对移动智能终端的攻击，因此移动智能终端的安全在 5G 场景下会变得更加重要。

保证移动智能终端的安全，除了采用常规的安装病毒软件进行病毒查杀之外，还需要有硬件级别的安全环境，保护用户的敏感信息（如加密关键数据的密钥）、敏感操作（如输入银行密码），并且能够从可信根启动，建立可信根、boot loader-SOS。关键应用程序的可信链保证智能终端的安全可信。

第8章　5G网络规划部署初探

8.1　5G网络规划面临的挑战

8.1.1　5G应用场景

与当前的网络不同，5G网络不但要满足日常的语音与短信业务，还要提供强大的数据业务。提高网络的系统容量是发展5G移动通信的根本驱动力，提高网络的系统容量可以从以下几个方面入手。

增加信道的带宽，运用毫米波通信技术、无线电认知技术等来获得更多的频谱资源，提高系统容量。

提高信道的信号功率，可以从能量效率、干扰消除、绿色通信等方面来实现。

增加信道的子信道数目，可以通过运用大规模MIMO技术、空间调制技术来实现。

增加网络覆盖，通过由宏蜂窝、微蜂窝、微微蜂窝、家庭基站、中继等构成的异构网络来提高系统容量。

未来5G系统的结构必将是多网络的融合，构成一个巨大的异构网络，如图8.1所示。

5G异构网络涉及人们的交通、工作、休闲和居住等各个场景，特别是密集住宅区、办公室、体育场、露天集会、拥挤的交通、地铁、高速铁路、广域覆盖以及特殊情况下的通信场景，这些场景具有超高移动性、超高连接数密度、超高流量密度、超复杂通信状况等特点，可能对未来5G网络构成巨大的挑战。

5G中比较重要也更好量化的性能指标有三个：

（1）室外100Mbit/s和热点地区1Gbit/s的用户体验速率；

（2）相比4G要有10～100倍的连接数和连接密度的提升；

（3）空口时延在1ms以内，端到端时延在毫秒量级。5G的主要关键性能指标以及潜在技术如图8.2所示。

从部署角度分出四大典型部署场景，能够与技术更紧密地挂钩。这四个场景分别是：宏覆盖增强场景、超密集部署场景、物联网场景和低时延/高可靠场景。

1）宏覆盖增强场景

这个场景所用的频段多半是低频，宏小区的覆盖半径可达数公里。100Mbit/s用户体验速率的性能指标较具有挑战性。在这个场景中，不同用户到基站的路损差异很大，使得信噪比差别也很大。宏站上一般允许布置许多天线。连接数，即使是人与人之间的通信用户数也十分大。因此比较适合的技术包括：大规模天线、非正交传输以及新型调制编码。这些技术一般情况下可以较好地共存，即复合起来用，总的增益近似等于各个技术所带来增益的叠加。

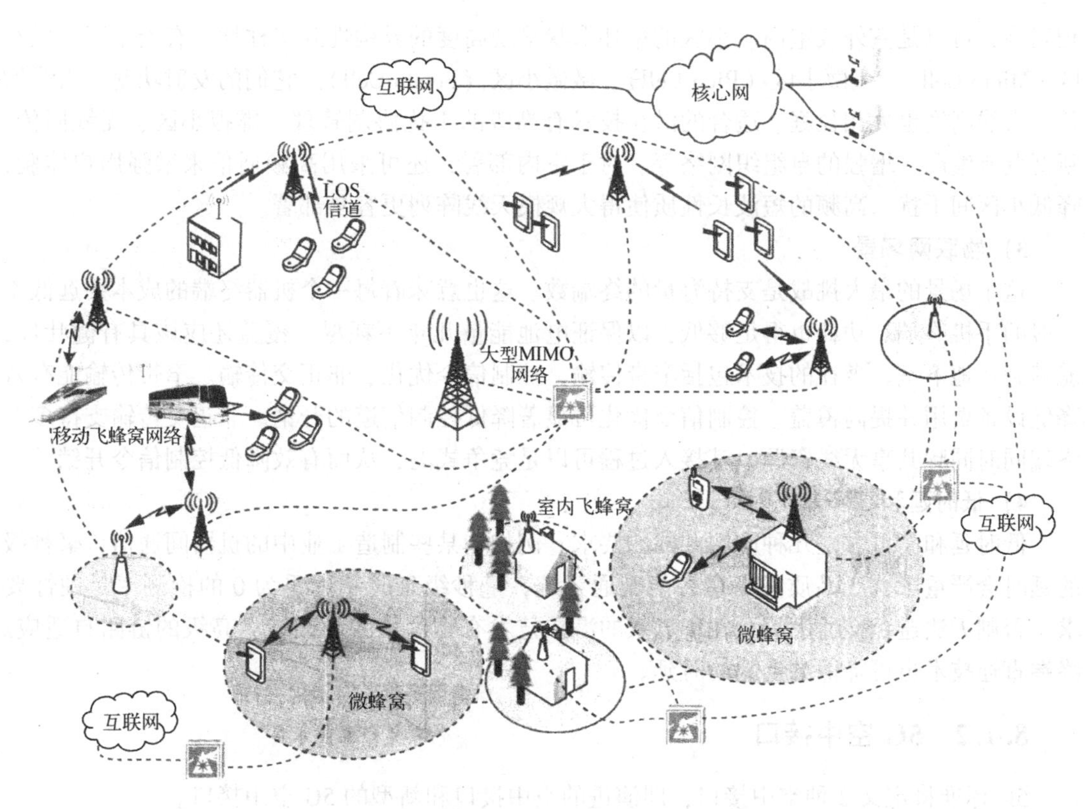

图 8.1 5G 异构网络

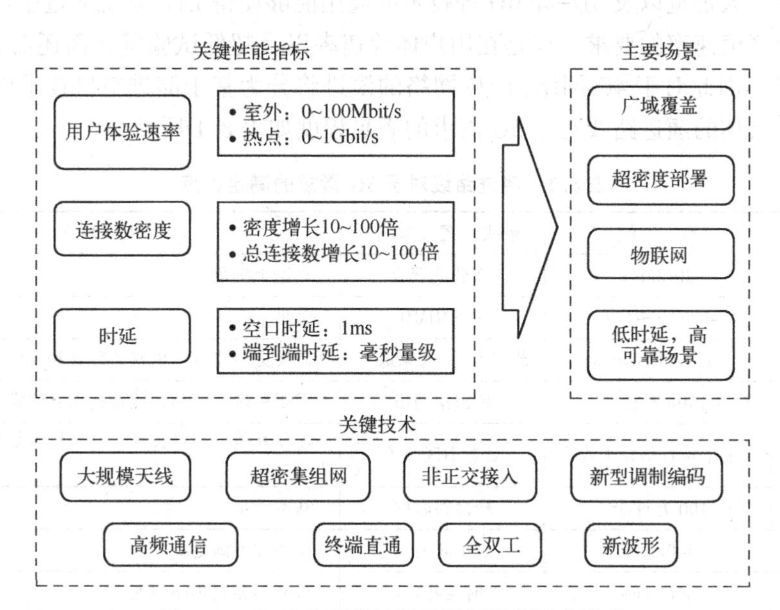

图 8.2 5G 的主要关键性能指标以及潜在技术

2）超密集部署场景

5G 的应用场景许多是与密集部署相关的，如办公室、密集城市公寓、商场、露天集会、体育场馆。这种部署下的用户体验速率要求是 1Gbit/s。很明显，用户的密度在典型面积下相当高，可以是室外或室内。小区的拓扑形状呈现高度的异构性和多样性，有宏小区、微小区（Micro Cell）、毫微小区（Pico Cell）、微微小区（Femto Cell）。它们的发射功率、天线增益、天线高度也大相径庭。适合的潜在技术有高级的干扰协调管理、虚拟小区、无线回传、新型调制编码、增强的自组织网络等。对于室内部署，还可采用高频通信来增强用户体验，降低小区间干扰。高频的短波长性质使得大规模天线阵列更容易部署。

3）物联网场景

这个场景的最大挑战是支持海量的终端数。这也意味着每一个机器终端的成本要远低于一般的手机终端。功耗也得足够低，以保证电池能量几年不耗尽。覆盖还应该具有健壮性，能够到达地下室。潜在的技术包括窄带传输、控制信令优化、非正交传输。窄带传输能有效降低设备费用并提高覆盖。控制信令优化可显著降低控制信道的开销。非正交传输支持多个终端同时同频共享无线资源，其接入过程可以是竞争式的，从而有效降低控制信令开销。

4）低时延和高可靠场景

低时延和高可靠是几种应用共同的要求。例如在某些制造工业中的机器间通信，毫秒级的延时会严重影响产品质量。在智能交通系统，毫秒级延时和近乎为0的检测率是硬性要求，否则无法避免交通事故。此种场景的潜在技术有物理帧的新设计、高级的链路自适应。终端直通技术也可降低端到端的时延。

8.1.2 5G空中接口

5G标准将定义2种空中接口，即演进的空中接口和新型的5G空中接口。

载波聚合、大带宽以及3D-MIMO等技术的应用能够使得LTE系统通过空口演进来满足频谱效率以及峰值速率的要求。但是在用户体验速率以及超低试验等方面还需要5G新空口来进一步满足。因此对于4G网络向5G网络的演进将分为基于演进空口技术以及基于新空口两种方向。具体的演进路线对于5G需求的满足程度如表8.1所示。

表8.1 演进路线对于5G需求的满足程度

5G KPI	取　值	解决方案（举例）	R14状态
峰值速率	20Gbit/s	32载波聚合	理论上满足
频谱效率	4G的3～5倍	3D-MIMO	满足
用户体验速率	城区100Mbit/s	载波聚合+波束成形	需要更多带宽、更密集部署和其他新技术共同满足
区域流量密度	热点1Mbit/（s·m²）	超密集网络	需要更多带宽和其他新技术共同满足
网络能效	未来十年百倍以上提升	动态小区开关	需要其他点到点技术、网络技术如集中部署来共同实现
连接数密度	100万/km²	蜂窝物联网	基本满足
移动性	500km/h	车联网	移动性不满足
时延	空口1ms	时延降低	TDD时延可能不满足

存在的挑战是对于32载波聚合理论上可以满足峰值速率的要求，但是低频段很难获得640MHz的大带宽；NB-IoT基本满足Massive MTC的需求，如连接数密度、功耗和成本等。V2V能够支持到120km/h的移动速度，无法满足500km/h的5G需求。

对于演进型空口，在保证后向兼容性前提下引入新技术尽力满足所有5G需求，并且考虑在已有频谱来进行部署；而对于新空口优先考虑部署在新频谱，逐步考虑已有频谱的重耕。

1. 演进型空口特点

在频谱效率方面，相比 LTE 指标，在考虑引入 256QAM、动态 TDD、NAICS、on-off 等技术的应用后，可以获得 2.16 倍性能的提升；在室外场景下应用 3D-MIMO 和 CoMP 获得 3.9 倍的提升，对于 5G 需求中的 3 倍频谱效率提升场景可以基本满足；对于 5 倍的频谱效率提升场景存在挑战；对于用户体验速率和边缘用户速率，应用 200MHz 带宽能够基本满足室外 100Mbit/s 的边缘速率；但是对于室内存在挑战；对于峰值速率要求，通过 32 载频的载波聚合，可以满足需求，但是需要 640MHz 的大带宽；对于超高流量密度，需要采用超密集组网来满足指标需求；而对于超低时延需要考虑短帧设计。因此，对照目前 5G 性能需求，以及目前在 LTE 演进中的立项分析来看，演进路线下解决方案如表 8.2 所示。

表 8.2 演进路线下解决方案

5G 需求	解 决 为 案
峰值速率	32 载波聚合
时延	短帧
连接密度	NB-IoT
频谱效率	3D-MIMO/多用户干扰删除
移动性	参考信号增强等
区域流量密度	超密集组网
用户体验速率	载波聚合+波束成形
网络能效	动态小小区开关

在演进型空口中，引入的无线关键技术包括 3D-MIMO 技术的增强、多用户干扰删除、缩短 TTI 等技术。

2. 新型空口特点

接入网主要面临的问题是：业务体验不一致，例如小区中心与边缘性能差异较大；静止和移动体验差异较大；在超密集以及超高速移动场景下体验较差；不能有效满足多样的业务需求，比如不能很好满足高可靠、低时延与功耗、成本等多样的物联网业务需求；网络部署和运维复杂，比如在密集、异构部署和多网共存时导致网络建设部署难度大、成本高，针对业务和用户的个性化智能优化与精细化管理能力不足。

因此业界在 5G 接入网的设计上主要构建以用户为中心的接入网络。

1）UE 与小区解耦

在 LTE 中 UE 紧绑定于小区的模式，限制了空口的灵活性，无法满足 5G 用户体验需求。在 5G 网络设计中，UE 与小区解耦，如图 8.3 所示。CoF 仅关注于资源；UoF 专注于用户，包括上下文、数据和资源；CoF 和 UoF 通过系统调度实时匹配。小区级元素和用户级元素静态解耦动态匹配。

2）精细化的 QoS 管理

LTE 网络的 QoS 机制更适用于运营商内部应用，如 IMS 对于 OTT 应用适配不够灵活；

基于承载的QoS管理机制粒度较粗，无法实现业务流粒度的QoS控制，承载建立信令开销也较大、较慢，无法跟踪TCP会话变化。

在新的无线网络架构中实现更加细粒度的QoS管理，实现基于承载的QoS管理和基于流的QoS管理。

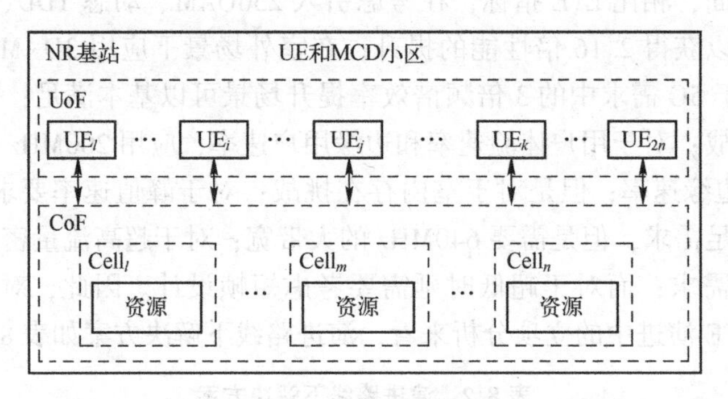

图8.3　UE与小区解耦

3）业务下沉

针对业务面时延较长，业务侧优化调整与空口波动不匹配，通过业务下沉来提升跨层优化的增益，因此在5G网络通过UE辅助eNodeB感知UE的业务，避免引入深度分组解析功能，降低设备复杂度以及DPI带来的额外时延；根据网络环境变化感知UE流媒体的业务质量，通过跨层优化来提升用户感知；研究用户业务智能以及快速处理机制，通过基站进行分流以及在靠近用户位置部署缓存。

4）轻切换

5G超密集组网和低时延新业务对无缝切换提出了要求，基于用户链路对空口切换敏感度来对切换进行分类，通过RRC级和MAC级两级切换。通过MAC实时调度实现空口链路的无缝切换。

8.1.3　5G网络规划面临的挑战

未来的5G网络应该体现大容量、低能耗、低成本三大技术要求。与现有的3G、4G网络相比，不同之处主要体现在以下几个方面。

（1）天线数目可能从4根增至64根或者更高，使基站的处理能力倍增，能耗也相应增大，这对基站机房的要求将进一步提高，因此需要改变现有以宏站为主的网络建设模式，充分利用基带单元（BBU）与射频单元（RRU）相分离的设备优势，将基带资源进行集中放置，实现资源共享。这样一方面可以减少对机房数量的需求，同时也可以降低机房建设成本；另一方面由于BBU采取集中放置，因此远端只须安装RRU设备，这将极大地减小基站对于天馈建设条件的要求，从而可以降低网络建设投资，加快网络建设速度。

（2）基站的覆盖范围有可能从4G网络的数百米缩小至数十米，这将极大地增加对于基站数目的需求，进一步加剧在4G网络建设中已经出现的站址资源获取困难等问题，从而影响网络建设进度，降低网络质量。在4G时代已经逐渐规模商用的小基站，由于具有设备小、功耗低的多种优势，可以大大降低站点的条件需求，满足实施快速建站的目的。另外，由于小基站站址贴近用户，可以极大地改善信号质量，因此在未来5G网络建设中，小基站将会得到极大的应用，有可能成为未来 5G 网络建设的主要形式。

8.2　网络规划设计的考虑

8.2.1　无线网络规划的思考

从以上分析可以看出，满足未来世界的万物互联需要综合多种技术优势来满足不同应用场景的需求。而 eMBB 场景是与当前移动公共通信网络场景最为贴近的场景。通常 3G/4G 网络是蜂窝网络结构的典型，网络规划的重点就是要在保证网络结构合理的条件下满足覆盖与网络质量的需求。

1. 演进型空口

演进型空口技术路线主要通过 3D-MIMO、载波聚合、高阶调制与多用户干扰消除等技术的应用进一步提升频谱效率和峰值速率。无线网络规划依然需要在保证网络结构的条件下提升网络质量水平。同时 3D-MIMO 技术的应用需要进一步分析不同小区的业务模型和用户特征，根据小区特征选择站点参数；仿真工具规划需要进一步考虑引入具有建筑物特性的地图信息进行辅助分析；超密集组网场景需要增强室内场景网络规划仿真的能力。

2. 新空口

在新空口技术路线下，为了为用户提供一致的用户体验，用户与小区解耦。以用户为中心的网络模式对于网络规划提出了新的挑战。在 UCN 模式下，网络如何为用户提供连续的一致的无线资源池，还需要紧跟网络架构以及关键技术的研究步伐提前进行预研与思考。

8.2.2　网络建设方式

网络建设从广覆盖向深度覆盖不断推进，以及基站建设站点资源需求的急剧增加，使得可用站点资源数量不断减少，站点资源的不足将严重影响网络质量，这将是未来网络建设中必将面临的问题。

目前网络建设基站设备主要以分布式基站（BBU+RRU）为主，与常规建站方式相比，分布式基站设备小、功耗低、投资省、建设周期短，大大降低了建设难度，加快了网络建设速度。

基站建设分为集中建设方式和共享建设方式。

1. 集中建设方式

分布式基站（BBU+RRU）实现了基带单元和射频单元的分离，有利于实现基带单元的集中放置。基带单元集中放置的优势如下。

① 降低机房的新建和租赁需求，降低物业协调难度；

② RRU 建设相比 BBU 建设对配套要求较低，BBU 集中设置时，能明显降低 RRU 拉远站点配套建设，有效降低建网成本；

③ RRU 室外型设备使空调等高耗能设备数量大量减少，BBU 集中设置提高了电源供给的效率，能有利促进网络的节能减排；

④ 灵活的部署策略使得基站建设不再受限于基站机房选址难题，能有效地提高建网进

度，实现快速运营；

⑤ 结合已有光缆传输网络，合理规划 BBU 集中放置，可降低传输接入的投资；

⑥ 后期根据技术演进，可以组成共享式“BBU 池”，有效提升系统利用率。

BBU 集中放置虽然具有多种优势，但同时也存在一些潜在的风险，在使用中需要特别注意以下问题。

① 集中化管理要求更高，风险控制等级更高，这对网络运行维护人员的技术能力和响应能力提出了新的考验。

② 光缆路由的规划难度成倍增加，传输管道和芯线资源的压力也不断增大，而城区管道资源极其宝贵，如何合理调节 BBU 集中方案和路由规划复杂的矛盾，是不能回避的一个问题。

③ 风险控制能力要求更高，若风险控制不足，将会引起大面积断站，严重影响用户感知和品牌发展。

基站建设采用 BBU 集中放置方式，在机房需求、传输设备、电源需求等方面，都有新的变化，具体的变化如下。

(1) 机房需求。

采用 BBU 集中，RRU 站点不需要专用的机房，只须为 BBU 集中点选择合适的机房。

在选择集中机房时，优先选择核心机房及条件好的基站作为 BBU 集中放置点。机房要求条件好，空间充足，配套资源丰富且有预留。针对机房及相应配套条件，BBU 集中放置可采用“大集中”和“小集中”两种方案。

① 大集中：单个集中机房里 BBU 数量在 4 个以上，单独新增综合柜用于集中放置 BBU；

② 小集中：单个集中机房里 BBU 数量少于 3 个，可灵活采用单独新增综合柜、共用综合柜、单独挂墙等方式集中放置 BBU。

(2) 传输设备及管线配置。

传输设备：根据 BBU 集中方案，确定 PTN/IP RAN 设备的选型；

传输线路：纯 RRU 站点、BBU 大集中机房、BBU 小集中机房对应选择不同的接入光缆纤芯数量。

(3) 电源需求。

BBU 集中放置机房必须有稳定可靠的电源供给系统，要求至少引入一路稳定可靠的 2 类及以上市电，有条件的需要配置移动油机等后备发电设施，直流供电系统应配置足够的整流能力。

分布式基站基带单元（BBU）集中放置的建设模式，是解决基站选址困难，满足无缝覆盖、容量提升的重要手段，也是未来实现快速建网的必然选择。

2. 共享建设方式

随着技术的进步，在分布式基站基带（BBU）集中式建设基础上，可以进一步采用“BBU 池”的方式进行网络建设，可以共享基带资源，解决网络话务量的“潮汐效应”，提高网络利用率。同时，基于现有站址及光缆资源合理规划“BBU 池”，共享基带资源，可以减少机房配套，节约建设成本及租金、电费等运营开支，也是实现节能减排、绿色运营的需要。具体优势体现在如下几个方面。

提升资源利用率。基站基带资源采用共享方式建设，有利于室内外协同容量规划，可实现同一区域内的业务均衡处理，提高资源利用率。

节约建设成本。①不必对存在“呼吸效应”的两个相邻小区都进行容量扩容，这样可以减少主设备投资；②采用共享方式建设时，基带资源可以集中放在同一机房内，可以降低网络配套建设投资。

节能减排。①降低单载波能耗：在基带资源池中，共享建设的基带单元数目越多，单一载波的能耗越低；②降低空调等配套设施的能耗：由于基带资源集中放置，机房数量减少，因此可以整体上降低全网空调、电源等配套设施能耗。

降低部分维护成本。①基带资源集中放置的机房条件较好，被破坏、被盗窃的风险可以极大地降低；②由于基带资源共享的机房大多数集中放置在城区，提高了供电可靠性；③基带资源集中放置，使得管理和维护非常方便，成本低于宏基站。

（1）建设方式。

根据覆盖场景特点，站点建设位置及基带单元集中设置的数量，可以将基带单元池分为大规模集中设置、小规模集中设置和分散设置 3 种。

（2）选址要求。

基带单元池的站址选择应综合考虑业务及覆盖要求，如无线站点拓扑结构、光缆资源、电源条件、站址长期运营的安全性等因素，结合无线覆盖站址规划及现有光缆资源分布、现有站址分布，坚持“大容量、少局所”建设思路，统筹兼顾室内外覆盖基带单元池的建设模式及基带单元池地址，以满足当前及未来无线网络站址及业务发展需求。基带单元池站址选择时应满足如下需求。

① 无线需求：必须基于无线覆盖站址规划、满足覆盖及容量要求，将连续的成片区域设置为一个基带单元池，同地理范围内的宏基站、小基站、室分站应尽量在一个基带单元池内。

② 光缆需求：基带单元池对基带单元——射频单元之间的光缆需求量巨大，因此需要将基带单元池设置在光缆资源和管道/杆路资源丰富、光缆局向多的站点，或容易改造或扩容的站点。

③ 电源需求：基带单元集中放置机房必须有稳定可靠的电源供给系统，要求至少引入一路稳定可靠的 2 类及以上市电，直流供电系统应配置足够强的整流能力。

④ 传输需求：基带单元池承载数据流量大，后续业务需求较多。承载网建设须预留一定的扩容能力。

⑤ 机房空间需求：要求机房面积不小于 25m^2。

⑥ 长期安全运营需求：基带单元池覆盖范围广，承载业务大，站点的重要性高。保证网络的稳定性及运营安全，要求所选择的机房尽量为自有物业或可长期租赁的机房，且机房所在建筑的防火、防震、防水、防洪等能力强，不宜选在结构不安全、易拆迁的建筑内，及地质不稳、地势过低、易坍塌等环境危险区域。

基站共享式建设，可以实现基带容量动态共享，实现基于基带资源的动态分配，可以实现话务量调度，能够用于具有“呼吸效应”的区域。应用场景场景如下。

（1）商业区与相邻居民区。

商业区与相邻居民区是业务量来回迁徙最为典型的场景，业务“呼吸效应”比较明显。

在白天工作时间段，商业区是业务繁忙时间段，晚上业务有所回落；而周边居民区业务情况在时间分布上则刚好相反。同时，这两种地域的业务量短时间内保持稳定，在周末、节日期间，由于商业区流动人口大增，整片区域可能会出现突发业务，高于平时的总业务量。在这一场景下，可以采用共享式建设方式，在保证无线容量需求的前提下，提高无线利用率，以减少建设投资需求。

(2) 校园区域。

从容量来说，短时间内校园用户总量变化不大，只是在校园内进行流动，业务量也随之流动，且整体业务量并没有增加或减少，在校园区域内是很明显的“呼吸效应”，白天教学楼、图书馆、体育场等区域业务量相对较高，夜间学生宿舍、家属楼等区域业务量达到峰值。在这一场景下，采用共享式建设方式，在保证较高利用率的同时，又可以应对突发大业务的需求。

(3) 突发话务区域。

体育场馆及周边区域是很典型的突发业务场景，在该区域内，随着赛事的开始、进行、结束时间，体育场馆内以及外广场、运动员村、酒店等区域汇聚大量的人流，无线业务量有明显的“呼吸效应”，因此在该场景下，可以采用共享方式建设基站。

基站采用共享方式建设，在局房、传输、电源、监控等方面的需求较高，有其技术局限性。

① 局房：要求机房局址交通方便，空间充足、配套资源丰富且有预留；

② 传输：要求具备双路由局向、传输资源丰富且可达程度较高；

③ 电源与监控：要求监控、检测实施齐全，设备供电可靠性较好。

8.3 小基站设备的应用

由于5G网络的高速率和大容量需求，基站的覆盖范围有可能从4G网络的数百米缩小至数十米，因此在未来5G网络建设中，小基站有可能成为未来5G网络建设的主要形式。

8.3.1 小基站的概念与优势

Small Cell是低功率的无线接入节点，是利用智能化技术对传统宏蜂窝网络的补充与完善。Small Cell信号可以覆盖10～200m的区域范围，与Small Cell相比较，传统宏蜂窝的信号覆盖范围可以达到数公里。Small Cell融合了Femto Cell、Pico Cell、Micro Cell和分布式无线技术，与传统通信网基站的一个共同点是Small Cell也是由运营商进行管理，并且Small Cell支持多种标准。在3G网络中，Small Cell被视为分流技术。在4G网络中，引入了异构网络的概念HetNet，故移动网络由Small Cell和宏蜂窝的多层面蜂窝组成。值得一提的是，在LTE网络中，所有的蜂窝都具备自组织的能力。而对于典型蜂窝网络，通常采用宏基站进行连续覆盖和室内浅层的部署，并在相关场景采用Small Cell进行道路、室外覆盖，以及采用室内深度覆盖的室内分布系统进行部署。

由于Small Cell在室内外都可部署，因此应用的地方较为广泛。运营商可利用Small Cell延伸网络的覆盖范围和提升网络容量。在实际运用中，运营商可利用Small Cell进行业务分流。

由于未来的5G网络频段普遍较高，有可能当工作于高频段时，传统建设方式覆盖效果不佳，因此5G网络将主要采用异构网络进行深度覆盖和热点容量吸收。国内外相关厂商、研究机构提出了多种异构网络底层网络覆盖的技术和设备，其中 Small Cell 由于具有体积小、功耗低、部署灵活、贴近用户部署等特点，因而可以有效提高网络性能和服务质量，近年来受到了广泛的关注，Small Cell 有望成为未来解决异构网络底层覆盖的重要手段。

Small Cell 最初是为应对室内信号覆盖问题而提出的概念。从最初的家庭用 Femto Cell 开始发展，该概念一直发展和扩展到目前的多场景多解决方案的复合应用背景，体现了 Small Cell 良好的发展趋势，并且 Small Cell 作为应对未来无线通信业务量爆炸型增长的主要技术已经进入标准化阶段。

Small Cell 具有如下技术优势。

1）Small Cell 对网络容量的提升

Small Cell 对网络容量的提升作用远大于传统宏基站优化及其小区分裂，更适应移动数据业流量巨大增长的变化。

高通公司对 Small Cell 部署的作用进行了仿真研究。仿真结果表明，在宏小区内有 200 个活跃用户的情况下，随着 Small Cell 渗透率的不断提高（5%、10%、20%、30%、40%和50%，对应的 Small Cell 数量分别为 36、72、144、186、288 和 360 个），网络下行数据吞吐量不断提升，在渗透率为50%时吞吐量可达到仅有宏基站情况下的 180 倍。而这一提升是宏蜂窝采取任何措施都无法达到的。

2）Small Cell 带来业务收入的增长

Small Cell 在吸收容量的同时，能带来特有的数据业务收入的明显增长。Informa Telecoms & Media 公司 2012 年在做出与接近 ABI 公司 Small Cell 规模判断的基础上，预测 2016—2017 年全球 Small Cell 的市场收入将达到 2 227 亿美元。其中公共区域的 Small Cell 收入占比约 73%，企业和家庭两种 Small Cell 的收入接近。Small Cell 不仅能在高密度区提升容量，而且与 WiFi 相比用户可以接受适度收费，带来业务收入的明显提高，因此受到运营商的青睐。

3）Small Cell 投入成本低

Small Cell 便于安装建设，投资不高，收益有保障。国外多家公司认为 Small Cell 建设和运行维护的综合投资比传统宏基站的低。Heavy Reading 公司的 Berge Ayvazian 等高级咨询师客观列出 14 项相关技术经济参数，模拟对伦敦市区全覆盖建设 LTE 宏基站和 Small Cell 以及发展宏基站加 Small Cell 互补优化做对比，在考虑了设备、站点、传输回送建设、运营维护等费用后，得到结果为：在不考虑设施利旧下的 Small Cell 建设环节的投资较小，在回传和维护环节的费用较高；两者综合的互补方案的投资最少，其净现金流和内部收益率等收入指标最高；若再考虑利旧因素，则建设 Small Cell 的财务指标将更好。

8.3.2　小基站的分类

Small Cell 产品是一类与宏站相比体积更小、功率更低、设备集成度更高的产品。相较宏站设备，Small Cell 设备覆盖范围更小，容量能力更低；但对供电、回传的需求也更为灵活，布放方案多样，施工简单，安装快速，易于伪装。

Small Cell 的产品形态比较灵活，Small Cell Forum 将 Small Cell 分为四类产品形态：

Femto Cell、Pico Cell、Micro Cell和Metro Cell，如图8.4所示。根据覆盖范围和支持用户数的不同的划分如图8.5所示。

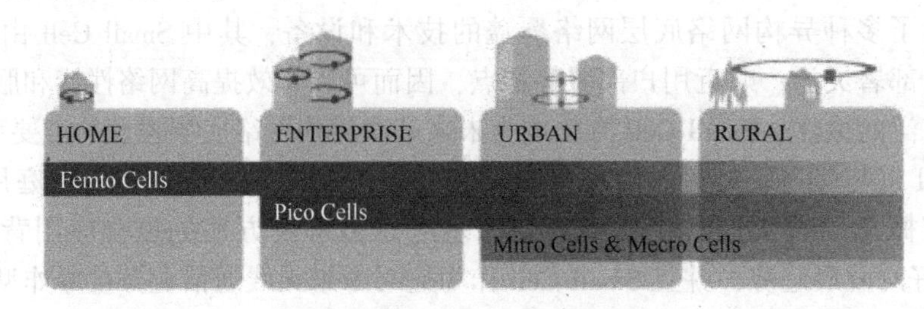

图8.4　Small Cell四类产品形态（引用自Small Cell Forum）

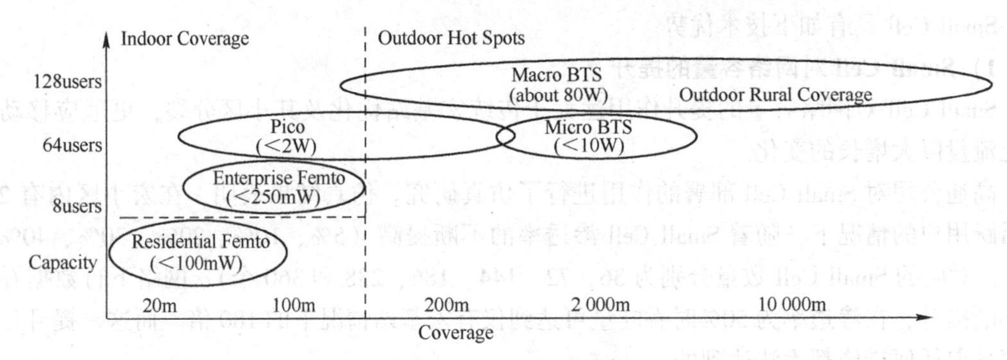

图8.5　Small Cell分类

1. Femto Cell

Femto Cell是一种低功率（如2×50mW）、小覆盖范围的基站，初始用于部署在家庭环境的无线接入点，可为室内用户提供高速高质量的无线通信服务，具有很强的自配置能力，因此被称为家庭基站，其在外观和尺寸上与WiFi接入设备相似。HNB（Home NB）基站发射功率较小，一般为毫瓦级，室内实际覆盖为20～50m。HNB基站具有低成本、即插即用、支持宽带接入、低功率、符合蜂窝移动网络标准、支持多种标准化协议等优点，已经逐渐扩展到企业环境、室外热点等地区覆盖的应用中。其他几种Small Cell都可以基于Femto Cell技术进行类似的研究和开发，包括标准、接口、芯片和软件等。

Femto Cell的典型技术指标如下：

- 发射功率为100mW；
- 支持4～8个用户；
- 支持开放/混合/封闭模式；
- 覆盖半径一般小于20m；
- 室内型设备，面向家庭应用场景。

2. Pico Cell

Pico Cell是低功率的紧凑型基站，用于企业或公共室内地区，以及部署在户外的小型基站，应用于机场、火车站、购物中心等环境，又分为室内PicoCell（如2×125mW，企业级室内覆盖）、室外Pico Cell（如2×1W，室外补盲或吸热）。

Pico Cell的典型技术指标如下：

- 发射功率在百毫瓦级/室外型不超过1W；

- 支持 32 ～ 64 个用户；
- 支持开放/混合模式；
- 覆盖半径一般小于 100m；
- 室内/室外型设备，面向企业、公共热点应用场景。

3. Micro Cell & Metro Cell

Micro Cell 是部署在户外的小覆盖范围的基站（如 2×5W，室外补盲或吸热），用来增强宏蜂窝覆盖不足的室外或室内地区，用于受限于占地无法部署宏基站的市区或农村。

一体化微基站，是基带与射频单元集成为一体的 Small Cell 产品，发射功率等级从百毫瓦到几瓦不等，天线可内置可外接。具备如下特点：

- 回传方式灵活；
- 不需要机房等配套设施；
- 单站容量能力低于宏站；
- 组网部署时容量能力固定，不能实现多个设备之间的小区合并。

另外，还有一类低功率 RRU，它与 BBU 单元相连，是具有较低发射功率、安装在建筑物墙壁或街道公共设施上的解决都市热点覆盖的射频单元。

一体化微 RRU 是射频模块与天线集成为一体的 Small Cell 产品，发射功率等级从百毫瓦到几瓦不等。一体化微 RRU 可以复用已有的基带资源。

一体化微 RRU 可按照应用场景细分为室外型一体化微 RRU 和室内型一体化微 RRU。室外型一体化微 RRU 的最大发射功率为瓦级，主要应用于室外的一体化微 RRU 产品。具备如下特点：可直接与基带单元连接，也可级联后与基带单元连接；须使用光纤与基带资源连接。

室内型一体化微 RRU 的最大发射功率为毫瓦级，主要应用于室内的一体化微 RRU 产品。具备如下特点：可以直接与基带单元连接或级联后与基带单元连接，也可先通过汇聚单元汇聚多个室内型一体化微 RRU 后再与基带单元连接；可以通过小区合并或分裂的方式灵活提供容量；须使用光纤与基带资源连接或使用网线与汇聚单元连接。

Small Cell 的设备形态和应用场景如图 8.6 所示。

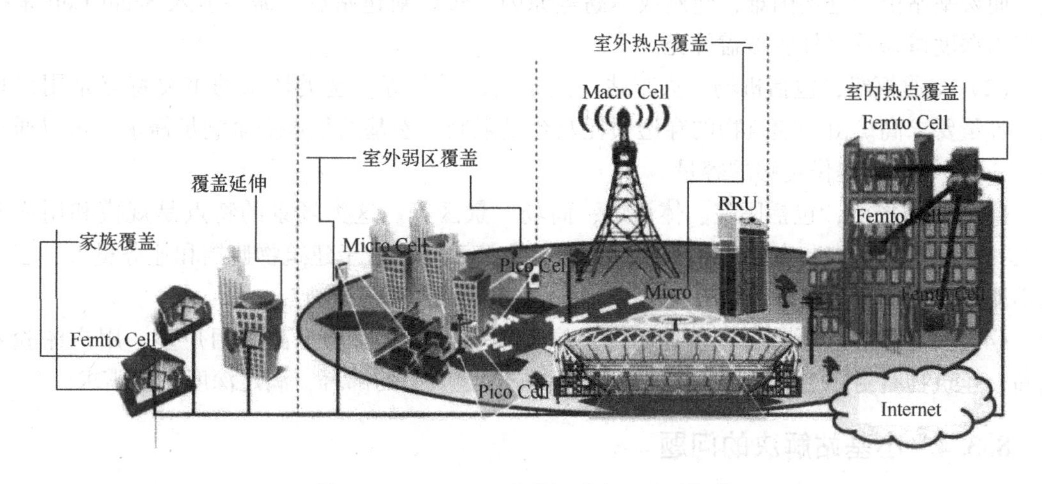

图 8.6　Small Cell 的设备形态和应用场景

8.3.3 小基站应用场景

Small Cell 应用广泛，可应用于各种场景，包括酒店、商场办公楼、车站、机场、商业街、居民小区、广场等各类场景中，如图 8.7 所示。

图 8.7 应用场景

Small Cell 可以根据覆盖需求灵活部署，将不同设备形态与宏蜂窝进行协同覆盖，解决以下问题：室内的深度覆盖、室外热点地区的容量需求、室外宏蜂窝弱区补充覆盖、宏蜂窝边缘的延伸覆盖等。为了更有针对性地分析 Small Cell 的部署策略，可以根据环境特点和覆盖需求，将 Small Cell 应用的主要场景归纳为以下几类。

（1）居民区，包括城中村、多层小区、高层小区、别墅区、独栋住宅等。这类场景的主要特点是建筑物密集、室内单位面积用户多、建筑物穿透损耗大、室外受遮挡、覆盖效果差。而宏基站由于进场困难，建站成本高等原因，难以新建站点，需要引入 Small Cell 来提供室内深度覆盖及室外弱覆盖补充。

（2）交通枢纽，包括机场、火车站、汽车站、码头等。这类场景的主要特点是用户量大、容量要求高。由于建筑物的穿透损耗及容量限制，宏基站很难完全满足需求，可以通过引入 Small Cell 来提供足够的容量。

（3）公共场所，包括医院、体育馆、商场、景区等。这类场景的特点是规模和用户密度大，需要兼顾室内和室外，业务具有突发性和流动性。由于建筑物遮挡和业务量大，宏基站不能很好地满足覆盖要求，需要部署 Small Cell 进行协调覆盖。

（4）写字楼，包括办公区、休闲区、停车场等。场景特点是高端用户多、用户体验要求高，建筑物有封闭性，需要引入 Small Cell 进行全方位的部署，满足深度覆盖需求。

8.3.4 小基站解决的问题

Small Cell 主要解决以下场景的一些问题。

1）立体覆盖优化

宏站一般位于楼顶和铁塔等高处，波束覆盖范围大，但因受到建筑物、树木的影响，覆盖效果不均匀，存在大量的盲区。Small Cell 体积小易安装，可实现与天线的一体化安装，节省站点成本，缩短施工周期，可实现精确覆盖，可灵活安装在灯杆、监控杆或建筑物外墙表面，也可安装在建筑内部进行室内覆盖，在不影响市容的情况下与宏站形成一体化立体覆盖，如图 8.8 所示。

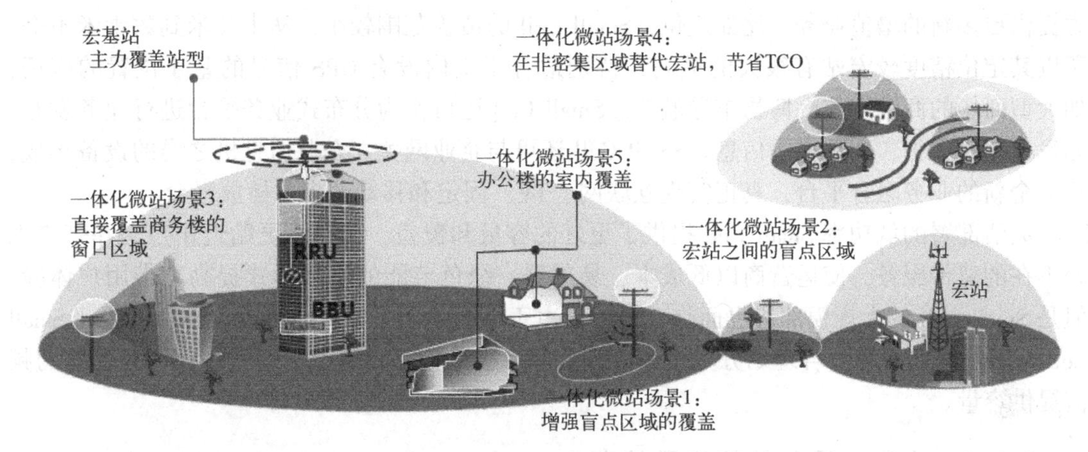

图 8.8　立体化覆盖

2）大容量室内覆盖

宏站信号穿透建筑物进入室内会有 10 ～ 20dB 的穿透损耗。现有的室内覆盖 DAS 系统只支持单天线，无法支持 LTE 的 MIMO 多天线技术，因此无法发挥 LTE 多天线的优势。若要进行 DAS 双向改造，则须再增加一套线路，造成协调物业困难，进场费高昂，工程量巨大。通过在室内覆盖中引入 Small Cell 产品，可以支持 MIMO，提升室内覆盖的容量能力。Small Cell 可以直接部署在办公区内或高校的大阶梯教室，能有效覆盖这种大量集中用户的场景，大幅改善室内用户的高速数据业务体验，室内覆盖场景如图 8.9 所示。

图 8.9　室内覆盖场景

3）对整个网络容量的提升及负荷分担

Small Cell引入宏网之后，通过引入干扰管理算法和协同机制，在频域、时域、空域三个维度上有效协同，网络整体容量可以获得数倍甚至数十倍的显著提升。

作为补热目的引入的Small Cell可以有效吸收宏站小区中热点区域的业务，减小宏站的业务负荷，让宏站可以更高质量服务移动中的用户，提升宏站用户体验。

Small Cell除了提供无线网络服务外，由于成本低、覆盖好、接口丰富，让运营商有能力提供更多新的增值业务。比如定位，Small Cell的覆盖范围较小，从十几米到数十米不等，所以其定位精度较宏站有很大的提高，特别适合于室内没有GPS信号的基于位置的应用，如大型商场的商铺定位、博物馆导航等。Small Cell还可作为分布式业务平台进行业务发布，如发布企业广告、商品打折信息。Small Cell还可与企业网关、企业信息机之类的设备集成，成为全新的业务融合平台，真正实现互联网、TV、固定和移动的多重播放平台。

灵活部署的低功率Small Cell提供了更好的容量和覆盖，让网络更贴近用户，并带来无处不在的宽带服务，使运营商以低成本、易部署、绿色节能的网络形式提高宽带用户体验。但是Small Cell的大规模部署也面临着挑战，由于可能处于宏蜂窝的覆盖范围内，因此Small Cell与宏网络之间需要合理划分频谱和协调资源以避免相互间的干扰，同时保证有足够的频谱提供容量。

8.3.5 小基站设备的架构及特点

典型Small Cell基站设备硬件架构如图8.10所示，将宏站的BBU和RRU小型化。

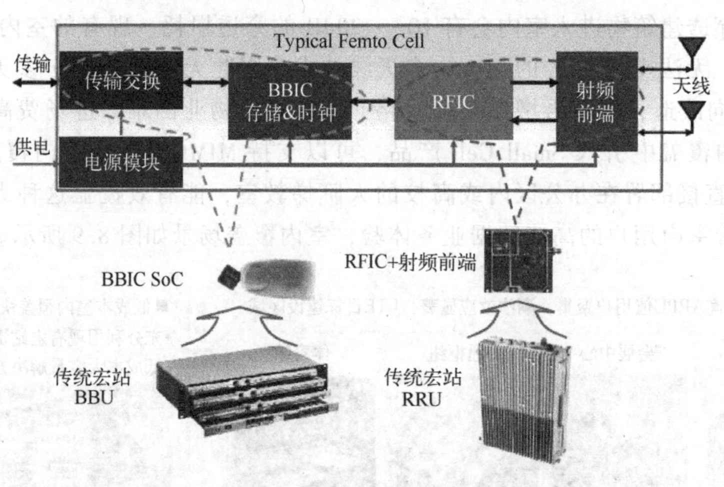

图8.10 典型Small Cell基站设备硬件架构

典型Small Cell基站设备软件架构如图8.11所示。

Small Cell设备的特点如下。

安装方式：Small Cell基站设备安装灵活，可以挂墙安装、抱杆安装，也可以安装在天花板上。

天线：根据需要，Small Cell基站设备可以内置天线，也可以外接天线。

回传方式：Small Cell基站设备支持多种回传方式，可以根据不同场景选择不同的回传方式。

RRU 和基带单元的连接方式：RRU 通过 CPRI 标准接口与基带单元连接。

目前，相关厂商，如华为、中兴、爱立信等都推出了小型基站系列产品，阿尔卡特朗讯提出了 LightRadio（灵云无线）、诺基亚西门子提出了 Liquid Radio（动态无线电）、中国移动提出了 Nanocell（微基站或纳米基站）。

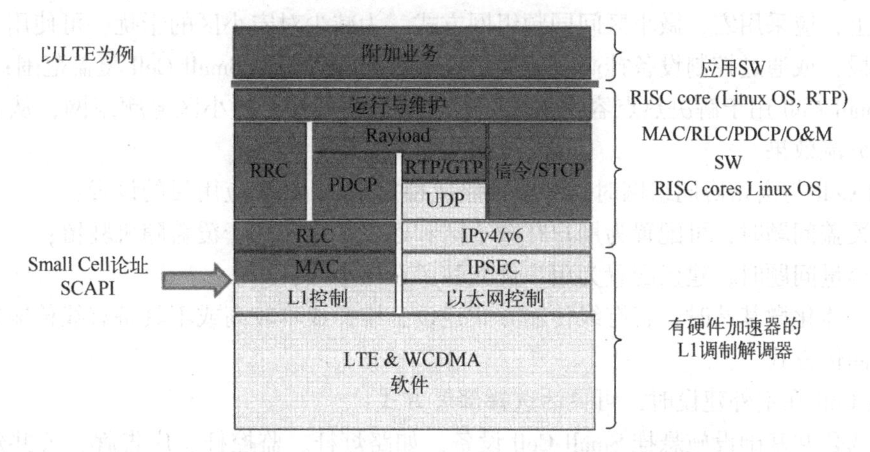

图 8.11　典型 Small Cell 基站设备软件架构

8.3.6　小基站的部署

1. 总体原则

（1）室外部署时，Small Cell 定位于为宏站提供快速有效的补充，可用于解决宏站站址协调困难、建站成本过高等问题。

（2）室内部署时，Small Cell 定位于一种解决室内网络覆盖问题的有效技术手段。

（3）Small Cell 的部署应尽量避免或减少对周围宏站或已建室内分布系统的影响。

（4）与宏站联合部署时，建议 Small Cell 与宏站采用同厂家设备，并共用一套网管系统。

（5）数据回传建议优先采用有线传输方式，并优选专网（IP 承载 B 网）回传；使用公网回传时，应在 Small Cell 设备与安全网关之间建立 IP 安全隧道，并配合使用其他安全设备保障网络安全。

（6）供电方案建议优先采用交流（220V）或直流（-48V）方式；对于不具备交直流供电能力或实施交直流供电改造成本较高的场景，可根据 Small Cell 设备能力使用 PoE 供电，采用 PoE 供电时须注意供电距离限制。

2. 建设方案选择和建设原则

1）室外站建设原则

Small Cell 用于解决小面积区域的弱覆盖、盲覆盖或容量不足问题。其中，室外弱覆盖区域是指 RSCP 低于-100dBm 的区域；容量不足区域指不能利用宏站载波扩容等手段满足容量需求的区域，或需要进行精准容量投放的个别热点。

Small Cell 作为室外站解决网络问题时，应满足以下产品选择原则：

解决覆盖问题时，若不具备射频拉远条件，建议优先选用一体化微基站，若具备，建议优先选用室外型一体化微 RRU；

解决容量问题时，若不具备射频拉远条件，建议优先选用一体化微基站；若具备，可根据成本造价酌情选用一体化微基站或室外型一体化微 RRU。

Small Cell 用于室外建设时，应遵循以下配置原则：

原则上，应采用宏、微小区间同频组网方式，为减少对宏小区的干扰，可使用干扰消除等技术手段，或通过控制设备挂高、使用定向天线方法等调整 Small Cell 覆盖范围；

将 Small Cell 用于解决热点容量需求时，可酌情使用宏、微小区异频组网，从而获得较好的容量分流效果。

Small Cell 与宏站协同组网时，驻留策略应根据 Small Cell 应用目的设置：

解决覆盖问题时，可配置为用户在微小区和宏小区之间基于覆盖随机驻留；

解决容量问题时，建议配置为用户优先驻留在微小区；

使用一体化微基站时，若有线传输方式建设、维护成本较高或不具备有线传输资源，可使用无线回传方式。

Small Cell 在室外建设时，可灵活选择部署方式：

可挑选公共基础设施悬挂 Small Cell 设备，如路灯杆、监控杆、广告牌、公共建筑物外墙等；

对于楼宇交错复杂的场景，可在道路拐点布放 Small Cell 设备以保障覆盖效果；

对于存在长直道路、楼宇分列两侧的场景，可使用交叉布放的方式减少 Small Cell 设备投放数量。

2）室内站建设原则

应综合考虑成本造价、容量分配、后续扩容、物业协调和后期维护等因素，选用 Small Cell 或其他室内网络技术方案。

在具备以下特点的场景中，可以选用 Small Cell 设备：

对于建筑物内部隔断复杂、物业协调困难、施工难度大的场景，可以使用 Small Cell 设备新建、改造室内网络，或对弱覆盖区域补强；

对于后续需要通过小区分裂方式扩容的场景，可使用 Small Cell 设备新建、改造室内网络。

Small Cell 作为室内站解决网络问题时，应满足以下产品选择原则。

应根据成本造价和施工要求综合选择室内 Small Cell 建设方案：

① 对于部署规模较大的场景，建议优先选用室内型一体化微 RRU；

② 对于部署规模极小的场景，或解决单点投诉、局部室内深度覆盖问题时，建议优先选用低功率一体化微基站。

若目标建设场景较为空旷，难以利用房屋隔断进行微小区边界分割，可选用室内型一体化微 RRU，并通过小区合并的方式降低干扰和减少微小区间不必要的切换。

若目标建设场景不具备有线专网回传资源，可以选用低功率一体化微基站，并使用 xDSL 或 xPON 技术通过有线公网进行数据回传。

当选用室内型一体化微 RRU 时，对于初期容量需求不大，且后期有扩容需求的场景，建议在站点规划和布放时充分考虑射频单元隔离和资源预留，便于后续实施小区分裂。

应控制室内微小区边界，使得室外距离室内建筑 10 米外时，室内微小区 RSCP 低于

-95dBm 或室内微小区 RSCP 低于室外小区 RSCP 10dB 以上。可利用建筑结构对外泄信号进行遮挡，必要时 Small Cell 设备可外接定向天线控制覆盖范围。

3. 回传技术

小基站部署位置的多样性导致单一的传输技术不能满足所有的部署场景，这样需要能提供支持多样传输技术的灵活传输方案，主要包括有线传输和无线传输。小基站的 RAN 组网与宏站相同，都是通过传输网络连接到核心站点。

实际部署中，为了降低成本，原则上不会使用宏站传输的建设方式为小基站新建部署一个到核心节点的传输网络，应利用已有的传输汇聚节点和核心节点间的网络。

Small Cell 回传技术可以分为无线回传技术和有线回传技术两大类。无线回传方案可以选择采用毫米波传输技术、微波传输技术、Sub 6 GHz 频段和卫星回传方式等方案。无线回传技术在有线回传受限的环境下，可以提供更灵活的解决方案。

Small Cell 有线回传技术方案有光纤接入方案、xDSL 接入方案和同轴电缆接入方案。在 3 种有线接入方案中，随着国家宽带工程的建设，光纤接入方案可以为 Small Cell 提供带宽和服务速率的可靠保障，必将在网络部署中得到广泛应用。

Small Cell 的回程网络要求能够支持灵活的传输方式，ADSL 或 VDSL 因支持的速率较低，并不适合 3G/LTE 时期 Small Cell 的大容量回程要求，而 IPRAN、PON 网络具有大带宽的优势，非常适合用作 Small Cell 回程连接核心网。

对于应用在热点吸收场景的 Small Cell，对传输带宽有较高的要求，若静态配置分配给其的传输带宽，对传输网络资源占用较多，如何高效利用传输带宽资源是亟待研究的课题。由于 PON 等公众宽带网络还同时承载了大量固定宽带用户，高峰时会出现拥塞、丢包等现象，而 LTE 信令、OAM 及交互业务对丢包和时延都要求较高，必须能够在传输层面保障不同业务的 QoS（Quality of Service）。

1）有线专网回传方案

该方案中，基带单元通过光纤直驱、网线、xDSL 技术或 xPON 技术直接接入 IPRAN 或传统汇聚网络。有线专网回传方案如图 8.12 所示。

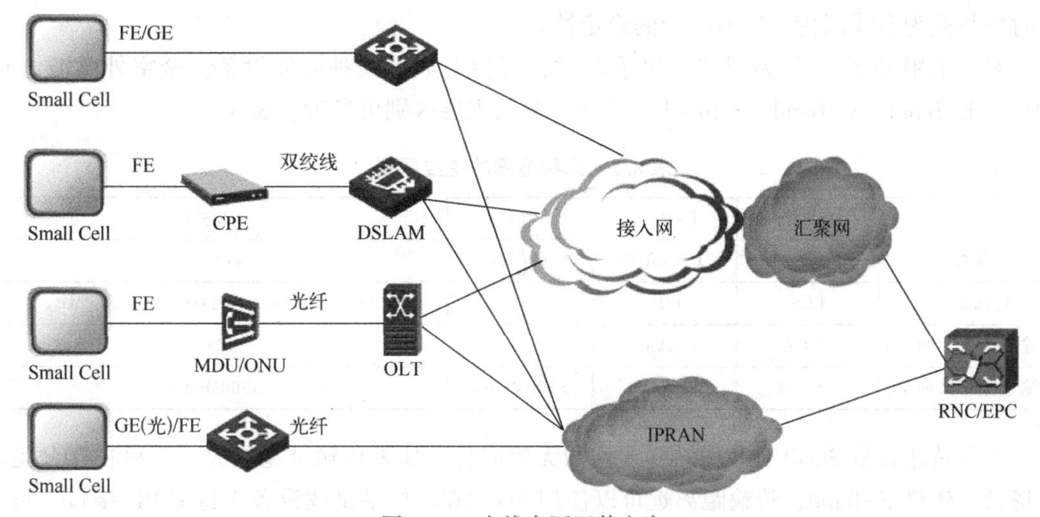

图 8.12　有线专网回传方案

接入xPON方式：Small Cell设备可通过外置GPON ONU连接到宽带无源光接入网络中，部署时建议使用同厂家的设备进行对接。

接入xDSL方式：Small Cell设备通过xDSL CPE连接到以电话线为传输介质的xDSL网络，充分利用广泛部署铜缆资源。对于室外双绞线资源较丰富，部分双绞线已经到杆的场景，采用DSL回传；小灵通场景具备大量双绞线，Small Cell可利旧小灵通站址时推荐采用DSL回传；室内双绞线资源丰富时，室内Small Cell部署可利旧DSL线路；推荐使用同厂家的设备进行对接。

接入以太网/P2P光纤方式：Small Cell设备支持FE/GE接口，根据小基站与直联设备的传输距离，可以通过光纤直连或者以太网线与支持以太网的回传设备相连。

2）有线公网回传方案

该方案中，基带单元通过xDSL技术或xPON技术借助已经铺设的公共网络将数据回传至核心网。有线公网回传方案如图8.13所示。

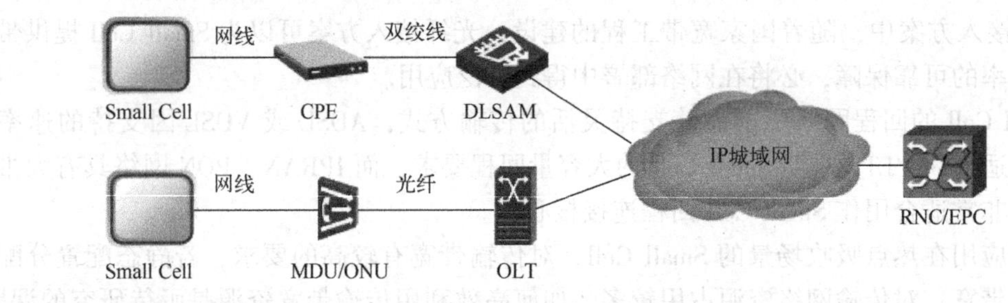

图8.13 有线公网回传方案

3）无线回传方案

该方案中，基带单元通过IP微波技术、WiFi技术、LTE技术以及其他技术手段将数据以无线方式回传至某一传输节点后，继而通过现有IPRAN网络回传至核心网。该方案需要在Small Cell设备侧和某个适当的传输节点位置配置无线回传终端设备，该传输节点可以为宏站。无线回传方案应作为解决Small Cell传输问题的临时解决方案，后续具备有线传输条件时可替换为有线回传以保障回传的稳定性。

对于采用IP微波作为回传解决手段时，可参考如下几种微波设备：全室外微波（FO MW）、E-Band、V-Band、SubLink。几种方案的主要区别可参考表8.3。

表8.3 几种方案的主要区别

	全室外微波	E-Band	V-Band	SubLink
频段	6～42GHz	71～86GHz	60GHz	<6GHz
传输地形	LOS	LOS	LOS	LOS、n-LOS & N-LOS（PTP & PMP）
传输距离（典型值）	<50km	<3km	<1km	<2km
传输带宽（典型值）	—	>1Gbit/s	>300Mbit/s	>300Mbit/s

室外站建设从Small Cell微站到宏站的无线回传，如果传输带宽较大，距离在几公里内的场景，建议E-Band，传输距离远可以使用FO MW。如果微波设备支持CPRI接口，可以满足BBU和RRU的射频拉远条件。

如果传输较短，传输带宽较小，建议 V-Band、SubLink，可以满足小区域内的简易安装，和点到点或者点到多点的无线回传场景。

3G Small Cell 的无线回传方案的传输示意图如图 8.14 所示。

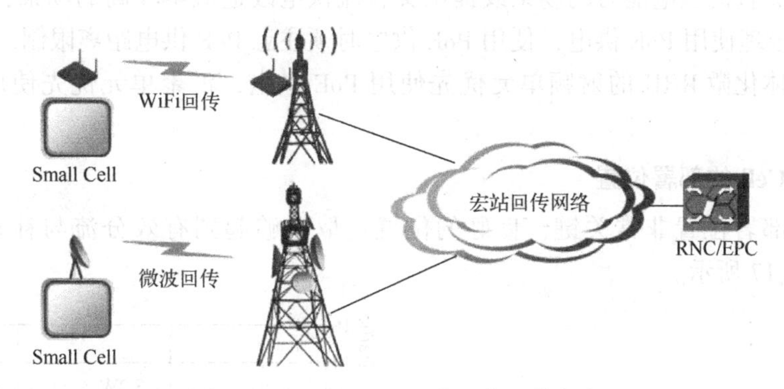

图 8.14　3G Small Cell 的无线回传方案

4）传输安全保障方案

Small Cell 部署时，若经过公网实现回传，应考虑 Small Cell 设备端口存在被非法入侵的情况，需要采用增加安全网关等技术手段对 Small Cell 接入进行安全防护。现有网络需要部署相应安全网关设备 SeGW 与 Small Cell 设备间建立 IP 安全隧道传输。传输安全保障方案如图 8.15 所示。

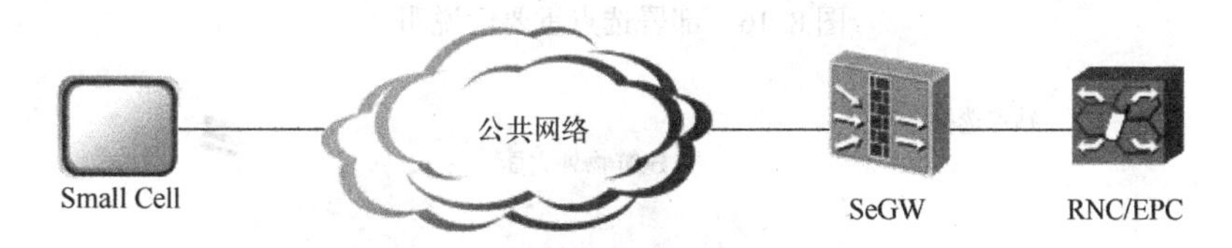

图 8.15　传输安全保障方案

4. PCI 规划

PCI（Physical Cell ID）的资源有限，LTE 宏站已经占用了大量的 PCI 资源，当部署同频 Small Cell 时，Small Cell 只能与宏站共用 PCI 资源。PCI 的规划原则是覆盖有交叠的相邻 Small Cell 的 PCI 也不能冲突，否则会因为 PCI 相同使得两个小区间的主辅同步序列和导频相同而造成严重互相干扰，造成 UE 在小区搜索时同步不到合适的小区上，无法接入。并要求同一宏站 Small Cell 邻区的 PCI 不能混淆（即使不相邻），否则会导致终端在宏微切换过程中分不清哪个小区为目标小区，造成切换失败。特别是当在某一区域密集部署大量 Small Cell 时，更对 Small Cell 的 PCI 规划提出了严峻的挑战，即如何合理的规划才能在有限的 PCI 资源内把 Small Cell 间因 PCI 冲突所带来的影响控制在可控的范围内。

5. 邻区管理和切换配置

Small Cell 因部署位置和数量灵活多变，不合理的邻区配置会导致网络复杂，不利于规划，也不利于移动性管理。不必要的邻区可能导致过多的切换，影响用户体验，严重消耗终端的电能和基站的处理资源，并会产生大量的切换信令消耗网络资源。需要能针对不同场景合理配置邻区和切换参数，减少不必要的邻区测量和宏微切换。

6. 供电技术方案

一体化微基站与室外型一体化微 RRU 应优先使用交流（220V）或直流（48V）供电；对于不能提供交直流供电能力的场景或提供交直流供电改造成本较高的场景，可根据 Small Cell 设备情况合理使用 PoE 供电，使用 PoE 供电时须注意 PoE 供电距离限制。

室内型一体化微 RRU 的射频单元优先使用 PoE 供电，汇聚单元优先使用交流或直流供电。

7. Small Cell 的部署位置

小基站的部署位置非常关键，良好的位置选取能够起到有效分流与补盲的作用，如图 8.16、图 8.17 所示。

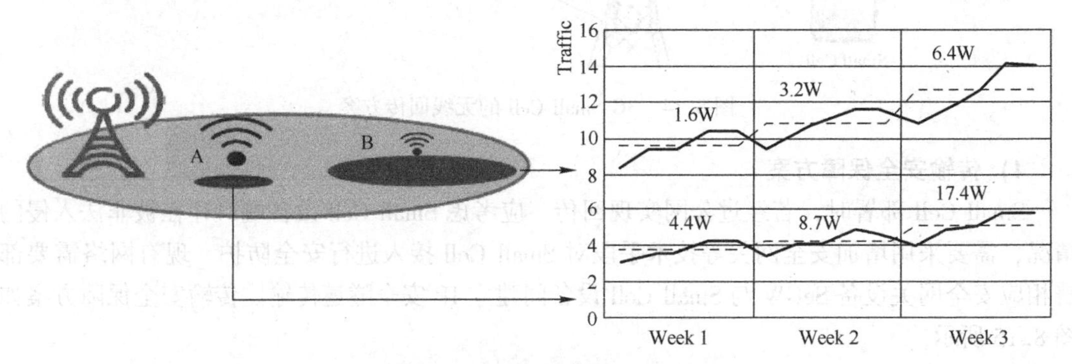

图 8.16　部署选点重要性说明

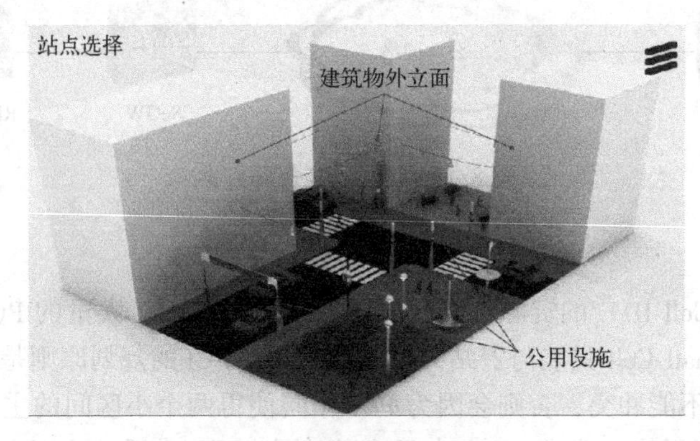

图 8.17　站点选择的位置

室外选点基本原则如下。

放置在宏站的小区边缘吸收话务：和无线环境好的地方相比，小区边缘的话务利用了大量的无线资源（如功率和码字）。

放置在有话务的地方：把室外 Small Cell 放在靠近话务源的地方吸收话务。

避免和宏站视距传播。

8. Small Cell 部署策略

Small Cell 和宏基站的组网方案需要考虑频率使用、室内/室外部署场景、网络架构等重要因素，6 种典型的组网方案如表 8.4 所示。

表 8.4　Small Cell 组网方案

方案名称	重点问题
异频组网方案	用户网络选择策略，移动性管理和 Small Cell 基站间干扰控制
同频组网方案	宏基站和 Small Cell 之间干扰控制，移动性管理
室外组网方案	室外覆盖盲区或者话务集中区域连续覆盖质量和业务分流效果，Small Cell 与宏基站之间干扰控制，移动性管理
室内组网方案	室外覆盖盲区或者话务集中区域连续覆盖质量和业务分流效果，Small Cell 与宏基站之间干扰控制移动性管理
直连核心网方案	Small Cell 通过 S1 接口直接接入 EPC 核心网，需要考虑核心网接口数量的限制
网关连接方案	Small Cell 通过网关连接到核心网，解决用户移动性管理以及评估组网性能

根据 Small Cell 外场测试和组网试验，Small Cell 适用于表 8.5 所示的 4 种典型场景。在 Small Cell 大规模商用前，需要开展 Small Cell 关键技术性能验证和典型场景的组网性能验证测试工作。

表 8.5　典型组网场景

场　　景	典型环境
室外弱覆盖	如商业街道、居民区、宏基站边缘区域等
室内弱覆盖	如校园、居民区、写字楼、商场等
热点话务区域	宏基站容量受限场景，如话务量激增区域
深度覆盖	宏基站覆盖受限场景，有覆盖及容量需求，如住宅小区、CBD 等区域

8.4　5G 绿色超密集无线异构网络

8.4.1　5G 时代能量损耗面临的挑战

据思科公司预测，全球移动数据业务量从 2016 年到 2021 年将增长 7 倍。与 2010 年相比，蜂窝无线通信网络 2020 年将面临着 1 000 倍数据量的挑战。数据量的爆炸式增长宣告了大数据时代的到来。在这些海量的数据中，一个最明显的特征是：无线网络的主导业务类型已经从传统的语音业务转向了以移动视频为代表的能量饥饿型数据业务。与此同时，移动互联设备数量持续飙升。未来全球移动通信网络连接的设备总量将达到千亿规模。预计到 2020 年，全球移动终端（不含物联网设备）数量将超过 100 亿，其中在中国将超过 20 亿。全球物联网设备连接数也将快速增长，2020 年将接近全球人口规模达到 70 亿，其中在中国将接近 15 亿。人与人、人与物、物与物等丰富多彩的“万物互联”的通信形态预示着物联网时代的到来。

超千倍的数据流量增长、海量规模的移动互联设备数量、跨越人与人界限的泛在通信，正推动着移动无线网络的颠覆式变革和跨越式发展。现有无线网络容量已经难以支撑爆炸式的数据流量增长以及泛在的高质量通信需求，极其受限的网络容量已构成了用户追求身临其境的极致化业务体验的最大挑战。因此，需要新的无线、网络技术来解决现有网络的有限无线带宽资源与无处不在的大量高速率传输需求之间的矛盾，从而大幅提升单位面积的频谱效率，急剧增加网络的容量，满足泛在的具有用户体验保障的通信需求。

在众多的技术方案中，超密集无线异构网络被公认为是解决上述挑战最富有前景的网络技术之一，其已被明确地纳入 IMT-2020 发布的《5G 概念白皮书》中。具体而言，超密集无线异构网络融合多种无线接入技术（如 5G、4G、UMTS、WiFi 等），是由覆盖不同范围、承担不同功能的大/小基站在空间中以极度密集部署的方式组合而成的一种全新的网络形态。在超密集无线异构网络中，如图 8.18 所示，多种无线接入技术共存，大/小基站多层覆盖，既有负责基础覆盖的在传统蜂窝网络中所使用的宏基站，也有承担热点覆盖的低功率小基站，如 Micro、Pico、Relay、Femto 等。为了解决 1 000 倍容量挑战，为用户提供极致化的业务体验，未来实际部署的超密集无线异构网络会远远超出现网的布设密度和规模。据预测，在未来无线网络中，在宏基站的覆盖区域中，各种无线传输技术的各类低功率节点的部署密度将达到现有站点部署密度的 10 倍以上，站点之间的距离将降至 10m 甚至更小，每平方公里支持高达 25 000 个用户，甚至将来激活用户数和站点数的比例达到 1∶1，即每个激活的用户都将有一个服务节点。

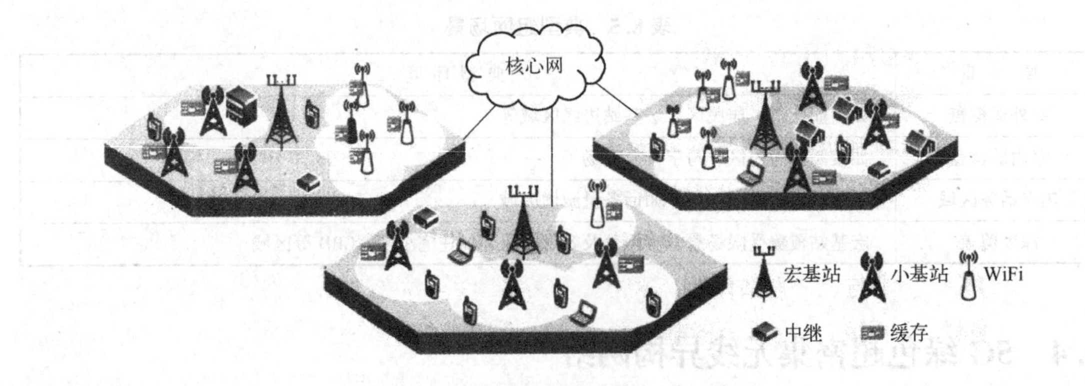

图 8.18 超密集无线异构网络示意

稀缺的频谱资源和宝贵的能量资源是每一代无线通信向前演进的最大桎梏。超密集组网技术能有效地解决大幅度提升蜂窝网络频谱效率的需求。但令人遗憾的是，网络的超密集部署也带来了前所未有的能量开销。以一个传统基站能耗的两大主体（主设备和温控系统）为主要计算对象，一天的耗电量约为 100kW · h，一年耗电约 3.5×10^4kW · h。据研究报告，大量的无线接入设备占到整个通信网络 80%～90%的能耗。而即将到来的 5G 时代，通信业务量将爆炸式增长，通信设备的能耗问题将更为严重。据相关资料统计，信息和通信行业将是全球第五大耗能产业，其中，移动通信网络占到 ICT 产业总能耗的 43%。同时，5G 已经开始尝试在物联网（车联网）、智能楼宇等对网络能耗要求较高的场景下部署，在这些场景下，降低能耗更是比时延、命中率更加重要的优化目标。

跟踪现实网络一周所得的实测数据显示，密集部署的功能各异的基站在大多数时间里都处于低负荷状态，且网络的业务负载在空、时域上都是变化的。具体而言，在一天之内，负载低于峰值的 10%的时间比重在工作日和周末分别高达 30%和 45%。因此，在超密集网络中，很大一部分基站在绝大多数时间都没有得到充分利用。然而，即使处在低或者空负载状态，基站仍将消耗超过 90%的整体能耗。例如，一个典型的 UMTS 基站消耗 800 ～ 1 500W，但射频输出功率仅有 20 ～ 40W。巨大的能量开销所导致的经济支出已经构成了运营商持续向前发展的最大障碍之一。在 2G、3G 时代主要依靠的增加覆盖区域和提高数据速率等盈利方式难以为继，节能已成为今后盈利的主要方式。

特别地，IMT-2020 发布的《5G 愿景与需求》白皮书明确期望，5G 相比于 4G 通信系统在频谱效率方面须提高 5 ～ 15 倍，在能量效率方面须实现 100 倍以上的提升。能、谱效率分别从不同的角度来评估协议架构、网络控制和资源管控等对无线网络中能量和频谱两大关键受限资源的有效利用程度。因此，在超密集无线异构网络中，亟须解决网络部署密集化所导致的谱效提升与能效降低之间的矛盾。如何在未来合理部署 5G 网络实现绿色通信，这是一个亟待解决的问题。

8.4.2 国内外绿色通信发展战略和理念

5G 通信即将带来的巨大能量损耗已经引起国内外通信业的关注。欧洲电信委员会在第七次框架项目（FP7）发起面向真实能效的网络设计项目 TREND、基于节能的认知无线电和协作技术研究项目（C2POWER）。法国电信发起了移动无线网络节能优化项目（OPERA-NET），计划在 2020 年节能 20%。英国 MVCE 提出 Green Radio 项目，该项目致力于研究网络架构和绿色无线技术。

在通信节能减排方面，我国国家发改委建立了节能减排统计监测指标。国资委根据能耗贡献量，在 2010 年将三大运营商由节能减排“一般企业”调整为“关注类企业”。工信部提出大力发展绿色 ICT 产业，推广绿色 IDC 和绿色基站。以上措施表明我国政府对通信实现绿色节能的强制性要求。

为了引起全产业链关于绿色通信的关注，我国国资委、发改委、工信部从 2008 年起组织一年一度的绿色通信大会。2012 年，大会以“问道绿色发展 构建高效运营”为主题，设立了“绿色通信规划与基础网络节能”、“绿色通信的关键环节与路径实现”两大主题论坛。2013 年，大会以“绿通信的创新与实践”为主题，聚焦绿色通信的网络建设与运营，交流探讨产业链绿通信的产品创新、技术创新和方案创新。同年 2 月，工业和信息化部正式印发了“进一步加强通信业节能减排工作的指导意见”。2014 年，大会以“绿色 4G 网络建设与节能创新”为主题，围绕新形势下的节能减排需求与挑战，聚热 4G 网络建设，分享通信行业节能解决方案实践典范。2015 年，工信部组织通信行业节能减排大会，大会以“互联网+下的绿色通信”为主题，以“互联网+”下的通信行业、节能创新成果应用发布及经验交流等热门话题展开经验分享技术交流。

在实现绿色通信方面，我国三大运营商也采取了战略措施。中国电信通过“绿色通信、绿色产品、绿色采购”实现节能减排，分别采取了光网城市、高耗能设备改造、推广分布式基站、云网络等措施。中国移动从发展 C-RAN 网络结构、推广无机房基站建设模式、采用绿色能源等措施实现“绿色行动计划”。中国联通推广分布式基站、智能节能关断技术完善来进行节能减排。

在各国政府、行业协会、运营商和产业链各方的努力推动下，绿色通信概念将在 5G 时代得到良好的发展。

要实现超密集异构网络的高能效泛在部署，需要突破传统蜂窝无线网络耗能的服务模式和缺乏灵活度的网络管控方法。

1. 革新服务模式

在传统的“请求—传输—消费”服务模式下，网络在收到用户请求后才开始发送数据，用户则在收到数据后开始享受服务，但将该模式应用上大数据化的超密集异构无线网络时会导致过大的网络能耗开销。这是因为内容的流行度和用户的一些典型行为（如偏好、影响力和移动性等）看似随机，实则具有规律性，可被近似或准确地预测。因此，系统可以在网络条件好（如信道质量好或干扰小）的时段，将一些原本存储在远端服务器中且仅当收到用户请求后才发送的内容提前推送到用户附近的网络设备（如基站）中，甚至可以直接预缓存到用户设备中。这是一种网络服务理念的革新，由被动式的“请求—传输—消费”模式转变为主动式的“传输—请求—消费”模式。这种模式的转变可大幅提升大数据化的超密集异构网络的能量效率，同时也可实现用户对请求内容的快速获取。

2. 提升管控灵活度

传统广泛采用的所谓“最坏情况”的网络设计理念致力于时刻满足用户的需求，即使在业务负载高峰时段。如前所述，在实际无线网络中业务负载具有时、空变化性，因此这种传统设计理念就不可避免地会导致网络能量的大量浪费和网络能效的大幅降低。实际数据表明，在传统低密集部署的蜂窝网络中，几乎60%～80%的总能量消耗在基站处。毫无疑问，这一情况在未来的超密集无线异构网络中将变得极其严重。初步研究结果已表明，单位面积基站密度增加10倍，在带来35.6%谱效提升的同时会导致59.2%的能效降低。因此，在小基站密集化部署的超密集无线异构网络中，如仍像传统的网络管控那样即使在轻业务负载时段（如午夜）也开启全部基站无疑会浪费大量的能量。为此，从传统“最坏情况”的网络管理模式转变为感知负载的自适应管控模式，来提升网络控制的灵活度和资源联合分配的高效性，从而达到实现节能的目的是十分必要的。

8.4.3 5G网络绿色通信的关键技术

目前国内外关于5G绿色通信的关键技术研究包括：网络架构、网络部署、资源调度、链路级技术等方面。

1. 网络架构

在5G时代将采用扁平化的IP网络，网络层次简单，实现分布式架构，使得无线资源管理更加灵活高效，实现用户在核心网的无缝切换。扁平化IP网络架构减少了数据通道中的网元数量和传输过程中的能量损耗，降低了建网和运营成本。

5G网络还将是一个基于云计算的异构网络。中国移动在2010年4月发布了C-RAN（Cloud Radio Access Network），采用了集中处理、协作无线电和及时云技术。在此基础上，5G网络架构将包含灵活操作的无线接入云、开放智能的控制云、高效低成本的转发云。通过将网络资源云化可实现资源划分和管理。通过云端将无线接入和节点虚化，利用SDN（软件定义网络）传输，可大大降低网络建设和运营成本。其中SDN将路由器中的路由决策等控制功能从设备中分离出来，统一由中心控制器通过软件进行控制，实现控制和转发的分离，使得控制更加灵活，设备更加简单。

2. 网络部署

5G采用基站分层部署的策略。通过部署包括家庭基站（HeNB）、微微蜂窝基站（Pico

Cell)、微蜂窝（Micro Cell)、中继（Relay）等多种低功率节点的方式提升系统容量，5G 基站分层结构图如图 8.19 所示，宏基站（Marco Cell）设计用来增加覆盖范围，而微蜂窝(Micro Cell）和微微蜂窝基站用于密集通信场所。在宏基站的覆盖范围内，各种低功率节点的部署密度将达到现有站点部署密度的 10 倍以上，站点之间的距离将缩小到 10m 甚至更小，支持每平方米高达上万数量的用户，最终形成激活用户数和服务站点数 1:1 的超级密集异构网络。

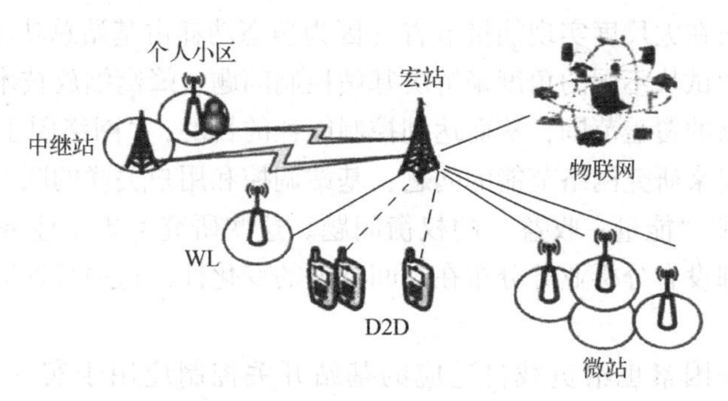

图 8.19　5G 基站分层结构图

分层基站部署将大幅度降低能量损耗。根据参考文献，宏基站大约需要功率 5kW，而微微蜂窝基站功率只需要 10W 左右。如果采用多个微微蜂窝基站达到宏基站相同的覆盖面积，能量损耗只有采用宏基站覆盖方式的七分之一。在高用户密度区域增加微微蜂窝基站部署，可以提高整个网络的能量效率。

以上研究均是采用较为简单的业务模型和单一的用户行为特征分布，采用最优化算法进行资源调度，得出 5G 的分层基站部署能够在一定程度上降低网络能耗的结论。该结论具有片面性，与实际场景出入较大。后续研究能够利用目前大数据分析的优势，对海量数据进行分析统计，得出更加有效的适合复杂情景的算法。

3. 资源调度

通信网络建设初期，规划设计通常按照网络流量高峰期的资源需求原则进行。

在实际应用中，网络流量会随时间变化，不同的小区有不同的变化规律，呈现出高低起伏的“潮汐效应”。比如，网络流量一般会出现“昼高夜低”的现象，而工作区和住宅区会出现“此消彼长”的特性。当网络流量降低时，基站容量冗余，就导致能量的浪费。

如何在合适的时机对网络资源进行控制，这是提高网络能量效率的有效解决方案。小区的开关技术是解决潮汐现象的常用方法，在基站业务量低时，通过信令控制部分基站休眠，由相邻基站承担休眠基站原先的覆盖区域的业务传输和容量补偿。针对 5G 网络，参考文献提出了多种方法，例如将流量分布拟合成关于时间的正弦分布函数，动态调整基站的工作状态；基于网络流量预测的基站休眠节能方法，通过流量预测方法，对网络流量进行合并，通过链路和节点开关的方式，使得处在低利用率的链路休眠；基于 Poisson - Voronoi - Tessellation（PVT）的随机蜂窝网络运行效能模型。

下面介绍 3 类重要技术，即负载自适应的基站开关控制、主动缓存和干扰感知的跨网资源分配。

1）负载自适应的基站开关控制

在基于“最坏情况”的传统网络管理模式下，所有基站一直处于运行状态以随时满足最高的网络业务需求，这完全没有必要且会造成极大的能量浪费。通过大数据分析，能够获知网络业务的时空分布及变化规律，进而采用具有负载感知能力的自适应基站开关模式。该模式的主要目的是开启适当数量的基站以支撑当前的网络业务负载，并关掉剩余的基站以减小能量开销。这种模式使得网络规划能够从宏观上匹配时、空变化的网络业务负载，减少基站的静态功率，从而在大尺度实现能量节省（因为静态功耗占基站总功耗的绝大部分）。

已有一些研究尝试从不同的角度来解决基站控制问题，蜂窝缩放技术，即根据业务负载变化情况来调整蜂窝的覆盖范围，从而达到控制能耗的目的，“网络因子”的概念是从动态基站状态切换的角度来研究网络节能的问题；基站调控和用户关联的联合优化方案分别分析了“能量—时延”和“能量—收益”的权衡问题。这些研究考虑了业务分布在空间维度上的不均匀性，但是都没有分析业务分布在时间维度的变化性，这一特性同样会显著影响网络能耗。

此外，以下3个因素也给负载自适应的基站开关控制应用于实际无线网络中带来了挑战。

（1）基站开关控制在多大时间尺度上执行较为合适，因为频繁的基站开关操作会给系统带来额外的信令开销并可能引起网络振荡。

（2）如何保证为了节能而关闭基站不会显著地降低用户的服务质量，如数据传输速率。

（3）如何对网络—用户能耗权衡问题进行严格的数学建模并灵活地调控二者，这是因为关闭基站可以节省网络能耗，但同时也增大了用户与基站的通信距离，进而会增加用户的发送功率。

2）主动缓存

随着半导体工艺的发展，在用户终端设备或者网络设备中配置大容量的存储器越来越容易。通过大数据分析，可以获得网络中的内容流行度、用户行为特征、用户影响力和用户的社交关系等信息。据此，可以利用内容提前推送和预缓存来提高超密异构网络的能量效率。例如，如果已经预测到各内容的流行度，那么系统可以在有影响力的用户的智能设备中预先缓存那些流行度较高的内容。另一方面，一旦知道用户间的社交关系，如果用户彼此接近，则可以通过设备直连通信（Device-to-Device Communication）的方式直接获取共享内容。通过设备直连通信和预缓存内容可以有效减小传输距离并且避免网络拥塞，从而可以显著地降低网络和用户的发射功率，同时可以减轻基站的流量负载，而且用户也可以快速获取所需的内容，进而提高用户的服务质量。网络中流行度高的或某个用户很有可能要访问的内容可以提前从服务器推送到相应的基站或者用户终端处。因此，主动缓存目前主要分为基站级缓存和用户级缓存两类。与基站级缓存相比，用户级缓存是进一步将缓存在基站处的内容提前推送到用户终端处。所以，尽管用户级缓存可能会冒着耗费更多能量的风险，但是一旦缓存的内容的确被用户访问，其能量效率将更高。关于主动缓存，以下几方面需要被严谨地解决。

（1）如何准确定义网络内容的流行度，即确定预推送内容的流行度阈值（超过此值则意味着将启动主动缓存）。

（2）如何根据用户行为特征等因素确定提前推送给他们的内容以及提前推送、预缓存多少内容。

（3）启动主动缓存后，采用基站级缓存和用户级缓存哪种方式更好（即主动缓存内容的时候，应当选择哪种方式）。

（4）是否有其他的缓存方式，如混合式缓存，即将基站级缓存和用户级缓存灵活地结合。

另一方面，尽管通过主动缓存技术来降低网络能耗有着非常诱人的前景，但是不合理的内容预推送，如预缓存的内容从没被用户访问，将会导致能量资源和存储空间的浪费。因此，主动缓存就像一把双刃剑，除了要关注上述与主动缓存技术自身相关的挑战外，还需要仔细考虑其带来的收益和可能导致的开销间的权衡问题，具体如下：

（1）对于基站级或者用户级缓存，需要选择多少基站或者用户终端设备来进行内容预缓存；

（2）数据的预推送和预存储在用户发出正式请求之前什么时候开始启动；

（3）针对无线网络的随机性和时变性，如何设计出可靠的主动缓存机制以尽可能多地减少网络开销；

（4）如何对主动缓存下的收益—开销权衡问题进行严格的数学建模并灵活地调控二者。

目前对于这些问题的研究仍然处于探索阶段，还没有取得能应用于实际系统的成果。

3）干扰感知的跨网资源分配

虽然发射功率远小于基站运行的整体功耗，但是资源分配时所确定的发射机的发射功率会对放大器、冷却系统等网络组件所消耗的能量产生重大的影响。例如，仅通过将发射功率由 20W 减小至 10W，一个宏基站的总功耗就能由 766W 降至 532W（也就是说节省了 234W 的功耗）。因此要实现绿色超密集无线异构网络的愿景，除了通过基站开关控制在大尺度上减少静态功耗外，通过资源分配在小尺度上降低发射功率也是不可或缺的。

如影随形，用户关联是基站操作后的一个必不可少的问题。这是因为一旦关闭某些基站，最初与之关联的移动终端需要重新与其他基站关联。而且，用户关联考虑与否，如果考虑，对应的关联方案会显著影响网络的负载分布及能、谱效率。在超密集无线异构网络中，多网络制式并存（如 5G、4G、UMTS、WiFi 等），而对于同一网络制式，其服务用户的行为可能又由密集部署的覆盖不同范围、承担不同功能的大/小基站完成。超密集无线异构网络的这一独有特征为用户关联提供了网络分集，具有多模接口的终端不必再像传统的单模终端拘泥于只能通过同一制式网络收发数据。因此，不同的用户关联策略会导致业务负载在不同类型的网络间以及同一类型网络不同基站间的差异化承载和分布，从而影响到各网络的工作状态，进而影响网络的干扰程度和跨网资源联合优化，最终影响网络的能谱效率。

基站开关和用户关联确定了网络的宏观工作状态，进一步还需要从微观上优化网间异质资源，以实现能谱高效的数据传输。在超密集网络中，频谱和能量等资源被独立、无协作地分割在了功能各异的网络中。为了提升频谱效率，时、频资源在超密集网络中将被极度复用，从而导致严重的同层、跨层干扰。一方面，强烈的互干扰通常会急剧降低人们所期望达到的频谱效率。另一方面，互干扰也会增大能耗，降低能效。因此，网络呈现异构性，资源表现出异质性，且时频资源的高度复用导致了严重的网络干扰。需要有抽象并统一表征网络资源的方法，并基于跨网协作，利用网络分集，整合网内与网间资源，联合优化经统一表征的异质资源，从而协调网间干扰，设计具有干扰抑制能力的联合资源分配方案，以实现能谱效率在小尺度上的进一步提升。

4. 链路级技术

5G采用了大量的先进技术来提高用户速率、降低时延、减少能耗，主要包括以下几种。

（1）高阶MIMO，又称为Massive MIMO，通过在基站端放置大规模天线阵列，使得用户矢量信道趋于正交，消除用户间干扰。参考文献证明了高阶MIMO能够大幅度降低基站的功耗和成本，随着天线数目的增加，基站可以使用低功耗的放大器。

（2）D2D（设备到设备）无需基站即可实现通信终端之间的直接通信，扩展了网络链接和接入方式。该方式信道质量高，频率资源利用效率高，提高了链路灵活性和网络可靠性，但D2D通信还存在功率消耗和资源分配优化的问题。

（3）NOMA（非正交多址接入）将一个资源分配给多个用户，提高了资源利用率。

8.5 5G室内覆盖

8.5.1 5G室内覆盖的特点及面临的挑战

伴随着移动互联网与智能设备的普及，移动互联业务呈现多样化和海量化的特征，无线移动用户数量和无线通信数据量呈现指数增长趋势，5G需要实现高频谱效率、高可靠性、超低时延以及无处不在的无线通信。同时，城镇化带来了高层建筑的大规模扩建以及用户数量在立体维度上的扩增，进一步导致了平面投影上的用户密集化，并为5G通信系统带来了更高的频谱效率要求，以保证用户的服务质量与业务需求。通过传统的高阶调制和信道编码带来的系统容量增益已经达到了性能极限，同时平面组网技术也难以支撑立体化建筑室内用户平面密集效应以及海量业务的通信计算需求。因此，依托城市建筑的立体结构，探索立体化组网以实现频谱效率的进一步提升成为了发展趋势。密集立体覆盖通过在平面之外的第3个维度上进行拓展，可以实现垂直方向上的频谱复用，从而大幅提升单位空间上的频谱利用率。利用多层次的异构覆盖、微小蜂窝网络、密集组网等技术，密集立体覆盖网络为5G通信系统容量的提升提供了可能性。云无线接入网络（Cloud Radio Access Network，Cloud-RAN）采用多点密集分布式接入与云端集中信号处理，雾无线接入网络（Fog Radio Access Network，Fog-RAN）则进一步将计算与存储资源推广至网络边界（例如智能设备终端、无线接入节点），通过将其融合形成密集异构分布式无线接入网络，可以满足密集立体覆盖网络的多层次异构组网需求。

然而针对大规模用户群通信与海量数据业务传输，密集立体覆盖网络依然面临着困难与挑战。密集网络的信道容量计算是系统性能分析与编码设计的理论依据，大规模网络资源优化为密集立体覆盖网络提供了高效传输的可行思路，而网络资源优化计算与信道容量计算都依赖于精确的信道状态信息。在密集立体覆盖网络中，大规模用户群通信以及大量无线接入单元部署都将进一步扩大计算的维度，带来高强度的计算任务并占用大量的存储空间。单一通信网络中有限的存储资源与计算资源将成为瓶颈，因此通信与计算资源的一体化融合成为了5G通信系统极具前景的发展趋势。移动云计算（Mobile Cloud Computing）和移动雾计算（Mobile Fog Computing）提供了利用计算资源满足通信需求的可行性。移动云计算在云端构建大规模的计算资源池、存储单元和调配控制中心，而移动雾计算则充分利用无线网络中分布式的计算单元实现多点协作式计算。无线通信资源作为传输媒介可以实现移动设备计算任务上传与数据下载，同时网络中大规模的计算资源以及分布式的计算架构，如 Hadoop 和 Spark 等，可以提供并行化分布式的计算平台以服务于高效的无线通信。

8.5.2　5G 室内密集立体覆盖的计算通信

为了能够利用移动云计算与移动雾计算满足无线通信中信道计算、容量计算以及网络资源优化计算的计算密集化需求，参考文献提出了针对密集立体覆盖网络的计算通信一体化架构，将密集异构分布式无线接入网络与移动云计算和移动雾计算有效地融合，以密集异构分布式无线接入网络作为分布式多层次的无线传输架构，利用分布式的计算资源完成密集立体覆盖网络中的大规模优化计算问题。其核心思想是基于用户的地理位置信息得到精确可视化的信道计算，并据此完成多用户的无线传输资源分配和大规模的信道容量计算，实现由用户位置到信道容量与网络资源优化的计算通信一体化设计。

相较于传统的无线通信网络仅利用基站有限的基带信号处理资源完成容量计算与无线通信资源分配，计算通信一体化架构引入了分布式大规模计算资源以服务于密集立体覆盖网络中可控自治的网络优化、大规模协同的密集空分复用以及多层次情景认知。一方面，密集资源分配需要依赖于精确的信道计算结果，然而基于计算电磁学的信道计算为无线通信网络带来大量的计算需求；另一方面，高效的网络资源优化计算以及容量计算需要完成大规模的协同优化，迫切需要强大的计算资源作为支撑。通过探索计算资源和通信资源协同分配机制，计算通信一体化架构实现了计算电磁学、计算信息论与大规模优化理论的深度融合，为 5G 通信系统的优化设计提供理论支撑。

密集立体覆盖网络通过立体扩维，可以针对密集用户群体以及海量数据业务有效增加单位空间上的频谱利用效率，通过异构组网与协同规划，为进一步提升 5G 系统容量与高能效传输提供了可行性。在无线网络性能分析中，信道容量与传输功率消耗可以作为衡量系统性能的基础指标，但实现信道容量计算分析与高效网络资源优化计算需要以精确的信道状态信息作为基础。对于散射体较多的室内环境，基于计算电磁学的信道模型能够依据环境的特征并利用麦克斯韦方程计算区域内各点的电场强度与磁场强度，从而实现确定性的信道建模，但同时也带来了较高的计算强度。进而，基于得到的信道状态信息，密集网络中的容量计算可以为系统的实际传输功率分配、编码方案设计与性能分析提供理论基础，一般基于计算信息论进行分析与计算。同时，针对大规模网络资源协同分配，即功率分配、天线选择、用户接入、频谱分配等，一般被建模为系列优化问题，可以利用大规模优化理论完成高效率的优化求解。因此，上述的信道计算、容量计算与网络资源优化计算具有相互耦合的关系，如图 8.20 所示。然而这 3 类相互深度耦合的任务均带来了高强度的计算并占用大量的存储空间，因此密集立体覆盖网络需要强大的计算资源作为支持，并设计联合的计算与通信资源协调机制以提升系统的整体性能。

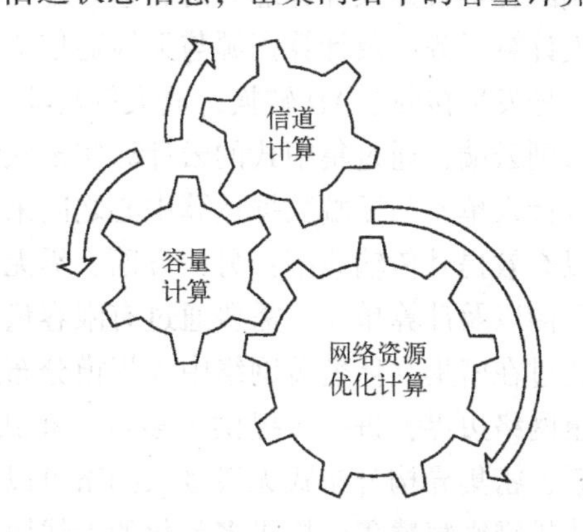

图 8.20　信道计算、容量计算与网络资源优化计算的耦合关系

计算通信一体化架构提供了一种整合计算与通信资源的解决方案，以满足密集立体覆盖

网络无线通信的计算需求，并实现性能提升。该架构主要包含无线通信接入网络和分布式计算架构，其实现框架如图 8.21 所示。一方面，针对多用户的联合网络资源优化计算以及信道容量计算依赖于精确的信道状态信息，而基于计算电磁学的信道计算需要以用户的三维位置信息为原始数据，因此需要利用无线通信将用户地理位置上传至计算单元，并完成数据的下行传输；另一方面，利用大规模计算资源可以实现基于计算电磁学的确定性精确信道建模，并进一步据此完成容量计算以及网络资源优化计算。因此计算通信一体化架构需要利用上行—计算—下行的串行结构以实现由位置信息直接得到信道容量以及网络资源优化计算的系统性能优化结果。在上行阶段，将用户三维坐标作为信道计算与资源分配的原始数据上传，通过无线传输到分布式的存储单元，云端利用高效的分配机制，整合分布式的云端以及雾接入节点的计算资源完成并行化的信道计算后，再结合得到的信道进行并行化的信道容量计算以及多用户资源分配；在下行阶段，通过无线接入单元完成用户所需信息的无线传输。

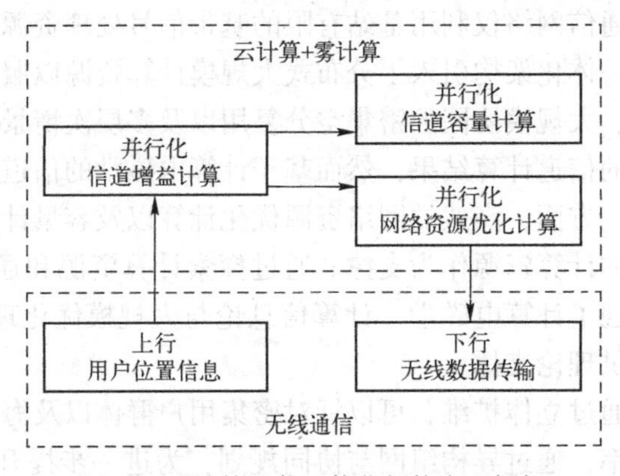

图 8.21　计算通信一体化架构实现框架

在无线通信网络结构上，密集异构分布式无线接入网络集成了云无线接入网络与雾无线接入网络的优势，可以实现无线通信资源与计算资源的有效整合，如图 8.22 所示。大规模云无线接入单元以及雾无线接入单元的分布式部署，可以有效降低用户接入网络的成本。云端配置具备强大计算能力的高速处理器与数据存储单元，以形成云端数据运算中心完成大规模计算任务以及计算资源与无线通信资源分配。一方面，低功耗的云无线接入单元可以实现信号发射接收、AD 转换、放大等功能，而传统无线接入网中基站完成的基带信号处理被转移到云端，通过集中式的云计算实现联合干扰消除、功率分配、频谱分配等资源配置，云无线接入单元与云端数据运算中心之间采用低时延、大容量的光纤作为前传链路传输信号，可以有效提升传输速率；另一方面，雾无线接入单元集成了无线信号的发射接收、信号处理、存储以及计算单元，需要通过有限容量的回传链路来实现云端控制数据与用户数据的传输。通过在密集立体覆盖网络中大规模分布式部署计算节点，雾无线接入网络将计算和存储推广至网络边界，进一步提供了多点分布式协同雾计算的可行性。针对室内大规模用户通信场景，密集异构分布式无线接入网络可以用于实现无线通信资源与计算资源在垂直维度上的立体扩维密集覆盖，提供多元化的无线协作传输以及云计算与雾计算，从而满足 5G 密集立体覆盖网络的计算通信需求。

在计算架构方面，诸如 Hadoop 和 Spark 的系统架构包含了分布式的数据存储结构，可以通过集中调度云端以及雾接入节点中的多个服务器节点，实现多点协作式的并行化云计算与雾计算。Hadoop 的核心思想是 MapReduce 的结构化数据模型、HDFS 分布式数据存储以及集群的结构，可以实现计算任务的分配作业与密集异构分布式无线接入网络多节点的并行计算。Spark 架构的核心思想是弹性分布数据集（RDD），它可以进一步地将中间结果放在内存中，从而实现更高速的数据读取与并行计算。

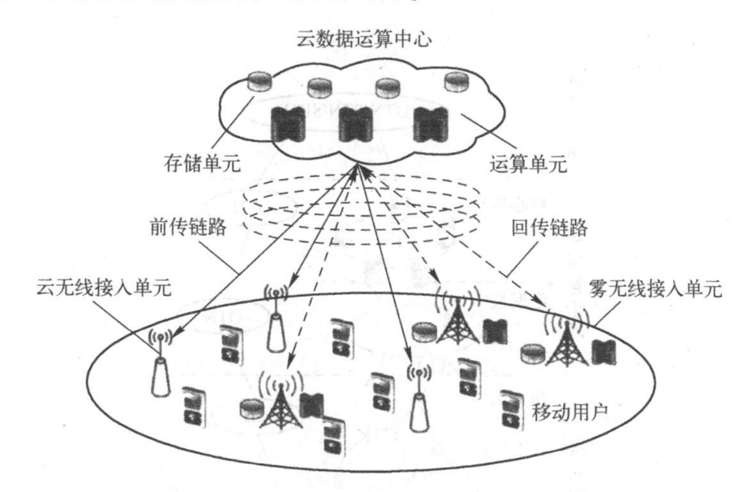

图 8.22　密集异构分布式无线接入网络架构

8.6　5G 传输网络

相对 4G 网络，5G 网络传输速率更高，最快达到 10Gbit/s，为实现“万物互联”，5G 现有的站址资源远远不够，需要新增大量的站址，以实现超密集部署。作为数据的运载工具，5G 对传输网络的要求将会更高。

运营商现有传输网络主要从 SDH（Synchronous Digital Hierarchy，同步数字体系）发展而来，过分强调网络 QoS，网络结构采用烟囱纵向架构，扩展及开放性不够，导致网络优化及建设成本高，工程建设周期长，难以适应 5G 网络运营要求。

本文通过对运营商现有传输网络技术特点并结合对主要传输技术的深入分析，初步探讨在 5G 时代运营商 PTN（Packet Transport Network，分组传送网）网络的建设策略。

8.6.1　运营商传输现状

运营商网络现状图如图 8.23 所示，运营商目前在建的传输设备主要是 OTN（Optical Transport Network，光传送网）及 PTN；传输存量设备主要是 SDH 及 DWDM（Dense Wavelength Division Multiplexing，密集型光波复用）。其中 LTE 业务由 OTN 及 PTN 承载，互联网及 IP 承载网数据等主要由 OTN 承载，3G 及 2G 业务由 SDH 及 DWDM 承载。网络架构分为全国一干、省内二干、本地网传输设备等，本地网传输设备分为城域核心层、城域骨干层、城域汇聚层及接入层等。

运营商的传输技术从点对点 PDH 起步、经过端对端 SDH 发展演进到了今天的 PTN。从 PDH 到 SDH，引入了外时钟等技术，数据的承载带宽等有了跨越式发展和提高。SDH 主要承载 TDM 业务，带宽的提高需要多级复用，电路需要人工配置，所以其成本效益、灵活性、适配能力等有较大的局限性，特别是在变比特业务出现后，SDH难以适应运营商发展需要。

PTN的出现在一定程度上弥补了SDH的不足。PTN从SDH发展而来，可以适配多种业务，业务适配能力强，由于采用了IETF（The Internet Engineering Task Force，国际互联网工程任务组）的部分技术，能支持三层静态路由，有一定的寻址能力，在组网上采用层次网络结构。

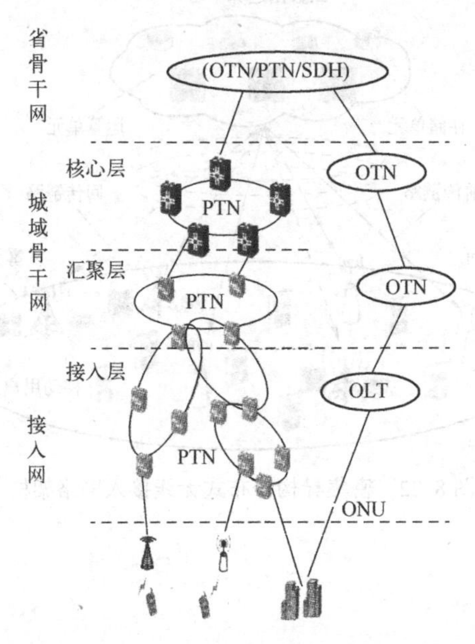

图8.23 运营商网络现状图

作为信息的运载工具，一般来说传输重点需要解决业务适配、QoS保障及寻址等几个问题。两种传输主流设备是PTN和IPRAN（IP Radio Access Network，无线接入网IP化）。

1. PTN网络主要技术特点

目前，很多运营商LTE网络由PTN网络承载。为实现对网络QoS的保障，PTN网络全程采用了MPLS-TP（Multiprotocol Label Switching Transport Profile，多协议标签交换传输模式）技术。在实际工程中，MPLS-TP的采用在保证QoS方面确实达到很好的效果，但随着网络规模的不断扩大，也会产生潜在的问题。

MPLS-TP是一种面向连接的分组交换网络技术：

（1）利用MPLS标签交换路径，省去MPLS信令和IP复杂功能；

（2）支持多业务承载，独立于客户层和控制面，并可运行于各种物理层技术；

（3）具有强大的传送能力［QoS、OAM（Operation Administration and Maintenance，操作、维护、管理）和可靠性等］。

综合起来，MPLS-TP技术的特点为：

（1）引入传送概念的OAM机制；

（2）结合2层和3层协议的一种通用的分组交换传送技术；

（3）避免对三层IP不必要的处理；

（4）具有高的网络生存性和可扩展性；

（5）具有兼容分组交换、TDM（Time-Division Multiplexing，时分多路复用）/波长技术

的通用的分布控制面——GMPLS。

MPLS-TP 可以用一个简单公式表述：

MPLS-TP＝MPLS+OAM-IP

2. IPRAN 网络主要技术特点

IPRAN 技术标准由 IETF 提出，有成熟的标准文档。IPRAN 技术从路由交换网络技术发展而来，大多是在传统路由器或交换机基础上改进而成，有良好的互通性。IP 对 QoS 的保障只能尽力而为，IPRAN 为了保证其 QoS，在实际组网中启用了 Diff-Serv 技术。

Int-Serv 以资源预留协议作为协议机制，对每一个需要 QoS 处理的数据流，在其通过的每一个路由器上进行一定的资源（带宽等）预留，以实现端到端的 QoS 业务，Int-Serv 在网络规模不大时，能很好地应用。

Diff-Serv 与 Int-Serv 本质的区别在于它不是针对每一业务流在每一节点上都进行网络资源预留，而是将具有相似要求的一组业务归为一类，以类为单位进行 QoS 保障。相对于 Int-Serv 来说，Diff-Serv 最大的优势是弱化了对信令的依赖，这样避免了由于软状态周期变更而浪费网络系统开销的问题；另外，它并不要求绝对端对端的 QoS 保证，因而在一个庞大的网络结构中，可以划整为零地对其有效地管理，最终实现对用户端对端的 QoS 保证。

3. 两种传输网络优劣分析

PTN 的优势是 QoS 能力强，适配能力也不错。

PTN 的劣势表现在以下两个方面。

（1）PTN 采用的 MPLS-TP 技术用于接入层无技术优势。MPLS-TP 是一种二层隧道技术，一条隧道对应一条 LSP（Label Switching Path，标签交换路径）。如果 1 个 LTE 基站对应一条 LSP，一个本地网内成千上万个 LTE 基站将对应成千上万条 LSP，LSP 需要手工配置，工作量大。此外，LSP 承载的 LTE 业务有固定比特的话音业务，也有可变比特的视频业务等，特别是可变比特业务模型比较复杂，根据业务模型预测确定的 LSP 带宽很难保证其准确性，特别是在架构于 IMS 基础之上的融合通信大规模商用之后，负荷波动范围将会更大，加上 LSP 之间彼此独立，负荷又不能自动均衡，这样会使 LSP 调整的预期加大，从而导致运营商网络建设和维护的成本增大。

（2）不符合网络扁平化方向的发展。路由从基站 PTN 设备发起，经过本地网 PTN 传输接入设备、汇聚、骨干、PTN 核心设备，最后经省干 PTN 落地 LTE 核心网元，全网从上往下采用多层烟囱式结构，会导致组网不灵活，也会产生对厂家依赖等一系列问题。

IPRAN 优势是适配能力强，网络结构符合扁平化的发展趋势。劣势是 QoS 没有 PTN 强，但通过采用 Diff-Serv 技术，可以改善其 QoS 能力并能使之达到运营要求，如果采用化整为零式的分片管理，将会大大减少运营商维护及建设成本。

8.6.2　5G 时代传输网络建设的思考

通过对 PTN 与 IPRAN 技术对比的分析，为适应今后网络扁平化发展趋势，减少建设及维护成本，响应业务快速提供的竞争需要，运营商在 PTN 传输建设过程中应重点从以下两方面考虑。

1）优化网络结构

早期的移动通信网一般采用层次化网络架构，为适应 IP 化趋势发展需要，当前网络架构均已朝扁平化方向发展，比如现在的LTE网。可以预见LTE之后移动通信网络技术演进将主要在无线空口等技术的改进以提高无线承载带宽上，扁平化趋势不会改变。因此，对应的传输网络能否适应上层网络的演进成为疑问。此外，通过对两种主流传输设备的比较，从网络扩展、维护成本等诸多因素考虑，PTN朝扁平化方向发展才可能有更强的生命力。现实中，PTN扁平化的网络对运营商有以下好处。

首先，可以减少对设备厂家的依赖。现在运营商从省核心层到本地网接入层，一条完整的路由至少有四个层次以上，每层由两个以上不同的厂家提供系统，称之为不同的平面，平面之间的系统均彼此隔离。由于标准的非开放等原因，上下两层之间的设备也必须由同一厂家提供，这样一来，运营商传输网络完全被几个厂家垄断，运营风险不小，工程进度和质量难以完全掌控。

其次，建设和维护成本大大减少。通过优化减少网络层次以实现网络扁平化最直接的好处是大大减少光纤资源的使用。目前投入到光线路等资源建设成本已占用运营商很大的投入比重，且光缆资源的紧张、管线的施工困难已严重影响工程建设的进度和质量。网络扁平化还可以节省机房资源，特别在房价居高不下的今天，对机房资源本无优势的运营商来说，减少节点便可以直接节省对机房的投资，并将节省的资金投入到实处。

对现有网络进行优化，减少网络层次是一套复杂的系统工程，需要统筹规划、分布实施、从下往上依次建设。首先，需要充分发挥OTN高带宽、大颗粒承载优势，布局好OTN网络，提前实施对OTN波导扩容工程建设工作。在OTN布局完成并能提供能力后，再将工作重点逐步转移到对PTN网络的优化上来，具体来讲，对PTN优化内容是主要减少PTN城域本地网的网络层次，提高PTN网络带宽等内容。

2）技术革新，骨干采用MPLS，本地网设备支持三层动态寻址功能

对网络层次重新规划的同时，需要对PTN设备进行功能上的升级建设。

首先对骨干网层以下停用MPLS功能，在骨干网层面保留MPLS。MPLS本是为保障骨干网IP的传输质量，变无连接为有连接，运营商应积极享用IETF这一巨大成果，匹配技术的适应场景，结合公司LTE业务特性，合理规划LSP带宽，对LSP以高带宽配置为原则，以保持骨干网设备的相对稳定。

其次，对城域网设备进行PTN二转三功能建设，支持三层动态路由技术。运营商现有的PTN设备虽然大多数已支持网络三层功能，但在本地网区域内普遍只实现了二层功能。启用二层转建设三层，在功能上不是简单的开启PTN三层静态路由功能，还需要对现有PTN设备进行功能升级，在协议上支持OSPF、BGP、RIP等动态路由协议。

最后，完善对城域网PTN网络的QoS保证。

在实施对骨干网QoS保障的同时，需要同步实施对本地网PTN QoS保障，只有这样网络端对端QoS才能得到彻底保证。本地网PTN设备随LTE站点配置，数量巨大，后期随着第五代等移动通信网络商用，其站点会更加稠密，为减少网络开销，合理利用网络资源，结合IP QoS两种技术的使用场景，无疑Diff-Serv技术将是最好的选择。

在实施策略上，考虑到运营商现有PTN设备已规模化商用多年，实施功能升级需要对新老设备统筹考虑，扩容工程中新增加的设备需要全部满足新功能要求，对正在运行的现网设备，可根据其节点位置的重要性分批完成功能升级建设。

参考文献

[1]IMT-2020(5G)推进组.5G愿景与需求白皮书.

[2]IMT-2020(5G)推进组.5G概念白皮书.

[3]IMT-2020(5G)推进组.5G技术架构白皮书.

[4]IMT-2020(5G)推进组.5G网络架构设计白皮书.

[5]IMT-2020(5G)推进组.5G网络技术架构白皮书.

[6]IMT-2020(5G)推进组.5G网络安全需求与架构白皮书.

[7]IMT-2020(5G)推进组.5G经济社会影响白皮书.

[8]Jonathan Rodriguez编著.江甲沫,韩秉君,沈霞,等译.5G开启移动网络新时代.北京:电子工业出版社,2016.

[9]陈鹏,刘洋,赵嵩,等.5G:关键技术与系统演进.北京:机械工业出版社,2016.

[10]朱晨鸣,王强,李新,等.5G:2020后的移动通信.北京:人民邮电出版社,2016.

[11]小火车,好多鱼.大话5G.北京:电子工业出版社,2016.

[12]杨学志.通信之道:从微积分到5G.北京:电子工业出版社,2016.

[13]张传福.移动通信新业务开发必读.北京:人民邮电出版社,2005.

[14]张传福.CDMA移动通信网络规划设计与优化.北京:人民邮电出版社,2006.

[15]张传福.WCDMA通信网络规划与设计.北京:人民邮电出版社,2007.

[16]张传福.第三代移动通信资源管理与新业务.北京:人民邮电出版社,2008.

[17]张传福.第三代移动通信技术及其演进.北京:人民邮电出版社,2008.

[18]张传福.TD-SCDMA通信网络规划与设计.北京:人民邮电出版社,2009.

[19]张传福.第三代移动通信——WCDMA技术、应用及演进.北京:电子工业出版社,2009.

[20]张传福.cdma2000 1x/EV-DO通信网络规划与设计.北京:人民邮电出版社,2009.

[21]张传福.全业务运营下网络融合实现.北京:电子工业出版社,2010.

[22]张传福.网络融合环境下宽带接入技术与应用.北京:电子工业出版社,2011.

[23]张传福.移动互联网技术及业务.北京:电子工业出版社,2012.

[24]张长青.面向5G的非正交多址接入技术的比较.电信网技术,2015(11):42-49.

[25]毕奇,梁林,杨姗,等.面向5G的非正交多址接入技术.电信科学,2015(5):1-8.

[26]朱红儒,庄小君,郭姝,等.5G安全的愿景.电信科学,2014(11):131-134.

[27]吕邦国,杨健,于涛.5G标准进展及关键技术.电信工程技术与标准化,2016(8):39-43.

[28]倪善金,赵军辉.5G无线通信网络物理层关键技术.电信科学,2015(12):1-6.

[29]袁弋非,王欣晖,赵孝武.5G部署场景和潜在技术研究.移动通信,2017(6):39-45.

[30]董振江,董昊,韦薇,等.5G 环境下的新业务应用及发展趋势.电信科学,2016(6):58-64.
[31]王首峰,张冬晨,何继伟,等.5G 标准化之频谱需求研究.电信工程技术与标准化,2016(8):33-38.
[32]刘婧迪,李男,潘岷,等.5G 频谱策略研究.电信工程技术与标准化,2015(6):19-24.
[33]方箭,李景春,黄标,等.5G 频谱研究现状及展望.电信科学,2015(12):1-7.
[34]陈如明.5G 推进及其务实发展战略思考.移动通信,2016(1):11-17.
[35]董江波,刘玮,任冶冰,等.5G 网络技术特点分析及无线网络规划思考.电信工程技术与标准化,2017(1):38-41.
[36]杨乐.5G 网络新波形候选技术研究.移动通信,2017(4):58-61.
[37]游思晴,齐兆群.5G 网络绿色通信技术现状研究及展望.移动通信,2016(20):22-26.
[38]李平,王雪,于大吉.5G 网络演进方案及运营思路探讨.移动通信,2016(19):92-95.
[39]曾剑秋.5G 移动通信技术发展与应用趋势.电信工程技术与标准化,2017(2):1-4.
[40]窦笠,孙震强,李艳芬.5G 愿景和需求.电信技术,2013(12):8-11.
[41]方箭,朱颖,郑娜,等.从 WRC-19 议题看 5G 与未来移动通信发展趋势.电信科学,2016(6):65-72.
[42]杨乐.第五代无线通信系统新接入技术的研究.移动通信,2016(21):92-96.
[43]张长青.面向 5G 的毫米波技术应用研究.邮电设计技术,2016(6):30-34.
[44]马璇,田瑞甫,朱梦,等.面向 5G 移动通信系统的 Polar 级联码机制研究.移动通信,2016(17):39-44.
[45]周钰哲.全球 5G 推进情况概览与启示.移动通信,2016(19):87-91.
[46]陈晓贝,魏克军.全球 5G 研究动态和标准进展.电信科学,2015(5):1-4.
[47]焦秉立,马猛.同频同时全双工技术浅析.电信网技术,2013(11):29-32.
[48]卞宏梁,曹磊,孙震强.同时同频全双工技术研究.电信技术,2013(12):37-40.
[49]彭木根,艾元.异构云无线接入网络:原理、架构、技术和挑战.电信科学,2015(5):1-5.
[50]张建敏,谢伟良,杨峰义.5G 超密集组网网络架构及实现.电信科学,2016(6):1-8.
[51]高峰,和凯,宋智源,等.5G 大规模紧耦合阵列天线研究.电信科学,2015(5):1-6.
[52]杨峰义,张建敏,谢伟良,等.5G 蜂窝网络架构分析.电信科学,2015(5):1-11.
[53]肖子玉.5G 核心网标准进展综述.电信工程技术与标准化,2017(1):33-37.
[54]曹亘,李佳俊,李轶群,等.5G 网络架构的标准研究进展.移动通信,2017(2):32-37.
[55]张臻.5G 通信系统中的 SDN/NFV 和云计算分析.移动通信,2016(17):56-58.
[56]朱浩,项菲.5G 网络架构设计与标准化进展.电信科学,2016(4):126-132.
[57]孙震强.5G 网络软件化的分析.移动通信,2016(19):76-80.
[58]阳析,金石.大规模 MIMO 系统传输关键技术研究进展.电信科学,2015(5):1-8.
[59]雷秋燕,张治中,程方,等.基于 C-RAN 的 5G 无线接入网架构.电信科学,2015(1):1-10.
[60]朱浩,陈凯,刘旭.基于 NFV 的移动网络新型架构与关键技术研究.电信网技术,2014(8):7-12.

[61] 于笑,赵金峰,陈国鑫,等. 基于 SDN 的 5G 无线异构网络研究. 移动通信,2016(17):59-63.
[62] 陆晓东,谢伟良,杨峰义. 基于控制与承载分离的 5G 无线网架构研究. 移动通信,2016(19):81-86.
[63] 曲桦,栾智荣,赵季红,等. 基于软件定义的以用户为中心的 5G 无线网络架构. 电信科学,2015(5):1-5.
[64] 周逸凡,赵志峰,张宏纲. 基于智能 SDN 面向 5G 的异构蜂窝网络架构. 电信科学,2016(6):1-8.
[65] 韩玉楠,李轶群,李福昌,等. Massive MIMO 关键技术和应用部署策略初探. 邮电设计技术,2016(7):23-27.
[66] 韩潇,邱佳慧,范斌,等. Massive MIMO 技术标准进展及演进方向. 邮电设计技术,2017(3):1-4.
[67] 张长青. 面向 5G 的大规模 MIMO 天线阵列研究. 邮电设计技术,2016(3):34-39.
[68] 张长青. 面向 5G 的有源大规模 MIMO 天线研究. 电信网技术,2016(9):50-56.
[69] 栾帅,冯毅,张涛,等. 浅析大规模 MIMO 天线设计及对 5G 系统的影响. 邮电设计技术,2016(7):28-32.
[70] 焦慧颖,刘鹏,邢梅. 3D MIMO 的标准化进展. 电信网技术,2016(8):68-73.
[71] 刘毅,牛海涛,张振刚,等. 3D-MIMO 天线技术应用研究. 移动通信,2016(21):92-96.
[72] 周钰. 哲动态频谱共享简述. 移动通信,2017(3):14-17.
[73] 冯岩,孙浩,许颖,等. 动态频谱共享研究现状及展望. 电信科学,2016(2):112-119.
[74] 邵建,沈彩凤. 频谱资源重规划在未来移动通信中的研究与实践. 移动通信,2017(3):22-25.
[75] 詹文浩,戴国华. 全频谱接入现状与技术分析. 移动通信,2016(17):45-48.
[76] 刘悦,翁丽萍. 授权的频谱共享技术. 电信网技术,2013(9):7-10.
[77] 周钰. 我国频谱共享的可行性研究与推进建议. 电信科学,2016(5):146-151.
[78] 聂昌,冯毅. 未来 5G 系统潜在部署频段探讨. 邮电设计技术,2016(7):1-3.
[79] 陈建玲,胡荣贻,韩潇,等. 高频技术研究. 邮电设计技术,2017(3):15-19.
[80] 詹文浩,戴国华,王朝晖. 高频段频谱现状与技术分析. 移动通信,2016(3):7-12.
[81] 肖清华. 高频段频谱特性及利用方法探讨. 移动通信,2017(3):18-21.
[82] 许阳,高功应,王磊. 5G 移动网络切片技术浅析. 邮电设计技术,2016(7):19-22.
[83] 孟颖涛. 5G 与 LTE 双连接技术架构选择. 移动通信,2017(2):27-31.
[84] 刘宜明,李曦,纪红. 面向 5G 超密集场景下的网络自组织关键技术. 电信科学,2016(6):1-8.
[85] 江少敏,周斌. 面向 5G 的 D2D 簇内信息共享机制. 电信科学,2016(1):119-125.
[86] 乌云霄,戴晶. 面向 5G 的边缘计算平台及接口方案研究. 邮电设计技术,2017(3):10-14.
[87] 刘云璐,杨光,杨宁,等. 面向 5G 的多网融合研究. 电信科学,2015(5):1-5.

[88]邢金强,马帅,肖善鹏.高频段 5G 终端射频实现与挑战.移动通信,2017(7):15-19.
[89]月球,肖子玉,杨小乐.未来 5G 网络切片技术关键问题分析.电信工程技术与标准化,2017(5):45-50.
[90]乔治,迟永生,刘雨涵.虚拟 CDN 网络架构及应用研究.邮电设计技术,2017(4):12-16.
[91]戴晶,陈丹,范斌.移动边缘计算促进 5G 发展的分析.邮电设计技术,2016(7):4-8.
[92]张建敏,谢伟良,杨峰义,等.移动边缘计算技术及其本地分流方案.电信科学,2016(7):132-138.
[93]孙滔,陈炜,韩小勇,等.移动网络(SAME)架构与关键技术.电信网技术,2014(8):1-6.
[94]Tricci So,袁知贵,徐方,等.支持多业务的网络切片技术研究.邮电设计技术,2016(7):12-18.
[95]许森,张光辉,刘晴.基于双连接的 TD-LTE 和 LTE FDD 融合组网.电信技术,2015(2):28-31.
[96]焦岩,高月红,杨鸿文,等.D2D 技术研究现状及发展前景.电信工程技术与标准化,2014(6):83-87.
[97]崔鹏,陈力.D2D 技术在 LTE-A 系统中的应用.现代电信科技,2011(1-2):92-95.
[98]刘琪,董魁武,黄列良,等.LTE 中自组织网络技术的标准化进展.现代电信科技,2011(4):50-54.
[99]李波,杨鹏,吴昊.LTE 自组网技术中的可调参数相关性分析.电信网技术,2012(11):1-4.
[100]李文璟.LTE 自组织网络(SON)管理架构分析.通信技术与标准,2011(5):8-15.
[101]卢义麟,樊奇.SON 自组织网络技术的实践.移动通信,2014(9):65-68.
[102]张长青.TD-LTE 系统安全机制分析.电信网技术,2014(1):35-38.
[103]张长青.TD-LTE 自组织网络 SON 技术分析和建议.移动通信,2012(22):54-59.
[104]宋鹏光,李传峰,莫宏波.自组织网络技术在 LTE 中的应用.电信网技术,2010(12):21-24.
[105]戴沁芸.第三代移动通信系统网络接入安全机制分析.现代电信科技,2010(4):12-17.
[106]赵国刚,赵力强,杨鲲.面向移动云计算接入网络的高能效无线资源管理.电信科学,2014(7):53-61.
[107]于浩.移动云在运营商移动业务发展中的应用.电信工程技术与标准化,2013(4):59-61.
[108]丁岩,汪峰来,钱煜明,等.移动终端云的关键技术及架构.现代电信科技,2013(3):7-10.
[109]陈戈,梁洁,庄一嵘,等.CDN 互联互通架构与关键技术探讨.现代电信科技,2012(4):5-7.
[110]徐贵宝.CDN 网络及其在 IPTV 中的应用.现代电信科技,2005(11):38-42.
[111]林金桐,许晓东.第五代移动互联网.电信科学,2015(5):1-8.

[112]丁涛.5G 时代传输网络建设策略探讨.移动通信,2016(15):77-80.

[113]程锦堃,陈巍,石远明.5G 室内密集立体覆盖的计算通信:架构、方法与增益.电信科学,2017(6):41-53.

[114]李渝舟,江涛,曹洋,等.5G 绿色超密集无线异构网络:理念、技术及挑战.电信科学,2017(6):34-40.

反侵权盗版声明